W0261026

ENZYKLOPAEDIE DER KLINISCHEN MEDIZIN

HERAUSGEGEBEN VON

L. LANGSTEIN
BERLIN

C. VON NOORDEN
FRANKFURT A. M.

C. VON PIRQUET
WIEN

A. SCHITTENHELM
KIEL

SPEZIELLER TEIL

DIE TUBERKULOSE

BEARBEITET VON

H. ISELIN F. LEWANDOWSKY C. VON PIRQUET F. DE QUERVAIN
P. ROEMER R. STAEHELIN

DIE TUBERKULOSE DER HAUT

VON

F. LEWANDOWSKY
HAMBURG

BERLIN
VERLAG VON JULIUS SPRINGER
1916

DIE TUBERKULOSE DER HAUT

VON

DR. MED. **F. LEWANDOWSKY**
HAMBURG

MIT 115 ZUM TEIL FARBIGEN TEXTABBILDUNGEN
UND 12 FARBIGEN TAFELN

BERLIN
VERLAG VON JULIUS SPRINGER
1916

ISBN-13: 978-3-642-88842-7 e-ISBN-13: 978-3-642-90697-8
DOI: 10.1007/978-3-642-90697-8

Vorwort.

Zwei Umstände sind es, die die zusammenfassende Darstellung eines Gebietes aus der Medizin schwierig und undankbar gestalten können: Wenn zu wenig und zu Schlechtes oder zu viel und zu Gutes darüber bereits in der Literatur vorhanden ist. Bei der Tuberkulose der Haut ist das letztere der Fall. Seitdem man Mitte der neunziger Jahre anfing, über die „Tuberkulide" zu diskutieren, seitdem dann wenig später durch die Arbeiten Finsens eine neue Zeit für die Lupustherapie anbrach, hat die Tuberkulose theoretisch und praktisch bei den Dermatologen bis heute im Vordergrunde des Interesses gestanden. Dafür legt eine ungeheure Anzahl von Publikationen in allen Sprachen Zeugnis ab. Sie alle zu kennen, das Neue und Richtige aus jeder zu würdigen, und aus all diesen Bausteinen ein großes Gebäude aufzuführen, war eine fast unlösbar scheinende Aufgabe. Jadassohn hat es dennoch möglich gemacht und uns mit seiner 1906 in Maceks Handbuch erschienenen „Tuberkulose der Haut" ein Werk gegeben, das wohl durch neu Hinzugekommenes ergänzt, nie aber übertroffen werden kann. Der Vergleich mit einem solchen Werke muß jedem Nachfolger gefährlich werden. So hätte ich mich auch kaum entschlossen, unter die Nachfolger zu gehen, wenn nicht mein hochverehrter Lehrer, Herr Professor Jadassohn selbst mich dazu angeregt und ermuntert hätte. Als ich es dann übernahm, für die „Enzyklopädie der klinischen Medizin" die „Tuberkulose der Haut" zu schreiben, stand es für mich von vorn herein fest, daß dies Buch nie beanspruchen könnte, etwa an Stelle des Jadassohnschen Werkes zu treten. Wer sich in spezialistischer Weise mit der Hauttuberkulose beschäftigt, für den wird jenes Werk nach wie vor wegen der unerhörten Reichhaltigkeit des Materials, wegen der Überlegenheit seines objektiv kritischen Standpunktes unentbehrlich bleiben. Viele Einzelheiten, die man dort findet, mußten hier weggelassen werden mit Rücksicht auf den etwas größeren Kreis, für den dieses Buch bestimmt ist. Nur auf einem Gebiete bin ich ausführlicher gewesen als Jadassohn, mußte es sein, weil sich gerade hier die Entwicklung seit 1906 vollzogen hatte, auf dem Gebiete der Immunitätslehre. Gewiß wird mancher beim ersten Durchblättern des Buches finden, daß jene Kapitel, besonders das über die experimentellen Grundlagen zu lang geraten seien, und meinen, dergleichen gehöre eigentlich in ein theoretisches Werk. Ich habe mir diese Einwände selber gemacht, glaubte aber schließlich, auf die etwas ausführlichere Darstellung nicht verzichten zu können, weil erst die Errungenschaften der modernen Immunitätsforschung uns die Möglichkeit geben, die Hauttuberkulose mit der ganzen Vielgestaltigkeit aller ihrer Erscheinungen unter einem einheitlichen Gesichtspunkt zu betrachten.

Durch die Generosität des Herrn Verlegers war mir für den illustrativen Teil des Buches vollkommen freie Hand gelassen worden. Ich hätte aber gerade diesen Teil der Aufgabe nicht ausführen können, wenn mir nicht von verschiedenen Seiten wertvollste Unterstützung zuteil geworden wäre. Der erste Dank gebührt auch hier Herrn Professor Jadassohn, der mir zahlreiche histologische Präparate und Photographien aus seiner Sammlung zur Reproduktion überließ. Nicht minder verpflichtet aber bin ich Herrn Professor Dr. Ed. Arning, Chefarzt der Dermatologischen Abteilung am Allgemeinen Krankenhaus Hamburg-St. Georg, der mir nicht nur sein großes klinisches und histologisches Material jederzeit zur Verfügung gestellt, sondern mir auch die Abbildung einer größeren Anzahl von Moulagen aus der Sammlung des Krankenhauses erlaubt hat. Dieses Moulagenmuseum enthält einen großen Teil der Lassarschen Sammlung, die jetzt durch bemerkenswerte Fälle der Arningschen Abteilung stetig vergrößert wird. Es blieben aber immer noch einige seltene Affektionen, von denen weder die Berner noch die Hamburger Sammlung ein Exemplar besaß. Hier war es Herr Geheimrat Neißer, der mich in liebenswürdigster Weise einlud, das Fehlende mir aus der berühmten Sammlung der Breslauer Klinik auszusuchen. Ich möchte nicht verfehlen, ihm dafür auch an dieser Stelle meinen ergebensten Dank auszusprechen. — Sechs Mikrophotogramme, die im Text abgebildet sind, verdanke ich der Liebenswürdigkeit des Herrn Martini, Leiter der Hamburger Zeiß-Filiale. Die histologischen Zeichnungen sind von Fräulein Davida Jadassohn (Bern) ausgeführt.

Das Erscheinen dieses Buches, das schon im Sommer 1914 abgeschlossen war, hat durch den Ausbruch des Krieges eine bedeutende Verzögerung erlitten. Dadurch ist es zu erklären, daß einige Publikationen aus neuester Zeit nicht mehr berücksichtigt sind, so im Kapitel „Sarkoide" die wichtige Arbeit von Kuznitzky und Bittorf und die neueste Mitteilung von Boeck. Im therapeutischen Teile fehlt die von Ponndorf angegebene, allerdings vorher schon von Sahli theoretisch begründete und empfohlene Methode der kutanen Tuberkulinbehandlung, ferner die Thorium X (Doramad)-Behandlung des Lupus erythematodes, von der Jadassohn neuerdings so gute Erfolge gesehen hat. Zielers großes Sammelreferat über Hauttuberkulose erschien bereits während der Korrektur dieses Buches. Es konnte darauf nur in einer Anmerkung zum Literaturverzeichnis hingewiesen werden. Die dort angekündigte Auseinandersetzung mit Zieler ist inzwischen im Archiv für Dermatologie erfolgt und hat gezeigt, daß auch diese Gegensätze nicht unüberbrückbar sind.

Hamburg, April 1916.

Felix Lewandowsky.

Inhaltsverzeichnis.

III. Therapeutischer Teil.

Einleitung.

Die Lehre von der Hauttuberkulose ist erst wenige Jahrzehnte alt. Zwar hat schon einer der Begründer der klinischen Dermatologie, Willan, den Namen „Lupus", der bis dahin für alle möglichen zerstörenden Prozesse angewandt worden war, für eine einigermaßen bestimmte Krankheitsform reserviert. Aber von einer Kenntnis der Krankheitsursache konnte natürlich noch keine Rede sein. Auch die Folgezeit hat das klinische Bild des Lupus vervollkommnet, ohne seine Beziehungen zur Tuberkulose darzulegen. Die rein symptomatologische Auffassung zeigt sich darin, daß man von einem „Lupus syphiliticus", wie auch von einer „Psoriasis syphilitica" oder „Ekthyma syphiliticum" sprach. Wegen der klinischen Ähnlichkeit verbinden um 1850 Cazenave und Schedel ein anderes Krankheitsbild durch den Namen mit dem Lupus, den „Lupus erythematodes". In einer Zeit, die den tuberkulösen Ursprung des Lupus vulgaris noch nicht erkannt hatte, ward also schon jene Vereinigung mit dem Lupus erythematodes vollzogen, dessen Verhältnis zur Tuberkulose noch heute eine der wichtigsten Streitfragen bildet. Als schon die Kenntnis vom Wesen der Tuberkulose durch die berühmten Übertragungsversuche von Villemin gewaltige Fortschritte gemacht hatte, finden wir noch wenig präzise Angaben über die Natur des Lupus. Daß er mit Tuberkulose oder Skrofulose etwas zu tun haben könne, wird zwar von manchen, besonders von französischen Autoren, geäußert, aber von den Häuptern der Wiener Schule, Hebra und Kaposi, energisch zurückgewiesen. Doch muß Hebra das Verdienst gelassen werden, den ätiologischen Zusammenhang eines anderen, von ihm zuerst beschriebenen Krankheitsbildes wenigstens geahnt zu haben, des Lichen scrofulosorum, wenn auch die Vorstellungen von der Skrofulose in jener Zeit noch ziemlich unklar waren. Es ist zwar auch bei Hebra und Kaposi von „skrofulösen Hautgeschwüren" die Rede. Als echte Tuberkulose der Haut, die als seltenes Vorkommnis betrachtet wird, gelten hingegen nur einige Fälle, wie jene von Chiari und Jarisch, wo am Rande von Geschwüren deutlich zerfallende Tuberkelknötchen sichtbar werden, Fälle, die also wohl unserer Tuberculosis ulcerosa miliaris entsprechen.

Vom pathologisch-anatomischen Standpunkt aus wies zwar schon C. Friedländer 1873 auf die weitgehende Ähnlichkeit des Lupus mit der echten Tuberkulose hin. Aber unter der starren Herrschaft der morphologisch-deskriptiven Pathologie konnte diese Analogie nicht genügen, da man beim Lupus ein Hauptcharakteristikum der Tuberkulose, die Verkäsung, vermißte. Es wird allerdings damals von den Gegnern eines Zusammenhanges mit Recht bemerkt, daß der Riesenzellentuberkel auch bei nichttuberkulösen Prozessen, so bei Syphilis, vorkommen könne. Die Versuche von Hueter und von Schüller, mit Lupusmaterial durch Verimpfung auf Tiere Tuberkulose zu erzeugen, blieben zu vereinzelt, um einen Umschwung der Ansichten hervorzurufen. Zudem war Schüller auf einem falschen Wege, als er einen Mikrokokkus als Erreger der Tuberkulose und des Lupus ansprach.

Es wurde für dieses Gebiet der Dermatologie erst Licht durch die große Entdeckung Robert Kochs. Und es war Koch selber, der 1884 zuerst im Lupusgewebe Tuberkelbazillen nachwies, der einwandfreie Übertragungen auf Tiere ausführte und der direkt aus Lupus die Bazillen in Reinkultur züchtete. Damit war die tuberkulöse Natur des Lupus bewiesen. Trotzdem vermochte sich die neue Wahrheit nicht allsogleich durchzusetzen. Besonders ließen die Spärlichkeit der Bazillen in der lupösen Haut und die Inkonstanz der Tierversuche manche Autoren daran zweifeln, ob der Lupus wirklich eine echte Tuberkulose oder nicht vielleicht nur eine sehr abgeschwächte Form dieser Krankheit sei. Ganz ablehnend gegen das Neue verhielt sich auch hier Kaposi zu einer Zeit, wo schon Doutrelepont, Leloir, Neißer, Unna durch eigene Untersuchungen sich von der Richtigkeit der Kochschen Angaben überzeugt hatten.

Beginnt also mit der Entdeckung Kochs erst die eigentliche Geschichte der Hauttuberkulose, so sehen wir, wie in den folgenden Jahren das neue Gebiet nun rasch bebaut und erweitert wird. Schon lange bekannte, aber aus klinischen Gründen voneinander getrennte Krankheitsbilder werden in ihrer Zusammengehörigkeit erkannt und durch die gemeinsame ätiologische Definition vereinigt, neue klinische Typen beschrieben und den alten angegliedert. Die Diagnostik der Hauttuberkulose erfährt eine ungeahnte Bereicherung durch die Entdeckung des Tuberkulins. Nun aber leistet die dermatologische Klinik auch selbständig produktive Arbeit, ja sie schreitet mit der Aufstellung des Begriffes der „Tuberkulide" den Laboratoriumsdisziplinen voraus. Es wird ihr dauernder Ruhm bleiben, zuerst das Vorkommen tuberkulöser Affektionen entdeckt zu haben, die weder durch einen typischen anatomischen Bau, noch durch den erfolgreichen Bazillennachweis ohne weiteres zu erkennen sind, eine Tatsache, deren Erklärung erst die Immunitätsforschung der allerletzten Jahre gegeben hat.

In diesem letzten Jahrzehnt haben wir dann nochmals für die Erforschung der Hauttuberkulose große Anregung durch die experimentelle Bakteriologie und Serologie gehabt, und zwar zuerst indirekt durch die Fortschritte auf dem Gebiete der Syphilis. Das Tierexperiment kam zu neuer Geltung. Wie in der Syphilidologie versuchte man anfangs durch Versuche an Affen, später auch an Kaninchen und Meerschweinchen, manche der noch schwebenden Fragen zu lösen. Und manches, was auf diesem Wege nicht herauszubringen war, wurde klar durch das Studium der lokalen Tuberkulinreaktionen am Menschen, durch die Arbeiten v. Pirquets und Wolff-Eisners. Vieles befindet sich hier freilich erst in den Anfängen, und der weitere Erfolg wird von den Fortschritten der Immunitäts- und Überempfindlichkeitslehre abhängig sein.

Ganz außerordentlich in ihrer Vielseitigkeit und Neuheit sind in der erst so kurzen Geschichte der Hauttuberkulose die Errungenschaften der Therapie. Ohne von dem speziellen Ausbau der chirurgischen und chemischen Methoden für die Hauttuberkulose zu sprechen, wollen wir hier nur daran erinnern, daß durch die Einführung der Lichtbehandlung des Lupus durch Finsen etwas ganz Neues geschaffen wurde, und daß es kaum eine Entdeckung auf dem Gebiete der Strahlentherapie gab, die nicht auch für die Hauttuberkulose nutzbar gemacht wurde.

I. Allgemeiner Teil.

A. Ätiologie der Hauttuberkulose.

1. Der Tuberkelbazillus und seine Varietäten.

Unter „Hauttuberkulose" verstehen wir jede Erkrankung der Haut, die durch Tuberkelbazillen oder deren spezifische Derivate verursacht wird. Diese Definition ist absichtlich etwas weiter gefaßt als die von Jadassohn, welche noch die Anwesenheit lebender Bazillen am Orte der Erkrankung für den Begriff der Hauttuberkulose fordert. Es hat sich nämlich immer mehr gezeigt, daß es ganz unmöglich ist, hier eine feste Grenze zu ziehen. Davon wird noch des weiteren die Rede sein. Aber hier muß schon vorweggenommen werden, daß es Krankheitsbilder gibt, bei denen in manchen Fällen Bazillen im Schnitt gefunden werden, in manchen der Tierversuch positiv ausfällt, in andern alle Untersuchungsmethoden auf Tuberkelbazillen im Stiche lassen. Nun kann es ja sehr wohl sein — und es ist sogar nicht unwahrscheinlich —, daß die Bazillen immer lebend in die Haut gelangen und dort erst durch die Reaktion des Organismus zerstört werden, so daß sie für uns in vielen Fällen nicht mehr nachweisbar sind. Aber es liegt nicht außer dem Bereiche der Möglichkeiten, daß auch tote Bazillen oder sogar gelöste Stoffe von Bazillen ganz dieselben Wirkungen auszulösen vermögen, wenigstens im Bereich der Diffusionszone um einen Bazillus herum. Jedenfalls gibt es keine einzige Erkrankung unter den hierher gehörigen, von der wir mit Sicherheit beweisen könnten, daß sie nur durch den einen oder anderen Modus entsteht. Es können zahlreiche Übergänge existieren.

Daß nach der obigen Definition sogar die künstlich durch Tuberkulin erzeugten Läsionen unter den Begriff der „Hauttuberkulose" fallen, schadet nichts. Denn Affektionen, die morphologisch durchaus den Charakter einer auf natürlichem Wege entstandenen echten Hauttuberkulose trugen, hat im Anschluß an subkutane Tuberkulininjektionen schon Klingmüller beschrieben, obwohl lebende Bazillen in dem injizierten Präparat nicht nachweisbar waren. Und für die flüchtigen Reaktionen auf lokale Tuberkulinapplikation haben wir heute schon Analogien in mancherlei spontan entstehenden Hauterscheinungen.

Es kommt also nur auf den Tuberkelbazillus an, einerlei, ob lebend oder tot, ob in seiner Form erhalten oder gelöst. Aber der Tuberkelbazillus ist schon lange keine bakteriologische Einheit mehr. Für die menschliche Pathologie kommen von den bekannten Varietäten nur der Typus humanus und bovinus in Betracht. Infektionen mit dem Bazillus der Geflügeltuberkulose (einen solchen Fall hat kürzlich Lipschütz beschrieben) gehören zu den allergrößten Seltenheiten. Es ist noch in aller Erinnerung, wie

Koch, nachdem schon Th. Smith wesentliche Unterschiede herausgefunden hatte, 1901 für eine strikte Trennung des menschlichen und des Rinderbazillus eintrat. Er behauptete damals nicht bloß die Unschädlichkeit des Typus humanus für das Rind, sondern auch die große Seltenheit einer Infektion des Menschen durch Rinderbazillen. Gegen den letzten Teil der Behauptung wurde damals sofort mit Hinblick auf die Hauttuberkulose energisch und erfolgreich opponiert, und schon im folgenden Jahre erkannte Koch die Häufigkeit der Hautinfektionen durch Perlsuchtmaterial an, wenn er in ihnen auch nur leichte lokale Erkrankungen erblickte, die zu keiner Tuberkulose anderer Organe führen könnten.

Daß der Rindertuberkelbazillus beim Menschen eine Hauttuberkulose zu erzeugen vermag, ist heute eine unumstößlich bewiesene Tatsache. Eigentümlicherweise sind experimentelle Übertragungen aus älterer Zeit, über die Baumgarten berichtet, negativ ausgefallen. Ein ungenannter Arzt impfte, in der Absicht, maligne Tumoren durch Antagonismus zu heilen, Perlsuchtmaterial auf Menschen, erhielt aber nur spontan vernarbende, abszeßähnliche Herde an der Impfstelle. In der Praxis stellt sich aber die Sache ganz anders

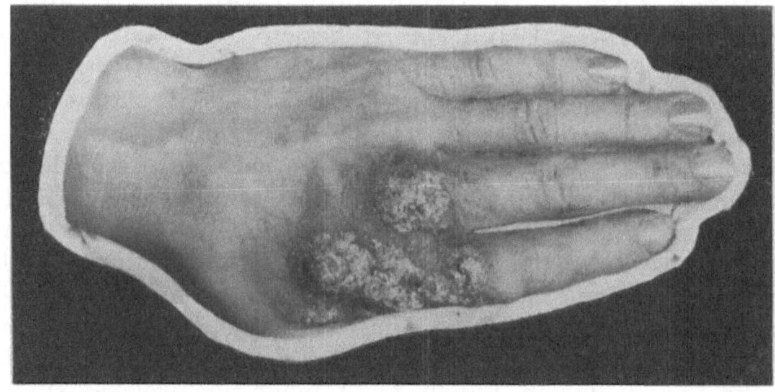

Abb. 1. Tuberculosis verrucosa cutis.

dar. Hier wird die unfreiwillige Überimpfung der Tuberkulose vom Rind auf die menschliche Haut gar nicht selten mit positivem Erfolge ausgeführt. Es handelt sich hier fast immer um Personen, die auf Schlachthöfen mit dem Schlachten tuberkulöser Rinder beschäftigt sind. Auf die hierdurch entstandene Krankheit, die Tuberculosis verrucosa der Schlachter, hat Lassar zuerst die Aufmerksamkeit gelenkt. Unter 365 Schlachthofbeamten fand er sieben mit typischen, drei mit suspekten Krankheitsherden. In seiner übrigen Klientel betrug das Verhältnis der an Tuberculosis verrucosa Erkrankten zu anderen Patienten dagegen nur $^1/_3{}^0/_{00}$. Joseph und Trautmann hatten unter 47 Patienten mit Tuberculosis verrucosa cutis acht Schlachter. Wichmann untersuchte sämtliche Beamten des Hamburger Schlachhofes. Von denjenigen, die mit tuberkulösen Tieren in Berührung kamen, hatten $4^0/_0$ eine sichere Hauttuberkulose an Händen oder Armen, $6^0/_0$ verdächtige Krankheitserscheinungen. Unter den Beamten, die mit tuberkulösem Vieh nichts zu tun hatten, fand sich keine einzige Erkrankung. Die Tuberculosis verrucosa der Schlachter ist heute geradezu als eine Gewerbekrankheit jedem Dermatologen bekannt. Die Infektion durch Rinder-Tuberkelbazillen ist hier aus klinischen Gründen gar nicht abzustreiten. Der Verlauf ist keineswegs immer so günstig, wie Koch angenommen hat; Übergang dieser Tuberkulose auf das Lymphsystem ist sehr häufig, fast die Regel, wie die Beobachtungen von Krause, Troje, Schindler zeigen.

Aber auch bakteriologisch ist die Infektion der menschlichen Haut durch den Typus bovinus des Tuberkelbazillus nachgewiesen worden. In einem Falle von Spronck und Hoefnagel, wo die Hauttuberkulose im Anschluß an eine Verletzung bei der Obduktion einer tuberkulösen Kuh auftrat, wurde der Beweis geführt durch Überimpfung des exstirpierten Herdes auf ein tuberkulosefreies Rind. Es entstand bei diesem eine generalisierte Tuberkulose, was bei Inokulation von menschlicher Tuberkulose niemals der Fall ist. Ganz dasselbe Ergebnis hatten neuerdings Cosco, Rosa und de Benedictis in einem analogen Fall. Kleine kultivierte aus fünf Fällen von Tuberculosis verrucosa bei Schlachtern die Tuberkelbazillen und konnte sie in allen fünf Kulturen mit dem Typus bovinus identifizieren. In neuerer Zeit hatte Heuser in einem sorgfältig untersuchten Fall von Schlachthofinfektion den gleichen Befund. Die Kultur ergab den Typus bovinus. Daß auch die Milch tuberkulöser Kühe beim Menschen eine Hauttuberkulose erzeugen kann, beweist ein Fall von A. Heller. Ein Arbeiter benutzte Milch zur Entfernung von Tätowierungen. An allen gestichelten und dann mit Milch imprägnierten Stellen bildeten sich tuberkulöse Hautläsionen.

Immer handelte es sich bei allen diesen Infektionen mit Tuberkelbazillen vom Rinde um die Erzeugung eines ganz bestimmten Krankheitsbildes, der Tuberculosis verrucosa cutis. Für den Lupus, die nicht minder häufige Reaktionsform auf Tuberkelbazilleninfektion von außen, hatte bis vor kurzem niemand an die Entstehung von einer Rindertuberkulose gedacht, jedenfalls nicht für den Durchschnitt der Fälle. Den Gedanken, daß Lupus überhaupt Rindertuberkulose sei, finden wir zuerst in den Mitteilungen von Raw und Engelbreth. Die Arbeit von Raw enthält nicht den Schatten eines Beweises für diese neue Lehre. Sie begnügt sich nur, auf die Seltenheit des Zusammenvorkommens von Lupus und Lungenphthise hinzuweisen und versteigt sich schließlich zu der kühnen Behauptung, daß der humane Typus des Tuberkelbazillus die Haut nicht angreife. Auch der Aufsatz von Engelbreth bietet statt wissenschaftlich verwertbarer Tatsachen nur oberflächliche, manchmal etwas dilettantisch anmutende Raisonnements; und es soll hier nur der Kuriosität halber erzählt werden, daß der gleiche Autor einige Jahre später mit derselben Scheinlogik den Beweis erbracht zu haben glaubte, daß, wie der Lupus von den Rindern, so die Lepra von den Ziegen ihren Ausgang nehme. Nur ein Argument von Engelbreth ist wert, kurz erörtert zu werden.

Der Lupus kommt, so heißt es, viel häufiger bei der ländlichen und viehzuchttreibenden Bevölkerung vor als bei den Bewohnern der Städte. Wenn das eine Tatsache ist, so bekommt sie doch erst für die Entstehung des Lupus eine gewisse Bedeutung nach der Entscheidung der Frage: Wie verhält es sich mit der Zahl der inneren Tuberkulosen in Stadt und Land? Man hat ja von vornherein die Neigung, die Gelegenheit zur Erwerbung einer Tuberkulose auf dem Lande geringer zu taxieren als in der Stadt. Das ist aber nicht berechtigt. Dörner hat vor kurzem für das Großherzogtum Baden nachgewiesen, daß die Tuberkulosemortalität dort, wo Landwirtschaft getrieben wird, keineswegs geringer ist als in den Städten. Mißverhältnis zwischen Größe des landwirtschaftlichen Betriebes und den vorhandenen Arbeitskräften, vermehrte Muskelarbeit bei Unterernährung, mangelhafte Hygiene sind Umstände, die auf dem Lande zur Verbreitung der Tuberkulose beitragen. Wo wir aber reichlich Gelegenheit zur Infektion von Mensch zu Mensch haben, ist es doch zum mindesten fraglich, ob die Hauttuberkulose vom Rinde erworben ist. Von diesem Gesichtspunkte aus hat Rupp in einer sehr instruktiven Arbeit das Hauttuberkulosematerial der Zielerschen Klinik in Würzburg geprüft. Zunächst beweist er aus den vorhandenen Statistiken, daß die Anschauung Engelbreths nicht stichhaltig ist. Die Ausbreitung des Lupus geht überall parallel mit der Verbreitung der menschlichen, besonders der Lungentuberkulose, nicht mit der Kurve der Rindertuberkulose. Die hochgradigen Lupusfälle sind auf dem Lande häufiger als in der Stadt, weil beginnende Fälle nicht beachtet und behandelt werden. Es zeigte sich bei Untersuchung von 80 Fällen der Würzburger Klinik, daß zwar die Mehrzahl der Patienten vom Lande war, daß aber die allermeisten teils Tuberkulosekranke in ihrer Familie hatten, teils selber an innerer Tuberkulose erkrankt waren. Bei zehn Patienten konnte sogar mit großer Wahrscheinlichkeit die direkte menschliche Infektionsquelle ermittelt werden. Daß eine für bovine Infektion sprechende Anamnese dennoch täuschen kann, dafür bringt Rupp folgendes Beispiel: Ein 30jähriger Landarbeiter, dessen eigene und Familienanamnese betreffs Tuberkulose negativ ist, der dagegen viel mit Vieh (Schlachten, Abziehen) beschäftigt ist, erkrankt an Lupus des Halses und der Hand. Die Untersuchung im Berliner Institut für Infektionskrankheiten ergibt Typus humanus.

Noch mehr Wert als selbst sorgfältige statistische und anamnestische Erhebungen haben natürlich exakte bakteriologische Untersuchungen. Es läßt sich ja heute der Typus humanus vom Typus bovinus ohne besondere Schwierigkeiten durch Kultureigenschaften und Tierpathogenität trennen. Zwar gibt es immer noch Autoren, die, wie Eber, diese Eigenschaften für nicht konstant halten, und die behaupten, es sei ihnen gelungen, eine Art durch Tierpassagen in die andere umzuzüchten. Doch sind gegen die Deutung der Eberschen Versuche von anderer Seite (Kossel, Neufeld, Dold und Lindemann) schwerwiegende Bedenken geltend gemacht und die Versuche selbst nicht bestätigt worden. Jedenfalls können wir praktisch mit festen Typen rechnen. Da ist nun in den letzten Jahren besonders an zwei Stellen Lupusmaterial in größerer Quantität untersucht worden; von der englischen Tuberkulosekommission und vom Berliner Institut für Infektionskrankheiten. Griffith von der englischen Kommission, der diesen Teil bearbeitet hat, fand unter 20 Lupusfällen 11 mal den Typus humanus, 9 mal den Typus bovinus. Aber die meisten humanen und bovinen Stämme verhielten sich atypisch in ihrer Virulenz für Tiere; die bovinen waren für Kaninchen und Rinder, die humanen für Affen und Meerschweinchen weniger pathogen als normale Kulturen. Etwas abweichend sind die Ergebnisse des Berliner Institutes, dessen Untersuchungen noch auf die Initiative von Koch zurückzuführen sind. Es scheint nämlich, daß Koch selber in seinen letzten Lebenstagen die Möglichkeit in Erwägung zog, daß beim Lupus, wegen dessen relativer Benignität der Persuchtbazillus eine ursächliche Rolle spielen könnte. Nach den Ergebnissen, die Rothe und Bierotte aus dem Institut für Infektionskrankheiten mitteilen, ist diese Rolle aber bedeutend geringer, als es der Bericht der englischen Kommission erwarten ließ. Von 28 Fällen, bei denen die Untersuchung abgeschlossen war, enthielten 23 den Typus humanus, 4 den Typus bovinus. Ein Fall gab ein merkwürdiges Resultat: Es bestanden bei dem Patienten zwei Lupusherde, einer an der Nase, der andere am After. Der letztere ergab nun den Typus humanus, der erstere den bovinus. Es handelte sich also wohl um zwei verschiedene Infektionen bei demselben Individuum.

Rothe und Bierotte berechnen also für den Lupus 85,2% humane, 14,8% bovine Infektionen. Und wir haben nun zu fragen, wie sich der Prozentsatz bei anderen Lokalisationen der Tuberkulose stellt. Von der Lungentuberkulose müssen wir hier absehen. Denn nach der Berechnung von Kossel beträgt hier die Beteiligung des Typus bovinus nur 0,6%. Für die übrigen Formen der Tuberkulose bleiben dagegen 16%. Nun sind aber hier die Halsdrüsen- und Intestinaltuberkulosen der Kinder mit eingerechnet, bei denen der Prozentsatz bis 50% ansteigt, während für die Meningitis tuberculosa 11%, für die Knochen- und Gelenktuberkulosen nur 5% bleiben. Demnach wäre der Anteil des Perlsuchtbazillus an der Erzeugung des Lupus immer noch größer als bei manchen anderen Lokalisationen der Tuberkulose. Aber wir müssen berücksichtigen, daß die Zahl der untersuchten Lupusfälle einstweilen noch zu klein ist, um ein endgültiges Resultat zu liefern. Nehmen wir selbst 14% als richtig an, so heißt das jedenfalls, daß die ganz überwiegende Mehrheit der Lupuserkrankungen der Infektion mit menschlichem Material seine Entstehung verdankt. Der Lupus ist im allgemeinen keine Rindertuberkulose.

Eine besondere Abschwächung des Virus, wie sie Griffith bei Lupus beobachtet haben will, und wie sie schon früher manche Autoren aus klinischen Gründen annahmen, haben Rothe und Bierotte nicht feststellen können. Die geringe Infektiosität des Lupusmaterials im Tierversuch schieben sie auf die geringe Anzahl der vorhandenen Bazillen. Das entspricht auch im ganzen den Beobachtungen, die ich bei der direkten Kultivierung der Tuberkelbazillen aus Lupus gemacht habe. Bei den zehn Stämmen aus Lupus und drei aus Skrofuloderm, die ich damals gezüchtet hatte, war die Virulenz allerdings geringer als bei einigen stark virulenten Laboratoriumsstämmen aus innerer Tuberkulose, mit denen ich später zu arbeiten Gelegenheit hatte. Aber sie war im ganzen ebenso stark wie bei den Stämmen, die ich aus dem Eiter chirurgischer Tuberkulosen kultivierte. Systematische Untersuchungen über Typus humanus und bovinus habe ich nicht angestellt. Doch verhielten sich meine Stämme im Kaninchenversuch alle wie der Typus humanus.

2. Die Beweise für die tuberkulöse Natur einer Hauterkrankung.

Das gesamte Gebiet der Hauttuberkulose ist heute noch keineswegs fest begrenzt. Bei einer ganzen Anzahl von Krankheitsbildern wird noch gestritten, ob sie zur Hauttuberkulose gehören oder nicht. Es gibt eine Gruppe zum größten Teil französischer Autoren, welche die Tendenz hat, dieses Gebiet derartig zu erweitern, daß allmählich der größte Teil der Dermatologie in der Lehre von der Hauttuberkulose aufzugehen scheint. Die Auffassungen sind eben verschieden. Sollen klinische Eindrücke oder wissenschaftliche Beweise maßgebend sein? Wir müssen uns an letztere halten; und deshalb scheint es uns notwendig, gleich zu Anfang diejenigen Punkte zu formulieren, denen man eine Beweiskraft für die tuberkulöse Natur einer Hautläsion zusprechen kann. Die Beweismittel sind ihrem Werte nach durchaus verschieden. Ich möchte hier vier Abstufungen machen. Als Beweise erster Ordnung gelten diejenigen, die den Nachweis der Erreger durch das Mikroskop oder durch Anreicherung in Kultur oder Tierversuch anstreben. Die zweite Stufe nehmen die Reaktionen ein, die den Bazillus aus den Wirkungen seiner spezifischen biologisch-chemischen Produkte im Organismus erkennen wollen. In dritter Linie kommen die morphologisch-anatomischen Reaktionen des befallenen Organismus, makroskopisch-klinische und mikroskopisch-histologische. Die vierte Gruppe endlich wird gebildet von einer Reihe an sich weniger wertvoller Momente, dem Vorkommen einer Affektion bei Tuberkulösen, Zusammenauftreten mit sicheren Hauttuberkulosen, dem Einfluß der Therapie (Diagnose ex juvantibus) etc.

a) Beweise erster Ordnung: Direkter Nachweis des Tuberkelbazillus.

Als einzig sicherer Beweis, der jede andere Argumentation überflüssig macht, kann nur der direkte Nachweis des Bazillus im Krankheitsherd angesehen werden. Wie ist dieser Beweis zu erbringen? Sicher kommt der Demonstration des Tuberkelbazillus im Schnittpräparat die größte, wenn auch nicht ausschließliche Bedeutung zu. Doch muß sogleich betont werden, daß sich die Bazillen auch tatsächlich inmitten des histologisch erkrankten Gewebes befinden müssen, und nicht etwa an der Oberfläche in Krusten und Borken, die der Verunreinigung von außen ausgesetzt gewesen sind. Hier ist immer eine Verwechselung mit säurefesten Saprophyten nicht ausgeschlossen. Daß selbst in pathologischen Prozessen säurefeste, von Tuberkelbazillen morphologisch nicht zu unterscheidende Bazillen vorkommen, beweisen zwei Beobachtungen von Preis. In dem Eiterausstrich plaqueförmig agminierter perifollikulärer Abszesse wurden solche Bakterien in großer Anzahl gefunden. Doch verloren sie in Schnittpräparaten ihre Säurefestigkeit. In Gewebsschnitten mit Tuberkelbazillen verwechselt werden kann von den bekannten Mikroorganismen nur der Leprabazillus. Wo also differentialdiagnostische Zweifel zwischen Lepra oder Tuberkulose bei positivem Bazillenbefund obwalten, ist der Tierversuch unbedingt zur Entscheidung zu fordern, dessen positiver Ausfall die Tuberkulose beweist, dessen Versagen für Lepra spricht. Im strengsten Sinne einer Beweisführung ist natürlich diese Ergänzung der mikroskopischen Untersuchung immer zu verlangen.

Färbung der Tuberkelbazillen in Schnitten nach Ziehl und Much. Die Technik des Bazillennachweises in Schnitten unterscheidet sich im allgemeinen nicht von der bei anderen Organen üblichen. Wir müssen in der Regel bei tuberkulösen Hautläsionen damit rechnen, daß nur sehr wenige Krankheitserreger im Herde vorhanden sind. Schon den ersten Untersuchern des Lupus ist es aufgefallen, daß oft viele Schnitte durchmustert werden mußten, ehe es gelang, einen einzigen Bazillus zu entdecken. Es ist also Wert darauf zu legen, daß bei den Entfärbungsprozeduren nach Ziehl auch nicht ein Bazillus für die Darstellung verloren geht. Zu diesem Zwecke hat man speziell für die Haut empfohlen, die Kontrastfärbung der Kerne fortzulassen. Das erschwert aber das Auffinden der Tuberkelbazillen doch ein wenig, und ich habe die Erfahrung gemacht, daß eine Kernvorfärbung mit Hämatoxylin (Methode von Schmorl) nichts schadet, und die Präparate für histologische Zwecke bedeutend brauchbarer macht.

Hier müssen nun die bekannten Untersuchungen von Much erwähnt werden, der eine nach Ziehl nicht darstellbare granuläre Form des Tuberkulosevirus beschrieben hat, zu deren Sichtbarmachung es einer prolongierten Gramfärbung bedarf. Diese Befunde von Much sind von den meisten Autoren anerkannt. Nur Bittrolff und Momose behaupten, daß es kein Virus gibt, das sich nicht ebenfalls durch eine verlängerte Ziehlfärbung nachweisen läßt. Sie geben aber die Brauchbarkeit des Muchschen Verfahrens für Schnitte zu. Es ist aber für Schnitte und ganz speziell für Hautpräparate zu bemerken, daß nur Stäbchen von charakteristischer Form und Größe oder in typischem Stäbchenverband liegende Granula als beweisend angesehen werden können. Denn bei einem Organ wie die Haut, ist es fast ausgeschlossen, daß absolut jeder Niederschlag bei der Färbung vermieden wird, der einmal zur Verwechselung mit einzeln liegenden Granulis führen könnte. Aber auch so ist die Muchsche Färbung für die Erkennung der Hauttuberkulose eine wertvolle Bereicherung. Es ist sicher, daß mit ihrer Hilfe der Bazillennachweis leichter gelingt als mit dem Ziehlschen Verfahren, wenn auch — das dürfen wir uns nicht verhehlen — die nach dieser Methode gefärbten Bazillen immer noch etwas Überzeugenderes haben. Aber vielleicht macht das nur die alte Gewohnheit. Bei 20 Lupusfällen fanden Boas und Ditlevsen nach Much in allen, nach Ziehl nur in vier Fällen Tuberkelbazillen. Friedländer konnte bei Lupus vulgaris in 60 Schnitten nach Ziehl nur einen Tuberbelbazillus nachweisen, nach Much dagegen einen in jedem vierten bis fünften Schnitt. Auch ich habe, wie zusammen mit Arning bei der Lepra, so auch bei Hauttuberkulose mit der Muchschen Färbung gute Erfahrungen gemacht. Zwar hat sie bei den meisten der sog. „Tuberkulide" genau so versagt, wie die Ziehlsche. Doch ist hier wohl schon ein weitgehender Zerfall der Bazillen in den Läsionen der Untersuchung voraufgegangen. Immerhin ist mir in einem Fall von Lichen scrofulosorum nach Much der Nachweis eines typischen Bazillus geglückt.

Das Antiforminverfahren. Große Hoffnungen hat man auch in der Dermatologie auf das Uhlenhutsche Antiforminverfahren gesetzt. Bei der Spärlichkeit der Tuberkelbazillen in der tuberkulösen Haut schien es aussichtsreich, durch Zerstörung des Gewebes die Bazillen sichtbar zu machen, besonders bei Kombination mit der Muchschen Methode. Es hat denn auch eine ganze Anzahl Autoren diese Untersuchungen vorgenommen, und der Erfolg schien den Erwartungen zu entsprechen. Über ausschließlich positive Resultate bei Lupus vulgaris berichteten Krüger, Hidaka, Friedländer; über recht günstige Lier und Merkel. Und nachdem das Verfahren am Lupus geprüft war, lag es nahe, es gerade für diejenigen Läsionen heranzuziehen, deren bazilläre Natur bisher noch bezweifelt wurde, für die sog. „Tuberkulide" und den Lupus erythematodes. Neben den eben genannten Autoren hat sich vor allem Arndt mit diesen Untersuchungen beschäftigt. Allen gelang es, die Zahl der positiven Befunde für die Tuberkulide durch Antiformin und Muchsche Färbung zu erhöhen. Besonderen Eindruck machten die Resultate, die von Arndt, Hidaka und Friedländer bei Lupus erythematodes erzielt wurden, denn hier schien es sich um die endgültige Entscheidung einer lange diskutierten Streitfrage zu handeln. Das wäre auch der Fall, wenn das Verfahren frei von Fehlerquellen wäre. Leider haben neuere Untersuchungen diese Illusionen zerstört. Daß säurefeste Bazillen aus dem Leitungswasser bei dem Antiforminverfahren mit Tuberkelbazillen verwechselt werden können, ist nach den Untersuchungen von Beitzke nicht zu bezweifeln. Ebenso ist es sicher, daß Lykopodiumsporen in Färbung und Gestalt den Tuberkelbazillen täuschend ähnlich werden können. Das hat schon früher Delbanco, neuerdings wieder Bontemps hervorgehoben, und ich habe selber Gelegenheit gehabt, mich von der Richtigkeit dieser, wie der Beitzkeschen Angaben zu überzeugen. Aber diese Fehlerquellen würden sich bei peinlichster Vorsicht vermeiden lassen. Bedeutungsvoller ist ein anderer Umstand, auf Grund dessen ich schon vor zwei Jahren vor der Überschätzung des Antiforminverfahrens für die Haut gewarnt habe. Es kommen auf der normalen Hautoberfäche säurefeste Bazillen als Saprophyten vor. Nun haben zwar Friedländer und Hidaka Kontrolluntersuchungen mit normalen Hautstücken gemacht. Der erstgenannte Autor hat dabei negative Resultate erhalten, Hidaka kurze, dicke und schlanke säurefeste Bazillen von Tuberkelbazillen-Ähnlichkeit gefunden, die aber jede Granulierung vermissen ließen.

Es wird daher diese als wesentlich für die Diagnose des Tuberkelbazillus angesehen. Das ist schon ein Mißstand, denn es gibt unzweifelhaft in Kulturen und pathologischen Läsionen zahlreiche ungranulierte Formen virulenter Tuberkelbazillen. Ferner beweisen die Kontrolluntersuchungen normaler Haut noch nichts für die pathologischen Zustände dieses Organs, besonders wo diese mit Krusten- und Borkenbildungen einhergehen, wie beim Lupus erythematodes. Es ist sehr wohl möglich, daß hier eine Vermehrung der normalerweise vorhandenen saprophytischen Bakterienflora stattfindet. Jadassohn hat deshalb schon den Bazillennachweis in Krusten für nicht beweisend erklärt. Das Antiforminverfahren aber läßt keinen Schluß mehr zu, woher denn eigentlich die im Mikroskop eingestellten Bazillen stammen.

Die schwerste Erschütterung für das Ansehen des Antiforminverfahrens ist noch von anderer Seite gekommen. Nachdem Liebermeister zuerst auf das Vorkommen von Tuberkelbazillen in der Blutbahn Tuberkulöser aufmerksam gemacht hat, haben zahlreiche Autoren diese Angaben mit Hilfe des Antiforminverfahrens nachgeprüft und sind dabei zu einer immer wachsenden, schließlich zu einer erstaunlich hohen Zahl positiver Befunde auch bei leichtesten Erkrankungen gekommen (Schnitter, A. Lippmann, Jessen und Lydia Rabinowitsch, E. Rumpf, Kennerknecht, Krabbel u. a.). Zuletzt haben dann Bacmeister und Rueben die als Tuberkelbazillen angesprochenen Gebilde im Blute von Personen gefunden, die klinisch anamnestisch und nach dem Ausfall der Pirquet-Reaktion frei von Tuberkulose waren; auch im Blute normaler Kaninchen waren sie vorhanden. Nach E. Kahn sind es die isolierten Stromata der roten Blutkörperchen, die einen hohen Grad von Säurefestigkeit besitzen, die bei Ziehlfärbung rot bleiben und jene falschen Tuberkelbazillen darstellen. Aber auch mit der Muchschen Färbung hat Göbel bei gesunden wie bei kranken Personen in gleicher Weise Bazillen im Antiforminsediment gefunden. Die Antiforminmethode hat damit für Blutuntersuchungen jeden Wert verloren. Der Schluß daraus auf ihre Bedeutung für die Hauttuberkulose ist leicht. Bei Untersuchung größerer Stücke von Hautaffektionen, die einen gewissen Blutreichtum haben, wie der Lupus erythematodes, hat der mikroskopische Nachweis einzelner tuberkelbazillenähnlicher Gebilde durch das Antiforminverfahren wenig oder nichts zu bedeuten. Sollten allerdings die Stäbchen bei irgend einer Läsion in größerer Zahl in absolut typischer Form, auch in granulierter Gestalt auftreten, so gibt das ein starkes Verdachtsmoment für Tuberkulose und ermuntert dazu, mit anderen Methoden weitere Beweise herbeizuschaffen. Das Antiforminverfahren allein kann als ein Beweismittel erster Ordnung nicht mehr betrachtet werden.

Das Kulturverfahren. Die einzige Methode, die für sich allein ohne jede Ergänzung durch andere Untersuchungen ausreicht, um die tuberkulöse Ätiologie einer Hautkrankheit zu beweisen, ist eigentlich die Kultivierung des Tuberkelbazillus direkt aus der Läsion. Denn hier sind Fehlerquellen kaum vorhanden. Bei dem gleich zu besprechenden Kulturverfahren darf kein fremder Keim dem Ausgangsmaterial beigemischt sein, wenn die Tuberkelbazillen sich entwickeln sollen. Es wird damit der einzige Einwand hinfällig, den man allerdings machen könnte, die Tuberkelbazillen könnten von der Hautoberfläche stammen. Denn wenn wirklich einmal bei tuberkulösen Individuen Tuberkelbazillen sich an der äußeren Haut finden sollten, so ist es doch kaum anzunehmen, daß sie als einzige Verunreinigung der Hautdecke hier in Reinkultur vorhanden sind. Die Kultur des Tuberkelbazillus ist so charakteristisch, daß sie mit keiner von irgend einem anderen Mikroorganismus verwechselt werden kann. Leider aber bereitet die Züchtung des Tuberkelbazillus aus Hautläsionen so große Schwierigkeiten, daß sie einstweilen nur geringe praktische Bedeutung hat. Trotzdem möchte ich wegen der prinzipiellen Wichtigkeit noch einmal auf die Methode hinweisen, mit der es mir seit Koch zuerst wieder gelungen ist, die Tuberkelbazillen direkt aus der erkrankten Haut in Reinkultur darzustellen.

Als Nährboden benutzte ich die zuerst von Pawlowsky, später von Krompecher und Zimmermann für die chirurgischen Tuberkulosen empfohlene glyzerinierte Kartoffel. In 5%igem Glyzerinwasser erweichte und sterilisierte Kartoffelhalbzylinder stehen in Röhrchen, mit ihrer unteren Hälfte in 5%iges Glyzerinwasser eingetaucht. Nicht jede Kartoffelsorte ist geeignet. Bevor man zur Impfung von Hautmaterial übergeht, probiert man den Nährboden am besten mit einem sicher Tuberkelbazillen enthaltenden Eiter von chirurgischer Tuberkulose aus. Das Schwierige bei der Verwendung von Hautmaterial ist der Umstand, daß die Oberfläche absolut keimfrei sein muß, und die Läsion selber mit keinem anderen Mikroorganismus sekundär infiziert sein darf. Es muß also der Exzision oder Exkochleation der erkrankten Hautstelle eine peinliche Oberfächendesinfektion vorangehen, wobei aber das Desinfizienz am Schluß wieder vollständig entfernt werden muß. Die Operation selber muß mit einer im strengsten bakteriologischen Sinne einwandfreien Asepsis ausgeführt werden. Das Material wird auf das Feinste zerkleinert, zum Teil auf die Kartoffel, zum Teil in das Glyzerinwasser verimpft. Das Wachstum wird makroskopisch sichtbar nie vor der fünften Woche, meist erst nach sechs bis acht Wochen, entsprechend der geringen Anzahl der Bazillen im Ausgangsmaterial. Ich konnte mit diesem Verfahren aus zehn Lupus- und drei Skrofulodermfällen die Bazillen züchten. Dagegen hatte ich bei einigen Fällen von „Tuberkuliden“ kein Resultat. In einem Falle erwies sich die Kultur dem Tierversuch überlegen. Es wurden hier gleichgroße Stücke von einem Lupus auf Glyzerinkartoffel gebracht und einem Meerschweinchen inokuliert. Die Kultur gelang nach fünf Wochen, während das Tier innerhalb fünf Monaten keine Erkrankung zeigte und einen negativen Sektionsbefund lieferte. Man sollte also bei Hautmanifestationen, deren tuberkulöse oder bazilläre Natur fraglich ist, immer einmal wieder die Kultur versuchen, da jeder einzelne positive Fall von großer Wichtigkeit wäre. Eine Einschränkung erfährt ja leider die Anwendung der Methode dadurch, daß nur Läsionen mit glatter, nicht ulzerierter oder krustöser Oberfläche sich zur Kultivierung eignen.

Der Tierversuch. Weit geläufiger als die Züchtung des Tuberkelbazillus auf künstlichem Nährboden ist dem Praktiker die Anreicherung der Bazillen durch Übertragung auf einen empfänglichen Tierkörper. Als solcher kommt eigentlich nur das Meerschweinchen in Betracht. Denn von den kostspieligen Versuchstieren, wie Affen, ganz abgesehen, bliebe nur noch das Kaninchen. Dies aber verhält sich gegenüber einer Infektion mit dem Typus humanus des Tuberkelbazillus zu ungleichmäßig, um auch nur als einigermaßen zuverlässiger Indikator für die Anwesenheit von Tuberkelbazillen dienen zu können. Auch die Impfung in die vordere Kammer des Auges gibt nicht immer sichere Resultate und hat den Nachteil technischer Schwierigkeit und der Unmöglichkeit, größere Mengen Materials zu verwenden. Das Meerschweinchen ist von allen Versuchstieren sicher das empfindlichste, wenn auch nicht so absolut empfindlich gegen Tuberkelbazillen, wie manchmal angenommen wird. Zwar sollen ein bis zwei Exemplare von Tuberkelbazillen aus einer virulenten Perlsuchtkultur genügen können, um ein Meerschweinchen zu infizieren, aber bei Verwendung von Hautmaterial in der Praxis verhält es sich doch wohl anders. Erstens sind die Tuberkelbazillen häufig nicht sehr hochvirulent, zweitens sind sie oft in äußerst geringer Anzahl und drittens werden mit dem kranken Gewebe vielleicht auch Antikörper mit übertragen, die im Verein mit den allgemeinen Abwehrkräften des normalen Organismus genügen könnten, einzelne Exemplare von Tuberkelbazillen zu vernichten.

Das letztere ist freilich noch hypothetisch; sicher ist nur, daß der Meerschweinchenversuch ein relativ grobes Reagens auf Tuberkelbazillen ist, daß ihm unter Umständen sogar der Kulturversuch überlegen sein kann, wie wir eben gesehen haben. Deshalb haben auch negative Resultate keine Bedeutung. Trotzdem das geimpfte Tier gesund blieb, konnte das Impfmaterial einer Läsion entstammen, die von Tuberkelbazillen verursacht worden war. Dagegen ist ein positiver Tierversuch bei einer fraglichen Affektion von großer. oft von prinzipieller Wichtigkeit. Die Fehlerquellen sind gering, aber sie sind vorhanden. Als wichtigste wäre die Spontantuberkulose der Meerschweinchen zu nennen. Sie ist in guten, mit allen modernen hygienischen Einrichtungen ausgestatteten Stallungen sicher sehr selten, aber sie kommt immer wieder einmal vor, besonders wenn frisches Tiermaterial von außerhalb geliefert wurde. Einen gewissen Schutz vor Irrtümern kann es hier geben, wenn genau beachtet wird, ob Lokalisation und Ausbreitung auch wirklich der Art, dem Ort und der Zeit der Impfung entsprechen. Ein Widerspruch in dieser Beziehung muß auch an Pseudotuberkulose denken lassen. So ist es mir passiert, daß ein mit tuberkelbazillenhaltigem Material kutan geimpftes Tier schon drei Wochen später einging und bei der Sektion eine über fast alle Organe verbreitete grobknotige, gewissen Tuberkuloseformen täuschend ähnliche Affektion zeigte. Die mikroskopische Untersuchung ergab aber, daß es sich nicht um Tuberkelbazillen, sondern um Bazillen aus jener Gruppe handelte, die Saisawa vor kurzem als Erreger der Pseudotuberkulose beschrieben hat. Eine mikroskopische Untersuchung sollte auch sonst in jedem wichtigen Falle bei positiven Tierversuchen angestellt werden.

Als Art der Impfung ist für Hautmaterial doch wohl am meisten die tief subkutane resp. subfasziale Impfung zu empfehlen. Das Material soll möglichst fein zerkleinert in die Impftasche hineingeschoben werden. Man kann dann mit Vorteil die Quetschung der regionären Drüsen nach dem Vorschlag von A. Bloch vornehmen. Man bekommt so zuweilen früher ein definitives Resultat. Zur Abkürzung der Dauer der Experimente kann dann ferner die intrakutane Tuberkulininjektion nach Esch bei dem geimpften Tier ausgeführt werden, wodurch allerdings wieder eine neue Fehlerquelle eingeführt wird. Um diese ganz auszuschließen, muß in jedem Falle der Versuch bis zu Ende abgewartet werden, das heißt entweder bis zu dem spontanen Exitus des Tieres oder doch bis mehrere Monate nach der Impfung. Wie lange die Zeit zu bemessen ist, nach welcher man ein Versuchstier töten kann, ohne das Resultat des Versuches dadurch störend zu beeinflussen, ist noch nicht ganz sicher entschieden. Ich glaube, daß eine Infektion, die nach sechs Monaten noch keinerlei feststellbares Resultat ergeben hat, auch weiterhin wenig Aussicht auf einen positiven Ausfall bietet. Bei der Spärlichkeit der Tuberkelbazillen in Hautläsionen darf man sich aber jedenfalls auf etwas längere Zeit gefaßt machen als bei Verimpfung andersartigen Materials. Es sei auch hier bereits auf die Serienimpfungen hingewiesen, die Br. Bloch zuerst beim Lupus erythematodes mit Erfolg angewandt hat und die dort noch ausführlicher besprochen werden sollen.

b) Beweise zweiter Ordnung: Nachweis des Tuberkelbazillus aus spezifischen Reaktionen.

Als Beweise zweiter Ordnung für die tuberkulöse Natur einer Hautaffektion sehen wir jene an, die nicht mehr den Bazillus selbst demonstrieren, sondern seine Anwesenheit aus spezifischen biologischen Gegenreaktionen des Organismus erkennen wollen, mit anderen Worten: Aus der Bildung von Antikörpern. Als wichtigste unter allen Antikörperreaktionen gilt uns für die Tuberkulose noch immer die Tuberkulinreaktion. v. Pirquet und Schick sind die ersten gewesen, die das Wesen dieser Reaktion als einer Antikörperreaktion richtig erkannt haben. Wir werden auf die Theorie der Tuberkulinwirkung selbst in diesem Buche, das einen Spezialteil der Tuberkulosefrage behandelt, noch einmal ausführlich zurückkommen müssen bei der Erklärung der Pathogenese. Es sollen hier daher nur einige Sätze Platz finden, die das Notwendigste über unsere Kenntnisse und Anschauungen vom Wesen der diagnostischen Tuberkulinreaktion aussagen.

Das Tuberkulin — wir nehmen hier das Alttuberkulin Koch als Vertreter für alle Tuberkuline an — enthält das wesentliche, oder vielleicht besser ein wesentliches Prinzip des Tuberkelbazillengiftes. Seine Wirkung gleicht am meisten der abgetöteter Tuberkelbazillen. (Viele Tuberkuline sind ja nichts anderes als abgetötete Tuberkelbazillen.) Das Tuberkulin ist kein primäres Gift, wie das Tetanus- oder Diphtherietoxin. Für den normalen Organismus, der vorher nie mit Tuberkelbazillen in Berührung gekommen ist, ist es ohne jede spezifische Wirkung. Nur bei Individuen, die einmal mit Tuberkelbazillen infiziert worden sind, ruft es lokal Entzündungen und allgemein Fieber hervor. Der infizierte Organismus liefert also selbst einen Faktor zum Zustandekommen der Tuberkulinreaktion. Wir können uns die Tätigkeit des Organismus beim Mechanismus der Reaktion nach den Untersuchungen von Pirquet und Schick nicht anders erklären als durch die Wirkung spezifischer Antikörper. Welcher Art diese Antikörper sind, darüber herrscht allerdings noch nicht völlige Klarheit. Zur Zeit, als man noch, wie Wolff-Eisner anfangs, als wirksamen Hauptbestandteil des Tuberkulins Bazillentrümmer und kleinste korpuskuläre Elemente annahm, dachte man an Lysine. Der Organismus des Tuberkulösen sollte Antikörper enthalten, die imstande wären, jene korpuskulären Bestandteile aufzulösen und daraus das spezifische Gift in Freiheit zu setzen. Nachdem sich aber gezeigt hat, daß es nicht nur mit völlig bazillenfreien Filtraten gelingt — das hatten schon früher Klingmüller und A. Kraus nachgewiesen —, Tuberkulinreaktionen zu erzeugen, sondern sogar durch Dialysate von Tuberkulin, wie in den Versuchen von Zieler, kann man durch eine rein physikalische Lyse nicht alles mehr erklären. Wahrscheinlich handelt es sich um einen chemischen Abbau, eine Aufschließung des Tuberkulins. Wolff-Eisner hat diesen Prozeß der Albuminolyse an die Seite gestellt, und in diesem Sinne kann man auch hier weiter allgemein von Lyse und Lysinen sprechen oder — wie Sahli das tut — von Chemolysinen. Durch die Wirkung dieser Chemolysine wird also das Tuberkulin abgebaut, und dabei entsteht ein toxisch wirkender Körper, das „Tuberkulopyrin", wie ihn Sahli jetzt nach Ebers Vorgange nennt. Dieses Tuberkulopyrin ist die eigentliche Quelle der entzündlichen Reaktionen, die wir als Tuberkulinreaktionen wahrnehmen. In günstigen und mit Erfolg behandelten Fällen kann das Tuberkulin unter dem Einfluß der chemolytisch wirkenden Antikörper so rasch zerlegt werden, daß das Tuberkulopyrin sofort in andere ungiftige Substanzen verwandelt wird. Es kommt dann eine klinisch wahrnehmbare Reaktion nicht mehr zustande. Diese neuere Erklärung, die Sahli in Anlehnung an Friedberger und Schütze für das Ausbleiben der Reaktion gerade in besonders günstigen Fällen gibt, hat noch mehr Wahrscheinlichkeit für sich als seine frühere Erklärung, die neben der lytischen noch eine antitoxische Immunität annahm. Danach würde gegen das infolge der Lysinwirkung frei gewordene Toxin noch ein antitoxischer Antikörper gebildet, der es verankert und nicht zur Wirkung gelangen läßt. Jedenfalls ist es einfacher und durch den Vergleich mit der Eiweißverdauung berechtigt, in dem Tuberkulopyrin nur ein bestimmtes Stadium des Tuberkulinabbaues zu sehen.

Als Hauptbildungsstätte der Antikörper haben wir mit einer gewissen Wahrscheinlichkeit die tuberkulösen Krankheitsherde selbst anzusehen. Von hier aus gelangen die Antikörper in das Serum. Wird nun Tuberkulin in genügender Quantität in den Körper eingeführt, so wird ein Teil schon im Blutserum aufgeschlossen, das frei gewordene Toxin ruft die Fiebererscheinungen hervor, die wir als Allgemeinreaktion bezeichnen. Ein anderer Teil gelangt unverändert bis zu den Krankheitsherden, wird hier von den besonders zahlreich vorhandenen Antikörpern angegriffen und erzeugt nun durch das frei werdende Gift die lokale Reaktion. Nehmen wir in diesem Falle den Krankheitsherd in der Haut an, so hätten wir eine positive allgemeine und Lokalreaktion. Wird zu wenig Tuberkulin injiziert (wir sprechen einstweilen nur von subkutaner Injektion), so wird alles Tuberkulin schon im Serum verarbeitet, oder in leichter zugänglichen Krankheitsherden innerer Organe, und es gelangt nichts mehr unverändert zum Krankheitsherde in der Haut. Dann gäbe es eine positive allgemeine, bei negativer lokaler Reaktion. Stellen wir uns vor, der Organismus habe spontan oder durch frühere spezifische Behandlung besonders reichliche Antikörper gebildet, so kann jede Reaktion, allgemeine wie lokale, ausbleiben, weil das freigewordene Toxin sofort weiter abgebaut wird. Führen wir schließlich Tuberkulin ein zu einer Zeit, wo jede Antikörperbildung daniederliegt, sei es wegen interkurrenter Infektionskrankheiten, wie Masern, oder in vorgerückten Stadien der Phthise, so bekommen wir keine Reaktion, weil das Tuberkulin nicht mehr aufgeschlossen wird, also keine Toxine frei werden.

Das wären die hauptsächlichen Eventualitäten für die subkutane Tuberkulininjektion. Es wäre höchstens noch hinzuzufügen, daß manchmal hierbei die lokale Reaktion eines Hautherdes fehlen kann, weil dieser, in Narbengewebe eingebettet, infolge schlechter Zirkulationsverhältnisse kein Tuberkulin zugeführt bekommt. Für die kutanen Tuberkulinreaktionen bei Hauttuberkulose sind noch andere Möglichkeiten zu beachten. Ein tuberkulöser Hautherd kann genügen, um hinreichend Antikörper in das Serum übergehen zu lassen, so daß an jeder Stelle der Haut das applizierte Tuberkulin mit diesen in Berührung kommt. Wir hätten dann also z. B. überall, wo wir die Pirquet-Reaktion anstellen, ein positives Resultat. In einem anderen Falle dagegen mag es sich um einen kleinen beginnenden Herd primärer Hautinfektion handeln, von dem noch keine oder wenig Antikörper für den übrigen Organismus geliefert werden. Die kutane Impfung nach v. Pirquet wird dann an irgend einer beliebigen Stelle der normalen Haut negativ sein. Führen wir sie dagegen im Krankheitsherd selber aus, so wird sie positiv, weil hier allein Antikörper in genügender Konzentration vorhanden sind.

Was beweist das Ergebnis einer subkutanen Tuberkulininjektion für die tuberkulöse Ätiologie einer Hauterkrankung? Die Bedeutung einer Allgemeinreaktion ist in diesem Falle recht gering. Sie sagt nur aus, daß das Individuum einmal mit Tuberkelbazillen in Berührung gekommen ist, eine tuberkulöse Erkrankung durchgemacht hat, aber nicht einmal, daß jetzt noch eine aktive Tuberkulose besteht. Da nun die überwiegende Mehrzahl aller Menschen in diesem Sinne nicht als tuberkulosefrei zu bezeichnen ist, da ferner nicht tuberkulöse Hautleiden ungeheuer häufig sind, so beweist das Zusammentreffen einer Hautaffektion mit einer positiven Allgemeinreaktion auf Tuberkulin noch nicht das geringste. Freilich mag es zu denken geben, wenn eine bestimmte Hautaffektion sich ausschließlich bei solchen Menschen findet, die auf Tuberkulin sehr stark reagieren. Das könnte immerhin ein Verdachtsmoment für Tuberkulose liefern, aber auch nicht mehr. Im allgemeinen kann man sagen, daß es mit der Allgemeinreaktion auf Tuberkulin ähnlich liegt wie mit der Wassermannschen Reaktion. Auch sie beweist nur, daß ein Individuum einmal Lues gehabt hat, nicht daß eine bei diesem Individuum aufgetretene Hautkrankheit Syphilis sein muß. Da nun noch sehr viel mehr Menschen Tuberkulose durchgemacht haben als Syphilis, fällt der Vergleich betreffs der Beweiskraft noch zu ungunsten der Tuberkulinreaktion aus. Aber auch aus dem Fehlen einer Allgemeinreaktion ist kein bindender Schluß auf das Fehlen einer Tuberkulose zu ziehen. Die Ursachen, die das Zustandekommen einer Tuberkulinreaktion verhindern können, haben wir soeben erwähnt.

Ganz andere Bedeutung hat das Auftreten einer lokalen Reaktion um einen Hautherd nach subkutaner Injektion von Tuberkulin. Wenn wir auch weiter unten sehen werden, daß die Spezifität der Tuberkulinreaktion in gewisser Beziehung nur eine bedingte ist, so ist eine positive Lokalreaktion doch ein wichtiges Moment für die Erkennung der tuberkulösen Ätiologie. Daß sie selbst bei sicher tuberkulösen Hautläsionen erheblich seltener sein muß als die Allgemeinreaktion, ist nach dem bisher Gesagten bereits klar, und daher ist es ohne weiteres verständlich, daß ein negativer Ausfall nichts beweist, besonders wenn sehr kleine und sehr allmählich steigende Dosen Tuberkulin injiziert worden sind. Sofern nicht die Rücksicht auf innere Krankheitsherde besondere Vorsicht gebietet, ist es deshalb zur Erzielung einer lokalen Hautreaktion vorteilhaft, nach einer kleinen Anfangsdosis rasch zu steigen, etwa $^1/_{10}$ mg, 1 mg, 3 mg. Immerhin ist nicht zu bestreiten, daß jedesmal die Gefahr vorhanden ist, latente innere Herde zu wecken.

Diese Gefahr wird durch die neueren Methoden der äußeren Tuberkulinapplikation zu diagnostischen Zwecken bedeutend verringert. Wenn auch von ihnen keine einzige die Demonstrationskraft einer Lokalreaktion nach subkutaner Injektion hat, so macht schon ihre bequeme und gefahrlose Anwendungsart ihre rasche Verbreitung begreiflich. Nach der Empfindlichkeit in aufsteigender Linie geordnet, haben wir: Die Konjunktivalreaktion von Wolff-Eisner und Calmette, die Perkutan- (Salben-) Reaktion von Moro, die Kutanreaktion von Pirquet, die Intradermoreaktion von Mantoux. Für den positiven Ausfall dieser Reaktionen bei Individuen mit einer Hautkrankheit zweifelhafter Ätiologie gilt genau dasselbe, was über die Allgemeinreaktion nach subkutaner Tuberkulininjektion gesagt worden ist. Ja, nach den analogen Erfahrungen von Martel bei Rotz, von Br. Bloch bei Trichophytie ist es hier noch fraglicher, ob diese Reaktionen wirklich die Anwesenheit noch lebender Erreger irgendwo im Körper anzeigen. Nicht ganz gleich sind die negativen Reaktionen zu beurteilen.

Die Konjunktivalreaktion soll ja nach ihrem Autor nur aktive Tuberkulose anzeigen. Sie versagt daher schon bei einer größeren Anzahl sicherer Fälle von Hauttuberkulose. So hatte La Mensa unter 23 Lupusfällen 13 positive, 10 negative Reaktionen, ähnliche Ergebnisse Ceresole und Minassian. Andere Autoren, wie Sequeira, Kingsbury, Nicolas und Gauthier, haben bei Lupus konstant positive Resultate gehabt. Das kann an der Verschiedenartigkeit des Materials liegen. Jedenfalls aber ist es unzulässig, eine negative Konjunktivalreaktion als Argument gegen die tuberkulöse Natur einer Dermatose zu verwerten. Die Modifikation der Konjunktivalreaktion als Schleimhautreaktion in Form der Rhino- und Urethralreaktionen haben mit Recht sich keinerlei Bedeutung verschaffen können. Wir brauchen uns um so weniger mit ihnen zu beschäftigen, als sie sich prinzipiell wie die Konjunktivalreaktion verhalten.

Es liegt die Annahme nahe, daß, je empfindlicher eine Reaktion ist, desto mehr ihr negativer Ablauf das Fehlen von Tuberkulose beweist. Das ist auch bis zu einem gewissen Grade richtig. Bei der Moroschen Salbenreaktion können noch sichere Tuberkulosen unserer Kenntnis entgehen, während die feinste aller Reaktionen, die Intradermoreaktion von Mantoux, bei der ganz überwiegenden Mehrzahl auch der klinisch Tuberkulosefreien positiv ausfällt. Für die Hauttuberkulose ist freilich immer — wie oben ausgeführt — daran zu denken, daß von einem primären Herd zu wenig Antikörper in den Kreislauf gelangen, um an einer beliebigen normalen Hautstelle die Reaktion zustande kommen zu lassen. Das gilt besonders für die Infektionen des kindlichen Alters. Später wird man wohl kaum einen Fall von Hauttuberkulose finden, der nach Mantoux nicht auch in normaler Haut positiv reagiert. Aber bei Kindern ist es nach Wolff-Eisner noch gar nicht so ungewöhnlich, daß die Pirquetsche Reaktion auf der gesunden Haut negativ, im Krankheitsherd selber positiv ausfällt. Nach anderen Autoren, wie Jadassohn und Meirowsky, ist ein solches Vorkommnis allerdings außerordentlich selten; aber vielleicht erklärt das verschiedene Alter der Patienten den Gegensatz. Unter neun Fällen von wahrscheinlich primärer Infektion der Haut erwähnt auch Philippson zwei mit negativer Pirquet-Reaktion.

Die vergleichende Untersuchung an Hautreaktionen im gesunden und erkrankten Gewebe hat ferner zur Entdeckung einer wichtigen Tatsache geführt, die gerade für die uns hier beschäftigende Frage von außerordentlichem Wert ist. Die lokale Entzündungsreaktion zeigt häufig ganz erhebliche graduelle Differenzen im gesunden und im kranken Gewebe. Da nun mit den später zu erwähnenden Einschränkungen nur tuberkulöses und nicht sonst irgendwie erkranktes Gewebe diese erhöhte Reaktion zeigt, so ist das ein Moment von großer diagnostischer Wichtigkeit. Es kann selbst eine innere Tuberkulose vorhanden sein, die in der normalen Haut eine positive Kutanreaktion bewirkt, so wird doch der stärkere Ausfall derselben in einem erkrankten Hautbezirk bei dem gleichen Individuum entschieden dafür sprechen, daß eben diese Hauterkrankung tuberkulöser Natur ist. Leider ist das Phänomen nicht in jedem Falle deutlich und nicht von allen Untersuchern in gleicher Weise festgestellt worden. So haben bei der Intradermoreaktion Mantoux und Pautrier gar keinen Unterschied zwischen gesunden und erkrankten Hautstellen gesehen. Bei Pirquetscher Kutanimpfung haben dagegen Doutrelepont, Nagelschmidt, W. König große Unterschiede in der Reaktionsstärke beobachtet. Die Entzündung tritt im lupösen Gewebe sehr viel rascher auf als im gesunden. Infiltration und ödematöse Durchtränkung sind sehr viel stärker, ja häufig kommt es zur Abstoßung der obersten Hautschichten und zu Geschwürsbildung. Von hervorragendem Interesse sind die Untersuchungen, die Jadassohn über den Verlauf der Moroschen Perkutanreaktion im tuberkulösen und gesunden Gewebe angestellt hat. Er fand wichtige Differenzen — allerdings nicht in allen Fällen — nicht nur bei Lupus, sondern ganz besonders bei manchen der sog. „Tuberkulide“. Aber außerdem schneidet er in seiner Arbeit wieder eine Frage an, die in den letzten Jahren schon gelöst zu sein schien, die Frage nach der Spezifität der Tuberkulinreaktion.

Eines hatte man schon lange gewußt, daß Lepra auf Tuberkulin reagieren kann, daß nicht nur Allgemeinreaktionen, nein auch lokale Reaktionen lepröser Krankheitsherde vorkommen. Um das zu erklären, braucht man nicht seine Zuflucht zu der früher in ihrer Häufigkeit weit überschätzten Symbiose von Lepra- und Tuberkelbazillen zu nehmen und überall Mischinfektionen zu wittern. Das tut zwar noch Detre, der von vier Leprösen drei sehr stark auf kutane Tuberkulinimpfungen reagieren sah. Auch gegen die Untersuchungen von Möllers könnte man noch einwenden, daß Tuberkulose bei Leprösen vorgelegen habe. Dieser Autor konnte nämlich durch die Komplementbindungsmethode im Serum der meisten Leprösen (21 von 32) Antikörper gegen Tuberkulin nachweisen, und zwar stärker gegen Perlsucht als gegen humanes Tuberkulin. Er erklärt diese Erscheinung als Gruppenreaktion durch die nahe Verwandschaft der beiden Bakterienarten. Die Richtigkeit dieser Auffassung haben aber schon vorher Much und Leschke bewiesen. Sie konnten im Tierexperiment und durch Komplementbindungsversuche zeigen, daß die Tuberkelbazillen und Leprabazillen gewisse Substanzen gemeinsam haben, und daß auch die Antikörper, die der Organismus bildet, bis zu einem gewissen Grade qualitativ für beide identisch sind. Das haben auch klinische Versuche von Mantoux und Pautrier ergeben. Diese Autoren arbeiteten mit einem aus Leprabazillen hergestellten Präparat, dem Leprolin Rost. Mit demselben erhielten sie Intrakutanreaktionen bei Leprösen, aber auch bei Lupösen, freilich weniger intensive. Nach allem diesem hat das Auftreten einer Tuberkulinreaktion bei Lepra nichts Befremdendes mehr.

Ganz anders liegt es für die Syphilis. Seitdem wir die Spirochaete pallida kennen, haben wir alle früher gehegten Vorstellungen über ein verwandtes Virus beider Krankheiten fallen lassen müssen. Deshalb hat man sich auch wenig mehr mit der Frage beschäftigt, ob Lues auf Tuberkulin reagieren könne. Ich habe mich noch vor zwei Jahren gegenüber einer solchen Angabe Muchas etwas skeptisch ausgesprochen, weil es nicht recht plausibel schien, daß ein sicher luetischer Herd auf subkutane Injektion von Perlsuchttuberkulin deutlich lokal reagiert haben sollte. Die neuen Untersuchungen Jadassohns lassen dies nun als durchaus im Bereiche des Möglichen liegend erscheinen. Jadassohn beobachtete bei Einreibung von Tuberkulinsalbe nach Moro in drei Fällen von sicherer Syphilis intensive lokale Reaktion der syphilitischen Krankheitsherde, ohne daß bei den Patienten klinisch von Tuberkulose irgend etwas zu konstatieren war. In allen drei Fällen handelte es sich um histologisch tuberkuloide Formen. Vielleicht liegt hierin ein Schlüssel zum Verständnis. Bei den tuberkuloiden Luesformen finden sich im Gegensatz zu anderen Krankheitsprodukten nur sehr spärliche Spirochäten, was auf einen höheren Gehalt von Antikörpern schließen läßt. Überhaupt ist ja die tuberkuloide Gewebsreaktion vielleicht nur der Ausdruck dafür, daß hier bakterielles Virus der Auflösung durch Antikörper verfällt. Nun setzt sich nach den Untersuchungen von Much und seinen Mitarbeitern das Tuberkelbazillenvirus aus drei Komponenten zusammen, die alle drei spezielle Antikörper erzeugen: 1. Neutralfette und Fettalkohole, 2. Fettsäure + Lipoide, 3. Eiweiß. Daß von den Spirochäten die Bildung von Fettantikörpern angeregt wird, ist nach allem, was wir von ihrem Aufbau wissen, nicht anzunehmen. Dagegen ist die Bildung von Eiweißantikörpern sehr wahrscheinlich. Und diese könnten immerhin mit denen der Tuberkulose doch so verwandt sein, daß sie imstande wären, das Tuberkulineiweiß derartig zu verändern, daß aus ihm die giftige, die Reaktion hervorrufende Substanz in Freiheit gesetzt würde. Aber wir müssen gestehen, daß wir uns da vollkommen auf dem Boden der Hypothese befinden. Diese würde sich freilich mit einer anderen von Meirowsky gefundenen Tatsache ganz gut vertragen, daß Cutireaktionen, die bei Tuberkulösen durch Luesextrakt hervorgerufen waren, nach subkutaner Tuberkulinreaktion wieder stärker reagierten. Zieler hat das allerdings nicht bestätigen können.

Wie dem auch sei, eines geht aus den letzten Darlegungen hervor, daß man die Tuberkulinreaktion gegenüber Lepra und Syphilis nicht als absolut spezifisch betrachten darf. Das verringert wieder ihren Beweiswert, allerdings mehr ihren differential-diagnostischen. Denn ob es sich um Tuberkulose, Lues oder Lepra handelt, läßt sich fast immer auf anderem Wege entscheiden. Und bei einer fraglichen Krankheit lassen sich durch andere Methoden Lepra und Lues häufig ausschließen, so daß dann zur Entscheidung der Frage, ob eine Hautläsion tuberkulös ist oder nicht, der Reaktion doch noch eine nicht geringe Bedeutung zukommt.

Es können hier gleichsam anhangsweise zwei weitere Fragen erledigt werden, zuerst die, ob die Tuberkulinreaktion etwas über die Ausdehnung der tuberkulösen Erkrankung in der Haut aussagt. Klingmüller hat behauptet, daß der entzündliche Reaktionshof um einen Tuberkuloseherd so weit reiche, als noch mikroskopisch krankes Gewebe und Erreger vorhanden seien. Das ist von vornherein nicht sehr wahrscheinlich. Denn die Intensität der Reaktion — und von der Intensität allein hängt die Ausdehnung ab — wird nur von dem Gehalt des Herdes an Antikörpern beeinflußt werden. Innerhalb der Reaktionszone ausgeführte Exzisionen geben nach Nobl bei Lupus manchmal rezidivfreie Heilungen. Und der entzündliche Hof ist in anderen Fällen, wie Jadassohn meint, wieder so schmal, daß man mit Sicherheit das Vorhandensein erkrankten Gewebes darüber hinaus annehmen kann.

Zweitens: kann man durch differentielle Tuberkulinreaktion den humanen oder bovinen Ursprung einer Hauttuberkulose feststellen? Der erste, der diese Untersuchung eingeführt hat, ist Detre. Er impfte mit bovinem und humanem Tuberkulin, und je nach der Stärke der Impfpapeln, der dominanten Papel, glaubte er den Ursprung erkennen zu können. Aber für die Hauttuberkulose scheinen dieser Methode nur Cranston Low und Ciuffo Wert beizumessen; der letztere will speziell einen Unterschied zwischen Tuberculosis verrucosa, die auf bovines Tuberkulin, und Lupus vulgaris, der auf humanes Tuberkulin reagierte, gesehen haben. Meirowsky hingegen, v. Pirquet, sowie Kraus und Volk halten das Verfahren zur Feststellung der Ätiologie für unbrauchbar. Man kann ja in einem Falle, wo trotz des Versagens des gewöhnlichen Tuberkulins der Verdacht auf Tuberkulose bestehen bleibt, immer noch einen Versuch mit Perlsuchttuberkulin machen.

Schließlich haben manche Autoren dem lokal angewandten Tuberkulin noch die Fähigkeit zugeschrieben, in abgeheilten Tuberkuloseherden krankhafte Überbleibsel sichtbar zu machen. Besonders nach intrakutaner Injektion selbst kleinster Tuberkulinmengen sollen nach Thibierge und Gastinel in alten Lupusherden sonst übersehene kleine Herde wieder aufflammen. Aber diese Reaktionen sind nicht eindeutig. Sie beweisen nicht, daß noch lebendes Virus vorhanden ist. Dafür ist die Tuberkulinreaktion niemals ein Kriterium; denn selbst alte Tuberkulininjektionsstellen reagieren ja bei späterer nochmaliger Tuberkulinanwendung.

Neben der Tuberkulinreaktion ist die Bedeutung aller anderen biologischen Reaktionen auf Tuberkulose im allgemeinen gering, für die Hauttuberkulose speziell gleich Null. Denn sie alle sagen im besten Falle nicht mehr aus als eine Allgemeinreaktion auf Tuberkulin, ohne doch im entferntesten deren Konstanz, Sicherheit und Differenzierungsmöglichkeit zu haben. Es genügt daher, sie mit einem Worte zu erwähnen. Die Komplementbindungsreaktion hat bisher lediglich theoretisches Interesse und Bedeutung zur Lösung allgemeiner Tuberkuloseprobleme, die nicht in diesen Rahmen gehören. Die Agglutination, der Courmont und Arloing selbst für die Hauttuberkulose noch einen gewissen Wert beimessen, hat sich in der Hand aller andern Autoren als ganz unbrauchbares Reagens erwiesen (Herz). Nicht als ob ihr jede Spezifität abzusprechen wäre — ihr Titer wird nach Grüner durch spezifische Behandlung entschieden gesteigert — aber sie ist unzuverlässig und graduell zu wenig empfindlich. Auch die Untersuchung des opsonischen Index durch Reyn und Kjer-Petersen hat keinen Unterschied zwischen Gesunden und unbehandelten Lupuskranken ergeben, so daß die Opsoninbestimmung als Beweis für die tuberkulöse Natur einer Läsion wegfällt.

c) Beweise dritter Ordnung: Der Nachweis der Tuberkelbazillen aus morphologischen Reaktionen des Organismus.

So weit hätten wir die Methoden besprochen, die den Tuberkelbazillus direkt oder aus den immerhin in gewissem Sinne spezifischen Antikörpern des Organismus nachweisen wollen. Es kämen jetzt die Beweise, die sich auf die unseren Augen sichtbaren Reaktionen des befallenen Organismus stützen, auf die pathologisch-anatomischen Charaktere. Sind diese auch spezifisch? Hier kann man recht den Wandel der Anschauungen studieren. Ehedem war die pathologische Anatomie allmächtig. Der makroskopisch oder mikroskopisch sich darstellende Tuberkel war das Kriterium der Tuberkulose, diese also ein rein anatomischer Begriff. Heute würden wir das Wort Tuberkulose vielleicht nicht mehr als Krankheitsnamen gebrauchen, wenn nicht Koch seinen Bazillus eben „Tuberkelbazillus" genannt hätte, und wir daher kürzer und sprachlich geschmackvoller Tuberkulose statt „Tuberkelbazillose" sagen. Nicht einmal die makroskopischen miliaren Tuberkel der inneren Organe sind im strengsten Sinne für Tuberkulose spezifisch oder beweisend. Denn wir wissen, daß sie, von den echten nicht zu unterscheiden, bei der Pseudotuberkulose durch alle möglichen Mikroorganismen, ja selbst durch Fremdkörper zustande kommen können. Dazu sind in der Haut Dinge, die den miliaren Tuberkeln der inneren Organe makroskopisch nahe kommen, ganz außerordentlich selten und nicht einmal leicht zu erkennen. Wir finden sie eigentlich nur am Rande zerfallender Geschwüre bei der sog. miliaren ulzerösen Tuberkulose, jener Form, die ja von den alten Pathologen konsequenterweise einzig und allein als wahre Hauttuberkulose angesehen wurde.

Als ein dem Tuberkel einigermaßen entsprechendes Gebilde könnte man auch das Lupusknötchen betrachten, obwohl es histologisch meist aus mehreren Tuberkeln sich zusammensetzt. Aber wenn wir vom „Lupusknötchen" sprechen, statt, wie Jadassohn bemerkt, richtiger vom „Lupusfleck", so antizipieren wir schon das histologische Bild, während das klinische eigentlich doch den Knötchentypus des Tuberkels vermissen läßt. Auch ist nicht einmal dieses früher für pathognomisch gehaltene Element der Tuberkulose allein eigentümlich. Es kann auch bei Lepra vorkommen, wie in einem von Tièche beschriebenen Fall aus der Jadassohnschen Klinik, bei welchem diese Bildungen besonders hervorgehoben werden. Ebenso hat die gelbbraune Farbe eines Krankheitsherdes, auch auf Glasdruck, nicht mehr Wert als den eines Verdachtsmomentes. Denn diese Farbe ist nach Unna überhaupt die charakteristische Farbe des unter dem Epithel in veränderter Cutis liegenden Plasmoms, oder vielleicht besser der aus Epithelioiden und Plasmazellen bestehenden Infiltrate. Jedenfalls ist diese Färbung gewissen syphilitischen und leprösen Herden genau so eigentümlich wie der Tuberkulose. Ebenso sind die Weichheit der Infiltrate, der unterminierte Rand von Geschwüren, zentrale Nekrosen und selbst Verkäsungen nichts absolut Charakteristisches. Es gibt keinen klinischen Beweis für die tuberkulöse Natur einer fraglichen Hautkrankheit.

Das richtet sich, um allen Mißverständnissen vorzubeugen, natürlich nicht etwa gegen die klinische Diagnostik. Diese beruht auf Kombinationen, auf Erfahrungs- und Analogieschlüssen. Durch diese kann der Kliniker die bekannten und als solche bewiesenen Formen von Hauttuberkulose in den meisten Fällen mit Leichtigkeit als Tuberkulose erkennen, ohne jedesmal den Laboratoriumsbeweis antreten zu müssen. Die klinische Lupusdiagnose kann auf den Bazillennachweis verzichten. Für uns handelt es sich hier aber um ganz etwas anderes, nämlich ob ein bestimmtes, klinisch umschriebenes, aber ätiologisch noch nicht klares Krankheitsbild zur Tuberkulose gehört oder nicht. Da muß denn, sobald ein Autor ein neues Krankheitsbild aufgestellt hat — wir erinnern z. B. an das Neueste auf diesem Gebiete: An das Angiolupoid von Brocq und Pautrier —, erst einmal der ganze Beweis durchgeführt werden. Und für diesen Beweis ist die Rolle klinischer Momente nicht von entscheidender Bedeutung.

Auch die Stellung der Histologie ist nicht mehr so beherrschend wie früher. Es ist interessant, zu verfolgen, wie die histologische Untersuchung, die für Tumoren und Mißbildungen der Haut immer noch einzig und allein für die Diagnose entscheidend ist, für die entzündlichen Erkrankungen immer mehr an Wert einbüßt. Das gilt ganz besonders von den früher sog. „infektiösen Granulomen". Je mehr parasitäre Erreger derartiger Erkrankungen wir kennen gelernt haben — und gerade die letzten Jahre haben unsere Kenntnisse auf diesem Gebiete sehr gefördert —, um so weniger läßt sich noch das Postulat aufrecht erhalten, daß jedem Mikroorganismus auch eine spezifische histologische Läsion entsprechen soll. Andererseits hat sich auch die Histologie ihr eigenes Grab gegraben; denn je genauer und häufiger man die altbekannten Krankheiten dieser Gruppe untersucht hat, desto mehr verschwanden die Schranken, welche die einzelnen ihrem anatomischen Aufbau nach zu trennen schienen. Wir werden allmählich dahin kommen, statt starre morphologische Systeme aufzustellen, die großen biologischen Grundgesetze aufzusuchen, die, allen Infektionen gemeinsam, bald die verschiedenen akutentzündlichen, bald die „tuberkuloiden" Gewebsveränderungen entstehen lassen. Es scheint, daß uns auch hier die moderne Immunitäts- und Überempfindlichkeitslehre weiter führen wird.

Es gibt kein für die Tuberkulose spezifisches Zellelement. Die Riesenzelle, die lange als Charakteristikum gegolten hat, findet sich in manchen Fällen von Lues außerordentlich häufig und auch gelegentlich bei allen andern chronischen Infektionskrankheiten der Haut. Allerdings scheint es mir, daß eine Anhäufung von Riesenzellen größter Dimension doch bei Tuberkulose öfter zu beobachten ist als bei irgend einer anderen der in Frage kommenden Krankheiten. Aber etwas Spezifisches sind sie ebenso wenig wie die anderen Zellarten, die Epithelioiden, die Plasmazellen oder die Lymphocyten. Erst die Anordnung der Gewebselemente, der Aufbau der Läsion, gibt ihr die Eigentümlichkeit. Und hier muß man unbedingt einräumen, daß sich der echte Tuberkel mit verkästem Zentrum, einer mittleren Zone von Epithelioiden und großen Langhansschen Riesenzellen, und einer mehr oder weniger breiten Randzone von Lymphocyten relativ selten bei nicht tuberkulösen Affektionen findet. Leider findet er sich aber in der Haut gerade so selten bei Krankheiten, deren tuberkulöse Ursache durch zahlreiche Bazillenbefunde über jeden Zweifel erhaben ist. Die Verkäsung ist bei allen tuberkulösen Prozessen der Haut ganz außerordentlich selten und trotzdem nicht einmal nur der Tuberkulose eigentümlich, denn sie kommt auch, wie Unna besonders bemerkt hat, statt der Erweichung bei den nur auf die Cutis lokalisierten syphilitischen Gummen vor. Absolut typische Tuberkel mit Verkäsung habe ich besonders bei einer Affektion gefunden, die an sich wenig häufig ist, und bei welcher der Bazillennachweis den meisten Untersuchern, so auch mir, mißglückt ist, beim Lupus miliaris faciei. Bei den gewöhnlichen Formen

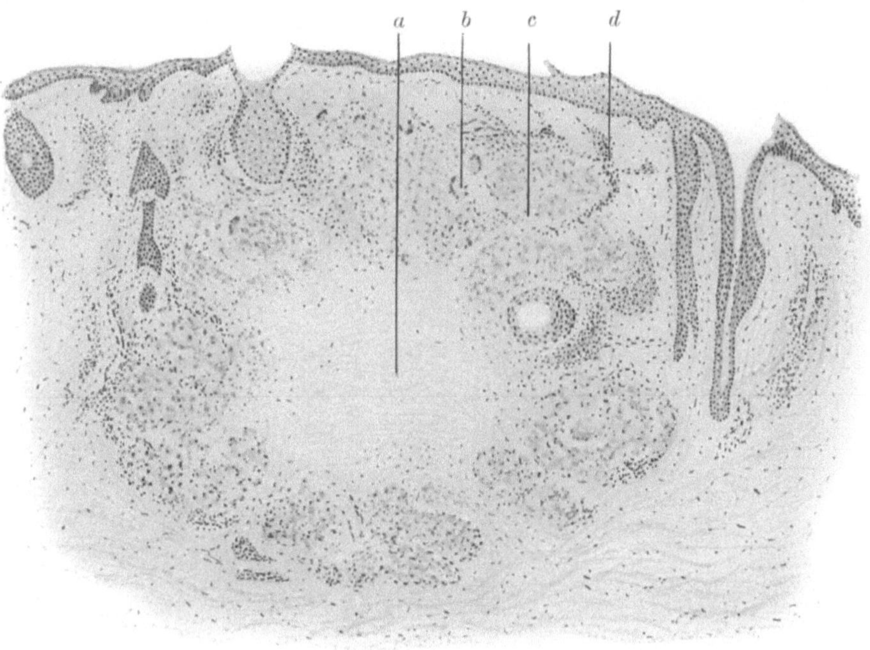

Abb. 2. Histologisch typische Tuberkulose der Haut (Lupus miliaris faciei). *a* Verkäsung; *b* Riesenzellen; *c* Epithelioidzellen; *d* Lymphocyten.

der Tuberkulose, die als solche jetzt schon allgemein anerkannt sind, fehlt in den Knötchen fast immer die zentrale Verkäsung. Sie bestehen nur aus Epithelioiden und Riesenzellen, während der Lymphocytengehalt schwankt. Häufig aber fehlt auch jede deutliche Anordnung selbst in nicht verkästen Knötchen. Die einzelnen Elemente durchdringen das Gewebe und wir haben diffuse Infiltrate, in denen Riesenzellen, Epithelioide und Lymphocyten, sowie Plasmazellen im bunten Wechsel nebeneinander liegen.

Selbst die Gefäßlosigkeit des Tuberkels ist für die Haut nicht mehr eine Regel von so ausnahmsloser Geltung, wie früher angenommen wurde. Besonders am Rande lupöser Bildungen kann man zuweilen eine ganz erhebliche Neubildung von Gefäßen beobachten. Doch finden wir starke Veränderungen der Gefäßwände, speziell außerhalb der Infiltratmassen, sicherlich nicht so regelmäßig wie bei Lues, die sonst im histologischen Bilde immer als die wichtigste Doppelgängerin der Tuberkulose anzusehen ist. Daß die zellige Zusammensetzung in den Läsionen der spätsekundären und tertiären Lues dieselbe ist wie bei der Tuberkulose, bedarf kaum mehr der Erwähnung. Das Überwiegen der Plasmazellen über jede andere Zellart ist in den späteren Perioden der Lues nicht mehr so auffällig. Riesenzellen finden sich manchmal schon in großer Anzahl in klinisch typischen sekundären Papeln, die dann freilich auch äußerlich durch bräunliche Färbung und weiche Beschaffenheit sich der Tuberkulose etwas nähern. Da im übrigen hier dann auch die Epithelioidzellen im Infiltrat vorherrschend sind, kann die histologische Differenzierung von Tuberkulose größere Schwierigkeiten machen als die klinische (Abb. 5). Besonders schwer, ja wir können ruhig sagen in vielen Fällen unmöglich, wird diese histologische Unterscheidung in gewissen miliaren Eruptionen beider

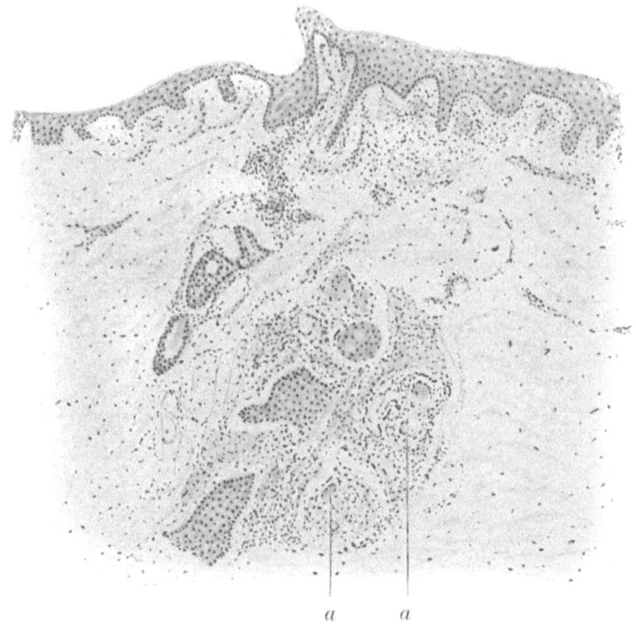

Abb. 3. Histologisch atypische Tuberkulose der Haut (Lichen scrofulosorum). Kleine Epithelioidzellenknötchen mit einzelnen Riesenzellen (*a*).

Krankheiten, und zwar in jenen Fällen, wo wir heute bei beiden eine Umstimmung des Organismus im Sinne einer Überempfindlichkeit als Ausdruck relativer Immunität annehmen müssen. Die typischen Beispiele hierfür sind der Lichen scrofulosorum (Abb. 3) und das gruppierte kleinpapulöse peripiläre Syphilid (Abb. 4). Beide bestehen mikroskopisch aus kleinen zirkumskripten Knötchen, die vorzugsweise um die Gefäße der Follikel lokalisiert sind, wie alle hämatogen-embolischen Prozesse der Haut. Die Zusammensetzung dieser tuberkelähnlichen Knötchen ist bei beiden Krankheiten die gleiche, sie bestehen aus epithelioiden Zellen, Lymphocyten und einzelnen Riesenzellen. Verkäsung fehlt bei beiden. Trotz der manchmal vorhandenen Verkäsung sind dagegen die tertiären Gummen der Haut meist leichter von der Tuberkulose zu unterscheiden als die eben erwähnten lichenoiden Syphilide. Der Aufbau ist viel weniger tuberkelähnlich, Zahl und Größe der Riesenzellen ist meist geringer, und die Veränderungen der Gefäßwände sind viel stärker hervortretend als bei Tuberkulose. Ebenso unterscheidet sich auch das subkutane erweichte Gumma vom Skrofuloderm, der „Gomme tuberculeuse“. Aber auch hier sind Zweifel möglich. Nicolas und Favre berichten, daß sie in 24 von 25 Fällen von subkutanen und kutanen Tertiärsyphiliden histologisch tuberkuloide Bildungen gefunden haben, die häufig von echten Tuberkeln und Lupusknötchen nicht zu unterscheiden waren. Hier sei eine histologische Diagnose schlechterdings unmöglich. Auch Mucha erkennt für die von ihm beschriebenen Fälle mit ulzerösen Prozessen diese Schwierigkeit an. Ausgesprochen perivaskuläre Anordnung und gleichzeitig vorhandene Endarteritis obliterans fallen zwar für Lues in die Wagschale; beide Erscheinungen können aber andererseits bei sicherer Lues vollkommen fehlen. Daß schließlich sogar bei der experimentell erzeugten Syphilis der Kaninchen tuberkuloseähnliche Veränderungen entstehen können, hat E. Hoffmann gezeigt.

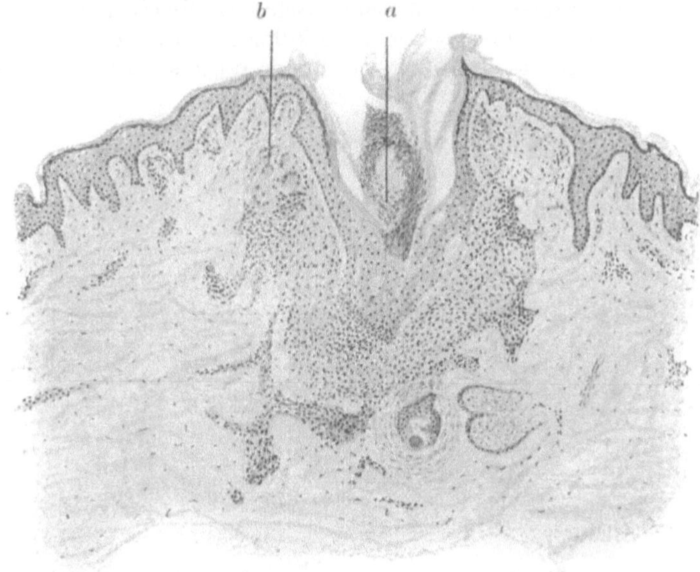

Abb. 4. Tuberkuloide Syphilis (Peripiläres kleinpapulöses Syphilid). *a* Hornpfropf im Zentrum eines Follikels; *b* Riesenzellen.

Dieses Faktum sollte genügen, um den letzten Glauben an die Spezifität dieser Veränderungen für Tuberkulose zu zerstören. Denn es ist dadurch bewiesen, daß sie ohne Mischinfektion mit Tuberkulose zustande kommen können. Ob solche Mischinfektionen der Haut mit Syphilis und Tuberkulose überhaupt vorkommen, ist eine andere Frage, auf die wir bei der „Diagnose ex juvantibus“ nochmals zurückkommen müssen.

Viel mehr als bei der Lues ist die Frage der Mischinfektion bei der Lepra diskutiert worden. Schon seit langer Zeit sind von vielen Autoren die großknotigen Veränderungen innerer Organe bei Leprösen als besondere, durch das lepröse Terrain abgeänderte Tuberkuloseformen aufgefaßt worden, immer auf Grund des mikroskopischen Bildes. Es hatte sich daraus die Ansicht entwickelt, daß sich die Tuberkuose besonders häufig den späteren Stadien der Lepra hinzugeselle und recht eigentlich erst das Ende herbeiführe. Es ist das besondere Verdienst von Jadassohn, der ja auch bei Lues als einer der ersten die lupoiden Formen beschrieben hat, auf die vollkommene

Tuberkuloseähnlichkeit mancher Formen von Hautlepra hingewiesen zu haben. Die ersten Beobachtungen dieser Art finden sich freilich bei Darier und Menahem Hodara. Aber erst die Arbeiten von Jadassohn und von Arning, der zu derselben Zeit analoge Veränderungen in den peripheren Nerven entdeckte, regten die Diskussion der Frage an. Beide Autoren begegneten damals scharfer und zum Teil ablehnender Kritik, selbst von kompetentester Seite (Neißer), eben weil damals die Ansicht von der Spezifität der histologischen Tuberkulose noch absolute Geltung hatte. Man konnte sich derartige Läsionen in lepröser Haut nur durch eine Mischinfektion mit Tuberkulose erklären. Jadassohn hat aber damals schon diese Erklärung abgelehnt, und seine Anschauung, die den Sturz der pathologisch-anatomischen Spezifitätslehre bedeutet, ist siegreich geblieben. Neißer hat sich durch die Arbeit Klingmüllers, Unna, der früher auch geneigt war, jene Fälle als hämatogene Tuberkulosen anzusehen, durch die Untersuchungen seines Schülers Merian davon überzeugen lassen, daß auch der Leprabazillus tuberkuloides Gewebe hervorrufen kann. Der einzige, der heute diesen Tatsachen immer noch skeptisch gegenübersteht,

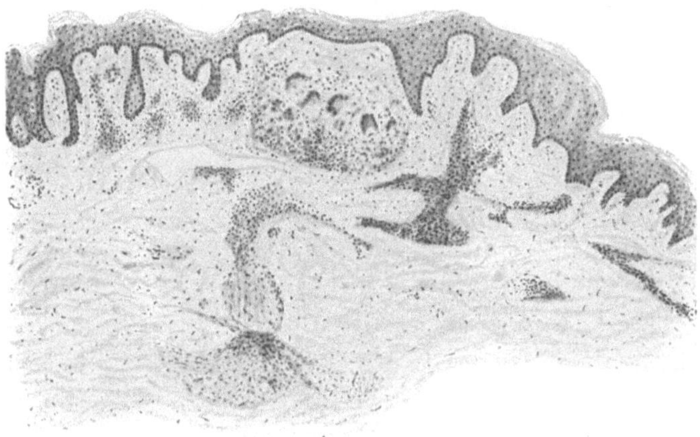

Abb. 5. Tuberkuloide Syphilis (Lentikuläre Papel der Sekundärperiode).

ist H. P. Lie. Weil es ihm gelungen ist, aus mehreren Fällen von tuberöser (nicht tuberkuloider!) Lepra, bei denen übrigens auch sonst sichere tuberkulöse Komplikationen vorlagen, Tuberkelbazillen zu kultivieren, hält er einstweilen an der Theorie der Mischinfektion fest.

Aus den Arbeiten der eben genannten Autoren und aus eigenen, gemeinsam mit Arning ausgeführten Untersuchungen scheint mir folgendes klar hervorzugehen: Auch die Lepra kann klinisch und histologisch die Tuberkulose bis zur vollendeten Täuschung nachahmen. Wie wir makroskopische Gebilde haben, die von Lupusflecken nicht zu unterscheiden sind, so wird auch mikroskopisch eine Differenzierung von Tuberkulose oft unmöglich. Zusammensetzung und Form der Infiltrate stimmen ganz mit dieser überein. Wir finden richtige Tuberkel mit Epithelioiden und Riesenzellen, ja mit zentraler Verkäsung. Das Überwiegen der epithelioiden Zellen über die Lymphocyten und die scharfe Abgrenzung der Infiltrate sind nicht immer sehr ausgesprochen, und selbst wenn sie das sind, nicht genügend, um ein Unterscheidungsmerkmal gegenüber der Tuberkulose zu bieten. Diese Bilder finden sich zwar bei Lupus seltener, sie sind aber geradezu charakteristisch für manche Formen der sog. „Tuberkulide“, die Sarkoide und den Lupus pernio. Die histologische

Untersuchung läßt also in diesen Fällen ganz im Stich. Der Beweis, daß es sich um Lepra und nicht doch um Tuberkulose handelt, muß dann immer durch negativen Tierversuch bei positivem Bazillenbefund (ev. durch Zuhilfenahme der Muchschen Färbung) geführt werden.

Es erhebt sich nun die Frage, unter welchen Umständen es gerade zur Bildung der tuberkuloiden Läsionen bei Lepra kommt. Und auch hier

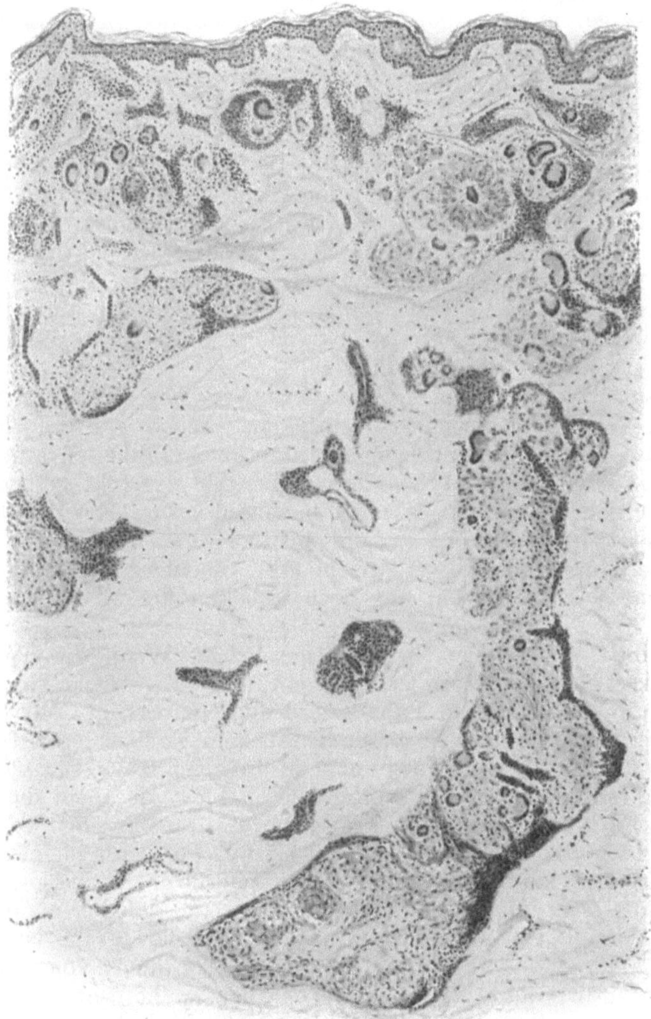

Abb. 6. Tuberkuloide Lepra.

scheinen wir uns auf dem Wege zu einem allgemeinen biologischen Gesetz zu befinden. Die Bazillenarmut, zugleich mit tuberkuloider Reaktion des Gewebes, zeigt die Bildung von Antikörpern an, vielleicht solchen lytischer Natur. Einen Schritt weiter zur Lösung des Problems könnte das folgende Experiment von Much führen. Dieser Autor hat eine Ziege durch Vorbehandlung mit einem bazillenfreien Tuberkuloseimpfstoff gegen Tuberkelbazillen überempfindlich gemacht, d. h. Antikörper gegen Tuberkelbazillen erzeugt. Dieses Tier reagierte nun auf Impfung mit leprösem Material durch Bildung tuberkuloider Herde, während ein nicht vorbehandeltes Kontrolltier nach der Lepraimpfung keinerlei Erscheinungen zeigte. Wir sehen also auch hier wieder, daß das tuberkuloide Gewebe nicht das spezifische Produkt einer bestimmten Bakterienspezies ist, sondern eine Reaktionsform des Organismus, die dort auftritt, wo Bakterien unter der Einwirkung von Antikörpern langsam zerfallen und ihre freigewordenen Toxine in das Gewebe diffundieren lassen.

So ist es gar nicht wunderbar, daß auch bei den neuentdeckten chronischen Infektionskrankheiten der Haut, deren Zahl noch stets im Wachsen zu sein scheint, tuberkelähnliche Strukturen gefunden werden. Hier war es vor allem Gougerot, der die Frage der tuberkuloiden Läsionen in modernem Sinne behandelt hat. Er hat gezeigt, daß nicht nur bei der Sporotrichose, sondern auch bei der Oidiomykose, der Hemisporose und Diskomykose solche Bildungen vorkommen. Und folgerichtig kommt er zu dem Schluß, dem Tuberkel jede spezifische Bedeutung für die Diagnose der Tuberkulose abzusprechen. Nur scheint es mir, daß er das allgemeine Problem nicht weit genug faßt, wenn er die Virulenz eines Mikroorganismus allein für ausschlaggebend hält dafür, daß in einem Fall ein entzündliches, im anderen ein tuberkuloides Gewebe entsteht. Es ist notwendig, auch die Antikörperreaktion des Organismus mit in Betracht zu ziehen.

Aus dem eben Gesagten ergibt sich nun für unsere Betrachtungen noch ein Moment von nicht geringer Wichtigkeit. Wenn wir die tuberkuloiden Strukturen bei so vielen verschiedenen Infektionskrankheiten antreffen, wenn wir kaum von einer neuen Mykose hören, bei der sie nicht gefunden werden, so muß man sich fragen, ob es nicht noch unter den Krankheiten, die wir heute lediglich mit Rücksicht auf ihr histologisches Bild unter der Tuberkulose mit anführen, eine ganze Anzahl gibt, die nicht den Tuberkelbazillus, sondern irgend einen anderen, uns noch unbekannten Mikroorganismus zum Erreger haben.

Es bleibt noch eine andere wichtige Frage: Wenn der Tuberkel auch nicht für Tuberkulose spezifisch ist, ist er ein notwendiges Kriterium der Tuberkulose oder gibt es auch eine Tuberkulose ohne Tuberkel? Mit dieser Frage haben sich speziell zahlreiche französische Autoren, so die Schule Landouzys, Bernard und Salomon, Gougerot und in allzu stark verallgemeinernder Weise Poncet beschäftigt. Uns interessieren hier vor allem die speziell die Haut betreffenden Untersuchungen Gougerots. Danach ginge jedem Tuberkel ein einfach entzündliches Stadium voraus — was auch mit meinen experimentellen Erfahrungen stimmt — und die Peripherie des Tuberkels zeige auch noch später dieses Stadium an. So ist es Tatsache, daß bei manchen Krankheitsbildern, deren tuberkulöse Natur heute außer Frage ist, wir häufig Effloreszenzen unter das Mikroskop bekommen, bei denen von einer tuberkelähnlichen Struktur nichts zu sehen ist. Aber andererseits müssen wir bekennen, daß unter allen jenen heute sicher als Tuberkulose bewiesenen Hautaffektionen keine einzige ist, bei welcher tuberkuloides Gewebe nicht doch einmal in irgend einem Stadium gefunden würde. Es kommt eben auf den Zeitpunkt der Untersuchung an.

Man kann den Sinn dieser ganzen Erörterung vielleicht kurz folgendermaßen zusammenfassen: Der Tuberkel ist nicht spezifisch. Seine Anwesenheit allein genügt daher nicht, um die tuberkulöse Ätiologie einer Hautkrankheit zu beweisen. Sein prinzipielles Fehlen ist dagegen ein Moment, das gegen Tuberkulose spricht, sie aber nicht sicher ausschließt. Praktisch werden wir so verfahren, daß wir bei einer Affektion, die häufig das typische

Bild des Tuberkels liefert, so lange wir keinen anderen Erreger kennen, immer wieder nach Tuberkelbazillen suchen werden, daß wir andererseits den tuberkulösen Ursprung einer Krankheit nicht prinzipiell darum ablehnen werden, weil sie histologisch nur entzündliches Gewebe zeigt, falls sonst andere Momente für einen Zusammenhang mit Tuberkulose sprechen. Als Beispiele für diese beiden Eventualitäten können wir den Lichen nitidus und den Lupus erythematodes anführen.

d) Beweise vierter Ordnung: Kombinationen und Statistiken. Diagnose ex juvantibus.

In die vierte, letzte Gruppe haben wir zunächst jene Beweise gestellt, die auf Kombinationen und Statistiken beruhen. Hier wäre vor allem das Vorkommen einer Hautkrankheit bei Tuberkulösen zu nennen. Da nun aber nach allen neueren Untersuchungen die überwiegende Mehrzahl aller Menschen als tuberkuloseinfiziert zu betrachten ist, so sagt die Konstatierung dieser Infektion, etwa durch die positive Pirquet-Reaktion, noch gar nichts über die Ursache einer zufällig vorhandenen Hautaffektion aus. Etwas höher könnte man den Nachweis einer klinisch bemerkbaren Tuberkulose bewerten. Aber auch hier sind große Irrtümer möglich und früher begangen worden. Denn die Tuberkulose kann erst ganz sekundär zu einer Veränderung des Hautterrains Anlaß geben, die das Entstehen nichttuberkulöser Hautleiden begünstigt. Das klassische Beispiel dafür ist die Pityriasis versicolor, die von manchen alten Ärzten für ein Symptom der Tuberkulose gehalten wurde. Und doch ist der Zusammenhang nur ein ganz indirekter. Erst die vermehrte Schweißsekretion bei dem der Tuberkulose eigentümlichen Fiebertypus schafft die günstigen Bedingungen zur Ansiedelung des Microsporon furfur, des Erregers der Pityriasis versicolor. Ähnlich ist das Verhältnis der Pigmentationen beim Morbus Addisoni zur Tuberkulose. In anderen Fällen können pernioähnliche Affektionen der Extremitätenenden besser als auf Embolien mit Tuberkelbazillen auf periphere Zirkulationsstörungen zurückgeführt werden, wie sie sich bei Personen mit Lungenaffektionen nicht selten finden. Ebenso ist es bekannt, daß manche Formen von Skrofulotuberkulose bei Kindern zu besonders hartnäckigen und charakteristisch lokalisierten Ekzemen disponieren, die trotzdem nicht als tuberkulös aufgefaßt werden dürfen, sondern nichts anderes sind als gewöhnliche Ekzeme.

Das Wesentliche bei derartigen klinischen Beobachtungen ist die Tatsache, daß eine Hautkrankheit wirklich nur ausschließlich bei Tuberkulösen und nie bei Tuberkulosefreien auftritt. Das hat immerhin eine gewisse Bedeutung, und auf diesem Wege sind wir ja auch zur Kenntnis der meisten „Tuberkulide" gekommen. Anderenfalls sind wir auf die immer unsicheren statistischen Erhebungen angewiesen, wie oft neben einer gewissen Hautkrankheit klinische Symptome einer Organtuberkulose oder verdächtige Anamnesen vorkommen. Ein wirklicher Beweis läßt sich aus solchen Zusammenstellungen niemals ableiten, wenn sie auch auf die große Anzahl derjenigen wirken, die gewohnt sind, sich ihre Ansichten mehr nach Eindrücken als nach Beweisen zu bilden.

Es bliebe dann schließlich noch der Versuch, die Natur einer Krankheit aus ihren therapeutischen Reaktionen zu schließen. Eigentlich sollte es sich hier darum handeln, einen Mikroorganismus aus seinem Verhalten gegen bestimmte, chemisch gut definierte Substanzen zu erkennen. Hier besteht ein großer Unterschied mit den auf biologischem Wege erzeugten Antikörpern, deren genauere chemische Konstitution wir ja noch nicht kennen. Daß diese in gewissem Grade spezifisch sind, haben wir weiter oben gesehen. Die Wirkung der chemisch bekannten und darstellbaren Verbindungen ist viel weniger kompliziert, es ist eine einfach entwicklungshemmende oder abtötende, desinfizierende. Nun gibt es aber kaum ein Desinfizienz, das nur auf ein bestimmtes Virus eine vernichtende Wirkung ausübt und für alle anderen unschädlich ist. Gewiß ist das Verhalten der einzelnen Arten den chemischen Körpern gegenüber durchaus verschieden, aber diese Unterschiede sind im allgemeinen nur quantitativ.

Ein positiver Beweis für die Anwesenheit des Tuberkelbazillus durch die Wirkung einer bestimmten chemischen Substanz existiert bisher nicht. Die eigentliche Chemotherapie der Tuberkulose ist ja noch in den allerersten Anfängen. Von den extern gebrauchten Medikamenten darf hier nicht die Rede sein, da sie ja im besten Falle als elektive Ätzmittel, aber keinesfalls spezifisch wirken. Hier könnte uns nur ein Mittel dienen, das von der Blutbahn aus imstande wäre, den Tuberkelbazillus in höherem Grade als alle anderen Mikroorganismen zu treffen und dadurch Heilung der tuberkulösen Hautaffektionen zustande zu bringen. Ein solches Mittel haben wir noch nicht. Es mag sein, daß die von verschiedenen Seiten in dieser Richtung unternommenen Versuche später zum Ziele führen. Zu nennen wären hier vor allem die nach dem Finklerschen Prinzip von der Gräfin Linden, Meißen, und speziell für die Haut von A. Strauß inaugurierten Methoden der Kupfer- und Jodmethylenblaubehandlung der Tuberkulose. Aber die Resultate sind noch nicht derart, um aus dem Erfolg einer solchen Behandlung ätiologische Schlüsse zu ziehen. Und ebenso wenig können wir heute noch über die Bedeutung der Goldverbindungen aussagen, mit denen Feldt und Bruck und Glück die Tuberkulose beeinflussen wollen. Die letzteren Autoren berichten sogar über Lokalreaktionen der tuberkulösen Hautherde, die vielleicht einmal diagnostisch verwertbar werden könnten. Allerdings führt W. Heubner diese Reaktionserscheinungen mehr auf eine allgemeine Gefäßwirkung der Goldsalze zurück, die sich im Krankheitsherd stärker bemerkbar mache, als auf ein Zugrundegehen von Tuberkelbazillen und Einwirkung freigewordenen Tuberkelbazillentoxins. Im Kapitel der Therapie werden wir auf diese Fragen noch einmal zurückkommen.

Gibt es also keine positiven chemotherapeutischen Wirkungen, die uns als Beweismittel für die Anwesenheit von Tuberkelbazillen in einem Krankheitsherd dienen können, so hat man dem negativen Ergebnis, wo es sich um die Unterscheidung von der Lues handelt, seit langem eine große Bedeutung beigemessen. Die Chemotherapie der Lues ist ja fast so alt wie diese Krankheit in Europa, ja sie ist bis heute immer noch das glänzendste Beispiel ihrer Art geblieben. In der Tat sind bei richtiger Anwendung die Wirkungen des Quecksilbers und auch des Jodkali auf luetische Prozesse so auffallend, daß man hier von alters her mit einem gewissen Recht von einer „spezifischen“ Behandlung gesprochen hat. Als drittes ist jetzt das Salvarsan hinzugekommen, in dessen Einführung durch Ehrlich wir bis jetzt den Gipfelpunkt der modernen chemotherapeutischen Bestrebungen überhaupt bewundern. Es erhebt sich nun die Frage: Ist die Aktion dieser drei Mittel so ausschließlich auf Syphilis eingestellt, daß wir bei einer deutlich wahrnehmbaren Heilwirkung durch diese die Tuberkulose als Ursache einer Krankheit ausschließen können?

Von einer Spezifität im strengsten Sinne kann am wenigsten beim Jodkali die Rede sein. Schon früher wurde ihm ja ein resorbierender Einfluß bei allen möglichen infiltrativen Prozessen, auch bei solchen mit bekannter Ursache, z. B. der Aktinomykose, zugeschrieben. Wir kennen aber jetzt eine

Krankheit, für welche das Jodkali, wenn man so sagen darf, fast noch spezifischer ist als für die Syphilis, die Sporotrichose. Denn es stellt für sie einstweilen das einzige wirksame Agens dar. Aber auch bei der Lepra sind lokale und allgemeine Reaktionen auf Jodkali bekannt. Bei sicherer Tuberkulose haben nur wenige Autoren eine Einwirkung des Jodkali feststellen können; und nach allem kann man wohl sagen, daß prompte und völlige Heilung einer Hautaffektion durch Jodkali allein entschieden gegen Tuberkulose spricht. Erwähnt werden muß hier jedoch, daß Audry auf 4—6 g Jodkali kongestive Rötungen um Lupusherde herum auftreten sah, denen freilich keine Heilung folgte. Er vergleicht diese lokalen Erscheinungen aber bereits mit der sog. „Herxheimerschen Reaktion" bei Lues.

Diese Herxheimersche Reaktion hat in den letzten Jahren wieder erhöhte Bedeutung gewonnen. Man versteht darunter die häufig zu beobachtende Entstehung einer geröteten Zone um syphilitische Effloreszenzen im Anschluß ursprünglich an eine Hg-Injektion. Man erklärt dies Phänomen im allgemeinen heute durch Zerfall von Spirochäten unter der Einwirkung des Hg und daraus folgendes Freiwerden von Toxin, das auf die Gefäßwände einwirkt. Vorausgesetzt, daß das Hg nur für die Spirochaete pallida und für keine anderen Mikroorganismen in dieser Art giftig ist, könnte man dieser Reaktion eine gewisse spezifische Bedeutung beimessen. Es scheint auch, daß sie nach Hg fast nur bei wirklicher Lues beobachtet worden ist. Nach den Schilderungen von Lokalreaktionen bei Tuberkulose, wie sie z. B. Du Castel von seinen mit Kalomel behandelten Lupusfällen liefert, handelt es sich jedenfalls um ganz ausnahmsweise und nur mit geringer Deutlichkeit auftretende Phänomene. Anders ist es beim Salvarsan.

Das Salvarsan hat in viel stärkerem Maße die Fähigkeit, eine Herxheimersche Reaktion hervorzurufen als das Hg. Das ist ohne weiteres verständlich, wenn man die an sich stärkere Bakterizidie, das größere Quantum und den intravenösen Injektionsmodus berücksichtigt. Daher sehen wir auch nach Salvarsaninjektionen gar nicht selten Herxheimersche Reaktionen von einer Intensität, wie wir sie früher kaum zu Gesicht bekommen haben, und es ist bekannt, daß manche schweren zerebralen Erscheinungen nach Salvarsan durch einen analogen Vorgang in den Meningen erklärt werden. Kann man nun den Eintritt einer intensiven Herxheimerschen Reaktion bei einer fraglichen Affektion als beweisend für Lues ansehen und gegen Tuberkulose verwerten? Die Frage hat, so gestellt, mehr ein theoretisches als ein praktisches Interesse. Denn da die Reaktion bei Lues hauptsächlich um spirochätenreiche Effloreszenzen beobachtet wird, so wird in den meisten Fällen schon vorher das Mikroskop die Entscheidung geliefert haben. Dennoch ist zu betonen, daß der Herxheimerschen Reaktion keineswegs ein diagnostischer Wert zukommen würde, wie wir ihn etwa der lokalen Reaktion nach subkutaner Tuberkulininjektion haben zuerkennen müssen. Denn hier war die Entstehung der entzündungserregenden Toxine an einen viel komplizierteren, in viel höherem Grade spezifischen Mechanismus gebunden. Bei der Salvarsanreaktion läge das Spezifische ja nur darin, daß das Mittel nur auf die Spirochaete pallida eingestellt und für ein anderes Virus nicht bakterizid wäre. Das scheint aber nicht der Fall zu sein.

Herxheimer und Altmann haben zuerst eine deutliche, in manchen Fällen sogar sehr intensive Lokalreaktion auf Salvarsan an Lupusherden beobachtet. Wahrscheinlich werden auch die Tuberkelbazillen durch das Salvarsan derartig geschädigt, daß spezifisches Toxin aus ihnen frei wird, das dann eine der Tuberkulinreaktion analoge Entzündung hervorruft. Die Lokalreaktion auf Salvarsan ist also nicht für Lues spezifisch. Sie kann bei

Tuberkulose auftreten, bildet also kein verwertbares Beweismittel, um die Frage nach der Ätiologie einer Hautläsion zu entscheiden.

Wichtiger ist der therapeutische Einfluß des Salvarsans, sowie des Hg. Betrachten wir zunächst das neuere der beiden Mittel. Keines von allen uns bekannten therapeutischen Agenzien ist ja mit so viel Scharfsinn und Folgerichtigkeit gerade für eine ganz bestimmte Virusart ausprobiert und auf diese „eingestellt" worden. Über die sichere, in vielen Fällen verblüffende Heilwirkung gegenüber den luetischen Läsionen herrscht wohl heute kein Zweifel mehr. Wie das Mittel sich gegen Tuberkulose verhalten würde, konnte man von vornherein kaum wissen. Eine Überlegung mußte man allerdings machen. Der Hauptfaktor der Salvarsanwirkung ist das Arsen. Und vom Arsen weiß man seit Jahren, daß es für manche bisher zur Hauttuberkulose gerechnete Erkrankungen (Sarkoide) von ausgesprochener, ja in gewissem Sinne „spezifischer" Wirkung ist. Es liegen nun bereits über die Behandlung dieser Formen, sowie anderer „Tuberkulide" mit Salvarsan einige Beobachtungen von französischen Autoren vor (Ravaut, Arnault Tzanck und Pelbois, Pautrier). Danach sind in mehreren Fällen von Sarkoiden rasche Heilungen eingetreten; es muß aber betont werden, daß bei allen die Wassermannsche Reaktion positiv war, also zum mindesten eine Kombination mit Lues im Spiele gewesen ist. Jedoch sind auch bei anderen reinen Fällen von „Tuberkuliden" einige Heilerfolge erzielt worden. Beim Lupus vulgaris haben zuerst Herxheimer und Altmann deutliche Heilwirkungen beschrieben. Allerdings haben sie bei ihren therapeutischen Versuchen gleich Salvarsan mit Tuberkulin kombiniert, so daß ihre Erfolge, ebenso wie die von Bernhardt, der ihre Methode nachprüfte, nicht rein im Sinne einer Salvarsanwirkung zu verwerten sind. Aber selbst wenn wir die erreichten Resultate ganz auf das Konto des Salvarsan setzen dürften, wäre immer noch ein großer Unterschied gegenüber der Wirksamkeit des Mittels bei luetischen Hautaffektionen vorhanden. Denn die Heilungsvorgänge treten bei Lupus weder so rasch ein, noch sind sie entfernt so vollkommen wie bei Syphilis. Trotzdem dürfen wir auf Grund der zitierten Erfahrungen bei Tuberkuliden dem Salvarsan für die „Diagnose ex juvantibus" keine allzu große Bedeutung mehr beimessen, wenn auch rasche und radikale Heilung einer Hautkrankheit durch Salvarsan eher für einen luetischen als für einen tuberkulösen Ursprung spricht.

Etwas anders verhält es sich mit dem Quecksilber. Seine seit Jahrhunderten bewährte Bedeutung als „Spezifikum" gegen Syphilis hat auch durch die Entdeckungen der letzten Jahre keine Einbuße erlitten. Allerdings ist auch das Hg schon als Mittel gegen Hauttuberkulose angewandt und empfohlen worden. Einiges Aufsehen erregten seinerzeit die Mitteilungen des belgischen Arztes Asselbergs, der 25 Lupusfälle durch Kalomelinjektion gebessert oder geheilt haben wollte. Später ist es von dieser wie von anderen Hg-Methoden der Tuberkulosebehandlung wieder ganz still geworden. Jadassohn hat das ganze Material kritisch gesichtet und ist zu dem Schluß gekommen, daß eigentlich nur sehr wenige Fälle übrig bleiben, wo es als bewiesen angesehen werden kann, daß tuberkulöse Hautläsionen durch Hg-Behandlung geheilt sind, daß aber in diesen Fällen eine Kombination von Lues und Tuberkulose nicht von der Hand zu weisen ist. Alle Autoren, bei denen sich wie bei Jadassohn und Brocq (siehe Dissertation von Longin) reichste Erfahrung auf diesem Gebiete mit wissenschaftlicher Kritik vereinigt, müssen anerkennen, daß eine wirkliche Heilung von Hauttuberkulose durch Hg ganz außerordentlich selten ist, und daß daher deutliche Erfolge dieser Behandlung immer gegen Tuberkulose ins Treffen zu führen sind. Aber einzelne, gut untersuchte Fälle bedürfen der Erklärung, z. B. die Fälle von Wolters und Grünberg, wo bei ulzeröser Schleimhautaffektion der Mundhöhle und des Rachens Tuberkelbazillen nachgewiesen worden sind, aber trotzdem durch Hg und Jodkali Heilung erzielt wurde. Hier müssen wir doch wieder die Möglichkeit einer Mischinfektion von Tuberkulose und Syphilis in Erwägung ziehen; man könnte den Vorgang vielleicht so deuten, daß bei einem syphilitischen Individuum Tuberkelbazillen sich auf luetischen Ulzerationen angesiedelt haben. Die intensive Narbenbildung bei Abheilung des luetischen Prozesses könnte dann auch zur Abkapselung und zum Verschwinden der tuberkulösen Herde führen. Dabei ist eine gewisse Neigung der Rachentuberkulose zur Spontanheilung zu berücksichtigen. Für ähnliche Fälle in künftiger Zeit ist die Wassermannsche Reaktion zur Aufklärung unerläßlich. Denn sie wird jedenfalls entscheiden, ob ein durch Lues verändertes Terrain vorliegen kann. In einem Falle von Rusch, wo eine bakteriologisch nachgewiesene Tuberkulose der Gaumenschleimhaut auf Jodkali heilte, fiel die Wassermannsche Reaktion positiv aus.

Die frühere Zeit war allein auf klinische Beobachtungen angewiesen. Aber selbst diese bejahen die Frage nach der Möglichkeit einer Mischinfektion mit beiden Krankheiten. Doch ist sie wohl sehr viel seltener als frühere Untersucher angenommen haben. Denn manche von diesen stützen sich nur auf den histologischen Beweis, dessen Unzulänglichkeit wir weiter oben schon dargetan haben; und sicher sind viele durch die lupoiden und tuberkuloiden Formen der Syphilis getäuscht worden. Trotzdem bleiben einige Fälle, wo keine andere Deutung möglich ist. An sich ist es ja auch bei der Häufigkeit beider Infektionen gar nicht unverständlich, daß sie sich im gleichen Hautbezirk einmal kombinieren und superponieren können, zumal beide die Eigenschaft haben, sich mit Vorliebe an einem „Locus minoris resistentiae“ anzusiedeln. Es mag sich darum ebensowohl ein tertiäres Syphilid um eine tuberkulöse Drüse, an oder gar auf einem alten Lupusherd entwickeln, wie eine schon bestehende luetische Affektion vom Blute her oder von außen mit Tuberkelbazillen infiziert werden kann. Von den wenigen Fällen sicherer Mischinfektionen, die Jadassohn anerkennt, können wohl alle durch die eine oder andere dieser beiden Entstehungsarten erklärt werden. Recht deutlich wurde aber gerade in diesen Fällen die doppelte Infektion durch den Erfolg der Hg-Therapie. Nachdem die luetische Erkrankung abgeheilt war, blieben die tuberkulösen Herde zurück, wurden jetzt erst recht deutlich und waren selbst von intensiver Hg-Kur nicht mehr zu beeinflussen. In einem Fall von Bering scheint das Hg bei einer Mischinfektion geradezu verschlechternd auf die Drüsentuberkulose eingewirkt zu haben. Alles in allem muß man also doch der Diagnose ex juvantibus einen gewissen Wert zusprechen. Zwar kann sie niemals einen absoluten Beweis liefern, daß eine Dermatose nicht durch Infektion mit Tuberkelbazillen bedingt ist. Aber recht wahrscheinlich ist es schon, daß eine Hautaffektion, die auf Salvarsan, Hg und Jodkali sicher und rasch heilt, nicht den Tuberkelbazillus als Hauptursache hat.

B. Die Pathogenese der Hauttuberkulose.

1. Die Disposition.

Die Frage nach der Disposition zur Erkrankung an Tuberkulose ist auch heute noch nicht gelöst. Manche Probleme, die unter dieser Rubrik früher behandelt wurden, sind jetzt durch die Entwicklung der Immunitätslehre in ein anderes Licht gerückt und werden daher besser bei dieser besprochen, z. B. die Änderung der Disposition während des Verlaufes der Krankheit. Trotzdem bleibt noch ein besonderes Problem der Disposition bestehen, das nicht ganz in der Infektions- und Immunitätslehre aufgeht. Die Disposition zur Infektion mit Tuberkelbazillen ist — das darf man wohl sagen — für den Menschen ganz allgemein. Es ist fraglich, ja unwahrscheinlich, daß beim Menschen eine natürliche, angeborene Immunität gegen Tuberkulose vorkommt. Die Sektionsergebnisse und die Resultate der Tuberkulinprüfungen weisen darauf hin, daß die allermeisten Menschen einmal eine Infektion mit Tuberkelbazillen durchgemacht haben. Wie sich aber das Individuum, die Familie oder Rasse im weiteren Verlauf dieser Infektion verhält, das ist die eigentliche Frage der Disposition. Es ist wohl sicher, daß für die innere, speziell die Lungentuberkulose, die ererbte anatomische Anlage, die Konstitution und andere Umstände als mehr oder weniger disponierend in die Wagschale fallen. Aber das gehört nicht in den Rahmen unserer Betrachtungen.

Wir haben uns hier nur mit der Disposition der Haut zu tuberkulöser Erkrankung zu beschäftigen. Und hier kann man den Satz an die Spitze stellen, daß die Haut in geringerem Grade als fast alle anderen Organe des Körpers zur Erkrankung an Tuberkulose disponiert ist. Sowohl die niedrigere Temperatur als das chemische und anatomische Substrat scheinen dem Wachstum des Tuberkelbazillus nicht sonderlich günstig zu sein und seiner Ansiedelung einen gewissen Widerstand entgegen zu setzen. Das gilt nicht nur für die menschliche Haut. Eine vergleichende Betrachtung zeigt auch für die Tiere das auffallend seltene Vorkommen spontaner Hauttuberkulosen auch bei sonst in hohem Grade tuberkuloseempfänglichen Arten. Es scheint sogar heute sichergestellt, daß die Tuberkelbazillen die normale Tierhaut durchwandern und eine innere Tuberkulose erzeugen können, ohne in der Haut selbst die geringsten Krankheitserscheinungen hervorzurufen. Das haben Courmont mit André und Lesieur, Babes, C. Fränkel und Königsfeld an Meerschweinchen und Kaninchen nachgewiesen. Zwar haben Takeya und Dold die alte Baumgartensche Ansicht, daß der Tuberkelbazillus immer an der Invasionspforte tuberkulöse Veränderungen erzeugt, gegenüber C. Fränkel zu stützen versucht. Sie fanden in den positiv verlaufenden Fällen auch in der Haut stets eine wenigstens mikroskopisch nachweisbare Tuberkulose. Da aber Babes und C. Fränkel 4—48 Stunden nach der Einreibung die Tuberkelbazillen in den Lymphgefäßen der Subcutis gefunden haben, so ist es sehr wohl möglich, daß die Ansicht, die heute vor allem von C. Fränken vertreten wird, den Sieg behält, und daß der Tuberkelbazillus tatsächlich die Haut durchdringen kann, ohne sie zu schädigen.

Wie sich die menschliche Haut in dieser Beziehung verhält, werden wir wohl kaum jemals mit Sicherheit herausbringen können. Die Frage auf experimentellem Wege zu lösen, ist unmöglich, und klinische Beobachtungen können hier höchstens zu Vermutungen führen. Es ist wohl ganz gut denkbar, daß die kindliche Haut für Tuberkelbazillen permeabel wäre, und manche isolierte Drüsentuberkulose auf diesem Wege entstehen könnte. Aber sehr wahrscheinlich ist es nicht, daß dieser Infektionsmodus praktisch eine Rolle spielt, da unter natürlichen Bedingungen eine so intensive Einreibung des Tuberkelbazillus in die Haut wie im Tierversuche wohl niemals stattfindet. Die Fälle, wo Infektionen sich an Verletzungen angeschlossen haben, begannen alle mit einer tuberkulösen Hauterkrankung an der Impfstelle. Von der Schleimhaut des Mundes und besonders der Nase aus könnte analog den Tierversuchen von Cornet noch eher ein Durchwandern von Bazillen stattfinden; aber auch hier haben wir wohl meistens einen lokalen Impfaffekt.

Wie dem auch sei, die Frage, ob die Tuberkelbazillen die Haut durchdringen können, ohne eine Erkrankung derselben hervorzurufen, ist nicht die wichtigste zur Beurteilung der allgemeinen Hautdisposition für Tuberkulose. Eine ganze Reihe anderer Momente sprechen noch dafür, daß diese Disposition gering ist, vor allem die Seltenheit der Hauttuberkulose gegenüber anderen Lokalisationen der Infektion, die relative Gutartigkeit und das langsame Fortschreiten der meisten Formen von Hauttuberkulose. Vergleichen wir die manchmal in Jahren kaum bemerkbare Vergrößerung tuberkulöser Hautherde mit dem stetigen Fortschreiten tertiärer Hautsyphilide oder den Zerstörungen, die der Tuberkelbazillus in dieser Zeit in anderen Organen anrichtet, so wird man schon zu der Annahme gedrängt, daß die Haut kein Nährboden ist, der dem Tuberkelbazillus eine üppige Entwicklung gestattet. Das zeigt ja auch das Mikroskop: Die Spärlichkeit der Tuberkelbazillen in den meisten tuberkulösen Hautläsionen. In einem Medium, das an sich keine günstigen Entwicklungsbedingungen bietet, werden dem Tuberkelbazillus gegenüber schädigende Faktoren, die im ganzen Organismus vorhanden sind, besonders stark zur Wirkung kommen. Wir denken hier ganz allgemein an spezifische, antibakterielle Schutzvorrichtungen irgendwelcher Art. In der Haut werden ihnen die Tuberkelbazillen eher verfallen als in anderen Organen, da ihre Vitalität hier sowieso schwächer ist. Haben wir also einerseits fortschreitende Prozesse, wie sie durch virulente, sich stark vermehrende Tuberkelbazillen hervorgerufen werden, in der Haut relativ selten, so müssen wir andererseits jene vorübergehenden Erscheinungen, die durch zugrunde gehende Tuberkelbazillen erzeugt werden, in der Haut häufiger treffen. Die Haut muß ein guter Indikator für diese Erscheinungen sein, die uns an inneren Organen ganz entgehen oder sich nur durch geringe Allgemeinsymptome bemerkbar machen. Daß sich das tatsächlich so verhält, werden wir später bei der Darstellung der Immunitätsvorgänge und der „Tuberkulide" noch ausführlich zu besprechen haben.

Die Schwierigkeit des Dispositionsproblems beginnt erst, wenn wir von der allgemeinen Hautdisposition für Tuberkulose zur speziellen Disposition und ihrer Bedeutung im Einzelfalle übergehen. Immer wieder werden wir hier die Abgrenzung gegenüber Infektionsgelegenheit und Immunität vorzunehmen haben. Das beginnt schon bei der Betrachtung der verschiedenen Lebensalter in ihrer Beziehung zur Hauttuberkulose. Es scheint hier auf den ersten Blick selbstverständlich, der kindlichen Haut im Vergleich zu der des erwachsenen Menschen eine besondere Disposition zu tuberkulöser Erkrankung zuzuerkennen. Denn die meisten der fortschreitenden Tuberkuloseformen beginnen schon in der Kindheit und auch die benignen exanthematischen Formen finden sich häufiger bei Kindern als bei Erwachsenen. Aber besonders die erste dieser beiden Tatsachen läßt sich nicht rein im Sinne einer erhöhten Hautdisposition verwerten, sondern hängt ebenso sehr mit Immunitätsverhältnissen zusammen. Wir müssen es jetzt wohl als bewiesen annehmen, daß die meisten Menschen in der Kindheit eine Tuberkuloseinfektion durchmachen, die sie im späteren Leben bis zu einem gewissen Grade gegen Neuinfektion schützt. Trifft also eine Tuberkelbazilleninfektion die Haut in einem Alter, wo sich dieser Schutz noch nicht ausgebildet hat, so wird sie natürlich leichter haften als im späteren Leben, wo jene Immunität schon vorhanden ist. Dann sind aber auch die Gelegenheiten zu einer Infektion von außen im kindlichen Alter ungleich häufiger als später. Von begünstigenden Momenten brauchen wir nur das Kriechen auf dem Boden, die Häufigkeit kleiner Hautläsionen, die als Infektionspforte dienen, die noch nicht erfolgte Erziehung zur Sauberkeit zu erwähnen.

Gegen „aufgeschlossenes“ Tuberkelbazillentoxin scheint allerdings die Haut des Kindes empfindlicher zu sein als die des Erwachsenen. Das zeigen schon die oft ganz außerordentlich intensiven Reaktionen auf lokale Tuberkulinimpfungen nach Pirquet oder Mantoux. Deshalb finden wir auch wohl die Überempfindlichkeitsreaktionen auf hämatogene Aussaat von Tuberkelbazillen, die „Tuberkulide“, häufiger und oft hochgradiger ausgebildet bei Kindern und jugendlichen Individuen als in späteren Lebensaltern. An sich ist das gar nichts Merkwürdiges, denn wir sehen ja auch auf vielerlei andere bakterielle und toxische Schädlichkeiten die Kinderhaut intensiver reagieren.

Umgekehrt hat man geglaubt, daß die Haut im höheren Alter, speziell die senil veränderte Haut, eine besondere Unempfindlichkeit gegen die Infektion mit Tuberkelbazillen besitze. Das ist nicht ganz richtig. Denn trotz der relativen Immunität gegen Neuinfektion bei den meisten erwachsenen Menschen gibt es doch kein Lebensalter, in dem nicht tuberkulöse Erkrankungen der Haut auftreten könnten. So ist auch das Greisenalter keineswegs davor bewahrt. Allerdings werden hier häufig besonders benigne Krankheitsformen beobachtet, worauf speziell Jadassohn aufmerksam gemacht hat. Trotz manchmal raschen peripheren Fortschreitens zeigen diese Formen eine gewisse Neigung, oberflächlich zu verlaufen, und weisen oft im Zentrum ausgedehnte und vollständige Spontanheilungen auf. Die atrophische und trockene senile Haut scheint also dem Tuberkelbazillus als Medium nicht besonders zuzusagen.

Wie dem Alter, so hat man auch dem Geschlecht einen gewissen Einfluß auf die Disposition zugeschrieben. Es ist tatsächlich auffallend, wie sehr in der Statistik der am meisten verbreiteten Tuberkuloseform, des Lupus vulgaris, das weibliche Geschlecht dominiert. Hamel gibt für Deutschland, Garçia del Mazo für Spanien übereinstimmend an, daß zwei Drittel der Lupuspatienten weiblichen Geschlechtes waren. Doch fügt Hamel hinzu, daß unterhalb des 14. Lebensjahres dieses Verhältnis anders ist, daß in der Kindheit die Knaben häufiger erkranken als die Mädchen. Es mag sein, daß die weibliche Haut auch später der kindlichen ähnlicher und deswegen gegen Tuberkelbazillen empfindlicher bleibt. Aber es ist auch sicher, daß die Gelegenheit zur Infektion bei der mehr an das Haus gebundenen Lebensweise der Frau größer ist als bei mancher männlichen Tätigkeit. Diejenigen Momente, die sonst bei der Frau häufig als die Tuberkulose verschlimmernd in Betracht kommen, Gravidität und Geburt, haben speziell für den Verlauf einer Hauttuberkulose nur geringe Bedeutung.

In die Augen fallend beim Überblick über ein größeres Hauttuberkulosematerial ist das Vorherrschen bestimmter Lokalisationen. Aber auch hier soll man sich hüten, alles auf die verschiedene Hautdisposition der verschiedenen Körperregionen zu schieben. Sicher sind solche Unterschiede vorhanden. Ganz bekannt ist z. B. die Seltenheit tuberkulöser Affektionen auf der behaarten Kopfhaut. Selbst progrediente Lupusformen machen oft an der Haargrenze Halt. Hier kann man wohl mit Recht die Ursache in der abweichenden anatomischen Beschaffenheit der Kopfhaut suchen. Denn Infektionsgelegenheiten sind ja genügend vorhanden. Wenn wir aber im übrigen die Tuberkulose mit Vorliebe an den unbedeckt getragenen Körperteilen, Gesicht und Händen lokalisiert finden, so ist daran sicher viel weniger die erhöhte Disposition schuld, als der Umstand, daß diese Teile der Infektion von außen am meisten ausgesetzt sind. Es gibt keine Gegend des Körpers, an der nicht tuberkulöse Hautaffektionen vorkommen könnten. Und für die hämatogenen Infektionen haben wir auch wieder ganz andere Prädilektionsstellen.

Die Vererbung der Disposition zur Tuberkulose im allgemeinen, die meistens als eine Tatsache hingenommen wird, ist bisher noch durchaus nicht einwandfrei wissenschaftlich bewiesen. Beitzke, der das letzte große Sammelreferat über diese Frage verfaßt hat, kommt zu dem Schluß, daß auch die Forschungen der letzten Jahre sehr wenig Positives zur Entscheidung dieser Frage gebracht haben. Gewiß mag die Konstitution und der zur Phthise disponierende Habitus vererbt werden und in derselben Familie wiederkehren, aber niemals wird sich unter diesen Verhältnissen auch erhöhte Infektionsgelegenheit ausschließen lassen. Noch schwieriger ist es, zu sagen, ob für die Hauttuberkulose eine vererbbare und familiäre Disposition eine Rolle spielt. Man findet wohl Fälle von Hauttuberkulose bei mehreren Mitgliedern derselben Familie, aber die Zahl dieser Vorkommnisse ist nicht so groß, um sehr überzeugend für eine besondere Bedeutung der familiären Disposition zu sprechen. Bemerkenswert ist es allerdings immer, wenn sich seltenere Tuberkuloseformen bei Geschwistern finden, wie ich das vom Lichen scrofulosorum, Erythema induratum und dem als Tuberkulose allerdings noch fraglichen Lupus erythematodes gelegentlich gesehen habe. Hier könnte man doch an eine angeborene Veranlagung der Haut im Sinne einer besonderen Empfindlichkeit gegen aufgeschlossene Tuberkelbazillentoxine denken. Das wäre nicht so etwas Ungewöhnliches, denn wir sehen ja auch bei Mitgliedern einer Familie weitgehende Ähnlichkeit des Hautorganes in seinem Verhalten gegen äußere Reize, z. B. gegen Licht (Epheliden, Xeroderma pigmentosum), aber auch gegen chemische Körper, oder im Vorhandensein seltener Anomalien (z. B. familiäre Xanthomatose). Gerade für die „Tuberkulide“ werden wir immer noch eine besondere Empfindlichkeit der Haut anzunehmen haben, und diese könnte ganz gut vererbbar sein. Aber beweisen läßt sich das bis jetzt noch nicht, auch nicht auf statistischem Wege.

Ebensowenig Positives wie über die Familien- wissen wir über die Rassendisposition. Aus der eben zitierten Zusammenstellung von Beitzke geht hervor, daß die scheinbare geringe Empfänglichkeit bestimmter Rassen sich fast immer durch günstigere hygienische Bedingungen erklären läßt, und daß, falls Angehörige dieser Rassen in schlechtere Verhältnisse versetzt werden, sie ebenso häufig erkranken wie die Umgebung. Es ist sogar eine für die Immunitätslehre nicht unwichtige Beobachtung, daß Angehörige eines relativ tuberkulosefreien Volkes, wenn sie in ein tuberkuloseverseuchtes Milieu geraten, besonders widerstandslos der Krankheit gegenüber sich erweisen. Also auch hier ist die Infektionsgelegenheit wichtiger als die Disposition. Allerdings ist für die Haut hier doch eine Einschränkung zu machen. Es ist nicht zu leugnen, daß gerade das Hautorgan als Rassenunterscheidungsmerkmal eine besondere Rolle spielt, daß die Haut eines Negers, Japaners und Europäers verschiedener sind als die inneren Organe derselben Rassen. Aus der Verschiedenheit des anatomischen Substrates könnten sich denn auch Unterschiede in der Häufigkeit der Hauttuberkulose bei bestimmten Rassen und Völkern erklären. Denn solche Unterschiede scheinen tatsächlich zu bestehen, ohne daß sie durch paralleles Verhalten der inneren Tuberkulosen bei den gleichen Nationen zu deuten wären. So ist es bekannt, daß bei den Japanern Lungentuberkulose häufig, dagegen Hauttuberkulose und besonders Lupus recht selten vorkommt. Noch merkwürdiger ist es, daß die Empfindlichkeit der Haut gegen Tuberkelbazillen auch bei rasseverwandten Völkern nicht gleich zu sein scheint. Wer die Kasuistik über „Tuberkulide“ verfolgt, wird leicht den Eindruck haben, daß sie in manchen Gegenden häufiger sind als in anderen. Mir ist es immer auffallend gewesen, daß ich in Hamburg viel weniger „Tuberkulide“ zu sehen bekommen habe als in Bern, und Unna,

Arning, Wolters (Rostock) haben mir diese relative Seltenheit der Tuberkulide für Norddeutschland bestätigt. Auch in Paris scheinen sie nicht so zahlreich zu sein wie z. B. in Bern. Es ist das bis jetzt noch ein Rätsel, das uns neben andern die „Geographie der Dermatologie“ aufgibt.

Es bleibt uns noch eine wichtige Frage zu erörtern, ob anderweitige Krankheiten, ob pathologische Zustände nicht tuberkulöser Natur die Disposition zur Erwerbung einer Hauttuberkulose erhöhen können. Mit diesen Worten haben wir schon das Gespenst der „Skrofulose“ heraufbeschworen. Was ist Skrofulose? Die Ärzte der vorbakteriologischen Zeit verstanden darunter einen einigermaßen charakterisierten Symptomenkomplex. Heute sind wir uns nicht mehr einig, ob der Begriff überhaupt noch seine Existenzberechtigung hat. Die einen wollen die Skrofulose als „Skrofulotuberbulose“ ganz zur Tuberkulose gerechnet wissen. Die anderen sehen das Wesen der Skrofulose in einer besonderen Konstitutionsanomalie. Cornet nimmt eine tuberkulöse und eine nichttuberkulöse Form der Skrofulose an. Die Skrofulose ist nach seiner Ansicht „eine unter dem Einfluß einer besonderen Diathese entstandene pyogene, tuberkulöse oder Mischinfektion“. Diese letztere Defintion kann am wenigsten befriedigen, da sie von unseren heute allgemein gültigen ätiologischen Anschauungen und unseren Gepflogenheiten in der Benennung von Krankheiten abweicht. Ein Lupus und eine Impetigo vulgaris sind ätiologisch und klinisch feststehende Krankheitseinheiten. Sie können so gut wie bei einem nicht skrofulösen bei einem „skrofulösen“ Kinde auftreten, aber sie sind nie ein bloßes Symptom der Skrofulose, sie sind nicht Skrofulose. Auch widerstrebt es uns, eine wirkliche Krankheit durch mehrere ganz verschiedene Virusarten entstehen zu lassen, sondern wir werden uns nur so ausdrücken, daß unter Umständen Tuberkelbazillen- und Streptokokkeninfektion der Haut ähnliche Symptomkomplexe erzeugen können. Aber es bleibt immer entweder Tuberkulose oder Streptodermie.

Wenn wir uns der Ansicht anschließen würden, daß die Skrofulose nur als eine besondere Form der Tuberkulose anzusehen ist, verursacht durch einen Zustand der Überempfindlichkeit der Haut gegenüber aufgeschlossenen Tuberkelbazillentoxinen, so könnten wir die Behandlung des Skrofuloseproblems hier unterlassen. Dann würde alles unter den Immunitätsfragen zu erörtern sein. Für uns ist es hier aber wichtig, ob es nicht doch vielleicht eine bestimmte Konstitutionsanomalie gibt, die ev. mit Skrofulose zu bezeichnen wäre, bei der die Disposition der Haut zur Erkrankung an Tuberkulose verstärkt ist. Hier hat seit langem die größte Rolle der „Lymphatismus“ gespielt. Man hätte darunter eine „erhöhte Krankheitsbereitschaft“ des Organismus infolge einer pathologischen Anlage des Lymphsystems zu verstehen. Auch die „exsudative Diathese“ Czernys hat man als eigentliche skrofulöse Anlage verantwortlich gemacht. Sicher besteht eine gewisse Verwandtschaft mit der lymphatischen Diathese, dem Lymphatismus, wie er z. B. durch Escherich und Moro erklärt wird als „Neigung des Organismus zu Entzündungsreaktionen hartnäckiger und rezidivierender Natur (mit Ausschwitzungen von Lymphe), an denen sich primär und sekundär das lymphatische Gewebe ausgesprochen beteiligt“. Nach Moro und Escherich wäre demnach die Skrofulose nur die Tuberkulose des lymphatischen (exsudativen) Kindes. Beide Krankheiten, Tuberkulose und Lymphatismus, verändern sich durch die Kombination in ihrem Charakter, und dadurch entsteht das besondere Bild der Skrofulose, eine Ansicht, der sich auch Feer anschließt. Etwas abweichend sieht Cornet die Anlage zur Skrofulose „in einer auf die Haut, Schleimhäute und das Lymphsystem lokalisierten Diathese oder Krankheitsbereitschaft, die auf anatomischen Verhältnissen beruht, nämlich auf einer weiteren Steigerung der der Kindheit schon normalerweise zukommenden erhöhten Durchlässigkeit der Haut, Schleimhaut und Lymphwege — ein Zustand, den man als gesteigerten Infantilismus, oder besser als Embryonalismus bezeichnen kann". Diese Erklärung gibt also tatsächlich eine anatomische Disposition zur Infektion mit Tuberkulose zu und hat auch für die Erkrankungen des kindlichen Alters an Hauttuberkulose viel Wahrscheinlichkeit für sich. Doch bewiesen ist auch sie nicht, ebenso wie auch den Vorstellungen vom Lymphatismus und von der exsudativen Diathese heute noch viel Hypothetisches anhaftet. Immerhin darf man wohl annehmen — wie man sich auch zur Skrofulosefrage sonst stellen will —, daß es Anlageanomalien gibt, deren Träger zur Erkrankung an Hauttuberkulose im Kindesalter besonders disponiert sind. Das Wesen dieser Anomalien genau zu erforschen, ist jedoch eine noch zu erfüllende Aufgabe.

Außer jener noch problematischen Konstitutionsanomalie gibt es aber noch einige gut definierte, akute Krankheiten, denen wir einen begünstigenden Einfluß nicht nur auf die Tuberkulose im allgemeinen, sondern ganz speziell auf die Hauttuberkulose zuerkennen müssen. Das sind die akuten Exantheme, Scharlach und ganz besonders Masern. Sehr wesentlich ist wohl zur Erklärung dieser Erscheinung das Versagen der Antikörperwirkung, wie es während jener Erkrankungen nachweisbar ist. Insofern wäre die veränderte Disposition also wieder nur auf Immunitätsvorgänge zurückzuführen. Da sich aber gerade die tuberkulösen Erkrankungen nach jenen Affektionen mit Vorliebe an der Haut, die sonst wenig empfänglich ist, lokalisieren, ist es nicht ausgeschlossen, daß durch die voraufgegangene exanthematische Krankheit das Hautterrain verändert worden ist. Das läßt sich allerdings nicht direkt beweisen.

2. Die Infektionswege.

Die tuberkulöse Infektion der menschlichen Haut kann durch Tuberkelbazillen erfolgen, die aus der äußeren Umgebung des Patienten oder aus seinem eigenen Körper stammen. Wir unterscheiden demnach eine exogene und eine endogene Infektionsart, was häufig — aber nicht immer — sich mit primärer oder sekundärer Infektion deckt.

Die Hauptquelle für die exogene, primäre Infektion der Haut mit Tuberkulose ist der tuberkulöse, oder besser der phthisische Mensch. Die ganz überwiegende Zahl dieser Infektionen geschieht durch Bazillen, die aus dem Sputum eines Phthisikers herrühren. Zwar hatten wir schon die Ansteckung durch Material von tuberkulösen Rindern kennen gelernt, hatten aber gesehen, daß diese eigentlich nur für gewisse Berufsarten in Betracht kommt und eine bedeutend geringere, für die Allgemeinheit viel weniger wichtige Rolle spielt als die Infektion von Mensch zu Mensch. Zahlreich sind die Fälle in der Literatur verzeichnet, bei denen Hautinfektionen direkt durch tuberkulöses Sputum verusacht worden sind. Einige Beispiele mögen genügen: Ein kleines Kind fällt mit dem Kopf gegen ein Geschirr, in das ein tuberkulöses Individuum sein Sputum entleert; das Gefäß zerbricht, und das Sputum gelangt in eine offene Wunde. (Fall von Deneke, neuerdings ein ähnlicher von Moro.) In den noch etwas zurückgebliebenen jüdischen Gemeinden des Ostens geschieht die Blutstillung bei der rituellen Zirkumzision derart, daß der Beschneider die Wunde mit seinem Munde aussaugt. Über Tuberkuloseinfektionen, die auf diese Art zustande gekommen sind, existiert eine große Kasuistik (siehe die neueren Arbeiten von Bernhardt und von Arluck und

Winocouroff). Auf ähnliche Weise kann auch bei Erwachsenen Hauttuberkulose des Penis entstehen, wenn das Glied mit dem Speichel einer phthisischen Frau in Berührung kommt. Auch beim Tätowieren (P. Ernst) oder beim Durchbohren der Ohrläppchen zur Einführung von Ohrringen geschehen solche Infektionen dadurch, daß phthisische Individuen die dazu verwendeten Nadeln mit ihrem Speichel anfeuchten (Fälle von Großer, Großmann, Pätzold). Und auch sonst läßt es sich häufig feststellen, daß Hauttuberkulosen bei solchen Personen auftreten, die mit der Pflege von Phthisikern im letzten Stadium unter ungünstigen hygienischen Verhältnissen beschäftigt sind. Sogar Infektionen durch ärztliche Instrumente, z. B. Pravazsche Spritzen (z. B. ein Fall von O. Bruns) sind bekannt, bei Unsauberkeit in der Anwendungsweise durch den morphinistischen Patienten.

Bei der großen Mehrzahl der exogenen Infektionen wird sich allerdings die Infektionsquelle nicht so genau feststellen lassen. Doch kann man bei den meisten eruieren, daß sich die Patienten einmal in der Umgebung tuberkulöser Individuen befunden haben. Und da die Zahl derselben überall sehr groß ist, so ist in jedem unhygienischen, unsauberen Milieu die Möglichkeit einer Infektion gegeben. Ostermann hat über die Bedeutung der Kontaktinfektion eine große Versuchsreihe angestellt. Er fand bei 42 Kindern aus unsauberen Phthisikerfamilien nur viermal Tuberkelbazillen an den Händen, bei 14 erwachsenen Personen siebenmal. Im Fußbodenstaub konnte er trotz extremer Unsauberkeit nur in der Hälfte der Fälle einen positiven Tuberkelbazillenbefund erheben. Wenn er aber daraus schließt, daß die Gefahr der Tuberkuloseverbreitung durch Berührung der Hände oder durch Berührung der Schleimhäute mit den Händen nicht sehr groß sei, so scheint mir das, wenigstens für die Hauttuberkulose, doch etwas zu optimistisch ausgedrückt. Denn die positiven Befunde beweisen eigentlich hier mehr als die negativen. Wenn überhaupt nur dann und wann Tuberkelbazillen im Staub oder an den Händen vorhanden sind, so können sie auch in offene Hautläsionen übertragen werden. Und diese Gefahr ist für das kindliche Alter ganz außerordentlich groß. Sehen wir ganz ab von der vielleicht größeren Empfänglichkeit der kindlichen Haut, so bleibt noch das viel häufigere Vorkommen von allerhand Hautläsionen und -krankheiten, die den Tuberkelbazillen die Ansiedelung erleichtern können. So sind Infektionen von Ekzemen bei Kindern beschrieben (z. B. Baumel). Man denke ferner an die Unsauberkeit der oft sehr zahlreichen Kinder in solchem Milieu. Das Kriechen auf dem Boden gibt schon Gelegenheit zur Infektion, wir finden z. B. nicht zu selten primäre Lupusherde der Glutäalgegend. Der allerhäufigste Infektionsmodus ist aber wohl die Übertragung der Tuberkelbazillen mit dem Finger auf die Nasenschleimhaut. Man hat, besonders in den letzten Jahren, immer mehr auf den Beginn des Lupus im Nasenvorhof sein Augenmerk gerichtet, und sorgfältige Untersucher, wie Gerber und Walb, sind zu der Ansicht gekommen, daß in der größten Zahl der Fälle der Gesichtslupus von der Nasenschleimhaut seinen Ausgang nimmt. Sicher haben wir aber in dem Lupus des Naseninnern ganz überwiegend primäre exogene Infektionen vor uns, die übrigens nicht nur im Kindesalter entstehen, denn die „manuelle Ausräumung“ der Nase bleibt für viele Personen auch später noch eine beliebte Operation. Auch die aerogene Infektion von Rhinitiden durch Tuberkelbazillen ist nicht ganz zu vernachlässigen.

Die endogene Infektion der Haut, die Infektion von tuberkulösen Herden aus, die im Innern des Körpers bereits vorhanden waren, kann auf dreierlei Art stattfinden. Erstens kann die Haut erkranken durch Fortpflanzung des tuberkulösen Prozesses von einem unter der Haut gelegenen Organ auf die Haut selbst: Infectio per contiguitatem, zweitens durch Propagation auf dem Lymphwege, drittens durch hämatogene Aussaat.

Die ersten dieser beiden Arten sind nicht immer streng voneinander zu trennen. Die Kontiguitätstuberkulose der Haut spielt eine außerordentlich wichtige Rolle. Sehr häufig sehen wir eine Tuberkulose von einer Drüse, einem Knochen, von Faszie und Muskel her allmählich die Haut in Mitleidenschaft ziehen und dann auch hier langsam, aber unaufhaltsam vorwärtsschreiten. Manchmal scheint es dagegen, als ob der Prozeß nicht direkt von jenem Herd auf die Haut übergeht, sondern der Hautherd entsteht gleichsam selbständig in der Umgebung. In diesem Falle müssen wir eine Verschleppung der Tuberkelbazillen auf dem Lymphwege annehmen. Da wir aber oft nicht sagen können, ob dabei diese Lymphwege nicht selber miterkrankt

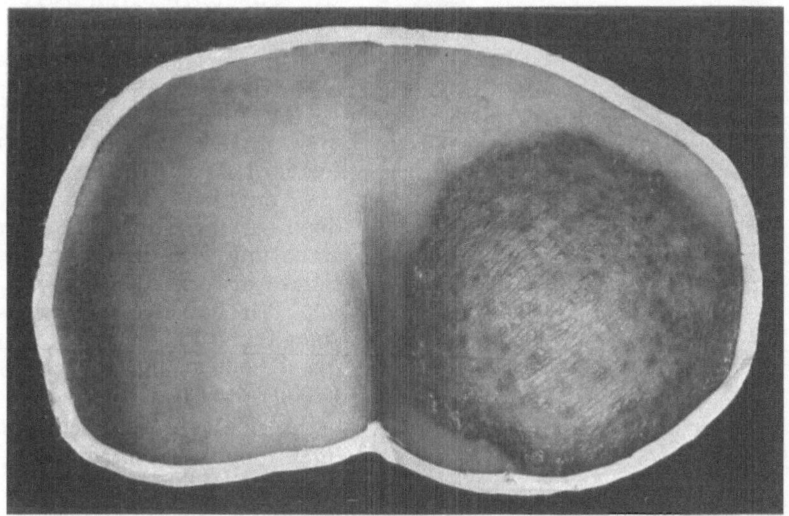

Abb. 7. Lupus der Glutäalgegend, vermutlich exogen entstanden. (Sammlung des Allg. Krankenhauses Hamburg-St. Georg.)

sind, so ist es klar, daß Kontiguitäts- und lymphogene Tuberkulose in einander übergehen müssen, obwohl beide auch in reiner Form häufig vorkommen.

Die Möglichkeit einer hämatogenen Entstehung von Hauttuberkulose, die aus klinischen Gründen schon lange feststand, hat in den letzten Jahren sichere Beweise erhalten durch den immer häufigeren Befund von Tuberkelbazillen im strömenden Blute. Wir haben weiter oben bereits gesehen, daß zwar lange nicht alle dieser Befunde — soweit sie nämlich auf dem Antiforminverfahren beruhen — Beweiskraft beanspruchen können. Aber es bleiben doch genug Fälle übrig, wo der Nachweis einwandfrei und durch den Tierversuch geführt wurde, wie das Marmorek für die Meerschweinchentuberkulose schon vor längerer Zeit getan hatte. Liebermeister hat dann außerdem bei manchen Tuberkulösen in der Wand der Hautvenen Veränderungen gefunden, deren tuberkulöse Natur er trotz fehlenden tuberkuloiden Baues im Tierversuch demonstrieren konnte. Bei manchen Fällen, besonders bei speziellen Formen der „Tuberkulide“ kann man auch im histologischen Bilde zeigen, daß der Prozeß von Gefäßen seinen Ausgang genommen hat.

Aber dieser Nachweis gelingt nicht immer mit der wünschenswerten Deutlichkeit.

Kommt dem Infektionsmodus eine entscheidende Rolle für die Gestaltung des Krankheitsbildes und dessen Verlaufes zu? Das ist eine der wichtigsten Fragen in der allgemeinen Pathogenese der Hauttuberkulose. Es ist bekannt, daß die Hauttuberkulose an Vielgestaltigkeit hinter der Lues nicht zurücksteht, ja diese vielleicht noch übertrifft. Nehmen wir nun die bekanntesten und häufigsten Krankheitsformen der Tuberkulose und untersuchen, ob sich die Unterschiede voneinander durch den verschiedenen Infektionsmodus allein erklären lassen, so müssen wir zu einem negativen Resultat kommen. Es gibt keine unter den Hauptformen der Hauttuberkulose, die ausschließlich durch eine bestimmte Infektionsart zustande kommt, und es gibt keine Infektionsart, die immer nur das gleiche, für sie charakteristische Krankheitsbild reproduziert. Das mag auf den ersten Blick befremdend scheinen, aber eine kurze Betrachtung wird die Richtigkeit des Satzes erweisen.

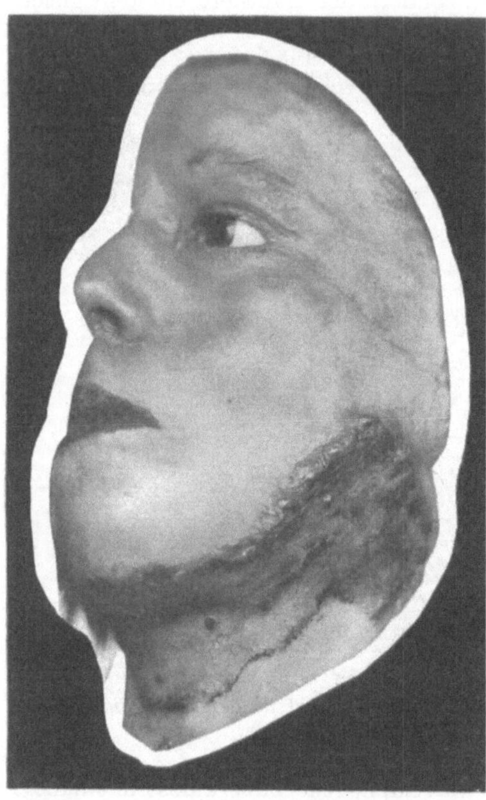

Abb. 8. Lupus des Halses. Kontiguitäts-Tuberkulose von erkrankten Lymphdrüsen ausgehend. (Sammlung des Allg. Krankenhauses Hamburg-St. Georg.)

Wir haben oben bereits eine Anzahl von Fällen zitiert, wo durch das Hineingelangen von Tuberkelbazillen in die Haut — es handelte sich um die Schlachthausinfektionen — immer das gleiche Krankheitsbild der Tuberculosis verrucosa cutis erzeugt wurde. Es ist diese Tuberkuloseform nicht etwa für die Infektion mit Rinderbazillen spezifisch, denn auch durch den Typus humanus wird sie außerordentlich häufig hervorgerufen. Aber man hat sich daran gewöhnt, jede Tuberculosis verrucosa als durch exogene Infektion zustande gekommen zu betrachten. Ist das nun auch für die überwältigende Majorität der Fälle ganz richtig, so gibt es eben doch Ausnahmen, die zeigen, daß auch hämatogene Infektion der Haut jenes Krankheitsbild entstehen lassen kann. So sah Tobler nach Scharlach bei einem Kinde eine multiple Aussaat von Tuberculosis verrucosa, die nur durch hämatogene Entstehung erklärt werden konnte. Ähnliche Fälle beschrieben Comby, Nobl, Finger und Bourgeois. E. Hoffmann beobachtete, wie aus einem hämatogenen Tuberkulid eine Tuberculosis verrucosa hervorging. Solche Übergänge sind auch von A. Alexander, Arzt, Gaucher, Gougerot und Guggenheim, Bourgeois beschrieben worden. Trotzdem darf man ruhig die Regel bestehen lassen, daß diese Krankheitsform im allgemeinen exogener Infektion ihre Entstehung verdankt.

Wenn man aber behauptet, wie Wichmann dies getan hat, daß die exogene Infektion der Haut mit Tuberkelbazillen immer Tuberculosis verrucosa und nie Lupus erzeuge, so ist das nicht richtig, und Wichmann selbst hat seine Ansicht in letzter Zeit modifiziert. Es sind in der Literatur so viele absolut authentische Fälle von exogenem Lupus bekannt — wir erinnern nur an die oben schon erwähnten Ohrläppcheninfektionen —, daß es sich nicht weiter verlohnt, auf jene Ansicht einzugehen. Durch den gleichen exogenen Infektionsmodus kann bald Lupus, bald Tuberculosis verrucosa entstehen. Und wenn es unter den bereits bis jetzt erwähnten Momenten eines gibt, daß diese Erscheinung erklären kann, so ist es die verschiedene Hautdisposition je nach der Lokalisation. Die Tuberculosis verrucosa entsteht vorzugsweise an den stärker verhornten Extremitätenenden, der Lupus an Partien mit dünnerer Epidermis. So beobachtete Török bei hämatogener Tuberkulose nach Masern an den Händen Tuberculosis verrucosa-ähnliche Herde, im Gesicht Lupus. Ich habe ähnliche Unterschiede im Tierversuch demonstrieren können. Impft man ein Kaninchen mit Tuberkelbazillen gleichzeitig in die Haut des Bauches und des Ohres, so sieht man am Bauche häufig lupusähnliche Läsionen entstehen, während die Impfung am Ohr eine derbe papulöse Effloreszenz erzeugt, die klinisch und histologisch der menschlichen Tuberculosis verrucosa cutis ähnlich ist.

Für den Lupus schien es vor kurzem allgemein anerkannt, daß er auf jedem der oben beschriebenen Infektionswege zustande kommen könnte. Das ist auch gar nicht ernsthaft zu bestreiten, aber neuerdings macht sich eine Strömung bemerkbar, die den Lupus fast immer aus dem Innern, ganz vorwiegend per contiguitatem und lymphogen entstehen lassen will. Ja, Philippson schreibt der Pathogenese eine solche Rolle zu, daß er glaubt, je nachdem der Lupus von außen oder innen entstanden ist, zwei ganz verschiedene Formen des Lupus unterscheiden zu können, von denen nur die endogene (d. h. fast immer per contiguitatem oder lymphogen entstandene) den Namen Lupus verdiene, während die exogene als „Finsens Krankheit“ davon abzutrennen sei. Dieser Vorschlag ist eine kleine Ungeheuerlichkeit. Denn ganz abgesehen davon, daß wir uns immer mehr bemühen, Krankheitsbilder nach der Ätiologie zu bezeichnen (siehe die Vorschläge von Jadassohn), so müssen wir doch vor allem fragen: Können wir wirklich in jedem Falle oder auch nur in den meisten Fällen den Infektionsmodus genau feststellen? Gewiß, wenn wir selber im Verlaufe eines Falles den Übergang der Tuberkulose von einer Drüse oder einem Knochen auf die Haut beobachten, wissen wir, woran wir sind. Aber in vielen älteren Fällen können wir darüber gar nichts erfahren. Es ist nicht zutreffend, wie Wichmann das behauptet, daß man bei Operationen von Lupusfällen immer den älteren Herd in der Tiefe finden könne. Denn erstens gehen viele kleine Lupusfälle überhaupt nicht bis ins Unterhautgewebe, wie z. B. Nobl festgestellt hat, und zweitens ist, wenn man bei Operation ausgedehnter älterer Fälle tuberkulöse Herde unter der Faszie oder noch tiefer findet, gar nicht gesagt, daß diese die primären sein müssen. Denn daß der Lupus auch von der Haut aus in die Tiefe dringen kann, ist nicht zu bestreiten. Wenn man schließlich jeden Nasenlupus als sekundär auffast, weil der Beginn der Krankheit im Naseninnern zu suchen sei, so ist auch das nicht richtig. Denn die Nasenschleimhaut ist in dieser Beziehung nicht anders zu betrachten als die Haut. Die Infektion der Nasenschleimhaut erfolgt exogen, sie haftet nur häufiger im Innern als auf der äußeren Haut, weil die Bedingungen günstiger, die Gelegenheiten häufiger sind. Der Lupus der äußeren Nase, der sich an den Schleimhautlupus anschließt, ist entweder eine direkte Fortsetzung der letzteren oder auf dem Wege der Lymphbahnen entstanden. Keineswegs stellt diese Erkrankungsform an sich etwas Schwereres und Bösartigeres dar, als ein gewöhnlicher, exogener Lupus. Es ist nur die Lokalisation, die die therapeutischen Eingriffe schwieriger macht. Daß der Beginn der meisten Lupusfälle in der Kindheit — ein Moment, auf das sowohl Philippson wie Wichmann den größten Wert legen —, d. h. der Beginn zu einer Zeit, wo auch die inneren Tuberkulosen ihren Anfang nehmen, nichts für die endogene Natur des Lupus beweist, werden wir im Kapitel über Immunität sehen.

Die Möglichkeit der hämatogenen Entstehung ist für den Lupus vollkommen sichergestellt, wenn diese Genese prozentisch auch die wenigst häufige ist. Auch hier existieren wieder große Schwierigkeiten, die Entstehung auf dem Blutwege in jedem Falle einwandfrei zu beweisen. Meist sind es klinische Beobachtungen, die uns — wie bei den postexanthematischen Lupusfällen — zu diesem Schlusse führen, der natürlich nie unbestreitbar ist. So ist der hämatogene Ursprung dieser Fälle auch von Vereß bestritten worden, obwohl seine Darlegungen nicht zu überzeugen vermögen. In einzelnen Fällen, wie in dem von Wolters, konnte im histologischen Präparate die Entstehungsweise mit Sicherheit festgestellt werden. Durch Untersuchung von Serienschnitten zeigte es sich, daß die Tuberkulose von der Venenintima ihren Ausgang genommen hatte und von hier aus später nach außen durchgebrochen war. Im allgemeinen ist dieser anatomische Nachweis aber schwer zu führen. Der Annahme Philippsons, daß für hämatogene Entstehung ein dendritischer Aufbau, für exogene ein konzentrischer charakteristisch sei, hat Jadassohn schon widersprochen. Die mit dem Blutstrom angeschwemmten Bakterien brauchten nur an einer Stelle des Gefäßbaumes zu haften, und von hier aus könne sich dann der Krankheitsherd konzentrisch entwickeln. Dem Unterschied in der Struktur komme also keine entscheidende Bedeutung zu.

Häufiger als beim Lupus läßt sich bei den meisten der sog. „Tuberkulide" die Entstehung auf dem Blutwege im histologischen Bilde demonstrieren. Auch alle anderen Momente sprechen dafür, daß wir in diesen Krankheitsformen fast immer hämatogene, in vereinzelten Fällen vielleicht auch einmal lymphogene Läsionen vor uns haben. Und doch muß man prinzipiell zugestehen, daß dieselben Bilder durch äußere Einwirkung von Tuberkelbazillen oder Tuberkelbazillensubstanz erzeugt werden können. Gougerot und Laroche rieben Tuberkelbazillen in die Bauchhaut von Tieren ein und erhielten dadurch Effloreszenzen, die den menschlichen Tuberkuliden sehr ähnlich waren. Allerdings wollen wir mit Anerkennung dieser Tatsache uns keineswegs den Schlußfolgerungen jener Autoren anschließen, die auch für die Tuberkulide beim Menschen im allgemeinen eine ähnliche Entstehungsweise annehmen. Beim tuberkulösen Menschen können wir hingegen in manchen Fällen auf äußerem Wege tuberkulidähnliche Krankheitsherde willkürlich hervorrufen, wenn wir die Haut mit Tuberkelbazillen-Leibessubstanz in Berührung bringen, wie dies bei der Pirquet- oder Moro-Reaktion geschieht.

Schließlich wäre in diesem Zusammenhange auch noch des Skrofuloderms, der kolliquativen Hauttuberkulose, zu gedenken, die gewöhnlich als Typus der Kontiguitätstuberkulose angesehen wird. Auch das ist nicht richtig, denn es gibt eine ganze Anzahl von Fällen, wo das gleichzeitige multiple Auftreten sog. tuberkulöser Hautgummen nur durch Aussaat von Tuberkelbazillen auf dem Blutwege erklärt werden kann. Und selbst exogene Infektion, wie in den Fällen, wo verunreinigte Pravazspritzen die Infektionsträger waren, kann durch Krankheitsbeginn in der Subcutis ein identisches Bild zustande bringen.

Wir sehen aus allem, daß die Infektionsart allein nicht imstande ist, die Vielgestaltigkeit und den wechselvollen Verlauf der Hauttuberkulose zu erklären. Nehmen wir noch die anderen, bereits oben besprochenen Momente hinzu, so kommen wir ebensowenig zu einem befriedigenden Einblick in den Entstehungsmechanismus der tuberkulösen Hautkrankheiten. Die Verschiedenheiten in der Disposition nach Individuum, Familie und Rasse genügen nicht zum Verständnis der Verschiedenheiten in Verlauf und Form der Hauttuberkulose. Daß Virulenzunterschiede der infizierenden Tuberkelbazillenstämme die Ursache jener Polymorphie seien, dafür hat sich nicht der geringste Anhaltspunkt ergeben. Wir kommen hier erst weiter, wenn wir jenen Weg gehen, den uns die neuere Immunitätslehre gewiesen hat, wenn wir die Beziehungen des infizierten zum infizierenden Organismus zum Ausganspunkt unserer Betrachtungen machen. Wir müssen sehen, wie der Organismus auf die Infektion mit Bildung von Antikörpern reagiert, wie ihr Einfluß die Entwicklung des einzelnen Krankheitsherdes und den Gesamtverlauf bestimmt, und wie durch ihre Wirkung der Organismus sein Verhalten gegen eine weitere Tuberkelbazilleninfektion ändert. Um die außerordentliche Wichtigkeit dieser Vorgänge auch für die Hauttuberkulose zu verstehen, müssen wir hier kurz einiges bringen, was vielleicht mehr in ein allgemeines Werk über Tuberkulose zu gehören scheint und dort auch ausführlicher behandelt wird, müssen vor allem aber die experimentellen Tatsachen anführen, die gerade auf dem Gebiete der Hauttuberkulose in den letzten Jahren gewonnen worden sind.

3. Die Bedeutung der Immunität für die Pathogenese der Hauttuberkulose.

a) Die experimentellen Grundlagen.

Aus der Geschichte der experimentellen Erforschung der Hauttuberkulose wollen wir nur die wichtigsten Daten erwähnen. Der erste, der die Hauterscheinungen nach Tuberkelbazilleninfektion beim Meerschweinchen studierte, war Robert Koch (1891). Die Arbeiten der folgenden Jahre hatten eigentlich nur den Infektionsweg zum Thema, speziell die Frage, ob der Tuberkelbazillus die unverletzte Haut durchdringen könne, ohne lokale Krankheitssymptome zu erzeugen. In diesem Zusammenhange hatten wir weiter oben schon die Arbeiten von C. Fränkel, Baumgarten, Courmont mit Lesieur und André, Babes, Takeya und Dold erwähnt. Dazu kommen noch Versuche von Manfredi, Cornet, J. Meyer, Klingmüller und Halberstädter. Sie alle bringen zur Kenntnis der experimentellen Hauttuberkulose wenig Neues. Der einzige, der die Hautsymptome genauer beobachtet und ausführlich geschildert hat, ist E. Fritsche (1902). Neues Leben kam aber erst in die experimentelle Forschung auf diesem Gebiete durch die Anregung der experimentellen Syphilidologie, speziell durch die großen Versuchsreihen, die Neißer und seine Mitarbeiter während der Expedition in Batavia an Affen anstellten. Auf Neißers Initiative hatten damals schon in Batavia Bärmann und Halberstädter auch Hautimpfungen mit Tuberkulose an Affen in größerem Maßstabe vorgenommen. Gleichzeitig hatte Kraus in Wien mit Groß, Kren und Volk ähnliche Versuche ausgeführt. Bald stellte es sich jedoch heraus, daß für die Probleme der Hauttuberkulose auch die gewöhnlichen Laboratoriumstiere, Kaninchen und besonders Meerschweinchen, nicht minder brauchbare Objekte sind. 1906 konnte ich in Bern über meine ersten Erfahrungen an diesen Versuchstieren berichten; eine ausführlichere Mitteilung folgte 1909. Um dieselbe Zeit erschienen die wichtigen Arbeiten von Gougerot und Laroche, etwas später von Römer und Joseph, Grüner und Hamburger, Helmholz und Toyofoku. Wir wollen uns in folgendem ausführlich nur mit der experimentellen Tuberkulose der Meerschweinchen beschäftigen, da die Versuche an diesen Tieren die wichtigsten Ergebnisse geliefert haben.

Infektion normaler Tiere. Impft man einem Meerschweinchen Tuberkelbazillenaufschwemmung in oberflächliche Skarifikationswunden der rasierten Bauchhaut, so ist die nächsten Tage nach der Impfung an der Impfstelle noch nichts Besonderes zu sehen. Die Wundränder verheilen, als ob sie aseptisch gemacht seien, nicht die geringste entzündliche Reaktion ist bemerkbar. Erst nach ungefähr acht Tagen beginnt eine leichte, rötliche Verfärbung und geringe Anschwellung, die sich im Verlaufe der folgenden Woche zu einer kleinen, bräunlich rötlichen, derb infiltrierten Papel ausbildet. In der dritten Woche (die Zeiten sind natürlich etwas abhängig von Zahl und Virulenz der eingebrachten Tuberkelbazillen) beginnt diese Papel im Zentrum eitrig zu zerfallen und es entsteht an ihrer Stelle ein Geschwür, das sich meist mit einer Kruste bedeckt. Entfernt man diese, so gewahrt man ein Ulcus mit unregelmäßig geformten, oft zackigen, doch scharfen Rändern, stark infiltrierter Umgebung und schmierigem Belag. Das Ulcus ist auf der Höhe der Entwicklung etwa von Linsen- bis Pfennigstückgröße. Es bleibt meist wochenlang unverändert bestehen, überhäutet sich dann häufig, um später wieder aufzubrechen. Manchmal verheilt es auch scheinbar ganz, meist aber bleibt es bis zum Tode des Tieres deutlich sichtbar. Im letzten Stadium der Krankheit werden die Ränder dann nicht selten schlaff, die Substanzverluste größer.

Die regionären Lymphdrüsen sind schon meist in der zweiten Woche fühlbar, später schwellen sie stark an; nach vier bis sechs Wochen sind meist auch die anderen Lymphdrüsen erkrankt. Im späteren Stadium der Tuberkulose bildet sich manchmal zwischen dem Ulcus und den regionären Drüsen ein Lymphstrang mit knotenförmigen Anschwellungen aus, die perforieren und zu kleinen Ulcera werden können. Der Gesamtverlauf der Tuberkulose ist nach kutaner Infektion im ganzen langsamer als nach subkutaner, intraperitonealer oder intravenöser. Bei der Sektion zeigen sich am meisten befallen die Lungen, nächstdem die Milz und Leber, selten die Nieren.

Es interessieren uns vor allem die histologischen Bilder, die das Verhältnis von Tuberke bazillen und Organismus in den ersten Tagen und Wochen nach der Infektion zeigen. Das erste, was auf Impfung von Tuberkelbazillen in Skarifikationswunden erfolgt, ist eine Ansammlung von polynukleären Leukocyten. Diese Reaktion ist nicht besonders hochgradig. Sie unterscheidet sich in den ersten 24 Stunden quantitativ nur wenig von der im übrigen gleichen Reaktion um gewöhnliche Fremdkörper, etwa um chinesische Tusche, wie mir vergleichende Serien gezeigt haben. Die Leukocyten legen sich im ganzen mehr wallartig um die größeren und kleineren Haufen von Tuberkelbazillen, als daß sie diese in ihr Inneres aufnehmen. Zwar sieht man in den ersten Tagen einige Leukocyten mit vereinzelten Bazillen, aber sie scheinen als Phagocyten den Tuberkelbazillen gegenüber keine große Rolle zu spielen. Neben den polymorphkernigen Leukocyten treten etwa vom dritten Tage an große Mononukleäre mit breitem Protoplasmaleib auf, die bis zum Ende der ersten Woche allmählich der Zahl nach das Übergewicht bekommen. Dies sind die eigentlichen Phagocyten, die Makrophagen Metschnikoffs. In ihrem Zelleib finden wir vom Ende der ersten Woche an die größte Zahl der Tuberkelbazillen in kleinen Häufchen angeordnet, zuweilen stark gekörnt und schlecht färbbar. Die Leukocyten gehen zum Teil zugrunde, und die großen Mononukleären nehmen neben den Tuberkelbazillen auch Leukocytendetritus in ihr Inneres auf. Nach 14 Tagen haben wir, oft noch unter intaktem Epithel, ein zirkumskriptes Infiltrat ganz überwiegend aus großen Mononukleären, etwa den „Epithelioiden" entsprechend, und kleinen Lymphocyten am Rand, doch noch keine deutliche tuberkulöse Struktur und höchstens den Beginn einer Riesenzellbildung. Im Zentrum konstatiert man häufig eine Erweichung, zahlreiche polynukleäre Leukocyten und deren Detritus; es erfolgt eine Perforation nach außen und die Bildung eines Ulcus, das von einer Kruste aus getrocknetem Serum und Kerndetritus bedeckt wird. Der Grund des Geschwürs wird nun von tuberkuloidem Gewebe gebildet. Während die Tuberkelbazillen in den erweichten Massen noch reichlich vorhanden waren, ist ihre Zahl in dem tuberkulösen Gewebe, das vorwiegend aus Epithelioiden und einzelnen Riesenzellen, wenig Plasmazellen, besteht, bedeutend geringer und scheint im weiteren Verlaufe noch abzunehmen. Die Bazillen finden sich dann immer nur in Einzelexemplaren im Innern der großen Mononukleären oder der Riesenzellen. Die Muchsche Färbung weist hier nicht viel mehr Tuberkelbazillen nach als das Ziehlsche Verfahren.

Die scheinbar verheilten primären Impfgeschwüre, die klinisch feinen, rötlichen Narben gleichen, enthalten histologisch noch tuberkulöses Gewebe und virulente Bazillen, wie die Überimpfbarkeit auf normale Tiere beweist. Im späteren Stadium der Impftuberkulose, wo das Ulcus schlaffrandig, der Substanzverlust tiefer wird, haben wir histologisch ein mehr unspezifisches, entzündliches Gewebe ohne tuberkulöse Struktur, in dem aber die Bazillen an Zahl wieder zugenommen haben.

Die Läsionen, die durch intrakutane Injektion von Tuberkelbazillen in die Haut von Meerschweinchen erzeugt wurden, gleichen klinisch und histologisch ganz den eben geschilderten. Durch Einreiben von Tuberkelbazillen in die unverletzte, rasierte Bauchhaut erhielten Gougerot und Laroche unscheinbarere Läsionen, Knötchen, die manche Ähnlichkeit mit menschlichen „Tuberkuliden" boten, auch histologisch nicht immer typisch tuberkulöses Gewebe enthielten, sondern zuweilen auch entzündliche und nekrotische Veränderungen.

Beim Kaninchen sind die experimentell zu erzeugenden Veränderungen vielgestaltiger als beim Meerschweinchen. Neben Geschwüren mit infiltriertem Rand, die denen des Meerschweinchens gleichen, kommen auch lupöse Herde vor, die allerdings nach mehrwöchentlichem Bestehen meist spontan heilen, in deren Umgebung manchmal ausgesprengte Knötchen auftreten, die mit Lupus miliaris oder Lichen scrofulosorum eine gewisse Ähnlichkeit haben. Durch Impfung in die Haut des Ohres kann man derbe Papeln mit Hyperkeratosen erzeugen, ein Bild, das der menschlichen Tuberculosis verrucosa gleicht. Durch Injektion von Tuberkelbazillen in die Ohrvene und gleichzeitige Zirkulationsbehinderung kann man am Ohr das Auftreten disseminierter, klein papulöser Effloreszenzen hervorrufen, die manche Ähnlichkeit mit „Tuberkuliden" haben. Bei einem Versuche, wo mittelst der gleichen Technik die für das Kaninchen virulenteren Rinder-Tuberkelbazillen injiziert wurden, erhielt ich eine diffuse, knotige Tuberkulose des ganzen Ohres. Histologisch unterscheidet sich die Hauttuberkulose des Kaninchens von der des Meerschweinchens durch den größeren Umfang der Epithelioidzellen und den größeren Reichtum an Plasmazellen, auch scheinen Infiltrate, die aus typischen, einzelnen Tuberkeln zusammengesetzt sind, beim Kaninchen häufiger vorzukommen.

Die experimentell erzeugte Hauttuberkulose beim Affen kann nach den Untersuchungen von Kraus und dessen Mitarbeitern, sowie von Bärmann und Halberstädter ebenfalls verschiedene Formen annehmen. Es kommen knötchenförmige, sich auf dem Lymphwege ausbreitende Läsionen vor, ferner lupusähnliche, skrofulodermartige und geschwürig zerfallende, mit Neigung zum Fortschreiten. Die letztere Form wird nach Kraus mehr durch bovine Tuberkelbazillen, die benignere durch Bazillen des humanen Typus hervorgerufen die dabei in großer Anzahl in der Läsion gefunden werden sollen, während die bovinen Tuberkelbazillen in den ulzerösen Veränderungen nur vereinzelt zu finden sein sollen. Nach Bärmann und Halberstädter dagegen gleichen die ulcerösen Formen zwar histologisch mehr banalen Läsionen, enthalten aber reichlich Tuberkelbazillen, während in den lupusähnlichen Herden, die histologisch typisch tuberkulös sind, nur spärliche Tuberkelbazillen gefunden werden.

Es können also im Tierversuch eine ganze Reihe verschiedener Tuberkuloseformen durch Einimpfung von Tuberkelbazillen in die Haut erzeugt werden, Formen, die mit allen möglichen spontan entstandenen Hauttuberkulosen des Menschen Analogien aufweisen. Alle diese Läsionen entstehen nicht sofort nach der Impfung, sondern erst nach einer längeren Inkubationszeit. Auch histologisch bildet sich nicht sofort tuberkulöses Gewebe aus, sondern ganz allmählich folgt auf eine anfangs vorhandene, banal-entzündliche Fremdkörperreaktion die Etablierung tuberkuloider Infiltrate. Je mehr diese Infiltrate ein typisches Aussehen annehmen, desto spärlicher an Zahl scheinen die Tuberkelbazillen zu werden, die in den rein entzündlichen Veränderungen in großen Massen zu finden waren.

Infektion tuberkulöser Tiere. Ganz anders gestalten sich die Verhältnisse, wenn man statt ein normales Meerschweinchen zu impfen, ein schon mit Tuberkulose vorher infiziertes Tier zum Versuche nimmt. Dieses verschiedene Verhalten des normalen und tuberkulösen Tieres hatte schon Robert Koch 1891 für etwas Gesetzmäßiges erklärt. Es ist schwer verständlich, daß diese Kochschen Angaben später allgemein bestritten oder die Tatsachen als inkonstant hingestellt wurden (z. B. von Czaplewski und Roloff, Charrin, Arloing, L. Straus). Erst v. Pirquet und Schick würdigten die Kochschen Angaben richtig und verwerteten sie bereits bei der Aufstellung des Allergiebegriffes. 1906 habe ich dann zuerst wieder auf Grund eigener Experimente die absolute Konstanz des Kochschen Versuches für die kutane Impfung hervorgehoben, und in den nächsten Jahren ist dann dieser Versuch, nunmehr als „Kochscher Elementarversuch" bezeichnet, besonders durch die Arbeiten von Römer, Hamburger und deren Mitarbeiter, zum Ausgangspunkt wichtigster Untersuchungen über Tuberkuloseimmunität geworden.

Impft man ein Tier, das vor mindestens vier Wochen, besser vor noch etwas längerer Zeit, mit Tuberkelbazillen kutan infiziert worden ist (doch kann der erste Impfmodus auch ein anderer gewesen sein), neuerdings mit Tuberkelbazillen in eine Skarifikationswunde, so macht sich schon nach 24 Stunden eine ganz intensive Reaktion der Impfstelle bemerkbar. Das Auffallendste daran ist ein oft recht hochgradiges Ödem, das sich bei der Palpation zwischen zwei Fingern als teigige Schwellung konstatieren läßt. Nicht selten findet man das Zentrum der Impfstelle hämorrhagisch oder sogar nekrotisch, und um die so veränderten zentralen Partien herum die Umgebung in verschiedenen Tönen verfärbt, vom entzündlichen Rot bis zum Weiß der ödematös gespannten Haut. Diese Reaktion nimmt am zweiten Tage oft noch an Intensität zu. Vom dritten Tage an klingt sie rasch ab und ist nach vier bis fünf Tagen kaum noch zu bemerken. Vergleicht man jetzt mit einem gleichzeitig geimpften, nicht tuberkulösen Tier, so ist zu einer Zeit, wo sich hier die ersten Erscheinungen an der Impfstelle zeigen, bei dem tuberkulösen Tier die Inokulationsstelle wieder völlig reizlos geworden. Es stellt sich bei typischem Ablauf der Reaktion auch in der Folgezeit keine Entzündung der

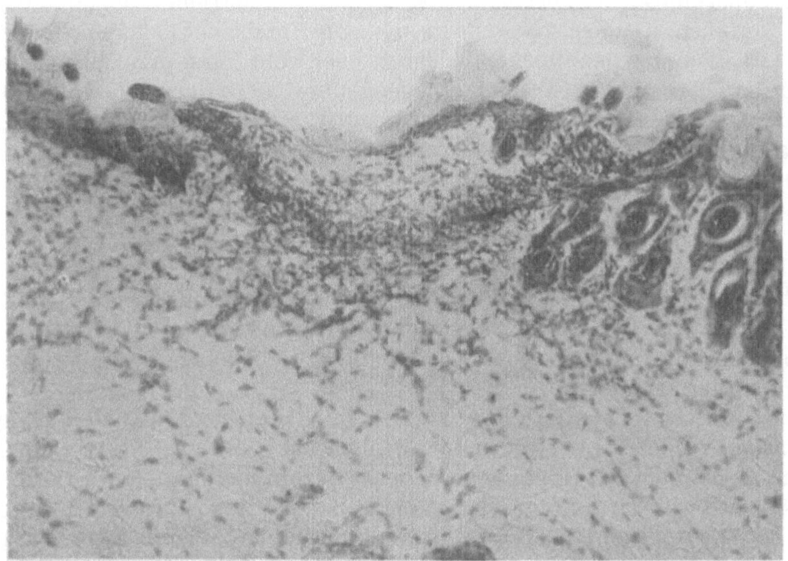

Abb. 9. Impfstelle eines normalen Tieres 24 Stunden nach der Infektion.

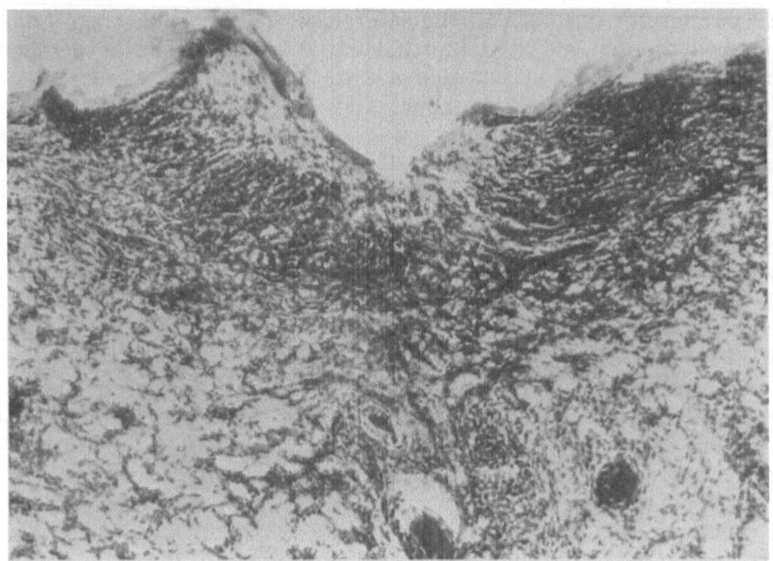

Abb. 10. Impfstelle eines tuberkulösen Tieres 24 Stunden nach Superinfektion.

Impfstelle mehr ein. Diese ist nur noch für mehrere Wochen als feine, rötliche Narbe sichtbar, die späterhin immer mehr verschwindet. An den regionären Drüsen macht sich meist keine Verstärkung der um diese Zeit schon bestehenden allgemeinen Drüsenschwellung bemerkbar. Dieser Versuch läßt sich bei demselben Tier beliebig oft mit gleichem Resultat wiederholen. Römer hat zwar nachgewiesen, daß die Quantität des Impfmaterials eine gewisse Rolle spielt, daß sehr massige Impfungen noch ein Dauerresultat liefern, wo geringe versagen. Ich habe allerdings bei Tieren mit einigermaßen ausgebildeter Tuberkulose vier nebeneinander liegende Impfstriche ganz mit Tuberkelbazillen anfüllen können, ohne mehr als eine intensive Frühreaktion zu erzielen. Es kommt aber vor, daß Tiere einer sehr massigen Wiederimpfung plötzlich, wie einer Vergiftung, erliegen, ohne daß der Tuberkulosebefund an inneren Organen besonders hochgradig ist. Haben sie aber die Wiederimpfung überstanden, so leben sie meist länger als nur einmal infizierte Tiere. Bei häufig wiedergeimpften Tieren, die nicht selten ein Alter von sieben bis zehn Monaten nach der ersten Impfung erreichen, findet man bei der Sektion starke cirrhotische Veränderungen an den inneren Organen, speziell Leber und Milz, und in der Lunge Kavernen, wie sie nach einmaliger Impfung kaum beobachtet werden. Römer hat daraus weittragende Schlüsse für die Phthiseogenese gezogen, die uns aber hier nicht weiter beschäftigen können. Auch hier kommen für unser Thema hauptsächlich die lokalen Veränderungen an der reinfizierten Hautstelle in Betracht.

Die klinischen Vorgänge spiegeln sich im histologischen Bilde hier folgendermaßen wieder (Abb. 10). In der obersten Schicht der Schnittwunde finden wir 24 Stunden nach der Impfung geronnenes Serum mit zahlreichen Haufen von Tuberkelbazillen. Darauf folgt eine massige Schicht aus nekrotischen, fragmentierten Leukocytenkernen. Kein einziger, normal erhaltener Leukocyt findet sich in dieser Schicht. Die ganze Umgebung zeigt weithin die Anzeichen intensivster Entzündung, ein Ödem, das bis in die tiefsten Schichten der Subcutis reicht, Durchsetzung des ganzen Gebietes mit Wanderzellen, hochgradige Erweiterung der Gefäße, die zahlreiche, polymorphkernige Leukocyten im Lumen beherbergen, hie und da auch Austritt von roten Blutkörperchen. Vom zweiten bis dritten Tage an hat sich aus dem geronnenen Serum, den nekrotischen Leukocyten und nekrotischem Gewebe mit Resten von Epithel und Follikeln eine Kruste gebildet, die sich von der Unterlage ablöst (Abb. 12). Mit dieser Kruste wird die große Masse der hineingebrachten Bazillen mechanisch nach außen abgestoßen. Es bleibt ein oberflächlicher Substanzdefekt, der sich rasch epithelialisiert (Abb. 14). Damit ist in manchen Fällen die Wirkung der zweiten Impfung vorüber. Sehr häufig aber — ja wohl meistens — bildet sich nachträglich (von der zweiten Woche an) an der Reinfektionsstelle noch ein ziemlich scharf abgesetztes tuberkuloides Infiltrat aus Epithelioiden und Riesenzellen, in dem noch bis nach drei Wochen ganz vereinzelte Tuberkelbazillen mikroskopisch und durch Tierversuch nachzuweisen sind. Um eine nachträgliche Vermehrung der Tuberkelbazillen handelt es sich hier wohl kaum. Denn auch bei parallelen Versuchen mit toten Bazillen war die Bildung eines solchen Infiltrates um die gleiche Zeit zu konstatieren. Nach sechs bis acht Wochen resorbieren sich diese Infiltrate vollkommen und damit sind auch die letzten Reste von Tuberkelbazillen verschwunden. Nur in Ausnahmefällen (offenbar bei Sinken des Antikörpergehaltes des Tieres) kann noch später eine Entwicklung von Tuberkelbazillen und damit ein Wiederaufbrechen der Reinfektionsstelle stattfinden, wie es auch Hamburger beobachtet hat.

Es scheint mir praktisch, hier gleich die Beschreibung einiger Versuche über hämatogene Infektion und Reinfektion anzuschließen, die ich in letzter Zeit ausgeführt habe. Durch intravenöse Injektion von Tuberkelbazillen ist es mir niemals geglückt, beim Meerschweinchen Hauterscheinungen hervorzurufen. Dagegen hatte ich regelmäßig Erfolge, wenn ich mich der intrakardialen Injektion bediente, die beim normalen Tiere ohne

Schwierigkeit auszuführen ist. Injiziert man einem Meerschweinchen eine verdünnte Aufschwemmung von Tuberkelbazillen in den linken Herzventrikel, so ist auf der rasierten Bauchhaut (man rasiert vor der Injektion, auch um

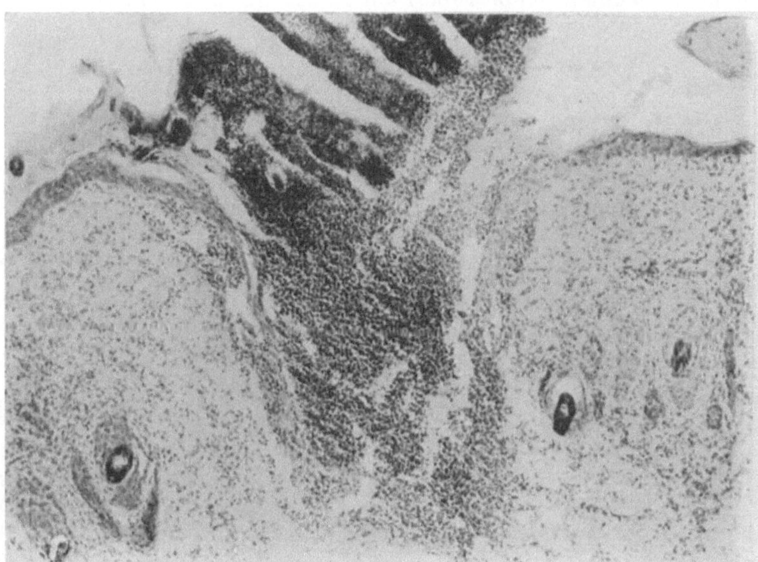

Abb. 11. Impfstelle eines normalen Tieres 5 Tage nach der Infektion.

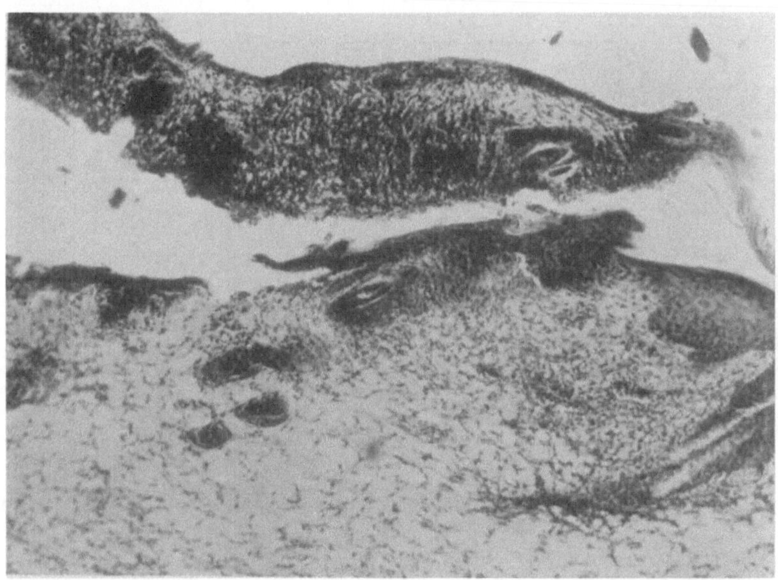

Abb. 12. Impfstelle eines tuberkulösen Tieres 5 Tage nach Superinfektion.

durch Zirkulationsveränderung einen Locus minoris resistentiae herzustellen) 14 Tage lang nichts Besonderes zu sehen. Dann entstehen erst einzelne, nach einigen Tagen sehr zahlreiche, kleine, papulöse, mit einer Schuppe bedeckte

Effloreszenzen, die bald zu einer diffusen, papulo-squamösen Dermatitis konfluieren. Vier bis fünf Wochen nach der Injektion gehen die Tiere unter starker Abmagerung zugrunde. In der letzten Woche zeigten alle Tiere Augenerkrankungen unter dem Bilde der Keratitis und Iridocyklitis. Macht man denselben Versuch bei einem schon tuberkulösen Tier (z. B. einem vor zwei Monaten

Abb. 13. Impfstelle eines normalen Tieres 14 Tage nach der Infektion.

Abb. 14. Impfstelle eines tuberkulösen Tieres 14 Tage nach Superinfektion.

kutan infizierten), so gehen zahlreiche Tiere unmittelbar nach der Injektion unter anaphylaktischen Erscheinungen zugrunde. Nimmt man aber zur Injektion nicht zu junge Tuberkelbazillenkulturen und nicht zu konzentrierte Aufschwemmungen, und hat Tiere, die sich in dem richtigen Immunitätszustand befinden — erst durch große Versuchsreihen wird es gelingen, die besten Bedingungen herauszufinden —, so kann man einige davon durchbringen und nun das Resultat mit den Experimenten an normalen Tieren vergleichen. Die tuberkulösen Tiere zeigen häufig schon nach 24 Stunden eine ganz leichte follikuläre Schwellung und Rötung der Bauchhaut, worauf in den nächsten beiden Tagen eine diffuse Desquamation folgt. Dann sind 10 bis 14 Tage lang keinerlei Hauterscheinungen wahrnehmbar. Erst jetzt entstehen einzelne papulöse Effloreszenzen, die zum Teil im Zentrum etwas gelblich durchscheinend sind, zum Teil eine fest anhaftende Schuppe oder Kruste tragen, nach deren Entfernung ein scharfrandiger, leicht blutender Substanzverlust zurückbleibt. Diese Effloreszenzen verschwinden nach einigen Wochen wieder spontan. Die Tiere können die intrakardiale Reinfektion zwei Monate und länger überleben. Augenerscheinungen wurden klinisch nie beobachtet.

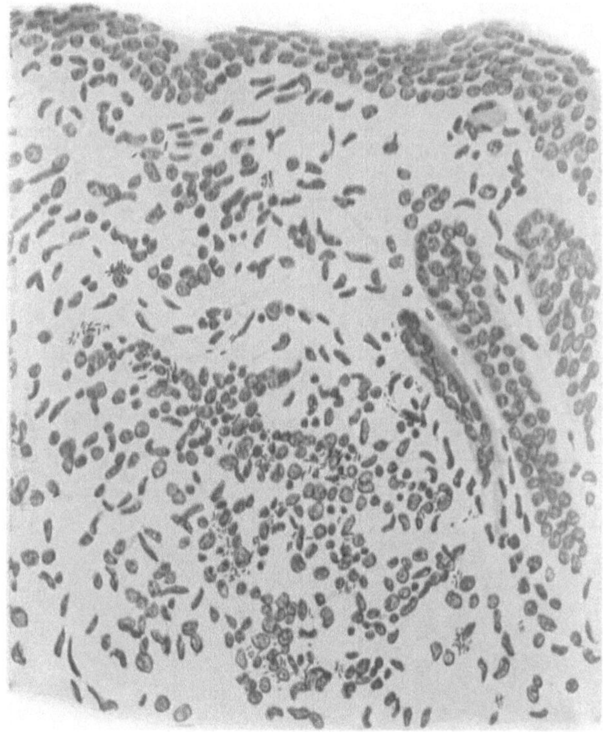

Abb. 15. Hämatogene Hauttuberkulose nach intrakardialer Infektion eines normalen Tieres.

Noch auffallender als die klinischen, sind die histologischen Unterschiede beim tuberkulösen und normalen, intrakardial infizierten Tier. Beim letzteren haben wir in der Haut nicht sehr scharf abgesetzte Infiltrate von ganz uncharakteristischem Bau, bestehend aus polynukleären Leukocyten, Lymphocyten, fixen Bindegewebszellen und Epithelioiden. Niemals wurden Riesenzellen gefunden. In den Infiltraten liegen Tuberkelbazillen in ungeheurer Menge in jedem Gesichtsfeld (Abb. 15). Bei den reinfizierten Tieren dagegen findet man scharf begrenzte, kleine Infiltrationsherde von deutlich tuberkuloidem Bau, aus Epithelioiden und typischen Riesenzellen (Abb. 16). Diese Herde liegen in allen Schichten der Cutis, besonders in der Nachbarschaft von Follikeln. Manche zeigen im Zentrum Nekrosen um kleine Arterien herum, andere Erweichungen. In vielen Knötchen ist auch bei Durchmusterung von Serienschnitten kein Bazillus zu finden. Nach langem Suchen gelingt es, in einzelnen

4*

ein Exemplar zu entdecken. An den Augen konnte ich auch mikroskopisch nur höchst selten Veränderungen nachweisen, kleine Tuberkel des Ciliarkörpers mit sehr spärlichen, nur schwer auffindbaren Tuberkelbazillen. Die Augenaffektion der primär infizierten Tiere bietet dagegen auch histologisch ein höchst interessantes Bild: Corpus ciliare und Iris vollgepfropft mit Tuberkelbazillen, so daß sie schon bei schwacher Vergrößerung rot erscheinen, die Gewebsreaktion nur in Zellvermehrung und Ansammlung von Leukocyten bestehend. Das Ganze erinnert täuschend an ein Leprom. Auch in den

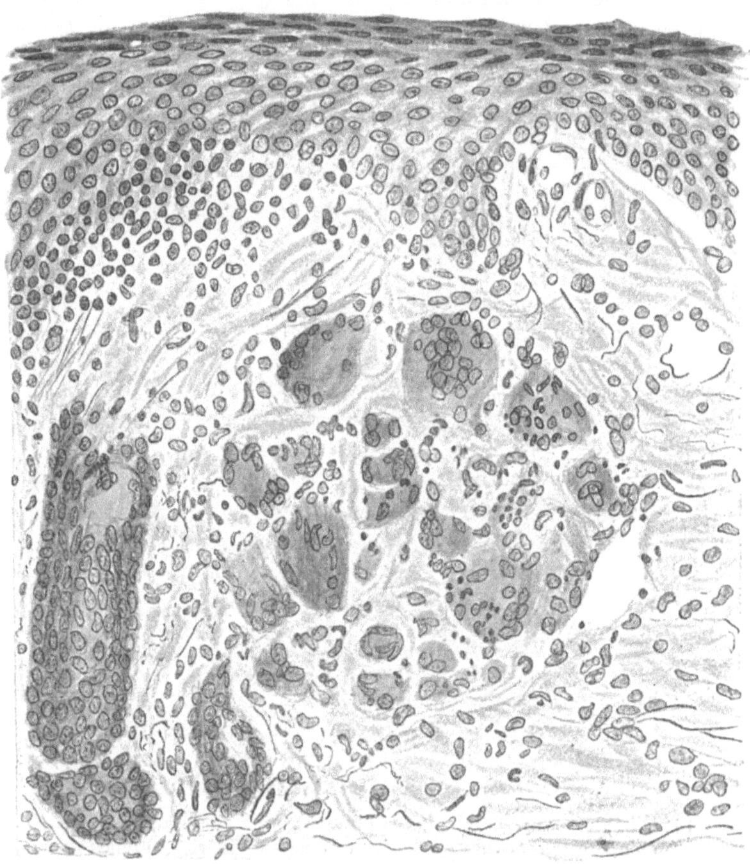

Abb. 16. Hämatogene Hauttuberkulose nach intrakardialer Reinfektion eines tuberkulösen Tieres (TB —).

anderen Organen dieser Tiere (Lunge, Leber, Milz, Gehirn, Herzmuskel) fanden sich Herde mit zahlreichen Tuberkelbazillen und uncharakteristischer Gewebsreaktion, nirgends dagegen auch nur die Andeutung eines Tuberkels.

Bedeutung der Tierversuche. Das erste, was aus allen bis jetzt angeführten Tierversuchen hervorgeht, ist die Tatsache, daß die Haut tuberkulöser Tiere auf eine Infektion mit Tuberkelbazillen ganz anders reagiert („Allergie") als die normaler Tiere, gleichgültig, ob die Infektion von außen oder innen erfolgt. Bei der exogenen Reinfektion hatten wir zwei verschiedene Prozesse zu unterscheiden: Eine stürmische Frühreaktion, die zur mechanischen Abstoßung der großen Menge neu hineingebrachter Tuberkelbazillen führt, und eine später erfolgende Bildung tuberkuloider Infiltrate um einzelne Reste von Tuberkelbazillen. Was die Frühreaktion betrifft, so haben wir darin, wie es scheint, einen Vorgang von ganz allgemeiner Geltung. Denn auch bei Trichophytonpilzen hat Hanawa genau dasselbe Phänomen klinisch und histologisch festgestellt. Wir haben hier vielleicht einen Schlüssel zum Verständnis des ganzen Immunitätsmechanismus. Hanawa denkt daran, „daß bei der allgemeinen Entzündung die Nekrobiose durch die verstärkte Reaktionsfähigkeit des Organismus bei gleichbleibendem Reiz zustande käme.“ Ich glaube aus meinen Versuchen schließen zu dürfen, daß es sich weniger um eine Verstärkung als um eine Veränderung der Reaktionsweise handelt, die durch einen veränderten Reiz verursacht wird. Denn daß der Organismus von innen — etwa nach Analogie der angioneurotischen Entzündung Kreibichs — eine Abwehrreaktion bis zur Selbstvernichtung seiner eigenen Zellelemente treibt, ist schwer zu verstehen. Die ungeheuren Mengen nekrotischer Kerne, die das histologische Bild der Reinfektionsstellen zeigt, erwecken zuerst den Gedanken an ein intensiv wirkendes Zellgift. Ein solches kommt aber den Tuberkelbazillen an sich nicht zu, wie die primären Infektionen normaler Tiere beweisen. Es muß also der tuberkulöse Organismus die Fähigkeit haben, aus den Tuberkelbazillen eine solche toxische Substanz frei zu machen. Daß dies tatsächlich der Fall ist, konnte ich durch folgenden Versuch beweisen: Es wurden tuberkulöse und nichttuberkulöse Tiere intrakutan infiziert und nach 24 Stunden die Impfstellen unter aseptischen Kautelen exzidiert, zerkleinert, mit Kochsalzlösung verrieben, durch Drahtfilter filtriert; dann wurde normalen Tieren dieser Gewebssaft intrakutan injiziert. Die Tiere, welche den Gewebssaft von Reinfektionsstellen bekommen hatten, zeigten nach 24 Stunden deutliche Kutanreaktionen in Gestalt zirkumskripten, teigigen Ödems, während die Kontrolltiere, die den Extrakt von primären Infektionsstellen erhalten hatten, reaktionslos blieben. Es muß also in den Reaktionsstellen reinfizierter Tiere eine giftige Substanz enthalten sein, die in den primären Infektionsherden fehlt. Die Frühreaktion wird also durch einen chemischen und nicht durch einen angioneurotischen Vorgang hervorgerufen.

Diesen chemischen Prozeß können wir uns am besten, wenn nicht als eine Lyse, so doch als einen Abbau vorstellen, von derselben Art wie wir es schon bei der diagnostischen Tuberkulinreaktion kurz besprochen haben. Lysine gegen Tuberkelbazillen kommen bei tuberkulösen Tieren sicher vor. Sie sind in der Peritonealhöhle nachgewiesen durch den Pfeifferschen Versuch, Injektion von Tuberkelbazillen in die Peritonealhöhle und spätere Sekretentnahme. Deycke und Much, Kraus und Hofer haben auf diese Weise die Auflösung von Tuberkelbazillen im Organismus tuberkulöser Tiere beobachtet. Behring konstatierte dasselbe Phänomen in der Milz eines tuberkulösen Tieres, Roger und Simon glauben, in den tuberkulösen Läsionen selbst Fermente annehmen zu müssen, die auf die Auflösung der Tuberkelbazillen hinarbeiten. Für die Haut ist es natürlich außerordentlich schwer, das Vorhandensein von Lysinen nachzuweisen. Die Tatsache eines intensiven Bazillenschwundes in der Haut des tuberkulösen Tieres besteht. Aber es läßt sich kaum ad oculos demonstrieren, daß hier Lysine am Werk sind, und wie der Zerstörungsmechanismus vor sich geht. Sehr vieles spricht dafür, daß auf lytischem Wege zuerst aus den Tuberkelbazillen jene toxische Substanz in Freiheit gesetzt wird, dann die Bazillenleiber zerstört werden. Es wird aber immer gut sein, den Begriff der Lyse nicht zu grob physikalisch zu fassen, sondern gleichzeitig und vor allem an einen chemischen Abbau der Tuberkelbazillensubstanz zu denken.

Eine andere, kaum weniger wichtige Frage ist es, welcher Teil des Organismus als Erzeuger und Träger der lytischen Wirkung anzusehen ist. Daß die Lysine zellulären Ursprunges sind, ist wohl selbstverständlich. Dagegen ist es noch nicht klar, ob bei dem oben beschriebenen Vorgang an den Reinfektionsstellen die Zellen die Hauptrolle spielen oder im Serum gelöste, lysierende Substanzen. Das können nur Experimente entscheiden, und die haben bis jetzt im Stiche gelassen. Ich habe mich in einer großen Anzahl von Tierversuchen mit dieser Frage beschäftigt, ohne zu einer definitiven Entscheidung gekommen zu sein.

Der Transplantationsversuch analog dem Blochschen Versuche beim trichophytiekranken Menschen hat beim Meerschweinchen aus technischen Gründen versagt. Es gelang nicht, ein Hautstück von einem tuberkulösen Tiere derart auf ein gesundes zu übertragen, daß es glatt angeheilt wäre, und Impfungen auf transplantierter und eigener Haut des normalen Tieres vergleichbar gewesen wären. Somit war es unmöglich, die zelluläre Natur der Immunität direkt zu erweisen. Parabioseversuche, wie sie Helmholz angestellt hat, haben für diese Frage keinen Wert wegen des Überganges von Blut und Serum. Andererseits habe ich in größeren Versuchsreihen mich bemüht, durch intravenöse Injektion von unverändertem Blut (mit Hirudin), defibriniertem Blut und Serum, die Immunität passiv zu übertragen. In einigen Fällen reagierten die Tiere, denen Blut oder Serum tuberkulöser Tiere injiziert worden war, auf kutane Impfung mit einer stärkeren Rötung als die Kontrolltiere. Aber niemals war die Rötung oder Schwellung der Impfstelle annähernd so beträchtlich wie bei tuberkulösen Tieren. Und bei allen diesen Tieren gingen die Impfungen an, trotz der Bluttransfusion. Römer, sowie Grüner und Hamburger sind zu den gleichen Resultaten gekommen. Aber der erstere bemerkt mit Recht, daß dadurch endgültig noch nichts bewiesen sei. Daß unter natürlichen Bedingungen die Serumimmunität eine Rolle spielt, ist durch den negativen Ausfall der Übertragungsversuche noch nicht widerlegt. Denn es ist wohl möglich, daß die Antikörper in den inneren Organen gebildet werden (wofür unter anderem die Versuche von Bail sprechen) und von da durch das Serum an die Reaktionsstelle gelangen. Sie brauchen aber nicht in einem gegebenen Moment derartig konzentriert im Serum zu kreisen, um mit diesem die Immunität auf ein anderes Individuum zu übertragen.

Wir hatten nun außer der Frühreaktion, die zur Abwehr einer massigen Infektion von außen einen Vorgang von denkbar größter Zweckmäßigkeit darstellt, noch eine langsamer einsetzende und verlaufende Reaktion kennen gelernt, die sich histologisch durch die Bildung tuberkuloiden Gewebes auszeichnete. Diese Reaktionsart herrschte auch bei den intrakardialen Reinfektionen vor. Zwar war auch hier eine geringe Frühreaktion bemerkbar, aber sie trat im ganzen Bilde gegenüber jenen Erscheinungen zurück, die wir als Reaktionen des Gewebes um langsam zugrunde gehende, einzelne Tuberkelbazillen auffaßten. Diese intrakardialen Infektionsversuche scheinen mir deutlicher, als es je vorher geschehen ist, den Beweis zu liefern, daß es nicht die Vermehrung der Tuberkelbazillen ist, die den histologisch typischen Tuberkel erzeugt, sondern der Untergang von Bazillen unter der Einwirkung abbauender Antikörper. Wo die Tuberkelbazillen sich, ungehemmt durch Antikörper, schrankenlos wie auf künstlichen Nährböden vermehren können, da reagiert der Organismus nur mit banalen, entzündlichen Veränderungen. Das zeigen die Versuche, in denen der normale Organismus plötzlich von der Blutbahn her mit großen Mengen von Tuberkelbazillen überschwemmt wird, ohne Zeit zur Bildung von Antikörpern zu haben. Wo aber Antikörper in reichlicher Menge vorhanden sind, da gehen die mit dem Blutstrom in die Haut gelangten Bazillen zugrunde, und nun erst bilden sich tuberkuloide Strukturen. Wenn wir bei der Tuberkulose innerer Organe trotzdem typische

Tuberkel und mehr oder weniger reichliche Tubekelbazillen finden, so kommt das daher, daß hier neben dem Zerfall von Tuberkelbazillen doch infolge der günstigeren Wachstumsbedingungen immer noch Proliferationsvorgänge möglich sind. Auch werden die Tuberkelbazillen in den verkästen Partien von den Antikörpern wohl weniger leicht angegriffen. Das gesetzmäßige Verhältnis von Bazillenzahl und histologischer Läsion wird auch durch den Vergleich mit den tuberkuloiden und tuberösen Formen der Lepra klar. Wir hatten betont, daß jene Veränderungen nach intrakardialer Tuberkelbazilleninfektion normaler Tiere histologisch viel mehr den Charakter der Lepra als den der Tuberkulose tragen. Es ist also ein allgemeines biologisches Gesetz, das aussagt: Wo Bakterien sich im Körper schrankenlos vermehren, da antwortet der Organismus mit den unspezifischen Reaktionen der Entzündung; wo Bakterien unter der Einwirkung von Antikörpern langsam zerfallen, wo Bakterieneiweiß durch ihre Tätigkeit abgebaut wird, da entstehen Tuberkel und tuberkuloide Strukturen.

Nun könnte man einwenden, daß es sich bei unseren Versuchen um Einbringung fremder Bazillen von außen handelte, während man doch unter natürlichen Verhältnissen bei tuberkulösen Individuen mit einer Reinfektion der Haut durch die eigenen Bazillen zu rechnen hat. Hier wäre es aber doch möglich, daß die Bazillen nicht mehr durch die Antikörper des Organismus vernichtet würden, sondern ihrerseits gegen diese eine gewisse Immunität gewonnen hätten. Eine Erfahrung scheint in diesem Sinne zu sprechen: Das primäre Impfgeschwür bleibt bestehen und enthält Tuberkelbazillen, während neue Impfungen selbst mit großen Bazillenmengen nicht angehen. Ich habe solche primäre Ulcera exzidiert, zerkleinert und demselben Tier auf eine andere Hautstelle in Skarifikationswunden wieder kutan verimpft. Dabei zeigte sich, daß die Tiere auf solche Impfung reagierten, als ob irgend welche Tuberkelbazillen aus fremden Kulturen verimpft worden wären, nämlich mit deutlicher Frühreaktion und abortivem Verlauf der Impfung. Ebenso konnte Römer, der tuberkulöse Drüsen eines Tieres auf dessen Haut verimpfte, keine positiven Resultate erzielen. Nach meinen Versuchen reagiert also der Organismus auch auf die eigenen Bazillen mit Überempfindlichkeitserscheinungen. Wir dürfen also annehmen, daß auch die vorhergehenden Versuche den natürlichen Verhältnissen entsprechen, daß die hämatogen verschleppten Bazillen bei Vorhandensein von Antikörpern in der Haut zugrunde gehen. Das Rätsel freilich bleibt bestehen, warum in dem primären Impfgeschwür die Bazillen nicht absterben. Es ist hier vielleicht noch eine besondere Reaktionsschwäche der primären Impfstelle mit im Spiele, wodurch die völlige Vernichtung der Tuberkelbazillen und die Heilung verhindert wird.

Es bleibt ferner zu erklären, wie es denn bei der primären Hautinfektion zur Bildung tuberkulösen Gewebes kommt. Wir glauben auch hierin schon eine Folge beginnender Antikörperbildung sehen zu müssen. Die Tuberkelbazillen rufen in einem normalen Organismus anfangs nur minimale Erscheinungen hervor, weil sie zu diesem kaum mehr als irgend welche Fremdkörper in Beziehung treten. Nun muß aber wohl auch der normale Organismus — wie das auch Pirquet und Grüner und Hamburger annehmen — eine ganz geringe Menge von „Erginen" oder Lysinen enthalten. Diese genügen gerade, den Prozeß einzuleiten und aus den Tuberkelbazillen ein Minimum von toxischer Substanz freizumachen. Dadurch aber wird der Organismus zur erhöhten Produktion von Antikörpern angereizt. Erst wenn diese in so reichlicher Quantität vorhanden sind, daß sie die Tuberkelbazillen stärker angreifen können, treten die klinisch bemerkbaren Krankheitserscheinungen und histologisch die tuberkuloiden Reaktionen auf. Die Inkubation ist nach Pirquet die Zeit bis zum Auftreten von Antikörpern. Sie ist nicht immer, wie man früher wohl angenommen hat, die Zeit, in der sich die Bakterien vermehren. Denn wie wir gesehen haben, vermehren sich die Tuberbelbazillen auch bei primärer Infektion in der Haut nicht, sondern vermindern sich. Auch gibt es eine Inkubation bei nicht progagationsfähigem Virus, wie Pirquet an der Serumkrankheit gezeigt hat. Die Bildung der Antikörper scheint zunächst nur an der Infektionsstelle stattzufinden. Beim Meerschweinchen ist allerdings auch das wegen des raschen Eintretens der Allgemeininfektion experimentell schwer nachzuweisen. Ich habe Meerschweinchen in den ersten Wochen nach der Infektion an einer entfernten und einer der ersten unmittelbar benachbarten Stelle reinfiziert, ohne konstante und deutliche Unterschiede zu bekommen; beim Kaninchen waren sie noch eher bemerkbar. Bald aber wird die Immunität allgemein. Es sind jetzt überall soviel Antikörper vorhanden, daß bei einer neuen Infektion der Haut die Bakterien sofort kräftig attackiert werden. Durch plötzliches Freiwerden der toxischen Substanz entstehen jetzt sofort die intensiven Entzündungserscheinungen. Die Tuberkelbazillen werden teils zerstört, teils durch die in Nekrose ausgehende Entzündung mechanisch entfernt. Nicht immer allerdings ist der Ablauf so typisch. Auch beim Tiere spielt die Individualität eine gewisse Rolle, und es finden zuweilen Schwankungen im Immunitätszustande statt. So kommt es einmal vor, daß eine anfangs verheilte Reinfektionsstelle wieder aufbricht und Anlaß zu einer tuberkulösen Ulzeration gibt. Auch die Quantität des Virus bei der Reinfektion ist nach Römer von Bedeutung.

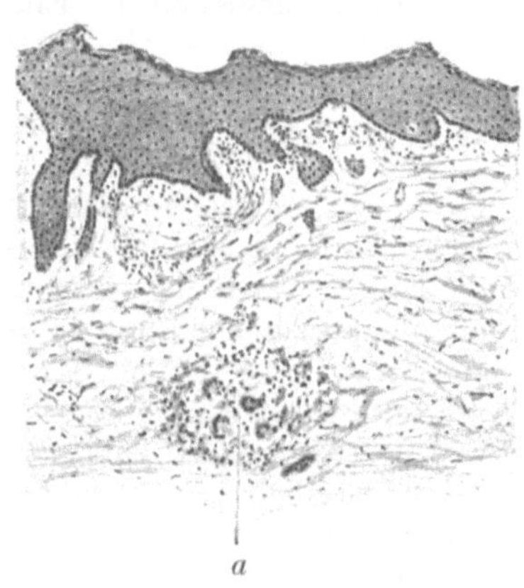

Abb. 17. Impfstelle eines normalen Tieres 7 Tage nach Infektion mit abgetöteten Bazillen. Tuberkuloides Gewebe mit Riesenzellen (a).

Diese Anschauungen über die Pathogenese des primären Impfgeschwüres und der Reinfektionserscheinungen lassen für die vitalen Funktionen der Tuberkelbazillen, wie Vermehrung und Sekretion, keinen besonderen Spielraum. Es müßte also bis zu einem gewissen Grade dasselbe auch mit abgetöteten Tuberkelbazillen zu erreichen sein. Das ist auch der Fall, wenn man die Abtötung der Tuberkelbazillen schonend ausführt durch Kochen im Vakuum bei 60—62°. (Auf diese Methode machte mich Herr Dr. Jacobsthal aufmerksam.) Natürlich muß der Erfolg der Abtötung durch Tierversuch und Kulturen kontrolliert werden. Infizierte ich Meerschweinchen kutan mit derartig vorbehandelten Bazillen, so war der Verlauf der Infektion der mit lebendem Virus durchaus ähnlich. Nur waren die ersten Reaktionserscheinungen mikroskopisch etwas intensiver, da durch das Kochen im Vakuum vielleicht mechanisch Tuberkelbazillensubstanz aufgeschlossen wird. Auch kam es rascher zur Bildung tuberkuloiden Gewebes als durch lebende Bazillen, wenn auch nicht zur Entstehung eines klinisch wahrnehmbaren Impfgeschwürs. Schon nach acht Tagen fand ich histologisch einmal typische Tuberkel mit epithelioiden und Riesenzellen. Diese tuberkuloiden Infiltrate blieben bis sechs Wochen nach der Infektion bestehen. Der fundamentale Unterschied ist der, daß bei Infektion mit lebenden Tuberkelbazillen nie alle Erreger den Abwehrreaktionen des Organismus zum Opfer fallen, sondern daß einige resistente Exemplare sich trotzdem noch erhalten und fortpflanzen können. So erklärt sich der langsame, chronische, wenig progressive Verlauf der Hauttuberkulose. Die toten Bazillen gehen dagegen in einer gewissen Zeit sämtlich zugrunde. Damit verschwindet das tuberkulöse Gewebe, und es erlischt der Reiz zur Antikörperbildung. Es bleibt keine Immunität bestehen. Bei Reinfektion tuberkulöser Tiere, wo ja auch nach Infektion mit lebendem Materiale die Bazillen restlos vernichtet werden, habe ich einen wesentlichen Unterschied mit der Reinfektion durch abgetötete Bazillen nicht feststellen können, höchstens daß die Reaktionserscheinungen bei der letzteren manchmal quantitativ ein wenig geringer waren.

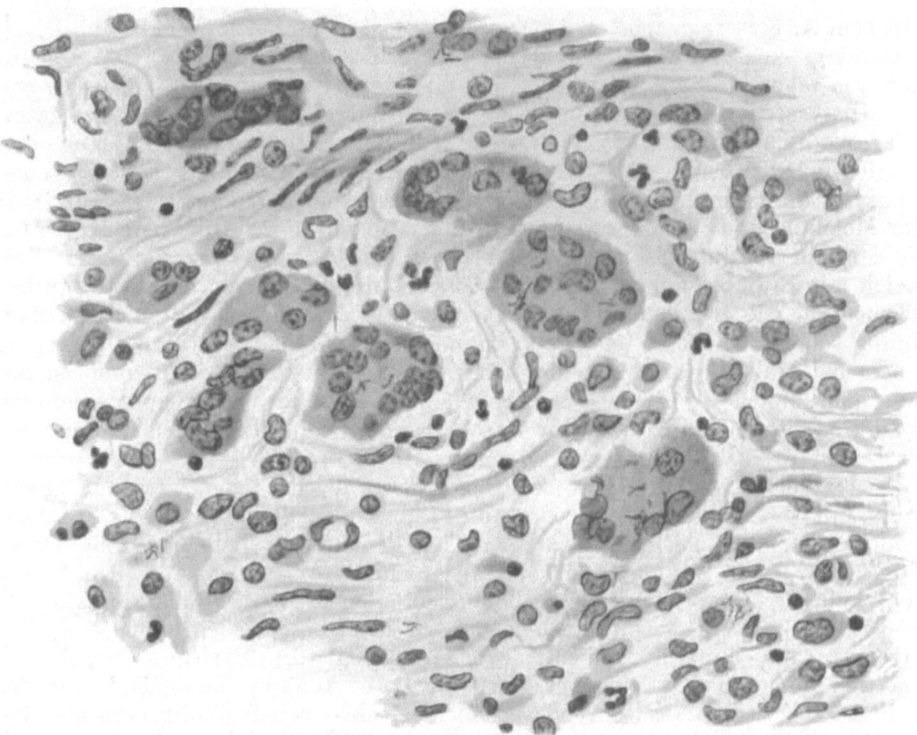

Abb. 18. Impfstelle eines normalen Tieres 7 Tage nach Infektion mit abgetöteten Bazillen. (Starke Vergrößerung.)

Es existiert übrigens in der Literatur hier ein interessanter Versuch am Menschen, der von Noeßke ausgeführt wurde. Dieser Autor injizierte sich selber intrakutan eine Aufschwemmung von abgetöteten Bazillen. Es entstand eine lebhafte, infiltrative Reaktion. Nach drei Tagen wurde der Herd exzidiert, er zeigte histologisch Epithelioide und Riesenzellen, wenig Leukocyten, viel Lymphocyten; Tuberkelbazillen waren nach Ziehl nicht mehr nachzuweisen. Dieser Versuch läßt sich nur durch die Tatsache erklären, daß der Autor, wie wahrscheinlich die meisten erwachsenen Menschen, schon einmal eine tuberkulöse Infektion durchgemacht hatte, also auch eine positive Pirquet-Reaktion hatte. So enthielt sein Organismus die notwendigen Antikörper, um sofort aus den Tuberkelbazillen ein entzündungserregendes Agens in Freiheit zu setzen und die Tuberkelbazillen, wahrscheinlich durch Lyse, unter Bildung tuberkuloiden Gewebes, zum Verschwinden zu bringen.

Erfahrungen mit Tuberkulin. Zu den experimentellen Grundlagen, derer wir hier benötigen, gehören außer den Versuchen mit lebenden und toten Tuberkelbazillen auch jene, die mit Tuberkulin angestellt wurden, besonders nachdem dessen lokale Anwendung durch v. Pirquet eingeführt worden war. Die Tuberkulinpräparate stehen ja in ihrer Wirkung den abgetöteten Tuberkelbazillen sehr nahe. Manche von ihnen enthalten zerriebene oder intakte tote Bazillen. Und es ist auch noch nicht lange her, daß man in diesen korpuskulären Elementen das eigentlich wirksame Prinzip des Tuberkulins sah. Dort, wo sich Bazillen nicht nachweisen ließen, sollten ultramikroskopische Bazillensplitter ihre Rolle übernehmen. Diese Ansicht hat sich nicht aufrecht erhalten lassen. Es haben sich Tuberkuline als wirksam erwiesen (wie das T.O.A., mit dem A. Kraus gearbeitet hat), bei denen die Untersuchung mit dem Ultramikroskop keine körperlichen Elemente nachweisen konnte. Und Zieler hat, wie schon erwähnt, nicht bloß mit filtrierten Tuberkulinen, sondern sogar mit Dialysaten Reaktionen erhalten. Nun sind allerdings nach Sahli ultramikroskopische Molekularaggregate in jeder sogenannten Eiweißlösung vorhanden. Diese kann mit den Molekularaggregaten, wenn auch schwer und langsam, dialysieren. Die Dialysierbarkeit sei nur abhängig von der Größe der Moleküle und Molekularaggregate und von der Porengröße der Membran, sie sei kein absoluter, sondern ein relativer Begriff. Aber gerade dieser Vergleich mit Eiweißlösungen zeigt am besten, daß wir nicht in so relativ groben Elementen, wie Bazillen und Bazillenteilen, den Hauptbestandteil des Tuberkulins sehen dürfen. Viele Tuberkuline enthalten das wirksame Prinzip in einem jedenfalls im gewöhnlichen Sinne gelösten Zustande. Trotzdem ist das kein gewöhnliches, lösliches Toxin, wie das Tetanus- und Diphtherietoxin, sondern eine Substanz, aus der das Gift erst noch durch einen besonderen Prozeß in Freiheit gesetzt werden muß.

Vergleichen wir die Hautreaktionen des tuberkulösen Tieres auf Tuberkulin mit jenen auf lebende oder tote Tuberkelbazillen, so ist die Analogie sofort augenfällig. Einem normalen Tier können wir beliebig große Dosen Tuberkulin in die Haut bringen, ohne die geringste Wirkung zu erzielen. Beim tuberkulösen Tier erhalten wir schon nach kleinen Dosen Tuberkulins Reaktionen, die durchaus jenen gleichen, die wir oben beschrieben haben nach Reinfektion mit Tuberkelbazillen. Freilich gelingt die Pirquetsche Kutanreaktion einigermaßen konstant nur beim tuberkulösen Kaninchen, wie das Wildbolz gezeigt hat, während sie am Meerschweinchen häufig versagt. Bei intrakutaner Injektion bekommen wir aber auch hier immer positive Resultate. Die histologischen Befunde, die in solchen Reaktionsherden vor kurzem Spehl erhoben hat, decken sich, besonders was die Zerstörung der Leukocytenkerne anbetrifft, durchaus mit meinen Befunden an Reinfektionsstellen.

Die Tuberkulinreaktion ist genau wie die Reaktion gegen Reinfektion mit lebenden Tuberkelbazillen der Ausdruck einer gewissen Immunität. Sie ist die Folge einer früheren Infektion mit Tuberkelbazillen und hat die Bedeutung einer Abwehrmaßregel gegen eine neue Infektion. Sie entsteht unter natürlichen Bedingungen nur, wenn der Organismus einmal mit lebenden Tuberkelbazillen in Berührung gekommen ist. Experimentell haben dagegen Much und Leschke neuerdings auch durch tote, künstlich „aufgeschlossene“ Tuberkelbazillen bei Tieren jene spezifische Überempfindlichkeit erzeugen können, welche die Ursache der Tuberkulinreaktion bildet. Es ist in hohem Grade wahrscheinlich, daß es sich bei dieser Reaktion um einen chemischen Vorgang handelt, bei welchem aus dem Tuberkulin, vielleicht durch Abbau, ein toxisch wirkendes Produkt dargestellt wird. Über den feineren Mechanismus dieses Prozesses wissen wir dagegen gar nichts. Wir wissen auch nicht, ebenso wie bei der Abwehrreaktion gegen lebende Tuberkelbazillen, welche Funktionen des Organismus dabei ins Spiel treten, ob die Zellen aktiv daran beteiligt sind, oder ob im Serum gelöste Substanzen die Reaktion auslösen. Auch hierüber sind sehr zahlreiche Versuche von verschiedenen Autoren ausgeführt worden, aber mit widersprechenden Resultaten. Eine passive Übertragung der allgemeinen Überempfindlichkeit gegen Tuberkulin wollen mehrere Autoren gesehen haben. Nach Vorbehandlung mit Organbrei tuberkulöser Tiere (Bail, Onaka) oder mit Serum (J. Bauer, Capelle, Sata) konstatierten sie bei normalen Tieren auf Injektion von Tuberkulin anaphylaktische Erscheinungen von vorübergehenden Temperatursteigerungen bis zum Exitus des Versuchstieres. Viel weniger einwandfrei ist die Erzielung einer intrakutanen Tuberkulinreaktion bei normalen Tieren durch passive Übertragung mittelst Serum oder Blut von tuberkulösen Tieren geglückt. Es ist eigentlich nur Helmholz, der über ein positives Resultat berichtet. Er injizierte normalen Tieren defibriniertes Blut von stark reagierenden Tieren und erhielt dadurch positive Intrakutanreaktionen, die aber nicht so stark waren, wie bei tuberkulösen Tieren. Dasselbe konnte er durch experimentelle Parabiose von tuberkulösen und normalen Tieren erreichen. Dem gegenüber stehen die Angaben von Novotny und Schick, Onaka und K. Joseph. Es ließen sich wohl geringe Intrakutanreaktionen bei den vorbehandelten Tieren feststellen, aber sie waren nie denjenigen bei tuberkulösen Tieren vergleichbar und waren daher als Beweis für eine passive Übertragung der Immunität nicht verwertbar. Es ist also auch auf diesem Wege nicht gelungen, die Frage zu entscheiden, ob die Immunität gegen Neuinfektion mit Tuberkelbazillen eine zelluläre oder eine humorale ist. Deycke und Much nehmen an, daß sowohl die Zellen als auch die Körperflüssigkeit in der Tuberkuloseimmunität eine wichtige Funktion haben. Manche Tatsachen sprechen dafür, daß das so ist, aber einstweilen ist hier alles Hypothese.

Beim Menschen lassen sich aus leicht begreiflichen Gründen keine Versuche darüber anstellen, wie sich die Haut gegen primäre und sekundäre Infektion mit lebenden Tuberkelbazillen verhält. Da aber aus den Tierversuchen hervorgeht, daß die Reaktion gegen abgetötete Tuberkelbazillen und Tuberkulin im wesentlichen auf demselben Mechanismus beruht wie die gegen Superinfektion mit lebenden Tuberkelbazillen, so können wir wohl erwarten, durch die Tuberkulinreaktion der Haut etwas über den Immunitätszustand des Organismus zu erfahren. Auch hier haben sich unsere Kenntnisse seit Einführung der kutanen Tuberkulinreaktion durch v. Pirquet ganz erheblich vertieft.

Die Haut des normalen, wirklich tuberkulosefreien Menschen reagiert auf Impfung mit Tuberkulin überhaupt nicht. Es fehlt entweder den Zellen an jener Fähigkeit oder dem Serum an jenen Substanzen, die aus dem Tuberkulin einen giftig wirkenden Körper in Freiheit zu setzen vermögen. Im frühen Kindesalter sind diese Individuen noch recht zahlreich, aber schon zur Pubertätszeit wird ihre Zahl immer geringer, und von den Erwachsenen bleibt nur ein kleiner Prozentsatz, der auf Tuberkulin kutan nicht reagiert. Das entspricht unseren Erfahrungen über die Häufigkeit der Tuberkulose. Der Tuberkulöse, d. h. nicht bloß der klinisch Tuberkulöse, sondern jeder, der einmal eine Infektion mit Tuberkelbazillen durchgemacht hat, hat die Eigenschaft, auf kutane Impfung mit Tuberkulin mit einer rasch auftretenden Entzündung der Haut zu reagieren. Es ist das ganz dieselbe Reaktion, die wir beim tuberkulösen Meerschweinchen nach Einbringen frischer Tuberkelbazillen in die Haut auftreten sehen. Auch histologisch besteht diese Analogie. Dem Grade und dem Zeitpunkte dieser Reaktion entsprechend, haben zahlreiche Versucher anfangs rein entzündliche Veränderungen bis zur Nekrose, später die Bildung tuberkuloiden Gewebes konstatiert. In je größerer Quantität die Antikörper vorhanden sind, desto früher und intensiver wird die Entzündung mit Nekrose einsetzen. Je allmählicher sie ihre Wirkung entfalten, desto häufiger werden wir tuberkelähnliche Strukturen entstehen sehen, die ja immer die Reaktion des Gewebes auf langsam in Lyse gehendes Bakteriengift darstellen. Die verschiedenen Befunde der Autoren (von Bandler und Kreibich, Daels, Doutrelepont, König, A. Kraus, Schütz und Vidéky an der Haut, von Sigrist und Seeligmann nach Konjunktivalreaktion am Auge) zeigen meist verschiedene Stadien und Stärkegrade der Reaktion an.

Die Tuberkulinreaktion beim Menschen entspricht der Abwehrreaktion der Tierhaut gegen Reinfektion mit lebenden Tuberkelbazillen. Sie ist also eine Immunitätsreaktion, die für das Vorhandensein von Tuberkulose-Antikörpern Zeugnis ablegt und damit beweist, daß der Organismus bis zu einem gewissen Grade gegen eine Neuinfektion geschützt ist. Eine starke Tuberkulinreaktion gibt also eigentlich eine günstige Prognose. Kinder mit starker Tuberkulinreaktion erkranken nach Hamburger später seltener an Phthise als nicht reagierende. Wir sehen die Reaktion besonders ausgesprochen bei benignen, tuberkulösen Erkrankungsformen; dagegen wird sie schwächer mit dem Fortschreiten des tuberkulösen Prozesses und verschwindet im letzten Stadium der Phthise vollkommen. Auch während anderer Krankheiten, die erfahrungsgemäß häufig eine Verschlimmerung der Tuberkulose zur Folge haben, wie besonders die Masern, kann die früher positiv gewesene Reaktion vorübergehend negativ werden.

Wenn wir die Reaktion auf Tuberkulin derjenigen auf lebende Tuberkelbazillen gleich gesetzt haben, so haben wir damit auch schon gesagt, daß der Mechanismus ihres Zustandekommens noch nicht ganz geklärt ist. Die Lysinhypothese hat auch hier viel Bestechendes, natürlich auch hier nicht in grob physikalischem Sinne verstanden. Die Frage bleibt ebenfalls hier bestehen, ob an dem chemischen Abbau des Tuberkulins an die Zellen gebundene oder im Serum kreisende Substanzen den Hauptanteil haben. Daß aber ein veränderter Chemismus das Wesen dieser „Umstimmung“ des tuberkulösen Organismus bildet, ist doch zum mindesten sehr wahrscheinlich. Wenn Moro dagegen seine Salbenreaktion als angioneurotische Entzündung ansieht und sogar von „Reflexneurosen“ spricht, so liegt dafür kein tatsächlicher Beweis vor. Denn das einzige Faktum, das in diesem Sinne sprechen könnte, das Auftreten einer Reaktion an entfernter Stelle, ist wohl irrtümlich gedeutet worden. Jedenfalls hat Wegerer bei sorgfältigem Bedecken der Inunktionsstelle nie Fernreaktionen auftreten sehen, die er daher mit Recht für Artefakte durch Verschmieren der Salbe hält.

Ein besonderes Moment könnte noch für die Kutanreaktion auf Tuberkulin als wesentlich in Betracht kommen: Eine gewisse subjektive Hautempfindlichkeit oder -Überempfindlichkeit des Individuums gegenüber aufgeschlossenem Tuberkulin. Daran läßt die Tatsache denken, daß Kinder mit tuberkulösen Hauterscheinungen, speziell „Tuberkuliden“ oft bedeutend stärker auf Tuberkulin reagieren als Kinder mit tuberkulösen Herden in anderen Organen. Die Ursache für das Auftreten der Hauterkrankung, sowie der starken Kutanreaktion auf Tuberkulin wäre hier eine und dieselbe, eine ganz besondere Empfindlichkeit des Hautorgans gegen aufgeschlossenes Tuberkulin, ob es nun künstlich von außen her oder von innen durch verschleppte Bazillen in die Haut gebracht wird.

Wir haben nun weiter oben gesehen, daß es bei der Tuberkuloseimmunität nicht allein darauf ankommt, daß aus den Tuberkelbazillen oder dem Tuberkulin eine toxisch wirkende Substanz frei gemacht wird. Der Organismus muß auch über Mittel und Wege verfügen, dieses Gift wieder unschädlich zu machen. Das kann dadurch geschehen, daß durch weitere Einwirkung derselben fermentartig wirkenden Antikörper das Gift weiter abgebaut und in ungiftige Modifikationen übergeführt wird. Es könnte auch neben der lytischen noch eine antitoxische Immunität existieren, derart, daß gegen das in Freiheit gesetzte Toxin vom Organismus besondere Antitoxine gebildet würden, die das Toxin neutralisieren. Daß das Serum von Patienten mit besonders günstigem Krankheitsverlauf oder von solchen, die mit großen Tuberkulindosen behandelt worden sind, die Eigenschaft hat, aufgeschlossenes Tuberkulintoxin unwirksam zu machen, haben Löwenstein und Pickert gezeigt. Mischte man das Serum dieser Patienten mit Tuberkulin und brachte dieses Gemisch in die Haut von Personen, die sonst auf Tuberkulin stark reagierten, so trat Abschwächung oder völliges Ausbleiben der Reaktion ein. Der Name „Antikutin“ für eine in diesem Serum angenommene Substanz, die das Zustandekommen der Reaktion verhindern soll, scheint nicht besonders glücklich gewählt, da er den eigentlichen Mechanismus verschleiert. Jedenfalls kann also auch bei besonders günstig verlaufender Tuberkulose die lokale Tuberkulinreaktion versagen. Wir hätten demnach drei Möglichkeiten für einen negativen Ausfall der Pirquet-Reaktion: 1. Völliges Freisein von Tuberkulose. 2. Fortgeschrittene Tuberkulose. 3. Besonders günstig verlaufende Tuberkulose mit starker Antikörperbildung.

b) Anwendung der experimentellen Erfahrungen auf die Pathogenese der menschlichen Hauttuberkulose.

Die experimentellen Tatsachen, über die wir im vorhergehenden berichtet haben, können für unsere Anschauungen von der Pathogenese der Hauttuberkulose nicht ohne Einfluß bleiben. Es ergibt sich aus allem, daß man versuchen muß, für jede Krankheitsform und jeden Fall eine Frage zu beantworten, die früher nicht gestellt worden ist. Neben allen anderen Momenten, der individuellen Disposition, der Quantität und Qualität des Infektionsstoffes, ist es von größter Wichtigkeit, zu entscheiden: Hat die Infektion der Haut mit Tuberkelbazillen ein tuberkulosefreies oder ein schon tuberkulöses Individuum betroffen? Und wenn das Individuum zur Zeit der Hautinfektion schon tuberkulös war, so erhebt sich eine zweite Frage: Wie war zu diesem Zeitpunkt der Immunitätszustand, der Antikörpergehalt des Organismus? Selbstverständlich soll damit nicht behauptet werden, daß es in jedem Falle möglich wäre, diese beiden Fragen zu beantworten. Sie formulieren nur das Prinzip einer Untersuchung, die uns für die Betrachtung der Hauttuberkulosen großen Vorteil bringen wird.

Exogene Infektionen. Primäre und Superinfektion. Von diesem Prinzip ausgehend, müssen wir zunächst einmal versuchen, unter den verschiedenen tuberkulösen Hauterkrankungen des Menschen die Form herauszufinden, deren Pathogenese die möglichst größte Ähnlichkeit mit der primären Infektion im Tierversuch bietet. Diese Form haben wir vor uns in jenen Fällen von Hautinfektion bei Säuglingen mit großen Mengen von Tuberkelbazillen, jenen Fällen von Zirkumzisionsinfektionen und Wundinfektionen mit Sputum, wie in den Beobachtungen von Deneke und Moro. Hier trifft eine massige Infektion ein vollkommen ungeschütztes, tuberkulosefreies Individuum. Dazu kann man die absolute Empfänglichkeit des Säuglings für

Tuberkelbazillen vielleicht noch eher mit der des Meerschweinchens in Parallele stellen als diejenige späterer Lebensalter. Denn beim Meerschweinchen führt bekanntlich fast jede, auch die kleinste Infektion, zu einem tödlichen Ausgang der Tuberkulose, während das doch beim Menschen sicherlich nicht der Fall ist. Der klinische Verlauf jener Säuglinstuberkulosen aber bietet alle Analogien mit dem Meerschweinchenversuch: Entstehen einer ulzerösen Hautaffektion nach kurzer Inkubation, Fortpflanzung des tuberkulösen Prozesses auf dem Lymphwege, Generalisation und Exitus. Wir können uns also auch wohl die Histogenese ganz ebenso wie in den oben beschriebenen Tierversuchen vorstellen.

Etwas anders liegen die Verhältnisse schon für die primäre Hautinfektion im späteren kindlichen Alter. Wir haben gesehen, daß die häufige Entstehung des Lupus im Kindesalter von manchen Autoren, besonders von Philippson und Wichmann, im Sinne ihrer Anschauung von der endogenen Natur jedes Lupus als Beweis vorgebracht wird. Der Lupus, so sagen sie, entsteht in den Lebensjahren, in denen auch die inneren Tuberkulosen ihren Anfang zu nehmen pflegen, also entsteht der Lupus von den inneren Tuberkulosen her. Für einen großen Teil der Fälle wird man aber besser und logisch richtiger argumentieren: Der Lupus entsteht zu einer Zeit, wo eine große Anzahl der Kinder entweder noch keine innere Tuberkulose hat, oder noch nicht genügend Antikörper gebildet hat, wo sie also gegen eine Infektion von außen noch nicht geschützt sind. Das Seltenerwerden eines beginnenden Lupus in den späteren Jahren erklärt sich zum Teil gerade dadurch, daß dann schon die meisten Menschen eine tuberkulöse Infektion haben oder überstanden haben und sich in einem Immunitätszustand befinden, der das Haften einer äußeren Infektion verhindert. Sie verhalten sich dann gegen eine Reinfektion von außen wie tuberkulöse Meerschweinchen gegen eine Superinfektion: von außen eingebrachte Tuberkelbazillen sind nicht imstande, eine tuberkulöse Hautaffektion zu erzeugen. Nur ist beim Menschen die Entwicklung der Immunität, wie überhaupt der gesamte Verlauf der Tuberkulose, viel weniger an einen bestimmten Typus gebunden; daher sind auch die scheinbaren Ausnahmen von der Regel viel häufiger. So kann bei einem Sinken des Antikörpergehaltes auch bei schon tuberkulösen Individuen durch exogene Inokulation ein Lupus entstehen. Über Frühreaktionen durch Hineingelangen von Tuberkelbazillen in Wunden fehlen naturgemäß die Beobachtungen, da solche vorübergehende, leichte Entzündungen von Wunden an Händen und Fingern wohl meist nicht beachtet oder anders gedeutet werden.

Wenn nicht die meisten Menschen im späteren Lebensalter einen gewissen Schutz vor Infektion der Haut mit Tuberkelbazillen besäßen, dann müßten die Fälle von Hauttuberkulose in diesen Jahren bedeutend häufiger sein als sie tatsächlich sind. Es gibt doch gewisse Berufsklassen, die täglich mit virulentem, tuberkulösen Material in Berührung kommen, wir denken vor allem an viele in der menschlichen und Veterinär-Medizin beschäftigte Personen. Wenn Wichmann unter den Schlachthofbeamten, die ständig mit tuberkulösem Material zu tun hatten, 4% mit Hauttuberkulose fand, so ist dieser Prozentsatz eigentlich doch sehr gering und nur erklärlich dadurch, daß bei den meisten, trotz ständiger Infektionsgelegenheit, keine Hauterkrankung zustande kam dank einer vorhandenen Immunität. Auch bei Ärzten, die häufig ohne genügende Vorsichtsmaßregeln Sektionen Tuberkulöser ausführen oder Tierexperimente mit Tuberkulose vornehmen — man experimentiere einmal in der gleichen Sorglosigkeit mit Rotz! — sind tuberkulöse Hautinfektionen ganz verschwindend selten. Das deutet eben alles darauf hin, daß der Erwachsene von der Haut aus überhaupt sehr schwer infizierbar ist, auf anderen Wegen übrigens ebenso, weil er gegen Reinfektion relativ immun ist.

Nun hat Jadassohn in letzter Zeit den Gedanken erwogen, ob sich nicht die Eigentümlichkeiten des Lupus im Vergleich zur ulzerösen Hauttuberkulose der Säuglinge dadurch erklären lassen, daß der Lupus immer eine Superinfektion schon tuberkulöser Individuen darstelle. Ähnliches hatte Hübner über die Entstehung der Tuberculosis verrucosa cutis geäußert. Es ist Jadassohn von vornherein zuzugeben, daß in einem Milieu, wo die Infektion der kindlichen Haut leicht möglich ist, auch die inneren Organe schon vorher infiziert worden sein können. In einem großen Teil der Fälle trifft das auch wohl zu, und die Infektion der Haut mit Tuberkelbazillen führt dann zu klinischen Erscheinungen, weil die Immunität infolge der inneren Tuberkulose noch nicht genügend ausgebildet ist, um die Haut vor Neuinfektion zu schützen. Aber angenommen, daß das in 99 von 100 Fällen so ist, so müßten doch immer noch einige wenige Fälle bleiben, wo einmal Tuberkelbazillen zufällig in die Haut eines ganz normalen, völlig tuberkulosefreien Kindes hineingeraten sind. Dieses müßte dann auf die Infektion mit andersartigen Krankheitserscheinungen reagieren als mit Lupus oder Tuberculosis verrucosa cutis. Das ist aber nicht der Fall, denn jenseits des Säuglingsalters kennen wir kaum Fälle von maligner ulzeröser Tuberkulose, die auf primäre äußere Inokulation zurückzuführen sind. Man müßte denn schon annehmen, daß alle Menschen, die über ein Jahr alt sind, schon mit Tuberkulose infiziert sind. Neuere Untersuchungen — z. B. die von Orth und Lubarsch — welche die Angaben Naegelis über die Zahl der Tuberkulosebefunde bei Sektionen erheblich reduzieren, machen das kaum wahrscheinlich.

Ich glaube also nicht, daß man das Wesen des Lupus durch die Tatsache der Superinfektion allein erklären kann, sondern möchte eher einen prinzipiellen Unterschied zwischen der Haut, resp. dem Organismus des Säuglings und der des älteren Kindes und Erwachsenen annehmen. Der tuberkulosefreie Säugling verhält sich einer Hautinfektion mit Tuberkelbazillen gegenüber wie ein Meerschweinchen gegen primäre Infektion. Das Verhalten des älteren Individuums ist ein anderes; der Verlauf der kutanen Infektion hält die Mitte zwischen dem beim Meerschweinchen und beim Kaninchen. Beim ersteren sehen wir eine ulzeröse Tuberkulose, die immer zur Allgemeininfektion führt. Beim Kaninchen dagegen, das mit Tuberkelbazillen vom Typus humanus kutan infiziert wird, entsteht eine lokale Hautaffektion, die klinisch mit Lupus große Ähnlichkeit haben kann, aber spontan verheilt, meist ohne eine allgemeine Erkrankung zu verursachen. Wir müssen hier eine lokale Bildung von Antikörpern annehmen, welche die eingedrungenen Tuberkelbazillen vernichten. Dasselbe findet in der Haut des älteren Kindes und Erwachsenen statt, nur sind die Immunitätsvorgänge nicht ausreichend, um ein völliges Zugrundegehen der Tuberkelbazillen zu erreichen. Aber die Haut in diesem Alter scheint doch schon von Natur kräftigere Abwehrvorrichtungen zu besitzen als beim Säugling.

Wir können uns den Verlauf des Infektionsprozesses folgendermaßen vorstellen: Tuberkelbazillen gelangen in einer gewissen Menge in eine Hautwunde. Durch die geringe Anzahl normalerweise vorhandener Ergine (Lysine) wird der Verteidigungsvorgang eingeleitet; dann findet eine stärkere lokale Antikörperbildung und darauf ein beträchtliches Zugrundegehen von Bazillen statt. Durch Aufschließen von Tuberkelbazillensubstanz kommt es zur Bildung von tuberkulösem Gewebe, klinisch zur Entstehung eines Lupusherdes nach einer Inkubation. Aber der Organismus wird nicht restlos der Eindringlinge Herr. Die meisten Tuberkelbazillen gehen zwar zugrunde, aber einige resistente Exemplare (wie wenige es sind, davon kann man sich ja an exzidierten Herden überzeugen) bleiben am Leben und vermögen sich, trotz der Antikörperwirkung, wenn auch nur sehr spärlich, fortzupflanzen. Das Ganze geht vor sich wie ein langer, hartnäckiger Kampf zwischen den Bakterien und den Abwehrvorrichtungen des Organismus, ohne daß einer von beiden wirklich die Oberhand behält. Der ganze Prozeß ist so wenig intensiv, daß auch die Bildung der Antikörper, wie es scheint, zuweilen ein rein lokales Phänomen bleiben kann, daß gar nicht genug davon gebildet werden, um eine allgemeine Immunität der gesamten Hautdecke herbeizuführen. So erklärt es sich denn, daß die Pirquet-Reaktion im Herd positiv, aber auf der normalen Haut negativ ausfallen kann.

Solche Individuen haben von ihrem lokalen tuberkulösen Hautherd also nicht einmal den Nutzen einer Immunisierung gegen weitere Tuberkelbazilleninfektionen. Denn es werden nicht genügend Antikörper gebildet (oder infolge der ungünstigen Zirkulationsverhältnisse der Haut nicht resorbiert), um an anderen Körperstellen, fern vom ersten Herde, einen Schutz gegen neuerdings eindringende Tuberkelbazillen zu verleihen. Diese Personen können also einer massigen Neuinfektion, z. B. der Lungen, leicht erliegen. Forchhammer hat diese Verhältnisse durch Bearbeitung einer größeren Statistik besonders klar beleuchtet, ohne sie allerdings schon im Sinne der Immunitätslehre zu deuten. Danach ist es ein Vorurteil einiger älterer Autoren, das u. a. auch noch von Hallopeau geteilt wird, daß die Allgemeintuberkulose bei Lupösen einen besonders milden Verlauf nehme und fortschreitende Phthisen selten seien. Nach Forchhammer sind im Gegenteil gerade die Fälle von reinem, unkompliziertem Lupus der Haut vorwiegend einer allgemeinen Infektion ausgesetzt. Und zwar bezieht sich das ganz besonders auf den Lupus im kindlichen Alter, wie auch die von Forchhammer an dieser Stelle zitierten Arbeiten von Demme und Eibe beweisen. Die Lupusfälle mit tuberkulösen Komplikationen anderer peripherer Organe wiesen keine so hohe Mortalität auf wie die reinen Hauttuberkulosen. Das kann wieder nur so gedeutet werden, daß von den Tuberkulosen anderer Organe aus besser und reichlicher Antikörper gebildet und resorbiert werden als von den primären Hauttuberkulosen. Unter 58 Fällen von tödlicher Lungenphthise bei Lupösen war die Lungenaffektion 50 mal erst nach dem Lupus (der meist mit Schleimhautlupus kompliziert war) aufgetreten oder manifest geworden, nur 8 mal sicher vor dem Lupus entstanden. Gerade im Frühstadium des Lupus sind akut verlaufende Lungentuberkulosen nicht ganz selten. Alles dieses deutet auf mangelnden Infektionsschutz, auf geringe Immunität mancher Lupöser.

Wir müssen aber für diese Erscheinung drei Möglichkeiten annehmen. Entweder der Lupus bleibt — wie wir bereits geschildert haben — eine rein lokale, benigne Erkrankung, die aber nicht zu genügender allgemeiner Immunität führt. Das Individuum bleibt also einer Neuinfektion der Lungen schutzlos ausgesetzt. Oder die Tuberkelbazillen invadieren ebenfalls die Haut und Schleimhaut eines nichttuberkulösen, also ungeschützten Individuums, führen aber hier zu einer rasch fortschreitenden Erkrankung. Es kann dann die Hautinfektion selber der Ausgangspunkt der bösartig verlaufenden Viszeraltuberkulose sein. Oder die Hautinfektion haftet bei einem schon tuberkulösen Individuum wegen Verminderung der Allergie, und aus demselben Grunde findet auch eine interne Superinfektion statt, die dann einen unheilvollen Verlauf nimmt. Zu bedenken ist ferner, daß auch tuberkulöse Schleimhautaffektionen der oberen Luftwege ein schon bestehendes Lungenleiden indirekt höchst ungünstig beeinflussen können.

Andererseits geht aus der Forchhammerschen Statistik hervor, und viele ältere Beobachter haben schon Ähnliches geäußert, daß Personen mit innerer und besonders mit Lungentuberkulose selten an Lupus erkranken. Lenglet drückt das prägnant aus: „Les tuberculeux ne deviennent pas des lupiques, les lupiques deviennent fréquemment tuberculeux.“ Auch das ist nach der Immunitätslehre leicht zu erklären. Von den inneren Tuberkulosen aus werden im ganzen reichlich Antikörper gebildet. Diese Individuen verhalten sich also einer Hautinfektion gegenüber wie tuberkulöse Meerschweinchen gegen eine Neuinfektion. Es kommt bei ihnen nur schwer eine tuberkulöse Hauterkrankung zustande.

Es gibt jedoch Fälle, wo bei Phthisikern Hauttuberkulose, verursacht durch exogene Inokulation von Tuberkelbazillen, vorkommt. In allen sicheren Beobachtungen dieser Art handelt es sich um Autoinfektionen, um Impfungen der Haut mit den Bazillen des eigenen Sputums. Bei nicht sehr sauberen Phthisikern kommt es auf diese Weise zur Bildung von Tuberculosis verrucosa an den Fingern, zumal mit ganz charakteristischer Lokalisation bei solchen Patienten, die sich mit den Fingern Sputumreste aus dem Bart zu wischen pflegen. Ferner entstehen bei manchen Tuberkulösen im fortgeschrittenen Stadium ulzeröse Erscheinungen an den Schleimhäuten der Körperöffnungen, die auch nur durch Hineingelangen der Bazillen von außen zu erklären sind. Zwei Momente sind allen diesen Fällen gemeinsam: 1. Infektion mit den eigenen Bazillen, 2. Infektion mit großen Massen von Tuberkelbazillen.

Ob dem ersten Moment eine große Bedeutung zukommt, können wir immer noch nicht mit Sicherheit aussagen. Es liegt natürlich nahe, anzunehmen, und ist durch manche Beobachtungen aus der Bakteriologie bewiesen, daß die Infektionserreger im befallenen Organismus ihrerseits sich gegen die Abwehrvorrichtungen des Körpers immunisieren und sich daher hier länger zu halten vermögen als neu hineingebrachte Bakterien. Wie sich aber gerade die Tuberkelbazillen in dieser Beziehung verhalten, darüber liegt sehr wenig beweisendes Material aus Experimenten vor. Es bleibt eigentlich nur eine Beobachtung von E. Löwenstein, der ein eigentümliches Verhalten der Phagocytose gegenüber beobachtete. Leukocyten aus einer tuberkulösen Blase sollen die eigenen Tuberkelbazillen nicht, wohl aber einen fremden Stamm phagocytieren. Im Tierexperiment haben aber weder Römer noch ich bei tuberkulösen Tieren eine positive Hautimpfung mit den eigenen Bazillen erreichen können, selbst wenn sie, wie in meinem oben beschriebenen Versuch, der tuberkulösen Haut des Tieres direkt entnommen waren. Eine Immunität der Tuberkelbazillen gegen die Antikörper des befallenen Organismus ist also noch nicht bewiesen, allerdings keineswegs ausgeschlossen. Zur Erklärung dürfen wir sie aber einstweilen nicht heranziehen.

Die Bedeutung großer Virusmengen bei der Tuberkuloseinfektion ist besonders von Römer betont und experimentell dargelegt worden. Es ist also sehr wohl möglich, daß sie auch in jenen Fällen beim Menschen eine Rolle spielt. Die Tuberkelbazillenmengen, die aus einem phthisischen Sputum immer wieder in die gleiche Haut- oder Schleimhautwunde hineingelangen, können ganz enorm sein, und das hat sicher einen Einfluß auf das Zustandekommen der Läsion.

Schließlich kommt noch ein drittes Moment hinzu: das Schwanken des Immunitätszustandes bei dem gleichen Individuum während des Krankheitsverlaufes. Wir haben gesehen, daß dies sogar bei der viel gleichförmiger und schematischer verlaufenden Meerschweinchentuberkulose der Fall ist, daß manchmal Reinfektionsstellen nach anfänglicher, scheinbarer Heilung später doch wieder aufbrechen. Wie viel mehr müssen wir bei dem viel weniger typischen Ablauf der Krankheit beim Menschen auf solche Schwankungen gefaßt sein. Gerade für die ulzerösen Tuberkulosen können wir sagen, daß sie häufig zu einer Zeit entstehen, wo die Krankheit fortgeschritten ist, der allgemeine Kräftezustand und die Antikörperbildung darniederliegen, wie sich das dann auch im Negativwerden der Pirquet-Reaktion ankündigt. Diese ulzerösen Formen zeigen nicht selten auch im histologischen Bilde das Fehlen der Antikörper. Wir finden sehr reichlich Bazillen, aber wenig spezifisch tuberkulöses Gewebe. Es findet also keine Auflösung von Tuberkelbazillen statt, und daher fehlt die charakteristische, tuberkuloide Struktur. Wir haben mehr eine allgemeine, entzündliche Gewebsreaktion auf die Invasion von zahlreichen Bakterien, deren sich der Körper nicht mehr durch spezifische Substanzen zu entledigen weiß. Es ist ein ähnliches Bild, wie wir es manchmal beim Meerschweinchen im letzten Stadium an dem primären Impfgeschwür feststellen können.

Endogene Infektion. 1. Kontiguitätstuberkulose. Noch mannigfacher fast als für die Infektion von außen sind die Möglichkeiten, wenn die Tuberkelbazillen von innen her die Haut befallen. Natürlich handelt es sich hier immer um eine Hautinfektion bei einem schon tuberkulösen Individuum. Wir haben also zunächst nach dem Antikörpergehalt des Organismus zu fragen, danach aber auch vor allem nach der Quantität der infizierenden Bazillen.

Von den Hauptarten der endogenen Infektion soll uns zuerst hier die Kontiguitätstuberkulose beschäftigen. Wir haben weiter oben schon gesehen, daß heute einige Autoren diesem Infektionsmodus, besonders für die häufigste Form der Hauttuberkulose, den Lupus, die bei weitem größte Bedeutung zuschreiben, die primäre Hautinfektion dagegen für unwesentlich halten. Hier müssen wir aus der Diskussion zunächst die große Anzahl der Fälle ausschalten, wo der Lupus von der Nasenschleimhaut seinen Ausgang nimmt. Bei der direkten Fortpflanzung des Lupus von hier aus auf die Haut oder der Verbreitung durch erkrankte Lymphgefäße kann man eigentlich nicht von sekundärem Lupus sprechen. Denn die Infektion der Nasenschleimhaut erfolgt fast immer exogen, sie ist nur darum so häufig, weil die Bedingungen zur Haftung der Infektion so besonders günstige sind. Prinzipiell aber verhält sich in bezug auf die Pathogenese die exogene Infektion der Schleimhaut genau wie die der Haut. Es gilt davon auch das weiter oben Gesagte. Selbstverständlich soll damit nicht behauptet werden, daß diese Fälle nicht für den Praktiker eine besondere Gruppe darstellen, und daß sie nicht eine andere Prognose geben als die Fälle, wo der Lupus in der äußeren Haut seinen Anfang nimmt. Aber das gehört in das Kapitel der Therapie. Prinzipiell handelt es sich auch hier um äußere Infektion der Haut.

Etwas ganz anderes ist es, wenn die Hauttuberkulose von Organen ausgeht, die unter der Haut gelegen sind, meistens Drüsen oder Knochen; wenn also schon vor Beginn der Hauterkrankung im Innern ein manifester tuberkulöser Herd bestanden hat. Hier ist es von vornherein anzunehmen, daß eine große Zahl der Erkrankten auch reichlich Antikörper gebildet hat. Das ist auch tatsächlich der Fall. Denn gerade unter den Personen mit Drüsen- und Knochentuberkulose finden wir vielfach die Pirquetsche Reaktion besonders stark ausgesprochen. Wir sollten also erwarten, daß die reichlich vorhandenen Antikörper der Ausbreitung der Tuberkulose in der Haut wirksamen Widerstand entgegen setzen würden. Wenn wir nun trotzdem manchmal bei diesen Formen von Hauttuberkulose — Philippson und Wichmann legen darauf besonderen Wert — eine gewisse Hartnäckigkeit und geringe therapeutische Beeinflußbarkeit beobachten, so muß dafür noch ein anderes Moment mitsprechen. Ich glaube dieses in folgendem zu finden: Die Hauptentwicklung der Tuberkelbazillen erfolgt hier nicht in der Haut selbst, sondern in einem der Haut direkt benachbarten Organ, wo aber die Bedingungen zur Vermehrung für die Tuberkelbazillen ungleich besser sind als in der Haut. Die Antikörper wirken natürlich auch in den inneren Organen auf die Tuberkelbazillen ein. Aber der Nährboden für die Tuberkelbazillen ist hier bedeutend angemessener, die Temperatur viel günstiger, so daß sie sich trotz der Abwehrbestrebungen des Organismus hier besser zu halten und fortzupflanzen vermögen als in der Haut. Das zeigt der Umstand, daß wir auch in typisch tuberkulösem Gewebe dieser Organe meist viel mehr Bazillen finden als in der in gleicher Weise erkrankten Haut. Auflösung oder Aufschließung von Tuberkelbazillen findet auch in den inneren Organen statt, aber trotzdem können immer noch zahlreiche Exemplare bestehen und sich vermehren. Liegt z. B. eine tuberkulöse Drüse unter der Haut, so pflanzt sich der Krankheitsprozeß hier direkt auf die Haut fort. Handelt es sich nun um eine von den Tonsillen aus primär erkrankte Halsdrüse, so können die Bedingungen unter Umständen nicht viel anders sein als für einen primären Hautinfektionsherd. Gesetztenfalls, es sind aber schon im Organismus reichlich Antikörper gebildet worden, so können diese allerdings der Entwicklung der Tuberkelbazillen in der Haut entgegenwirken. So finden wir auch manchmal um eine perforierte tuberkulöse Drüse oder um einen Knochenherd herum nur ein unbedeutendes Skrofuloderm, das trotz Fortbestandes des darunterliegenden Herdes gar keine Neigung zeigt, sich in der Haut auszubreiten. In anderen Fällen entsteht dagegen durch Übergang der Tuberkulose von der Drüse auf die Haut ein progredienter Lupus. Hier kann man vielleicht daran denken, daß der fortwährende Nachschub zahlreicher Bazillen von der Drüse in die Haut die Erkrankung trotz der Wirkung der Antikörper unterhält, daß wir also die Bedingungen einer besonders massigen Hautinfektion bei einem tuberkulösen Individuum vor uns haben. Wir sehen auch im Tierversuch noch in späteren Stadien Lymphknoten perforieren und den Anlaß zu tuberkulösen Hautgeschwüren geben.

2. Hämatogene Tuberkulose. Als klassische Form einer Bakterienverbreitung auf dem Blutwege ist seit langer Zeit die disseminierte Miliartuberkulose bekannt. Hier ist es schon vielen Beobachtern aufgefallen, wie außerordentlich selten an dieser Erkrankung des ganzen Organismus die Haut mitbeteiligt ist. Die Fälle von disseminierter Miliartuberkulose der Haut beim Erwachsenen stehen tatsächlich in der Literatur auch heute noch ganz vereinzelt da. Ein Pathologe, dem ein so enormes Sektionsmaterial zur Verfügung steht, wie E. Fränkel, erklärt, daß er selber noch niemals eine Miliartuberkulose der Haut beobachtet habe. Durch den Vergleich mit der Häufigkeit der Chorioideatuberkel kommt er zu dem Schlusse, daß die Haut den Tuberkelbazillen als Nährboden nicht die zu ihrer Weiterentwicklung erforderlichen Bedingungen gewähre. Diese Auffassung deckt sich auch mit der bereits weiter oben ausgesprochenen Ansicht von der im allgemeinen geringen Hautdisposition für Infektion mit Tuberkelbazillen.

Die Miliartuberkulose der Haut ist aber nur im erwachsenen Alter so selten, im Verlauf der Säuglingstuberkulose und im frühen Kindesalter ist sie nach neueren Mitteilungen viel häufiger als man bisher gedacht hat. Die bis jetzt mitgeteilten Fälle haben alle einen gemeinsamen Zug: Wenig charakteristische klinische und histologische Erscheinungen bei großer Anzahl von Tuberkelbazillen in den Läsionen (Heller, P. Meyer, Leichtenstern, Rensburg, Mibelli, Tileston, Leiner und Spieler u. a.). Dieser

Gegensatz von anatomischem Befund und Bakterienzahl ist auch von manchen schon hervorgehoben worden, ohne daß man eine befriedigende Erklärung geben konnte. Nur Mibelli äußert schon 1907 darüber eine Meinung, die unserer heutigen, auf die Immunitätslehre begründeten Anschauung sehr nahe kommt. Er schreibt: „Danach hätte man den bedeutenden Reichtum der krankhaften Herde in der Haut an Bazillen dem Umstande zuzuschreiben, daß es zur Verminderung oder gänzlichen Aufhebung des natürlichen Phänomens der Bakteriolyse gekommen ist, entweder wegen verminderter Phagocytose oder wegen einer verminderten Produktion von Amboceptoren nach der Theorie von Ehrlich." Auch wir können das Zustandekommen dieser Hautaffektion nur durch folgenden Mechanismus erklären: Es erfolgt eine sehr reichliche Tuberkelbazillenaussaat auf dem Blutwege, die zur Embolie in den kleinsten Hautkapillaren führt. Antikörper gegen Tuberkelbazillen sind in diesem Stadium der Krankheit meist nicht in irgendwie erheblicher Quantität vorhanden, wie auch das Fehlen der Pirquet-Reaktion beweist. Die Tuberkelbazillen werden also nicht in der Haut zerstört, sondern können sich, falls die Temperatur und der spezielle Nährboden (es handelt sich fast immer um kindliche Haut) günstig sind, sogar stark vermehren. Da eine Aufschließung von Tuberkelbazillensubstanz wegen des Fehlens von Antikörpern nicht erfolgt, so bildet sich kein histologisch typisches, tuberkulöses Gewebe, sondern wir haben mehr eine allgemeine Entzündungsreaktion vor uns, wie sie auch gegen andere akute Bakterieninfektionen erfolgt. Wir sehen sogar in manchen Fällen von Miliartuberkulose der Haut Eiter- und Pustelbildung beschrieben, die hier ohne Mischinfektion mit pyogenen Bakterien allein durch die zahlreichen Tuberkelbazillen verursacht wird. Meine oben geschilderten Versuche mit intrakardialer Infektion beim normalen Meerschweinchen bilden ein absolutes Analogon zu der miliaren Hauttuberkulose im Säuglingsalter. Grundsätzlich, können wir sagen, ist das Wesentliche in der Pathogenese dieser Krankheitsform die hämatogene Aussaat sehr reichlicher Bazillen bei fehlender Antikörperwirkung.

Bekannter vielleicht als die miliare, disseminierte Hauttuberkulose ist das Auftreten multipler Herde von Lupus oder auch von Tuberculosis verrucosa cutis auf hämatogenem Wege im Anschluß an eine akute, exanthematische Krankheit, besonders Masern, seltener Scharlach. Wir haben schon die Frage erörtert, ob diese Krankheiten das Hautterrain verändern und für die Infektion mit Tuberkelbazillen geeigneter machen können, und eine derartige Möglichkeit zugegeben. Wichtiger aber scheint es mir, daß gerade die Masern ganz entschieden einen besonderen Einfluß auf die Entwicklung einer gleichzeitig vorhandenen Tuberkulose haben. Sehen wir doch häufig genug auch innere Tuberkulosen nach Masern sich verschlimmern. Einen Beweis für diesen Zusammenhang sehen wir aber in dem von Pirquet entdeckten Phänomen, daß die Kutanreaktion auf Tuberkulin, die vor den Masern positiv war, während dieser Krankheit ins Negative umschlägt, um dann später wieder positiv zu werden. Das läßt sich doch nur durch ein Schwanken in der Immunität, durch ein zeitweises Versagen der Antikörperwirkung erklären. Während eines solchen Zustandes exacerbieren innere Tuberkuloseherde und es kann auch zu einem Übergang von Tuberkelbazillen ins Blut in größerer Anzahl, wenn auch nie annähernd so reichlich wie bei der Miliartuberkulose, kommen. Während des Aussetzens der Antikörper können die Tuberkelbazillen in der Haut haften, ohne zerstört zu werden. Mit der Rekonvaleszenz von den Masern beginnt dagegen allmählich wieder die Produktion von mäßig reichlichen Antikörpern, denen die Tuberkelbazillen in der Haut zum Teil wieder verfallen und wir haben im ganzen dann ähnliche Bedingungen wie bei einem benignen Lupus exogener Entstehung. Diese Formen sind ja in der Tat meist besonders gutartig, sie können klinisch als Lupus auftreten (z. B. Fälle von Sequeira, Labernadie) oder tumorförmig (Doutrelepont, Strandsberg) oder besonders bei Lokalisation an den Extremitäten als Tuberculosis verrucosa cutis (Tobler, Nobl, Finger, Török). Wir haben auf diese letztere Erscheinung früher schon hingewiesen und damit gezeigt, daß es nicht der Infektionsweg, sondern hauptsächlich die Lokalisation ist, welche die Verschiedenheit zwischen den genannten Kranheitsformen bedingt. Erfolgt die Verschleppung der Tuberkelbazillen in die Subcutis, so können, entsprechend dem Lupus nach Embolie in der Cutis, multiple, tuberkulöse Gummen (kolliquative Tuberkulosen) entstehen. Charakteristisch für die postexanthematischen Hauttuberkulosen ist die verhältnismäßig geringe Neigung zum Fortschreiten, die sich aus dem später wieder reichlicheren Vorhandensein von Antikörpern erklärt. Schematisch können wir die Genese dieser Erkrankungen also folgendermaßen ausdrücken: Hämatogene Aussaat mäßig reichlicher Bazillen bei geringen oder mäßig reichlichen Antikörpern. Ist aber die Immunität bei Masern nicht dauernd in stärkerem Grade herabgesetzt, wie das ja auch häufig vorkommt, die Aussaat von Tuberkelbazillen nur gering, so entstehen statt Lupus und der eben erwähnten Tuberkuloseformen andere Krankheitsbilder, die sog. „Tuberkulide". Mit diesen haben wir uns jetzt etwas ausführlicher zu beschäftigen.

So sehr uns heute die Entwicklung der Immunitätslehre dazu drängt, den Begriff der „Tuberkulide" als etwas von der „Tuberkulose" zu Trennendes aufzugeben, so groß war doch seinerzeit das Verdienst Dariers, als er mit der Prägung jenes Wortes ein großes, dermatologisches Problem formulierte. Ältere und neuere Beobachtungen vom Lichen scrofulosorum Hebras bis zu den Untersuchungen Besniers, Boecks, Hallopeaus wurden dadurch unter einem einheitlichen Gesichtspunkte zusammengefaßt und vielseitige Arbeiten angeregt, die sich in der Folgezeit als recht fruchtbringend erwiesen haben. Eine Definition des Begriffs „Tuberkulide" war damals schwieriger als heute. Gründete sich doch die ganze Konzeption schließlich nur auf eine Summe klinischer Erfahrungen. Da war eine Reihe von Krankheitsbildern, die, außer daß sie alle nur bei tuberkulösen Individuen beobachtet wurden, gewisse gemeinsame Eigenschaften aufwiesen, von denen aber keine einzige allein zur Aufstellung einer Definition genügte. Obwohl eben nur bei Tuberkulösen auftretend, lassen die hierher gehörigen Krankheitsformen meistens den Nachweis von Tuberkelbazillen, häufig auch den Befund von anatomisch typischem, tuberkulösen Gewebe vermissen. Sie treten gern in Schüben auf, häufig disseminiert und in symmetrischer Anordnung, sie sind gutartig, zeigen keinerlei Neigung zur lokalen Ausbreitung, sondern heilen meist spontan ab. Es ist natürlich, daß man in einer gemeinsamen Pathogenese das hauptsächliche Unterscheidungsmerkmal von den bekannten Formen der „echten" Hauttuberkulose suchte.

Hier verschaffte sich zuerst die Ansicht Geltung, die Tuberkulide seien nicht durch Bazillen, sondern durch Tuberkulotoxine hervorgerufen. Dadurch konnte man erklären, daß die meisten Versuche, die Tuberkelbazillen in den Läsionen nachzuweisen, versagten, daß diese Läsionen weder die Hartnäckigkeit noch die Ausbreitungstendenz tuberkulöser Herde zeigten, daß sie häufig in Exanthemform auftraten, wie Toxikodermien. Schließlich hatte man nach subkutaner Injektion von Tuberkulin Ausschläge auftreten sehen, die in nichts von jenen Affektionen zu unterscheiden waren. Was lag näher, als auch die natürliche Entstehung durch ein im Blutstrom kreisendes, dem Tuberkulin analoges Gift zu erklären.

Dieser Toxinhypothese, die u. a. besonders von Boeck, Hallopeau und Klingmüller vertreten wurde, stand eine andere Theorie gegenüber, nach der die Tuberkulide durch Bazillen verursacht wurden, wenn auch wohl meist durch abgeschwächte, tote oder zertrümmerte Exemplare. Für diese Ansicht, deren Hauptanhänger Jadassohn, Haury, Darier, Zollikofer waren, sprachen mehrere gewichtige Momente. Es war, wenn auch in einer kleinen Anzahl von Fällen, sicher gelungen, Tuberkelbazillen mikroskopisch oder im Tierversuch nachzuweisen. Anzunehmen, sie seien auf embolischem Wege nachträglich in toxische Läsionen hineingelangt, wäre zu gekünstelt. Der histologische Bau ist nicht selten wenn nicht typisch tuberkulös, so doch tuberkuloseähnlich. Es gibt Übergänge zwischen Tuberkuliden und Tuberkulosen, sowie direkte Umwandlungen der einen Form in die andere. Auch das Auftreten in Einzelherden spricht eher für bazillären als toxischen Ursprung.

So überzeugend diese Argumente Jadassohns auch sind, so müssen wir doch zugeben, daß in der einfachen Form, wie sie seinerzeit aufgestellt wurden, heute beide Theorien nicht mehr befriedigen können. Das gilt allerdings besonders von der Toxinhypothese. Wie hätten wir uns denn nach dieser die Genese der Tuberkulide vorzustellen? Die Bazillen in den inneren Krankheitsherden sondern ein Toxin ab. Dieses gelangt in den Kreislauf und verursacht, wie z. B. eine in den Körper eingeführte Arznei, einen Hautausschlag. Da ist zunächst ein schweres Bedenken. Wir kennen kein Toxin, das von den Tuberkelbazillen in künstlichen Kulturen oder im Organismus sezerniert würde, und das an sich imstande wäre, bei normalen Tieren oder Menschen pathologische Veränderungen hervorzurufen. Derartige Versuche sind unzählige Male mit negativem Resultat ausgeführt worden. Mit der Annahme eines Toxins allein käme man also nicht aus. Man müßte dann immer noch als ebenso wichtigen Faktor eine besondere Veränderung des Organismus voraussetzen im Sinne einer Umstimmung oder Überempfindlichkeit gegen das Tuberkulotoxin. Dann müßte ferner dieses Toxin nur in sehr geringer Konzentration vorhanden sein, denn es gelingt nicht, dasselbe selbst bei Übertragung auf tuberkulöse Tiere nachzuweisen. Sehr bemerkenswert ist aber folgender Umstand: Wenn lösliche, im Serum kreisende Toxine die Ursache der Tuberkulide wären, dann müßte die Häufigkeit und Ausbildung der Tuberkulide doch von der Stärke und Konzentration der Toxine abhängen. Die stärkste Giftbildung müssen wir aber dort erwarten, wo sehr zahlreiche Bazillen vorhanden sind, bei Prozessen, die mit großer Vermehrung und Ausbreitung von Tuberkelbazillen einhergehen, also bei floriden Phthisen. Nun ist aber gerade das Gegenteil der Fall. Fast niemals finden sich Tuberkulide im vorgerückten Stadium einer inneren Tuberkulose. Am häufigsten sehen wir sie bei ausgesprochen gutartigen und chronischen Tuberkuloseformen, ja, häufig ist es schwer, den inneren Herd, auf den die Hauterscheinungen hindeuten, nachzuweisen. Ganz von selbst taucht hier doch der Gedanke auf, ob nicht ein Zusammenhang zwischen den Tuberkuliden und Immunitätsvorgängen ist.

Die Art des Zusammenhanges konnte natürlich erst durch die moderne Entwicklung der Immunitätslehre deutlich werden, wenn auch Jadassohn bereits manches vorausgeahnt und dem Untergang von Bazillen, sowie der Abwehrreaktion des Organismus schon eine Bedeutung zugesprochen hat. Wodurch ist denn das Fehlen der Tuberkelbazillen in den meisten Läsionen zu erklären, wenn sie nicht dort zugrunde gehen? Und wo Bazillen, statt sich zu entwickeln, zugrunde gehen, müssen wir doch eine Abwehrreaktion des Organismus vermuten. Ferner sind tote Bazillen beim tuberkulosefreien Individuum nicht imstande, Läsionen von der Art der Tuberkulide zu erzeugen. Dagegen gelingt es leicht bei Tuberkulösen, auch im Tierversuch, wie Gougerot gezeigt hat. Man muß also auch hier noch eine spezifische Überempfindlichkeit als notwendig zum Zustandekommen der Tuberkulide annehmen. Kurz, es kann heute keine Theorie der Tuberkulide mehr befriedigen, die bei der Erklärung der Pathogenese auf die Immunitätsvorgänge im Organismus keine Rücksicht nimmt. Das zuerst erkannt zu haben, ist ein Verdienst von Wolff-Eisner. Ihm sind dann Zieler, Gougerot und ich gefolgt in unseren Versuchen, die Pathogenese der Tuberkulide aufzuklären.

Die „Tuberkulide" entstehen meist bei Personen mit gutartigen Tuberkulosen, bei denen unter der Einwirkung reichlich vorhandener Antikörper Tuberkelbazillen zerfallen und derart aufgeschlossen werden, daß eine toxische Substanz in Freiheit gesetzt wird. Es ist die Frage, wo sich dieser Vorgang abspielt. Es wäre durchaus möglich, daß schon in den tuberkulösen Herden der inneren Organe die Bazillen lysiert werden, daß das eigentliche Toxin schon gelöst in das Serum übergeht und, in diesem zirkulierend, die Hauterkrankungen erzeugt. Das wäre eine moderne Modifikation der alten Toxinhypothese. Aber selbst in dieser Form scheint sie mir wenig annehmbar. Gewiß kann lösliches, von allen körperlichen Bestandteilen freies Tuberkelbazillentoxin Hauterscheinungen hervorrufen. Das haben die Versuche von Klingmüller, A. Kraus und Zieler bewiesen. Aber ein Toxin in der Konzentration, in der das Tuberkulin bei diesen Versuchen zur Anwendung kam, wird unter natürlichen Bedingungen niemals im Serum vorhanden sein. In solcher Konzentration kann es nur in kleinen, einzelnen Bezirken, die der Diffusionszone eines Bazillus entsprechen, zur Wirkung gelangen, wie Gougerot das überzeugend ausgeführt hat. Dem entspricht auch klinisch Form und Auftreten der Tuberkulide, das viel mehr an einzelne Embolien als an ein diffuses Toxin denken läßt.

Es ist also viel wahrseinlicher, daß einzelne Bazillen für das Auftreten der Tuberkulidherde lokalisationsbestimmend sind. Wir müssen annehmen, daß die Bazillen in spärlichen, aber intakten Exemplaren in den Kreislauf kommen, daß sie so in die Haut gelangen, dort den Antikörpern des Organismus, seien es nun lytische oder andersartige, verfallen, und durch ihr diffundierendes, aufgeschlossenes Toxin jene Läsionen hervorbringen. Diese Annahme hat durchaus nichts Gewaltsames. Der Mechanismus dieser Pathogenese wird durch meine intrakardialen Infektionsversuche beim tuberkulösen Meerschweinchen vollkommen nachgeahmt und damit die Richtigkeit der Annahme bewiesen. Daß virulente Tuberkelbazillen auch bei gutartigeren Fällen von Tuberkulose zeitweilig im Blutserum kreisen, ist als sicher anzusehen, wenn sich auch die meisten Antiforminbefunde nicht bewahrheitet haben. Man könnte höchstens fragen, warum die Bazillen erst in der Haut vernichtet werden. Wir haben nun schon mehrfach darauf hingewiesen, daß die Haut ein besonders ungünstiger Nährboden für Tuberkelbazillen ist, daß sie unter Immunitätsverhältnissen, die ihnen in den inneren Organen noch eine Existenz erlauben, in der Haut schon zugrunde gehen. Während die größeren Mengen Tuberkelbazillen in einem inneren Herde noch erhalten bleiben, verfallen die einzelnen Exemplare in der Haut den Antikörpern, da sie sich hier sowieso in einem Zustande geringerer Vitalität, in einem ungünstigen Milieu befinden. Man kann zur Erklärung dieses Vorganges auch eine aktive Beteiligung des Hautorgans durch eine besonders starke zelluläre Immunität mit heranziehen, wie sie Br. Bloch bei den Trichophytieerkrankungen nachgewiesen hat. Eine ausschließliche Rolle derselben ist aber für die Tuberkulose nicht so wahrscheinlich, da diese nicht, wie die Trichophytie, eine reine Hautkrankheit ist, und die Beteiligung anderer Organe an den Überempfindlichkeitsreaktionen nach der subkutanen Injektion von Tuberkulin klar hervortritt. Trotzdem wird wohl auch hier eine zelluläre Immunität der Haut von Bedeutung sein.

Daß die Antikörper nicht bloß gegen Reinfektion mit fremden Bazillen, sondern auch gegen das eigene Virus tätig sind, haben Römers und meine Versuche am Meerschweinchen bewiesen. Es hat also nichts Befremdendes, wenn metastasierte Tuberkelbazillen in der Haut Überempfindlichkeitsreaktionen hervorrufen, indem sie selber vernichtet werden. Es wird auch so ganz klar, warum wir in den meisten Fällen von „Tuberkuliden" keine Bazillen finden, warum aber doch wieder in dem einen oder anderen Fall ein positiver Befund erhoben wird. Es kommt eben ganz auf den Zeitpunkt an, in dem wir die Untersuchung vornehmen. Meist werden wir zu spät kommen. Denn wenn die Läsion auf ihrem Höhepunkt ist, wird der sie verursachende Bazillus schon derartig abgebaut sein, daß er als eine morphologische Einheit nicht mehr nachzuweisen ist. Höchstens bei einer besonders hochgradigen Form, bei etwas reichlicherer Aussaat von Tuberkelbazillen, wo vielleicht mehrere Tuberkelbazillen im Zentrum einer Effloreszenz vorhanden gewesen sind, werden wir dann und wann noch einen sichtbar machen können. Oder wir müßten durch einen glücklichen Zufall eine Läsion gerade in ihrem ersten Beginn unter das Mikroskop bekommen. Es ist übrigens nötig, zu erwähnen, daß die Destruktion der Tuberkelbazillen hier nicht lange bei dem nicht säurefesten Stadium der Muchschen Granula und Stäbchen zu verweilen scheint. Denn im Schnitt gelingt es durch das Muchsche Verfahren bei Tuberkuliden selten, einen Tuberkelbazillus dort nachzuweisen, wo die Ziehlfärbung versagt hat. Warum wir den Antiforminbefunden geringere Bedeutung beimessen, haben wir weiter oben schon ausgeführt.

Auch die Unregelmäßigkeit des histologischen Befundes ist nicht mehr unerklärt. In einem frühen Stadium werden wir häufig rein entzündliche Veränderungen finden, wie bei der Frühreaktion bei meinen intrakardialen Reinfektionen. Besonders die im histologischen Bilde der „Tuberkulide" so häufig wiederkehrenden Nekrosen fügen sich gut in den Rahmen unserer Hypothese. Denn wir haben gesehen, wie gerade bei der Reinfektion und der sie begleitenden Gewebsreaktion die Kernschädigung und Nekrose besonders stark gegenüber der primären Infektion hervortritt. Auch meine hämatogenen Reinfektionen zeigen zum Teil diese Nekrosen. Untersuchen wir etwas später, so finden wir mehr tuberkuloides Gewebe. Ist die Effloreszenz dagegen schon in Involution begriffen, so herrscht wieder mehr ein unspezifisches Granulationsgewebe vor. Das sind genau die Veränderungen, die wir im Tierversuch bei den Überempfindlichkeitsreaktionen auf hämatogene und exogene Superinfektion vorfinden.

Man hat nun immer noch einen Einwand mit einem gewissen Rechte gegen die neue bazilläre Theorie erheben zu können geglaubt. Es gelingt beim tuberkulösen Menschen, künstlich durch Tuberkulin Läsionen zu erzeugen, die den Tuberkuliden vollkommen identisch sind. Auf die Erscheinungen dieser Art, wie wir sie nach lokaler Applikation von Tuberkulin nach der Pirquet- und Moro-Reaktion beobachten, brauchen wir eigentlich nicht mehr einzugehen. Auch wir müssen sie für künstlich erzeute Tuberkulide halten. Aber sie ahmen nur den natürlichen Vorgang nach, indem sie Tuberkulin von der Einreibungsstelle aus in einer Konzentration auf die Haut einwirken lassen, wie sie in der Natur nur um einen in Auflösung begriffenen Bazillus vorhanden ist. Schwerer zu erklären nach unserer Theorie scheint auf den ersten Blick die Tatsache, daß manchmal im Anschluß an eine sub kutane Injektion von Tuberkulin ein Tuberkulid, ein Lichen scrofulosorum auftritt. Denn hier ist das Tuberkulin — nehmen wir eine Injektion von 1 mg an — im Serum doch nur in allerstärkster Verdünnung vorhanden. Wenn es in dieser Gestalt noch fähig wäre, vom Blute aus Tuberkulide zu erzeugen, hätte die toxische Theorie immerhin noch eine gewisse Berechtigung. Es ist aber durchaus nicht bewiesen, daß die Sache so einfach liegt. Manchmal handelt es sich bei dem Lichen scrofulosorum nach Tuberkulin sicher nur um Sichtbarmachen latenter, vorher schon vorhandener Herde, wie das Jadassohn in einem Falle überzeugend demonstriert hat. Ich habe aber auch an eine andere Entstehungsmöglichkeit gedacht. In den Fällen, wo ein Lichen scrofulosorum auf eine Tuberkulinreaktion folgt, handelt es sich immer um ausgesprochen starke Allgemeinreaktionen. Nun ist es bekannt, daß bei starken Herdreaktionen innerer Tuberkulosen latente Herde mobilisiert werden können. Dadurch können Tuberkelbazillen in den Kreislauf kommen, und diese Tuberkelbazillen können, in die Haut verschleppt und lysiert, jene Überempfindlichkeitsreaktion in Gestalt eines Lichen scrofulosorum hervorrufen. Für diese Hypothese habe ich durch zwei neuere Arbeiten eine wichtige Unterstützung bekommen. Bacmeister hat bei 15 Patienten vor und nach der Tuberkulininjektion das Blut auf Tuberkelbazillen untersucht. Während vorher der Befund bei allen negativ war (Untersuchung durch Tierversuch!) fanden sich nach der Injektion bei vier Patienten, die mit verstärkten Krankheitserscheinungen reagiert hatten, im Blute virulente Tuberkelbazillen. Und ganz dasselbe konnte Lydia Rabinowitsch im Tierexperiment an tuberkulösen Meerschweinchen nachweisen. Nach subkutaner Tuberkulininjektion wurden bei solchen Tieren Tuberkelbazillen im Blute durch Tierversuch aufgefunden, bei denen vorher die Untersuchung negativ ausgefallen war. Es ist also höchstwahrscheinlich, daß der Lichen scrofulosorum nach Tuberkulininjektion keinen toxischen, sondern einen bazillären Ursprung hat, wie alle anderen Tuberkulide. In dem einen Fall, wo Bettmann bei einem Lichen scrofulosorum einen Tuberkelbazillus nachweisen konnte, handelte es sich um einen nach Tuberkulininjektion aufgetretenen Lichen.

Warum sind nun die „Tuberkulide" relativ selten im Vergleich zu der Zahl gutartiger innerer Tuberkulosen? Sicher tritt doch nur bei einem sehr kleinen Teil aller der Menschen, die zeitweilig Tuberkelbazillen im Blute haben, ein Schub von „Tuberkuliden" auf. Dafür gibt es mehrere Gründe. Zuerst müssen wir wieder an die weiter oben geschilderte vollkommenere oder antitoxische Immunität erinnern. Es kann sein, daß in manchen besonders gutartigen Fällen zwar hin und wieder vereinzelte Bazillen durch den Blutstrom in die Haut verschleppt werden, daß sie hier lysiert werden und ihre toxische Substanz in die Umgebung abgeben, daß dieses aufgeschlossene Toxin aber sofort weiter abgebaut oder durch das im Organismus vorhandene Antitoxin gebunden wird. Wir haben die parallelen Experimente von Pickert und Löwenstein bereits erwähnt und der „Antikutine" gedacht, jener Substanzen, die das Zustandekommen einer Kutanreaktion verhindern sollen.

Wir müssen aber, wie wir auch weiter oben schon angedeutet haben, der individuellen Disposition und Empfindlichkeit der Haut gegenüber aufgeschlossenem Tuberkelbazillentoxin Rechnung tragen. Ist durch die Antikörper dieses Toxin einmal in Freiheit gesetzt, so wissen wir immer noch nicht, wie es auf den einzelnen Organismus wirkt, ebenso wie wir die Haut der verschiedenen Individuen auch auf Körper bekannter Konstitution verschieden reagieren sehen, z. B. auf Jodkali. Die gleiche Menge aufgeschlossenen Toxins mag bei dem einen kaum sichtbare, bei dem anderen höchst auffallende Hauterscheinungen hervorbringen. Daher scheint das Auftreten der Tuberkulide selbst nach Nationen und Rassen verschieden häufig zu sein, je nach der Empfindlichkeit des Hautorgans.

Ein großer Teil der Tuberkulidfälle gelangt aber wahrscheinlich gar nicht zu ärztlicher Beobachtung und Kenntnis. Die meisten Tuberkulide sind ja äußerst unscheinbar. Der Patient bemerkt sie häufig nicht oder vernachlässigt sie, da sie keine Schmerzen verursachen. Der praktische Arzt kennt sie meistens nicht, da er vielfach noch derartige Dinge für eine dermatologische Finesse und Namensspielerei ansieht. Und doch wäre diese Kenntnis ungemein nützlich; denn häufig ist ein Hauttuberkulid das erste Zeichen, das auf eine Tuberkulose anderer Organe hindeutet, und kann daher von außerordentlicher diagnostischer Wichtigkeit sein.

Wir würden sicher noch mehr „Tuberkulide" zu Gesicht bekommen, wenn alle ophthalmologischen Patienten mit sog. „skrofulösen" Augenerkrankungen auf ihren Hautstatus untersucht würden. Derselbe Prozeß, der auf der Haut vollkommen unbemerkt abläuft, verursacht auf der Konjunktiva oder Uvea die unangenehmsten subjektiven Symptome. Die „Tuberkulide" des Auges führen den Patienten zum Arzt, bei Untersuchung des übrigen Körpers finden sich dann häufig auch sehr typische „Tuberkulide" der Haut. Über diese Rolle des Auges als Indikator für Tuberkulide sagt Heine: „Gerade auf Tuberkulose scheint das Auge und speziell die Uvea das empfindlichste Barometer zu sein, welches eine Aussaat von Bazillen, Bazillensplittern oder ihrer Toxine mit erstaunlicher Deutlichkeit erkennen läßt und sozusagen das Gesundheitsminimum zahlenmäßig „ad oculos" demonstriert." Pirquet denkt freilich bei der skrofulösen Konjunktivitis auch an lokale Reizungen durch Tuberkelbazillen und deren Derivate, die auf dem nasalen Wege in die Konjunktiva gelangen.

Die Tuberkulide sind also nicht durchaus nur der äußeren Haut eigentümlich. Sie finden sich, wie im Auge, so wahrscheinlich auch in anderen Organen, wo sie aber kaum zur Kenntnis kommen. Die französische Schule von Landouzy hat für die inneren Tuberkulosen schon lange derartiges angenommen, auch Gougerot hat speziell darauf verwiesen. Vielleicht steckt auch in dem Gedankengang Poncets, trotz Übertreibungen, etwas Richtiges, und wir könnten dann seinen „Rhumatisme tuberculeux" in mancher Beziehung mit den Hauttuberkuliden vergleichen.

Die Tuberkulide sind, um es noch einmal mit den Worten Wolff-Eisners zusammenzufassen, „Lokalreaktionen, bei denen die Natur selbst die Kutanreaktion angestellt hat, welche die Reaktion der Haut auf Tuberkelbazillenderivate zeigt". Dasselbe sagt die Definition von Zieler, „daß wir die Tuberkulide als durch verschleppte Tuberkelbazillen ausgelöste Überempfindlichkeitsreaktionen der Haut tuberkulöser Menschen ansehen, die in der Regel zur Vernichtung der metastasierten Tuberkelbazillen führen". Um das Verhältnis der Tuberkulide zu den anderen, bereits erwähnten, hämatogenen Tuberkuloseformen vor Augen zu führen, mag umstehend ein kleines Schema folgen, das auch noch den Sitz der Embolie, ob in Cutis oder Subcutis, berücksichtigt.

Jedes Schema nimmt künstliche Trennungen vor, wo in der Natur alle Übergänge existieren, so auch dieses. Und gerade die Existenz dieser Übergänge hat schon seit längerer Zeit mit Recht als ein Hauptbeweis dafür gegolten, daß „Tuberkulide" und „Tuberkulosen" nichts prinzipiell Verschiedenes sind, sondern demselben Mechanismus ihre Entstehung verdanken. Diese Übergänge sind sehr mannigfacher Art und kommen nicht bloß zwischen zwei benachbarten Gruppen vor. So haben Leiner und Spieler gezeigt, daß im Kindesalter papulo-nekrotische Tuberkulide und disseminierte Miliartuberkulosen ineinander übergehen können. Häufiger allerdings sind die Verbindungen von Lupus und den verwandten Tuberkuloseformen mit den Tuberkuliden. Juliusberg sah ein typisches Lupusknötchen sich in der Narbe eines papulo-nekrotischen Tuberkulids entwickeln. E. Hoffmann sah aus einem ebensolchen Tuberkulid eine Tuberculosis verrucosa cutis entstehen. Auch A. Alexander beobachtete Übergangsformen zwischen diesen Krankheitsbildern. Der Erklärung bieten diese Erscheinungen keine Schwierigkeiten, im Gegenteil, es wäre nicht zu verstehen, wenn dergleichen nicht vorkäme. Denn nur geringe Schwankungen im Immunitätszustand einerseits, in der Quantität der metastasierten Tuberkelbazillen andererseits, können es bewirken, daß einmal ein Lupus, das andere Mal ein Tuberkulid sich bildet. Es sind eben nur graduelle Unterschiede zwischen beiden und es hat deshalb auch umgekehrt nichts Befremdendes, wenn in der Nachbarschaft um einen Lupusherd herum sich Lichen scrofulosorum-Knötchen bilden, wie Hallopeau und Finger das beschrieben haben.

	Sehr zahlreiche T.-B. bei fehlendem oder geringem Antikörpergehalt	Mäßig reichliche T.-B. bei geringem oder mäßigem Antikörpergehalt	Spärliche T.-B. bei hohem Antikörpergehalt
Kutis	disseminierte Miliartuberkulose der Haut	hämatogener Lupus (Lupus miliaris faciei) (postexanthematischer Lupus)	„Tuberkulide“ (Lichen skrofulosorum, Papulonekrotische Tuberkulide etc.)
Subkutis	multiple tuberkulöse Abszesse	tuberkulöse Gummen (kolliquative Tuberkulosen)	Erythema induratum

Nicht ganz so einfach liegt es manchmal, wenn andere, sehr typisch ausgebildete „Tuberkulose“- und „Tuberkulid“-Formen nebeneinander bei demselben Patienten vorhanden sind. Aber auch hier braucht kein Widerspruch gegen das von uns vertretene Prinzip der Pathogenese vorzuliegen. Ich möchte als Beispiel einen Fall erwähnen, den ich auf der Arningschen Abteilung beobachtete. Es handelte sich um eine 50jährige Frau mit einem ausgedehnten Lupus des Gesichts, der in der Kindheit begonnen hatte. Die regionären submaxillaren und cervikalen Lymphdrüsen waren hochgradig tuberkulös erkrankt. Bei dieser Frau bildeten sich nun gleichzeitig multiple kolliquative Tuberkulosen der Unterhaut und der Muskel, und auf der Haut ein klinisch und histologisch typischer Lichen scrofulosorum. In dem punktierten Eiter der Abszesse konnten Tuberkelbazillen mikroskopisch nicht, wohl aber durch Tierversuch nachgewiesen werden, der Lichen scrofulosorum gab in beiden Untersuchungen ein negatives Resultat. Die Pathogenese des Falles möchte ich folgendermaßen ansehen: Der Lupus war hier wohl die primäre Infektion gewesen, von ihm ausgehend hatte sich die Lymphdrüsentuberkulose gebildet. Die in den Lymphdrüsen angereicherten Tuberkelbazillen gelangen in den Kreislauf und werden in Cutis und Subcutis metastasiert. In der Subcutis können sie sich, trotz der vorhandenen relativen Immunität und ihrer vielleicht nicht großen Anzahl infolge der günstigeren Lebensbedingungen halten und einen „tuberkulösen“ Prozeß hervorrufen, in der Cutis gehen sie in dem an sich ungünstigeren Milieu infolge der Antikörperwirkung zugrunde und können nur eine benigne Krankheitserscheinung, eine Überempfindlichkeitsreaktion, ein „Tuberkulid“ hervorbringen. Daß der ältere Lupusherd als solcher bestehen bleibt und trotz der Antikörper nicht spontan ausheilt, entspricht ganz den Verhältnissen im Tierversuch, wo auch das primäre Impfulcus erhalten bleibt. Auf ähnliche Weise wird man auch den Entstehungsmechanismus anderer Fälle von polymorpher Hauttuberkulose, wie z. B. Oppenheim kürzlich einen beschrieben hat, verstehen können.

Gewiß ist im Gegensatz zu dem einfachen Ablauf des Tierexperimentes manches in dem Wechselspiel von Hauterkrankung und innerer Tuberkulose beim Menschen verwirrend. Wir haben z. B. betont, daß die „Tuberkulide“ vorwiegend bei benigner Tuberkulose erscheinen, da sie an das Vorhandensein von Antikörpern gebunden sind. Trotzdem geben sie im Kindesalter nicht immer eine günstige Prognose. Das liegt manchmal an der Lobalisation mehr als an der Malignität des inneren Prozesses. Denn dieselbe Eruption, die auf der Haut unschädlich sein kann, ist an den Meningen fast absolut tötlich. Wir dürfen uns also nicht wundern, wenn wir Kinder, die ausgedehnte Tuberkulide der Haut dargeboten haben, später an einer Meningitis zugrunde gehen sehen. Außerdem scheint der Immunitätszustand im kindlichen Alter labiler zu sein als später, was schon der Übergang von Tuberkuliden und Miliartuberkulosen beweist.

Doch auch im späteren Alter sind die Beziehungen von innerer und Hauttuberkulose meist nicht von schematischer Regelmäßigkeit. Jadassohn hat dafür mehrere markante Beispiele angeführt. Wenn eine bazillenarme Tuberculosis verrucosa cutis sich während der Verschlechterung einer Lungentuberkulose in eine bazillenreiche, ulzeröse Tuberkulose verwandelt, so entspricht das freilich noch unseren Erfahrungen am Tier. Mit Abnahme der Antikörper können sich die Bazillen reichlicher entwickeln und statt spezifischer, histologischer Veränderungen bekommen wir nun mehr allgemein entzündliche Gewebsreaktionen. Viel schwerer können wir uns vorstellen, daß eine Hauttuberkulose spontan verheilt, während die innere Tuberkulose fortschreitet und zum Exitus führt. Aber Jadassohn hat zwei derartige Fälle beobachtet. Immerhin braucht selbst bei progredienter Tuberkulose die Antikörperbildung nicht immer zu erlöschen, obgleich es im allgemeinen so ist. Es könnte auch hier für das infauste Ende manchmal mehr die Lokalisation des Prozesses und der Ausfall von funktionswichtigem Gewebe als die Ausdehnung der Tuberkulose entscheidend sein. Auch können, trotz des Fortschreitens der Tuberkulose, Heilungsbestrebungen des Organismus nebenher laufen. Die kolossalen Bindegewebsbildungen in den Lungen bei superinfizierten Tieren bedeuten doch nichts anderes. Trotzdem geht das Tier zugrunde, da der Rest funktionsfähigen Lungengewebes schließlich zu klein wird. Die Antikörperbildung braucht in solchen Fällen auch beim Menschen nicht zu fehlen und könnte sogar auf den Hautprozeß noch einen starken Einfluß haben, während sie zur Heilung der inneren Tuberkulose nicht ausreicht. Daß auch sonst bei der menschlichen Hauttuberkulose sehr häufig natürliche Heilungsbestrebungen vorhanden sind, zeigt die oft zu beobachtende Narbenbildung im Innern von Lupusherden, der auch im histologischen Bilde ein Ersatz von tuberkulösem Gewebe durch hyperplastisches Bindegewebe entspricht.

Die einzelne Tatsache aus der Kasuistik der menschlichen Tuberkulose, so sehr sie auf den ersten Blick dem aus dem Tierversuch abgeleiteten Prinzip der Pathogenese zu widersprechen scheint, darf doch nie ohne weiteres als ein Beweis gegen die Richtigkeit dieses Prinzipes verwertet werden. Die Verhältnisse beim Menschen sind viel zu kompliziert, als daß wir sofort in jedem

Falle den Grund für eine scheinbare Ausnahme von der Regel erkennen könnten. Wir kennen weder die feineren Vorgänge beim Zustandekommen der Immunität, noch die eigentliche Beschaffenheit der Antikörper, noch können wir quantitativ den Gehalt an Antikörpern bestimmen. Wir sind dafür auf ganz grobe Unterschiede biologischer Reaktionen angewiesen. Auch klinisch brauchen sich Schwankungen des Antikörpergehaltes nicht immer in einer Änderung des Allgemeinbefindens auszusprechen. In den Hautmanifestationen der Tuberkulose können dann trotzdem Entwicklungen sich bemerkbar machen, deren Grund wir ohne weiteres nicht zu erkennen vermögen. Wir befinden uns sicher beim Versuch, hier tiefer einzudringen, erst in den Anfängen. Aber wenn man bedenkt, wie wenig noch vor einigen Jahren hier ein Zusammenhang sichtbar war, so ist es doch wenigstens ein Anfang[1]).

Zudem stehen wir hier auf dem Gebiet der Hauttuberkulose nicht allein. In gleicher Weise sind in den letzten Jahren Syphilis, Lepra und Trichophytie bearbeitet worden. Besonders Neißer, Jadassohn und Br. Bloch haben sich hier große Verdienste erworben. Aus ihren Arbeiten geht hervor, daß das Prinzip der Immunität und der Einfluß derselben auf den klinischen Krankheitsverlauf bei allen diesen Infektionskrankheiten ganz ähnlich ist, daß es große biologische Gesetze sind, die diese Vorgänge beherrschen. Bei Syphilis und Lepra denkt heute kein Mensch mehr daran, toxische von bakteriellen Prozessen zu trennen. Wo Bakterien nicht oder nur sehr schwer gefunden werden können, hat man gelernt, die Ursache in der veränderten Reaktion des Organismus zu sehen. Alle Erscheinungsformen dieser Krankheiten sind durch kontinuierliche Übergänge miteinander verbunden; und gerade in der Syphilislehre ist hier durch die Entdeckung Noguchis die letzte Schranke gefallen. Man wird nicht mehr von Syphilis und Parasyphilis sprechen. Mit noch viel weniger Recht würde man heute eine prinzipielle Scheidung von „Tuberkulose" und „Tuberkuliden" aufrecht erhalten können.

Wir müssen heute auch in den früher als toxisch angesehenen Hauterscheinungen der Tuberkulose bazilläre Erkrankungen sehen, wie das Jadassohn, Darier und Pautrier schon lange vermutet haben. Wir brauchen aber nicht einmal mit Pautrier hier von atypischen Tuberkulosen zu sprechen. Denn seitdem wir die Tuberkulose nicht mehr pathologisch-anatomisch definieren, dürfen wir uns auch für das Typische nicht mehr an den Tuberkel binden. Für ein bestimmtes Verhältnis von Bazillen und Organismus sind auch die sog. „Tuberkulide" durchaus typische Äußerungen der Tuberkulose. Die ganze Vielgestaltigkeit der Hauttuberkulose erklärt sich zwanglos aus der verschiedenen Abstimmung dieser drei Faktoren: Der individuellen Disposition, der Zahl der Bazillen und der Immunitätsreaktion des Organismus.

[1]) Die experimentelle Forschung der nächsten Jahre wird vor allem eine Anregung zu verwerten haben, die Jadassohn in seiner jüngsten Arbeit gegeben hat. Danach ist die Veränderung der Hautreaktion bei Tuberkulösen bisher zu einseitig als beschleunigte und verstärkte Reaktionsfähigkeit aufgefaßt worden. Nach Jodassohn werden wir besser wieder auf die ursprüngliche, mehr allgemeine Vorstellung v. Pirquets von der Allergie zurückgehen. Diese läßt auch eine Verminderung, ja ein völliges Schwinden der Reaktionsfähigkeit („spezifische Anergie") als Folge der Infektion zu. Manche Erscheinung in der Klinik der Hauttuberkulose bekommt dadurch eine neue Beleuchtung.

II. Spezieller Teil.

Einführung.

Alle Formen der Hauttuberkulose, so verschiedenartig sie auch in ihrem klinischen Bilde erscheinen mögen, haben die gleiche Ätiologie. Auch durch die Pathogenese lassen sich nicht bestimmte Gruppen abgrenzen. So könnte man also davon absehen, das ganze Gebiet der Hauttuberkulose sich mosaikartig aus lauter einzelnen, fest umschriebenen Krankheitsbildern zusammensetzen zu lassen. Logisch wäre das ganz gewiß richtig, ob aber auch praktisch durchführbar, das ist eine andere Frage. Feste Formen, die der Kunst etwas Natürliches und Notwendiges sind, bedeuten für die Naturwissenschaften immer etwas Künstliches und Gewaltsames. Denn wo tausend Übergänge existieren, lassen sich die einzelnen Glieder eines Systems schwer voneinander trennen. Wo aber an den Naturwissenschaftler die Aufgabe herantritt, eine übersichtliche Darstellung eines Gebietes zu geben, wo also seine Tätigkeit sich im bescheidenen Maße der des Künstlers nähert, kann er auf feste Formen nicht verzichten. Um der Klarheit willen muß er hier manchmal etwas schematisch verfahren. Und so ist es gar nicht anders möglich, ein einigermaßen eindrucksvolles Bild von der Hauttuberkulose in ihrer ganzen Vielgestaltigkeit zu geben, als wenn man sie in eine Anzahl gut charakterisierter Krankheitsbilder zerfallen läßt. Immer aber muß uns dabei das Schematische dieses Vorgehens bewußt bleiben.

Es ist aber auch ein didaktisches Interesse, das uns ein solches Verfahren gebietet. Sicherlich waren die alten Kliniker aus der Zeit, als die Dermatologie noch eine morphologisch-deskriptive Wissenschaft war und die ätiologische Forschung noch im argen lag, ausgezeichnete Diagnostiker. Ihrer Arbeit zu folgen, wie sie aus Einzelsymptomen das klinische Gesamtbild aufbauen, ist auch heute noch für uns eine gute Schule. Die Methode, die darin lag, hat keineswegs ihren Wert verloren. Auch heute streben die bedeutendsten Dermatologen — ich erinnere in diesem Zusammenhang nur an die Arbeiten von Brocq — nach möglichster Verfeinerung der klinischen Unterscheidungsmerkmale. Denn dadurch wird für die Forschung immer erneute Anregung gegeben, diese Unterschiede durch verschiedene Ätiologie oder durch ein Prinzip der Pathogenese zu erklären. Für den Lernenden aber ist es schon gar nicht anders möglich, sich in dem weiten und vielfach noch dunklen Gebiet der Hauttuberkulose zurechtzufinden, als wenn er sich an bestimmte, gut gebahnte Wege hält, d. h. die heute feststehenden Krankheitsformen erst einmal klinisch genau mit ihren speziellen Eigenschaften kennen lernt. Dadurch werden wir am besten den Vorwurf entkräften, der hier und da von alten Routiniers der modernen Dermatologie gemacht wird, sie sei eine Laboratoriumswissenschaft geworden, in der die klinische Diagnostik nichts zu bedeuten habe.

Eine weitere Frage ist es, ob es Wert hat, die verschiedenen klinischen Erscheinungsformen der Hauttuberkulose durch besondere Namen zu kennzeichnen. Vom Standpunkt des Praktikers muß man diese Frage unbedingt bejahen. Denn es ist sicher, daß häufig in diesem Namen für den Kenner schon ein gewisses Urteil über den Fall enthalten ist. Bei einem Patienten mit weitgehenden Zerstörungen im Gesicht und bei einem anderen mit ein paar kleinen, unscheinbaren Papeln auf dem Handrücken könnte man mit gutem Recht die gleiche (ätiologische) Diagnose „Hauttuberkulose" stellen. Doch kommt hierin nichts von dem himmelweiten Unterschied beider Fälle zum Ausdruck, wie ihn in aller Kürze die spezielle (klinische) Diagnose andeutet: „Lupus" und „papulo-nekrotische Tuberkulide". Wir haben ja auch bei anderen Krankheiten derartige verschiedene Benennungen. So sprechen wir z. B. mit demselben Recht auch heute noch von sekundärer und tertiärer Syphilis, obwohl wir wissen, daß ein prinzipieller Unterschied zwischen beiden nicht besteht.

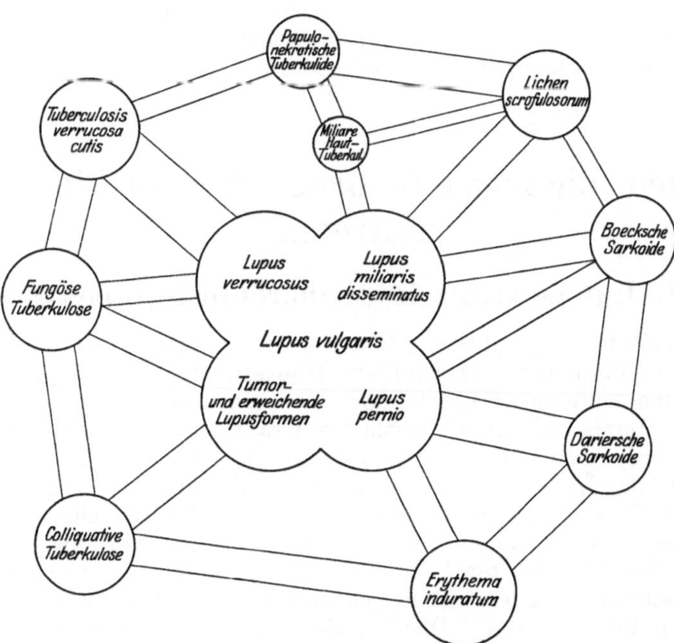

Abb. 19. Graphisches Schema zur Darstellung des Zusammenhanges der Hauptformen der Hauttuberkulose.

Daß die heute geläufige Nomenklatur auch für die Hauttuberkulose reformbedürftig ist, kann wohl kaum bezweifelt werden. Nach den vorhergehenden Ausführungen wäre vor allem der Unterschied zwischen „Tuberkulosen" und „Tuberkuliden" zu beseitigen. Es wäre durchaus empfehlenswert, wie es Jadassohn vorgeschlagen hat, jedes einzelne Krankheitsbild im Hauptwort als Tuberkulosis zu bezeichnen, dem dann ein Adjektiv beizufügen wäre, das ein besonderes Charakteristikum oder eine Erinnerung an die alte Benennung enthielte, z. B. „Tuberculosis luposa" statt „Lupus", „Tuberculosis colliquativa" statt „Skrofuloderm". Bei den früheren „Tuberkuliden" wäre etwa „Tuberculosis lichenoides", für „Lichen scrofulosorum", „Tuberculosis papulo-necrotica", für „Papulonekrotische Tuberkulide" einzuführen. Aber es ist sehr schwer, einer neuen Nomenklatur Geltung zu verschaffen; das hat sich Jadassohn selber nicht verhehlt. Die Zahl der schon vorhandenen Namen wird dadurch meist nur noch vermehrt, die meisten Autoren bleiben bei den alten, durch die Tradition geheiligten Bezeichnungen. Selbst eine internationale Abmachung würde daran nicht viel ändern. Solange eine solche aber noch nicht besteht, müssen wir erst recht aus Gründen der allgemeinen Verständigung die alten, schlechten Namen, ja sogar die „Tuberkulide“ weiter mitschleppen.

Wir werden uns also bei der folgenden Beschreibung einstweilen an die allbekannten Haupttypen der Hauttuberkulose halten und sehen, was wir von Varietäten und Abweichungen bei der einen oder anderen Rubrik unterbringen können, ohne damit sagen zu wollen, daß nicht auch andere Einteilungen ihre Berechtigung haben. Die Tuberkulose der Haut ist, wie Jadassohn besonders betont hat, so polymorph, daß sie in dieser Eigenschaft weder von der Syphilis noch von den Toxikodermien übertroffen wird. Die ganze Fülle der Einzelbeobachtungen nach bestimmten Gesichtspunkten systematisch einzuordnen, dürfte schwer, ja unmöglich sein. Und wir kommen der Natur am nächsten, wenn wir alle Grenzen zwischen den Krankheitsgruppen als willkürlich und verschiebbar annehmen.

A. Formen, die meist in progredienten Einzelherden auftreten.

1. Lupus vulgaris (Tuberculosis luposa).

Die klinischen Symptome. Der Lupus vulgaris ist die wichtigste und häufigste unter den tuberkulösen Hautkrankheiten. Trotz aller Übergänge zu den anderen Formen der Hauttuberkulose ist es ganz wohl möglich, den Lupus als ein einheitliches Krankheitsbild aufzufassen. Doch herrscht unter seinen Symptomen eine solche Mannigfaltigkeit und Veränderlichkeit, daß man schon früh mit der Aufstellung einer großen Anzahl verschiedener Typen des Lupus begonnen hat, die durch charakterisierende Beiworte zum Worte „Lupus“ bezeichnet werden. Aber alle diese Typen haben nicht den Wert echter Varietäten — daß es auch solche gibt, werden wir später sehen —, sondern stellen eigentlich nur verschiedene Phasen eines und desselben Prozesses dar. Der Kliniker kann eine dieser Formen aus der anderen hervorgehen sehen, er kann auch bei dem gleichen Patienten mehrere nebeneinander beobachten. Es handelt sich nicht um konstante Eigenschaften, die einen von dem gewöhnlichen abweichenden, aber regelmäßigen Verlauf bedingen, sondern darum, daß unter den Symptomen, die alle dem Lupus vulgaris zukommen, bald dieses, bald jenes vor den anderen hervortritt und dadurch dem Krankheitsfall ein besonderes Gepräge gibt. Es wäre daher sinnlos, nach den verschiedenen Namen einzelne Kapitel abzugrenzen, von denen jedes ein besonderes Krankheitsbild zu behandeln hätte. Alle jene Namen geben nur eine kurze Beschreibung von Symptomen, die bei jedem Lupusfall vorkommen können, registrieren also nur die Beobachtung des Klinikers. Es genügt also, sie bei der Beschreibung des Lupus im allgemeinen in parenthesi anzuführen.

Allen den zahlreichen Spielarten des Lupus ist etwas gemeinsam: Die Primäreffloreszenz. Sie ist zwar nicht in jedem Stadium erkennbar, ist aber wohl immer zu irgend einer Zeit, im Anfang oder im weiteren Verlauf, vorhanden gewesen. Jede Beschreibung des Lupus muß daher von dieser Elementarläsion ihren Ausgang nehmen.

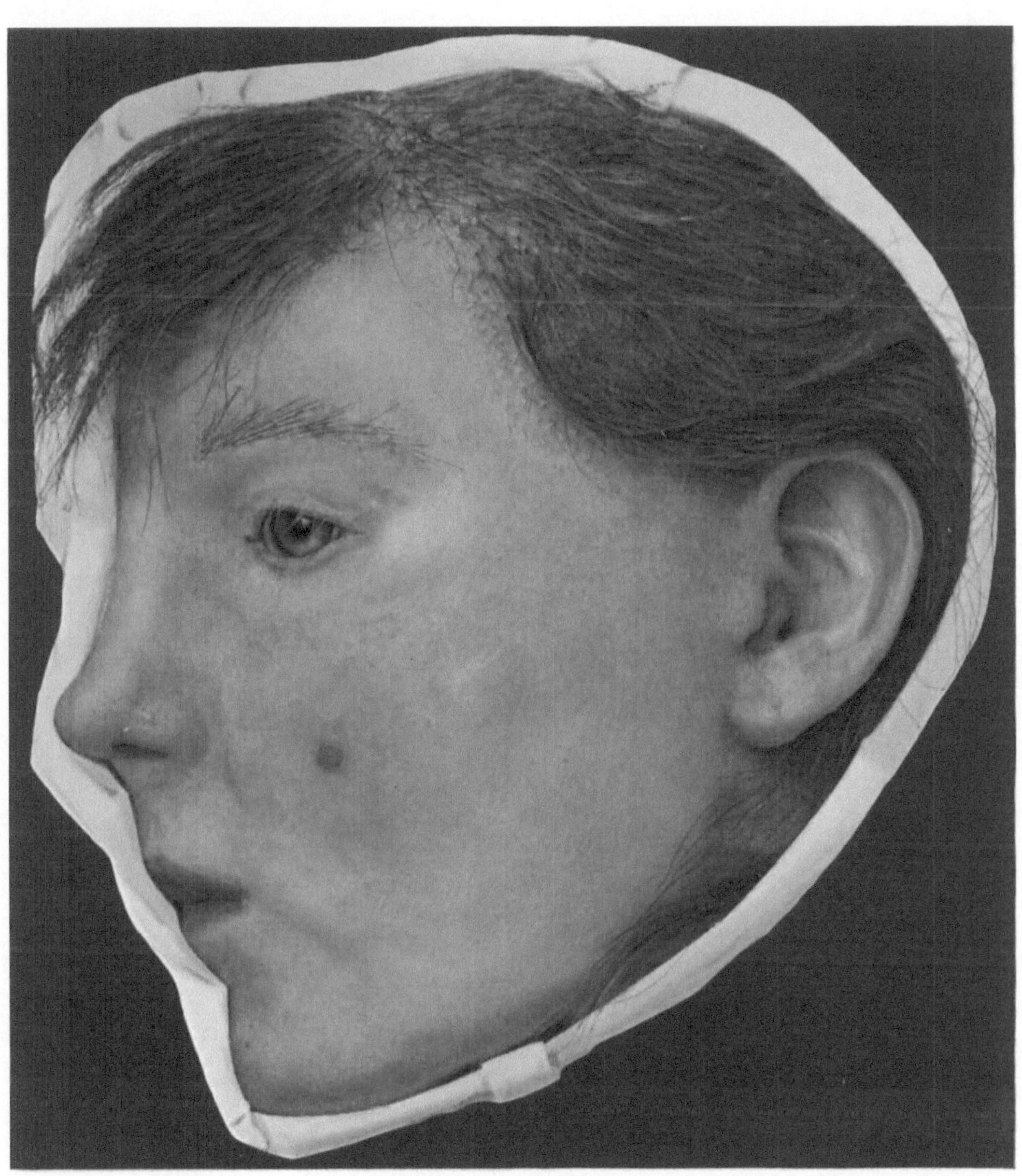

Lupus vulgaris im Beginn.

(Sammlung des Allgem. Krankenhauses Hamburg-St. Georg.)

Verlag von Julius Springer in Berlin.

Die Primäreffloreszenz des Lupus ist das „Lupusknötchen". Wenn wir aber vom „Lupusknötchen" sprechen, so gehen wir nicht von einer klinischen, sondern von einer anatomischen Vorstellung aus. Für den Kliniker ist diese Primäreffloreszenz kein Knötchen, sondern, wie Jadassohn besonders betont, ein Fleck; es wäre also richtiger, von einem „Lupusfleck" zu reden. In ganz beginnenden Fällen gewahren wir als erste Erscheinung der Krankheit nichts als einen kleinen, roten oder bräunlich-roten Fleck. Dieser Fleck, der das Niveau der Haut nicht überragt, ist so unscheinbar, daß er nicht nur vom Laien, sondern auch oft vom Arzte nicht beachtet wird. Gerade wenn der rote Farbenton mehr hervortritt, kann die Läsion beim Kinde etwa mit einem kleinen Angiom, beim Erwachsenen mit einer Akne- oder Rosacea-Effloreszenz verwechselt werden. Zu einem richtigen Urteil kommt man erst, wenn man durch Herstellung einer künstlichen Anämie den roten Farbenton beseitigt. Das geschieht durch die Diaskopie: Man drückt mit einer Glasplatte oder mit besonderen Instrumenten das Blut aus den Gefäßen heraus und sieht nun durch das Glas, was nach Verdrängung der Blutfarbe übrig bleibt.

Jetzt zeigt sich die Effloreszenz als ein scharf abgegrenzter, kaum stecknadelkopfgroßer Fleck von brauner Farbe. Um das Braun des Lupusknötchens näher zu bezeichnen, hat man verschiedene Dinge zum Vergleich herangezogen. Die einen nennen die Farbe rehbraun, andere vergleichen sie mit der von Apfelgelee oder Kandiszucker. Alle diese Bezeichnungen sind für den einen oder anderen Fall recht treffend. Die Intensität des braunen Tones wechselt eben; manchmal ist die Farbe auch mehr graugelblich. Wichtiger als der genaue Farbenton ist eine gewisse matte Transparenz, die in hohem Maße für das Lupusknötchen charakteristisch ist. Durch die Glasplatte sehen wir in der vollkommen weißen Haut ein Gebilde liegen, von dem wir den bestimmten Eindruck haben, daß es von ganz anderer Struktur ist als die umgebende Cutis. Bei Aufhören des Glasdruckes stellt sich die Hyperämie — der Grad der entzündlichen Hyperämie um das Knötchen herum schwankt — wieder her und damit verschwinden auch die scharfen Grenzen des Knötchens.

Um zu beweisen, daß hier tatsächlich an umschriebener Stelle eine Veränderung des Gewebes entstanden ist, müssen wir uns besonderer Mittel bedienen. Die gewöhnliche Untersuchung durch Inspektion und Palpation sagt darüber nichts aus. Das Knötchen tritt, wie gesagt, über die Oberfläche nicht hervor, diese selbst braucht für das Auge nicht verändert zu sein. Streichen wir mit dem Finger über die Läsion, so fühlen wir keine Veränderung. Bei Palpation durch Aufhebung einer Hautfalte können wir ebensowenig eine Konsistenzvermehrung oder -verminderung nachweisen. Drücken wir aber mit einem stumpfen Instrument (einer Knopfsonde) von außen auf den Fleck, so sehen wir, daß das Gewebe hier schon einem leichten Druck nachgibt. Die Sonde dringt durch die leicht verletzte Oberfläche bis tief in die Cutis, und es erfolgt eine Blutung. Der Patient empfindet dabei einen momentanen Schmerz, während das Knötchen spontan kaum subjektive Empfindungen verursacht.

Das Phänomen des Sondendrucks hat seine Ursache in der weitgehenden Gewebsveränderung in der Cutis. Das Epithel braucht kaum besonders verdünnt zu sein. Bei Krankheiten mit hochgradigen Epithelveränderungen ohne wesentliche Erkrankung der Cutis ist das Phänomen niemals auszulösen. Die Sonde durchbricht dagegen selbst ein normales Epithel, wenn der Widerstand fehlt, den normalerweise das darunterliegende derbe Cutisgewebe mit seinen unveränderten Kollagenbündeln und Elastinfasern leistet. Beim Lupusknötchen fühlt man, daß man sich mit der Sonde in einem ganz weichen Gewebe befindet, das in nichts der normalen Cutis gleicht. Diese Weichheit des Gewebes ist für den Lupus ganz besonders charakteristisch. Man kann sie auch konstatieren, wenn man mit einem scharfen Löffel etwas Gewebe zu Untersuchungen — seltener heute zu therapeutischen Zwecken — auskratzt. Das kranke Gewebe leistet fast gar keinen Widerstand und man kann ganz deutlich die Grenze des gesunden fühlen. Hat man mit dem scharfen Löffel etwas Gewebe herausgenommen, so kann man nach Entfernung des Blutes sehen, daß es eine leicht gelbliche, ganz weiche Masse ist.

Da der Lupus ein progressiver Prozeß ist, so ist das Knötchenstadium nur ein vorübergehendes. Ziemlich selten sind Fälle, die sich durch zahl-

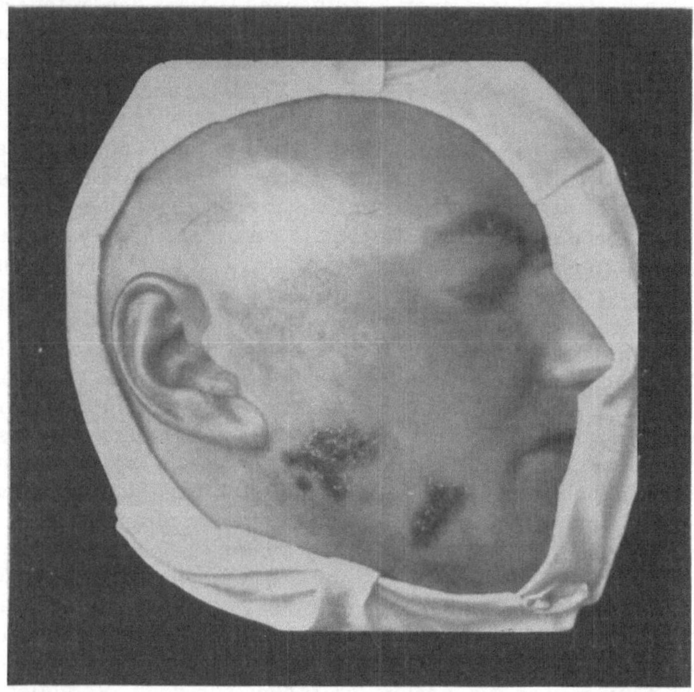

Abb. 20. Lupus vulgaris (plane Form). (Sammlung des Allg. Krankenhauses Hamburg-St. Georg.)

reiche nebeneinanderstehende Einzeleffloreszenzen im Knötchenstadium charakterisieren. Im allgemeinen hat der Lupusfleck die Neigung, sich durch peripheres Wachstum zu vergrößern. Er kann linsengroß werden und noch darüber hinauswachsen und dabei seine ursprünglich kreisrunde Form und scharfe Umrandung beibehalten. In anderen Fällen entstehen durch unregelmäßiges Wachstum nach zwei Richtungen mehr ovale Herde. Hatte die Erkrankung mit mehreren kleinen knötchenförmigen Einzelherden begonnen, so können diese durch allmähliche Vergrößerung konfluieren und es entstehen dann die verschiedenartigsten polyzyklischen Figuren. Sehr häufig geht aber die Ausbreitung eines einzelnen Herdes an der Peripherie ganz unregelmäßig vor sich. Es können auch dann bogenförmige Grenzlinien von der verschiedensten Größe und Gestalt entstehen. Vielfach sehen wir unmittelbar am Rande des großen Herdes mehr oder weniger zahlreiche Primäreffloreszenzen auftreten. Bleiben diese als isolierte Einzelknötchen von dem Hauptherd durch schmale Partien gesunder Haut getrennt, so haben wir das Bild des „korymbiformen Lupus". Wenn sie sich aber, wie es meist geschieht, durch Konfluenz mit der Initialplaque vereinigen, bekommt der Rand ein kleinzackiges, ganz unregelmäßiges Aussehen. Ob der Rand vom Gesunden scharf abgesetzt ist oder allmählich in die Umgebung übergeht, hängt ganz von der Stärke der begleitenden Entzündung ab. Sie bestimmt auch den Farbenton größerer Herde, die bei geringerer Hyperämie diffus bräunlich, bei stärkerer rot oder livid aussehen können. Unter Glasdruck sehen wir ein diffuses Braun oder Gelbbraun, häufig aber auch deutliche einzelne Lupusflecke.

Über dem beginnenden Lupusknötchen ist die Oberfläche oft vollkommen unverändert. Manchmal zeigt sie einen gewissen firnisartigen Glanz, manchmal eine ganz feine, parallele Faltenbildung. Es kann dann unter Umständen der Lupusfleck unter das Niveau der Haut eingesunken erscheinen. Wird der Lupusherd größer — wir sprechen einstweilen immer vom „Lupus planus", von Fällen, bei denen der Herd die Hautoberfläche nicht überragt —, so bleibt nur selten die Oberhaut klinisch ganz unverändert. Meist können wir schon makroskopisch erkennen, daß eine pathologische Veränderung in der Hornbildung eingetreten ist. Es ist relativ selten, daß wir diese erst bei leichtem Kratzen des Herdes konstatieren können. Mit dem Nagel oder dem Brocqschen Löffel lösen wir dann zahllose feine, kleienförmige Schuppen von der Oberfläche los (Lupus pityriasiformis). Weitaus häufiger sehen wir den Herd von unregelmäßigen, großlamellösen Schuppen bedeckt, die sich meist leicht von der Unterlage entfernen lassen, ohne daß eine Erosion oder Blutung zu entstehen braucht. Je nachdem sich diese Schuppenbildung verstärkt, kann der Krankheitsherd ein verschiedenes Aussehen gewinnen. Haben wir eine etwas reichlichere, weißliche Schuppenauflagerung, die den eigentlichen Lupusherd in der Cutis verdeckt, so kann das Ganze einer Psoriasis ähnlich werden. Man spricht dann von „Lupus psoriasiformis". Diese Form findet sich manchmal bei dem multiplen, postexanthematischen Lupus der Kinder nach Masern. Sequeira stellte einen derartigen Fall vor, der tatsächlich längere Zeit für Psoriasis gehalten und als solche behandelt worden war. Wie bei der Psoriasis durch periodisch auftretende Exsudation dicke Auflagerungen in Gestalt von austernschalenähnlich geschichteten Schuppenkrusten entstehen können, so ist das — wenn auch selten beobachtet — auch beim Lupus möglich. Jadassohn hat diese Form als „Lupus planus psoriasiformis rupioides" beschrieben. Sie ist nicht mit dem krustösen Lupus zu verwechseln. Denn bei diesem entstehen die Auflagerungen, die mehr den Impetigokrusten gleichen, durch Eintrocknung des Sekretes von Ulzerationen. Entfernt man die Kruste, so liegt die Ulzeration zutage. Bei dem psoriasiformen Lupus mit Rupiabildung bleibt aber nach vorsichtiger Abtragung der Schuppenkruste das Bild des gewöhnlichen, nicht ulzerierten, planen Lupus bestehen.

Eine eigentümliche Modifikation der Hornbildung kann auch beim Lupus vulgaris zur Bildung von ziemlich fest anhaftenden Schuppen, besonders an den Follikelmündungen, führen. Kommt dazu eine intensive Hyperämie, die eine gleichmäßige Rötung, besonders der peripheren Partien, herbeiführt, eine schmetterlingsförmige Lokalisation im Gesicht, ev. auch noch eine stärkere Infiltration, so kann die Ähnlichkeit mit Lupus erythematodes täuschend werden. Derartige Fälle haben Leloir zur Aufstellung einer besonderen Varietät, des „Lupus vulgaris erythematoides" veranlaßt. Diese Form spielt nun zwar für das Problem des Lupus erythematodes eine große Rolle und ist daher viel diskutiert worden. Als eine konstante Abart des Lupus ist sie aber kaum anzusehen. Denn es handelt sich hier gleichsam nur um eine Maskierung des echten Lupus, dessen Elemente in den meisten Fällen doch noch hier und da als Lupusflecke oder als größere lupöse Partien zu erkennen sind.

Auch bei den planen Lupusformen kann es infolge starker Verdünnung der schützenden Oberhautdecke spontan oder durch leichte Traumen zu Epitheldefekten kommen, die dann den Ausgangspunkt für Erosionen und Ulzerationen bilden. Es kann dem auch eine Erweichung und ein Zerfall des lupösen Gewebes bei noch vorhandenem Epithel vorangegangen sein. Diese Ulzerationen beherrschen dann im weiteren Verlauf das klinische Bild. Aber sie

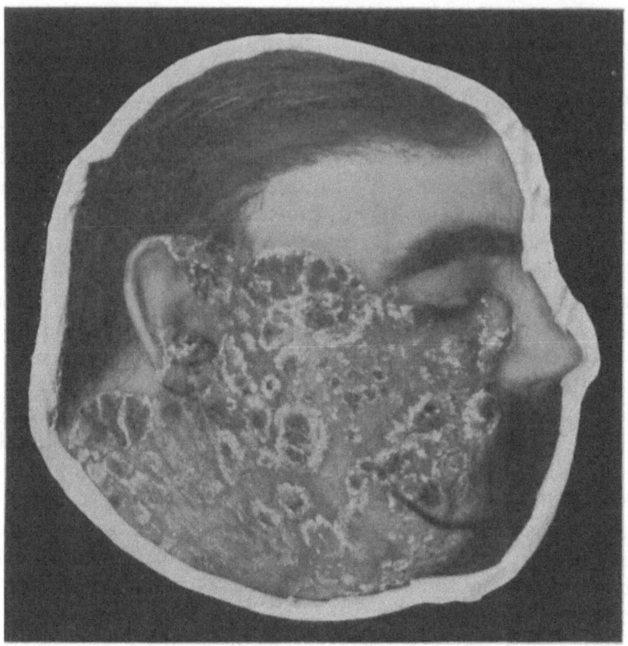

Abb. 21. Lupus vulgaris mit starker Schuppenbildung. (Sammlung des Allg. Krankenhauses Hamburg-St. Georg.)

spielen beim Lupus planus nicht die Rolle und sind lange nicht so häufig als wie bei den elevierten, hyperplasierenden Formen der Krankheit, bei denen wir sie ausführlicher zu betrachten haben.

Es ist nicht sehr häufig, daß ein Lupus während der ganzen Zeit seiner Entwicklung immer eine flache Form beibehält und das Hautniveau nicht überschreitet. Im allgemeinen ist in der menschlichen Haut die Tendenz vorhanden, auf das chronisch einwirkende Tuberkelbazillengift mit einer Überproduktion von entzündlichem Granulationsgewebe zu reagieren. So kommt es schon vor, daß Herde, die kaum das erste Stadium des Lupusfleckes überschritten haben, sich kuppelförmig vorwölben. Und je größer der Herd wird, desto mehr ist es die Regel, daß er aus dem Hautniveau heraustritt. Da gibt es dann alle Übergänge von kaum bemerkbaren Erhabenheiten bis zu wirklichen Tumoren. Die kleineren Herde sind flach-halbkugelförmig vorgewölbt und haben etwa Form und Größe von lentikulären Papeln der sekundären

Syphilis. Doch unterscheiden sie sich von diesen durch die weiche Beschaffenheit und den bläulich-lividen Farbenton, der häufig erst bei Glasdruck ein diffuses Braun hervortreten läßt. Es können solche Herde in einer bestimmten Region, z. B. im Gesicht, in größerer Anzahl nebeneinander stehen. Wenn sie konfluieren, entstehen größere Plaques mit unregelmäßiger Umrandung und höckeriger Oberfläche („Lupus tumidus non excedens"). Die tuberkulöse Infiltration geht bei dieser Form oft ziemlich weit in die Tiefe.

Der Einzelherd kann, während er sich vergrößert, die ursprüngliche Form bewahren und sich zu einem halbkugelförmigen Tumor mit scharf abgesetztem, kreisförmigem Rand auswachsen. In seltenen Fällen — sie sind von Heuck zusammengestellt — ist diese Tumorbildung im Verlauf des Lupus besonders hervortretend. Es kann sich dabei um isolierte Geschwülste handeln, von Kirsch- bis Kleinapfelgröße. Sie können auch neben elevierten Lupusherden bestehen, zu knollenartigen Bildungen konfluieren und so z. B. im Gesicht die fürchterlichsten Entstellungen verursachen. Die Haut über den Tumoren ist livid gerötet, gespannt, glatt oder leicht schuppend. Auffallend ist schon bei manchen kleineren Herden die außerordentliche Weichheit. Nicht selten hat man sogar das Gefühl der Fluktuation. Inzidiert man aber solchen Tumor, so sieht man, daß die Palpation getäuscht hat, daß hier keine Flüssigkeit, sondern nur weiches Gewebe enthalten ist. In anderen Fällen wieder hat man mehr das Gefühl einer weichen, polsterartigen Konsistenz. Die Transparenz des neugebildeten Gewebes ist bei den elevierten Formen meist noch deutlicher zu sehen als bei den planen. Kleine Milien, die man häufig im lupösen Gewebe eingebettet findet, lassen sie oft besonders schön hervortreten. Andere Fälle von prominierendem Lupus neigen von vornherein zur Bildung von papillomatösen, auch häufig hyperkeratotischen Auswüchsen. Sie stellen den Übergang zur Tuberculosis fungosa und verrucosa (Lupus sclerosus Vidal) dar.

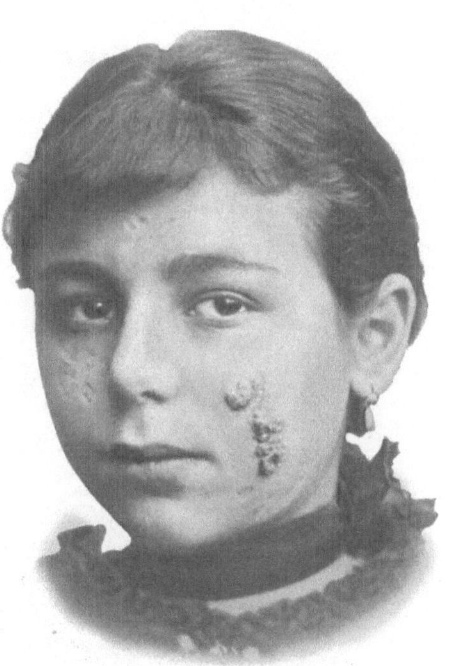

Abb. 22. Lupus vulgaris. Elevierte Form. (Sammlung d. Allg. Krankenhauses Hamburg-St. Georg.)

Zwei Erscheinungen sind es aber, die beim hypertrophischen Lupus mit Vorliebe eintreten und das Krankheitsbild entscheidend beeinflussen. Das sind die Geschwür- und die Krustenbildung. Was als Hauptursache für die Geschwürsbildung anzusehen ist, läßt sich nicht ohne weiteres für alle Fälle feststellen. Sicher hat das Epithel bei den prominierenden Formen durch den Druck des darunterliegenden Infiltrates mehr auszuhalten als bei den flachen. Es wird gedehnt, verdünnt und dadurch leichter verletzbar. Vielleicht wird es auch durch die nekrobiotischen Vorgänge im Lupus in seiner Ernährung geschädigt. Wichtiger aber sind wohl diese Erscheinungen im Lupusgewebe selbst, sei es, daß sie sich nun als einfacher Zerfall oder als

Erweichung unter Mitwirkung von Leukocyten abspielen. Das Trauma, das schließlich die dünne Epitheldecke über dem zerfallenen Gewebe einreißt, braucht minimal zu sein. Fehlt einmal das Epithel, so ist das tuberkulöse Ulcus etabliert. Daß die banalen, pyogenen Kokken beim Entstehen des Geschwürs eine große Rolle spielen, scheint mir nicht wahrscheinlich. Daß sie aber bei einmal vorhandenen Erosionen und Ulzerationen alle Symptome einer sekundären Impetiginisierung erzeugen können, läßt sich wohl kaum bestreiten. Die Geschwüre selbst haben scharfe, unregelmäßige Ränder und schmierig belegten oder granulierenden Grund.

Das Aussehen der ulzerierten Krankheitsherde (Lupus excedens) verändert sich nun weiter, je nach der Intensität der Krustenbildung und des Auftretens von wuchernden Granulationen. Vom Geschwürsgrund aus er-

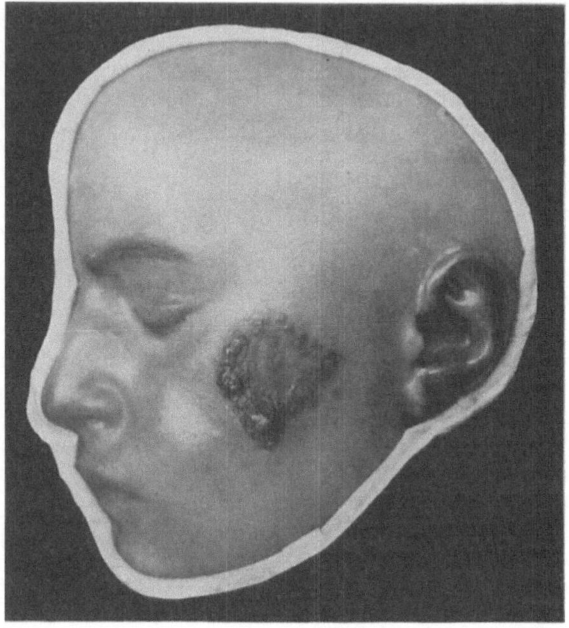

Abb. 23. Lupus vulgaris mit beginnender Krustenbildung. (Sammlung des Allg. Krankenhauses Hamburg-St. Georg.)

heben sich diese nicht selten und stellen sich als papillomatöse Geschwülste dar. Dazu kommt — vielleicht durch Sekundärinfektion — eine stark eitrige Sekretion, dicke Krusten legen sich darüber und so entstehen schließlich — speziell am Nasenende — manchmal ganz kolossale, knollenförmige Bildungen, die als große Tumoren imponieren. Weicht man aber die Kruste ab und bringt die Granulationen zum Zerfall, was z. B. mit Pyrogallol erstaunlich rasch gelingt, so sieht man, daß hier eigentlich kein Plus, sondern ein Minus vorhanden war. Es zeigt sich nun, daß der Zerfall des Gewebes in der Tiefe große Substanzdefekte verursacht hat, die manchmal nicht mehr reparierbar sind. In anderen Fällen ist die Krustenbildung das auffallendste Symptom. Hier kommen die dicken, rupiaähnlichen Auflagerungen bedeutend häufiger vor als beim planen Lupus („Lupus crustosus"). Die Krusten ähneln zuweilen denen der Impetigo vulgaris. Hebt man sie ab, so kommt der Geschwürgrund zum Vorschein. Manchmal erreichen sie die Dicke wahrer Hauthörner.

Verschiedene Bilder gibt es, je nachdem der Geschwürsprozeß in einer größeren Lupusplaque mehr die zentralen oder die peripheren Partien ergreift. Es gibt Fälle, wo Geschwür und Krusten gerade am Rande auftreten, die als ulcero-serpiginöser Lupus den gleichnamigen tertiären Syphiliden sehr ähnlich werden können. Ein anderes Mal zerfallen vor allem die älteren, zentralen Partien. Dann sinkt die Mitte ein, vernarbt und wir haben annuläre und serpiginöse Herde mit abgeheiltem Zentrum und wallartigem Rand.

Wie jedem tuberkulösen Prozeß, so kommt auch dem Lupus die Eigenschaft zu, fibröses Narbengewebe zu bilden. Diese Erzeugung derben, oft cirrhotischen Bindegewebes ist ja eine der wichtigsten Abwehrreaktionen des Organismus gegenüber dem tuberkulösen Virus. So sehen wir auch schon in planen, nicht ulzerierten Lupusherden gar nicht selten Spuren einer Vernarbung als Ansatz zur Spontanheilung. Diese Narben sind dann oberflächlich, glatt, zwischen die noch erkrankten Partien eingestreut und in diese übergehend. Sie sind weiß, grau oder durch darunterliegendes, hyperämisches Gewebe graublau gefärbt. Das Partielle und Unregelmäßige dieser Narbenbildung gibt dann dem ganzen Herd ein gesprenkeltes, scheckiges Aussehen. In anderen Fällen, besonders bei den elevierten Formen, ist die Vernarbung stärker hervortretend und regelmäßiger, wenn auch sehr selten so vollständig wie bei den klinisch ähnlichen Formen der tertiären Lues. Die Narbe selbst ist je nach der Tiefe des vorangehenden lupösen Prozesses zart und oberflächlich oder derb und straff. Abheilende Ulzerationen begünstigen eine intensive Narbenbildung. Wir finden daher besonders ausgiebige Vernarbung bei den Fällen von hypertrophischem Lupus mit zentraler Geschwürsbildung. Hier wird schließlich die ganze Mitte von einer Narbe eingenommen, über die sich der Rand wallartig erhebt, um nach der anderen Seite hin sich wieder gegen

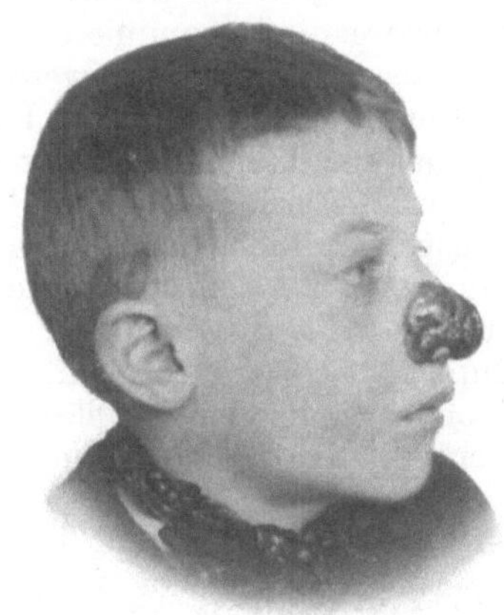

Abb. 24. Hypertrophischer Lupus des Nasenendes. (Sammlung der Berner Klinik.)

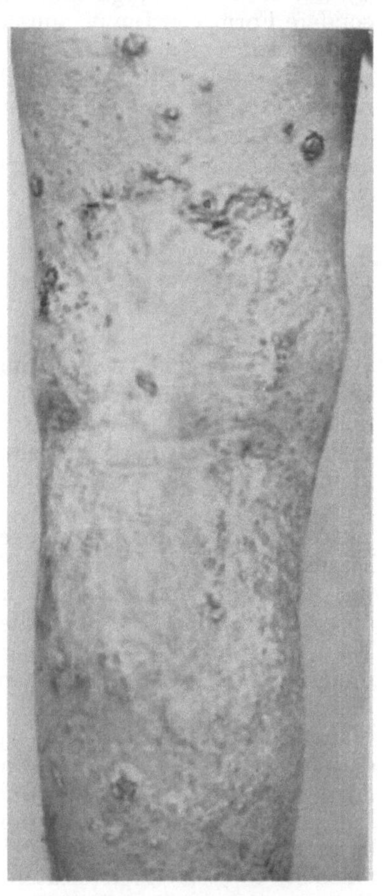

Abb. 25. Ulcero-serpiginöser Lupus der unteren Extremität. (Sammlung der Berner Klinik.)

das Gesunde scharf abzugrenzen. Ist diese tuberkulöse Randpartie von papillomatöser Beschaffenheit, so entstehen, besonders an den Extremitäten, Bilder, die der fungösen Tuberkulose nahe kommen. Aber auch bei den anderen, weniger prominenten, aber nach dem Rand sich scharf in Kreis- oder Bogenlinien absetzenden Lupusfällen, verändert eine einigermaßen vollständige zentrale Vernarbung das Aussehen. Statt homogener Scheiben haben wir jetzt Ringformen („Lupus annularis") oder bei Konfluenz mehrerer Plaques gyriforme und serpiginöse Figuren. Brocq und Jacquet haben eine besondere Form von Lupus annularis beschrieben, deren Rand von einer schmalen Reihe kleiner Knötchen gebildet wird. Sie halten diese Form für besonders virulent, da der Prozeß sehr schnell um sich greift, und die betroffenen Individuen oft rasch einer Allgemeintuberkulose erliegen.

Die spontan entstehende Lupusnarbe ist meist glatt, weiß, seltener fein netzförmig oder von Teleangiektasien durchzogen. In den Narben finden sich, im Gegensatz zur Lues, meist übrig gebliebene, nicht verheilte Krankheitsherde oder neu entstandene Rezidiveffloreszenzen in Gestalt mehr oder weniger zahlreicher Lupusflecke oder auch größerer und prominierender Herde. Lupusflecke können aber auch in diesen Narben vorgetäuscht werden durch kolloide Degeneration der elastischen Fasern, auf die besonders F. Juliusberg und Jadassohn die Aufmerksamkeit gelenkt haben. Bei der kolloiden Degeneration bilden sich nämlich kleine, braune Flecke, denen im Vergleich zum Lupusknötchen vielleicht nur die Transparenz fehlt, die aber manchmal nur durch die mikroskopische Untersuchung von jenen sicher zu unterscheiden sind. Da es bei der Beurteilung therapeutischer Resultate darauf ankommt, kleinste remanente oder rezidivierende Lupusherde zu entdecken, so ist die Kenntnis dieser durch kolloide Degeneration entstehenden Gebilde nicht unwichtig. Außer ihnen kommen auch Milien und zystische Bildungen wie im Lupus selbst, so auch in der Narbe vor.

Noch in anderer Beziehung verdient die Narbenbildung beim Lupus unsere Beachtung. Je nachdem sich hyperplasierende oder atrophisierende Tendenzen bei der Vernarbung bemerkbar machen, können die Folgeerscheinungen dieser Vernarbung manchmal schlimmer sein als die des Krankheitsprozesses selbst. Ist die dem Lupus an sich innewohnende Neigung zur Fibrombildung besonders stark ausgesprochen, so können elephantiastische Bildungen entstehen. Meistens liegt dabei aber wohl auch eine Kombination mit Lymphstauungen vor, die durch mechanische Kompression oder durch tuberkulöse Erkrankung der Lymphgefäße verursacht werden. An den Lippen kommt es z. B. unter diesen Verhältnissen zu rüsselförmigen Vorwölbungen, an den unteren Extremitäten zu derben, elephantiastischen Verdickungen. Hypertrophische Narben in Form von Keloiden sieht man beim unbehandelten Lupus selten. Die Keloide sind beim Lupus im allgemeinen nur der Effekt mangelhafter therapeutischer Methoden.

Noch unheilvollere Folgen kann die Narbenatrophie hervorbringen. So kann die Zusammenziehung der atrophischen Narbe in der Mundgegend fast zum vollständigen Verschluß des Mundes führen, am unteren Augenlid Ektropion und damit dauernde Schädigung des Auges erzeugen. Nicht zu vernachlässigen ist auch die Wirkung des Narbendruckes auf die darunterliegenden Organe, besonders dort, wo Knorpelgewebe unter der Haut liegt. Bekannt sind die dadurch verursachten Entstellungen an der Nase, deren knorpeliger Teil oft fast ganz geschwunden ist oder stark verkleinert mit der papierdünnen, glänzenden Haut verwachsen, eine eigentümlich starre Beschaffenheit zeigt. Auch die Form der Ohrmuscheln wird durch Narbenatrophie und sekundären Knorpelschwund oft auf das Stärkste verändert. Aber auch

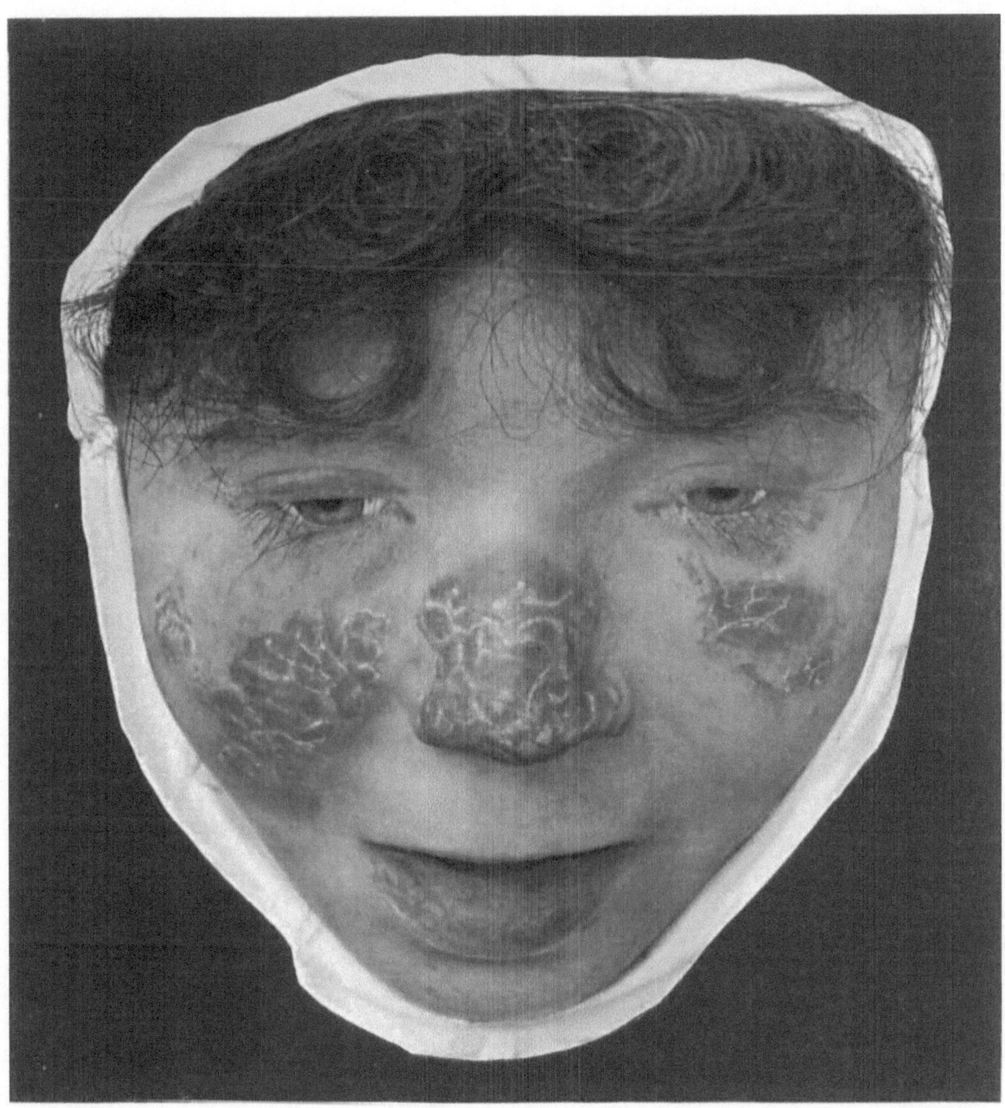

Lupus vulgaris.

(Sammlung des Allgem. Krankenhauses Hamburg-St. Georg.)

Verlag von Julius Springer in Berlin.

Knochen können durch den Narbendruck deformiert und zum Schwinden gebracht werden. Wir sehen das besonders beim Lupus der Extremitätenenden. Die Narbenatrophie zugleich mit dem Übergreifen des tuberkulösen Prozesses auf das Knochensystem führen hier jene Entstellungen herbei, die dieser Form den Namen „Lupus mutilans“ gegeben haben.

Die Lokalisation des Lupus auf der äußeren Haut. Der Lupus vulgaris nimmt je nach dem Sitze der Erkrankung so mannigfache Gestalt an und ist in seinem Verlaufe und in der Bedeutung für das erkrankte Individuum so verschiedenartig, daß es notwendig ist, die verschiedenen Lokalisationen kurz einzeln zu betrachten.

Auf dem behaarten Kopf ist der Lupus eine Seltenheit. Es ist sehr oft zu beobachten, wie ein fortschreitender Lupus des Gesichtes genau an der Haargrenze Halt macht und den Kopf intakt läßt. Ja, in Fällen, wo das ganze Gesicht durch furchtbare Zerstörungen bis zur Unkenntlichkeit entstellt worden ist, finden wir die Kopfhaut gesund und das Haupthaar gut erhalten; natürlich gibt es auch Ausnahmen von dieser Regel. Einen eigentümlichen Fall dieser Art hat Jadassohn bereits erwähnt. Hier war ein Lupusherd der Stirn exzidiert, und der Defekt durch Transplantation gedeckt worden.

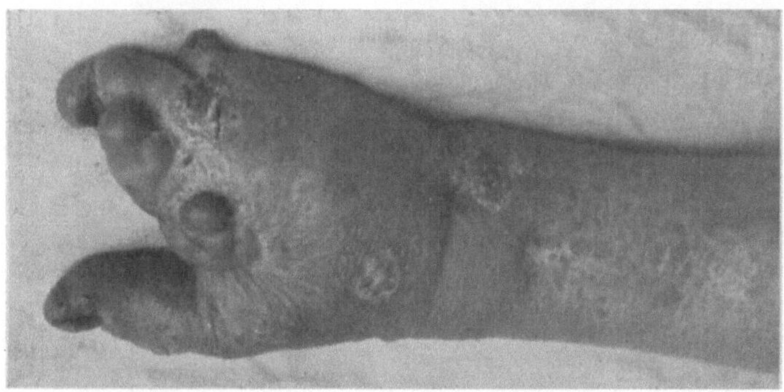

Abb. 26. Lupus mutilans. (Sammlung der Berner Klinik.)

Nach Jahren entwickelte sich von dem Rande der transplantierten Stelle ein Lupus, der auf den behaarten Kopf sich ausdehnte und diesen in eine große, lupöse Fläche verwandelte, während der transplantierte Lappen verschont blieb. Auch isolierte Herde von Lupus in verruköser und papillomatöser Form sind auf dem behaarten Kopf schon beobachtet worden. Es ist also gut, die Möglichkeit ihres Vorkommens nicht außer acht zu lassen.

Weitaus die größte Zahl aller Lupusfälle ist im Gesicht lokalisiert. Nach Leloir war unter 312 Fällen 276 mal das Gesicht befallen. Die Vorliebe der Krankheit für das Gesicht ist aus mehreren Gründen erklärt. Die Haut ist zart und Verletzungen und Infektionen mehr ausgesetzt als die der bekleideten Körpergegenden. Noch wichtiger ist die Nachbarschaft primär infizierter Schleimhäute und Lymphdrüsen. Im Gesicht ist es für den Krankheitsverlauf wieder ein Unterschied, ob der Lupus die flächenhaften Partien, Stirn und Wangen, oder die prominenten Teile und die Öffnungen von Mund, Nase, Ohren zuerst ergreift.

Auf der Stirn ist der einzelne, primäre Lupusherd lange nicht so häufig wie auf den Wangen. Beiden Gegenden ist es aber gemeinsam, daß plane Formen relativ oft vorkommen. Gerade beim Inokulationslupus der Wangen wird das oben beschriebene Anfangsstadium der Krankheit oft besonders lange in reinem Zustand beobachtet. Es ist hier aber zu bemerken, daß die typische Lokalisation des beginnenden Lupus in der Mitte der Wange nicht immer einer exogenen Infektion ihren Ursprung verdankt, sondern daß häufig ein Zusammenhang mit einer kleinen, hier gelegenen Lymphdrüse vorhanden ist, in welche ein Teil der Lymphgefäße der vorderen Nasenschleimhaut mündet. Auch disseminierte Einzelherde sind nicht selten, rufen aber schon den Verdacht auf lymphogene Infektion von der Nasenschleimhaut her wach. Im übrigen kommen auf Wangen und Stirn auch alle anderen denkbaren Formen des Lupus

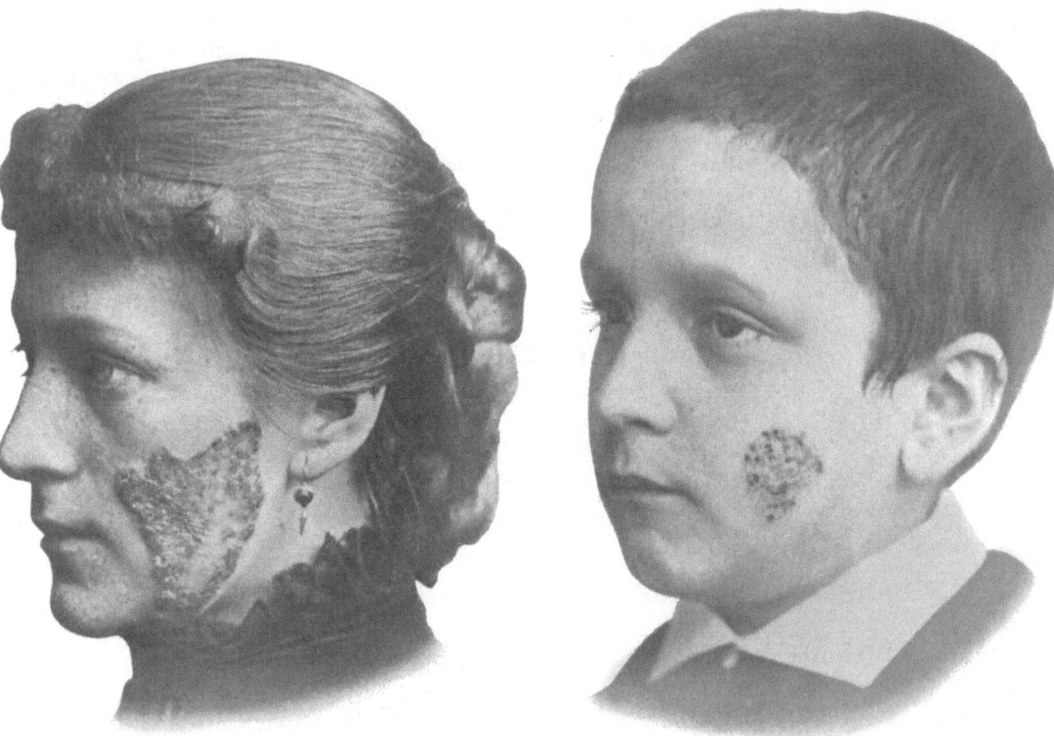

Abb. 27. Lupus der Wange. (Sammlung des Allg. Krankenhauses Hamburg-St. Georg.)

Abb. 28. Lupus der Wange. (Sammlung d. Allg. Krankenhauses Hamburg-St. Georg.)

vor. Erinnert sei speziell hier noch einmal an die meist auf beiden Wangen symmetrisch lokalisierten Plaques von Lupus erythematoides, sowie an die impetiginösen Formen.

An den Augenlidern können primäre, isolierte, meist plane Lupusherde auftreten, doch ist das nicht besonders häufig. Meist ist der Lupus auf Augenlider und Konjunktiven erst sekundär von der Umgebung her übergegangen. So befällt ein rasch fortschreitender Lupus der Wange zuerst das untere Augenlid und dann die Konjunktiva. Besonders unheilvoll ist hier das bereits erwähnte Narbenektropion. Ein anderer Weg, auf dem es zur Infektion von Lid und Konjunktiva kommt, ist der Tränennasengang. Hier handelt es sich immer um ein kontinuierliches Fortschreiten der Infektion von der erkrankten Nasenschleimhaut her.

Der isolierte Lupus der Ohrmuschel beginnt nicht selten als Inokulationslupus des Ohrläppchens. Wir erwähnten bereits den Infektionsmodus das Durchbohren der Ohrläppchen zur Befestigung von Ohrringen. Der Lupus hat hier oft Neigung zur Geschwulstbildung, durch die das Ohrläppchen um das Vielfache seines Volumens vergrößert werden kann. Diese Tumoren sind durch livide Verfärbung und große Weichheit charakterisiert. Auch an der übrigen Ohrmuschel kommen hypertrophische Formen zur Beobachtung, auch dort, wo sich ein nicht besonders stark prominierender Lupus von der umgebenden Haut her auf die Ohren fortsetzt. Mehrfach sind am Ohr Kombinationen mit Lymphangiom beobachtet worden (Schueller). Ulzeröse und phagedänische Lupusformen können das ganze äußere Ohr zerstören, so daß schließlich nur einige Stummel um den äußeren Gehörgang stehen bleiben. Starke Deformationen der Ohrmuschel bringt auch der vernarbende Lupus mit folgender Atrophie des Ohrknorpels hervor.

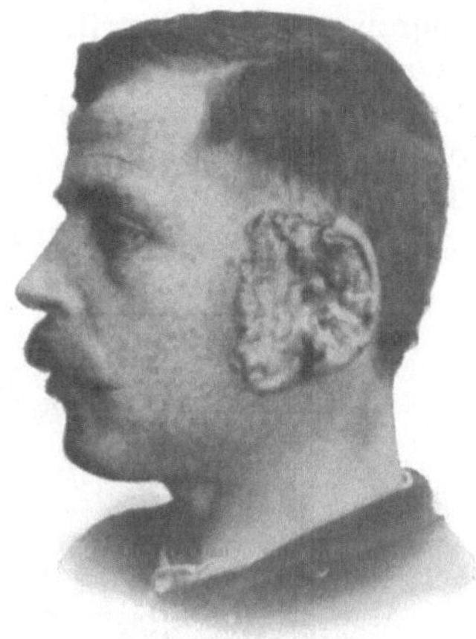

Abb. 29. Lupus des Ohres. (Sammlung der Berner Klinik.)

Weitaus die wichtigste von allen Lokalisationen des Lupus ist die an der Nase. Die Infektion der Nasenhaut erfolgt auf verschiedene Art. Erstens kommt Inokulation von außen natürlich auch hier vor. Zweitens kann ein Lupus von den Wangen oder von der Stirn her auf die Nase übergreifen.

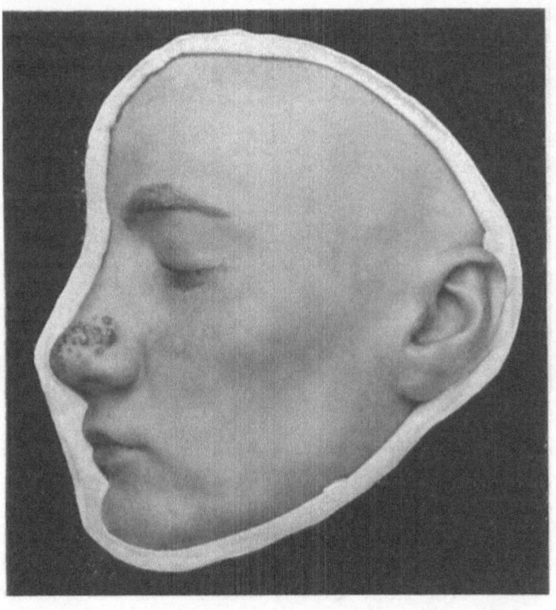

Abb. 30. Lupus der Nase in einzelnen Knötchen. (Sammlung des Allg. Krankenhauses Hamburg-St. Georg.)

Der dritte, bei weitem häufigste Weg ist der von der Nasenschleimhaut aus. Das kann entweder derart geschehen, daß sich der Lupus auf dem Lymphwege oder direkt kontinuierlich von der Schleimhaut auf die äußere Haut fort pflanzt. Bei dem ersten Modus sehen wir häufig den Lupus auf dem häutigen Teil der Nase in Form von kleinen Knötchen beginnen, die sich von denen des Inokulationslupus in nichts unterscheiden. Auch der weitere Verlauf auf der Nasenhaut ist dann ganz derselbe, mit dem Unterschied, daß der Lupus gegen therapeutische Eingriffe viel hartnäckiger Widerstand leistet, weil immer ein neuer Nachschub von Virus von innen her erfolgt. Im übrigen kann dieser Lupus alle Formen annehmen, deren der Lupus überhaupt fähig ist, und zu denen das Individuum besonders disponiert ist. Geht der Lupus direkt von der Schleimhaut auf die äußere Haut über, so erkranken zunächst die Nasenflügel. Meist handelt es sich hier schon von vornherein um Formen mit

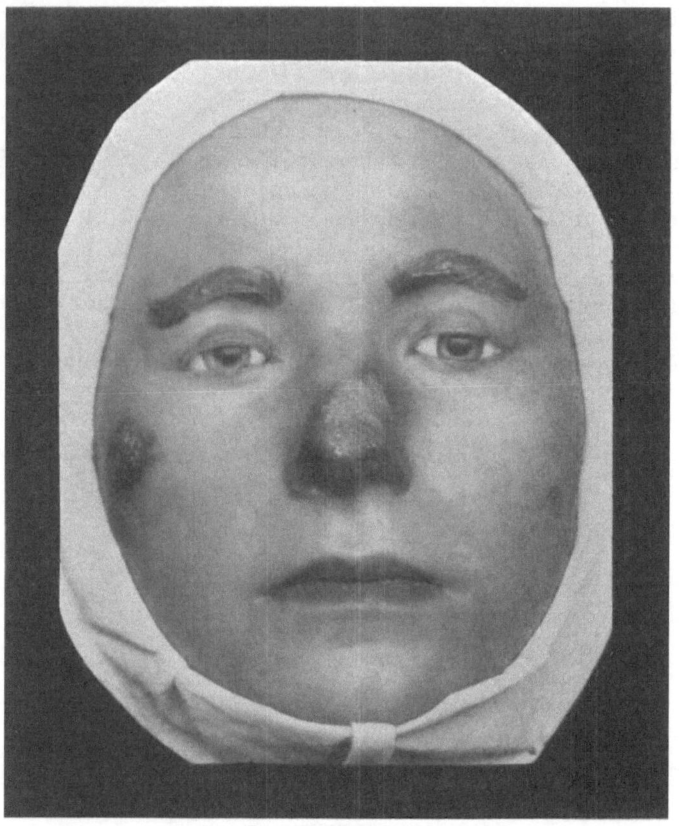

Abb. 31. Kongestiver Lupus der Nase. (Sammlung des Allg. Krankenhauses Hamburg-St. Georg.)

Neigung zur Ulzeration. Wir haben dann bald Defekte der Nasenflügel, die, wenn sie symmetrisch auftreten, der Nase das Aussehen geben, als wenn sie „abgegriffen" wäre. Auf dem Boden dieser Ulzerationen können sich ferner stark wuchernde, tuberkulöse Granulationen erheben, die, mit Krusten bedeckt, das Nasenende in einen unförmigen Wulst verwandeln können (s. Abb. 24). Eine weitere Entstellung wird oft durch den Schleimhautprozeß selbst herbeigeführt. Wenn dieser das häutige und knorpelige Septum zerstört hat, so sinkt die Nasenspitze ein. Das Organ bekommt dann ein Aussehen, das man als charakteristisch gegenüber der syphilitischen Sattelnase hervorgehoben hat. Bei dieser sind es die mittleren Partien, die infolge Zerstörung der knöchernen Scheidewand zusammensinken. Diese Unterschiede haben aber keine absolute Geltung, denn auch bei Tuberkulose kommen Perforationen im Gebiete des knöchernen Septums vor.

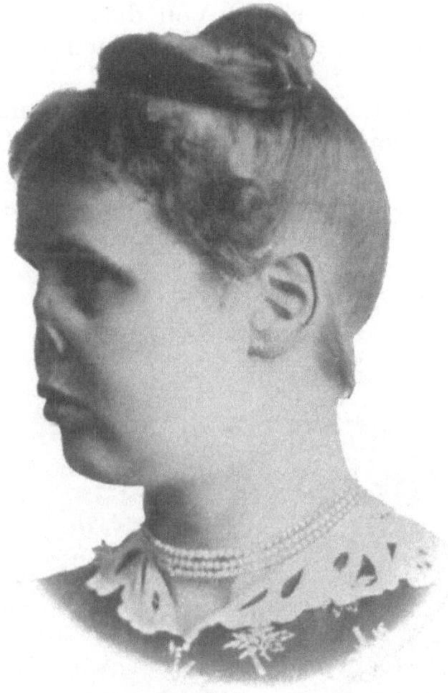

Abb. 32. Vollständiger Verlust der Nase durch Lupus. (Sammlg. d. Allg. Krankenhauses Hamburg-St. Georg.)

Es ist weiter noch einer Form zu gedenken, die Brocq und Lenglet als „Lupus congestif du bout du nez“ bezeichnen. Hierbei ist das Nasenende geschwollen, vergrößert, bläulich verfärbt und fühlt sich kalt an. In diesem Typus haben wir einen Übergang zum Lupus pernio, den wir gesondert besprechen.

Von den höchsten Graden der Entstellung der Nase haben wir der durch Narbenatrophie verursachten schon weiter oben gedacht. Es wäre noch hinzuzufügen, daß durch Kontraktion der Narben schließlich völliger Verschluß beider Nasenlöcher herbeigeführt werden kann. Durch ulzerösen Lupus wird in extremen Fällen die ganze knorpelige, ja auch die knöcherne Nase zerstört, deren Stelle nur noch ein großes Loch bezeichnet.

Auf die Lippen greift der Lupus von außen oder von der Schleimhaut her über. Neben ulzerösen haben wir hier manchmal hyperplastische Formen. Durch Fibrombildung im lupösen Gewebe, durch Lymphangiektasien und Stauungen entstehen elephantiastische Zustände, durch die die Lippen nach außen vorgewölbt werden. Als Gegensatz dazu kommt völliger Schwund der Lippen durch Narbenatrophie vor. Manchmal besteht Atrophie der Ober-, bei Elephantiasis der Unterlippe. In den schlimmsten Fällen wird durch Atrophie und Narbenzug der Mund schließlich derart verkleinert („Mikrostomie“), daß nur noch ein rundes, kleines Loch an seiner Stelle übrig bleibt, und ein chirurgischer Eingriff nötig wird, um eine ausreichende Ernährung zu ermöglichen.

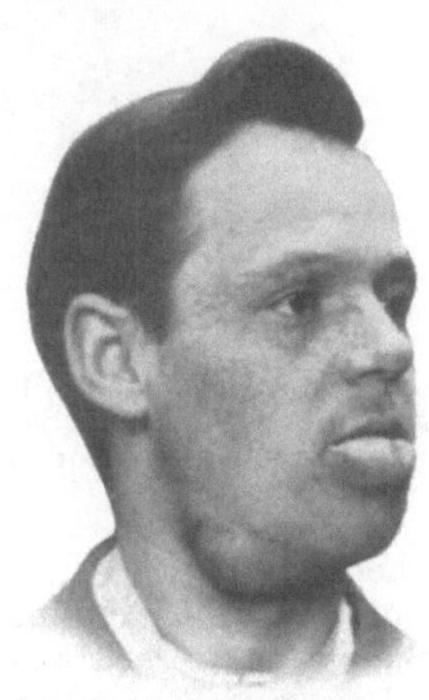

Abb. 33. Elephantiastischer Lupus der Unterlippe. Lymphademitis tuberculosa. (Sammlg. d. Berner Klinik.)

Der Lupus des Kinnes bietet keine Besonderheiten. Häufig setzt er sich nach dem Hals zu fort. Dann kann durch Narbendruck der Unterkieferknochen atrophieren, wodurch wieder eine schwere Entstellung der Physiognomie bedingt wird.

Wir haben bis jetzt den Lupus der einzelnen Teile des Gesichtes gesondert betrachtet. Es ist klar, daß alle gleichzeitig erkrankt sein können. Und in der Tat finden wir in den hochgradigsten Fällen nicht den kleinsten Fleck des Gesichtes von der Krankheit verschont. Es ist ja das Eigentümliche dieser Krankheit, daß nicht so sehr ihre Gefährlichkeit für Leben und Gesundheit als die schrecklichen äußeren Entstellungen, die sie verursacht, am meisten zu fürchten sind. Von diesen Entstellungen des Gesichtes können wir zwei Höhetypen unterscheiden, den hypertrophischen und den atrophischen. Bei dem ersteren sind Nase und Ohren in unförmige, knollige Geschwülste verwandelt, die Lippen rüsselartig, das ganze Gesicht ist durch die geschwollene Lupusmasse bedeutend verdickt. Dazu sind noch meist die Halslymphdrüsen stark vergrößert, so daß der Übergang von Kinn und Unterkiefer zum Halse verwischt wird. Hat der Lupus ausgerast, so bleibt der fast noch schreck-

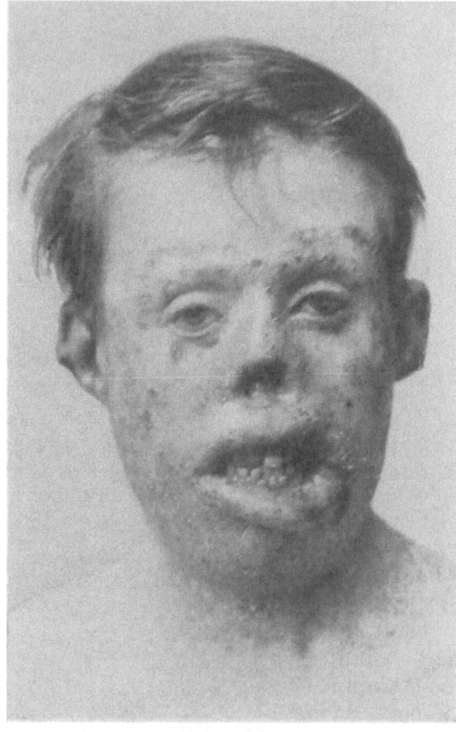

Abb. 34. Hochgradige Entstellung durch Lupus des Gesichtes. (Sammlung des Allg. Krankenhauses Hamburg-St. Georg.)

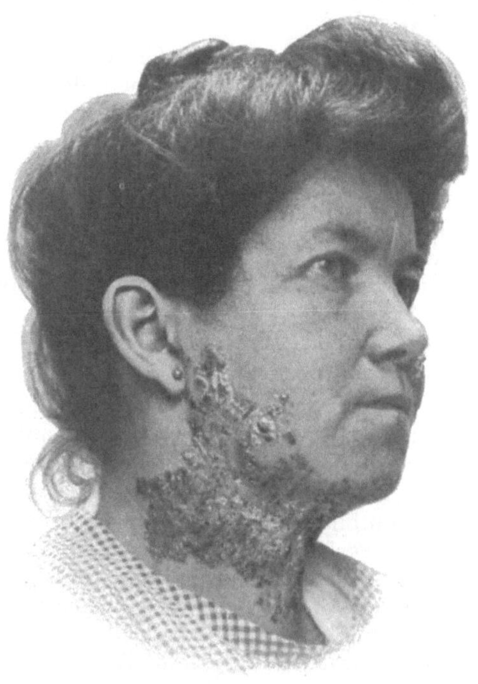

Abb. 35. Lupus des Halses. (Sammlung der Berner Klinik.)

lichere atrophische Typus, bei dem fast alles fehlt, was ein menschliches Gesicht ausmacht, Nasen, Ohren, Mund; häufig sind auch die Augen schwer geschädigt; statt der Haut bleibt nur Narbenmasse, die durch Gefäßerweiterungen und fleckige Pigmentierungen noch häßlicher und abschreckender wirkt.

Am Halse finden wir den Lupus nicht selten, meist über den tuberkulös erkrankten Lymphdrüsen, der Submaxillaris und Sublingualis. Serpiginöse und ulcero-serpiginöse Formen sind relativ häufig.

Der Rumpf bietet keine Prädilektionsstellen zur Erkrankung an Lupus. Die Gelegenheit zur Inokulation von außen ist ja bedeutend geringer als im Gesicht und an den Extremitäten. Am häufigsten ist noch der Lupus als Kontiguitätstuberkulose, die von einer Erkrankung der Knochen, besonders des

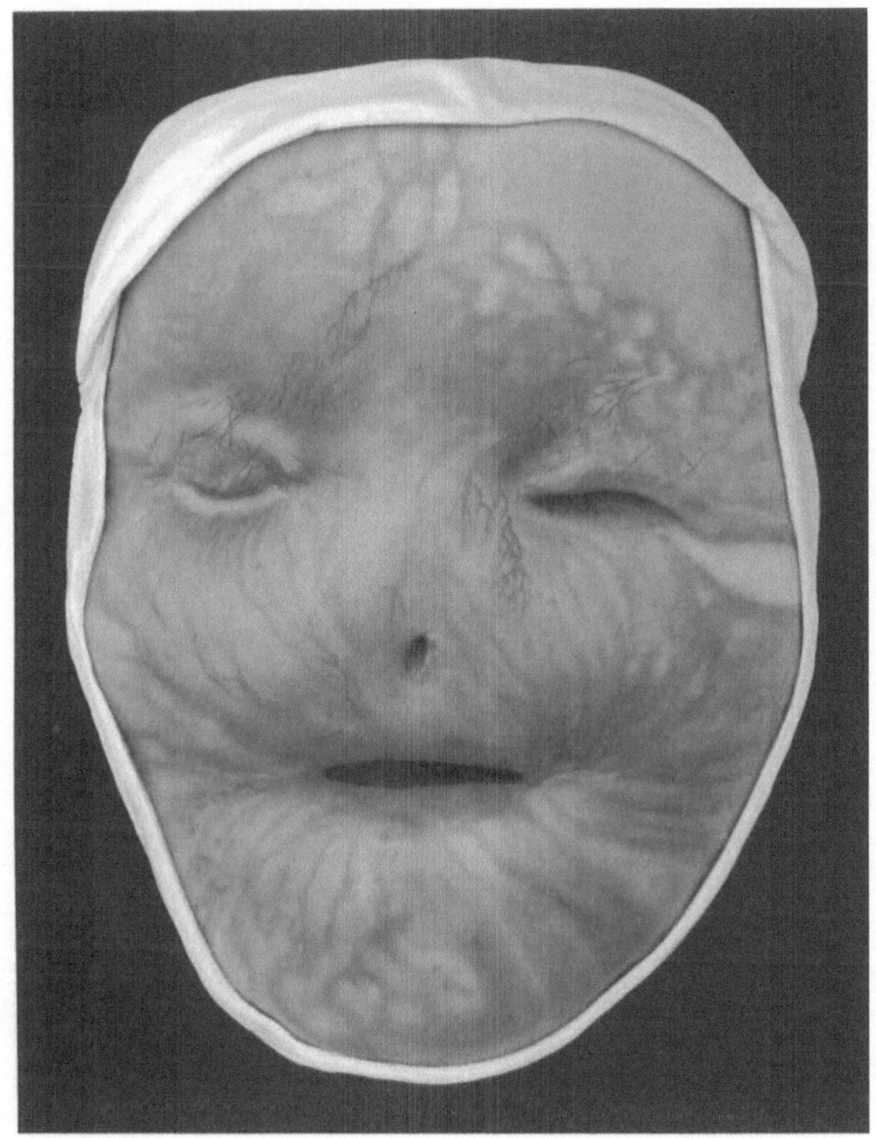

Lupus vulgaris. Endstadium.

(Sammlung der Breslauer Klinik.)

Verlag von Julius Springer in Berlin.

Sternum oder der Rippen ihren Ausgang nimmt. Aber auch unter diesen Umständen sind hier Skrofuloderme, kolliquative Tuberkulosen häufiger als Lupus. Es blieben noch die postexanthematischen Lupusfälle, die meist im kindlichen Alter nach Masern auftreten, und deren multiple, hämatogene Aussaat sich auf dem Rumpf ebensogut lokalisiert wie auf Gesicht und Extremitäten. Die Elemente dieses Lupus sind im einzelnen Falle meist ziemlich monomorph, doch je nach den Fällen verschieden. Bald sind sie einfache, plane, scheibenförmige Herde, bald psoriasiform, dann wieder sind sie erhaben, papillomatös, mit warziger Oberfläche, so daß sie der Tuberculosis verrucosa cutis näher kommen als dem Lupus vulgaris. Auch multiple Lupustumoren sind beschrieben worden. Das Gemeinsame in allen diesen Fällen ist, daß der Einzelherd meist wenig Tendenz zu peripherer Ausdehnung zeigt,

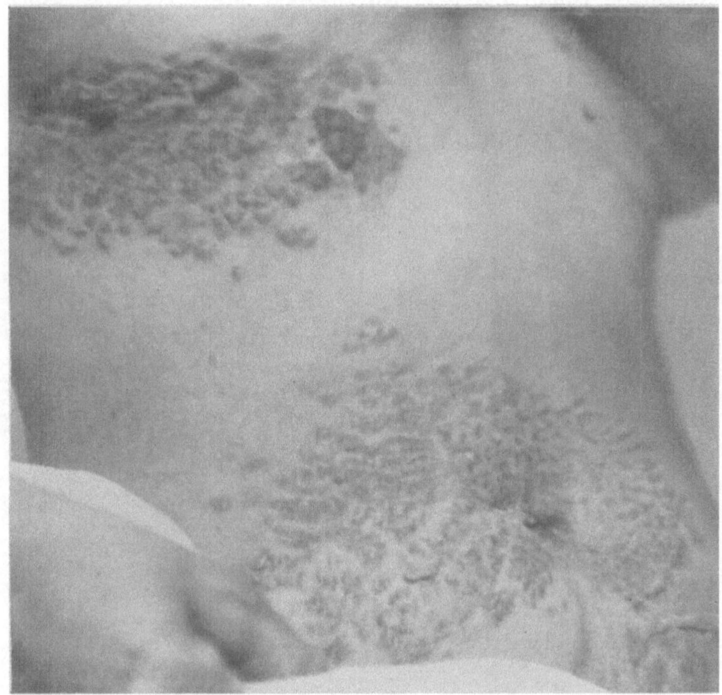

Abb. 36. Lupus des Rumpfes. (Sammlung der Berner Klinik.)

also sich als ziemlich gutartig erweist, gelegentlich auch spontan abheilt. Die Gründe dafür haben wir im ersten Teil auseinandergesetzt.

An den Genitalien, männlichen wie weiblichen, gehört der Lupus gegenüber anderen tuberkulösen Erkrankungsformen zu den äußersten Seltenheiten. Vom Lupus des Penis sind in der Literatur überhaupt nur ganz wenig Fälle beschrieben worden, die als einwandfrei gelten können. Auch ein neuerdings von Lewinski veröffentlichter Fall scheint nicht ganz hierher zu gehören, da der Beginn ulzerös war. Dagegen muß man die Fälle von A. Kraus und Brandweiner wohl als Lupus der Glans penis anerkennen. Besonders interessant war bei dem letzteren das Eintreten einer spontanen Heilung nach Entfernung der Infektionsquelle, einer hochgradig tuberkulösen Niere. An der Vulva beobachtete Audry einmal einen Lupus, der unter dem Bilde einer Leukoplakie verlief.

Häufiger ist die Krankheit wieder in der Gegend des Afters und am Gesäß. Am After kann Lupus durch Inokulation von außen, sowie durch Autoinokulation bei Darmtuberkulose durch tuberkelbazillenhaltige Fäzes entstehen. Er nimmt hier oft verruköse und papillomatöse Gestalt an und zeigt in der unmittelbaren Umgebung des Anus Neigung zu Zerfall und Ulzeration. Am Gesäß erfolgt die Infektion häufig in früher Kindheit durch Inokulation von außen, zumal in Phthisikerfamilien bei ungünstigen hygienischen Bedingungen. Die kleinen Kinder rutschen da, nicht selten mangelhaft bekleidet, auf dem Fußboden herum, der durch eingetrocknetes tuberkulöses Sputum verunreinigt ist. Doch kommen auch im späteren Alter Lupusherde zur Entwicklung im Anschluß an tuberkulöse Knochen- und Gelenkleiden. Schließlich hat auch der hämatogene Lupus, wie manche andere hämatogene Tuberkuloseformen („papulonekrotische Tuberkulide"), eine gewisse Prä-

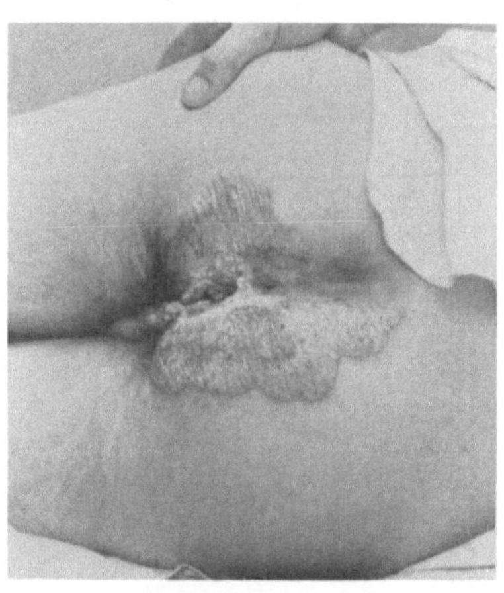

Abb. 37. Lupus verrucosus der Aftergegend. (Sammlg. d. Berner Klinik.)

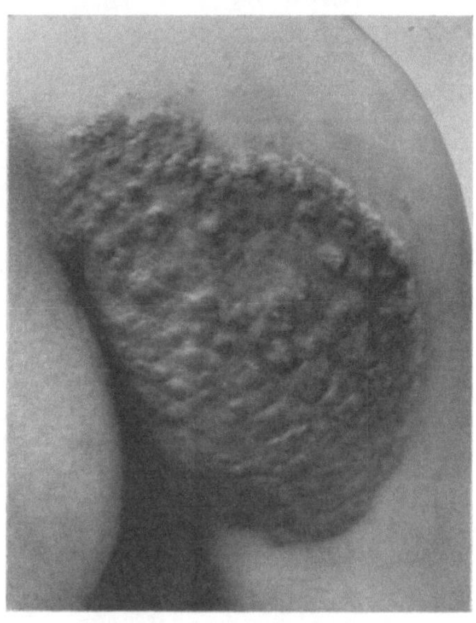

Abb. 38. Lupus der Gutäalgegend. (Sammlung der Berner Klinik.)

dilektion für die Glutäalgegend. Der Form nach haben wir am Gesäß häufig plane Typen und multiple fleckförmige Herde, doch auch serpiginöse und ulzeröse kommen vor.

Für die Extremitäten, die auch der multiple, hämatogene Lupus bevorzugt, sind sonst ausgedehnte Lupusherde von serpiginöser Form charakteristisch, meist mit zentraler Vernarbung und peripherer Ulzeration oder auch mit papillomatösem Rande. Sie haben im ganzen eine Neigung, relativ rasch fortzuschreiten und große Flächen zu bedecken. Doch sah ich einmal einen Lupus des Vorderarms, der genau am Handgelenk aufhörte. Der Patient verweigerte die Behandlung, da der Lupus seit Jahren an dieser Grenze stehen geblieben sei. Die schwersten Folgen des Extremitätenlupus sind die Mutilationen und die elephantiastischen Zustände. Erstere kommen mehr für die oberen, letztere für die unteren Extremitäten in Betracht. Die Mutilationen entstehen zum Teil durch Beteiligung der Knochen an dem tuberkulösen Prozeß. Dabei braucht die Knochentuberkulose nicht immer die primäre gewesen zu sein. Nicht selten kann man beobachten, daß die Tuberkulose von der Haut her allmählich auf die Fingerknochen übergeht. Es ist

Abb. 39. Serpiginöser Lupus der Hand. (Sammlung der Berner Klinik.)

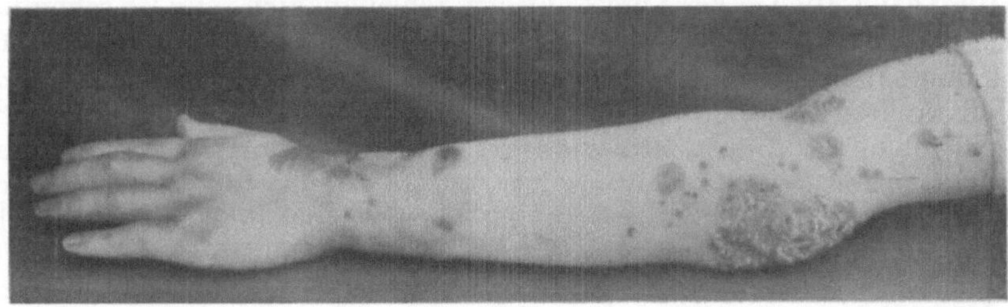

Abb. 40. Multipler Lupus des Armes. (Sammlung des Allg. Krankenhauses Hamburg-St. Georg.)

klar, daß hier alle Zerstörungen, wie sie der Knochen- und Gelenktuberkulose eigentümlich sind, stattfinden können. Sehr oft ist es hier wieder nur die Narbenbildung in der Haut, die sekundär die Knochen schädigt. Man hat mit Kuttner, je nachdem die Glieder erhalten bleiben oder verloren gehen, Verkrüppelungen und Mutilationen unterschieden. Doch kommen beide natürlich häufig nebeneinander und in allen Kombinationen vor. Durch Narbenkontrakturen kommt es zu völligen Fixierungen der Fingergelenke, zu Luxationen, Subluxationen und Pseudoankylosen. Sehr häufig ist die Fixierung in Hyperextensionsstellung. Durch den Druck der Narbe und die Ernährungsstörung können die Knochen der Phalangen usuriert werden und von der Peripherie her, einer nach dem andern, ganz zum Schwund gebracht werden, oder sie werden durch ringförmige Narbenbildung abgeschnürt, amputiert. Schließlich bleibt von der ganzen Hand nur noch ein Stumpf mit einzelnen unbeweglichen Fingern und einigen

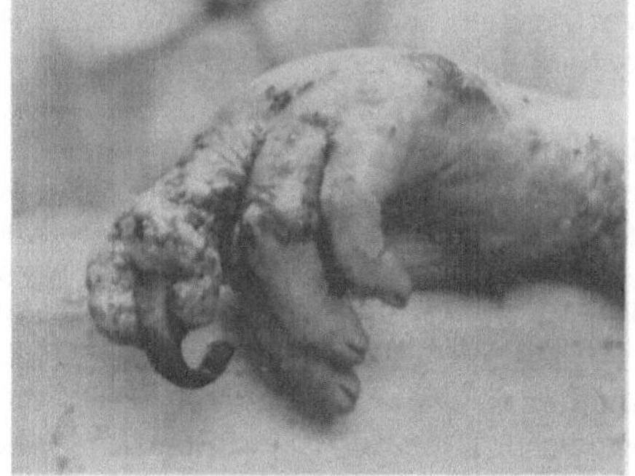

Abb. 41. Lupus mutilans der Hand mit Onychogryphosis. (Sammlung d. Berner Klinik.)

formlosen Stummeln übrig (s. Abb. 26, S. 89). Nicht selten findet man hochgradige Veränderungen der Nägel, unter anderen auch Onychogryphosis.

Solche Deformationen können auch die unteren Extremitäten treffen, doch sind sie weder hier so häufig, noch von so unheilvoller Bedeutung wie an den Händen. Schwerer wiegen hier die elephantiastischen Veränderungen, welche die Unbrauchbarkeit der Glieder zur Folge haben können. Wir haben schon weiter oben, besonders beim Lupus der Lippen, gesehen, daß eine gewisse Neigung zur Kombination von hypertrophischem Fibrom mit Lymphangiektasien besteht. Manchmal handelt es sich dabei auch um noch bestehende oder abgelaufene tuberkulöse Erkrankungen der Lymphgefäße. Diese Kombination tritt nun mit Vorliebe an den unteren Extremitäten, zumal an den Unterschenkeln auf, im Anschluß an schwere, ulcero-serpiginöse Lupusformen, meist bei Komplikation mit Knochen- und Weichteiltuberkulose. Es kann dabei der ganze Unterschenkel ebenso verwandelt werden, wie bei einer gewöhnlichen Elephantiasis aus irgend einer anderen Ursache. Es kommen aber — und das auch am Oberschenkel — zirkumskripte tiefe Lymphangiome zusammen mit Lupus vor, wie übrigens auch bei den morphologisch ähnlichen Formen der tertiären Lues.

Die Lokalisationen des Lupus auf den Schleimhäuten. Es ist schon häufig von Dermatologen und Rhino-Laryngologen ausgesprochen, daß es auf den Schleimhäuten eigentlich unmöglich sei, einen Lupus von anderen Formen der Tuberkulose abzugrenzen. Das ist auch vollkommen richtig, denn bei den Schleimhautaffektionen fehlt die typische Primäreffloreszenz, die ja schließlich auch auf der Haut das einzige ist, woran wir uns für die Definition des Lupus halten können. Trotzdem hat es aus Gründen der einheitlichen klinischen Betrachtungsweise doch eine gewisse Berechtigung, von einem Schleimhautlupus zu sprechen. Denn wenn wir einen Lupus an den Umschlagstellen der äußeren Haut in eine Schleimhauterkrankung übergehen sehen, wenn wir das Hervorgehen eines typischen Lupus aus einem Schleimhautleiden beobachten, so liegt es nahe, die beiden Prozesse für identisch zu halten. Es ist eben nur das andere anatomische Substrat, das die Verschiedenheit im Aussehen beider Krankheitslokalisationen bewirkt. Wir werden hier auch nur von den Formen der Schleimhauttuberkulose sprechen, die erfahrungsgemäß zusammen mit einem Lupus der äußeren Haut vorkommen oder diesem vorangehen. Die isolierten, ulzerierten und andere seltenere, nur auf die Schleimhaut beschränkte Formen werden wir später behandeln.

Das Gebilde, das auf der Schleimhaut noch am meisten dem primären Lupusfleck der Haut entspricht, ist ein kleines, meist von vornherein erhabenes, kaum stecknadelkopfgroßes, grauweißes, graugelbliches oder auch rötliches, weiches Knötchen. Entstehen, wie es meistens geschieht, mehrere solcher Knötchen nebeneinander, so konfluieren sie bald zu einer prominenten Plaque von gekörnter, höckeriger Oberfläche und etwas glasig-transparenter Beschaffenheit. Sie ist sehr weich und blutet leicht bei Berührung mit Instrumenten. Diese Plaques können wuchern und zu kleinen Geschwülsten anwachsen. Häufiger zerfallen sie, bilden scharfrandige aber unregelmäßig geformte, meist nicht sehr tiefe Geschwüre mit eitrig belegtem oder granulierendem Grund. In der Nase sind die Geschwüre oft durch dicke Borken und Krusten verdeckt. Die Neigung zur Ulzeration ist beim Lupus der Schleimhaut viel ausgesprochener als bei dem der äußeren Haut, was ja schon durch die Zartheit des Epithels genügend erklärt wird. Bei einer lange bestehenden Schleimhauttuberkulose werden wir wohl neben höckerigen Plaques und Wucherungen immer auch Ulzerationen finden. Analog mit dem Lupus der äußeren Haut kommen auch spontane Vernarbungen mit Sklerosierung, manchmal auch Verhornungen vor.

Von den Lokalisationen des Schleimhautlupus hat für uns die größte Bedeutung die an der Nasenschleimhaut. Man hat in den letzten Jahren immer mehr Gewicht gerade auf diese Lokalisation gelegt, und man kann sagen, daß sie besonders vom Standpunkt der Lupusbekämpfung gar nicht wichtig genug genommen werden kann. Es ist sicher nicht zu viel, wenn in einer Statistik des Finseninstituts bei 72% der Lupuspatienten eine Erkrankung der Nasenschleimhaut festgestellt wurde. Jadassohn berechnet aus seinem Material die Beteiligung der Nasenschleimhaut beim Gesichtslupus auf 45,7%, glaubt aber, daß diese Zahl tatsächlich noch zu gering ist. Zu ähnlichen Ergebnissen kommt Jungmann mit 42,8%, während Philippson auffallenderweise nur 25,7% angibt. Da die ersten Anfänge des Lupus in der Nase oft schwer zu konstatieren sind, sollte jeder Fall mit beginnendem Lupus der Nasengegend oder der angrenzenden Partien auch von einem rhinologischen, in dieser Hinsicht geübten Spezialisten untersucht werden. Da hat besonders Gerber auf eine Lokalisation hingewiesen, die, obwohl sie die häufigste ist, doch am meisten übersehen wird, auf den Sitz der ersten Lupusknötchen im Vorhof oben im vorderen Nasenwinkel. Um sie hier zu finden, ist die Untersuchung mit einem kleinen rhino-endoskopischen Spiegel nötig, da sie bei der Betrachtung mit dem gewöhnlichen Nasenspekulum häufig nicht eingestellt werden können. Leider macht ja oft das Bestehen eines äußeren Lupus erst auf die Möglichkeit einer Nasenerkrankung aufmerksam. Diese selbst verläuft oft lange ohne besondere subjektive Symptome. Meistens wird sie für einen chronischen Schnupfen gehalten. Auch bei der Untersuchung des Naseninnern verhindern häufig noch die zahlreichen Krusten, die echte Natur der Krankheit zu erkennen. Erst wenn diese abgeweicht sind, kann man die tuberkulösen Granulationen oder Ulzerationen vor Augen bekommen. Mit Recht empfiehlt hier Neißer eindringlich die diagnostische Tuberkulininjektion.

Außer am vorderen Nasenwinkel finden wir die ersten Lupusherde hauptsächlich am knorpeligen Septum und an der unteren Muschel. Nach Mygind und nach Albanus sind sogar diese Lokalisationen die vorherrschenden. Am Septum nimmt der Lupus nicht selten die Gestalt eines breit aufsitzenden oder auch gestielten „Tuberkulom" von Erbsen- bis Bohnengröße an. Diese Geschwulst durchwuchert häufig den Knorpel, was aber erst nach ihrer Entfernung oder durch Eindringen mit der Sonde in die Tumormasse zu konstatieren ist. Sie wird so die häufigste Ursache für die so charakteristische Perforation des Nasenseptum in seinem vorderen, knorpeligen Teile, die dann wieder Anlaß zum Einsinken der Nasenspitze geben kann. Zapfenförmige Granulome gibt es auch an der unteren Muschel.

Die Infektion der Nasenschleimhaut geschieht, wie wir schon hervorgehoben haben, hauptsächlich von außen durch die Finger. Nach Walb könnte aber auch eine anfangs vorhandene Rhinitis anterior mit Ekzem und Rhagadenbildung erst nachträglich durch die Einatmungsluft mit Tuberkelbazillen infiziert werden. Für diesen Infektionsmodus sprechen nach Albanus die etwas selteneren Lokalisationen an den hinteren und oberen Partien der Nasenscheidewand und an der mittleren Muschel.

Der primäre Lupus des Nasenrachenraumes ist außerordentlich selten; meist ist die Erkrankung hierher sekundär von den vorderen Nasenabschnitten oder auch von den tieferen Teilen des Rachens her übergegangen. Sie wird wohl manchmal übersehen, doch hat Seiffert bei regelmäßiger, postrhinoskopischer Untersuchung Lupöser nicht selten frische lupöse Infiltrate und Ulzerationen oder Narben von geringerer oder größerer Ausdehnung gefunden. Aus der Tatsache, daß sich ohne Behandlung hier vollkommene Vernarbung einstellt, kann man schließen, daß die Bedingungen für eine Spontanheilung im Nasenrachenraum besonders günstig liegen. Als spezielle Lokalisationen des Prozesses kommen der hintere Rand des Septum, die nasale Fläche der Uvula, die Tubenwülste, das Rachengewölbe und die hintere Rachenwand in Betracht. Bei gleichzeitiger Erkrankung der pharyngealen Seite des Gaumensegels und der Rachenwand und darauf folgender Narbenbildung kann es zu vollkommenen Verwachsungen des weichen Gaumens mit der hinteren Rachenwand und völligem Abschluß der Nasenhöhle nach unten kommen: Jadassohn hat zwei solche Fälle bei Lupuspatientinnen beschrieben. Man hat dergleichen Erscheinungen früher als für Lues besonders charakteristisch angesehen. Neuerdings hat aber auch Körner bestätigt, daß die weißlichen, strahligen Narben am weichen Gaumen und der hinteren Schlundwand, daß Gaumendefekte und Verwachsungen bei Tuberkulose ebensowohl vorkommen können wie bei Syphilis.

An einen ausgedehnten Lupus der Nasenschleimhaut schließt sich in einer größeren Anzahl von Fällen eine tuberkulöse Erkrankung des Tränennasenganges, Dakryocystitis und Lupus der Konjunktiva an. Über den letzteren haben wir schon gesprochen.

In der Mundhöhle kommt Lupus häufiger sekundär von der Haut her als primär zustande. Einen interessanten Fall primärer Infektion hat Ehrhardt beschrieben. Er betraf ein neunjähriges Kind, bei dem die Ansteckung durch eine nicht sterilisierte Zahnzange erfolgte. Am harten und weichen Gaumen findet man vorwiegend die Geschwürsform, doch sind die Ulcera meist oberflächlich und haben seltener Perforationen zur Folge als die tertiär-syphilitischen. Am Zahnfleisch entstehen höckerige, sehr weiche, glasig durchscheinende Wucherungen. Die Zähne werden gelockert und fallen aus. Später können narbige Retraktionen und Verwachsungen mit der Lippenschleimhaut sich einstellen. An der letzteren beobachtete Audry einmal einen zirkumskripten Herd vom Aussehen einer Leukoplakie, bei dem aber die histologische Untersuchung eine typische Tuberkulose ergab. Der Patient litt an einer Lungentuberkulose.

Lupus der Zunge wird von allen Autoren als außerordentlich selten bezeichnet. Zwei schöne Moulagen, Fälle von Besnier und Du Castel darstellend, finden sich im Museum des Hopital St. Louis. Es handelt sich um isolierte Herde auf dem Zungenrücken von Linsengröße und kreisrunder bis ovaler Gestalt, sehr scharf abgesetzt, deutlich erhaben. Sie sind von grautransparenter, glasiger Beschaffenheit und haben eine grobkörnige oder mehr glatte Oberfläche. Bei manchen läßt sich ein schmaler, roter Hof konstatieren. Am Zungenrand und auf der Wangenschleimhaut kommen im übrigen viel häufiger als Lupus Krankheitserscheinungen vor, die sich nicht mit Hautlupus kombiniert finden und die in das Gebiet der ulzerösen Tuberkulosen gehören, von denen wir später noch zu sprechen haben. Der Lupus des Kehlkopfes gehört ganz den Laryngologen.

Die Histologie des Lupus. Wie die klinische Elementarläsion des Lupus der Lupusfleck, so ist seine histologische Einheit der Tuberkel. Aber beide sind nicht identisch. Das Lupusknötchen stellt schon eine Anhäufung von Tuberkeln dar. Den einzelnen, isolierten Tuberkel bekommen wir nur zufällig im histologischen Bilde an der Fortpflanzungsgrenze des Lupus zu sehen. Der Aufbau des typischen Tuberkels ist bekannt: Zentrale Verkäsung und auf diese folgend von innen nach außen die Zone der Riesenzellen, der

Epithelioiden, der Lymphocyten. In dieser Form aber ist der Tuberkel beim Lupus fast niemals vorhanden. Das verkäste Zentrum fehlt fast immer, wie ja die Verkäsung in der Haut überhaupt selten ist, und die anderen Zellschichten zeigen nicht überall eine regelmäßige Anordnung. Die einzelnen Zellarten sind dieselben wie bei den Tuberkeln anderer Organe. Keine von ihnen aber ist der Tuberkulose allein eigentümlich, für sie spezifisch.

Der wichtigste Bestandteil des Tuberkels in der Haut sind die sog. „Epitheloidzellen"; denn Riesenzellen können eigentlich ganz, Lymphocyten so gut wie vollkommen fehlen, ohne daß dadurch der Begriff des Tuberkels aufgehoben wird. Unna hat recht, wenn er über den Namen „Epithelioide Zellen" spottet. Denn weder besteht im allgemeinen eine Ähnlichkeit mit Epithelzellen, noch rechtfertigt irgend eine begründete Ansicht über ihre

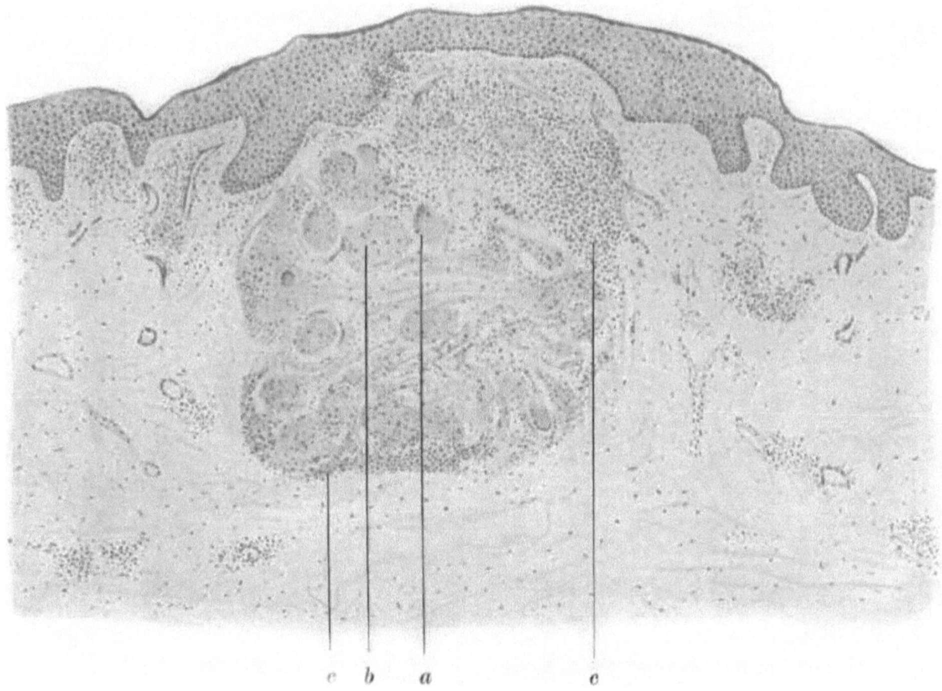

Abb. 42. Lupusknötchen. *a* Riesenzellen; *b* Epithelioidzellen; *c* Lymphocyten.

Herkunft diesen Namen. Aber es ist unnötig, nochmals daran zu erinnern, wie schwer es ist, solche alte Namen auszurotten, ohne die internationale Verständigung zu stören. Dazu ist der von Unna vorgeschlagene Name „homogen geschwollene Zellen" etwas zu schwerfällig, um zu hoffen, daß er sich allgemein Geltung verschaffen könnte. Wir bleiben also mit der Reservatio, einen schlechten Ausdruck zu gebrauchen, bei dem Wort „Epithelioidzelle", weil dann wenigstens jeder weiß, was damit gemeint ist.

Die Epithelioidzelle beim Lupus ist eine Zelle mit großem, ovalem, blassem, chromatinarmem Kern (man bezeichnet ihn gewöhnlich als „bläschenförmig") und breitem, hellem, unregelmäßig geformtem, häufig mit Fortsätzen versehenem Protoplasmaleib, der eine homogene Beschaffenheit hat. Über die Herkunft dieser Zellen herrscht seit langem Streit. Nach Baumgarten verdanken sie einem Reiz zur Proliferation ihre Entstehung, den das Wachstum der Tuberkelbazillen auf die fixen Bindegewebszellen ausübt. Die Metschnikoffsche Schule hält sie für lymphocytäre Elemente, für die eigentlichen Makrophagen. Neuerdings vermitteln zwischen beiden Anschauungen die unitarischen Theorien von Dominici und Maximoff, die auch die fixen Bindegewebszellen aus den Lymphocyten hervorgehen lassen, so daß diese als embryonale Zellform eigentlich der Ursprung aller den Tuberkel zusammensetzenden Elemente wären. Nach Unna können die „homogen geschwollenen Zellen"

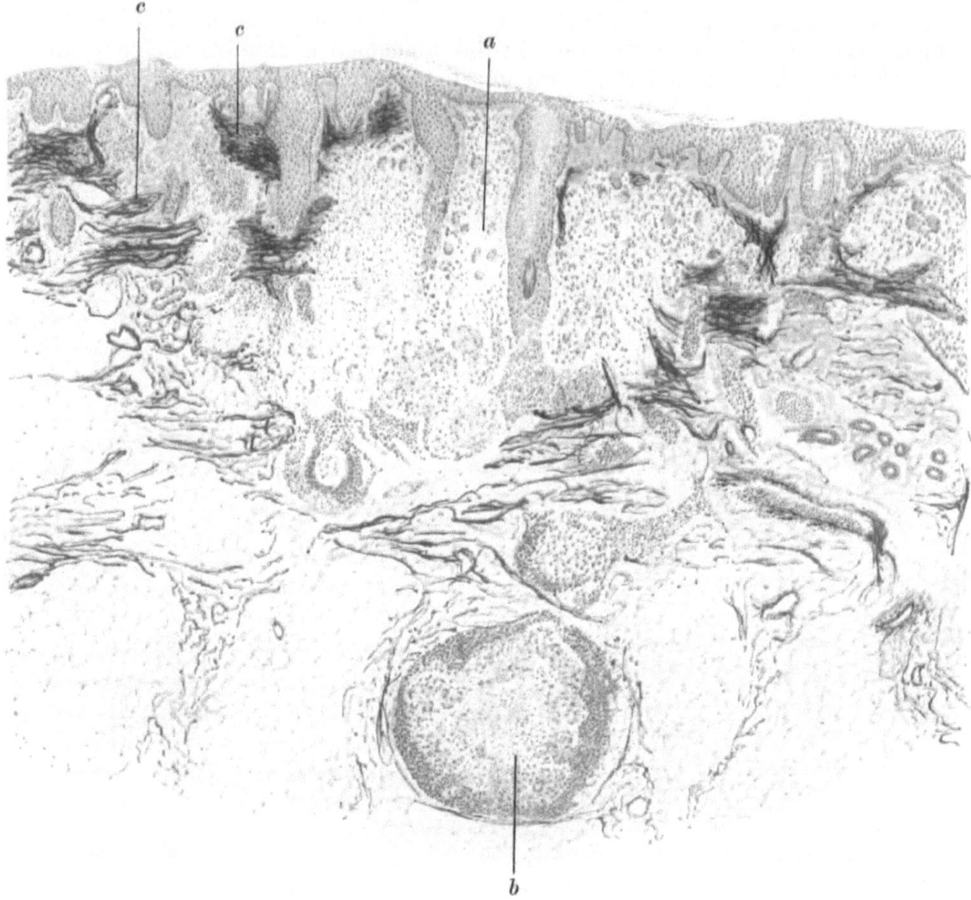

Abb. 43. Lupus in verschiedenen Schichten der Haut; *a* in der Cutis. *b* in der Subcutis, *c* zusammengeballte, elastische Fasern.

sowohl aus den Spindelzellen des Bindegewebes als aus den Plasmazellen hervorgehen. Die Plasmazellen sind andererseits auch die Mutterzellen der „atrophischen Plasmazellen", jener Zellen, die an der Peripherie des Tuberkels den Hauptanteil haben, und die alle anderen Autoren, weil kein deutlicher Protoplasmakörper nachzuweisen ist, mit den Lymphocyten des Blutes identifizieren. Die Entstehung dieser Zellen bildet den Hauptstreitpunkt zwischen der Unnaschen und den anderen Theorien. Unna nimmt an, daß sie im Bindegewebe um die Gefäße herum entstehen, während sie nach der anderen Ansicht aus der Blutbahn ausgewandert sind. Ein vollgültiger Beweis für eine der beiden Anschauungen ist bisher nicht erbracht worden und dürfte wohl mit unseren üblichen Methoden kaum zu führen sein.

Ebenso schwer ist der Beweis für eine weitere Behauptung Unnas, daß eine Anhäufung von Plasmazellen den ersten Beginn des Tuberkels bildet. Auf dem Gebiete der deskriptiven Histologie scheint mir ein solcher Nachweis überhaupt unmöglich. Und was ich an experimenteller Hauttuberkulose bei Tieren gesehen habe, spricht nicht eben sehr zugunsten dieser Hypothese Unnas. Die Zellen, die hier nach der Leukocytose der ersten Tage nach der Impfung auftreten, entsprechen von Anfang an mehr den „Epithelioiden“ als den Plasmazellen. Diese finden sich erst im umgebenden, entzündlich reagierenden Gewebe, nachdem sich die histologisch typisch tuberkulösen Veränderungen eingestellt haben. Auch andere Momente sprechen dafür, daß die Plasmazellen mehr der allgemeinen Entzündungsreaktion angehören, in welcher Eigenschaft wir sie ja auch bei zahllosen anderen, ätiologisch verschiedenen Prozessen treffen. So fand ich bei Lupusformen, wo die einzelnen Elemente als lymphocytenarme, fast rein epithelioide Knoten von der Umgebung durch eine feine Kapsel scharf abgetrennt sind, die Plasmazellen nur außerhalb der Kapsel in dem Bindegewebe zwischen den Knoten. Die Lösung der Frage läßt sich wohl nur auf experimentellem Wege erreichen, begegnet aber hier einer neuen Schwierigkeit, da die Zellen bei der Tuberkulose der Tiere morphologisch nicht ganz mit denen der menschlichen Tuberkulose übereinstimmen.

Die Riesenzelle ist, wenn auch kein spezifisches, so doch immer noch ein wichtiges und einigermaßen regelmäßiges Kennzeichen der Tuberkulose. Allerdings enthält beim Lupus lange nicht jeder Tuberkel Riesenzellen, viele bestehen nur aus Epithelioiden. Aber in einem ganzen Lupusknötchen werden fast immer einige gefunden. Je nach dem einzelnen Fall ist ihre Zahl und Größe außerordentlich wechselnd. Meistens finden wir den Langhansschen Typus gut ausgeprägt, zahlreiche peripher in Ringform gestellte Kerne im Gegensatz zu der unipolaren Kernstellung und der unregelmäßigen Form der Fremdkörper-Riesenzellen. Ob sie durch Konfluenz von mehreren Epithelioidzellen oder aus einer einzigen durch Verlust der Teilungsfähigkeit des Protoplasmas bei erhaltener Kernvermehrung entstehen, ist noch nicht festgestellt. Wahrscheinlich kommt beides vor. Für die Genese aus zahlreichen Epithelioiden sprechen Bilder, wo man in einem Konglomerat mehrerer Tuberkel eine einzige, sehr große Riesenzelle die Stelle eines ganzen Tuberkels einnehmen sieht, ohne nebengelagerte Epithelioidzellen. In den Riesenzellen kommen Einlagerungen von sehr verschiedenartiger Gestalt vor. Meistens handelt es sich um Reste von elastischen Fasern, die häufig durch die Färbung noch als solche zu erkennen sind, oft auch mit Kalk und Eisen imprägniert, die entsprechenden chemischen Reaktionen geben (W. Pick). Sowohl Unna wie Jadassohn haben darauf hingewiesen, daß sich hier eine besondere phagocytäre Tätigkeit der Riesenzellen kaum bemerkbar mache. Denn während innerhalb des tuberkulösen Gewebes die elastischen Fasern sonst völlig zerstört seien, könne man in den Riesenzellen noch Überbleibsel entdecken. Man sei also berechtigt, von einer konservierenden Eigenschaft dieser Zellen zu sprechen. Neben diesen Gebilden finden sich nicht selten vereinzelte Leukocyten und Kernfragmente von solchen im Protoplasma der Riesenzellen eingeschlossen. Daß jede Riesenzelle einmal einen Tuberkelbazillus beherbergt hat und diesem ihre Entstehung verdankt, ist wohl für die Hauttuberkulose nicht zutreffend. Jedenfalls kann man in manchen Fällen Hunderte von Schnitten durchsuchen, ehe man in einem einen Tuberkelbazillus findet. Und dieser liegt ebenso oft wie in einer Riesenzelle in einer gewöhnlichen Epithelioiden. Zur Entstehung dieser beiden

Zellarten bedarf es wohl sicher nicht der Anwesenheit lebender Bazillen, sondern das aufgeschlossene, in die Umgebung diffundierende Toxin von solchen genügt.

Die Lymphocyten des Tuberkels unterscheiden sich durch nichts von denen bei anderen Prozessen. Bei guter Plasmazellenfärbung nach Unna-Pappenheim ist an ihnen kein rot gefärbter Protoplasmasaum zu finden, es ist also nicht zu beweisen, daß sie atrophische Plasmazellen sind. Dagegen finden sich außerhalb der Lymphocytenschicht in vielen Lupusfällen schön ausgebildete Unnasche Plasmazellen in kleinen und großen, mehrkernigen Exemplaren. Mastzellen sind in verschiedener Reichlichkeit vorhanden, spielen aber im histologischen Bilde keine besondere Rolle.

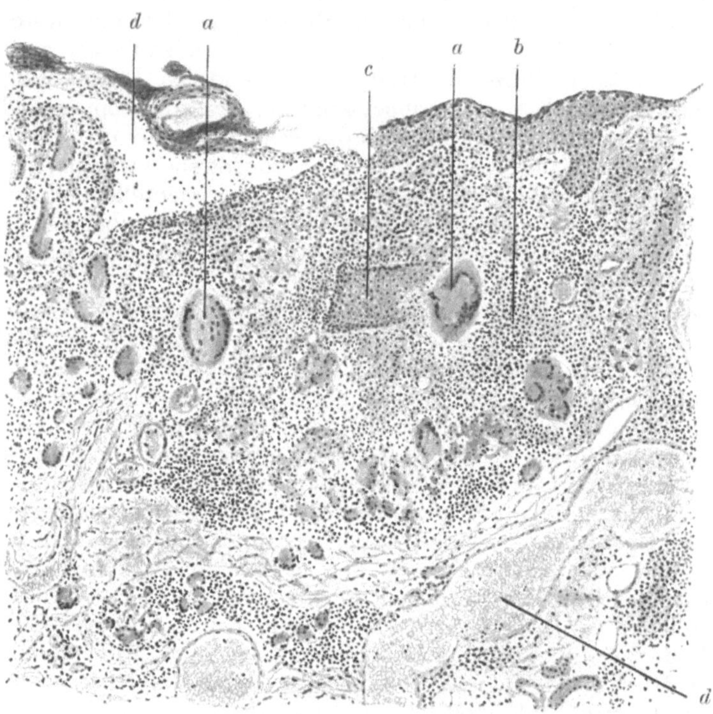

Abb. 44. Lupus mit sehr großen Riesenzellen (*a*). *b* dichtes Lymphocyteninfiltrat; *c* Reste von Talgdrüsenepithel; *d* erweiterte Gefäße.

Was das „Retikulum" des Tuberkels anbetrifft, so möchte ich Unna beipflichten, wenn er diesen Begriff ganz fallen lassen will. In gut ausgebildeten Tuberkeln bei Lupus habe ich ein besonderes, bindegewebiges Gerüst nie nachweisen können. Bei Lupusformen, wo ein gewisser Zerfall des Tuberkels noch ohne starkes Heranströmen von Leukocyten beginnt und sich die einzelnen Zellen voneinander trennen, kann man deutlich erkennen, daß sich das Netzwerk aus Zellfortsätzen zusammensetzt. Es gibt ganz die Farbreaktionen des Zellprotoplasmas, färbt sich z. B. nach van Gieson gelblich, niemals rot wie das Kollagen. Außerdem sieht man manchmal, wie schon Jadassohn beobachtet hat, daneben Kollagenreste erhalten, die sich durch ihre Farbreaktion scharf von diesen Fäden des „Retikulum" abheben. Die Fibrinausscheidung, von der wir noch zu sprechen haben, kann man ebensowenig mit der Bildung eines Retikulum in Zusammenhang bringen.

Nachdem wir so die einzelnen Bestandteile des Tuberkels gesondert betrachtet haben, ist es nötig, ihre Anordnung und ihr Verhältnis zueinander zu studieren. Den Hauptanteil an dem eigentlichen Tuberkel haben meist die Epithelioiden. Lymphoidtuberkel kommen nach Jadassohn (in Übereinstimmung mit Leloir) mehr in den oberflächlichen, Epithelioidtuberkel in den tieferen Schichten der Cutis vor. Aber auch in den Lymphoidtuberkeln spielen die Epithelioiden in der Zusammensetzung des eigentlichen Tuberkelkerns die wesentliche Rolle. Sie sind manchmal konzentrisch, manchmal scheinbar regellos gelagert. Zuweilen kommen kleinere Nekrosen im Zentrum zur Beobachtung. Eine besondere Form des Tuberkels hat bei Lupus Lombardo beschrieben. Bei dieser finden wir in der Mitte eine Ansammlung von polynukleären Leukocyten und die Epithelioiden in radiärer Anordnung aufgereiht. Die Riesenzellen liegen bald im Innern des Tuberkels, bald auch an der Peripherie. Sehr häufig finden sich auch ganz vereinzelte, manchmal besonders große Riesenzellen unabhängig von jedem Zusammenhang mit einem Tuberkel mitten in der diffusen Lymphocyteninfiltration liegend (Abb. 44), zuweilen aber auch frei in wenig entzündlich reagierendem Gewebe.

Die Beteiligung der Lymphocyten an dem Aufbau des Tuberkels ist bei Lupus je nach den einzelnen Fällen ganz verschieden. Manchmal finden wir sie nur in wenigen Exemplaren am Rande eines fast rein epithelioiden Tuberkels, in anderen Fällen bilden sie eine breite Randzone. Baumgarten glaubt, daß die erstere Form mehr für eine geringe, die zweite mehr für eine große Anzahl von Bazillen charakteristisch sei. Vielleicht würden wir statt dessen besser langsamere oder raschere Aufschließung von Tuberkelbazillentoxin sagen. Denn auch in den lymphocytenreicheren Lupusfällen finden wir meist nur spärliche Tuberkelbazillen. Ein starkes Hervortreten der Lymphocyten macht sich oft auch weniger in dem Lymphocytengehalt des einzelnen Tuberkels bemerkbar als in einer stärkeren diffusen Infiltration des ganzen Gebietes, aus der dann die einzelnen Epithelioidzellentuberkel sich abheben.

Die Plasmazellen Unnas finden wir meist nur am äußersten Rande des Tuberkels außerhalb der Lymphocytenzone, den Tuberkel, wie man sich ausgedrückt hat, „schalenförmig" umgebend. Zahlreicher noch sind sie oft in dem interstitiellen Gewebe zwischen den einzelnen Tuberkeln in der Umgebung von Gefäßen, um die sie eine Scheide bilden. Auch in der diffusen Infiltration, die wir eben erwähnt haben, treten sie wieder stärker hervor.

Das histologische Bild eines Lupusfalles wird nun nicht nur durch den Aufbau des einzelnen Tuberkels beeinflußt, sondern noch viel mehr dadurch, in welchem Verband die einzelnen Tuberkel, in welchen Schichten der Cutis sie liegen, und wie sich die umgebenden Gewebe ihnen gegenüber verhalten. Wir haben bereits gesehen, daß das Lupusknötchen ein Konglomerat von Tuberkeln darstellt. Diese sind zum Teil noch gut als einzelne Elemente zu erkennen, zum Teil aber sind sie konfluiert und lassen sich nicht mehr voneinander abgrenzen. Die Abgrenzung ist innerhalb des Lupusknötchens überhaupt nicht sehr scharf, da die Lymphocyten meist nicht in erheblicher Anzahl den einzelnen Tuberkel umgeben, sondern mehr das ganze Knötchen einrahmen. So ahmt das Ganze wieder einigermaßen den Bau des einzelnen Tuberkels nach, indem ein epithelioides Zentrum von einem Lymphocytenwall umgeben wird.

Von diesem Bild des scharf abgesetzten Lupusknötchens gibt es zwei seltenere Variationen. Bei der ersten treten die lymphocytären Elemente ganz in den Hintergrund. Wir haben Stränge und Knoten fast rein aus Epithelioiden mit wenig Riesenzellen, nicht immer mit deutlicher Tuberkelanordnung. Von dem umgebenden Cutisgewebe sind sie durch eine Schicht von Spindelzellen oder eine feine fibröse Kapsel abgegrenzt. Da sie häufig in der Nachbarschaft von Gefäßen liegen und deren Verlauf zu folgen scheinen, so entsteht ein Bild, das mit manchen Formen der sog. „Tuberkulide", besonders den „Sarkoiden", absolut identisch ist. Es ist begreiflich, daß man das Vorkommen dieser histologischen Strukturen beim echten Lupus vulgaris mit als Beweis für die tuberkulöse Natur jener Sarkoide angeführt hat. Lymphocyten finden sich meist nur am Rande der Epithelioidknoten oder im inter-

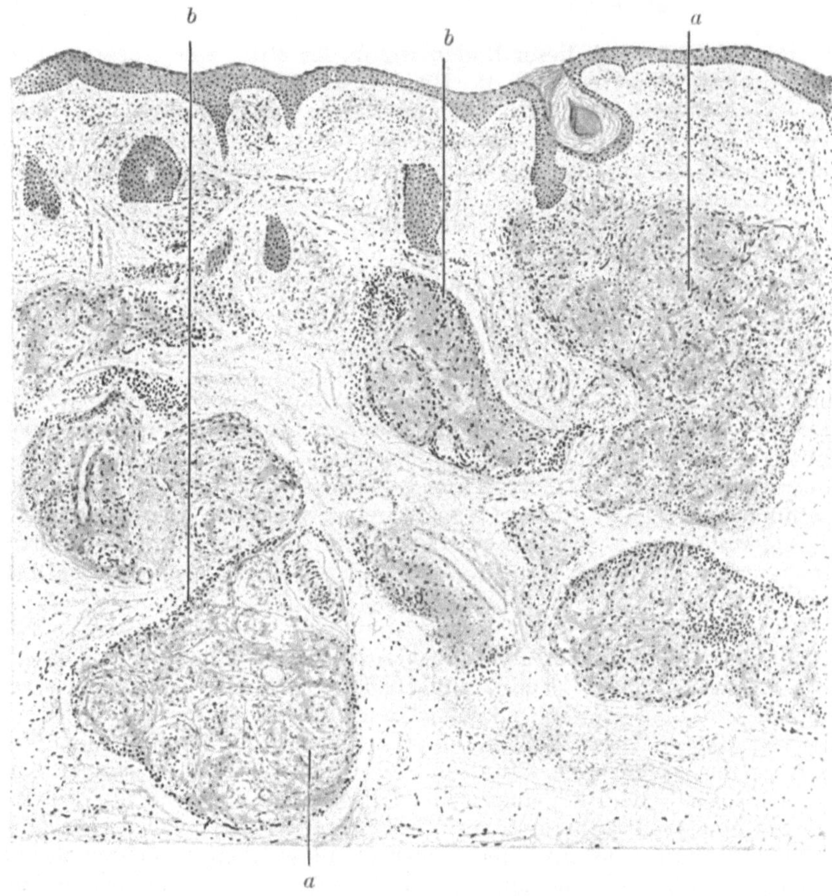

Abb. 45. Lupus fast rein aus Epithelioidzellen bestehend (sarkoidähnlich). *a* Epithelioidzellenherde; *b* schmale Lymphocytenzone.

stitiellen Gewebe zwischen diesen. Hier sieht man auch an einzelnen Stellen Anhäufungen von Plasmazellen. Die knoten- und strangförmigen Infiltrate liegen in allen Schichten der Cutis.

Bei der zweiten Varietät haben wir einen zusammenhängenden Krankheitsherd, der aus zahllosen kleinsten einzelnen Tuberkeln besteht, die wenig Neigung zur Konfluenz zeigen, sondern durch Lymphocytenscheiden scharf voneinander abgetrennt werden. Dieser Aufbau aus regelmäßigen, vielfach deutlich konzentrisch gestalteten, kleinen Tuberkeln, von denen nur eine kleine Zahl Riesenzellen enthält, gibt dem Ganzen einen tumorartigen Charakter. Auch klinisch handelt es sich um Lupus nodularis mit stark prominierenden Herden. In dem Fall, den Abb. 46 wiedergibt, nahm das Infiltrat ausschließlich die oberen Cutisschichten ein.

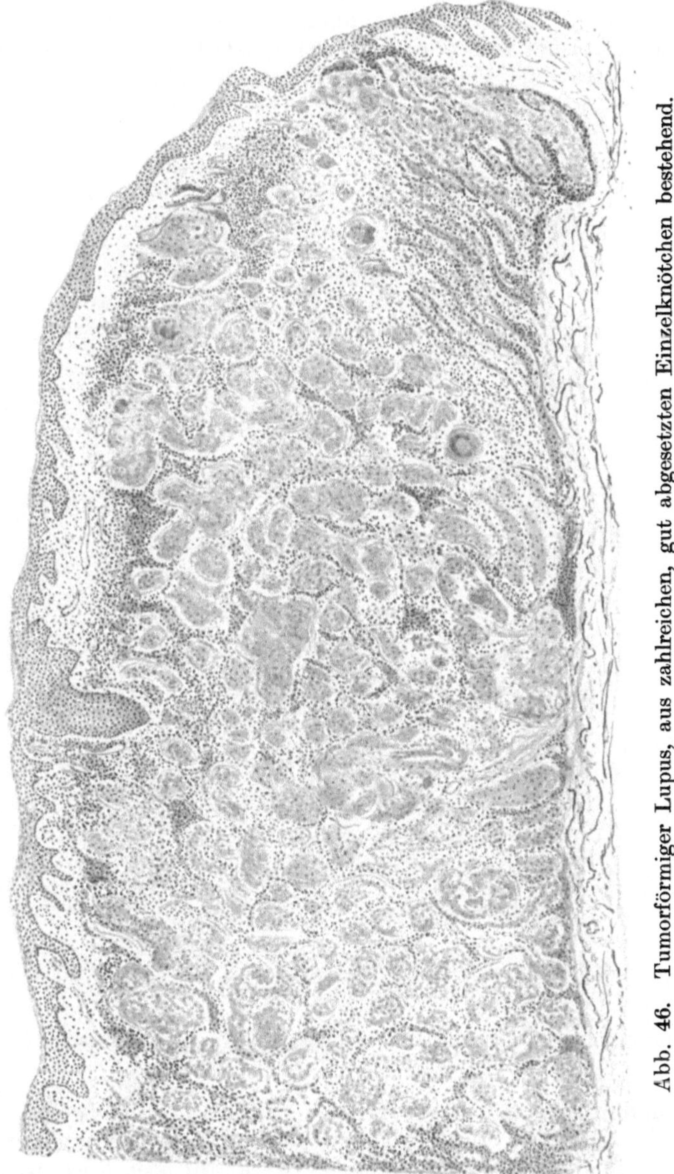

Abb. 46. Tumorförmiger Lupus, aus zahlreichen, gut abgesetzten Einzelknötchen bestehend.

Die Verteilung der Herde in der Cutis ist sehr variabel. Es können zirkumskripte Lupusknötchen in allen Teilen der Cutis vom Papillarkörper bis zur Subcutis hinunter und auch in der Subcutis selbst vorkommen. Am häufigsten ist wohl ihre Entstehung in den mittleren und oberen Schichten.

Bei isolierten Herden ist eine Lagerung unmittelbar unter dem Epithel nicht selten, s. Abb. 42. Sind mehrere Knötchen vorhanden, so trifft man sie oft in verschiedenen Schichten der Cutis an, unter Umständen sogar etagenförmig, das eine direkt über dem andern, durch einen Streifen normalen Cutisgewebes voneinander getrennt, wie in Abb. 43. Der Größe nach kann man hier vermuten, daß das oberflächlich gelegene das ältere ist.

Wir hatten bisher nur von solchen Lupusfällen gesprochen, wo sich das tuberkulöse Infiltrat als knotenförmiges Gebilde scharf von der Umgebung abhob. Von dieser Form, dem „Lupus circumscriptus nodularis," hat

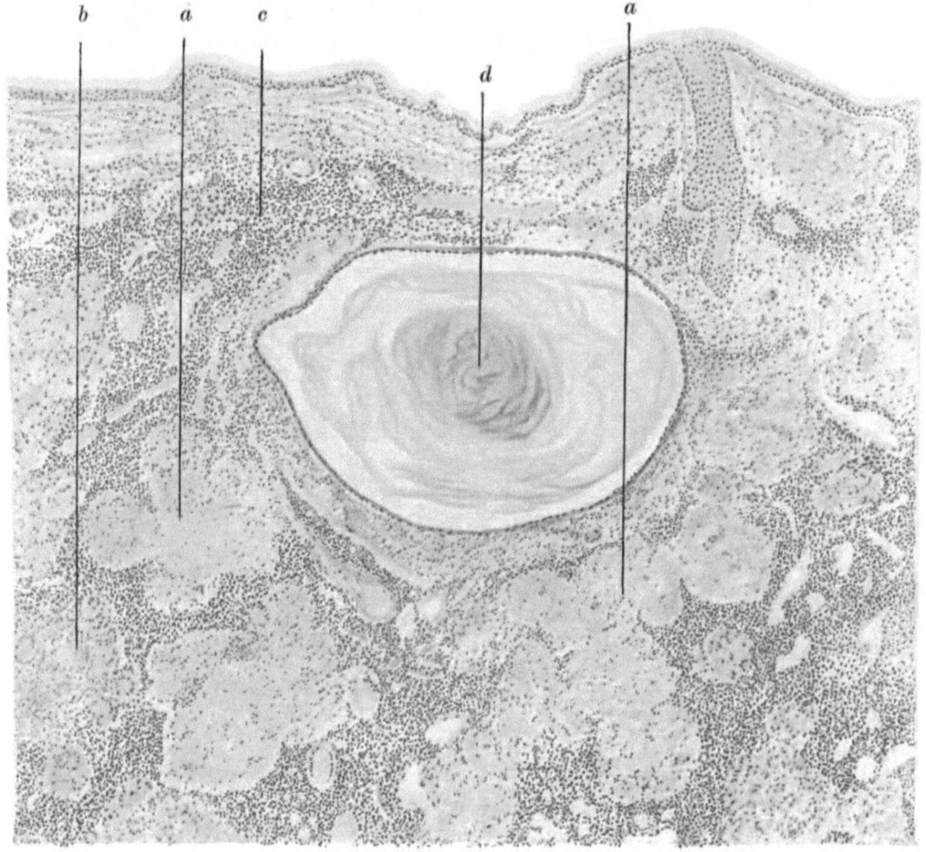

Abb. 47. Lupus vulgaris. *a* Epithelioidzellenknötchen mit Nekrosen; *b* Riesenzellen; *c* Lymphocyten; *d* große Horncyste.

Unna eine andere als „Lupus diffusus radians" abgetrennt. Und diese Bezeichnung ist recht gut, insofern sie zwei Endtypen charakterisiert, zwischen denen es natürlich allerlei Übergänge gibt. Bei der diffusen Form ist am meisten auffallend die nicht mehr scharf abgegrenzte, breite Schichten der Cutis einnehmende Infiltration. Es sind allerdings auch hier rundliche, Tuberkeln entsprechende Herde von Epithelioidzellen, auch Riesenzellen in großen Einzelexemplaren und in kleineren Haufen vorhanden, aber sie sind gleichsam eingestreut in eine diffus angeordnete Zellmasse, die aus Lymphocyten und oft sehr zahlreichen Plasmazellen besteht. Dieses Infiltrat dehnt sich in den Lymphspalten aus und setzt sich an den Gefäßen entlang fort. Dadurch kommen die strahlenförmigen Auswüchse zustande, die der Unnasche Name: „Lupus radians“ bezeichnet. Die Ursache, die das Auftreten der einen oder der anderen Form bedingt, sieht Unna in einer „präexistenten Verschiedenheit der Hauttextur“. Anämie, Derbheit und Trockenheit des Cutisgewebes soll die Abkapselung der Herde begünstigen, während eine stärker durchblutete, feuchte, lockere Haut für die diffuse Form prädestiniert. Ich möchte eher annehmen, daß auch hier das Verhältnis von Tuberkelbazillen und Antikörpern bestimmend ist, daß bei langsamer und schwächerer Aufschließung von Tuberkelbazillentoxin die epithelioide-noduläre, bei rascher und intensiver Toxinwirkung die lymphocytäre-diffuse Form entsteht. Dem entsprechend scheint mir auch, daß das Infiltrat bei dieser letzteren histologisch nicht

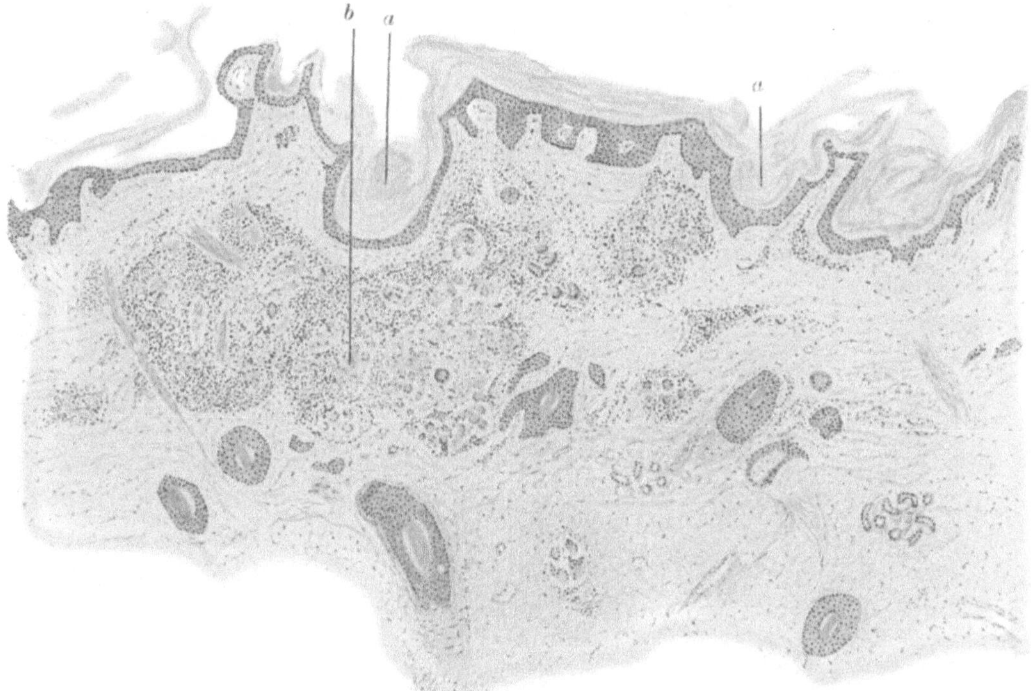

Abb. 48. Lupus des behaarten Kopfes mit Hyperkeratose (*a*); *b* Lupusknötchen.

irgendwelchen spezifischen Charakter hat, sondern nur eine intensive Entzündungsreaktion darstellt.

Lymphocyten und Plasmazellen finden sich bei dieser lupösen Entzündung zwischen den Kollagenbalken der Cutis eingelagert, die sie bei massiger Anhäufung aber verdecken, wohl auch zum Schwinden bringen können. Hier wäre dann die Frage nachzuholen, wie sich das Cutisgewebe der epithelioiden Reaktion bei Lupus gegenüber verhält. Die mikroskopischen Bilder geben darauf eine sehr klare Antwort. In den epithelioiden Tuberkeln der Lupusknötchen fehlen Kollagen und elastische Fasern völlig. Nur selten kann man hier einmal kleine Reste von Kollagenbündeln finden oder mit der starken Vergrößerung Trümmer von elastischen Fasern darin entdecken. Daß kleine Partikel von diesen manchmal im Innern der Riesenzellen erhalten bleiben, ist schon erwähnt worden. Bis scharf an die Grenzen des Knötchens sind beide Elemente der Cutis vollkommen normal. Bei manchen Lupusformen bildet das Cutisgewebe — zum Teil wohl auch unter dem Drucke des sich ausdehnenden Herdes — eine bindegewebige Kapsel um das Epithelioidzellenknötchen.

Vielseitiger als die Veränderungen der Cutis sind die Erscheinungen am

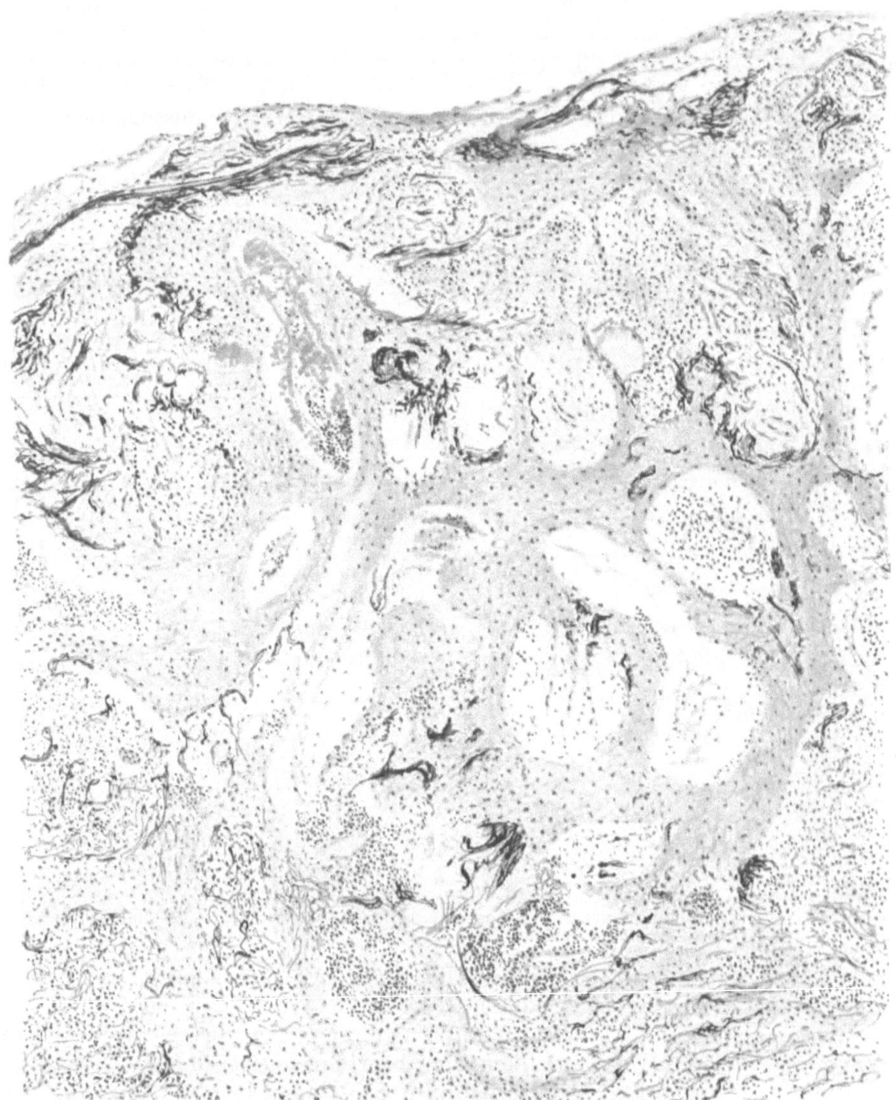

Abb. 49. Elastische Fasern im gewucherten Epithel bei Lupus.

Epithel, die durch die tuberkulösen Herde bedingt werden, obwohl es sich immer nur um sekundäre Reaktionen handelt. Über einem beginnenden Lupusknötchen ist das Epithel oft noch ganz unverändert. Liegt der Herd unmittelbar unter der Epidermis oder erreicht er diese durch Wachstum, so übt er durch weitere Vergrößerung einen Druck aus. Die Papillen verstreichen infolgedessen, das Epithel wird gedehnt, es atrophiert und schließlich decken nur noch wenige Schichten abgeplatteter Zellen das lupöse Gewebe. In der Umgebung des Knötchens reagiert dagegen oft das Epithel durch eine Hyper-

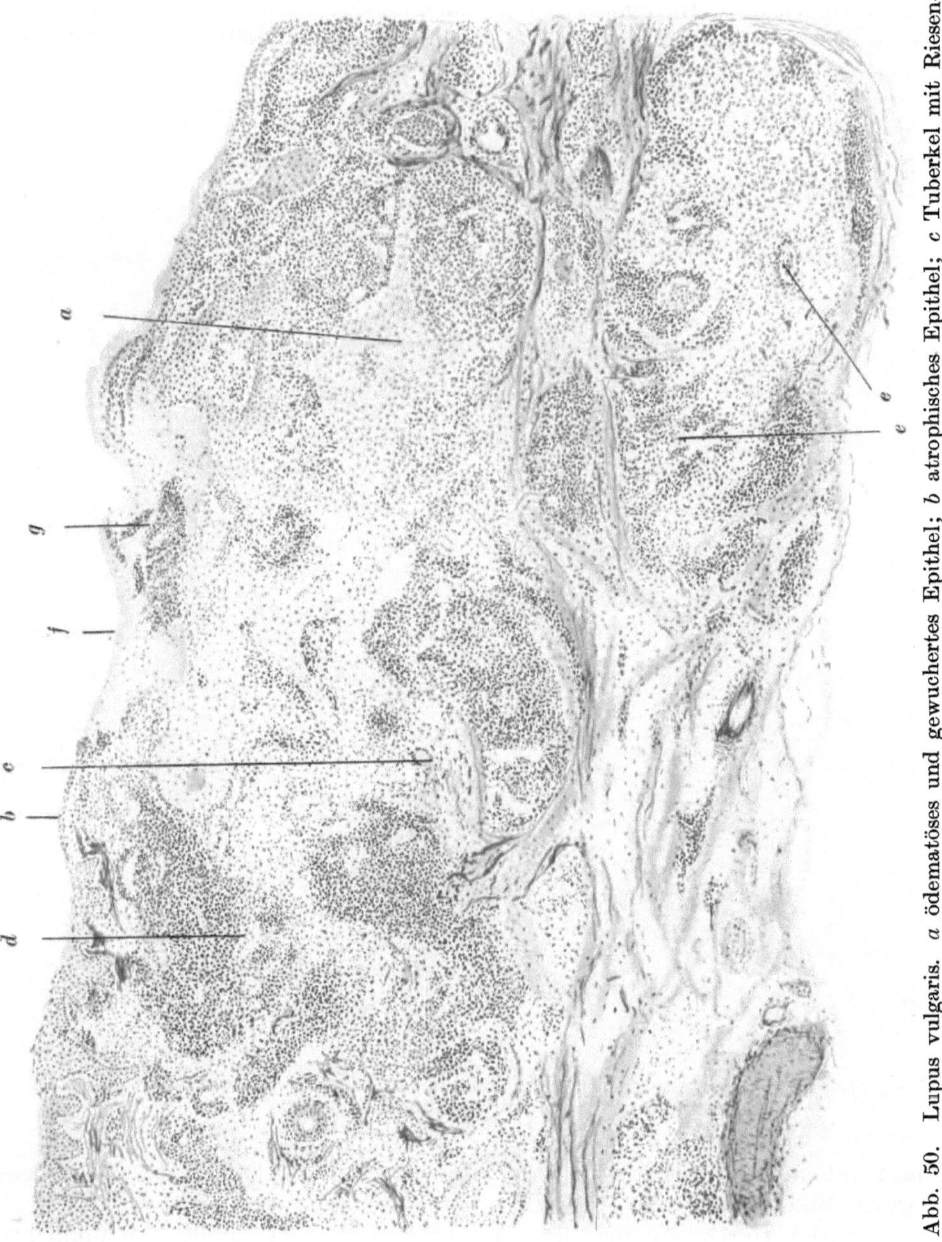

Abb. 50. Lupus vulgaris. *a* ödematöses und gewuchertes Epithel; *b* atrophisches Epithel; *c* Tuberkel mit Riesenzellen, *d* Lymphocyten; *e* Erweichung tiefer Lupusherde; *f* Kruste aus geronnenem Serum; *g* Leukocytenkerne.

trophie, eine Akanthose. Die verbreiterten Retezapfen wuchern in die Tiefe. In anderen Fällen kommen solche Wucherungen auch unmittelbar über dem lupösen Herd vor. Eine eigentümliche Erscheinung hat Jadassohn hierbei beobachtet. Häufig finden sich nämlich elastische Fasern zwischen den Zellen des gewucherten Rete (Abb. 49). Man kann das vielleicht durch rasches Hineinwaschen des Epithels in ein im beginnenden Zerfall befindliches Cutisgewebe erklären. Die Epithelwucherung führt in anderen Fällen, besonders an den Extremitäten und auf dem behaarten Kopf, zu Hyperkeratosen, die sich teils durch aufgelagerte Hornmassen, teils auch durch Hornperlenbildung im Rete bemerkbar machen. Mehr eine Folge sekundärer Entzündungserscheinungen ist

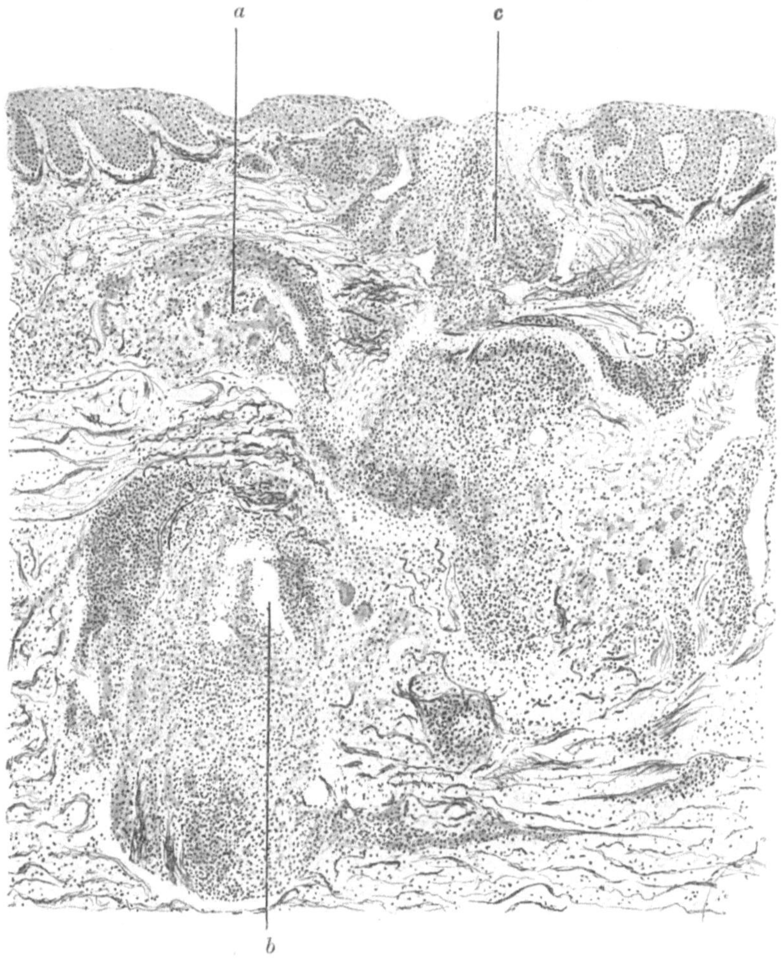

Abb. 51. Lupus vulgaris. *a* Tuberkel mit Riesenzellen; *b* Erweichung in der Tiefe; *c* Erweichung an der Oberfläche und beginnende Ulzeration.

die Parakeratose des Epithels über den lupösen Herden, die klinisch zu psoriasiformen Bildungen führt.

Seröse Durchtränkung des Epithels, auch wohl infolge entzündlicher Vorgänge im Lupusherd, führt zu einem intrazellulären Ödem, zu Status spongoides und ekzemähnlichen Zuständen. Diese kombinieren sich wieder ziemlich häufig mit Wucherung des Epithels. Wir finden dabei das ganze Epithel durchsetzt mit polynukleären Leukocyten. An einigen Stellen, zumal in den tieferen Schichten, bilden sich innerhalb des gewucherten Retezapfens kleine Pseudoabszesse. Diese können nach unten durchbrechen und es entstehen dann eigentümliche Bilder von diffusem Übergang des Epithels in das lupöse Infiltrat. An der Oberfläche finden sich in diesen Fällen durch Exsudation im Serum und Durchwanderung von Leukocyten oft dicke Krusten aus parakeratotischen Hornlamellen, geronnenem Serum, Leukocyten und deren Detritus. Unter diesen Krusten ist das Epithel zwar spongiös, doch sonst unverletzt (Abb. 50). Das entspricht also den oben beschriebenen klinischen Symptomen beim Lupus crustosus. In anderen Fällen kann es auch zum völligen Verlust des Epithels kommen. Aber dem gehen wohl meistens Erweichungserscheinungen im Lupusherd selbst voraus, mit denen wir uns noch beschäftigen müssen.

Exsudative Prozesse im Lupusherd, das Erscheinen von polynukleären Leukocyten und serofibrinöse Entzündung sind nichts Besonderes. Lombardo hat, wie schon erwähnt, eine bestimmte Form des Tuberkels mit Leukocyten im Zentrum beschrieben. Derselbe Autor hat auch die Fibrinausscheidung bei Lupus studiert und fand sie in 50% aller Lupusfälle. In degenerierenden Tuberkeln fand er das Fibrinnetz zwischen den Epithelioid-

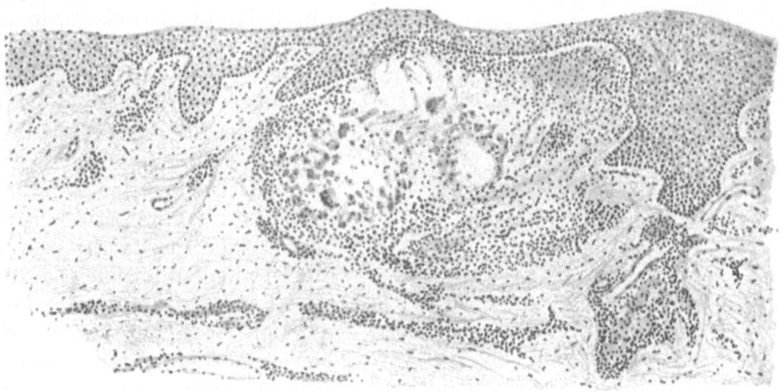

Abb. 52. Lupusknötchen, im Zerfall begriffen.

zellen an der Peripherie. Unter stärkerem Anstrom von polynukleären Leukocyten tritt manchmal vollkommene Erweichung des tuberkulösen Herdes ein. Das Epithel wird von diesen Vorgängen erst sekundär und zuletzt in Mitleidenschaft gezogen. Denn wir sehen häufig die am weitesten fortgeschrittene Erweichung in den tiefen Herden, während das Epithel eben erst in Einschmelzung begriffen ist. Das spricht auch gegen die Bedeutung einer exogenen Kokkeninfektion für das Zustandekommen des Lupus exulcerans, dessen Vorkommen Unna merkwürdigerweise bestreitet. Denn von dem eben geschilderten Stadium zum lupösen Ulcus ist nur noch ein kleiner Schritt. Es gibt aber noch eine andere Art der Erweichung, wie es scheint, ohne wesentliche Mitwirkung von Leukocyten, lediglich als Folge nekrobiotischer Vorgänge im Lupusknötchen. Das Gewebe zerfällt einfach in sich, die Zellen verlieren ihren Zusammenhang und zeigen in Form und Färbung Degenerationserscheinungen (Abb. 52). Allmählich erst kommen dann Leukocyten hinzu. Eine Läsion der atrophischen Epidermis über derartig veränderten Herden muß ebenfalls zur Bildung eines Geschwürs führen. Zwischen den zerfallenen Elementen eines solchen Knötchens fand ich einmal noch gut erhaltene Reste von kleinen Gefäßen.

Die Lehre von der Gefäßlosigkeit des Tuberkels ist für die Hauttuberkulose schon lange aufgegeben worden. Manche erklären sogar das Fehlen der Verkäsung im Lupus durch das Vorhandensein von Gefäßen und die dadurch bedingte bessere Ernährung des tuberkulösen Gewebes. Jedenfalls enthält das Lupusknötchen, besonders zwischen den einzelnen kleinen Tuberkeln, oft zahlreiche Gefäße. Ganz besonders reichlich sind sie bei den diffusen Formen innerhalb der Lymphocyten- und Plasmazellen-Infiltrate vorhanden. Hier findet man sogar teils starke Erweiterungen größerer Gefäße, teils ganz erhebliche Neubildung kleinster Gefäße, die dann dem Lupus auch klinisch einen angiomatösen Charakter geben kann. Das Verhalten des Lupus zu den Gefäßen hat manche Diskussionen veranlaßt. Sicher kann der lupöse Prozeß von außen in größere Venen und Arterien durchbrechen und deren Wand derartig infiltrieren, daß man sie schließlich nur noch an den elastischen Membranen erkennt (Abb. 54). Auch obliterierende Intimawucherungen entstehen auf diese Weise sekundär. Wichtiger für die Pathogenese des Lupus ist die Frage, ob dieser auch von der Intima der Gefäße seinen Ausgang nehmen kann. Nur in solchen Fällen, deren Entstehung auf diesem Wege mit Sicherheit demonstriert werden kann, ist ein hämatogener Ursprung als histologisch bewiesen anzunehmen. Diese Forderung erfüllt bisher nur der eine Fall von Wolters. Doch ist es natürlich immer nur ein glücklicher Zufall, der dem Untersucher solche Stellen unter das Mikroskop liefert. Die hämatogene Entstehung aber ist aus klinischen Gründen viel häufiger als sie der Histologe nachweisen kann. Daß wir Lupusherde mit besonderer Vorliebe in der Umgebung von Gefäßen lokalisiert finden, darf uns freilich nicht zu der Annahme verleiten, daß die Tuberkelbazillen hierher auf dem Blutwege gelangt seien. Denn daß gerade die Zellen der Gefäßwände, Endothelien wie Adventitiazellen, beim Aufbau des Tuberkels eine besondere Rolle spielen, wird ja allgemein anerkannt.

Abb. 53. Lupus mit Neubildung zahlreicher kleiner Gefäße (a).

Ganz ebenso verhalten sich in dieser Beziehung die Lymphgefäße. Von anderen Erscheinungen an diesen sind bemerkenswert starke Erweiterungen und Neubildungen, die zu lymphangiomähnlichen Bildungen führen und dadurch das Bild des Falles in eigentümlicher Weise verändern können.

Histologisch fallen ferner noch erweiterte Lumina auf, die dicht mit Lymphocyten angefüllt sind, wie zuerst F. Pincus bei Leukämie beschrieben hat.

An den Nerven sind bei Lupus keinerlei charakteristische Läsionen beschrieben worden. Im Gegensatz zu der besonderen Affinität des Leprabazillus zum Nervengewebe, scheint dieses dem Tuberkelbazillus gegenüber relativ widerstandsfähig. Jedenfalls findet man häufig mitten in lupösen Infiltraten gut erhaltene und anscheinend vollkommen intakte Nervenstränge. Man versteht also das Erhaltenbleiben der Sensibilität in dem stark veränderten Lupusgewebe.

Auch von Follikeln und Schweißdrüsen kann man hier und da

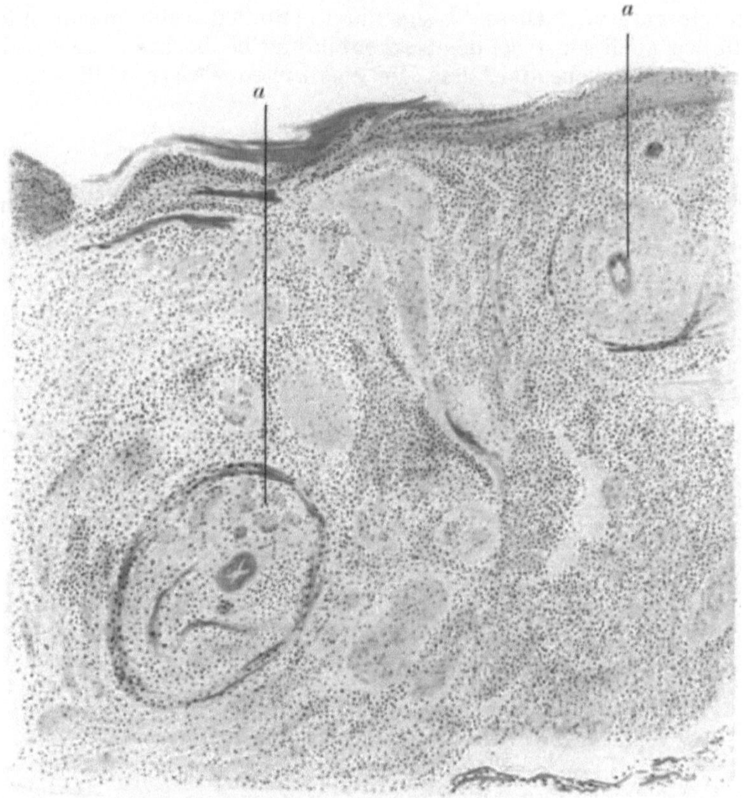

Abb. 54. Tuberkulös erkrankte Gefäßwände (a) in Lupus vulgaris.

innerhalb der Krankheitsherde Überbleibsel erkennen, doch bleibt das ganze Gebilde im Zentrum eines Lupus wohl nie unversehrt. Einzelne Teile der Follikelwand oder der Schweißdrüsenknäuel können sich dagegen manchmal ziemlich lange halten. Die Ansiedelung von Lupusknötchen in der Umgebung der Drüsen und Follikel erklärt sich durch deren Gefäßreichtum. An sekundären Veränderungen kommen hidrocystomartige Dilatationen und Horncystenbildung vor (s. Abb. 47, S. 108).

Ähnliches Verhalten wie die Schweißdrüsen zeigen die Drüsen der Schleimhäute; innerhalb der ausgebildeten Tuberkel fehlen sie, in dem diffus infiltrierten, hier an Plasmazellen besonders reichen Gewebe sind sie ziemlich zahlreich erhalten, zum Teil etwas erweitert. Irgendwelche besondere Eigentümlichkeiten zeichnen den Lupus der Schleimhaut von dem der äußeren Haut nicht aus. Wegen der geringen Dicke des Epithels sind Ulzerationen etwas häufiger.

Schließlich muß noch der Narbenbildung und der Heilungsvorgänge im lupösen Gewebe gedacht werden. In älteren Lupusherden, besonders in solchen mit gut abgegrenzten Knötchen, sieht man nicht selten, daß neben den Epithelioiden sich zahlreiche Spindelzellen, Fibroblasten einstellen, meist von der Peripherie her. Der Form nach finden sich von diesen manche Übergänge zu den Epithelioidzellen, die sie schließlich ganz verdrängen können. Zusammen mit dem Auftreten dieser Zellen beginnt dann auch eine Neubildung fibrillärer Substanz, die in den Tuberkel eindringt, aber auch die diffusen Infiltrate durchsetzt. Dieses neugebildete Bindegewebe macht alle Phasen durch, die wir auch sonst bei der Narbenbildung beobachten, stellt sich anfangs als kernreiches Gewebe dar, dem die elastischen Fasern vollkommen fehlen,

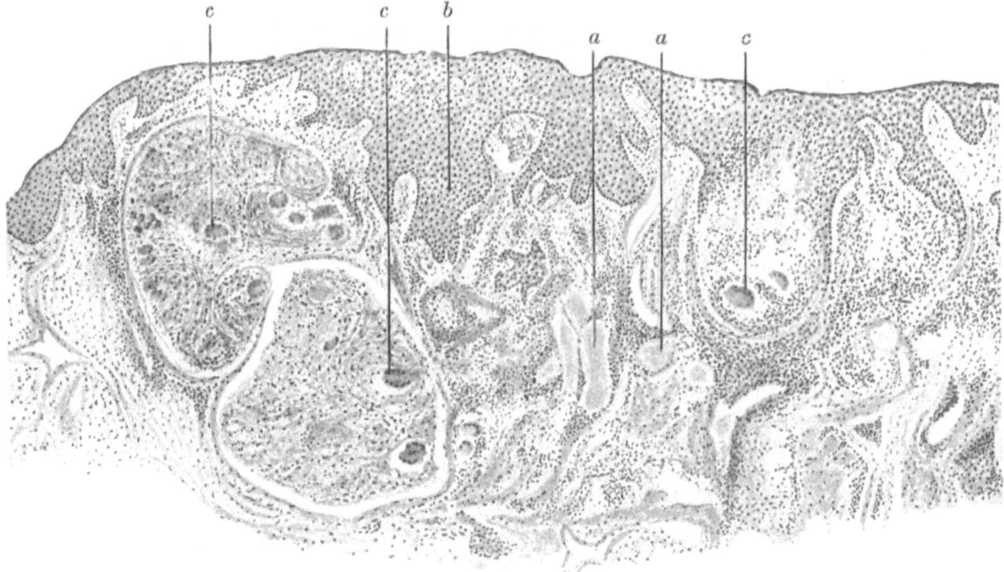

Abb. 55. Lupus der Lippe mit Lymphangiektasien (*a*); *b* gewuchertes Epithel; *c* Tuberkel mit Riesenzellen.

bildet später feine, kernarme, fibrilläre Züge, deren Faserrichtung meist parallel zum Epithel verläuft. Als ein spezifisch tuberkulöses Gewebe kann man dies Fibrom nicht ansehen, sondern kann nur eine allgemeine, histologische Reaktion des Organismus darin erblicken, ein Anzeichen partieller Heilungsvorgänge.

Verlauf, Prognose und Komplikationen. Bei einer Krankheit, deren Entstehung so verschiedenartig, deren äußere Formen so vielgestaltig sind, kann natürlich von einem typischen Verlauf nicht die Rede sein. Es ist klar, daß hier alle jene Faktoren ins Spiel treten, von denen wir im allgemeinen Teil ausführlich gesprochen haben, besonders die individuelle Disposition des Patienten und das zeitweilige Verhältnis des Infektionserregers zum infizierten Organismus (Antikörperbildung). Für die Prognose des einzelnen Falles kommen aber noch ganz andere, nicht biologische Momente in Betracht, nämlich erstens das Milieu, in dem der Patient lebt, zweitens der augenblickliche Stand der Therapie. Die Bedeutung des Milieus darf nicht unterschätzt werden. Es ist außerordentlich wichtig, ob der Kranke — wie oft sind es doch kleine Kinder! — sich in einer Umgebung befindet,

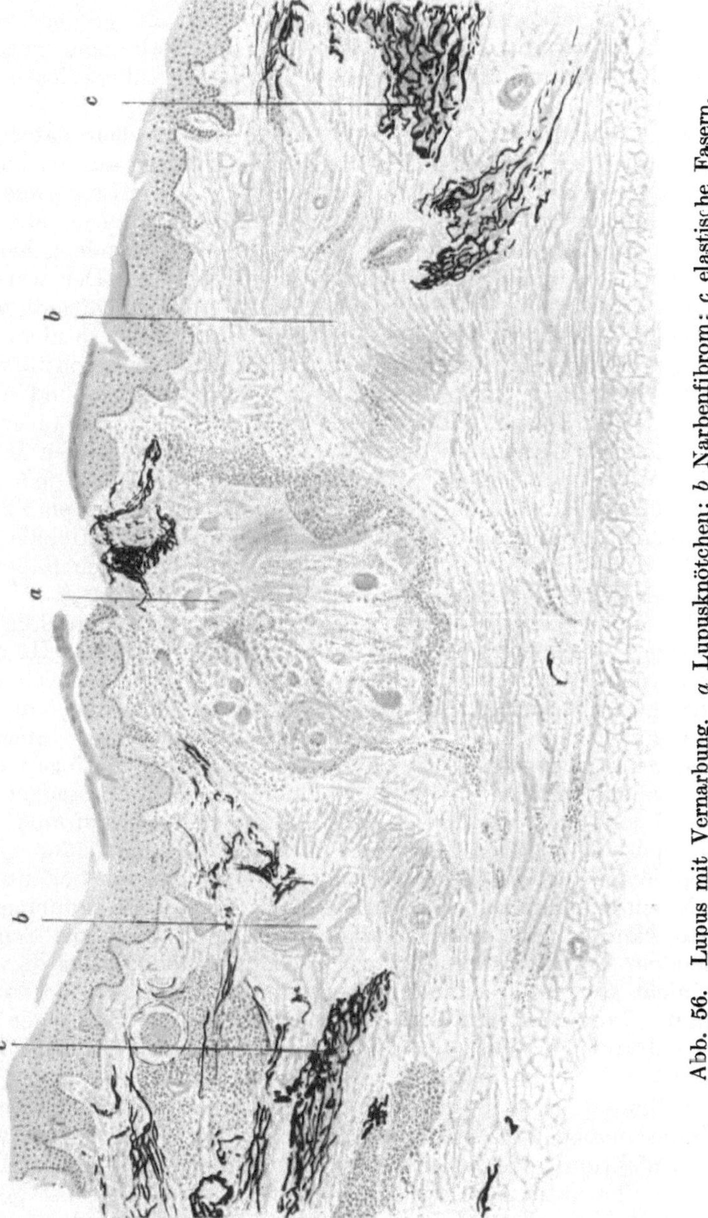

Abb. 56. Lupus mit Vernarbung. *a* Lupusknötchen; *b* Narbenfibrom; *c* elastische Fasern.

die rechtzeitig auf sein Leiden aufmerksam wird, die verständig genug ist, geeignete ärztliche Hilfe in Anspruch zu nehmen, die auch später nicht infolge materiellen Zwanges oder aus Indolenz ihn von der Durchführung einer Behandlung fernhält. Über die Bedeutung des zweiten Momentes braucht kein Wort verloren zu werden. Daß die Therapie des Lupus in den letzten Jahrzehnten ganz enorme Fortschritte gemacht hat, werden wir im dritten Teil des Buches sehen. Auch die Kenntnis der Krankheit und ihrer Gefahren hat sich durch eifrige Aufklärungsarbeit und Fürsorgestellen etwas im Volke verbreitet. Man darf daher sagen, daß die Prognose des Lupus im allgemeinen entschieden besser geworden ist. Trotzdem aber ist zu großer Optimismus übel angebracht. Der Lupus ist und bleibt in jedem Falle eine ernste Krankheit und der Lupöse muß als Träger einer manifesten tuberkulösen Infektion angesehen werden.

Wir werden im letzten Teil noch davon zu sprechen haben, wie die Therapie sich in erster Linie nicht auf den Lupus, sondern auf das tuberkulöse Individuum zu richten hat, und wie wichtig es ist, bei einem Lupus das zugrunde liegende Schleimhaut- oder Knochenleiden zu behandeln. Dies Moment aber immer wieder zum Gegenstand breiter Erörterungen zu machen, heißt weiter nichts als Selbstverständliches mit Emphase verkünden. Der wäre ja kein Arzt, der nur die Haut des Patienten sähe. Aber trotzdem müssen wir sagen, daß die Prognose des Lupus und die der Allgemeintuberkulose nicht identisch sind. Manchen Patienten, dessen inneres Leiden wir nicht vollständig heilen können, werden wir doch von seinem Lupus befreien können und ihm damit einen großen Dienst leisten. Denn mancher findet sich mit einer Lungentuberkulose mäßigen Grades eher ab als mit einem entstellenden Hautleiden, das ihm den Verkehr mit seinen Mitmenschen verleidet. Auf jeden Fall ist es verkehrt, nur die Lupusfälle für geeignete Objekte der Therapie zu erklären, wo die Krankheit durch exogene Inokulation entstanden, eine lokale Infektion darstellt. Auch in den mit innerer Tuberkulose komplizierten Fällen müssen und können wir durch lokale Behandlung helfen.

Es gibt ja wirklich Fälle, deren ganzer Verlauf die Krankheit als ein harmloses Leiden erscheinen läßt. Da ist ein kleiner, isolierter Herd, an der Wange, vermutlich durch äußere Einimpfung entstanden, der sich im Laufe eines Jahres nur um wenige Millimeter vergrößert, und der ohne weiteres einer der radikalen therapeutischen Methoden zugänglich ist. Hier sind die Bedingungen erfüllt, die eine gute Prognose gewährleisten: Geringe individuelle Disposition, isoliertes Auftreten, eine der Therapie leicht zugängliche Lokalisation. Wenn eine von den dreien fehlt, kann sich Verlauf und Prognose schon wesentlich ungünstiger gestalten. Nehmen wir den leider so überaus häufigen Fall einer für die Therapie schlecht zugänglichen Lokalisation an: Lupus der Nasenschleimhaut. An sich vielleicht ein ebenso gutartiger Prozeß wie der erste, kann er doch durch häufige Rezidive an Haut und Schleimhaut zu schleppendem Verlauf führen, da wir gegenüber dem Lupus der Schleimhaut über nicht so gute Behandlungsmethoden verfügen wie gegen den der äußeren Haut. Trotzdem wird auch dieser Fall nicht das Bild einer schweren Erkrankung geben. Seine Heilung erfordert nur Geduld von seiten des Patienten und des Arztes.

Viel schlimmer ist es, wenn der Patient durch seine individuelle Disposition, durch mangelhafte Antikörperbildung nicht imstande ist, der tuberkulösen Hautinfektion genügenden Widerstand entgegenzusetzen. Hier kann sich der ganze Charakter des Lupus verändern. Während sonst gerade das äußerst langsame Fortschreiten, die exquisite Chronizität für diese Krankheit typisch sind, kann sie jetzt in wenigen Monaten große Flächen überziehen, kann durch Zerfall und Geschwürsbildung irreparable Zerstörungen anrichten und jeder Behandlung spotten. Das ist die Krankheitsform, die man als „Lupus vorax“ oder „phagedaenicus“ bezeichnet hat. In einem anderen Fall kann es schwer sein, des inneren tuberkulösen Grundleidens Herr zu werden (z. B. Gelenk-, Knochen-, Drüsenaffektionen), von dem aus die Haut immer wieder infiziert wird. Dazu kommt der verschiedene Verlauf je nach dem Alter der Patienten. Der Lupus der alten Leute erweist sich manchmal als ganz besonders gutartig und leicht heilbar, während bei manchen skrofulösen Kindern von vorneherein schwere und hartnäckige Formen auftreten. Dann bleibt noch die ungeheuere Zahl der Fälle, wo man die Krankheit so lange ungestört sich hat ausbreiten lassen, bis der Patient durch Entstellung oder Funktionsbeschränkung belästigt wird, Fälle, bei denen der Arzt auf den ersten Blick sagen kann, daß sie seit Jahrzehnten bestehen. Die Ausdehnung der Erkrankung verschlechtert hier die Aussichten auf endgültige Genesung, während der Fall, an sich vielleicht gar nicht schwer, vor Jahren mit Leichtigkeit hätte geheilt werden können. Unwissenheit und Indolenz lassen die Krankheit die größten Dimensionen annehmen, ehe ein Arzt gefragt wird, und selbst dann verweigert der Patient nicht selten eine Behandlung, wenn sich der Lupusherd an einer bedeckt getragenen Körperstelle befindet, da er nicht gesehen wird und keine Schmerzen bereitet. Das Fehlen subjektiver Erscheinungen gehört ja zu den Eigenschaften des Lupus. Nur manchmal wird eine gewisse Empfindlichkeit beim Berühren angegeben.

Spontanheilungen kommen beim Lupus vor, aber auf sie sich zu verlassen, heißt auf das Wunderbare warten. Fast immer erreichen die Heilbetrebungen des Organismus nur zur Hälfte das Ziel. Es entstehen ausgedehnte Vernarbungen, aber am Rande schreitet der Prozeß fort, und in der Narbe entstehen herdförmige Rezidive. Eine Ausnahme machen vielleicht manche Fälle von multiplem hämatogenem Lupus, die lokal eine besondere Benignität zeigen, die sich nicht ausdehnen und unter Umständen sich sogar von selber vollkommen zurückbilden. Die Ursachen dafür haben wir im allgemeinen Teil auseinandergesetzt.

Verlauf und Prognose des Lupus sind aber nicht einzig und allein abhängig von der Entwicklung der tuberkulösen Hauterkrankung. Es gibt gewisse Komplikationen des Lupus, die den Verlauf modifizieren, ja entscheidend beeinflussen können. Von den tuberkulösen Knochen- und Drüsenherden, die zusammen mit Lupus vorkommen können, ist bereits mehrfach die Rede gewesen. Es soll hier nur nochmals betont werden, daß dabei der Lupus nicht immer sekundär von diesen aus entstanden zu sein braucht, sondern daß die tuberkulöse Infektion von der Haut aus auf jene Organe übergehen und dadurch komplizierende Erkrankungen herbeiführen kann. Daß besonders die Knochenaffektionen, sowohl die tuberkulöse Ostitis als auch der sekundäre Schwund durch Narbendruck, für den Verlauf eine sehr unheilvolle Komplikation bedeuten, bedarf kaum noch der Erwähnung. Die dadurch verursachten Veränderungen sind oft irreparabel und ihre Folgen selbst durch ausgedehnte chirurgische Eingriffe manchmal kaum zu mildern. Weniger schwer ins Gewicht fallen die Drüsenerkrankungen, die tuberkulösen Lymphadenitiden, die in einer sehr großen, nach manchen Statistiken in der überwiegenden Zahl der Fälle sich zum Lupus hinzugesellen. Diese tuberkulösen Drüsenschwellungen halten sich häufig in bescheidenen Grenzen und sind dann der Therapie, die gerade in dieser Richtung bedeutende Forschritte gemacht hat, leicht zugänglich. In anderen Fällen allerdings kann die Erkrankung der regionären Drüsen durch Bildung großer Lymphome, durch Erweichung, Perforationen und darauf folgende Entstehung neuer Hautherde einen ernsteren Charakter annehmen. Sie kann auch eine Brutstätte für das tuberkulöse Virus darstellen, von der aus dann der Körper mit diesem überflutet wird. Auf diese Art können dann alle exanthematischen Formen der

Tuberkulose, die sog. „Tuberkulide" entstehen. Manche Fälle, wo wir diese neben einem primären Lupus finden, erklären sich so.

Ungemein häufig sind natürlich auch die Erkrankungen der Lymphgefäße; diese, zumal die kleineren, bilden ja den Hauptverbreitungsweg des Lupus in der Haut, so daß ihre Erkrankung als Komplikation des Lupus eigentlich nicht anzusehen ist. Etwas anderes ist es mit den akuten Schüben erysipelartigen Charakters, die wir manchmal an der Peripherie von Lupusherden bemerken und beim Fehlen von Sekundärinfektion mit anderen Mikroorganismen als tuberkulöse Lymphangitiden deuten können. Besondere „retikuläre" Formen dieser Entzündung sind von französischen Autoren beschrieben worden. Diese Erscheinungen sind prognostisch von ungünstiger Bedeutung, da sie eine gewisse Virulenz und ein Fortschreiten des Prozesses anzeigen. Außer diesen akuten Entzündungen sind mehr chronische, lymphangitische Zustände beobachtet worden, die in der Gestalt von mehr oder weniger zirkumskripten Ödemen auftreten und bleibende Verdickungen der Haut hinterlassen können. Die Erkrankungen der großen Lymphgefäße mit Bildung dicker Lymphstränge und derber, manchmal auch erweichender und perforierender Knoten kommen auch beim Lupus, zumal dem der Extremitäten vor, sind aber häufiger bei

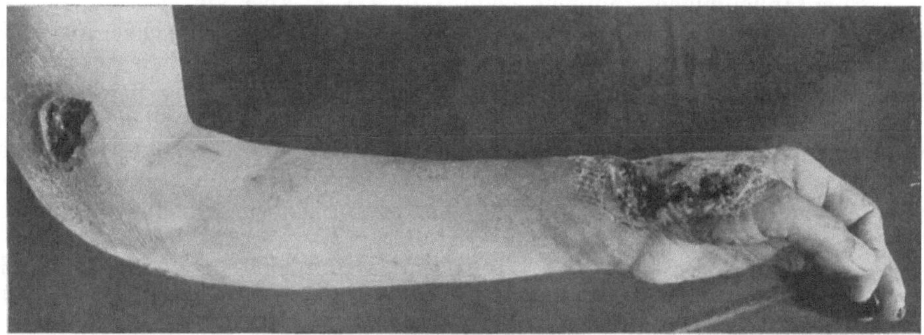

Abb. 57. Lupus der Hand. Lymphangitis und tuberkulöses Ulkus. (Sammlung der Berner Klinik.)

der Tuberculosis verrucosa, weshalb wir sie bei dieser ausführlicher besprechen.

Die Beziehungen, die zwischen einem Lupus und einer Tuberkulose von inneren, vom Hautherd entfernt gelegenen Organen bestehen können, sind im allgemeinen Teil geschildert worden. Aus dem dort Gesagten ist zu entnehmen, welche Wechselwirkungen zwischen Haut- und Organtuberkulose stattfinden, und was daraus für Schlüsse auf Verlauf und Prognose des Hautleidens zu ziehen sind.

Von den Komplikationen des Lupus, die an sich nicht tuberkulösen Ursprunges sind, können wir zwei Arten unterscheiden: Solche, wo der Lupus eine besondere Prädisposition für eine andere Erkrankung schafft, und solche, wo es sich um ein zufälliges Zusammentreffen, ein Nebeneinander von Lupus und einer andersartigen Krankheit handelt.

Solange beim Lupus das Epithel nicht verletzt ist, ist für Sekundärinfektionen keine besondere Gelegenheit gegeben, wenn auch in den Schuppen, wie bei allen squamösen Prozessen der Oberhaut, die normalerweise vorhandenen Bewohner dieser Schichten, Staphylococcus cutis communis, Malassezsche Sporen etc. etwas reichlicher angehäuft sein mögen als gewöhnlich. Erst das

Auftreten von Erosionen und Ulzerationen, an dem, wie wir gesehen haben, fremde Bakterien nicht ursächlich beteiligt sind, bietet Infektionspforten und geeignete Nährböden für die banalen Eitererreger der Haut. So finden wir denn an der Oberfläche offener Lupusherde dieselben Mikroorganismen wie bei allen nässenden Prozessen der Haut, vor allem die pyogenen Staphylo- und Streptokokken. Sie können hier wuchern, ohne das Krankheitsbild wesentlich zu beeinflussen, können aber auch alle Formen von Pyodermien, als deren Erreger wir sie kennen, als komplizierende Erkrankungen auf und neben dem lupösen Terrain erzeugen. Doch finden wir seltener die typischen Staphylodermien, Follikulitiden und Furunkel, als Symptome, die wir auf Streptokokken zurückzuführen geneigt sind. Bei der gewöhnlichen Impetiginisierung von Lupusherden ist es noch schwer, die Rolle dieser Mikroorganismen richtig einzuschätzen, da exsudative Vorgänge, wie sie auch dem reinen Lupus eigen sind, impetigoähnliche Krusten produzieren können. Es wird sich damit wohl ähnlich verhalten wie mit der Impetiginisierung anderer Dermatosen, z. B. des Ekzems. Jedenfalls ist diese Form der Sekundärinfektionen leichter Natur und hat für den Gesamtverlauf keine große Bedeutung.

Von ganz anderer Wichtigkeit als diese zirkumskripte, epitheliale ist die diffuse, kutane Form der Streptokokkeninfektion, wenn sie den Lupusherd befällt. Sie tritt dann als echtes Erysipel in Erscheinung, das eine hochgradige Rötung und Schwellung des Herdes hervorruft und von der Peripherie aus die gesunde Haut ergreift. Die Lupuserysipele können jede Form und jeden Grad der Schwere annehmen wie gewöhnliche Erysipele. Nach ihrem Ablauf hat man manchmal den Eindruck, als ob der Lupus etwas zurückgebildet sei. Doch wird der gefährliche Versuch, Lupusherde durch künstlich erzeugte Erysipele zur Heilung zu bringen, heute wohl nirgends mehr angestellt. Die Neigung aller Erysipele, zu rezidivieren, ist denen beim Lupus in besonders hohem Maße eigen, zumal wenn sie von Rhagaden der Nase an der Schleimhautgrenze ausgehen. Die späteren Anfälle verlaufen dann häufig abgeschwächt, mit geringen lokalen Erscheinungen ohne wesentliche Störungen des Allgemeinbefindens. Wenn diese wiederholten Attacken auch für die allgemeine Gesundheit des Patienten nicht mehr bedrohlich zu sein brauchen, so sind doch ihre lokalen Folgen oft recht unangenehm. Es kommt zu chronischen Veränderungen der Lymphwege, persistierenden Ödemen und derben Schwellungen und schließlich zu einer richtigen Elephantiasis. Allerdings ist diese keineswegs immer eine Folge des Streptokokkenerysipels, sondern, wie wir gesehen haben, bewirkt oft die tuberkulöse Erkrankung an sich durch Beteiligung der Lymphgefäße, Stauung und Bildung hypertrophischen Gewebes ganz dasselbe Endresultat.

Eine Komplikation des Lupus, die Verlauf und Prognose sehr zum Ungünstigen beeinflussen kann, ist die Kombination mit Karzinom. Darier schätzt ihre Häufigkeit auf $4^0/_0$, Leloir auf 15 unter 1000 Fällen. Mit dieser letzteren stimmt fast genau die Statistik von Sequeira mit 14 Fällen von Karzinom unter 964 Lupösen. Jedenfalls geht aus den Angaben hervor, daß diese Kombination immerhin so häufig ist, daß man einen besonders begünstigenden Einfluß des Lupus für die Epitheliombildung annehmen muß. Worauf dieser beruht, ist noch nicht ganz klar. Im allgemeinen wird zwischen Lupuskarzinomen und Narbenkarzinomen unterschieden. Die letzteren wären dann nicht anders aufzufassen, wie die auch sonst auf Narben anderer Herkunft sich ansiedelnden epitheliomatösen Tumoren. Aber eine scharfe Unterscheidung beider Arten ist kaum möglich, da in vernarbten Partien noch einzelne Lupusherde vorhanden sein können, und andererseits die meisten Lupusfälle zu partieller Narbenbildung führen. Deshalb gehen auch die Ansichten über die Häufigkeit beider Arten weit auseinander (s. Jadassohn und die dort zitierte Arbeit von Ashihara). Wahrscheinlich liegt doch in dem lupösen Prozeß noch ein förderndes Moment, da bei anderen vernarbenden Affektionen (z. B. bei tertiärer Lues der äußeren Haut) Epitheliome seltener auftreten. Das nächste ist natürlich, mit den bei Lupus so häufigen Epithelwucherungen einen Zusammenhang zu suchen. Miyahara hat in unbehandelten Lupusherden von sieben verschiedenen Fällen fünfmal Epithelwucherungen gefunden, darunter dreimal auch Wucherungen in der Tiefe. Ein Fall von diesen dreien zeigte deutlich geschwulstartiges Wachstum, Auflösung in Zellreihen und Eindringen in die Gewebsspalten. Hier konnte man zwar noch nicht von beginnender Karzinombildung sprechen, doch dürften derartige Wucherungen schon als Vorstadien von Epitheliomen in Betracht kommen. Wenn aber Miyahara die Seltenheit des Lupuskarzinoms im Vergleich zur Häufigkeit der atypischen Epithelwucherungen dadurch erklärt, daß diese meist durch die Therapie mit entfernt würden, so kann das wohl nicht ganz stimmen. Es muß wohl noch irgend ein uns bis jetzt unbekannter Faktor hinzukommen. Denn unter der großen Zahl unbehandelter Lupusfälle gibt es doch nur sehr wenige, die karzinomatös werden. Und was die Therapie anbetrifft, so haben manche ihr eher einen provozierenden Einfluß zugeschrieben, durch Anreiz zu Epithelwucherungen. Ganz besonders hat man das von der Röntgenbehandlung angenommen. Es ist auch nicht zu leugnen, daß bei zu geringer Dosierung ein solcher Reiz ausgeübt werden kann. Ritter und ich konnten kürzlich bei Karzinommetastasen der Haut diesen Einfluß demonstrieren. Eine schwache Röntgendosis steigerte die Zahl der Tumorelemente, während eine starke sie verschwinden ließ.

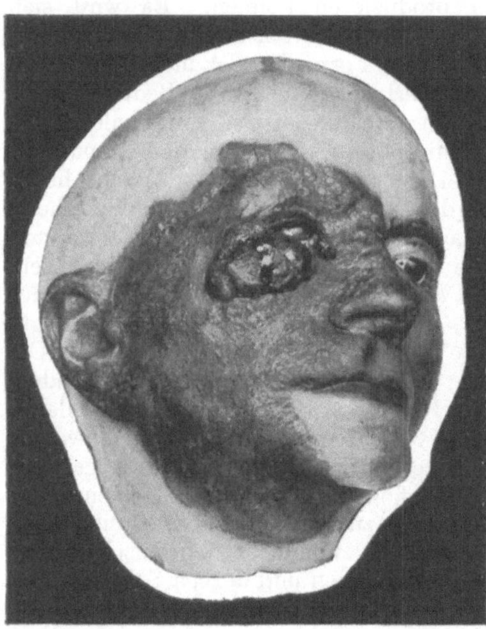

Abb. 58. Lupuskarzinom. (Sammlung des Allg. Krankenhauses Hamburg-St. Georg.)

Das Karzinom entwickelt sich im allgemeinen bei älteren, schon seit vielen Jahren bestehenden Lupusfällen, doch im Vergleich zu anderen Hautkarzinomen manchmal in relativ jugendlichem Alter der Patienten. Allerdings kommen auch hier Ausnahmen vor, so wird von B. Schwartz ein Fall beschrieben, wo der Lupus im 54. Lebensjahr und das Karzinom bereits vier Jahre später auftrat. In der ganz überwiegenden Zahl der Fälle ist das Gesicht vom Lupuskarzinom befallen. Dieses kann alle sonst vorkommenden Formen des Hautepithelioms annehmen. Doch sind stark wuchernde und zerfallende Formen besonders häufig, vielleicht deswegen, weil das weiche, lupöse Gewebe den wuchernden Tumormassen nicht mehr den Widerstand entgegensetzt wie eine normale Cutis. Trotz dieser Tendenz zur Bildung oft sehr großer Tumoren, sind, was die Metastasierung anbetrifft, die Lupuskarzinome kaum als maligner anzusehen als die gewöhnlichen Epitheliome. Außer unregelmäßig geformten Wucherungen und pilzförmigen Tumoren kommen auch Ulcera mit hartem, wallartig aufgeworfenem Rande vor. Bei einem Fall von Lupus des Armes, den ich auf der Arningschen Abteilung beobachtete, bildete sich mitten im lupösen Gewebe ein langsam fortschreitendes, muldenförmiges Ulcus mit glattem Grund ohne aufgeworfene Ränder. Histologisch handelte es sich um ein typisches Karzinom (Abb. 59). Meist sind alle diese Bildungen

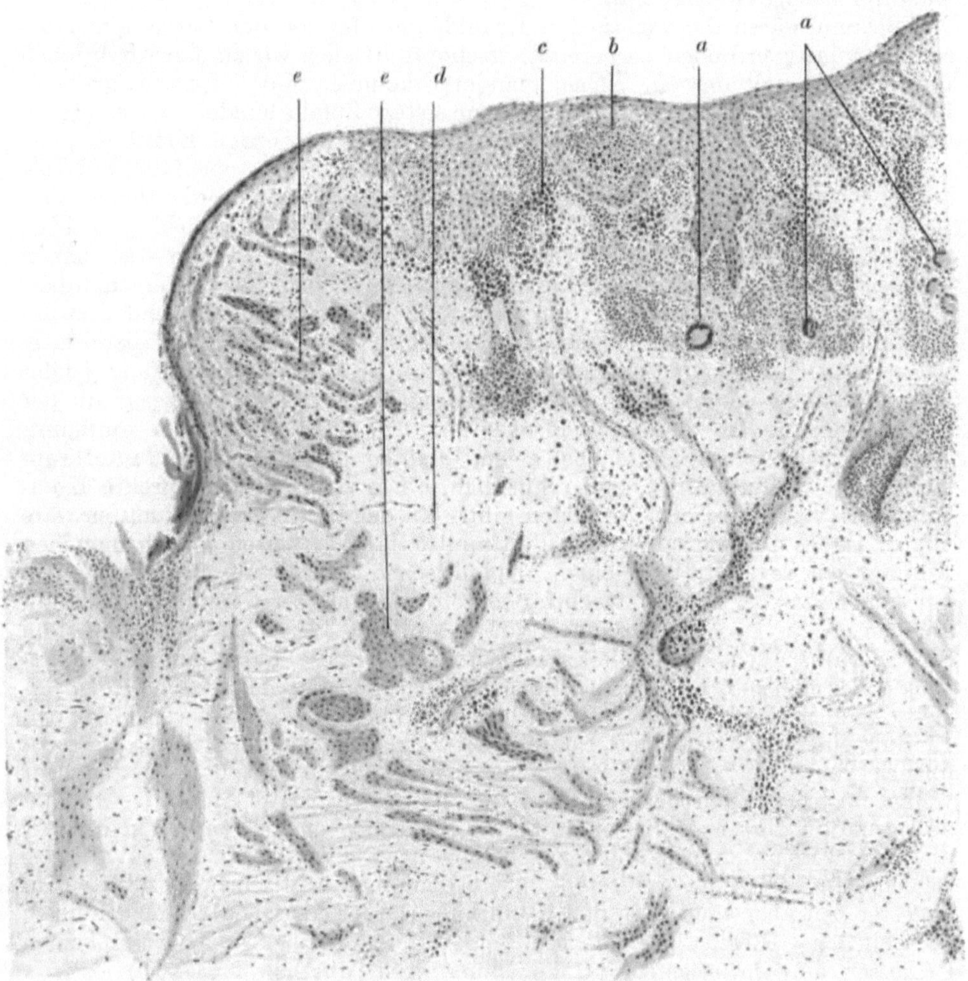

Abb. 59. Beginnendes Lupuskarzinom. *a* Lupusknötchen mit Riesenzellen; *b* Lymphocythen; *c* Plasmazellen; *d* Narbenfibrom; *e* Epitheliomstränge.

in der Einzahl vorhanden. Doch hat erst kürzlich Pautrier einen Fall gezeigt, wo bei einem Lupus des Gesichtes nicht nur der ganze serpiginöse Rand epitheliomatös geworden war, sondern sich auch von der Lupusfläche zahlreiche kleine Tumoren erhoben. Übergreifen des Karzinoms auf die darunter liegenden Organe und Rezidivieren nach chirurgischer Behandlung ist häufig. Auch von einem Schleimhautlupus aus kann sich ein Karzinom entwickeln. Nach Audry ist das nicht so selten, wie gewöhnlich angenommen wird.

Das histologische Bild ist ebenso mannigfaltig wie das klinische. Meistens findet man Kankroide, Plattenzellenkarzinome mit reichlicher Hornperlenbildung oder auch Spinalzellen-, viel seltener Basalzellenkarzinome. Die histologische Untersuchung ist in manchen Fällen aus diagnostischen Gründen notwendig, da besonders bei ulzerösem Lupus sich Granulationstumoren bilden, die klinisch Karzinomen sehr ähnlich sehen können. Von Sarkomen auf Lupusgewebe existiert kaum ein in jeder Beziehung einwandfrei nachgewiesener Fall.

Damit wären die wichtigsten Krankheiten, für die der Lupus einen besonders günstigen Boden vorbereitet, erschöpft. Gehen wir zu den Affektionen über, wo es sich um ein Nebeneinandervorkommen mit Lupus handelt, so können wir die meisten, weil es sich eben um seltene Zufälle handelt, der Kasuistik überlassen. Uns interessiert hier eigentlich nur eine einzige Krankheit, die ebenfalls eine Gesamtinfektion des Organismus darstellt, ebenfalls mit besonderer Vorliebe für Hautlokalisationen, ebenfalls von außerordentlicher Verbreitung in allen Lebensaltern, die Syphilis. Es ist eigentlich ganz klar, daß bei der großen Häufigkeit beider Krankheiten Kombinationen vorkommen müssen. Wenn wir dann aber wieder alle Beobachtungen der Literatur überblicken, so sind wir erstaunt, daß eigentlich so wenig Sicheres und Charakteristisches vorliegt. Wir haben das Wichtigste über diese Frage bereits im allgemeinen Teil gesagt, besonders die Kriterien zur Unterscheidung beider Krankheiten hervorgehoben. Hier wäre eigentlich nur zu erörtern, ob der Lupus, wenn er bei einem Syphilitiker auftritt, besondere Formen annimmt, ob eine syphilitische Infektion bei einem Lupösen die tuberkulöse Hauterkrankung irgendwie beeinflußt, und schließlich, ob es auf der Haut direkte Kombinationen von Lupus mit Syphiliden gibt. Zu den beiden ersten Punkten wäre nur zu sagen, daß wir sehr wenig Bestimmtes darüber wissen. Nach manchen Autoren soll der Lupus bei einem syphilitischen Individuum, besonders auch bei kongenital Luetischen, rasch fortschreitende und zerstörende Formen annehmen (so z. B. Beobachtungen von Gaucher, Brin, Cesbron und von Sequeira). Auch Brocq hat beobachtet, daß diese Fälle besonders hartnäckig der üblichen Lupusbehandlung trotzen, und daß man erst Erfolge erzielt, wenn man mit dieser eine antiluetische Therapie kombiniert. Über den Einfluß einer nachträglichen Luesinfektion existiert nichts Sicheres. Mischformen von Lupus und tertiärer Lues kommen wohl vor, doch halten sehr wenig Beobachtungen der Literatur der strengsten Kritik stand (s. Jadassohn und die Dissertation von Longin). Ein Bild von solchen läßt sich daher nicht entwerfen. Am häufigsten scheinen noch die Kombinationen auf der Schleimhaut zu sein, wenigstens nach den therapeutischen Resultaten, in neuester Zeit aber auch nach den bakteriologisch-serologischen Untersuchungen zu schließen. Hier ist aber die klinische Differentialdiagnose zwischen beiden Prozessen am schwierigsten, ja, manchmal wohl überhaupt aussichtslos.

Die Diagnose des Lupus. Es soll hier nur von der klinischen Differentialdiagnose des Lupus die Rede sein. Alles, was die Laboratoriumsdiagnose und die theoretischen Unterscheidungsprinzipien anbetrifft, ist bereits im ersten Teil gesagt worden. Der Lupus vulgaris bietet in der großen Mehrzahl der Fälle ein so charakteristisches Krankheitsbild, daß seine Diagnose zu den leichtesten in der Dermatologie gehört. Demgegenüber steht aber eine nicht zu vernachlässigende Minorität von Fällen, wo durch Maskierung des eigentlichen Prozesses und scheinbare äußere Übergänge zu anderen Krankheitseinheiten die Diagnose die denkbar größten Schwierigkeiten machen kann. Diese Fälle machen eine spezielle differentialdiagnostische Erörterung notwendig.

Sind typische Primäreffloreszenzen vorhanden, so ist dadurch das richtige Erkennen des Falles sehr erleichtert. Der Lupusfleck kann außer manchmal mit identischen Gebilden bei Lepra und ähnlichen bei Lues, auf die wir später noch zurückkommen müssen, kaum mit ewas anderem verwechselt werden. Nur die kolloide Degeneration ahmt ihn manchmal nach, doch fehlt ihr die glasige Transparenz. Der oberflächliche Untersucher kann unter Umständen beginnende isolierte Lupusflecken auch einmal mit kleinen Angiomen oder Akneeffloreszenzen verwechseln; bei Zuhilfenahme des Glasdruckes muß sich aber dieser Irrtum aufklären. Größere Verlegenheit können manche Fälle von Rosacea und einige schlecht definierte, mit dieser verwandte Affektionen, besonders der Nase, bereiten. Die rötlichen, kleinpapulösen Effloreszenzen können beginnenden Lupusherden ähnlich sehen und manchmal sogar bei Glasdruck einen gelblichen Schimmer zeigen. Doch fehlt meist die Weichheit des Lupusknötchens bei Sondendruck, und in zweifelhaften Fällen muß hier die Histologie entscheiden.

Der Lupusfleck ist also ein gutes Hilfsmittel zur Diagnose, aber er ist lange nicht in allen Lupusfällen vorhanden oder deutlich demonstrierbar. Ist auch das charakteristische Braun der konfluierten Herde durch starke Hyperämie oder durch Auflagerungen verdeckt, so ist das eine Quelle zu allerhand Verwechslungen mit Ekzemen, Impetigo, Psoriasis. Trotzdem ist eine klinische Unterscheidung von diesen Affektionen bei aufmerksamer Untersuchung wohl immer möglich, wenn man die Regel befolgt, bei allen krustösen Läsionen zur Diagnose erst einmal die Krusten abzuheben, wenn man die Kratzphänomene prüft („grattage méthodique" Brocq), wenn man eine genaue Anamnese erhebt, treten die Unterschiede meist klar zutage. Be sonders das unter den Krusten und Schuppen liegende weiche Lupusgewebe, die Art der Blutung nach Kratzen, ist von Psoriasis, Impetigo, Ekzem völlig verschieden.

Viel mehr Kopfzerbrechen kann auch gewiegten Diagnostikern manchmal die Unterscheidung von der Syphilis verursachen. Das Primärstadium der Lues kommt hier nicht in Betracht. Die Schanker der Mundschleimhaut werden viel eher mit den ulzerösen Tuberkulosen als mit Lupus verwechselt. Die sekundäre Lues erzeugt zwar manchmal Elemente, von denen jedes einzelne, eine weiche, bräunlich-rote, auf Glasdruck braungelbliche Papel, alle Charakteristika des Lupus hat, die aber durch ihre Gleichförmigkeit, die Multiplizität und das Vorhandensein anderer luetischer Symptome (multiple Drüsenschwellungen, Schleimhautplaques, Kopfpapeln) eine falsche Diagnose von vornherein unwahrscheinlich machen. Ganz anders ist es, wenn ähnliche Effloreszenzen in der Einzahl oder in wenigen Exemplaren auftreten, mit der Neigung zu peripherer Ausbreitung. Das ist bei den lupoiden Herden der frühen tertiären Periode der Fall. Hier kann eine klinische Unterscheidung in manchen Fällen schlechterdings unmöglich werden. Weder das schnellere Wachstum der syphilitischen Läsionen, noch die regelmäßigere Form, die Tendenz, kreisrunde, scheibenförmige Herde zu bilden, sind sichere Merkmale; sie können bei Lues fehlen und bei Lupus vorhanden sein. Hier ist es nicht selten absolut notwendig, die bakteriologischen, serologischen, biologischen, anatomischen und chemotherapeutischen Methoden zu Rate zu ziehen, die wir im allgemeinen Teil besprochen haben. Und selbst dann kommen wir nicht immer sofort zu einem entscheidenden Resultat.

Noch andere Formen der Syphilis sind differentialdiagnostisch wichtig. Nur erwähnen wollen wir die circinären Sekundärsyphilide, die, wie gelegentlich auch einmal ein Lichen planus annularis, den seltenen annulären Lupusformen ähnlich werden können. Viel häufigere Irrtümer verursachen die tuberösen und serpiginösen Herde der Tertiärperiode. Die Ähnlichkeit kann tatsächlich in manchen Lokalisationen, besonders an der Nase und im Gesicht, täuschend sein. Zwar sind die einzelnen tuberösen Effloreszenzen der Lues derber und von weniger ausgesprochen bräunlicher Färbung als Lupusherde, wenn aber partielle Ulzeration und Krustenbildung hinzukommt, können sich diese Unterschiede immer mehr verwischen. Die Anamnese kann insofern helfen, als sie das bedeutend raschere Entstehen der Lueserkrankung anzeigt. Ein bekannter Merksatz lautet: „Die Lues bewirkt dasselbe in Wochen und Monaten, was der Lupus in Jahren." Aber wir haben auch die rasch fortschreitenden Formen des Lupus vorax et phagedaenicus in Betracht zu ziehen.

Bei gewissen Hautaffektionen, zumal der Extremitäten, kann der Kliniker schwanken, ob er ein serpigino-ulzeröses Syphilid oder die entsprechende Lupusform diagnostizieren soll. Die Ähnlichkeit beider ist oft weitgehend. Für Lues sprechen scharfrandige, tiefere Ulcera — man muß nicht vergessen, daß jedes Ulcus hier einem kleinen, zerfallenen Hautgumma entspricht —, während der Lupus unregelmäßige, oberflächlichere Geschwüre erzeugt. Für Lues charakteristisch sind nierenförmige Figuren und eine vollständige Vernarbung ohne Rezidive im Zentrum. Doch kommen, allerdings selten, gerade in solchen Narben bräunliche Herde vor, die schon Lang mit Recht als „lupoide Herde" bezeichnet hat. Bei Lupus ist aber im allgemeinen die Vernarbung und zentrale Abheilung viel weniger vollkommen. Papillomatöse Erhebungen der Randpartien sind mehr dem Lupus eigentümlich als der Syphilis.

Schwieriger noch als an der äußeren Haut kann die Differenzierung beider Infektionskrankheiten an der Schleimhaut werden. Auch hier spricht größere Tiefe, regelmäßigere Form bei zusammenhängendem, schmierigem Belag für Lues, oberflächliche, granulierende Geschwüre mit unterminiertem, unregelmäßig geformtem Rand für Lupus. Fast pathognomonisch aber sind für diesen die glasig durchscheinenden, grauroten Wucherungen, die speziell Jadassohn in der Differentialdiagnose gegenüber Lues hervorhebt. Bei Lues finden wir häufiger Beteiligung der Knochen mit nachfolgenden Perforationen, doch sind ausgedehnte Vernarbungen und Verwachsungen für die Syphilis nicht so typisch, wie früher angenommen wurde. Über die Frage von Mischformen beider Krankheiten gerade auf den Schleimhäuten haben wir schon weiter oben gesprochen.

Die Differentialdiagnose zwischen Lupus und Lepra ist entschieden komplizierter geworden, seit man die tuberkuloiden Formen der letzteren kennt, die früher sicher zum Teil fälschlich als Lupus diagnostiziert worden sind. Jadassohn hat gezeigt, daß hierbei Primäreffloreszenzen vorkommen können, die denen des Lupus gleichen, und an einem einzigen dieser Herde die Unterscheidung zu treffen, wäre daher ausgeschlossen. Hier wird es uns dagegen meist zum Ziele führen, wenn wir das gesamte Krankheitsbild betrachten. Da finden wir bei Lepra neben tuberkuloiden mehr erythematöse Herde oder pigmentierte und depigmentierte Flecken, die wieder zum makulo-anästhetischen Typus überleiten, Nervenveränderungen und Anästhesien. Ferner hilft uns hier oft die Anamnese, durch die wir die Herkunft des Patienten aus lepraverseuchten Gegenden erfahren. Außerdem scheinen doch die tuberkuloiden Hautherde bei Lepra in toto nicht so weich und glasig wie lupöse Läsionen; aber das mag täuschen. Die sichere Entscheidung sprechen auch hier erst die bakteriologischen Methoden aus. Dasselbe ist der Fall, wenn einmal Zweifel herrschen sollte, ob hochgradige Mutilationen durch Lepra oder Lupus verursacht worden sind. Der Nachweis der Leprabazillen ist ja in diesen Fällen bedeutend leichter als in den tuberkuloiden.

Von Epitheliomen können manche mit wuchernden Lupusformen verwechselt werden. Die Diagnose muß dann histologisch gestellt werden, wie ja am besten überhaupt in jedem Fall von Tumorverdacht. Auch das Ulcus rodens kann trotz seiner charakteristischen, wallartig harten, weißlichen Ränder manchmal von sklerotischen Lupusfällen nachgeahmt werden; man hat sogar von einem epitheliomatoiden Lupus gesprochen. Besondere Aufmerksamkeit ist hier natürlich darauf zu richten, ob es sich nicht um die Komplikation eines Lupus mit Karzinom handelt. Am nächsten kommen aber klinisch dem Lupus gewisse seltene Epitheliomformen, wo die Erkrankung nur in den oberflächlichsten Schichten der Haut fortschreitet, serpiginöse Ränder bildet, bei denen nur sehr genaue Betrachtung den hier sehr schmalen, weißlichen, derben Wall erkennen läßt, während das Zentrum mehr oder weniger vollständig unter Bildung glatter, oberflächlicher Narben ausheilt. Das letzte Wort hat auch hier die Histologie.

Es wäre schließlich noch einer Affektion zu gedenken, deren Name schon die differentialdiagnostische Beziehung zum Lupus ausdrückt, der „Sycosis lupoide" von Brocq. Es ist eine Erkrankung der Bartgegend, progredienten Charakters, die eine glatte zentrale Narbe und einen Rand aus agminierten, papulo-pustulösen, follikulären Effloreszenzen zeigt. Die Derbheit dieser Papeln, die Vollständigkeit der Vernarbung, die Ausschließlichkeit der Lokalisation scheiden sie vom Lupus. Doch gibt es sehr chronische staphylogene Sykosen in zirkumskripten Plaques, in denen das ganze Gewebe bis in tiefere Schichten eine weiche Beschaffenheit angenommen hat. Immer aber können wir hier das primäre Element der follikulären Pustel konstatieren, während das des Lupus fehlt.

Alle anderen Krankheiten haben für die Differentialdiagnose des Lupus nur geringe Bedeutung. Der chronische Rotz, speziell mit Lokalisationen an der Schleimhaut, könnte einmal in Betracht kommen. Er ist nur durch die bakteriologische Untersuchung und den typischen Meerschweinchenversuch zu diagnostizieren. Rein lupoide Formen der Sporotrichose sind gewiß selten und können ebenfalls nur durch die Kultivierung des Erregers nachgewiesen werden. Für Aktinomykose ist die harte Infiltration der Umgebung charakteristisch, auch hier der Beweis nur bakteriologisch möglich. Es genügt, zum Schlusse noch an die bei uns selteneren Krankheiten Blastomykose, Aleppobeule, Framboesie zu erinnern, mit dem Zweck, daß man auch an sie denkt, wenn irgend etwas in das Bild des Lupus gar nicht passen will, und die Anamnese auch die Möglichkeit einer exotischen Krankheit offen läßt.

Eine Differentialdiagnose des Lupus mit anderen tuberkulösen Hauterkrankungen zu geben, halte ich für unnötig. Denn hier ist es oft nur Geschmacksache, welchen Namen man wählen will, nicht aber ein verhängnisvoller diagnostischer Irrtum, wenn man den einen statt des anderen braucht. Vom Lupus erythematodes aber, der noch immer ein Problem bildet, werden wir später noch ausführlich zu reden haben und dann auch seine Unterscheidungsmerkmale vom Lupus vulgaris erörtern.

2. Varietäten des Lupus.

a) Lupus miliaris disseminatus.

Der Lupus miliaris, häufig auch Lupus miliaris faciei oder Lupus follicularis disseminatus genannt, wurde unter dem letzteren Namen 1878 zuerst von Tilbury Fox beschrieben. Er ist eine seltene Krankheit. Bis 1910 konnte Löwenberg aus der ganzen Literatur nur 30 Beobachtungen sammeln.

Seitdem sind ca. 14 Fälle hinzugekommen. (Ich finde in der Kasuistik dieser Jahre je zwei von Arndt und Rusch, je einen von Bruusgaard, Brinitzer, Dalla Favera, Herxheimer, E. Hoffmann, Kyrle, Sequeira, R. Stein, Török). Die verschiedenen Benennungen der Affektion sind in der Arbeit von Bettmann und bei Jadassohn zusammengestellt. Obgleich die Primäreffloreszenz des Lupus miliaris derjenigen des Lupus vulgaris ähnlich, manchmal sogar mit ihr identisch ist, hat dennoch die Aufstellung einer besonderen Varietät ihre Berechtigung. Denn die unter diesem oder gleichbedeutendem Namen beschriebenen Fälle zeigen ein einheitliches und besonderes Krankheitsbild, das durch die ganze Art des Verlaufes und die Einförmigkeit seiner Elemente sich aus der großen Gruppe der lupösen Erkrankungen scharf heraushebt.

Die Krankheit besteht in einer schubweise auftretenden Aussaat knötchenförmiger Effloreszenzen über das Gesicht und seltener auch den behaarten Kopf, und zwar mit ausschließlicher Lokalisation auf diese Teile. Das einzelne Knötchen ist stecknadelkopf- bis hanfkorngroß — seltener erreicht es Linsengröße —, halbkugelartig vorgewölbt, von blaßroter oder bräunlichroter Farbe, seltener mit einer bläulichen Nuance. Die Haut über dem Knötchen ist glatt, seine Beschaffenheit weich. Dann und wann sieht man auf der Höhe desselben gelbliche Schuppen, oder das Zentrum macht den Eindruck beginnender Pustelbildung, ein Eindruck, der aber bei dem Versuch der Expression nicht standhält. Drückt man nämlich das Knötchen wie eine Aknepustel zwischen zwei Fingern, so gelingt es niemals, wie bei dieser, Eiter herauszupressen, man bekommt höchstens einen Tropfen Gewebssaft, oder bei stärkerem Druck, zumal nach vorheriger Verletzung der Oberfläche, nekrotisches und erweichtes Gewebe. Die Sonde sinkt in die Knötchen ebenso leicht ein wie in Lupusgewebe; mit einem scharfen Löffel kann man den ganzen Inhalt auf einmal herausheben, und es bleibt ein scharfrandiger, leicht blutender Substanzverlust. Bei Glasdruck erscheinen die Knötchen teils gelbbraun, wie die Elemente des Lupus vulgaris, teils auch mehr grautransparent. Die Effloreszenzen stehen fast immer einzeln, konfluieren fast nie, wobei ihre Gesamtzahl den größten Schwankungen unterliegt. Sie können spontan verschwinden, mit Hinterlassung kleiner, scharfrandiger, tief eingezogener, „stippchenartiger“ Narben, häufiger ist dies allerdings bei geeigneter Therapie (z. B. Tuberkulinbehandlung: A. Kraus, Delbanco). Involution und Auftreten neuer Schübe können miteinander abwechseln. Die einzelne Effloreszenz aber zeigt keine Neigung, sich zu vergrößern und sich im Sinne eines Lupus vulgaris zu entwickeln. Erkrankung der Schleimhaut von Nase und Mund wird nur ganz ausnahmsweise beobachtet (Th. Mayer, Schlasberg).

Neben diesen oberflächlichen Knötchen ist nun schon mehrfach ein anderes Element beschrieben worden (Bettmann, Arndt, Bruusgaard), so daß man es wohl als zum Krankheitsbild gehörig betrachten darf. Das sind in der Tiefe der Cutis oder sogar in der Subcutis beginnende, derbe, knötchenförmige Infiltrate, die allmählich gegen die Oberfläche zu wachsen, ohne diese anders als durch eine leichte, bläulichrötliche Verfärbung zu verändern. Man hat hierin eine Kombination mit einer Form der „Tuberkulide“, der Aknitis, sehen wollen. Wir werden darüber noch sprechen. Höchstwahrscheinlich aber handelt es sich bei beiden Effloreszenzen um ganz den gleichen Prozeß, verschieden nur durch die Tiefenlokalisation in der Haut.

Histologisch bietet der Lupus miliaris relativ häufig den schönsten Typus klassischer Tuberkulose, der sonst in der Hautpathologie zu den Seltenheiten gehört. Hier finden wir meist scharf abgesetzte Tuberkel in den mittleren und oberen Schichten der Cutis (s. Abb. 2, S. 21). Besonders

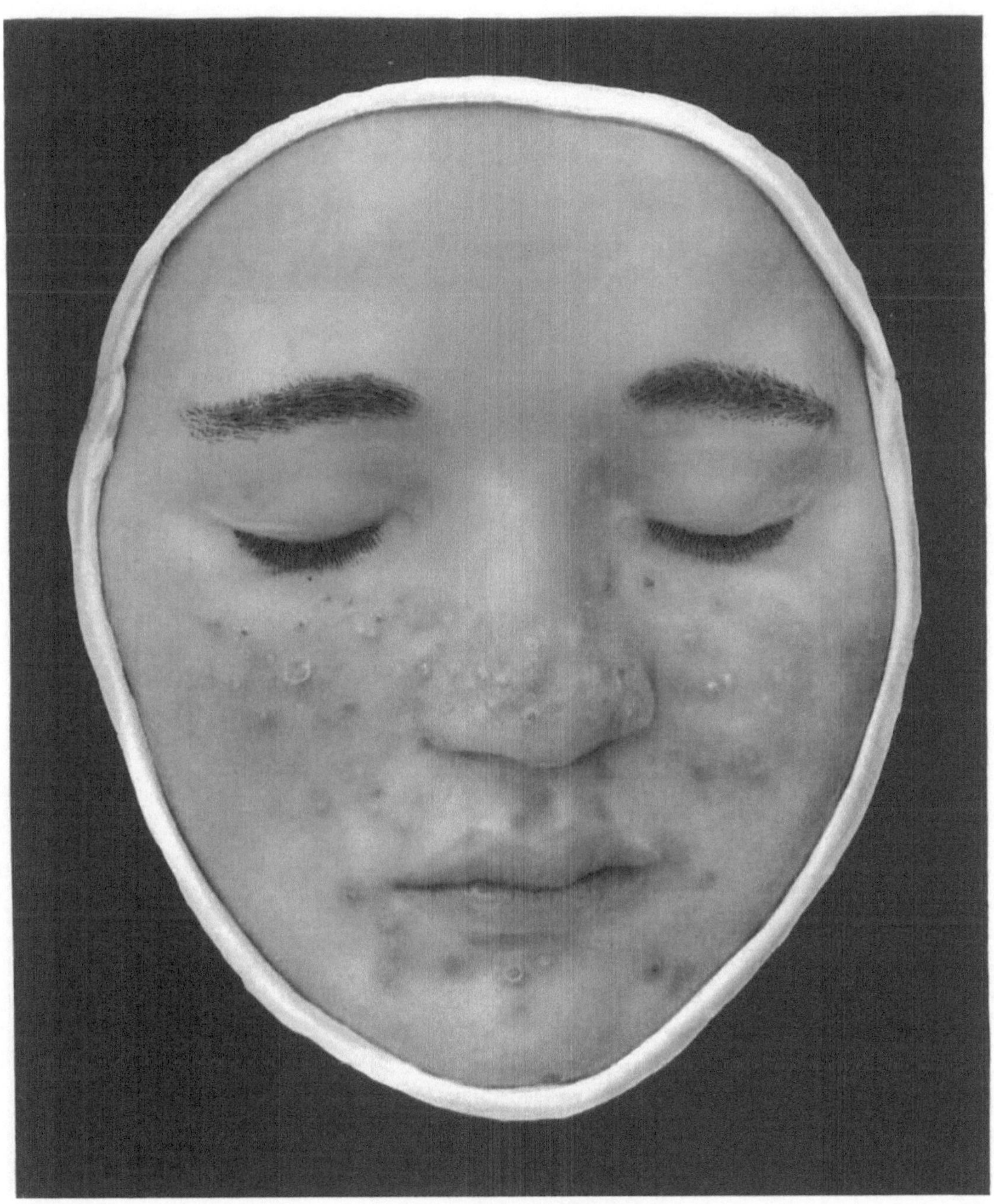

Lupus miliaris disseminatus.
(Sammlung der Breslauer Klinik.)

Verlag von Julius Springer in Berlin.

hervortretend an ihnen ist in vielen Fällen die ausgedehnte zentrale Verkäsung, ein Symptom, das ja sonst in der Haut meist fehlt. Um die verkäste Mitte gruppieren sich in typischer Anordnung Epithelioid- und Riesenzellen, und nach außen folgt ein meist nicht sehr breiter Lymphocytenwall. Das Epithel ist bald ganz unverändert, bald sekundär verdünnt. Bruusgaard sah auch histologisch Ansätze zur Pustelbildung, nach anderen Befunden ist das aber sehr selten. Was wir klinisch dafür ansehen, wird meist durch andere pathologische Prozesse vorgetäuscht. Wahrscheinlich sind es die nekrotischen Massen, die durch das verschmälerte Epithel durchscheinen. Nach Schlasberg werden Krusten, die makroskopisch aus eingedicktem Eiter zu bestehen scheinen, tatsächlich

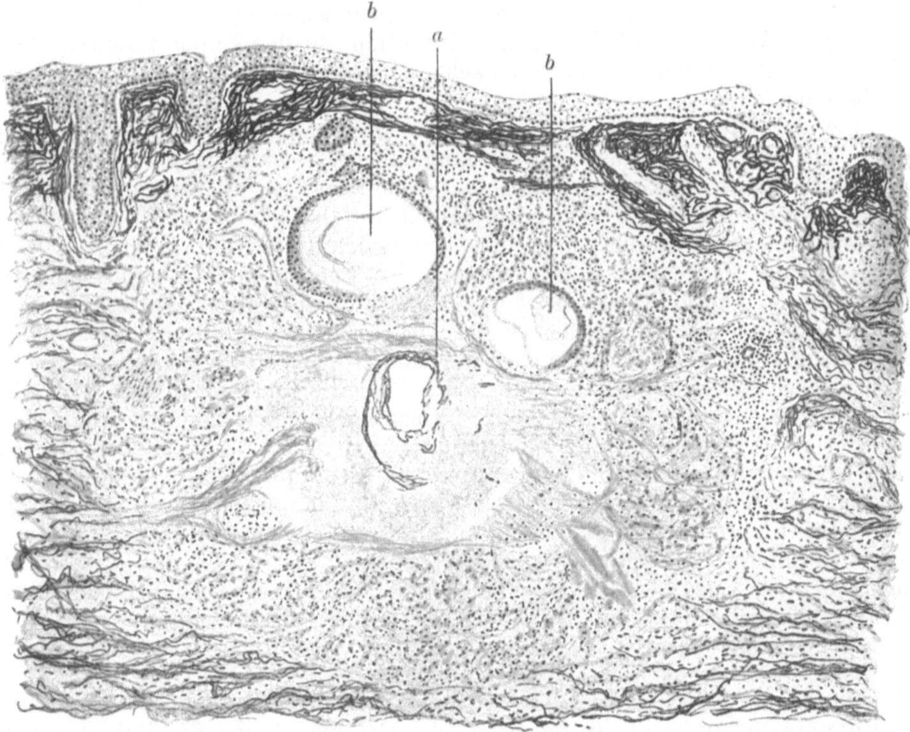

Abb. 60. Lupus miliaris disseminatus. *a* elastische Membran einer Vene im verkästen Zentrum; *b* Follikularcysten.

von angehäuften Epithellamellen gebildet. In anderen Fällen finden wir im Zentrum der Läsion Milien und Follikularcysten. Das führt uns auf den Zusammenhang der Effloreszenzen mit den Follikeln. Dieser ist nicht von so wesentlicher Bedeutung, wie der älteste Name der Krankheit es erwarten läßt. Es sind nicht alle Tuberkel um Follikel lokalisiert, sondern manche auch um Schweißdrüsen, manche auch ohne jede nachweisbare Beziehung zu epithelialen Gebilden. Wie bei allen hämatogenen Eruptionen, ist es nur der Gefäßreichtum in der Nachbarschaft von Haarbälgen und Drüsen, der die Ansiedelung des Virus bestimmt. Denn die aus der klinischen Erscheinungsform geschöpfte Vermutung einer hämatogenen Entstehungsweise wird durch das mikroskopische Bild bestätigt. Fast überall finden wir die Tuberkel in der Umgebung von Gefäßen, wenn auch nicht immer in konzentrischer Anordnung. Beweisend ist ein Befund von A. Kraus, der dem von Wolters beim Lupus nodularis erhobenen entspricht: In dem Lumen eines kleinen arteriellen Gefäßes fand sich eine knopfartige Vorwölbung, aus Epithelioiden und Lymphocyten bestehend, unter unverändertem Endothelbelag. Offenbar war die tuberkulöse Wucherung hier von der Intima ausgegangen. In einem mit Brinitzer zusammen beobachteten Falle sah ich im verkästen Zentrum deutlich die elastische Membran einer kleinen Vene, deren übrige Wandteile zugrunde gegangen waren, und konnte sie auf Serienschnitten durch die Läsion verfolgen (Abb. 60). Dalla Favera nimmt für seinen Fall eine lymphogene Entstehung an, ohne sie freilich histologisch beweisen zu können. Daß auch einmal durch exogene Inokulation in der Umgebung tuberkulöser Fisteln ähnliche Herde entstehen können, wie das Jadassohn gesehen hat, spricht natürlich nicht gegen die Regel der endogenen Infektion für den Lupus miliaris. Die tiefer sitzenden Knötchen scheinen nach demselben Typus gebaut zu sein wie die oberflächlichen.

Bei der Diagnose des Lupus miliaris muß hauptsächlich vor zwei Irrtümern gewarnt werden, der Verwechslung mit Akne oder Rosacea und mit papulöser Syphilis. Die Ähnlichkeit mit Akne ist allerdings manchmal auf den ersten Anblick ziemlich groß. Doch fällt bei genauerer Untersuchung die Weichheit der Knötchen auf, die Unmöglichkeit, Eiter zu exprimieren, die gelbbraune Farbe auf Glasdruck und das Fehlen anderer Akneelemente (Comedonen). Die histologische Untersuchung kann die letzten Zweifel beseitigen, falls sie ganz typische Tuberkel zeigt. Doch muß man bedenken, daß man bei manchen indurierten Akne- und Rosaceaeffloreszenzen auch ein Granulationsgewebe mit Epithelioid- und Riesenzellen findet, das aber die typische Anordnung vermissen läßt. Besondere Schwierigkeiten kann das gleichzeitige Vorkommen von Lupus miliaris und Rosacea verursachen, wie es schon in einigen Fällen beschrieben worden ist. Schlimmer ist die Fehldiagnose, wenn die Affektion für Syphilis gehalten wird. Bei hauptsächlicher Lokalisation auf der Stirn kann sie hier manchmal an luetische Papeln, an die sog. „Corona veneris" erinnern, wie in dem von mir beobachteten Falle, der tatsächlich längere Zeit als Lues behandelt worden war. Dieser Irrtum sollte aber selbst bei ausschließlich klinischer Untersuchung nicht vorkommen, da man zur Diagnose Syphilis in jedem Falle noch anderer Symptome bedarf als einiger papulöser Elemente auf der Stirn.

Der Lupus miliaris tritt meist bei jüngeren Individuen auf, ist aber nicht, wie Bettmann annimmt, an das weibliche Geschlecht und die Pubertätszeit gebunden. In der neueren Kasuistik betreffen die meisten Fälle Männer zwischen 20 und 40 Jahren (Kraus, Delbanco, Schlasberg, Brinitzer, Bruusgaard, Kyrle etc.). Sehr verschieden verhält es sich mit dem Tuberkulosebefund an anderen Organen. In manchen Fällen war klinisch überhaupt kaum irgend etwas Verdächtiges zu finden, in anderen handelte es sich um manifeste, zum Teil sogar schon fortgeschrittene Tuberkulosen.

Im System der tuberkulösen Hautkrankheiten, wenn ein solches möglich wäre, nähme der Lupus miliaris eine eigentümliche Stellung ein. Wenn wir die Brocqsche Methode der graphischen Darstellung für die Beziehungen der Krankheiten zueinander auf die Hauttuberkulose anwenden, so muß der Lupus miliaris nach der einen Seite breit mit dem Lupus vulgaris verbunden sein, nach der anderen durch schmalere Bänder mit mehreren der als „Tuberkulide" bezeichneten tuberkulösen Exanthemformen, mit dem Lichen scrofulosorum, den papulo-nekrotischen Tuberkuliden und dem Boeckschen Sarkoid, schließlich aber auch mit der miliaren Hauttuberkulose (s. Schema auf Seite 79).

Trotz des typischen mikroskopischen Bildes ist in Wahrheit die tuberkulöse Ätiologie der Krankheit im einzelnen Falle oft schwer zu beweisen. Tuberkelbazillen werden mikroskopisch nur ausnahmsweise gefunden. Nur in manchen der tieferen Effloreszenzen scheinen sie zuweilen, wie in den Fällen von Arndt, in größerer Zahl vorzukommen. Der Tierversuch fällt meist negativ aus. Das sind beides Charakteristika der sog. „Tuberkulide". Merkwürdigerweise gibt aber auch die Tuberkulinreaktion keineswegs immer ein stark positives Resultat. Man könnte daraus auf eine geringe Antikörperwirkung schließen. Infolgedessen wäre es auch zu verstehen, warum die Haut auf hämatogene Aussaat von Tuberkelbazillen nicht mit dem akut entzündlichen Tuberkulidtypus, sondern mit der Bildung echten, tuberkulösen Gewebes reagiert. Andererseits scheinen die Antikörper doch nicht völlig zu versagen, daher der gutartige Verlauf und das Zugrundegehen der Bazillen in der Läsion. Im allgemeinen scheint aber das Entstehen dieses Krankheitstypus von dem Zusammentreffen mehrerer besonderer Bedingungen abhängig zu sein, die offenbar nur selten erfüllt sind.

Im Zusammenhang mit dem Lupus miliaris wird von den meisten Autoren die Akne teleangiectodes Kaposi diskutiert. Nach der Beschreibung Kaposis und der Arbeit von W. Pick, der seine Fälle mit den Beobachtungen Kaposis identifiziert, ist es wohl richtiger, diese nicht zum Lupus miliaris zu rechnen. Dagegen scheint es mir sehr wohl möglich, daß unter jenem Namen, der im übrigen aus der modernen Kasuistik verschwunden ist, Krankheitstypen beschrieben sind, die wir heute bei den papulo-nekrotischen Tuberkuliden unterbringen würden. W. Pick bestreitet allerdings einen Zusammenhang mit der Tuberkulose. Aber die Argumente, die er gegen einen solchen ins Treffen führt, entsprechen nicht mehr dem heutigen Stand der Kenntnisse. Dem histologischen Bilde nach könnten seine Fälle sehr wohl zur Tuberkulose gehören, und die negativen Momente, wie fehlender Tuberkelbazillennachweis oder fehlende Überimpfbarkeit, genügen nicht, um die tuberkulöse Ätiologie auszuschließen. Die Aknitis von Barthélémy, die nach W. Pick mit der Akne teleangiectodes Kaposis identisch sein soll, wird heute wohl allgemein und mit Recht als eine spezielle Lokalisation der papulo-nekrotischen Tuberkulide angesehen.

Eine andere von Kaposi beschriebene Akneform, die wir nach dem Vorgang von Jadassohn an dieser Stelle mit erwähnen wollen, die Folliculitis exulcerans serpiginosa nasi, scheint nach den Befunden von Finger ganz in der Hauttuberkulose aufzugehen und eigentlich nur eine etwas eigentümliche Form des Lupus vulgaris darzustellen. Der rein deskriptiven Methode Kaposis mußten diese ätiologischen Zusammenhänge naturgemäß entgehen.

b) Lupus pernio.

Der Lupus pernio setzt dem Versuch einer geordneten Darstellung unüberwindliche Hindernisse entgegen. Denn darüber, was Lupus pernio eigentlich ist, herrschte von Anbeginn an Verwirrung und heute noch keineswegs Klarheit. Der Chilblain-Lupus von Hutchinson war wohl ebenso wie der Lupus pernio von Besnier nur eine Erscheinungsform des Lupus erythematodes oder, wie Ehrmann meint, eine Mischung von Lupus erythematodes mit papulonekrotischen Tuberkuliden. Erst Tenneson beschrieb als Lupus pernio wirklich lupusähnliche, derb infiltrative Prozesse, und die späteren Autoren sind ihm gefolgt. Wenn wir aber die Publikationen nach Tenneson überblicken, bekommen wir doch wieder den Eindruck, daß auch heute noch ganz verschiedene Krankheiten unter dem gleichen Namen zusammengeworfen werden. Die kurzen Daten, die Jadassohn über seine letzten fünf Fälle gibt, lassen keinen Zweifel darüber aufkommen, daß es sich hier um tuberkulöse Hautaffektionen bei tuberkulösen Individuen gehandelt habe. Demgegenüber steht eine ganze Reihe anderer Fälle (Bloch, Licharew, Zieler, Kühlmann, Kreibich), wo man sich doch fragen muß, ob hier nicht ein ganz anderes, vielleicht noch unbekanntes, infektiöses Agens im Spiele ist, oder ob die Erkrankung nicht zu den Tumoren — mit ebenfalls unbekannter Ätiologie — zu rechnen ist.

Bei der sicher tuberkulösen Form ist dann wieder dieselbe Erwägung am Platze, die wir soeben beim Lupus miliaris angestellt haben. Wir haben

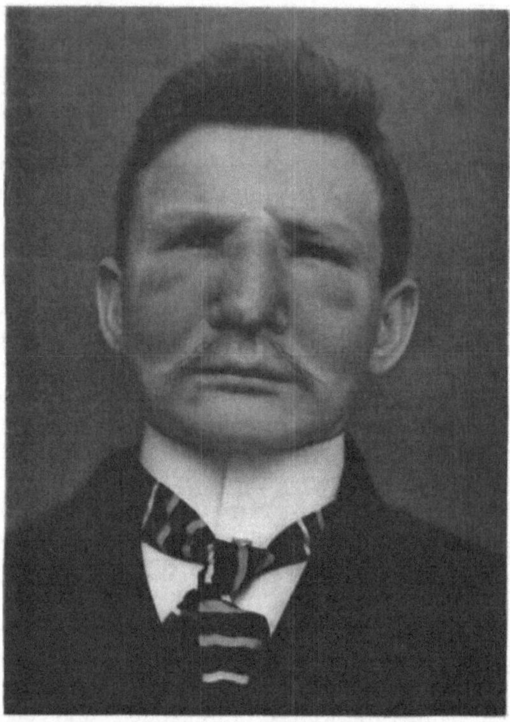

Abb. 61. Lupus pernio. (Sammlung der Breslauer Klinik.)

auch hier kein festes Krankheitsbild mit unverrückbaren Grenzen, sondern ebenso wie dort, nach der einen Seite Übergänge zum Lupus vulgaris, nach der anderen zu den tiefen, knotenförmigen Tuberkulidformen, dem Erythema induratum und den Sarkoiden, sowohl vom Typus Boeck als Darier.

Charakteristisch für den Lupus pernio sind äußerlich nicht sehr scharf begrenzte Herde von bläulichroter, dunkelblauer oder sogar violetter Farbe, in deren Bereich und über deren Gebiet hinaus sich in der Tiefe sehr derbe, plattenartige Bildungen abtasten lassen. Die Hautoberfläche ist meist nicht verändert, sie ist glatt, etwas gespannt, manchmal glänzend, von polsterartiger Beschaffenheit. Ulzerationen sind selten, meist nur oberflächlich und heilen rasch. Bei Glasdruck tritt ein diffuser, graugelblicher Ton hervor, oder wir gewahren deutliche Lupusflecke, oder es finden sich noch kleinere, gelb-

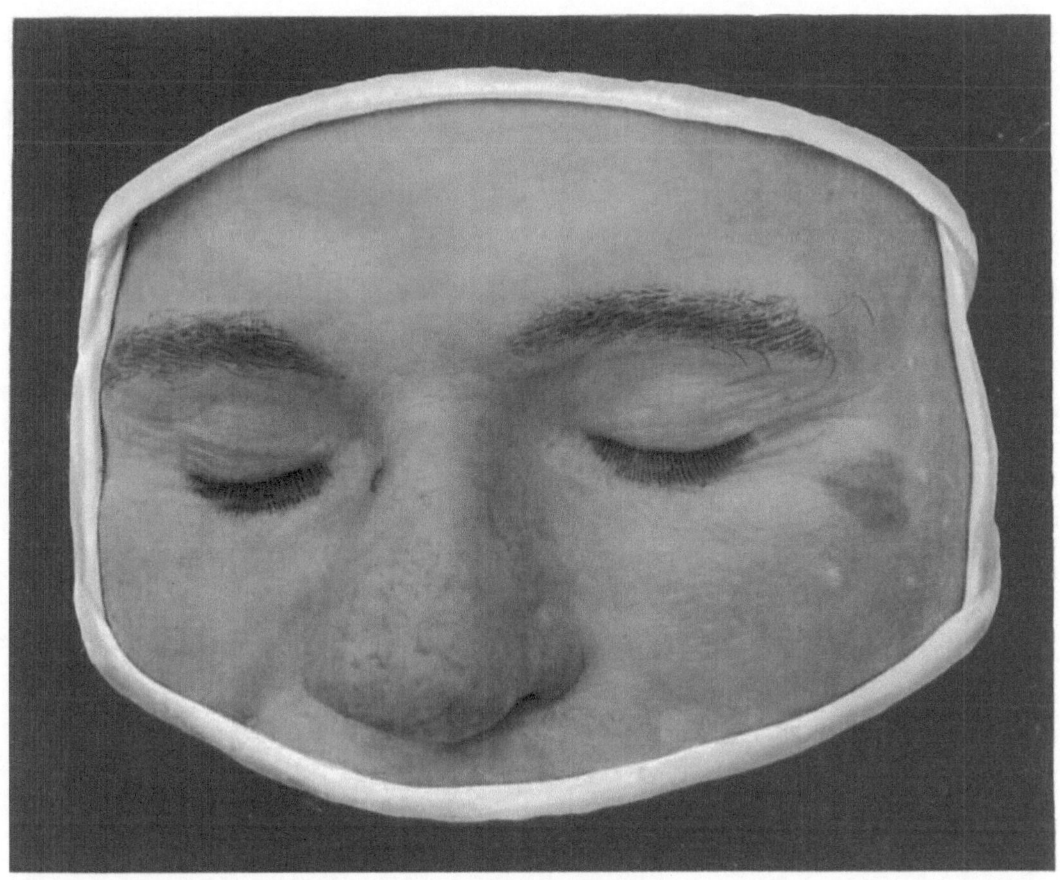

Lupus pernio.

(Sammlung der Breslauer Klinik.)

Verlag von Julius Springer in Berlin.

liche Stippchen, wie wir sie auch beim Boeckschen Sarkoid als typisch kennen lernen werden. Außer der allgemeinen cyanotischen Verfärbung sind häufig, besonders bei leichtem Glasdruck, erweiterte Venen zu erkennen. Die Hauptlokalisation der Krankheit ist die Nase, nächstdem die Wangen, Augenlider, Ohren, Hände, Füße, seltener Arme, Beine und Glutäalgegend. Sie tritt bei erwachsenen Individuen meist im mittleren Alter auf und unterliegt manchmal einem Wechsel von spontanen Besserungen und Verschlimmerungen. Die Jahreszeit hat dabei einen gewissen Einfluß, Kälte scheint ungünstig zu wirken. Die Infiltrate können zu breiten, flächenhaft ausgebreiteten Platten konfluieren oder gegen die Oberfläche zu wachsen und tumorähnliche Vorwölbungen bilden.

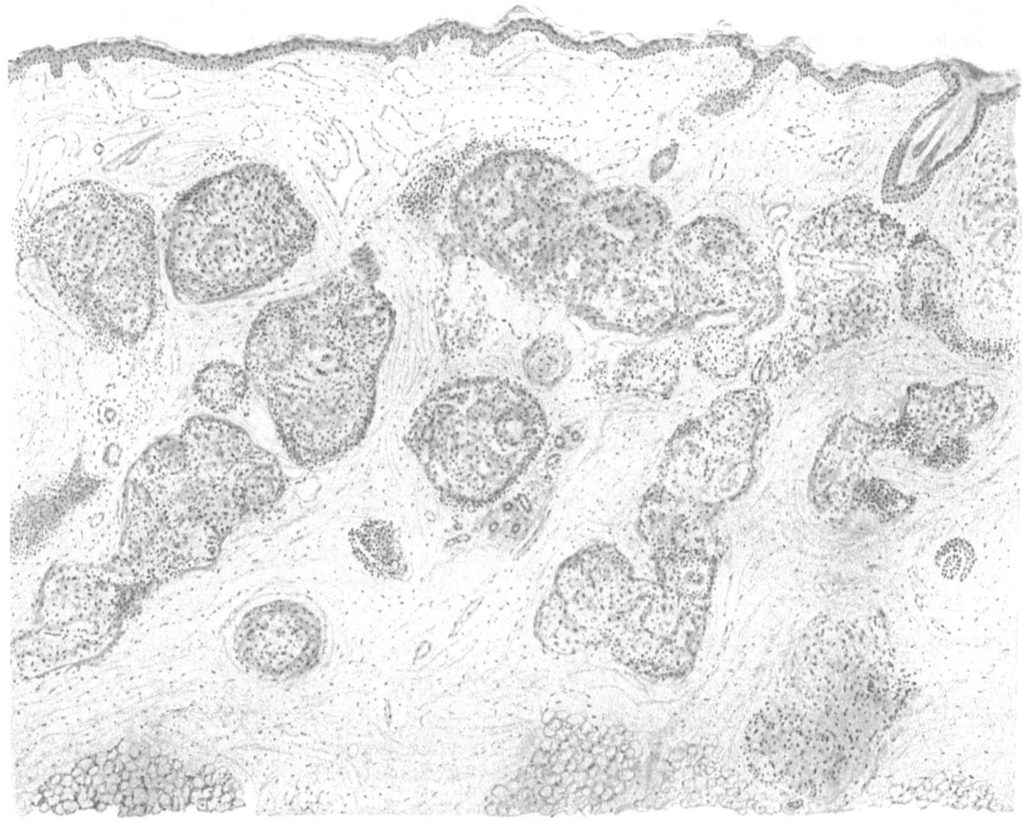

Abb. 62. Lupus pernio in knotenförmiger Anordnung.

In seltenen Fällen, deren tuberkulöse Natur noch fraglich ist, finden sich derbe Infiltrate der Mund- und Nasenschleimhaut, die denen der äußeren Haut entsprechen. Ferner gibt es Auftreibungen der Finger, die wie eine Spina ventosa aussehen. Im Röntgenbild zeigte es sich aber, daß die Veränderungen in der Haut lagen, und die Knochenläsionen nur als sekundäre Folgen der ersteren aufzufassen waren. Sie bestanden in Aufhellung der Knochensubstanz, periostitischen Auflagerungen, Erkrankung der Gelenke, Kapseln und Bänder. Jene zweifelhaften Fälle zeigten zum Teil auch multiple Drüsentumoren und zirkumskripte Knoten innerhalb der Muskeln, einige auch Störungen des Allgemeinbefindens: Milzschwellungen, Fieber, profuse Schweiße etc.

Histologisch haben wir ein Bild, das dem Lupus vulgaris zwar nicht ganz fremd, aber hier doch nur in vereinzelten Fällen vorhanden ist. In der Subcutis und in den tieferen Schichten der Cutis finden wir auffallend scharf umgrenzte knoten- und strangförmige Infiltrate, die vielfach von den Lymphscheiden der Gefäße ausgehend, deren Verlauf zu folgen scheinen. Sie bestehen fast rein aus Epithelioiden- und Spindelzellen mit sehr wenig Lymphocyten, die oft nur in geringer Anzahl sich außerhalb der Knoten finden. Riesenzellen werden mitunter ganz vermißt, in anderen Fällen sind sie ziemlich reichlich vorhanden. Häufig werden die Infiltrate durch mehrere Lagen platter Zellen vom umgebenden Bindegewebe getrennt. Innerhalb der Herde fehlen, wie beim Lupus, elastische Fasern und Collagen vollständig. Bald ist die Form

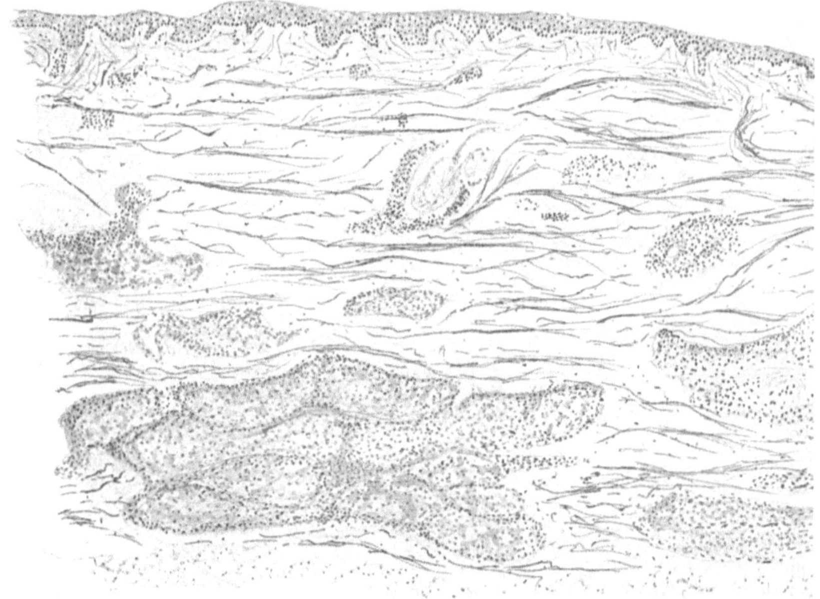

Abb. 63. Lupus pernio in plattenförmiger Anordnung.

der Herde mehr rundlich, ihre Verteilung über die ganze Cutis und Subcutis angeordnet, bald sind sie auch schon mikroskopisch plattenartig und nur in der Subcutis gelegen. Hier weicht dann das Bild, zumal wenn Riesenzellen fehlen, vom Lupus vulgaris stark ab. Nekrosen sind selten beobachtet.

Diese Veränderungen enthalten nichts für den Lupus pernio allein Typisches. Wir werden genau dieselben beim Erythema induratum und bei den Sarkoiden wiederfinden. Nichts spricht dagegen, daß nicht die verschiedensten Erreger diese an sich so wenig spezifischen Läsionen sollten hervorrufen können. Und doch ist es gerade der mikroskopische Befund gewesen, der bis jetzt, wie mir scheint, ganz heterogene Dinge zusammengehalten hat.

Der Beweis der tuberkulösen Ätiologie ist nur in den wenigsten Fällen von Lupus pernio geglückt. Tuberkelbazillen im Schnitt sind — soviel ich sehe — in keinem Fall bisher nachgewiesen worden. Auch positive Impfresultate im Tierversuch sind mir nicht bekannt. Zieler hat krankes Gewebe in größerer Quantität auf Meerschweinchen überimpft, aber keines der Tiere ist tuberkulös geworden. Die Mehrzahl derselben ging kurze Zeit nach der Impfung kachektisch zugrunde, wodurch Zieler in seinem Verdacht bestärkt wird, daß hier eine noch unbekannte infektiöse Ursache vorliegt. Auch Kreibich konnte trotz reichlichen Materials keines von neun Meerschweinchen mit Tuberkulose infizieren. Noch auffallender ist das Verhalten der Patienten gegenüber Tuberkulin. Die Fälle von Bloch, Zieler, Kreibich, Schrameck, Schaumann erwiesen sich gegen Tuberkulin völlig refraktär. Besonders wichtig sind die Fälle von Zieler, die mit hohen Dosen subkutan und mit verschiedenen Tuberkulinen kutan geimpft, keine Reaktion gaben. Auch bei einem Falle Kreibichs fiel eine intensive Einreibung von Tuberkulin in den Krankheitsherd negativ aus. Es bleiben die Fälle Jadassohns, die klinisch mit jenen anderen die größte Ähnlichkeit zeigten, bei denen aber die Tuberkulose außer Frage steht. Deswegen möchte ich mich auch Zieler nicht anschließen in seiner Schlußfolgerung, daß der Lupus pernio weder eine Tuberkulose ist, noch zur Tuberkulose in irgend einer Beziehung steht, sondern ein davon absolut zu trennendes, selbständiges, chronisches, wahrscheinlich infektiöses Granulom darstellt. Das gilt höchstens für einen Teil der Fälle. Leider ist unsere Diagnostik noch nicht so weit, sie klinisch von den tuberkulösen zu trennen. Und dasselbe gilt von den entsprechenden Beobachtungen von Sarkoiden und Erythema induratum, die Zieler ganz folgerichtig in jenes Granulom unbekannter Ursache mit einschließt. Noch weiter als Zieler geht Kreibich, der neuerdings den Lupus pernio schlankweg für eine Hautmanifestation der Sternbergschen Lymphogranulomatose erklärt. Es ist möglich, daß der eine Fall, der ihn zu dieser Ansicht führte, tatsächlich so zu erklären ist. Aber gerade dieser Fall zeigt klinisch durch das Bestehen zahlreicher kleiner, isolierter Tumoren im Gesicht, und histologisch durch das Vorhandensein reichlicher Lymphocyten und Plasmazellen doch eine gewisse Abweichung von dem, was wir sonst als Lupus pernio bezeichnet finden. Es ist sehr wohl denkbar, daß es Fälle von Lymphogranulomatose gibt, die unter einem ähnlichen Bilde verlaufen, bei den meisten gut untersuchten Fällen von Lupus pernio spricht aber die Histologie dagegen, die keineswegs die ziemlich charakteristische des Lymphogranuloms ist. Es scheint mir, daß der ältere, abwartende Standpunkt von Kreibich, der auch dem weiter oben vertretenen entspricht, einstweilen noch größere Berechtigung hat als diese neueste Hypothese. Diese regt übrigens wieder andere, kompliziertere Gedankengänge an, die zur Diskussion der Beziehungen von Lymphogranulomatose und Tuberkulose führen. Davon wird in einem späteren Kapitel die Rede sein.

3. Tuberculosis verrucosa cutis.

Der Name „Tuberculosis verrucosa cutis“ stammt von Riehl und Paltauf, die damit im Jahre 1886 „eine bisher noch nicht beschriebene Form der Hauttuberkulose“ zu bezeichnen glaubten. Das war freilich insofern nicht richtig, als diese Formen, wenn auch unter anderen Namen, längst bekannt waren. Besonders die französische Literatur enthielt solche Beobachtungen als „Lupus scléreux papillomateux“ (Vidal), oder „Scrofulide verruqueuse“ (Hardy). Aber selbst bei unserer heutigen, einheitlichen, ätiologischen Anschauungsweise kann man vom Standpunkt des Klinikers die Lostrennung des in Frage stehenden Krankheitsbildes vom Lupus immerhin als einen Fortschritt bezeichnen.

Symptome. Die Tuberculosis verrucosa cutis unterscheidet sich schon in ihren ersten Anfängen ganz erheblich von der Primäreffloreszenz des Lupus. Hatten wir hier ein weiches, in der Haut liegendes Knötchen, so beginnt jene meist mit einer deutlich prominierenden, ausgesprochen derben, papulösen Effloreszenz von bläulich rötlicher oder braunrötlicher Farbe. Diese ist anfangs sehr unscheinbar, kaum von Hanfkorngröße und nimmt allmählich zu durch gleichmäßiges, peripheres Wachstum, nicht durch Apposition neuer Elemente. Die Oberfläche kann dabei längere Zeit vollkommen glatt bleiben. Die normale Hautfelderung ist verstrichen. Aber die Palpation und der Versuch mit der Sonde belehren uns, daß wir es — wieder im Gegensatz zum Lupusknötchen — nicht mit einer Verdünnung, sondern einer Verdickung des Epithels zu tun haben. Diese, zusammen mit dem in der Cutis liegenden Infiltrat, gibt der Effloreszenz die charakteristische Derbheit. Sie ist meist schmerzlos, auch auf Berührung wenig empfindlich. Häufig ist sie von einem schmalen, entzündlich roten Hofe kreisförmig umgeben.

Allmählich machen sich stärkere Veränderungen des Epithels, bestehend in einer übermäßigen Hornbildung, bemerkbar. Zuerst konstatiert sie der darüberstreichende Finger als eine leichte Rauhigkeit. Sichtbar sind sie zuerst im Zentrum auf der Höhe der Läsion als feine Stichelung oder als fest anhaftende, weißliche oder bräunliche Schuppen. Im weiteren Verlauf nimmt diese Verhornung eine Entwicklung, die äußerlich etwa dem Vorgang vergleichbar ist, wenn sich eine größere, plane Warze in eine papillomatöse umwandelt. Es entstehen erst zahlreiche, feine Hervorragungen, schließlich grobe Hornzotten, die durch Spalten und Schrunden voneinander getrennt sind. Dieser Zustand kann auf die Mitte der Effloreszenz, die sich weiter peripher ausdehnt, beschränkt bleiben. Wir haben dann von außen nach innen: Einen im Niveau der Haut gelegenen roten Hof, einen scharf sich abhebenden, bläulichroten, glatten Wall und das verhornte Zentrum. Häufig aber ergreift die Verhornung fast den ganzen Krankheitsherd. In den Vertiefungen zwischen den Hornpapillen sammeln sich infolge exsudativer Prozesse Schuppen und Krusten an. Diese können sich schließlich über die ganze Effloreszenz legen und sie als einheitliche Masse überziehen, so daß man erst nach Entfernung dieser Schuppenkruste die eigentliche, warzenartige Bildung zu Gesichte bekommt. Manche Beobachter haben auf das Vorhandensein kleiner Eiterpusteln, besonders an den Randpartien, Gewicht gelegt. Sie können aber vollkommen fehlen. Eine andere Erscheinung wird man dagegen bei älteren Herden selten vermissen. Drückt man die Effloreszenz von den Seiten her, so quellen an den verschiedensten Stellen der Oberfläche einzelne kleine Eitertropfen hervor.

Dehnt sich der Herd über Einmarkstückgröße und mehr aus, wobei er häufig seine kreisrunde Form bewahrt, öfters auch ovale und serpiginöse Form annimmt, so sinkt nicht selten das Zentrum ein, flacht ab und verheilt spontan unter Narbenbildung. Diese Vernarbung ist, anders als beim Lupus vulgaris, meist recht vollkommen. Die Narbe ist weiß, glatt, zart, verschieblich, und keine Rezidive im Zentrum stören den Heilungsvorgang. Das alles weist schon klinisch auf eine gewisse Oberflächlichkeit des krankhaften Prozesses in der Cutis hin.

So ist das Bild der Tuberculosis verrucosa cutis im ganzen ein recht einförmiges. Die Variationen sind bedingt nur durch die Intensität des Verhornungsprozesses, die Stärke der Exsudation, das Tempo des Wachstums und schließlich durch das nicht sehr häufige Auftreten von Ulzerationen, die an den peripheren Partien gelegen, Formen verursachen, welche den Übergang zum serpiginösen Lupus bilden. Ebenso sind Fälle, bei denen echte

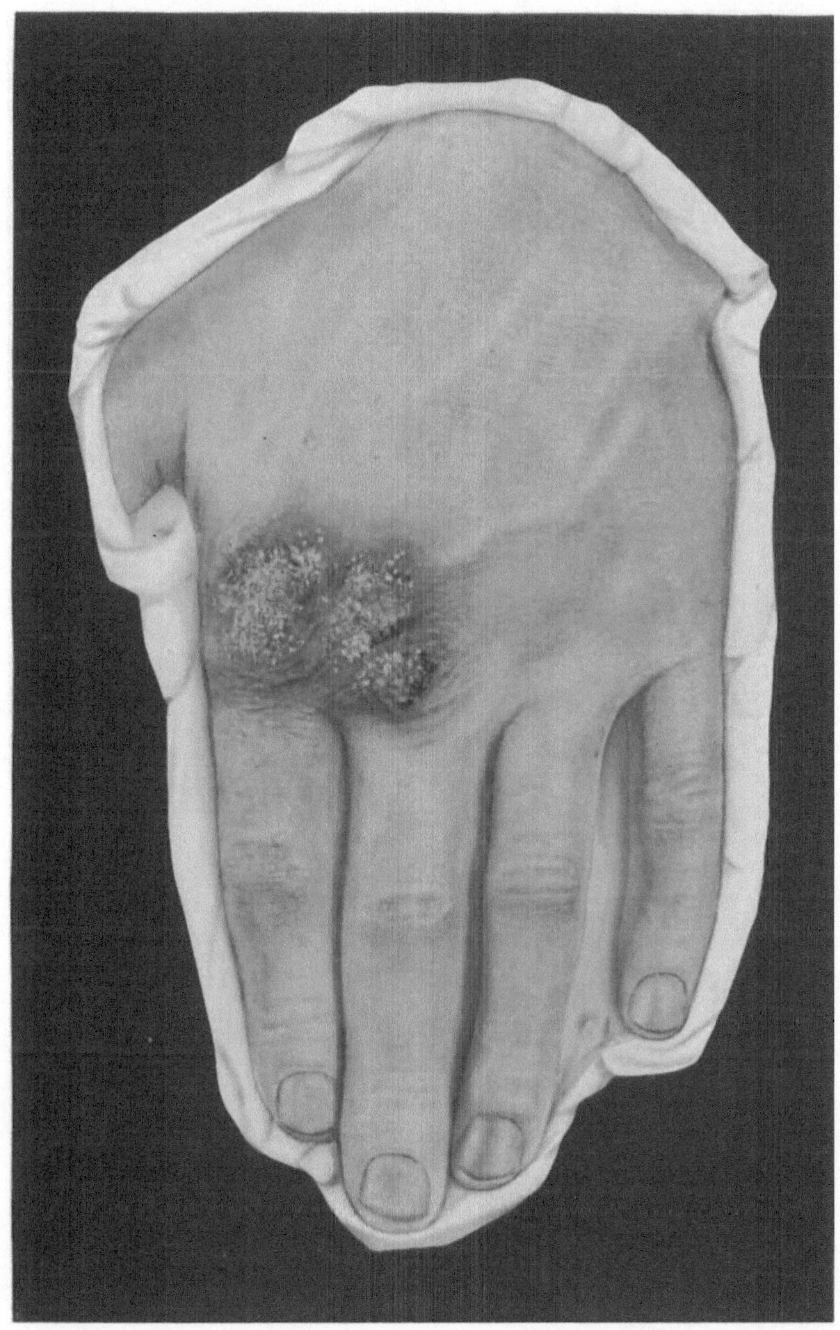

Tuberculosis verrucosa cutis.

(Sammlung des Allgem. Krankenhauses Hamburg-St. Georg.)

Verlag von Julius Springer in Berlin.

Lupusknötchen auftreten, als Übergangserscheinungen anzusehen, die ja selbstverständlich vorkommen müssen.

In der großen Mehrzahl der Fälle findet sich die Tuberculosis verrucosa an den Händen und Vorderarmen lokalisiert, und zwar bevorzugt sie die Hand- und Fingerrücken, sowie die Seitenränder des Zeigefingers, des Daumens und des kleinen Fingers. Seltener befällt sie die Handflächen und die Ellbogen. Die Effloreszenzen sind meist in der Einzahl vorhanden, doch kommen auch mehrere an einer Hand vor. Seltener sind zahlreiche, disseminierte Herde an Händen und Armen, wie sie Nobl in zwei Fällen beschrieben hat. Nächst den Händen, doch schon weit weniger häufig, finden wir die Füße erkrankt, und zwar meist in der Knöchel- und Fersengegend. Diesen Lokalisationen gegenüber treten alle anderen Körpergegenden weit zurück, doch kann ein verruköser Herd prinzipiell überall auftreten. Neuerdings wird mehr und mehr die Aufmerksamkeit auf gewisse postexanthematische — offenbar hämatogene — Eruptionen von Hauttuberkulose gelenkt, die einen ausgesprochen verrukösen Typus zeigen. Es ist dann ziemlich belanglos, ob man hier von Tuberculosis verrucosa cutis sprechen will, wie Tobler, Hoffmann, Finger, Bourgeois, oder an dem Unterschied mit Lupus verrucosus festhält, wie Nobl, Adamson, Kerl, Strandberg.

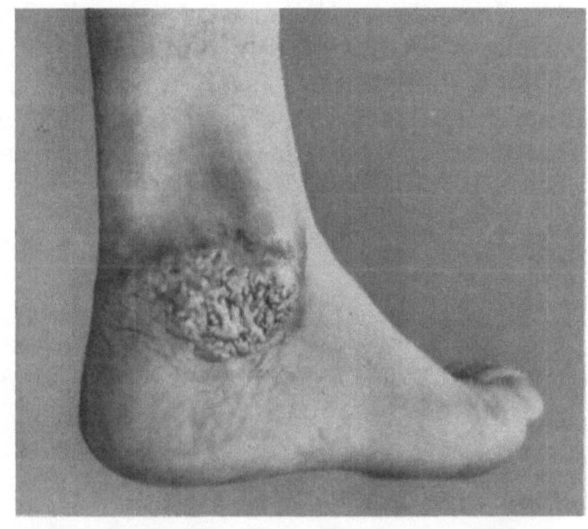

Abb. 64. Tuberculosis verrucosa cutis am Fuß. (Sammlung der Berner Klinik.)

Histologie. Die Histologie der Tuberculosis verrucosa zeigt zwar gegenüber dem Lupus, besonders dessen papillomatösen Formen, keine spezifischen Unterschiede, aber doch einige charakteristische Momente, die eine gesonderte Betrachtung rechtfertigen. Es sind vor allem die Veränderungen im Epithel, die am meisten die Aufmerksamkeit auf sich lenken. Daß sie auch bei der Tuberculosis verrucosa sekundärer Natur sind, zeigt die Untersuchung ganz frischer Fälle, die daher auch die geringsten Abweichungen vom Lupus erkennen lassen. Wir finden hier noch deutlich zirkumskripte Knötchen, vorwiegend aus Epithelioidzellen, mit oft sehr reichlichen Riesenzellen und peripherer Anhäufung von Lymphocyten in allen Schichten der Cutis, besonders aber in den mittleren und oberen Partien. Plasmazellen sind in der Peripherie der Knötchen nicht sehr zahlreich, etwas reichlicher um die Gefäße der Umgebung angesammelt. Das Epithel zeigt eine gewisse Verbreiterung, auch Verlängerung von Retezapfen und Zunahme der Hornschicht. Aber ein Kontakt zwischen Epithelwucherung und Infiltrat braucht noch nicht zu bestehen. Das ändert sich mit der weiteren Entwicklung des Krankheitsherdes. Nach Unna umwuchert das Epithel die Infiltrate und sendet unterhalb deren Niveau noch Fortsätze in die Tiefe. Sicher ist, daß in älteren Fällen durch die kolossale Verlängerung der Retezapfen das Infiltrat in die Höhe gerückt scheint, im Papillarkörper und im Stratum subpapillare liegt, während die untere Cutis häufig ganz frei ist. In diesem Stadium verliert die Infiltration immer mehr ihre knötchenförmige Anordung, die Epithelioidzellen nehmen ab zugunsten von Lymphocyten und polynukleären Leukocyten. Riesenzellen finden sich spärlicher, manchmal isoliert im Infiltrat liegend, manchmal in Gruppen von mehreren Exemplaren. Das Epithel ist besonders im Stratum spinosum stark verbreitert, die unteren Schichten sind oft spongiös entartet und werden durch Ödem und Leukocyteneinwanderung so aufgelockert, daß häufig die Grenze von Epithel und Infiltrat vollkommen verwischt ist.

In anderen Fällen ist wieder die Tiefenwucherung des Epithels besonders auffallend. Oft sind es schmale Zapfen, die in die Tiefe wachsen und sich dort wieder verbreitern, so daß in manchen Präparaten innerhalb des Infiltrates in den tiefen Schichten epitheliale Stränge gefunden werden, deren Zusammenhang mit der Oberfläche nur auf Serienschnitten zu erkennen ist. Überall aber ist der Bau dieser Epithelfortsätze regelmäßig, die Form der Zellen normal; es besteht in dieser Beziehung keine Ähnlichkeit mit Epitheliomen.

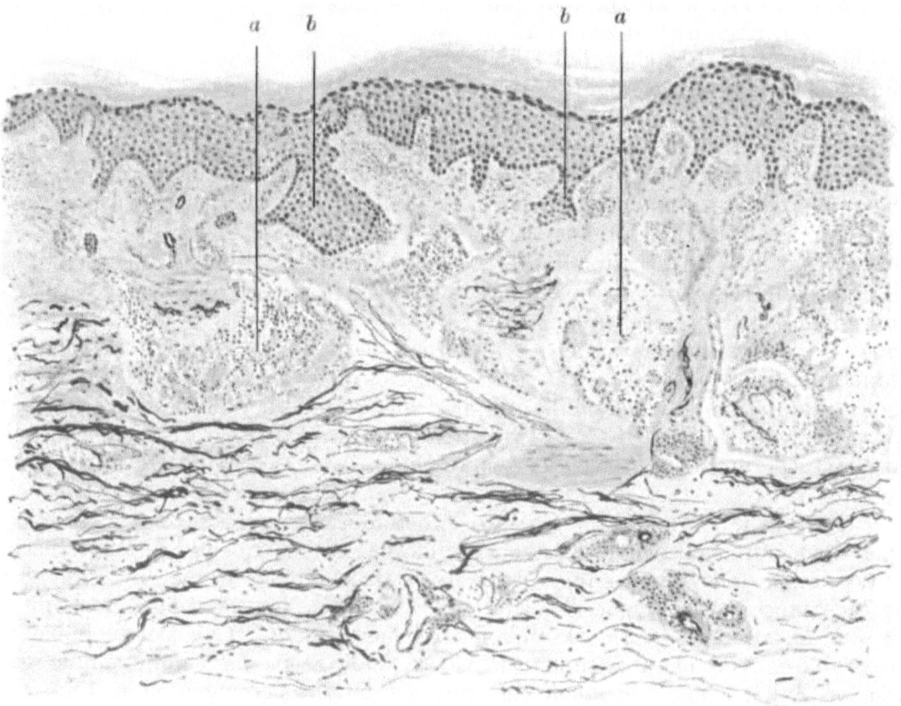

Abb. 65. Tuberculosis verrucosa cutis im Beginn. *a* Tuberkel; *b* Epithelwucherungen.

Schon beim Lupus waren die Pseudoabszesse im Rete Malpighi erwähnt worden, die das höchste Stadium der Leukocyteneinwanderung darstellen. Diese spielen nun bei der Tuberculosis verrucosa noch eine viel größere Rolle. Sie kommen in allen Schichten vor, auch in den tiefsten; und hier kommt es dann wieder zur Einschmelzung oder zum Durchbrechen der unteren Wand, so daß wir Erweichungsherde an der unteren Grenze des Epithels haben, die von diesem zum Teil scheinbar umwachsen werden. Ja, wir finden sogar inmitten des Infiltrates größere Erweichungsherde, die mit dem Epithel keinen Zusammenhang zu haben, sondern durch eitrigen Zerfall des Infiltrates entstanden zu sein scheinen. Bei genauerer Untersuchung finden wir aber noch oft in ihrer Begrenzung Epithelreste, die sie von einer Seite her (meist von oben) schalenartig umgeben; und zwischen den polynukleären Leukocyten und dem Detritus dieser Herde kann man zahlreiche große, runde und ovale Gebilde erkennen, die nur als degenerierte Epithelzellen aufzufassen sind, ja sogar Ansätze zur ballonierenden Degeneration Unnas sind vorhanden (Abb. 69). Allerdings ist ja auch hier ein Heranwuchern des Epithels an primäre Erweiterungsherde nicht ganz auszuschließen. Außer diesen Pseudoabszessen kommen Cysten im Epithel vor, die wahrscheinlich durch Eintrocknung des Eiters und spätere Verhornung der Wand entstanden sind. Sie enthalten dann neben parakeratotischen Lamellen und Kerndetritus noch eigentümliche schollige Massen (Abb. 67).

Die Hyperkeratose fehlt bei der Tuberculosis verrucosa niemals. Sie kann ganz außerordentliche Grade erreichen. Die Keratohyalinschicht ist teils um ein Vielfaches verbreitert, wir finden dann über ihr kernlose Hornmassen aufgehäuft, teils aber ist sie, trotz allgemeiner bedeutender Ver-

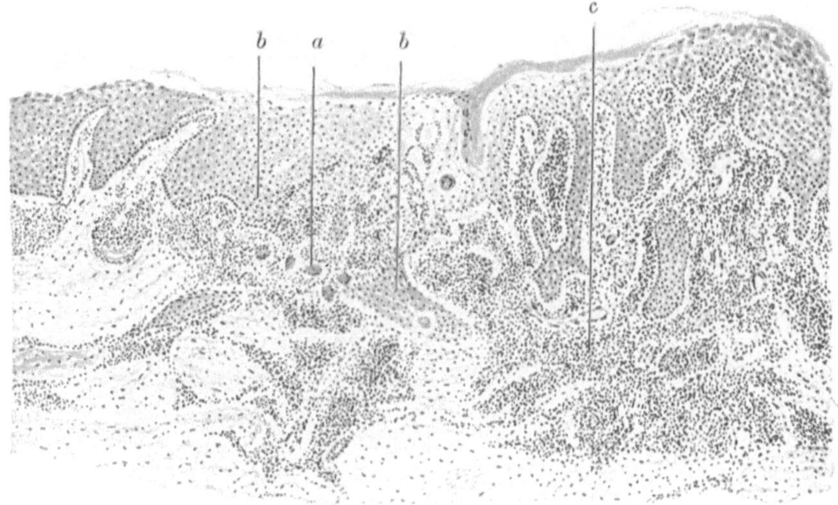

Abb. 66. Tuberculosis verrucosa cutis, sich weiter entwickelnd. *a* Tuberkel; *b* Epithelwucherungen; *c* Lymphocyteninfiltrat.

breiterung des Rete, überhaupt nicht vorhanden, und auf eine Schicht platter Zellen folgen dann kernhaltige, parakeratotische Hornlamellen. Beide Erscheinungen finden sich dicht nebeneinander und in allen Übergängen. Manchmal zeigen die oberen Zellen des Rete, die unmittelbar unter der Hornschicht liegen, eine beträchtliche Vergrößerung und Aufhellung. Nach außen zu bilden die verhornten Massen oft richtige Stacheln, die manchmal von erweiterten Follikelausgängen, häufiger von Einbuchtungen des Epithels ihren Ausgang nehmen, in denen sie schalenartig ineinander gefügt sich auftürmen. Auch die nach der Tiefe gewucherten Retezapfen sind oft im Innern verhornt, und auf manchen Schnitten können sie Bilder erzeugen, die an die Hornperlen der Epitheliome erinnern.

Eigentümlicherweise bleibt diese Anhäufung von Hornsubstanz noch bestehen, wenn das Epithel im übrigen schon in Atrophie übergegangen ist, wie das in späteren Stadien der Erkrankung, besonders im Zentrum des Herdes der Fall ist. Ja, in manchen Epithelbuchten, wo wir unter einem mächtigen Hornstachel nur noch zwei bis drei Lagen platter Epithelzellen gewahren, macht es fast den Eindruck einer Druckatrophie. Aber diese Atrophie entspricht der allgemeinen Tendenz in diesem Stadium. Das Infiltrat zerfällt, was die Epithelioiden und Riesenzellen anbetrifft, in ähnlicher Weise wie wir

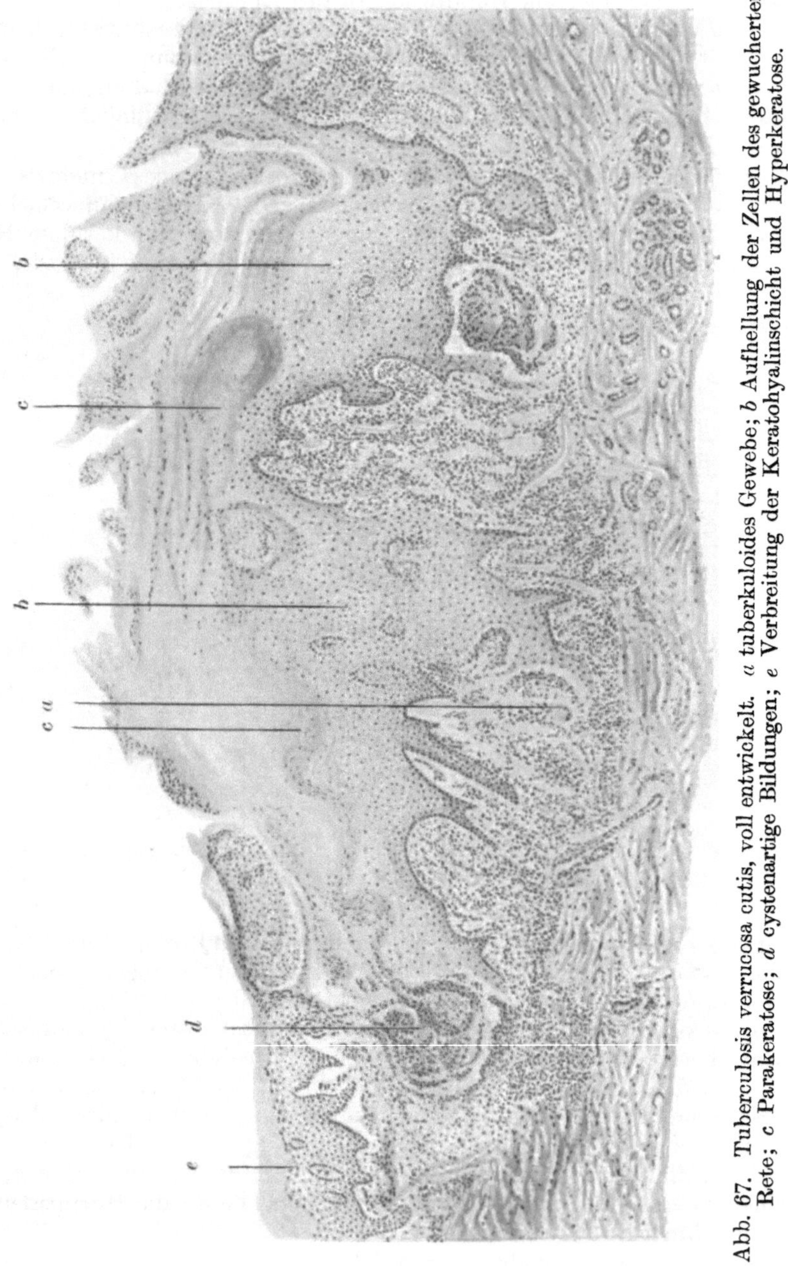

Abb. 67. Tuberculosis verrucosa cutis, voll entwickelt. *a* tuberkuloides Gewebe; *b* Aufhellung der Zellen des gewucherten Rete; *c* Parakeratose; *d* cystenartige Bildungen; *e* Verbreitung der Keratohyalinschicht und Hyperkeratose.

es beim Lupus beschrieben haben; das Gefüge, die Verbindung der Zellen, lockert sich. Wir finden isolierte, degeneriert aussehende Riesenzellen in Lymphräumen liegend. Die Lymphocyten nehmen an Zahl ab. Die nächste

Umgebung der Herde zeigt starke Erweiterung und Neubildung von Gefäßen, besonders aber oftmals sehr hochgradige Lymphangiektasien. Diese finden

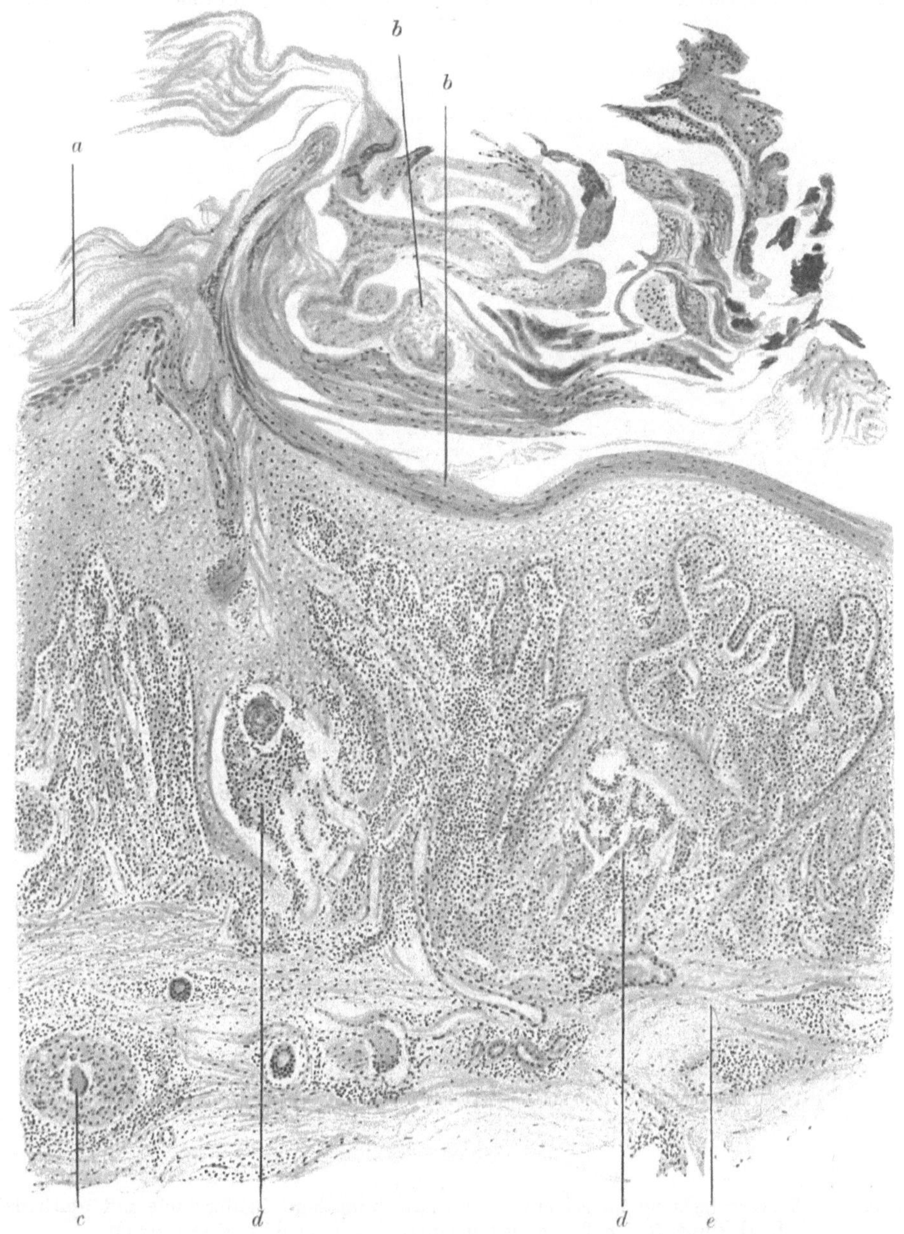

Abb. 68. Tuberculosis verrucosa cutis. *a* Hyperkeratose; *b* Parakeratose; *c* Tuberkel; *d* Pseudoabszesse und Erweichungen an der Grenze des Epithels; *e* Fibrom.

sich allerdings auch schon in früheren Stadien. Ganz besonders stark tritt aber jetzt die Reaktion des Bindegewebes hervor, die sich nicht nur in einer

Kernvermehrung, sondern in einer echten Fibrombildung bemerkbar macht. Dieses Fibrom ist bei der Tuberculosis verrucosa viel stärker entwickelt und viel konstanter als beim Lupus. Schon vom Beginn an ist es vorhanden, aber erst bei der spontanen Abheilung nimmt es größere Dimensionen an. In der

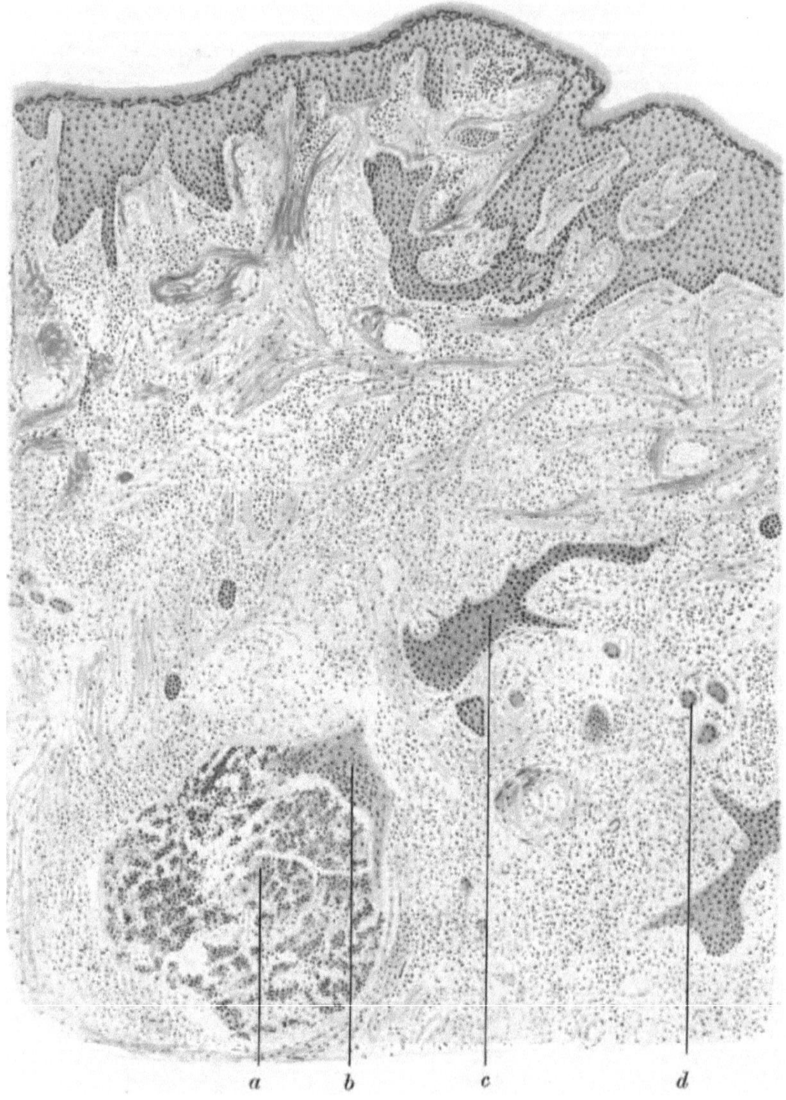

Abb. 69. Tuberculosis verrucosa cutis. *a* Erweichungsherd in der Tiefe mit epithelialer Bekleidung (*b*); *c* Epithelwucherung; *d* tuberkulöse Riesenzellen.

nächsten Nähe der Infiltrate und in diese hinein sich fortsetzend, sehen wir vielfach gewundene, breite Kollagenbündel mit zahlreichen Kernen; zahlreiche kleine Gefäße grenzen gleichsam einzelne Lappen des Fibroms voneinander ab. Elastische Fasern fehlen innerhalb dieser Kollagenbündel, wie auch innerhalb der Infiltrate vollkommen, im Gegensatz zu den tiefen Cutispartien, die von der tuberkulösen Infiltration frei geblieben waren. Je näher wir dem abgeflachten Zentrum der Läsion kommen, desto regelmäßiger wird der Verlauf der Kollagenbündel, die schließlich ganz parallele Richtung zum Epithel nehmen. Hier sehen wir bei starker Vergrößerung wieder feinste Fasern, oft nur punkt- und körnchenartige Bildungen von elastischer Substanz. Die Papillen sind vollkommen verstrichen. Das Epithel selbst ist bis auf wenige Lagen platter Zellen atrophiert.

Verkäsung und Erweichungen in größerem Umfang, wie sie manche Autoren beschrieben haben, habe ich bei der Tuberculosis verrucosa nicht gesehen. Sie gehören jedenfalls nicht zum regelmäßigen Bilde. Was die Bazillenzahl anbetrifft, die nach Riehl und Paltauf größer sein soll als beim Lupus, so habe ich, ebenso wie Jadassohn und die zahlreichen von ihm zitierten Autoren, einen solchen Unterschied nicht feststellen können. Der Nachweis der Bazillen im Schnitt ist mir immer nur nach langem Suchen geglückt. Pyogene Kokken mögen sich in manchen oberflächlichen Leukocyten-

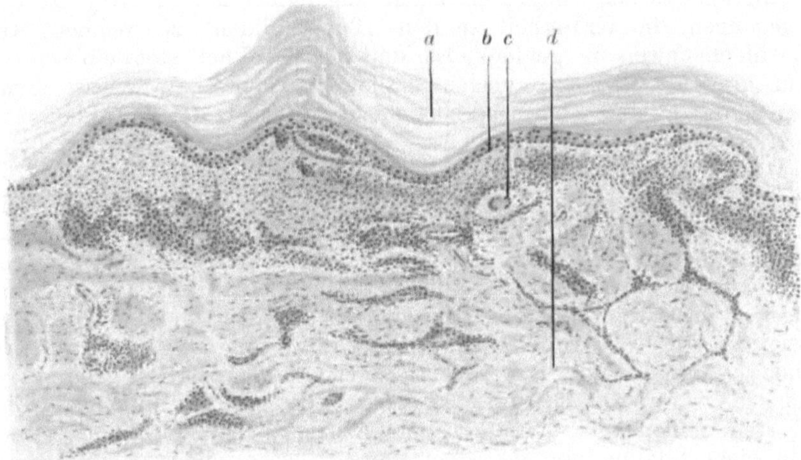

Abb. 70. Tuberculosis verrucosa cutis. Atrophisches Stadium. *a* Hyperkeratose; *b* atrophisches Epithel; *c* Riesenzelle im Lymphraum; *d* Fibrom.

ansammlungen finden, in den Pseudoabszessen der tiefen Reteschichten und den Erweichungsherden der Cutis fehlen sie.

Verlauf. Die Tuberculosis verrucosa cutis ist vorwiegend eine Krankheit des erwachsenen Alters. Eine Sondergruppe bilden die schon mehrfach erwähnten Fälle von postexanthematischer Tuberkulose, die in der früheren Kindheit als disseminierte Eruption meist im Anschluß an Masern auftreten. Unter den Erkrankten ist das männliche Geschlecht stärker vertreten als das weibliche. Denn vielfach handelt es sich um Personen, die durch ihren Beruf mit tuberkulösem Material in Berührung kommen. Und weil es Erwachsene sind, die die Gefahr einer Infektion infolge einer Verletzung im Berufe oft genau kennen, finden wir bei der Tuberculosis verrucosa so viel mehr positive Angaben über Datum und Art der Infektion als beim Lupus, wo die Infektion meist Kinder befällt, und die Infektionsquelle nicht so klar zutage liegt. Es ist daher verständlich, daß einer oberflächlichen Betrachtungsweise die Tuberculosis verrucosa als einzige und typische Form der exogenen Infektion erscheinen konnte. Daß sie das nicht ist, und daß sie auch von innen her entstehen kann, haben wir bereits ausführlich genug besprochen.

Der gewöhnliche Verlauf der Infektion ist etwa folgender: Es verletzt sich jemand während der Arbeit mit tuberkulösem Material. Die Wunde zeigt anfangs nur leichte Entzündung oder gar keine besondere Erscheinungen, verheilt dann, und nach Wochen entwickelt sich das Krankheitsbild, das wir soeben beschrieben haben. Der sog. „Leichentuberkel", die bekannte Berufskrankheit der Anatomen und in anatomischen Instituten Beschäftigten, unterscheidet sich hierin durchaus nicht von den gewöhnlichen Fällen der Tuberculosis verrucosa. Es ist nicht richtig, daß er immer mit einer Pustel beginnt und auch in späteren Stadien das Symptom des eitrigen Zerfalls stärker hervortreten läßt. Weder klinisch noch histologisch ist das zutreffend. Es ist weiter zum mindesten unwahrscheinlich, daß auch andere Infektionen als die tuberkulöse das typische Bild des Leichentuberkels hervorbringen können.

Der warzenförmigen Hauttuberkulose wird im allgemeinen eine besondere Benignität zugeschrieben. Das mag auch für den lokalen Prozeß stimmen, der im Gegensatz zum Lupus wenig Tendenz zeigt, in die Tiefe zu greifen und meist therapeutischen Eingriffen leicht zugänglich ist. Fabry ist sogar so weit gegangen, die Krankheit zu den „Tuberkuliden" zu rechnen, weil ihm der Bazillennachweis nie geglückt ist, und die Krankheit stets einen gutartigen Verlauf nimmt. Die Fabryschen Fälle erwecken aber gewisse Bedenken. Abgesehen davon, daß seine Angaben, was die Virulenz der Krankheitsprodukte betrifft, mit denen der anderen Autoren nicht übereinstimmen, fällt es auf, daß seine Fälle alle Bergleute betreffen, von denen er selbst schreibt, daß hier reichlich Kohlenpartikel in längere Zeit offen gehaltene Wunden hineingelangen. Es wäre zu erwägen, ob es sich hier nicht zum Teil um aseptische Entzündungserscheinungen durch chronische Reizwirkung handeln könnte. Ich habe jedenfalls einmal etwas Ähnliches gesehen. Auf der Arningschen Abteilung war ein Patient, der am Arm eine mit Zinnober und Tusche hergestellte Tätowierung trug. Einige Stellen dieser Tätowierung zeigten Veränderungen, die ohne weiteres für eine Tuberculosis verrucosa cutis hätten gehalten werden können. Es war aber auffallend, daß diese Stellen sich nur an den mit Zinnober tätowierten Stellen befanden, und zwar an sämtlichen. Da die Tätowierung aber in einer Sitzung von derselben Person hergestellt war, da histologisch sich nur banale chronische Entzündungsreaktion fand, da schließlich das Individuum nachweislich eine Hg-Idiosynkrasie hatte, so konnte bewiesen werden, daß die Erkrankung keine verruköse Tuberkulose, sondern nur eine wuchernde Dermatitis mit Hyperkeratose infolge von Reizwirkung war.

Prinzipiell ist die Tuberculosis verrucosa durchaus nicht als eine harmlose Infektion anzusehen, gerade in Hinsicht auf den übrigen Organismus. Wird sie gleich im Beginn erkannt und der Krankheitsherd radikal beseitigt, so ist freilich das Individuum meist vor weiteren Folgen der Infektion bewahrt. Läßt man aber die Erkrankung sich ungestört entwickeln, so zeigt in vielen Fällen das Virus eine Neigung zur Propagation auf dem Lymphwege, wie sie den meisten Fällen von Lupus fremd ist. Die Lymphangitis tuberculosa ist eine häufige und manchmal recht erschwerende Komplikation der Tuberculosa verrucosa cutis. Sie kommt praktisch am meisten in Betracht, weil weitaus am häufigsten, an den oberen Extremitäten. Bei einem seit längerer Zeit bestehenden größeren Krankheitsherd an den Händen findet man ganz außerordentlich häufig eine stark vergrößerte Cubitaldrüse. Hier kann die Erkrankung lange Zeit stationär bleiben, ohne daß es zur Erweichung und Perforation kommt. Das ist die gutartigste Form einer Beteiligung des Lymphsystems. Aber zwischen dieser Drüse und dem Hautherd, und von der Cubitalbis zu den Achseldrüsen erkranken nicht selten die großen Lymphgefäße.

Wir können sie dann, meist unter unveränderter Haut, als bleistiftdicke, derbe Stränge in der Tiefe abtasten, manchmal auch zahlreiche „rosenkranzartig" aufgereihte, knötchenförmige Verdickungen konstatieren. In anderen Fällen treten an einzelnen Stellen dieser Stränge große, derbe Knoten hervor, die erweichen, mit der Haut verwachsen und perforieren. Es entsteht dann die Krankheitsform, die wir als kolliquative Tuberkulose bezeichnen und unter diesem Namen weiter unten besprechen werden.

Dieser ganze Verlauf hat eine gewisse Ähnlichkeit mit den Infektionsversuchen beim Meerschweinchen: von der tuberkulösen Hautinfektion aus entwickelt sich eine Erkrankung der regionären Lymphdrüsen und der zuführenden Lymphwege. Es ist naheliegend, anzunehmen, daß es sich in diesem Falle beim Menschen auch um Infektionen tuberkulosefreier oder mangelhaft geschützter Individuen handelt. Daß auch beim Menschen, wie beim Meerschweinchen, von dieser Affektion eine allgemeine Tuberkulose ihren Ausgang nehmen kann, ist wohl sehr wahrscheinlich, wenn auch im einzelnen Fall schwer nachzuweisen. Es wird berichtet, daß Laennec an den Folgen eines Leichentuberkels gestorben sei. Aber natürlich läßt sich niemals mit Sicherheit feststellen, daß die innere Tuberkulose wirklich nach und infolge der Hauterkrankung entstanden sei. Dies alles gilt übrigens nur für die Fälle, wo im Anschluß an eine Verletzung tuberkulöses Material fremder Herkunft in die Haut gelangt ist. Demgegenüber steht die große Zahl der Fälle, in denen die Tuberculosis verrucosa durch Autoinokulation von tuberkulösem Sputum entstanden ist. Hier haben wir also eine Superinfektion bei einem schon tuberkulösen Individuum durch große Mengen Tuberkelbazillen. Nur diese Fälle zieht Hübner in Betracht, wenn er in einer mit der hier vertretenen ganz übereinstimmenden Anschauungsweise die Gutartigkeit der Tuberculosis verrucosa durch eine relative Immunität infolge schon vorhandener Tuberkulose erklärt. Es scheint tatsächlich, daß diese Art der Infektion im allgemeinen recht benigne und zur spontanen Abheilung neigende Krankheitsformen erzeugt, und daß bei der charakteristischen Tuberculosis verrucosa an den Fingern der Phthisiker (häufig durch Entfernen des Sputums aus dem Bart mit den Händen verursacht) Lymphangitiden viel seltener sind als bei den Schlachthof- und Leicheninfektionen.

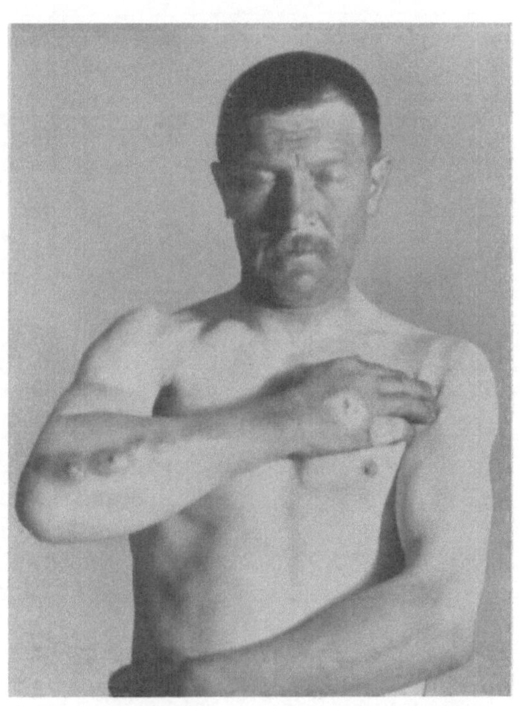

Abb. 71. Tuberculosis verrucosa cutis mit Lymphangitis. (Sammlung der Berner Klinik.)

Varietäten. Anhangsweise möchte ich hier bei der Tuberculosis verrucosa cutis einige seltenere Krankheitstypen anführen, deren Kenntnis wir vor allem Jadassohn verdanken: Die Tuberculosis fungosa serpiginosa und die

Tuberculosis fungosa verrucosa lymphangiectatica. Beide haben mit der von Riehl als Tuberculosis fungosa beschriebenen Form nicht viel

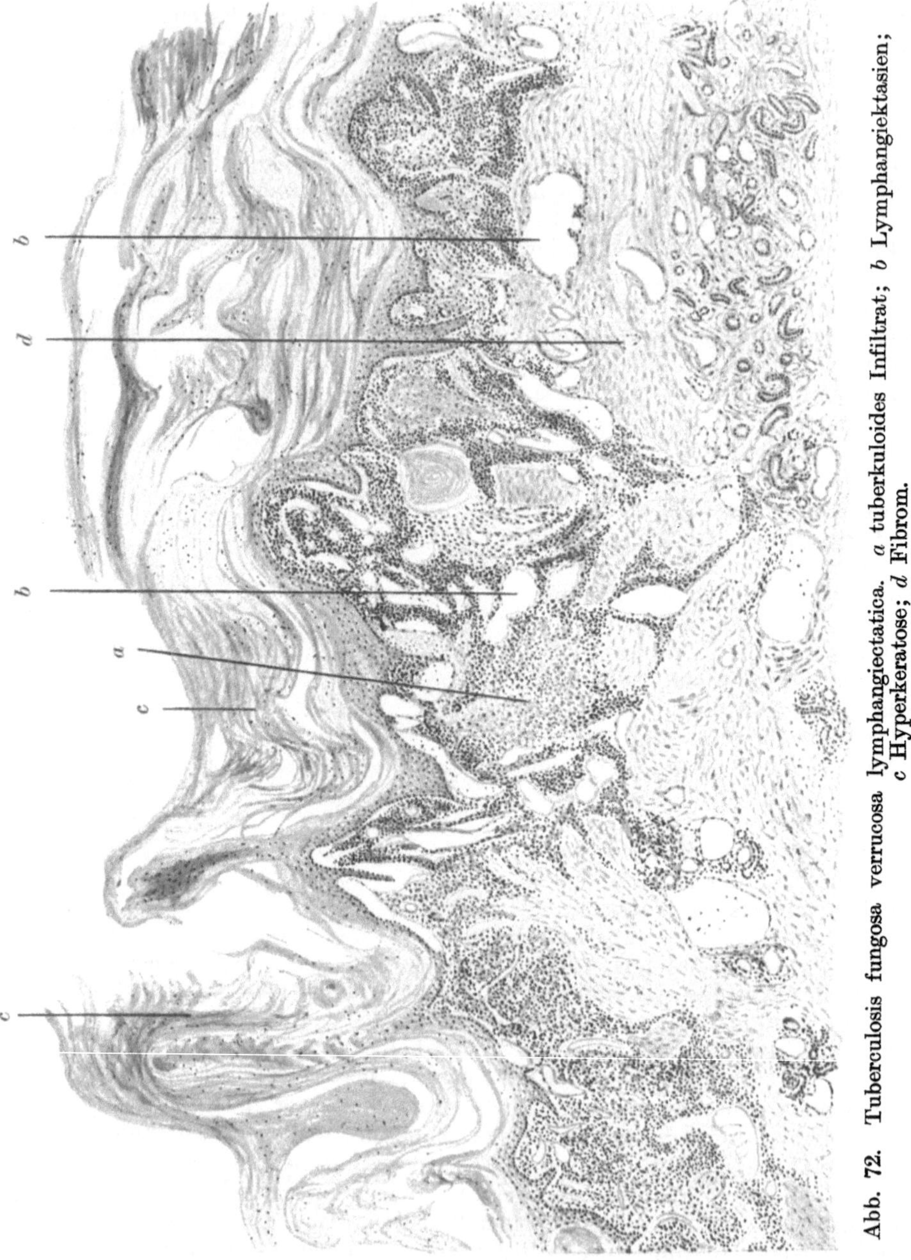

Abb. 72. Tuberculosis fungosa verrucosa lymphangiectatica. *a* tuberkuloides Infiltrat; *b* Lymphangiektasien; *c* Hyperkeratose; *d* Fibrom.

Gemeinsames. Diese wird besser bei den kolliquativen Tuberkulosen untergebracht, während die Jadassohnschen Fälle zwar auch zum papillomatösen Lupus gerechnet werden könnten, aber auch zur verrukösen Tuberkulose manche

Beziehungen haben. Die serpiginöse Form hat Jadassohn bei älteren Leuten beobachtet. Sie unterscheidet sich von der Tuberculosis verrucosa durch das Fehlen der Hornbildung, die hier ganz durch papillomatöse Wucherung ersetzt wird. Die Ähnlichkeit besteht in der Form der Plaques, der Art des Fortschreitens und der zentralen Abheilung. Nur vollzieht sich diese Entwicklung rascher als bei der Tuberculosis verrucosa, und die Dimensionen der einzelnen Plaques werden viel größer als bei jener. Doch stellen Beobachtungen, wie sie von französischen Autoren als „Tuberculose verruqueuse centrifuge" geschildert werden, hier den Übergang her. Die Affektion wird also charakterisiert durch einen breiten, wallartigen, scharf abgesetzten Saum von papillomatöser Oberfläche, serpiginöse Ränder und ein narbiges Zentrum, in dem oft kolloide Degeneration in Form der bekannten kleinen braunen Flecke bemerkbar ist. Die Gutartigkeit dieser Form spricht sich schon in der Neigung zur spontanen Heilung aus, die durch geeignete, auch wenig eingreifende Behandlung leicht zu erhöhen ist.

Noch näher der Tuberculosis verrucosa steht die lymphangiektatische Form, von der ich seinerzeit aus der Jadassohnschen Klinik einen charakteristischen Fall demonstriert habe. Zwar war auch hier die Verhornungsanomalie nicht sehr stark hervortretend. Dagegen gemahnte die Derbheit der Geschwulst, der livide Rand und die zerklüftete, rauhe Oberfläche an Tuberculosis verrucosa. Im histologischen Bilde zeigten sich neben nicht sehr typischen, tuberkulösen Infiltraten lymphangiomähnliche Bildungen und Fibrom. Die beiden letzteren sind ja auch der gewöhnlichen Tuberculosis verrucosa nicht fremd, nur nicht in der Intensität entwickelt, die dieser abweichenden Form ihr eigentümliches Gepräge gibt.

Diagnose. Differentialdiagnostisch kommen der Tuberculosis verrucosa cutis gegenüber zunächst gewöhnliche Warzen in Betracht. Wenn diese eine gewisse Dimension erreichen, wenn sie dazu nur in der Einzahl vorhanden sind und nicht kleinere, daneben stehende Exemplare keinen Zweifel lassen, wenn schließlich durch sekundäre Infektion sich eine Entzündung der Basis eingestellt hat, so kann das Bild allerdings recht ähnlich werden. Es unterscheidet sich aber auch noch in diesem Falle durch das stärkere Rot des entzündlichen Hofes, das Fehlen des bläulichen Farbentones und die größere Schmerzhaftigkeit. Die histologische Untersuchung wird hier immer Sicherheit bringen. Daß chronische, aseptische Reizungen in der Haut ähnliche Erscheinungen hervorrufen können, zeigt der erwähnte Fall nach Tätowierung mit Zinnober. Die Kenntnis dieser Möglichkeit hat insoferne eine gewisse Bedeutung, als gerade durch Tätowierung auch Tuberkelbazillen überimpft werden können und dadurch das charakteristische Krankheitsbild der Tuberculosis verrucosa entstehen kann; solche Fälle sind von A. Heller berichtet. Auch hier ist die mikroskopische Untersuchung entscheidend.

Wie fast allen Formen der Tuberkulose, so kann auch der verrukösen die Syphilis unter Umständen ähnlich werden. Kleinere serpiginöse Tertiärsyphilide mit Neigung zur papillomatösen Wucherung können einmal eine Plaque von Tuberculosis verrucosa vortäuschen. Größer ist allerdings die Gefahr der Verwechslung gegenüber den fungös-serpiginösen Tuberkulosen. Doch sind die luetischen Bildungen meist derber. Ich habe einmal bei tertiärer Lues eine Plaque am Oberschenkel gesehen, die mit der Tuberculosis verrucosa fungosa lymphangiectatica äußerlich absolut identisch war, so daß eine klinische Diagnose nicht gestellt werden konnte. Histologisch fand sich auch hier dasselbe Gemisch von Lymphangiom- und Fibrombildung, doch erinnerte die Beschaffenheit des Infiltrates, das ganz überwiegend aus Plasmazellen bestand, und stark hervortretende Gefäßveränderungen bei Fehlen tuberkuloider Strukturen viel mehr an Lues, ein Verdacht, den der Erfolg der antiluetischen Behandlung bestätigte.

Von anderen infektiösen Krankheiten muß man an die tiefen, wuchernden Formen der Trichophytie, an Blastomykosen und andere seltene Mykosen denken. Diese Diagnosen können natürlich nur durch bakteriologische, mikroskopische oder kulturelle Untersuchungen gestellt werden. Beim Lichen planus gibt es verruköse Plaques, die zur Täuschung Anlaß geben könnten, wenn sie nicht meist nur am Unterschenkel in der Mehrzahl und mit anderen sicheren Lichenelementen zusammen vorkämen.

Immer noch zu wenig bekannt scheint die Tatsache zu sein, daß nach chronischem Jod- und besonders nach Bromgebrauch papillomatöse und verruköse Plaques entstehen können, die der verrukösen und auch der fungösen Tuberkulose gleichen. Jedenfalls werden diese Erkrankungen meist im Anfang falsch diagnostiziert. Ich sah einen solchen Fall von tubero-papillomatöser Bromdermatitis, der lange Zeit in einer Anstalt für Epileptiker als Tuberkulose chirurgisch und chemisch ohne Erfolg behandelt worden war und nach Bromentziehung dann in wenigen Wochen heilte. Manchmal tritt freilich die Heilung selbst nach Aussetzen des Medikaments nur zögernd ein, so daß dieses Moment den Arzt in der Diagnose nicht irreführen darf. Klinisch läßt sich bei den papillomatösen Bromtumoren meist konstatieren, daß sie ursprünglich aus agminierten, akneähnlichen Effloreszenzen entstanden sind, wodurch ja schon eine sichere Entscheidung der Tuberkulose gegenüber gegeben ist. Auch die histologische Untersuchung kann auf den richtigen Weg führen, da wirklich tuberkelähnliche Veränderungen bei jenen Dermatosen kaum vorkommen.

4. Tuberculosis colliquativa (Scrofuloderma).

Eine ausführliche Darstellung und eingehende Würdigung der kolliquativen Tuberkulose als einer besonderen Form von Hauttuberkulose finden wir eigentlich in der deutschen Literatur zuerst bei Jadassohn. Die Auffassung, daß es sich bei diesen Erkrankungen immer nur um sekundäre Tuberkulosen der Haut handle, die durch Verschmelzung der Haut mit darunterliegenden tuberkulösen Organen verursacht sei, hatte sie dem Interesse der Dermatologen etwas entzogen. Ganz anders war es in der französischen Literatur, wo diese Formen früh als „Gommes scrofuleuses“ oder „tuberculeuses“ Beachtung fanden. Jadassohn hat dann den Namen „Tuberculosis colliquativa“ eingeführt, der — weil allen modernen Anforderungen entsprechend — noch vor den an sich ganz charakteristischen französischen Bezeichnungen und dem „Scrofuloderma“ der älteren deutschen Autoren den Vorzug verdient.

Symptome. Die Tuberculosis colliquativa beginnt in den primären Fällen — obwohl sie viel seltener sind als die sekundären, muß man für die Beschreibung der Einfachheit wegen von diesen ausgehen — mit einem derben Knötchen von annähernd kugeliger Gestalt, das sich in der Subcutis oder in den tieferen Schichten der Cutis entwickelt. Man hat dieser Lokalisation entsprechend eine Einteilung in zwei Formen vorgenommen, die aber wegen der vielen Übergänge wenig Zweck hat. Die Veränderung ist anfangs nur bei der Palpation zu konstatieren. Bei tiefem Sitz des Knötchens kann die Haut darüber von normaler Farbe und frei verschieblich sein. Beginnt es in der Cutis selbst, so ist auch bald eine blaß- oder bläulichrote Verfärbung der Haut zu sehen.

In verschieden raschem Tempo — Tagen oder Wochen — vergrößert sich das Knötchen durch gleichmäßige, peripherische Ausdehnung, verwächst nun auch bei subkutanem Beginn mit der Oberfläche, die es schließlich flach halbkugelförmig nach außen vorwölben kann. Die Färbung der Haut wird dabei intensiver bläulichrot, bei Glasdruck tritt manchmal ein diffus bräunlicher Ton hervor, doch werden keine Lupusflecke sichtbar. Bei der vollentwickelten Läsion ist nun auch schon klinisch immer das Symptom zu konstatieren, das der Krankheit den Namen gegeben hat, die Erweichung. Man fühlt auf der Höhe des Knotens deutliche Fluktuation. Doch entspricht diese noch nicht immer einer völligen Verflüssigung. Inzidiert man in diesem Stadium, so kann man zuweilen nur einige wenige Tropfen seröser oder blutig-seröser Flüssigkeit herausbekommen, während das übrige weiche Gewebe sich erst mit dem scharfen Löffel entfernen läßt, wie bei manchen oben erwähnten Tumorformen des Lupus. Überläßt man die Erkrankung sich selber, so verdünnt sich die Haut auf der Kuppe des Knotens

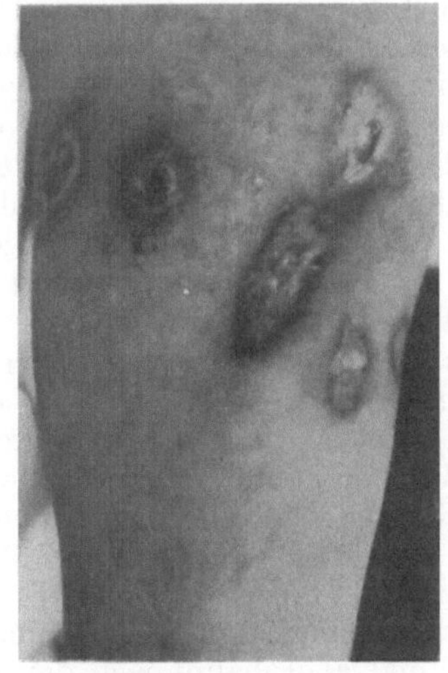

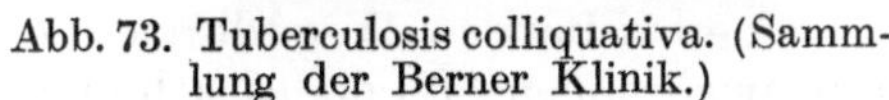

Abb. 73. Tuberculosis colliquativa. (Sammlung der Berner Klinik.)

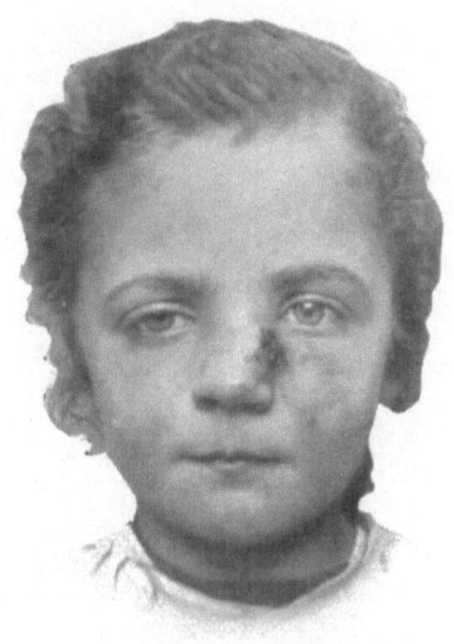

Abb. 74. Tuberculosis colliquativa. (Sammlung der Berner Klinik.)

immer mehr; es kann dann das Zentrum durch den durchscheinenden Eiter pustelähnlich aussehen. Schließlich zerreißt die Hautdecke unter einem leichten äußeren Trauma oder dem Druck von innen. Es entleert sich eine zähe, eitrige, häufig mit Blut vermischte Masse, seltener mehr seröse Flüssigkeit, mit Bröckeln und Fetzen von nekrotischem Gewebe. Durch die unregelmäßig geformte Perforationsöffnung dringt man mit der Sonde nach allen Seiten weit unter die bläulich-rote Haut. Je größer die Perforationsstelle wird, desto mehr bekommt das Ganze den Charakter eines Geschwürs mit bläulichen, schlaffen, unterminierten Rändern und unregelmäßigem, gelbweißlich belegtem oder granulierendem Grund. Krustenbildung durch eingetrocknetes Sekret oder Granulationswucherungen von der Geschwürsfläche ausgehend, können dieses Bild variieren. Entstehen mehrere solche „kalte Abszesse" nebeneinander, so können ihre Höhlen durch mehr oder weniger breite Gänge und Kanäle unter der Haut miteinander kommunizieren, oder es können sich durch Einschmelzung der Haut größere Geschwürsflächen bilden, zuweilen auch in serpiginöser Anordnung.

Von dieser Form des primären tuberkulösen Hautgumma, wie es etwa durch Verschleppung von Tuberkelbazillen auf dem Blutwege zustande kommen mag, unterscheiden sich klinisch am wenigsten die Fälle, wo die Affektion von erkrankten Lymphgefäßen ausgeht. Ja, sie stimmt mit der eben geschilderten Form ganz überein, sofern nicht der Ausgangspunkt durch Anordnung der Herde in einer bestimmten Linie oder durch palpatorischen Nachweis eines verdickten Lymphstranges kenntlich ist. Auch bei der Lymphangitis tuberculosa haben wir in der Subcutis derbe, knotenartige Bildungen, die allmählich mit der Haut verwachsen, perforieren und zu Geschwüren sich umwandeln. Wie wir gesehen haben, ist ein derartiger Verlauf besonders häufig im Anschluß an eine Tuberculosis verrucosa im Gebiet der oberen Extremitäten zu beobachten. Nach Hallopeau und Goupil kommen infolge der tuberkulösen Erkrankung in einzelnen Fällen Erweiterungen der größeren Lymphgefäße zustande, die dann zu einer reichlichen Entleerung von Lymphe aus der Perforationsöffnung führen. Auch Jadassohn hat diese Erscheinung in einem Falle beobachtet.

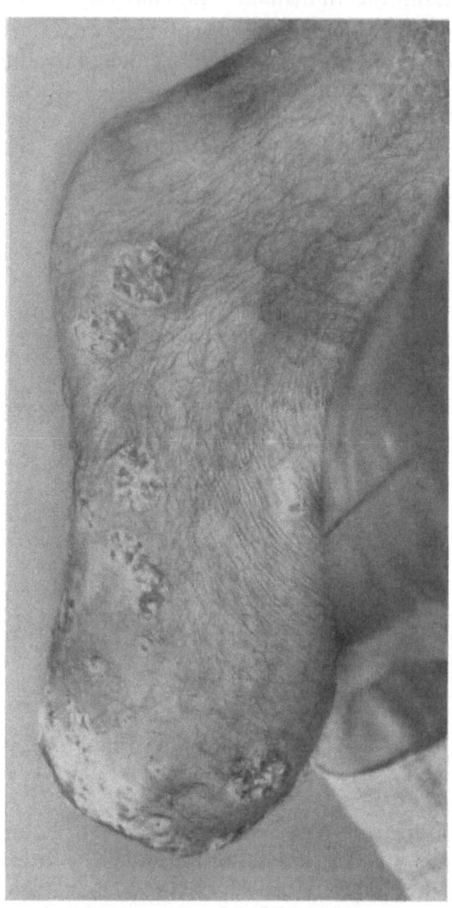

Abb. 75. Fungöse Tuberkulose eines Amputationsstumpfes. (Sammlg. d. Berner Klinik.)

Tuberkulöse Erkrankungen der unter der Haut gelegenen Drüsen und Knochen können lange Zeit ohne Mitbeteiligung der Haut bestehen. Häufig aber kommt es zur Fixierung der Haut, Übergreifen des tuberkulösen Prozesses auf diese und Perforation. Die Abszeßhöhle wird dann von dem erkrankten Organ gebildet. Manchmal aber bahnt sich der Eiter nur einen schmalen Weg durch die Haut nach außen: Es bildet sich eine Fistel. Unna faßt diese als „röhrenförmiges Skrofuloderm" oder „röhrenförmiges Geschwür" auf, eine Anschauung, gegen die theoretisch nichts einzuwenden ist. Von dem Verlauf der tuberkulösen Organerkrankung hängt im allgemeinen die fernere Entwicklung des Hautleidens ab. Manchmal kann aber dieses auch nach Heilung der Drüsen- oder Knochenaffektion selbständig weiterbestehen. Nicht selten aber heilen Organ und Haut nach der Perforation von selber ab.

Die Neigung zu spontaner Heilung ist überhaupt den Skrofulodermen eigentümlich und die Art der Narbenbildung hat etwas Charakteristisches. Durch rasche Überhäutung der Geschwürsflächen bei partiellem Fortschreiten der Ulzeration bekommen die Narben ein unregelmäßiges Aussehen. Sie sind uneben, teilweise auch keloidartig; Brücken von gesunder Haut führen über Narbenflächen. Derartige Bildungen entstehen durch Epithelialisierung unter-

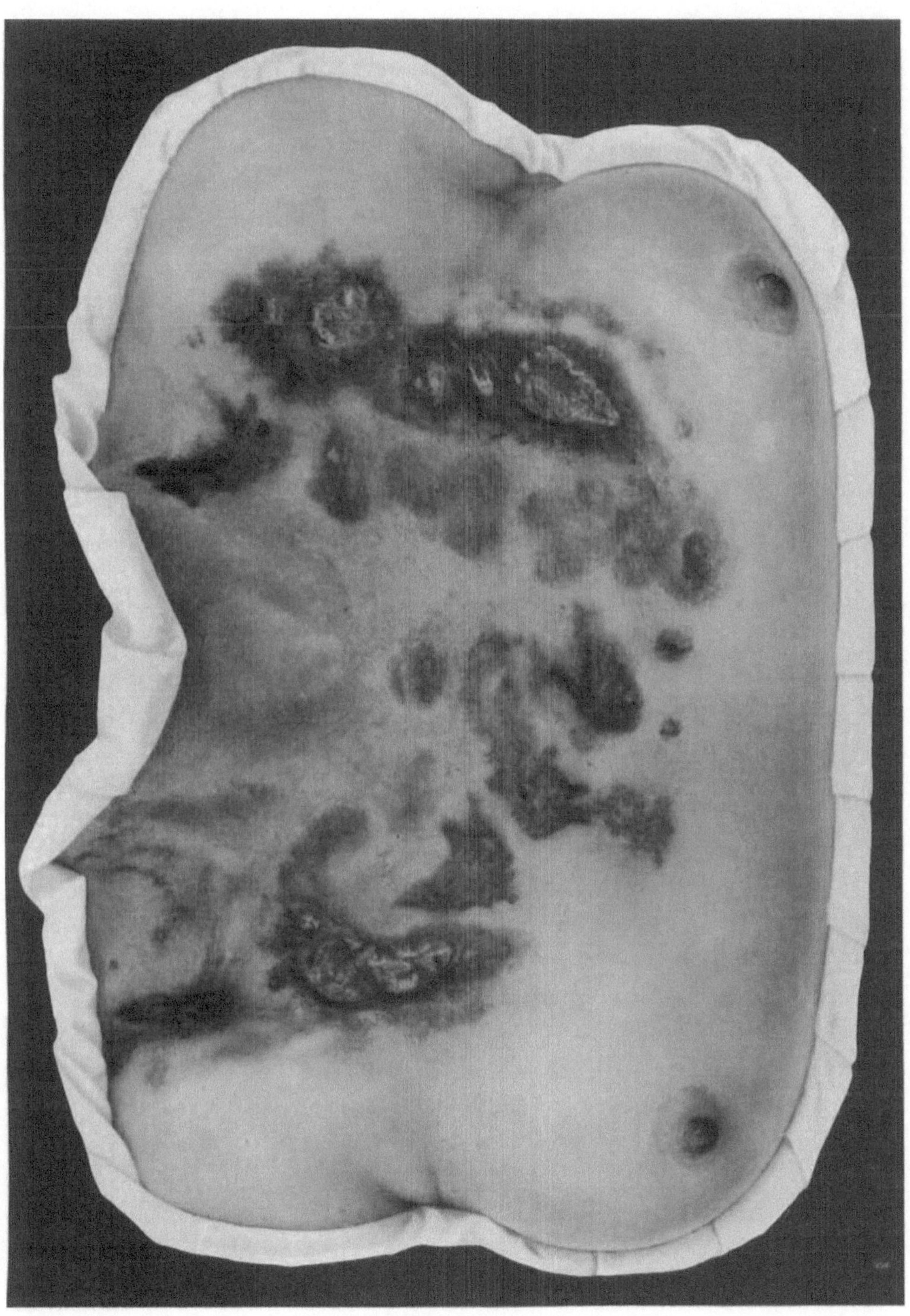

Tuberculosis colliquativa.
(Sammlung des Allgem. Krankenhauses Hamburg-St. Georg.)

Verlag von Julius Springer in Berlin.

minierender Gänge zwischen zwei Geschwüren. Aber auch manche Narbenstränge lassen sich mit einer Nadel von der Unterlage abheben. Häufig sind dann in diesen Hautpartien große Narbenkomedonen vorhanden. War die Haut erst sekundär von der Krankheit ergriffen, so ist die Narbe oft tief eingezogen, oder derbe fibröse Stränge, die die Haut nach der Tiefe zu fixieren, erinnern an die Provenienz des Leidens. Manchmal treten in der Narbe noch Lupusknötchen auf, wie überhaupt immer ein Lupus an ein ursprüngliches tuberkulöses Gumma sich anschließen kann. Auch kolloide Degeneration wird häufig beobachtet.

Als eine seltene Abart der kolliquativen Tuberkulose kann man die weiter oben schon erwähnte Tuberculosis fungosa vom Riehlschen Typus betrachten. Eigentümlich ist dieser das lange Verharren im Stadium knotenförmiger Infiltration, bevor es zur Perforation kommt, das periphere Fortschreiten der Infiltration, die Bildung tumorähnlicher Plaques und die Kombination mit unregelmäßigen Ulzerationen. Leontiasisartige Veränderungen des Gesichtes hat bei einem Falle von dieser Krankheitsform kürzlich Nanta aus der Audryschen Klinik beschrieben. Geschwürsbildung durch erweichende Knoten bei serpiginösem Fortschreiten der Affektion geben wieder ein besonderes, von Hyde als Tuberculosis cutis serpiginosa ulcerativa bezeichnetes Krankheitsbild. Zu den größten Raritäten gehört eine knoten- und strangförmige Tuberkulose der Subcutis mit Ausgang in Verkalkung, wie es in einem Falle A. Kraus beschrieben hat.

Entstehung und Verlauf. Was die Entstehung der kolliquativen Tuberkulosen anbetrifft, so ist es sicher, daß sie in der weitaus größten Zahl der Fälle als Kontiguitätstuberkulosen, von andern Organen ausgehend, aufzufassen sind. Dennoch ist es falsch, wie es früher geschehen ist, diese sekundäre Entstehungsweise als die ausschließliche in die Definition mit hineinzunehmen. Wie jede andere Tuberkuloseform, kann auch diese auf verschiedenen Wegen zustande kommen. So gibt es Fälle nach exogener Inokulation, wenn durch eine besondere Art der Einimpfung das Virus vornehmlich in der Subcutis abgelagert wurde, wie bei der Infektion mit Pravazschen Spritzen. Die Lokalisierung der Infektion in den tiefen Schichten der Cutis und Subcutis scheint überhaupt eines von den Momenten zu sein, die die Eiterbildung begünstigen. Denn nach den Untersuchungen von Terebinsky existiert ein prinzipieller Unterschied in der Reaktionsart von Cutis und Subcutis auch gegen aseptische Fremdkörper. In der Subcutis kommt es viel eher zu einer Ansammlung von Leukocyten. Vielfach hat man die Erweichung durch einen Zusammenhang der Krankheitsherde mit dem Lymphsystem erklärt und die kolliquative Tuberkulose geradezu als die Tuberkulose der Lymphwege und -drüsen angesehen. Auch das ist nicht richtig; es ist nicht einmal wahrscheinlich, daß die tuberkulösen Gummen fast immer von latenten tuberkulösen Lymphangitiden ihren Ausgang nehemen, wie Lafitte behauptet. In jedem größeren Material werden Fälle vorkommen, die man nach der ganzen schubartigen Erscheinungsform, dem Auftreten bald hier bald da an den verschiedensten Körperteilen nur als hämatogen auffassen kann. Gar nicht so selten sind diese Fälle in den ersten Kinderjahren, und zwar entwickelt sich die Krankheit hier unter denselben Bedingungen wie der multiple, hämatogene Lupus, also besonders nach Masern und anderen akuten Exanthemen. Aber auch ohne diese kommen sie vor. So berichten Leiner und Spieler über zwei Fälle, wo im ersten Lebensjahr nach Bronchitis disseminierte, skrofulöse Gummen als erstes Zeichen manifester Tuberkulose auftraten. Auch ich habe einen solchen Fall gesehen und mikroskopisch untersucht. Warum die Aussaat auf dem Blutwege, das eine Mal in der Cutis, das andere Mal nur in der

Subcutis haftet, ist eine Frage, die wir nur mit einem allgemeinen Ausdruck, wie etwa „verschiedene Disposition des Gefäßsystems“ beantworten können. Dieselbe Frage begegnet uns wieder beim Erythema induratum und den kutanen Tuberkuliden. Wir wissen aber, daß es sich hier um etwas Allgemeines, nicht der Tuberkulose Eigentümliches handelt. Denn auf Jodkali reagiert das eine Individuum mit den ganz oberflächlichen Pusteln der Jodakne, das andere mit tief kutanen und subkutanen Knoten.

Im erwachsenen Alter sind die multiplen, embolischen Skrofuloderme etwas seltener, aber auch hier ist eine ganze Anzahl Fälle in der Literatur beschrieben und jeder Kliniker wird dann und wann Gelegenheit haben, einen solchen Fall zu beobachten. Trotz der Multiplizität bazillenhaltiger Herde braucht das Allgemeinbefinden nicht besonders beeinträchtigt, der Lungenbefund nicht hochgradig zu sein; in einem Fall von Hallopeau und François-Dainville wird die Intaktheit der Lungen bei zahlreichen Knochen- und Hautabszessen besonders hervorgehoben. Die lokalen Läsionen der Haut haben manchmal eine auffallend spontane Heiltendenz, wie es z. B. auch Török betont. In anderen Fällen dagegen, z. B. dem von Lahaussois, sind die multiplen, tuberkulösen Abszesse, die in torpide Ulzerationen übergehen, nur der Ausdruck einer allgemeinen tuberkulösen Pyämie, an der der Patient schließlich zugrunde geht.

Abb. 76. Tuberculosis colliquativa der Zunge. (Sammlung der Berner Klinik.)

Die Skrofuloderme, von Drüsen, Lymphwegen und Knochen ausgehend, kommen zwar in jedem Lebensalter vor, sind aber im ganzen so recht eine Krankheit des kindlichen und jugendlichen Alters, häufig zusammen mit allgemeiner Skrofulose. Nirgends richtet sich die Prognose so sehr nach dem Allgemeinzustand des Organismus wie gerade in diesen Fällen.

Die Lokalisation der tuberkulösen Gummen ist von ihrer Entstehung abhängig. Die hämatogenen können überall auftreten, haben vielleicht eine gewisse Vorliebe für die unteren Extremitäten, wie diese ja auch dem nahe verwandten Erythema induratum in noch viel stärkerem Maße eigen ist. Bei der Infectio per contiguitatem sind natürlich die Körperteile am stärksten betroffen, wo zu tuberkulöser Erkrankung geneigte Knochen, Lymphdrüsen, Gelenke und andere Organe (Epididymis, Mamma) nahe unter der Haut liegen. Besonders bekannt und im kindlichen Alter vielleicht am häufigsten ist die Lokalisation in der Gegend der Submaxillar- und Halslymphdrüsen. Eine seltene Lokalisation, die aber zu schweren diagnostischen Irrtümern Anlaß geben kann, sei hier besonders erwähnt: Die gummöse Tuberkulose der Zunge. Sie kann mit derben, tiefliegenden Knoten beginnen, die dann später nach der Perforation in Geschwüre übergehen.

Histologie. Die Histologie der kolliquativen Tuberkulose ist ziemlich einfach. Wahrscheinlich beginnt die Läsion mit einem Tuberkelknötchen;

aber in diesem Stadium bekommen wir sie höchstens einmal zufällig zur Untersuchung. Auch kleine Knoten, die sich klinisch als ganz derbe, solide Gebilde anfühlen, zeigen mikroskopisch immer schon mehr oder weniger ausgedehnte Erweichung. Unna hat hier zwischen der trockenen und der feuchten Nekrose unterschieden, deren Zustandekommen er von dem Gefäßreichtum des Herdes

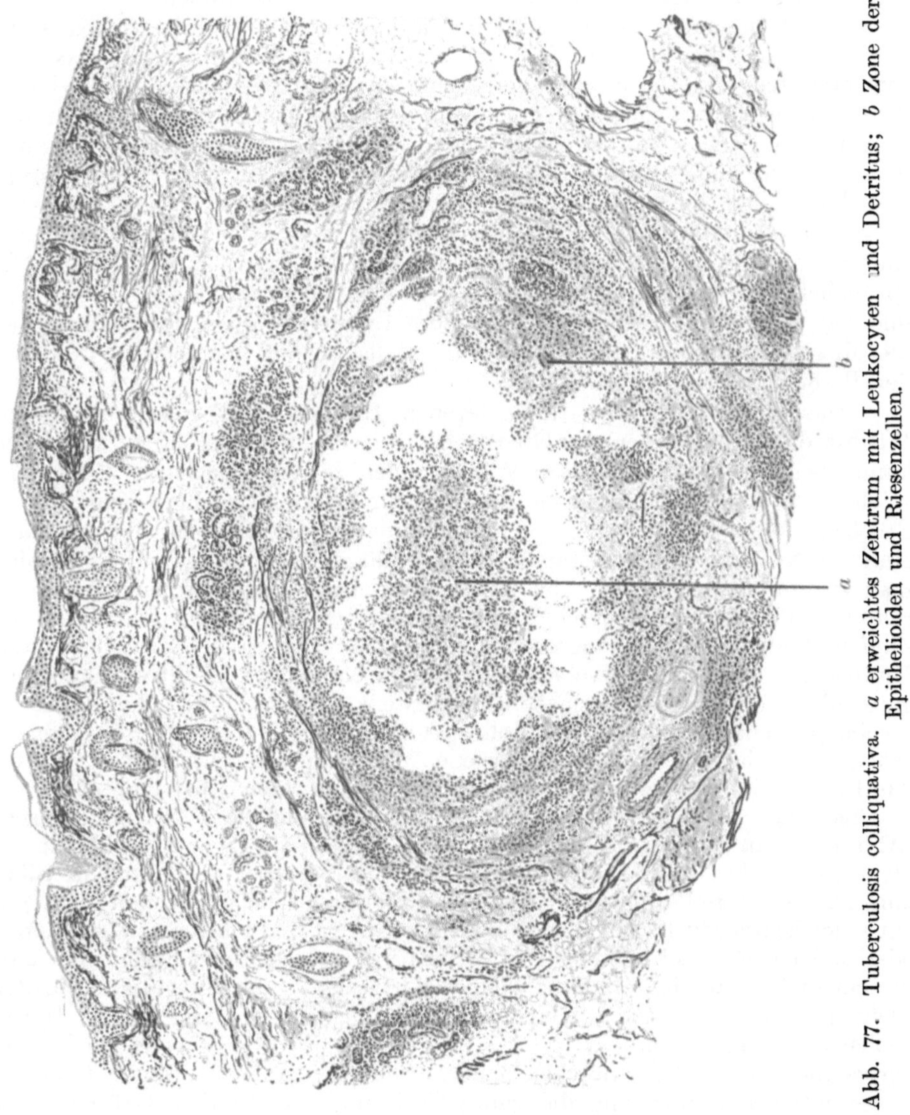

Abb. 77. Tuberculosis colliquativa. *a* erweichtes Zentrum mit Leukocyten und Detritus; *b* Zone der Epithelioiden und Riesenzellen.

abhängig macht; aber die eigentliche trockene Nekrose, als echte Verkäsung, ist doch gegenüber Mischformen und reiner Verflüssigung ziemlich selten. Jadassohn hat darauf aufmerksam gemacht, daß auch bei guter Schnitttechnik das leukocytenhaltige Zentrum immer größere Lücken aufweist, die nur durch ausgefallene Flüssigkeit zu erklären sind. Die Zellen, die hier angesammelt sind, bestehen zum größten Teil aus degenerierten polynukleären

Leukocyten mit sehr reichlichem Kerndetritus. Es folgt dann nach außen die eigentliche Schicht tuberkulösen Gewebes. Nur sind die dem erweichten Zentrum zunächst liegenden Zellagen häufig schon nekrotisiert. Die übrige Masse dieser Schicht bilden epithelioide Zellen und Riesenzellen von typischer Gestalt in wechselnder Anzahl. Weiter nach außen haben wir Lymphocyten und meist nicht sehr reichliche Plasmazellen. Diese sind auch hier wieder besonders im Bereich der Gefäße in der Umgebung zu finden.

Kollagen und normale elastische Fasern fehlen im Herde wie bei Lupus und anderen Tuberkulosen, doch sind Reste und Trümmer von elastischer Substanz hie und da in den verschiedenen Schichten noch zu entdecken. Jadassohn hat zuweilen auch reichlichere Mengen elastischer Fasern inmitten nekrotischer Partien konserviert gefunden. Die Abgrenzung des auf Schnitten meist kreisförmigen Herdes gegen das Cutisgewebe ist nicht immer scharf, manchmal aber sehr deutlich durch kapselartig verdickte Bindegewebszüge hergestellt. Gefäße, die man als Ausgangspunkt der Läsion ansprechen könnte, sind im zerfallenen Zentrum fast nie zu finden. Unna meint, daß die ursprünglich hier vorhanden gewesenen Lymphgefäße zugrunde gegangen seien und hat auch auf Serienschnitten größere Lymphgefäße in der Richtung auf die Mitte des Herdes zu verfolgt. Jedenfalls ist der histologische Nachweis der Pathogenese schwer zu führen.

Das Epithel ist über tief gelegenen Herden meist ganz unverändert. Wächst die Läsion gegen die Oberfläche, so wird es in der Mitte abgeflacht, kann aber am Rand sekundäre Wucherungen zeigen. Nach der Perforation wächst das Epithel häufig vom Rande nach innen. Exzidiert man nun ein Stückchen von den bläulichroten, unterminierten Hautlappen, die den Rand eines nach Perforation entstandenen skrofulösen Geschwürs bilden, so sieht man sie auf beiden Seiten von Epithel bekleidet. Auf der nach außen gerichteten Fläche hat dieses noch eine Andeutung der normalen Struktur und Zapfenbildung, auf der inneren Fläche ist es ganz platt. Zwischen diesen Epithellagen liegt ein Gewebe, das sich als ein dichtes Infiltrat, manchmal ganz überwiegend aus Plasmazellen, darstellt. Riesenzellen sind darin unregelmäßig eingestreut, ein typischer Aufbau von Tuberkeln ist selten zu sehen. In manchen Fällen fehlt aber jede Andeutung von tuberkulöser Struktur, das Infiltrat ist vielmehr ganz unspezifisch nach Art einer banalen, chronisch-entzündlichen Gewebsreaktion fast nur aus Lymphocyten zusammengesetzt (Abb. 78). Daß das von außen eingewachsene Epithel die ganze Abszeßhöhle auskleiden kann, hat Jadassohn beschrieben. Er hat aber auch ähnliche Bilder ohne nachweisbare Perforation gesehen und läßt daher die Möglichkeit offen, daß entweder Epithelwucherungen in der Tiefe derartige Bildungen erzeugen können, oder daß früher schon einmal eine Perforation stattgefunden hatte. Ich habe bei einem Fall, wo ich ein ganz kleines Knötchen in der Subcutis zur Untersuchung bekam, ebenfalls eine teilweise Epithelumkleidung dieses Herdes beobachtet; und doch war in diesem Falle eine vorhergehende Perforation ausgeschlossen, da das Knötchen erst während des Aufenthaltes im Krankenhause entstanden war, und die ganze Cutis und das Epithel darüber intakt waren.

In der Umgebung des erweichten Herdes findet man öfter einzelne Tuberkel. Jadassohn beschreibt ferner Veränderungen an den Gefäßen der Nachbarschaft, Intimawucherungen an den Venen bis zur Obliteration, Lymphocytenansammlung und manchmal auch Tuberkel in Lymphgefäßen.

Tuberkelbazillen werden meist nur spärlich gefunden, am ehesten noch in der nekrotischen Zellenschicht nach außen vom erweichten Zentrum. Die Angaben Leistikows, daß pyogene Kokken im Abszeßinhalt vorhanden seien und bei der Erweichung als ursächliches Moment mit in Betracht kämen, hat Jadassohn schon mit Recht zurückgewiesen.

Diagnose. Bei der Differentialdiagnose der kolliquativen Hauttuberkulose begegnen wir, wie es der Name „tuberkulöses Gumma“ schon erwarten läßt, zunächst wieder der Syphilis. Die klinische Unterscheidung von dem syphilitischen Gumma — nach der deutschen Nomenklatur eigentlich allein mit Recht als „Gumma“ zu bezeichnen — gehört unter Umständen zu dem Allerschwierigsten der dermatologischen Diagnostik, ja ist in manchen Fällen einfach unmöglich. Das typische, luetische Gumma zeichnet sich allerdings durch größere Derbheit des Randinfiltrates aus, durch raschere Erweichung und nach Perforation durch die kreisrunde, kraterförmige Öffnung. Das zentrale Ulcus ist tiefer, „wie mit dem Locheisen geschlagen“, die Wände sind steil, selten unterminiert, der Grund ist mit nekrotischen Massen belegt. Die

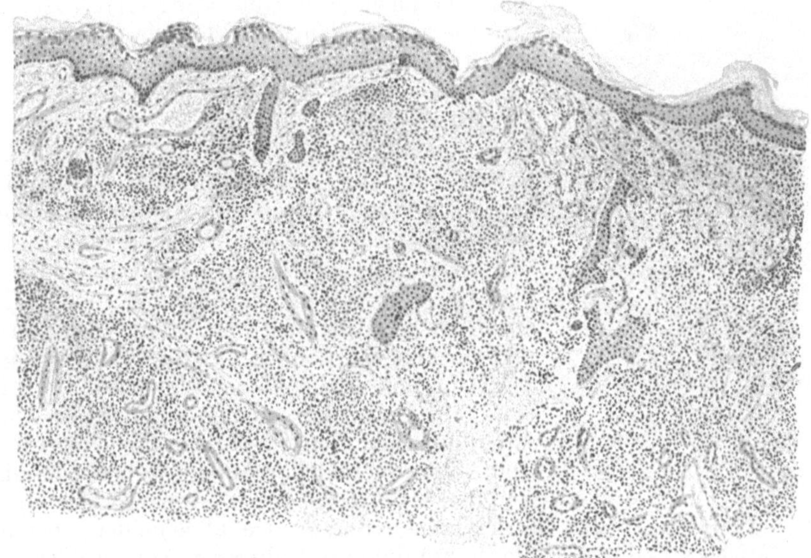

Abb. 78. Gewebe vom Geschwürsrande eines Skrofuloderms. Unspezifische Gewebsreaktion.

Narbe ist oberflächlicher, glatter und regelmäßiger geformt. Auch die Schmerzhaftigkeit schon beim Beginn, besonders auf Druck, ist im allgemeinen bei Lues größer als bei den meist ziemlich indolenten, tuberkulösen Knoten. Bei sekundärer Erkrankung der Haut von den Knochen aus ist der periostitische Wall beim luetischen Gumma stärker ausgeprägt, manche Lokalisationen besonders charakteristisch (Schädel, Sternum, Tibia). Der Ausgang der Affektion von den Lymphdrüsen ist bei Syphilis entschieden viel seltener als bei Tuberkulose, doch kommen entgegen manchen älteren Lehren Lymphadenitiden auch bei tertiärer Lues vor. Aber so gut alle diese Merkmale, wenn sie in der Gesamtheit vorhanden sind, einen Fall nach der einen oder anderen Richtung kennzeichnen können, so unklar wird alles durch die zahlreichen klinischen Übergänge, die hier existieren. Auch die histologische Untersuchung ist oft nicht imstande, die Zweifel zu beseitigen, auch sie arbeitet nicht mit absoluten Werten. Für Lues spricht größerer Reichtum an Plasmazellen, Armut an gut ausgebildeten Riesenzellen, stärkere Plasmazelleninfiltrate um die Gefäße und Erkrankung der Gefäßwände. Nach H. Geber ist ein konstanter Befund des luetischen Gummas die Phlebitis obliterans, von welcher das ganze im Bereich der Läsion liegende Venennetz befallen ist. Aber alles dieses kommt auch bei Tuberkulose vor, und maßgebend sind dann wieder nur die Ergebnisse der bakteriologisch-serologischen Untersuchung.

Durch bakteriologische Untersuchung hat man auch die Tatsache feststellen können, daß außer dem Tuberkelbazillus mehrere andere Bakterienarten, besonders die pyogenen, das Bild der „kalten Abszesse" hervorrufen können. So hat Gougerot, der besonders auf diese Verwechslungsmöglichkeit mit Tuberkulose aufmerksam gemacht hat, solche Erscheinungen durch Staphylokokken, Streptokokken, Pseudodiphtherie- und Kolibazillen entstehen sehen. Beginnende Läsionen pustulösen Charakters neben dem kalten Abszeß sind für diese Diagnose von Bedeutung. Aber wichtiger als diese bakteriellen sind die mykotischen Infektionen, und hier allen voran die Sporotrichose.

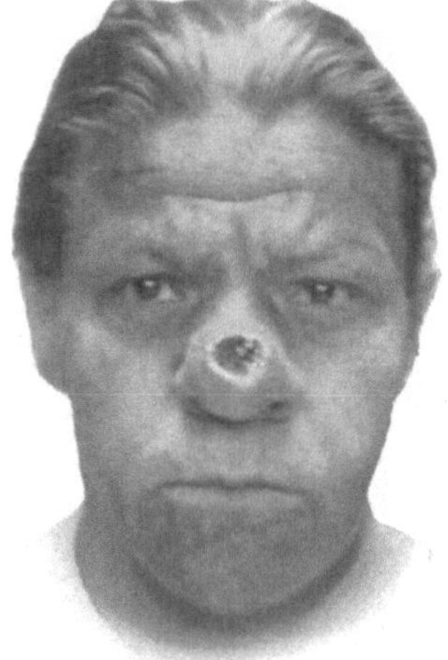

Abb. 79. Tuberculosis colliquativa („Gomme tuberculeuse", syphilisähnlich). (Sammlung d. Berner Klinik.)

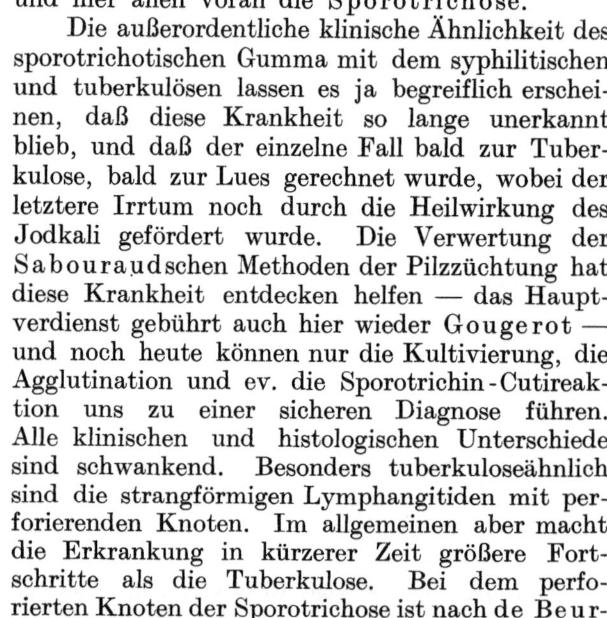

Die außerordentliche klinische Ähnlichkeit des sporotrichotischen Gumma mit dem syphilitischen und tuberkulösen lassen es ja begreiflich erscheinen, daß diese Krankheit so lange unerkannt blieb, und daß der einzelne Fall bald zur Tuberkulose, bald zur Lues gerechnet wurde, wobei der letztere Irrtum noch durch die Heilwirkung des Jodkali gefördert wurde. Die Verwertung der Sabouraudschen Methoden der Pilzzüchtung hat diese Krankheit entdecken helfen — das Hauptverdienst gebührt auch hier wieder Gougerot — und noch heute können nur die Kultivierung, die Agglutination und ev. die Sporotrichin-Cutireaktion uns zu einer sicheren Diagnose führen. Alle klinischen und histologischen Unterschiede sind schwankend. Besonders tuberkuloseähnlich sind die strangförmigen Lymphangitiden mit perforierenden Knoten. Im allgemeinen aber macht die Erkrankung in kürzerer Zeit größere Fortschritte als die Tuberkulose. Bei dem perforierten Knoten der Sporotrichose ist nach de Beurmann die Erweichung oberflächlicher und weniger vollständig als beim Skrofuloderm. Sie nimmt nur einen kleinen Bezirk im Zentrum ein, um den herum ein breiter indurierter Wall bestehen bleibt. Der Eiter ist mehr schleimig und fadenziehend als bei Tuberkulose. Die Narben sind kleiner, von einem viel breiteren, violetten oder pigmentierten Hof umgeben. Histologisch ist das typische sporotrichotische Gumma durch den Aufbau aus drei Zonen charakterisiert von außen nach innen: 1. Lymphocyten und Plasmazellen, 2. Epithelioide und Riesenzellen, 3. Polynukleäre und Makrophagen. Besonders das Zentrum unterscheidet sich von der kolliquativen Tuberkulose durch das Fehlen jeder massigen Nekrose. Die Leukocyten sind besser erhalten, vielfach auch noch Reste von Bindegewebe und elastischen Fasern vorhanden. Aber das Bild ist keineswegs immer typisch und kann in vielen Fällen durchaus „tuberkuloid" werden. In noch ausschließlicherem Sinne als für die Sporotrichose gilt das vom alleinigen Wert der Kulturmethoden Gesagte für die selteneren Mykosen (Hemisporose, Diskomykose etc.), zumal die Fälle bisher so vereinzelt sind, daß von einer klinischen Diagnose überhaupt noch nicht die Rede sein kann.

5. Ulzeröse Formen der Hauttuberkulose.

Sowohl beim Lupus als auch beim Skrofuloderm waren wir schon ulzerativen Prozessen begegnet, die zuweilen dem Krankheitsbilde ein ganz besonderes Gepräge verleihen können. Aber überall sahen wir die Geschwüre sich erst als spätere Folgen eines anderen pathologischen Zustandes entwickeln. Diesen Formen gegenüber stehen solche, bei denen die Ulzeration von vornherein das Bild beherrscht und die Primärläsion darzustellen scheint. Selbstverständlich ist das hier ebensowenig wie sonst irgendwo in der Pathologie tatsächlich der Fall, denn jedes tuberkulöse Geschwür kann nur aus einer vorher existierenden Veränderung des Gewebes durch Nekrose oder Erweichung entstehen. Aber in einer ganzen Gruppe zusammengehöriger Fälle geht dieses erste Stadium so rasch vorüber, daß es überhaupt nicht oder nur zufällig zur Beobachtung gelangt, oder gegenüber dem Symptom der Geschwürsbildung ganz zurücktritt. Diese erfolgt nun keineswegs immer nach einem bestimmten Typus. Neben einer gut definierten Form, der Tuberculosis ulcerosa miliaris, haben wir tuberkulöse Ulcera der verschiedensten Art, die sich bisher noch nicht nach bestimmten gemeinsamen Charakteren zu einem klinischen Krankheitsbild vereinigen ließen. An allen hierher gehörigen Affektionen sind die Schleimhäute oder deren Übergangsstellen häufiger beteiligt als die äußere Haut; und nirgends ist die Lokalisation für den Charakter und Verlauf des Leidens so entscheidend wie hier.

Symptome. Die miliare ulzeröse Form wurde an der Schleimhaut schon von Ricord, an der äußeren Haut wohl zuerst von Coyne, später von Chiari und Jarisch beschrieben. Eine nicht ulzeröse Primäreffloreszenz kommt hier in manchen Fällen noch zur Kenntnis des Untersuchers, ist aber im allgemeinen nur von kurzer Dauer. Es ist auf der Haut ein kleines, kaum stecknadelkopfgroßes, derbes, rundes Knötchen von hellroter Farbe, das sich rapide in eine kleine Pustel und dann in ein Ulcus umwandelt. Dem entsprechen in der Schleimhaut graue oder gelbliche Gebilde, welche dieselbe Entwicklung durchmachen. Zahlreiche Einzelelemente vereinigen sich fast immer zu einem größeren Geschwür von annähernd runder oder ovaler Form. Der Rand dieser Ulcera ist fein gezackt und besteht entsprechend seinem Ursprung durch Konfluenz kleiner runder Geschwüre aus kleinsten Kreissegmenten. Er ist scharf geschnitten, nicht oder wenig unterminiert, oft steil abfallend. Das Geschwür selbst ist meist nur flach. Der Grund ist höckerig granuliert, mit wenig dünnem Eiter bedeckt. Auf dem Grunde, sowie außerhalb des Randes sieht man in selteneren Fällen noch die Primäreffloreszenzen als gelbe Körnchen („grains jaunes" von Trélat). Am Rande kann man dann die Vergrößerung des Geschwürs durch Vereinigung mit jenen neuen kleinen Ulcera beobachten. Man hat diese gelblichen Körnchen als Gebilde aufgefaßt, die den miliaren Tuberkeln der inneren Organe analog seien und daher, wie in der Einleitung schon erwähnt, früher diese Form als die einzig wahre Tuberkulose der Haut angesehen; nicht einmal vom morphologischen Standpunkt ganz mit Recht, denn die Identität ist jedenfalls häufig nur scheinbar. Jene gelben Körnchen sind meistens keine echten Tuberkel, sondern kleinste Abszesse. Eine erhebliche Infiltration des Randes besteht meist nicht, die Geschwüre fühlen sich weich an. Sie sind von einem schmalen, bläulich rötlichen-Hofe umgeben. Tiefergreifende Zerstörungen infolge des Geschwürs sind im ganzen selten. Zu den Atypien gehören ferner papillomatöse Wucherung des Grundes und partielle Heilungsvorgänge durch Bildung flacher zentraler Narben. Doch ist das letztere sehr ungewöhnlich.

Histologisch findet man bei der miliaren ulzerösen Form meist wenig spezifisch tuberkulöses Gewebe. Einzelne Tuberkel, überwiegend aus Lymphocyten bestehend, sind manchmal in der Tiefe zu konstatieren, in den ulzerierten Schichten dagegen haben wir meist ein diffuses, akut entzündliches Infiltrat aus polynukleären Leukocyten mit viel Detritus, dazwischen nekrotische Partien und einzelne Riesenzellen. Elastische Fasern und Kollagen sind zugrunde gegangen. Tuberkelbazillen finden sich in diesem Infiltrat meist reichlicher als bei irgend einer anderen Form der Hauttuberkulose. Das entspricht auch vollkommen dem, was wir von der Pathogenese der Affektion wissen.

Pathogenese. Die Krankheit entsteht in der überwiegenden Mehrzahl der Fälle bei Patienten mit schwerer innerer Tuberkulose in fortgeschrittenem Stadium. Ihre Lieblingslokalisationen sind diejenigen Körperstellen, wo an den Mündungen der Körperhöhlen die leicht verletzbare Schleimhaut häufig mit tuberkelbazillenhaltigen Exkreten (Urin, Fäzes) oder dem tuberkulösen Sputum in Berührung kommt. Wir haben also sehr massige Autoinokulation in einem Stadium, wo Antikörper nicht mehr oder nur in sehr geringer Menge gebildet werden (negative Pirquetsche Reaktion!). Daher finden wir im mikroskopischen Bilde reichlich Bazillen und sehr wenig jene histologischen Strukturen, die wir als Reaktion des Organismus auf zugrunde gehende Tuberkelbazillen auffassen. Die seltenen Fälle, bei denen die miliare ulzeröse Tuberkulose als Ausdruck einer primären Infektion aufgetreten sein soll, müßten dann als massige Infektionen besonders gegen Tuberkelbazillen ungeschützter und mit geringer Antikörperbildung reagierender Individuen angesehen werden. Sehr lehrreich ist der Fall von Jadassohn, wo eine bazillenarme, histologisch typische Tuberculosis verrucosa sich bei zunehmender Phthise in eine miliare, ulzeröse Tuberkulose mit reichlich Tuberkelbazillen und histologisch uncharakteristischem Entzündungsinfiltrat umwandelte. Hier erfolgte also mit Schwinden der Antikörper eine Zunahme der Tuberkelbazillen und darauf eine banale Reaktion des Organismus an Stelle der tuberkuloiden Strukturen, die einen Zerfall von Tuberkelbazillen unter Antikörperwirkung anzeigten.

Von den nicht miliar-ulzerösen Formen ist es — wie schon erwähnt — einstweilen unmöglich, eine zusammenfassende klinische Beschreibung zu geben. Es sind eben häufig torpide Geschwüre mit schlaffen Rändern ohne Heiltendenz, auf deren Ätiologie meist eine bei dem Patienten vorhandene Organtuberkulose führt. Der Verdacht wird durch die histologische Untersuchung verstärkt und durch die bakteriologische zur Gewißheit. Besondere Typen werden wir im folgenden bei den einzelnen Lokalisationen erwähnen.

Lokalisationen. An der äußeren Haut des Stammes und der Extremitäten gehört die miliare ulzeröse Form zu den größten Seltenheiten, und auch andere tuberkulöse Ulcera sind hier nicht eben häufig. Multiple Ulzerationen, die der ersteren Form sich nähern, auf der äußeren Haut eines Kindes, beschreiben Balzer und Milian. Doch handelt es sich hier, wie in einigen wenigen, von Jadassohn zitierten Beobachtungen, um ganz außergewöhnliche Fälle. Im allgemeinen ist die Prädilektionsstelle für alle ulzerösen Tuberkulosen die Schleimhaut der Körperöffnungen und die äußere Haut in ihrer unmittelbaren Umgebung.

Relativ am seltensten sind die nicht lupösen tuberkulösen Ulcera im Gebiet der Nase. Das ist ja auch ohne weiteres klar, da hier der Kontakt mit Tuberkelbazillen, die von innen nach außen befördert werden, lange nicht so intensiv und häufig ist wie in der Mundhöhle. Doch sind mehrere Fälle von miliarer ulzeröser Tuberkulose des Naseneinganges in der Literatur verzeichnet, so von Nobl, Ehrmann, Thibierge und Weißenbach. Die Läsion sitzt an den äußeren Nasenflügeln und zeigt hier eine manchen anderen

Lokalisationen fremde Tendenz zur Zerstörung auch tiefer gelegener Gewebsschichten. Das Naseninnere war meist nicht beteiligt. Pathogenetisch sind auch wohl diese Fälle durch Autoinokulation zu erklären. Am nächsten liegt der Gedanke an Infektion durch sputumhaltige Taschentücher. Nobl meint freilich, daß in seinem Fall das Ulcus den primären Herd darstelle; diese Annahme wird aber durch die ausführliche Krankengeschichte in keiner Weise gestützt, im Gegenteil sogar recht unwahrscheinlich gemacht. Nicht miliare Ulcera kommen wohl auch auf der Nasenschleimhaut vor, sind aber wenig beachtet und werden natürlich schwer von den Geschwüren bei Lupus zu trennen sein, die ja gerade hier außerordentlich häufig sind; im übrigen ist an einer solchen Trennung wenig gelegen.

Die Mundhöhle ist so recht eigentlich der Sitz der miliaren ulzerösen Tuberkulose. Sie kann hier an allen Teilen, von den Lippen bis zum Schlund, vorkommen, kann kleine Herde und große geschwürige Flächen bilden, sie kann sich als zufälliger Nebenbefund bei der Untersuchung eines Phthisikers herausstellen oder kann wegen hochgradiger subjektiver Erscheinungen den Patienten zum Arzte führen. Von den Lippen ist die Unterlippe am häufigsten befallen. Sitzt die Ulzeration hier in der Medianlinie, so nimmt sie manchmal deren Verlauf entsprechend ein längliches rhagadiformes Aussehen an. An den Mundwinkeln bilden sich zuweilen papillomatöse Wucherungen vom Geschwürsgrund aus (siehe Fall von Nobl). Die Affektion verursacht an den Lippen in manchen Fällen unerträgliche Schmerzen schon bei der geringsten Bewegung und kann dadurch die Nahrungsaufnahme und das Sprechen zu einer Qual machen. Diese hochgradige Schmerzhaftigkeit, welche diese Form von den meisten anderen Haut- und Schleimhautlokalisationen der Tuberkulose unterscheidet, tritt auch häufig an der Zunge besonders hervor. Hier ist der Zungenrand der Lieblingssitz des Leidens. Meist sind es Stellen, die durch eine gegenüberliegende scharfe Zahnkante exkoriiert, den Tuberkelbazillen Gelegenheit zur Ansiedlung gegeben haben. Dasselbe kann auch an der Wangenschleimhaut stattfinden. Hier und am weichen Gaumen werden sehr ausgedehnte Geschwüre beobachtet; einen Fall, der weichen Gaumen, Gaumenbögen, Wangenschleimhaut und Zahnfleisch betraf, hat Lipschütz kürzlich vorgestellt. Die Lokalisation am weichen Gaumen kann wegen der sehr starken Schluckbeschwerden kritisch werden, da sie bei den meist schon sehr herabgekommenen Patienten die Ernährung äußerst erschwert.

Außer der miliaren sind auch andere ulzeröse Formen in der Mundhöhle nicht selten und wegen des Fehlens ganz charakteristischer klinischer Merkmale oft schwer diagnostizierbar. Zu erwähnen wäre die „tuberkulöse Rhagade“ der Zunge, ein kleines, längliches Geschwür des Zungenrückens oder -randes mit geringer Oberflächen-, aber oft größerer Tiefenausdehnung, die beim Auseinanderhalten der unterminierten Ränder sichtbar wird. Ganz besondere Aufmerksamkeit aber verdienen die sog. „schankeriformen Tuberkulosen“, die speziell an den Lippen und in deren Umgebung vorkommen. Sie sind von französischen Autoren mehrfach beschrieben (Mourtier, Milian, Brocq, Pautrier et Fernet). Auch Jadassohn erwähnt sie in seinem Buch und hat neuerdings aus seiner Klinik durch Miyahara einen sehr instruktiven Fall veröffentlichen lassen. Diese Fälle sind, obwohl selten, deshalb so wichtig, weil sie klinisch einem syphilitischen Primäraffekt täuschend ähnlich sehen können und unter Umständen zur Diagnose das Heranziehen aller Laboratoriumsmethoden erfordern. Die Läsion besteht in einer kreisrunden oder ovalen Plaque, die manchmal von einer Kruste bedeckt ist. Nach ihrer Entfernung liegt eine glatte, glänzende, erodierte Fläche zutage, deren Ränder nicht unterminiert, eher etwas aufgeworfen sind. Bei der Palpation fühlt man eine deutliche Härte, kurz, es fehlt kein Symptom eines luetischen Schankers. Sogar regionäre Drüsenschwellungen können die Täuschung vollständig machen. Irgend eine Angabe aus der Anamnese, das lange Bestehen ohne Hinzutreten von Sekundärerscheinungen, das konstante Fehlen von Spirochäten wird trotzdem stutzig machen. Die histologische Untersuchung, die ein typisch tuberkulöses Bild liefert, Bazillennachweis und Tierversuch werden die Entscheidung bringen. Ist der Wall des Geschwüres stärker erhaben und sehr hart, so kann auch eine Verwechslung mit Epitheliom stattfinden, die ebenfalls nur durch histologische Untersuchung zu vermeiden ist. Die schankeriforme Tuberkulose scheint im übrigen besonders gern bei Kindern aufzutreten.

Aus der sehr wichtigen Arbeit von Miyahara wäre ferner noch zu erwähnen das Vorkommen kleiner zackiger Geschwüre des Zungenrückens zusammen mit lymphangitischen Knoten und Strängen in der Tiefe des Organs, die ihren Ausgang in Erweichung nehmen. Nicht ganz in das Gebiet der ulzerösen Tuberkulose gehörig, aber hier anhangsweise anzuschließen wäre eine andere Beobachtung desselben Autors: Tuberkulose der Unterlippe in Form einer derben, nicht ulzerierten Plaque mit eingesunkenem Zentrum, am Rande mit weißen Stippchen und Flecken versehen. Histologisch glich das Bild mit seinen sehr scharf abgesetzten perivaskulären, fast rein epithelioiden Herden den Boeckschen Sarkoiden. Doch fand sich eine offenbar lymphogene Metastase an der Wangenschleimhaut mit deutlich hervortretender Erweichung.

Die wichtigste Lokalisation nächst der Mundhöhle ist der Anus und seine Umgebung. Die Infektion erfolgt hier meist durch Tuberkelbazillen, die mit den Fäzes ausgeschieden werden, ist also am häufigsten bei Darmtuberkulose. Sie kann aber auch — natürlich ebenfalls als Autoinfektion — von außen, z. B. durch den Finger, hervorgerufen werden. Die Geschwüre, hier nicht selten von typisch miliarem Charakter, sitzen meist unmittelbar an der Grenze der Schleimhaut, können rhagadenartig dem Verlauf der natürlichen Falten sich anschließen oder auf die Schleimhaut des Rektum, sowie auf die äußere Haut übergreifen und dort manchmal ziemlich tiefgehende Substanzdefekte erzeugen. Auch mit dieser Lokalisation sind oft starke, subjektive Beschwerden verbunden, besonders beim Stuhlgang, aber auch schon beim Gehen und durch die Berührung mit der Kleidung. Eine eigentümliche, papulo-ulzeröse Form von Tuberkulose der Analgegend beschrieb Foster. Histologisch bestand auch hier das charakteristische Verhältnis von großer Bazillenzahl zu wenig ausgesprochen tuberkulösen Veränderungen.

Ulzeröse Tuberkulose der Genitalien. An den Genitalien treten alle anderen Formen gegenüber den ulzerösen so zurück, daß man, ohne den Tatsachen Gewalt anzutun, die ganze Tuberkulose der äußeren Genitalien unter diesem Kapitel abhandeln könnte. Wir haben schon gesehen, daß von Lupus der männlichen Genitalien nur wenig einwandfreie Fälle existieren. Skrofuloderme sind ebenfalls selten, außer am Skrotum, wo sie häufig von Epididymitiden ausgehen. Die exanthematischen Formen lokalisieren sich wohl auch gelegentlich an den Genitalien, bieten aber hier keine Besonderheiten. Dagegen sind die tuberkulösen Geschwüre dieser Region schon in diagnostischer Hinsicht von großer Wichtigkeit.

Zustandekommen kann die Infektion auch an der Haut der Genitalien auf mannigfache Weise. Am häufigsten ist wohl die deszendierende Urogenitaltuberkulose die Ursache dieser Erkrankungen. Doch braucht nicht immer Blase und Harnröhre ergriffen zu sein. Es ist durchaus denkbar, daß Tuberkelbazillen von einer Nierentuberkulose die gesunden Harnwege passieren und erst am Orificium urethrae sich auf irgend einer kleinen, zufällig entstandenen Erosion ansiedeln. Dieser Möglichkeit ist in den meisten Beobachtungen der Literatur zu wenig Rechnung getragen. Die Annahme einer hämatogenen Entstehung bei einem einzelnen Geschwür an den Genitalien ohne sonst nachweisbare Tuberkulose hat jedenfalls immer etwas Gezwungenes. Die primäre Infektion von außen ist im ganzen selten. Daß der normale Koitus die Ursache zur Infektion bilden kann, ist theoretisch sicher zuzugeben. Doch existiert kein Fall, wo diese Infektionsart durch Konfrontation, durch Nachweis der Genitaltuberkulose der Partnerin sichergestellt wäre. Gefährlicher ist in dieser Beziehung sicherlich der Koitus per os, und mag häufiger als zugegeben der Anlaß zu einer primären Genitalinfektion gewesen sein. Zahlreich sind besonders in früheren Jahren die Infektionen bei der rituellen Zirkumzision gewesen, kommen aber jetzt im Westen Europas, wo die Blutstillung nicht mehr durch Aussaugen geschieht, und der Eingriff nach den Regeln der Asepsis ausgeführt wird, kaum mehr vor. Die Kasuistik der Tuberkulose der äußeren männlichen Genitalien ist in der letzten Zeit mehrfach bearbeitet worden, so daß wir statt einzelner Zitate auf die Arbeiten von Tschlenoff, Seiffert, Rose, Lewinski verweisen können.

Der klinischen Form nach treten die meisten Fälle nicht unter dem Bilde der miliaren ulzerösen Tuberkulose auf. Diese wurde zwar sowohl bei den Zirkumzisionsinfektionen, als auch bei den Autoinfektionen des späteren Alters gelegentlich beobachtet. Meist aber sehen wir die Hauttuberkulose der männlichen Genitalien als geschwürige Erkrankung ohne ganz besonders hervorstechende Eigenmerkmale verlaufen. Es sind Ulcera mit bläulich-roten, schlaffen, unterminierten, öfters zackigen Rändern, schmierigem, käsigem Belag und granulierendem Grund. Auch Indurationen kommen vor, in seltenen Fällen auch die an der Mundschleimhaut schon beschriebenen schankerähnlichen Formen. Die spezielle Lokalisation betrifft fast immer den vorderen Teil des Penis, vor allem das Orificium urethrae und dessen unmittelbare Nachbarschaft, weiter das Frenulum, die Glans, den Sulcus coronarius und das innere Blatt des Präputium. Manchmal ist dabei die ganze Eichel und das Corpus cavernosum urethrae durch den tuberkulösen Prozeß infiltriert. Es treten dann auch äußerlich neben den Geschwüren papillomatöse und tumorartige Bildungen auf. Die subjektiven Symptome sind im allgemeinen gering, der Verlauf lokal meist gutartig. Die Geschwüre können lange Zeit bestehen, ohne Komplikationen nach sich zu ziehen. Eine andere Stellung nehmen die Zirkumzisionsinfektionen ein, die eine sehr schlechte Prognose geben. Wie bereits im allgemeinen Teil erwähnt, haben wir hier den typischen Fall von massiger exogener Infektion bei einem völlig ungeschützten Individuum und dementsprechend einen rasch zur allgemeinen Tuberkulose fortschreitenden Verlauf. Die meisten Kinder, die auf diese Weise angesteckt waren, starben innerhalb eines Jahres. Nur selten vermochte eine rechtzeitig einsetzende Behandlung dieses Ende aufzuhalten.

Die Haut- und Schleimhauttuberkulose der weiblichen Genitalien ist in eingehender Weise von Jesionek und von Seiffert bearbeitet worden. Aus ihren Literaturübersichten geht hervor, daß der Lupus vulgaris hier ebenso selten ist wie beim Manne; es halten der Kritik nur zwei Fälle von Bender und von Lipp stand. Wenn der Name Lupus vulvae in der älteren Literatur häufiger zu finden ist, zumal in gynäkologischen Publikationen, so führt Jesionek dies ganz richtig darauf zurück, daß ganz andere Krankheiten unter dieser symptomatischen Bezeichnung verstanden wurden. Besonders sind es ulzerierende Elephantiasisformen und Affektionen, die von französischen Autoren unter dem Namen „Estiomène“ zusammengefaßt wurden, der auch nichts Einheitliches bezeichnet, sondern die verschiedensten Bilder vom banalen Ulcus bis zum Karzinom vereinigt. Sehr selten ist auch die kolliquative Hauttuberkulose. Jesionek und Seiffert führen je einen Fall aus eigenem Material an, wobei der von Jesionek wegen der Vereinigung mit tuberkulösen Tumoren sich der Tuberculosis fungosa vom Riehlschen Typus nähert. Alle anderen tuberkulösen Erkrankungen der äußeren Genitalien des Weibes gehören den ulzerösen Formen an. Die Tuberculosis ulcerosa miliaris ist hier nicht selten beobachtet worden, und zwar in manchen Fällen bei relativ gutem Allgemeinbefinden ohne fortgeschrittene innere Tuberkulose. Auch die subjektiven Erscheinungen waren meist nicht besonders hochgradig. Nur der Sitz des Geschwürs am Orificium urethrae kann Schmerzen beim Urinieren verursachen. Außer dieser Lokalisation kommen noch in Betracht: Die hintere Kommissur, der seitliche Eingang der Vagina zwischen den Karunkeln, die Mündung der Ausführungsgänge der Bartholinschen Drüsen. Doch werden tuberkulöse Ulcera in der ganzen Scheide bis zur Portio beobachtet.

Über die Pathogenese wären einige spezielle Bemerkungen zu machen. Primäre Infektion von außen ist gewiß selten, doch existieren einige Fälle, welche Kinder in den ersten Lebensjahren betreffen, wo diese Entstehungsart — es handelt sich immer um Zusammenleben mit phthisischen Personen — am wahrscheinlichsten ist. Bei der Genitalerkrankung des erwachsenen Weibes ist natürlich auch wieder die Frage der Koitusinfektion diskutiert worden. Die Infektion durch das Sperma ist wohl selbst bei Phthise des Mannes kaum von Bedeutung. Etwas anderes ist es, wenn beim Manne eine Tuberkulose der samenbereitenden Organe und ausführenden Wege vorliegt. In einem bei Jesionek zitierten Fall von Glockner soll auf diese Art bei der Ehefrau eine primäre Cervixtuberkulose entstanden sein, wobei als begünstigend noch die häufige Infektionsgelegenheit erwähnt wird. In anderen Fällen sollen Infektionen verursacht worden sein durch die Gewohnheit, das Glied zur besseren Einführung mit dem Speichel anzufeuchten. Natürlich kommen auch exogene Autoinfektionen mit dem eigenen Sputum vor. Am häufigsten ist beim Weibe die deszendierende Urogenitaltuberkulose als Urheberin der äußeren Genitalaffektionen anzuschuldigen. Gar nicht selten aber ist auch das Übergreifen des tuberkulösen Prozesses vom Darm her auf die Genitalien. Und zwar kann dies durch direktes Fortschreiten eines Ulcus der Analgegend oder noch häufiger von der Mastdarmschleimhaut aus durch eine Bartholinsche Rekto-Vaginalfistel geschehen. Die Möglichkeit einer Infektion auf dem Lymph- und auf dem Blutwege ist natürlich ebenfalls vorhanden, doch ist wohl die letztere recht selten. Die Prognose ist, was die lokale Affektion anbelangt, nicht schlecht. Eine geeignete Therapie vermag die Ulzerationen oft dauernd zur Heilung zu bringen.

Diagnostisch kommen begreiflicherweise bei der Genitaltuberkulose beider Geschlechter am häufigsten Verwechslungen mit venerischen Affektionen vor. Und die Unterscheidung kann besonders schwer werden, wenn neben der tuberkulösen noch eine venerische Erkrankung, z. B. Gonorrhöe, vorliegt, wie das z. B. bei Prostituierten nicht selten ist. Gerade die Prostituierten stellen für die ulzeröse Genitaltuberkulose ein ziemlich hohes Kontingent. Da nun bei ihnen auch gonorrhoische Ulzerationen und Geschwüre anderer Ätiologie häufig sind, so führt oft erst das Versagen der gewöhnlichen Therapie auf den Verdacht der Tuberkulose. Verwechslungen mit Syphilis passieren dem Geübten im ganzen seltener, da ja die schankerförmige Tuberkulose zu den Raritäten gehört, und sekundäre wie tertiäre Lues wieder ihre besonderen Charaktere haben. Größer ist die Ähnlichkeit mit Ulcus molle. Für dieses sprechen aber meist schon aus der Anamnese das rasche Entstehen im Anschluß an einen verdächtigen Koitus, die schnellere Entwicklung und regelmäßigere Form besonders der beginnenden Geschwüre. In zweifelhaften Fällen entscheidet die bakteriologische Untersuchung, und zwar leicht bei positivem Befund von Ducreyschen Bazillen, etwas schwieriger bei negativem. Denn der Nachweis des Tuberkelbazillus in dem Ausstrich muß hier mit besonderer Vorsicht geführt werden wegen der naheliegenden Verwechslung mit Smegmabazillen. Bei begründetem Verdacht auf Tuberkulose ist daher besser eine Probeexzision vorzunehmen. Das letztere gilt auch für die Differentialdiagnose mit Karzinom.

Tuberkulöse Paronychie und Ulcus cruris tuberculosum. Zwei besonders Lokalisationen ulzeröser Tuberkulose seien hier noch anhangsweise gebracht. Die erste betrifft die Umgebung der Fingernägel und zeigt ein Krankheitsbild, das unter verschiedenen Namen, als tuberkulöses Panaritium, tuberkulöse Paronychie, auch als „Onychia maligna" beschrieben wurde. Meist infolge exogener Infektion entstanden, verläuft es unter Schwellung, Rötung, Geschwürsbildung und Granulationen um die Nagelplatte herum. Der Nagel selbst wird dabei losgelöst oder deformiert.

Als zweites bleiben dann noch die Ulcera cruris tuberculosa, denen Jadassohn wieder besonders die Aufmerksamkeit zugewandt hat. Es sind Unterschenkelgeschwüre, die sich von den gewöhnlichen varikösen Ulcera nicht viel unterscheiden, höchstens durch die blauroten, weichen, manchmal leicht unterminierten Ränder. Sie können mit Sicherheit natürlich nur histologisch und bakteriologisch diagnostiziert werden. Meistens gehen sie wohl aus kolliquativen Formen hervor. Die multiplen, hämatogenen, tuberkulösen Gummen haben ja eine Prädilektion für die unteren Extremitäten, und auf geeignetem Terrain kommt es dann nach Perforation des Knotens nicht zur Ausheilung, sondern zu einem in der Fläche sich ausbreitendem Geschwür. Daß banale Ulcera sekundär mit Tuberkelbazillen infiziert werden können, ist möglich, diese Entstehung aber bisher noch in keinem Falle bewiesen.

B. Exanthematische Formen.

1. Miliartuberkulose der Haut.

Mit der Miliartuberkulose der Haut kommen wir zu den exanthematischen Formen der Tuberkulose. Zwar können auch alle anderen bisher beschriebenen tuberkulösen Hautkrankheiten gelegentlich durch Aussaat von Tuberkelbazillen auf dem Blutwege in Schüben auftreten und richtige Exantheme bilden. Der Regel nach aber erscheinen sie in Einzelherden mit mehr oder weniger großer Neigung zu lokaler Ausbreitung. Die Ausnahmen jedoch, wo sie unter dem Bilde multipler, disseminierter, gleichförmiger Effloreszenzen verlaufen, müssen vorhanden sein, wenn unsere Auffassung von der Einheit aller tuberkulösen Hauterkrankungen sich als richtig erweisen soll. Und wie vom multiplen Lupus zur Miliartuberkulose, so führt eine Brücke von dieser zu den „Tuberkuliden", den papulo-nekrotischen und den lichenoiden Exanthemen. Denn die eigentliche Ursache ist ja bei allen die gleiche: Verschleppung von Tuberkelbazillen auf dem Blutwege. Die verschiedenen klinischen Bilder werden durch Schwankungen der beiden anderen Faktoren hervorgerufen: Der Zahl der metastasierten Bazillen und des Antikörpergehaltes des Organismus. Alles dieses ist im allgemeinen Teil bereits ausführlich besprochen worden.

Daß die akute Miliartuberkulose der Haut äußerst selten ist, hatten wir ebenfalls schon erwähnt. Vielleicht würde sie, wenn die Kinderärzte mehr darauf fahnden würden, doch etwas häufiger konstatiert werden. Daß sie auf dem Sektionstisch unbemerkt bleibt, ist kein Wunder, denn die klinischen Symptome sind manchmal so unscheinbar, daß sie an der Leiche kaum mehr kenntlich sein können. Es ist immerhin bemerkenswert, daß manche Autoren, wie Tileston und Leiner und Spieler, die sich speziell mit dieser Krankheit beschäftigt haben, keine ganz geringe Anzahl von Fällen zusammengetragen haben. So fand Tileston unter 32 Fällen von Säuglingstuberkulose siebenmal miliare Eruptionen der Haut; jedenfalls ein recht hoher Prozentsatz im Vergleich zu den spärlichen Angaben aus der älteren Literatur. Interessant ist es ferner, zu verfolgen, wie sich aus den recht verschiedenen älteren Beschreibungen durch die verdienstvollen Arbeiten der eben genannten Autoren allmählich doch ein einigermaßen gut umgrenztes Krankheitsbild zu formen beginnt. In den früheren Beobachtungen besteht das Exanthem bald aus feinen, punktförmigen Effloreszenzen, bald aus kleinen Papeln, dann wieder aus Bläschen, Geschwüren und furunkelähnlichen Infiltraten. Leiner und Spieler vereinigen alle durch das Symptom der zentralen Nekrose, die sich klinisch oder histologisch fast immer deutlich ausprägt. Sie selber betonen bei den von ihnen beobachteten Fällen die Ähnlichkeit mit den papulo-nekrotischen Tuberkuliden, von denen jene nur durch den hämorrhagischen Charakter unterschieden sind. Wir geben hier die Beschreibung wieder, die Leiner und Spieler von der „akuten, hämorrhagischen Miliartuberkulose der Haut" liefern:

„Das disseminiert an Stamm und Extremitäten, ev. auch im Gesicht auftretende Exanthem hat im allgemeinen purpuraähnlichen Charakter. Die einzelnen Effloreszenzen sind durchschnittlich stecknadelkopf- bis hirsekorngroß, ganz flach, kaum über das Hautniveau prominierend, lividrot bis rotbraun gefärbt, auf Fingerdruck nicht vollständig abblassend, zentral teils nur einen gelben Farbenton, teils eine kleine Delle, teils Krüstchen oder Schuppen zeigend. Sie sind ziemlich dicht gestellt, stellenweise zu kleinen Plaques gruppiert und können innerhalb weniger Tage mit Hinterlassung zentral gedellter Pigmentflecke abheilen. Das Exanthem ist im allgemeinen wenig auffällig, daher namentlich von Laien leicht zu übersehen, weshalb auch die Anamnese in unseren Fällen jede Angabe über den Zeitpunkt seines Auftretens vermissen läßt."

Von diesem Bilde scheinen Abweichungen möglich zu sein, besonders hinsichtlich der Größe und Prominenz der Läsionen, sowie der Möglichkeit, in Pusteln und Geschwüre überzugehen. Sogar rupiaähnliche Formen sind einmal von Bosellini beobachtet worden. Je weniger charakteristisch und prägnant diese Einzelsymptome sind, desto sorgfältiger empfiehlt es sich, die Haut tuberkulöser Kinder zu untersuchen, da ev. selbst in ganz unscheinbaren Läsionen durch die mikroskopische Untersuchung Bazillen nachgewiesen werden können und damit eine prognostisch äußerst wichtige Erscheinung festgestellt ist.

Histologisch findet man entsprechend den Einzeleffloreszenzen zirkumskripte Erkrankungsherde in der Cutis, meist in deren oberflächlichen Lagen. Es sind Infiltrate, die manchmal tuberkelähnlichen Aufbau zeigen, häufiger aber eine spezifische Struktur vermissen lassen. Sie bestehen dann aus Lymphocyten, Plasmazellen oder uncharakteristischem Granulationsgewebe. Häufig sind Nekrosen in der Mitte der Infiltrate. Sehr eigenartige Befunde haben Leiner und Spieler in ihren Fällen erhoben, nämlich kleine Nekroseherde in der Cutis und sogar im Epithel, fast ohne jede Reaktion des benachbarten Gewebes. Im Zentrum dieser Herde konnten sie Gefäßthromben nachweisen, die zahlreiche Tuberkelbazillen enthielten. Sie schließen daraus, daß die Läsionen durch vollkommenen Verschluß kleiner arterieller Gefäße infolge Embolie mit massenhaften Bazillen entstehen. Die Unterbrechung der Zirkulation erfolge so plötzlich, daß das umgebende Gewebe der Nekrose durch fehlende Ernährung verfalle, ehe es Zeit habe, mit spezifischer Zellproduktion zu reagieren. Da es sich in diesen Fällen tatsächlich, nach den von den beiden Autoren wiedergegebenen Abbildungen, um enorme Bakterienmengen handelt, so kann man diese Erklärung wohl annehmen, obwohl sich die Gefäße der Haut nicht „endarterienähnlich" verhalten, was Jadassohn schon früher betont hat. Hier aber können tatsächlich ganze Gebiete durch mechanischen Verschluß außer Ernährung gesetzt sein. Wir hätten hier also die extremste Form mangelnder Reaktion des Organismus auf die Bazillen vor uns, die hier nur durch ihre Menge mechanisch wirken. Als nächster Übergang käme dann derjenige Zustand, bei welchem auf zahlreiche Tuberkelbazillen nur noch mit Ansammlung von Lymphocyten reagiert wird, also kein Zerfall der Tuberkelbazillen und keine Bildung tuberkuloiden Gewebes stattfindet. Weiter hätten wir dann Formen, wo eine gewisse Menge von Antikörpern doch noch eine spezifische Reaktion auszulösen vermag, ja bei größerer Quantität sogar Zugrundegehen der Bazillen und lokale Heilung herbeiführen kann.

Die akute Miliartuberkulose der Haut ist eine Krankheit der frühen Kindheit, besonders des Säuglingsalters. Sie hat mit den anderen exanthematischen Tuberkulosen das Gemeinsame, daß sie besonders nach Scharlach und Masern sich einzustellen pflegt. Beim Erwachsenen sind nur ganz wenige Fälle beschrieben worden, die diesem Krankheitsbild entsprechen (siehe die Beobachtungen von Naegeli, Hedinger, Nobl). Das Exanthem braucht nicht immer bei solchen Individuen aufzutreten, die schon den ganzen Symptomenkomplex der Miliartuberkulose zeigen, es kann sogar als erstes prämonitorisches Symptom erscheinen. Es ist auch besonders in den bazillenärmeren und tuberkulidähnlichen Fällen nicht immer die Durchsetzung des ganzen Körpers mit Bazillen, die den Tod herbeiführt, sondern speziell eine besonders unheilvolle Lokalisation: Die Aussaat der Tuberkelbazillen auf den Meningen. Die Gefahr der tuberkulösen Meningitis droht allen Kindern im frühesten Alter, deren Haut auch nur die tuberkulidartige Form des Exanthems zeigt. So ist hier die Prognose der bazillenhaltigen Form absolut schlecht, die der nahestehenden „Tuberkulide" zum mindesten zweifelhaft.

Die Diagnose kann besonders in den Fällen, wo die Allgemeintuberkulose noch nicht klar hervortritt, klinisch kaum gestellt werden. Bei der Seltenheit der Affektion bedarf sie in jedem Falle noch der mikroskopischen Bestätigung, die ja leider in den meisten Fällen durch die Sektion ermöglicht wird. Aber wo klinisch nur der Verdacht vorhanden ist, rechfertigt die allgemeine prognostische Wichtigkeit hier immer die Vornahme einer Biopsie. Eine klinische Differentialdiagnose zu geben, ist daher überflüssig.

2. Lichen scrofulosorum (Tuberculosis lichenoides).

Der Lichen scrofulosorum wurde zuerst von Hebra als eigenes Krankheitsbild erkannt und beschrieben. Er gab ihm auch den Namen, der schon den Zusammenhang mit Tuberkulose andeutet, gegen den, wie gegen manchen anderen Fortschritt der Erkenntnis, sich dann seine Schüler lange gewehrt haben. In der Abhandlung von Riecke in Mraceks Handbuch findet man die ganze Geschichte des Lichen scrofulosorum mit allen wichtigen Daten zusammengestellt. Dort sind auch die Verdienste, die Sack, Jacobi,

Lukasiewicz, Darier, Wolff, Haushalter, Jadassohn und andere sich um die Erforschung dieser Krankheitsform erworben haben, gebührend gewürdigt. Der Lichen scrofulosorum ist das älteste „Tuberkulid“ und hat in dem ganzen Kampf um die Natur der Tubekulide stets als Beispiel an erster Stelle gestanden. Vieles ist darüber schon im allgemeinen Teil gesagt worden.

Symptome. In klinischer Hinsicht gibt uns an der Benennung der Krankheit heute das Hauptwort „Lichen“ mehr Anlaß zur Kritik als die Skrofulose im Beiwort. Die Bezeichnung stammt aus einer Zeit, wo noch nicht die charakteristische Primäreffloreszenz des Lichen ruber planus für die Definition des „Lichen“ maßgebend geworden war, sondern wo man alle knötchenförmigen und kleinpapulösen, besonders follikulären Eruptionen „Lichen“ nannte, wo man von „Lichen pilaris“ und von „Lichen syphiliticus“ sprach. Die Primäreffloreszenz des Lichen scrofulosorum ist nun in ihrer Art keineswegs so typisch wie die des Lichen ruber: Die einzelne Läsion, für sich betrachtet, hat im Gegenteil sehr wenig scharf hervortretende Eigenschaften. Erst das Ensemble und die Anordnung der einzelnen Elemente liefert jenes eigenartige Bild, das den Lichen scrofulosorum im allgemeinen zu einer leicht diagnostizierbaren Krankheit macht.

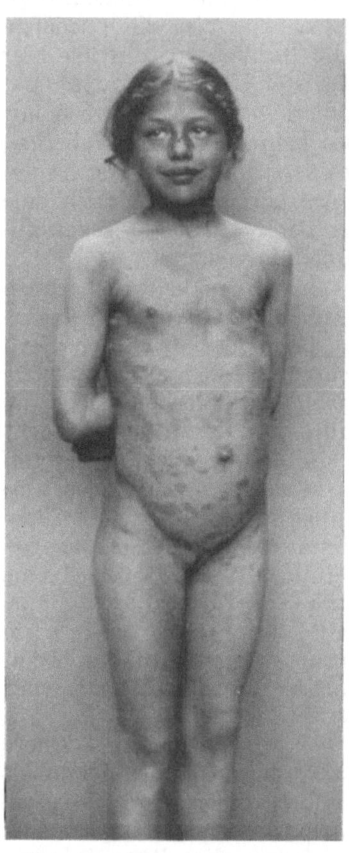

Abb. 80. Lichen scrofulosorum. (Sammlung der Berner Klinik).

Wenn es erlaubt ist, den anatomischen Befund vorwegzunehmen, so könnte man erwarten, daß die Einzeleffloreszenz des Lichen scrofulosorum als verkleinertes Lupusknötchen in Erscheinung träte. Denn das Infiltrat des ersteren ist oft nur durch seine geringeren Dimensionen von dem des Lupusfleckes unterschieden. Aber diese minimale Entwicklung des tuberkulösen Infiltrates genügt nicht, um die klinischen Symptome des Lupus hervorzubringen, weder die Epithelverdünnung noch das braungelbliche Durchscheinen bei Glasdruck. Selten nur finden wir beim Lichen scrofulosorum die einzelnen Knötchen als kleinste, bräunliche Gebilde in der Haut liegen, meist überragen sie das Niveau derselben mehr oder weniger. Wir haben dann kaum stecknadelkopf- bis hirsekorngroße Papeln von weicher Beschaffenheit, rundlicher oder zugespitzter, seltener polygonaler und plateauartiger Form. Die Farbe ist bald blaß gelbbräunlich und unterscheidet sich dann manchmal wenig scharf von der normalen Haut, bald finden sich stärker rötliche oder livide Töne. Die Oberfläche ist selten glatt und glänzend; meist ist die einzelne Effloreszenz von feinen Schuppen bedeckt. Häufig ist die perifollikuläre Natur der Läsion schon klinisch deutlich. Man sieht im Zentrum der Papel ein Lanugohaar, das häufig oberhalb der Austrittsstelle abgebrochen ist, manchmal auch nur eine Follikelöffnung. In manchen Fällen ist jede Papel in der Mitte mit einem kleinen dorn- oder stachelartigen Fortsatz gekrönt. Es findet sich das bei Personen, deren Haut wohl an sich schon eine

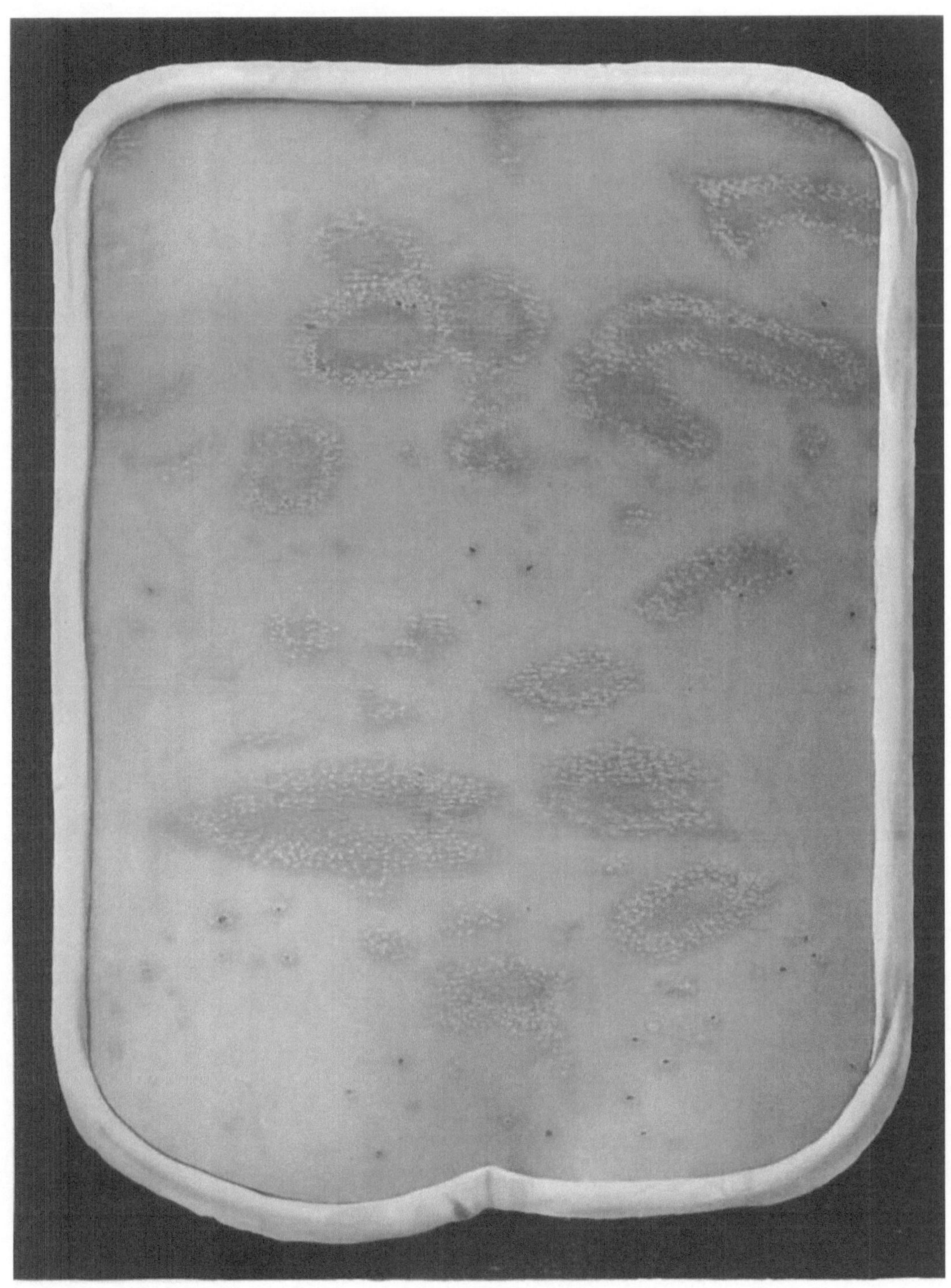

Lichen scrofulosorum.
(Sammlung der Breslauer Klinik.)

Verlag von Julius Springer in Berlin.

gewisse Neigung zu hyperkeratotischen und ichthyotischen Veränderungen hat. Diese Erscheinung ist aber auch den pathogenetisch verwandten Krankheitsmanifestationen der Lues und der Trichophytie eigentümlich. Sowohl das kleinpapulöse, lichenoide Syphilid als der von Jadassohn entdeckte „Lichen trichophyticus“ können dasselbe Symptom zeigen. Man darf diesen „sekundären Spinulosismus“ der Franzosen nicht mit dem echten „Lichen spinulosus“ verwechseln, wie das mir seinerzeit — allerdings vor dem Bekanntwerden des Lichen trichophyticus — passiert ist. Heute muß ich meinen damals als Lichen spinulosus publizierten Fall in Übereinstimmung mit Jadassohn für einen „Lichen trichophyticus“ halten. Der echte „Lichen spinulosus“ der Engländer hat auch mit dem Lichen scrofulosorum nichts zu tun, wie das früher von manchen behauptet wurde.

Eine weitere Veränderung der einzelnen Papel des Lichen scrofulosorum kommt dadurch zustande, daß sich im Zentrum ein Bläschen bildet, das rasch pustulös wird oder von vornherein eitrig ist. Es kommt das bei besonders hochgradigen Fällen vor. Größere pustulöse, akneiforme oder nekrotische Elemente oder derbe Papeln von bläulich-rötlicher Farbe kann man zwar bei vielen Fällen von Lichen scrofulosorum bemerken, sie gehören aber nicht zu dessen eigentlichem Bilde, sondern stellen die zahlreichen notwendigen Übergänge zu der nächsten Gruppe, den papulo-nekrotischen Tuberkuliden dar. Sie sind von den älteren Autoren unter dem Namen „Akne scrofulosorum“ oder „Akne cachecticorum“ beschrieben worden.

Daß auch beim Lichen scrofulosorum Effloreszenzen vorkommen, die ihrer polygonalen Form und ihrer planen, glatten, glänzenden Oberfläche nach an Lichen ruber planus erinnern, hat Jadassohn besonders hervorgehoben. Auch Schürmann, Vignolo-Lutati und andere haben solche Fälle beschrieben. Diese Form scheint speziell in den ersten Lebensjahren, doch auch später bei disseminiertem Auftreten der Einzeleffloreszenzen nicht ganz selten zu sein. Auf die Übergänge zum Lichen nitidus werden wir bei diesem näher eingehen.

Der Lichen scrofulosorum kann sich als Exanthem mit lauter disseminierten Knötchen darstellen, doch ist ein solches Vorkommnis nicht häufig und jedenfalls als atypisch zu bezeichnen. Charakteristisch ist, wie schon gesagt, das Auftreten von Effloreszenzengruppen. Wir finden manchmal nur ganz wenige Herde, die miteinander nicht in Verbindung stehen, und von denen jeder aus einzelnen Knötchen zusammengesetzt wird. Die Haut zwischen den Lichenpapeln eines Herdes ist oft völlig normal. In anderen Fällen stehen die Effloreszenzen so dicht, daß sie zu konfluieren scheinen; und bei dem höchsten Grade der Entwicklung haben sich Plaques gebildet, deren Zusammensetzung aus papulösen Einzelelementen manchmal nicht mehr zu erkennen ist. Wir sehen dann blaß bräunlich-rötliche Herde, die mit reichlichen, feinen, weißen oder schmutziggrauen Schuppen bedeckt sind. Es kann unter diesen Umständen eine recht große Ähnlichkeit mit Psoriasis entstehen (Jadassohn). Die Form der einzelnen Herde ist meist rundlich oder oval, oder sie bilden Kreissegmente oder bogenförmig umgrenzte Figuren, das letztere bei Vereinigung mehrerer kleiner Gruppen zu einer größeren. Die Größe ist sehr schwankend, von Linsen- bis Handtellergröße und darüber. Sehr häufig wird zentrales Abheilen und peripheres Fortschreiten beobachtet. Das Zentrum des Herdes wird dann von normaler Haut gebildet; narbige Atrophien kommen beim reinen Lichen scrofulosorum kaum vor, dagegen ist intensive braune Pigmentierung der zentralen abgeheilten Partien sehr häufig und für das Gesamtbild der Krankheit recht charakteristisch. An der Peripherie der pigmentierten Stellen findet sich ein mehr oder weniger breiter Rand von frischen Lichenknötchen. In einzelnen Fällen hat Jadassohn korymbiforme Anordnung der Effloreszenzen gesehen. Ähnliches beobachtete Delbanco bei einem allerdings aus größeren Einzelelementen bestehendem Tuberkulid.

Die Lieblingslokalisation des Lichen scrofulosorum ist der Rumpf, und hier sind es wieder die mittleren Partien, die am häufigsten befallen sind. Man hat mit Recht immer eine „gürtelförmige" Anordnung der Herde als charakteristisch bezeichnet. Manchmal allerdings findet sich nur ein einziger Herd irgendwo am Rumpf, häufiger eine ganz geringe Anzahl, bald unregelmäßig über den seitlichen und unteren Thorax und über das Abdomen verteilt, bald in einigermaßen symmetrischer Anordnung. In anderen Fällen sind größere Partien der Rumpfmitte von großen und konfluierten Lichenherden bedeckt. Auch „halstuchförmige" Lokalisation auf Sternal-, Clavi-

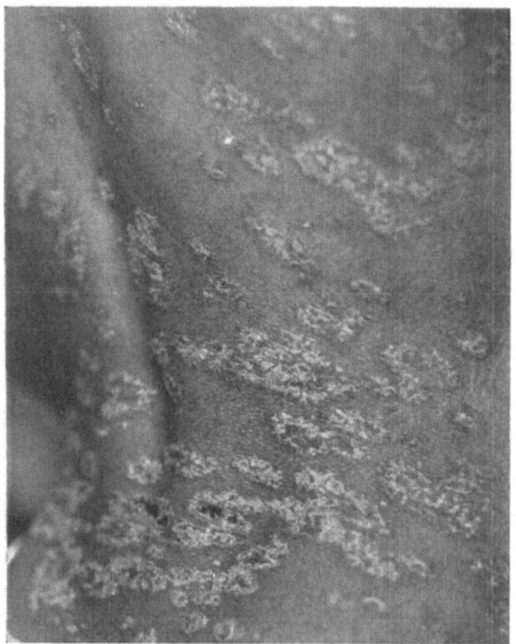

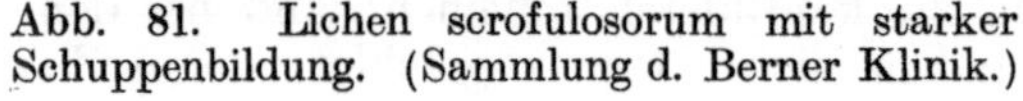

Abb. 81. Lichen scrofulosorum mit starker Schuppenbildung. (Sammlung d. Berner Klinik.)

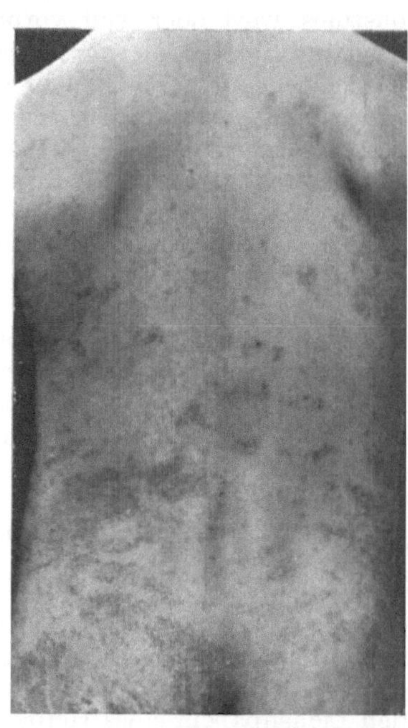

Abb. 82. Lichen scrofulosorum. (Sammlung der Berner Klinik.)

cular- und Skapulargegend ist von Pautrier beschrieben worden. An den Extremitäten ist der Lichen scrofulosorum bedeutend seltener als am Stamm, noch seltener vielleicht im Gesicht und auf dem behaarten Kopf. Es sind das die Gegenden, die von anderen Tuberkulidformen dem Rumpfe gegenüber bevorzugt werden, woraus man wieder auf eine gewisse Bedeutung der Lokalisation für die auf gleichem Wege zustande kommenden Läsionen schließen kann. Meist findet sich der Lichen scrofulosorum nicht isoliert an den Extremitäten, sondern geht bei hochgradiger Entwicklung vom Rumpf auf diese über. An den Handtellern und Fußsohlen tritt er nicht in Form von prominierenden Knötchen auf, sondern man sieht — wie das speziell F. Juliusberg beschrieben hat — in der Haut liegende „sagokornähnliche" Gebilde. Diese letztere Lokalisation beweist, daß die Entstehung der Krankheit nicht unmittelbar an die Haarfollikel gebunden ist. Im Gesicht und auf dem behaarten Kopfe sind in ganz seltenen Fällen echte Lichenknötchen beschrieben worden. Häufiger findet man besonders bei kleinen Kindern mit Lichen scrofulosorum eine eigentümlich trockene Beschaffenheit der Kopfhaut mit starker pityriasiformer Schuppung, und möglicherweise handelt es sich auch hier um eine larvierte Form der Krankheit. Es gibt also keine Körperregion, die prinzipiell vom Lichen scrofulosorum immer verschont wird. Das tritt besonders in jenen selteneren Fällen hervor, wo der Lichen scrofulosorum als

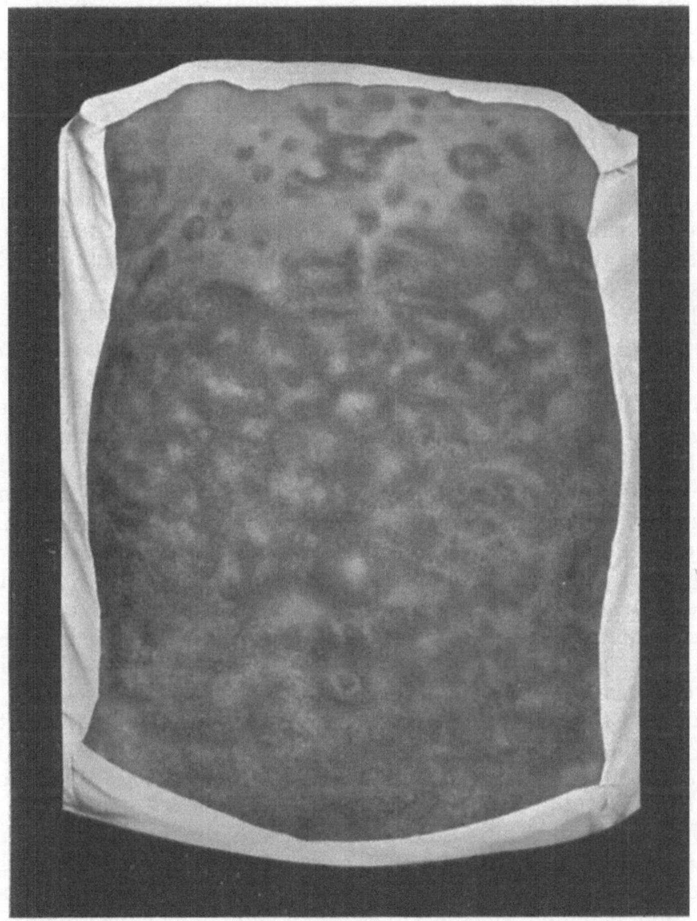

Abb. 83. Ungewöhnlich hochgradiger Lichen scrofulosorum. (Sammlung des Allg. Krankenhauses Hamburg-St. Georg.)

generalisiertes Exanthem den ganzen Körper überzieht. Ich sah einmal einen Fall bei einem 19jährigen jungen Mädchen mit Lymphdrüsentuberkulose, wo tatsächlich kaum eine größere Fläche normaler Haut zu sehen war. Dabei wechseln in diesen Fällen pigmentierte braune Flächen mit frischen rötlichen, knötchenförmigen Eruptionen in Kreis- und Bogenform. In einem anderen, besonders hochgradigen und durch eine geringe Infiltration etwas atypischen Falle bei einem 16jährigen Knaben, ebenfalls mit Lymphdrüsentuberkulose, waren mitten in der diffus erkrankten Haut des Rumpfes immer einzelne kreisförmige oder ovale Herde völlig normaler Haut zu sehen. Jene Fälle, wo sich die Krankheit einem diffusen konfluierenden Exanthem nähert, bilden den Übergang zu den tuberkulösen Erythrodermien.

Es ist früher vielfach von einem „Ekzema scrofulosorum" als einer besonderen Krankheitsform dieser Gruppe die Rede gewesen. Mit Jadassohn möchten wir aber dafür eintreten, diesen Begriff ganz fallen zu lassen. Ein Teil der unter diesem Namen beschriebenen Affektionen sind eben nur atypische Formen des Lichen scrofulosorum, so besonders das plaqueförmige „Ekzema scrofulosorum" von Boeck. Andere Fälle stellen Komplikationen von tuberkulösen mit banalen, ekzematösen Hautaffektionen dar. So haben Hebra und Kaposi mehrfach nässende Ekzeme der Achsel- und Leistengegend zusammen mit Lichen scrofulosorum beobachtet; in der modernen Literatur findet sich darüber allerdings wenig. An sich ist es ja kein Wunder, wenn skrofulöse Kinder, denen eine besondere Neigung zu Ekzemen eigen ist, neben einem Lichen scrofulosorum auch einmal eine oberflächliche ekzemartige Dermatose haben. Trotzdem gibt es keinen Übergang von Ekzem und Lichen scrofulosorum; beide sind ihrem Wesen nach vollkommen zu trennende Krankheiten. Es gibt auch kein tuberkulöses Ekzem, sondern nur ein Ekzem bei Tuberkulösen.

Der Lichen scrofulosorum ist vorzugsweise eine Erkrankung des jugendlichen Alters bis zur Pubertät, doch kommen auch jenseits dieser Grenze noch Fälle vor. Es scheint mir, daß im späteren Alter die Krankheit häufiger bei Frauen als bei Männern auftritt, während mir für die Kindheit eine stärkere Beteiligung des männlichen Geschlechts, wie das Hebra angibt, nicht aufgefallen ist. Die Fälle in den ersten Lebensjahren nehmen auch hier in prognostischer Beziehung eine Sonderstellung ein. Sie sind wesentlich ungünstiger zu beurteilen als die später auftretenden. Das Vorhandensein einer inneren Tuberkulose, die zur Metastasierung von Tuberkelbazillen führt, ist ja im Säuglingsalter immer von infauster Bedeutung. Später finden wir den Lichen scrofulosorum, wie der Name sagt, meistens bei Individuen, die einen skrofulösen Habitus und mehr oder weniger deutliche Erscheinungen irgendwelcher tuberkulöser Erkrankung darbieten. Meist sind es chronische und gutartig verlaufende Drüsen- und Knochentuberkulosen, seltener Lungenaffektionen. Fortgeschrittene Phthisen sind unter den Erkrankten recht selten. In manchen Fällen tritt die Hautaffektion bei Personen auf, bei denen klinisch eine manifeste Tuberkulose nicht nachzuweisen ist. Wohl immer aber wird eine Untersuchung mit den verfeinerten Tuberkulinmethoden, vielleicht auch der Nachweis tuberkulöser Drüsen im Röntgenbild, den sicheren Anhaltspunkt für das Vorhandensein einer tuberkulösen Erkrankung erbringen. Der Lichen scrofulosorum kann gerade in diesen Fällen, indem er als erstes Symptom die Aufmerksamkeit auf die Tuberkulose lenkt, von ganz außerordentlicher Bedeutung für den Arzt werden. Er tritt in manchen Fällen in plötzlichen Schüben unter ganz denselben Bedingungen auf wie andere hämatogene Tuberkulosen, also speziell nach Masern und anderen akuten Exanthemen des Kindesalters. Daß hier sogar Übergänge zum Lupus vorkommen — wie z. B. in dem Fall von Finger — ist nach allem Gesagten nicht mehr verwunderlich. In anderen Fällen entsteht die Hautaffektion ganz unbemerkt und wird, da sie fast nie subjektive Symptome verursacht, erst gelegentlich einer allgemeinen ärztlichen Untersuchung wegen irgend eines anderen Übels zur Kenntnis genommen. Sie kann monatelang im gleichen Stadium verharren, sich vergrößern oder verschwinden, ohne dem Träger irgendwelche Beschwerden oder Sorgen zu bereiten. Bei kleineren Herden verlieren sich die Hauterscheinungen nicht selten, ohne die geringsten sichtbaren Überbleibsel zu hinterlassen. Häufig weist eine Zeitlang noch eine braune Pigmentierung, sehr selten kleine runde Narben, auf ihren Sitz hin. Die Abheilung der Krankheit kann aber auch nur scheinbar sein. Möglich, daß die entzündlichen Vorgänge aufgehört haben, und die kleinen tuberkuloiden Infiltrate in der Tiefe durch eine dickere Schicht normaler Haut hindurch nicht kenntlich sind; sicher ist es, daß nach einer Tuberkulininjektion solche alten, scheinbar verschwundenen Herde wieder deutlich hervortreten können (Jadassohn). Das nicht seltene Ereignis, daß ein Lichen scrofulosorum nach einer subkutanen Tuberkulininjektion auftritt, haben wir im allgemeinen Teil bereits erwähnt und zu erklären versucht.

Was die großen universellen Eruptionen der Krankheit anbetrifft, so können auch sie innerhalb weniger Wochen entstehen. Hier handelt es sich

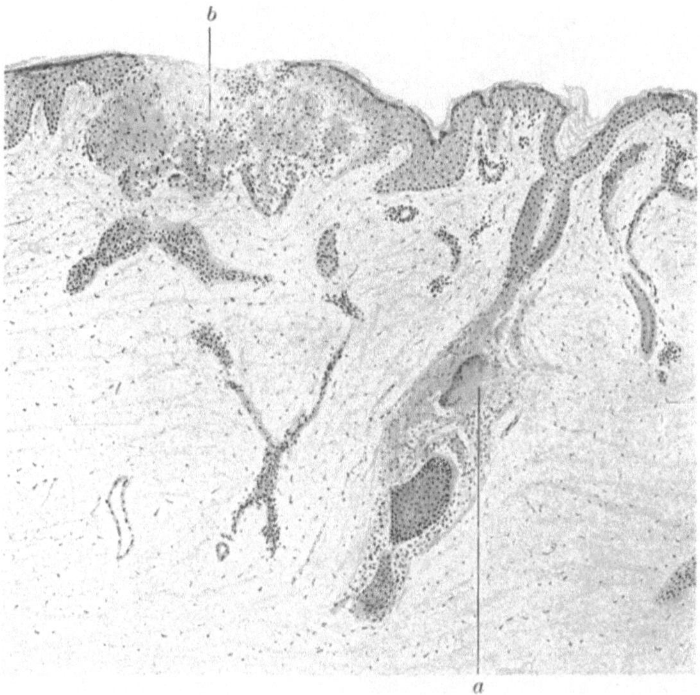

Abb. 84. Lichen scrofulosorum. *a* perifollikulärer Tuberkel mir großer Riesenzelle; *b* oberflächliches Infiltrat mit Nekrose.

wohl meistens um eine manifeste Drüsentuberkulose. Ich habe in zwei Fällen nach Exstirpation der großen Drüsenpakete die Affektion spontan unter starker Desquamation abheilen sehen. Durch die Operation war hier sehr wahrscheinlich die Quelle der beständigen Aussaat von Tuberkelbazillen beseitigt worden. Ähnliches hat Hagen aus der Zielerschen Klinik publiziert. Die Prognose des Hautleidens ist an sich gut, sobald es gelingt, die sonst bestehende Tuberkulose günstig zu beeinflussen.

Histologie. Histologisch gleicht eine typisch entwickelte Effloreszenz von Lichen scrofulosorum einem um ein Vielfaches verkleinerten Lupusknötchen. Doch müssen wir uns des Anachronismus bewußt bleiben, wenn wir von „typischer" Tuberkulose im Sinne der alten anatomischen Auffassung sprechen. Daher hat auch der Streit, ob der Lichen scrofulosorum häufiger tuberkuloides oder einfach entzündliches Gewebe enthalte, für uns seine prinzipielle Bedeutung verloren. Selbst wenn das letztere richtig wäre, könnte er doch eine tuberkulöse Affektion sein. Der Lichen scrofulosorum macht uns aber auch histologisch die Entscheidung gar nicht so schwer. In Übereinstimmung mit Jadassohn muß ich gegenüber gegenteiligen Angaben (z. B. von Klingmüller und Nobl) daran festhalten, daß man fast in jedem Falle tuberkulöses Gewebe findet, wenn nur genügend Material zur Untersuchung zur Verfügung steht. Lesseliers hat das unter 17 Fällen der Berner Klinik 16mal festgestellt; und alle später von Jadassohn, ebenso wie alle

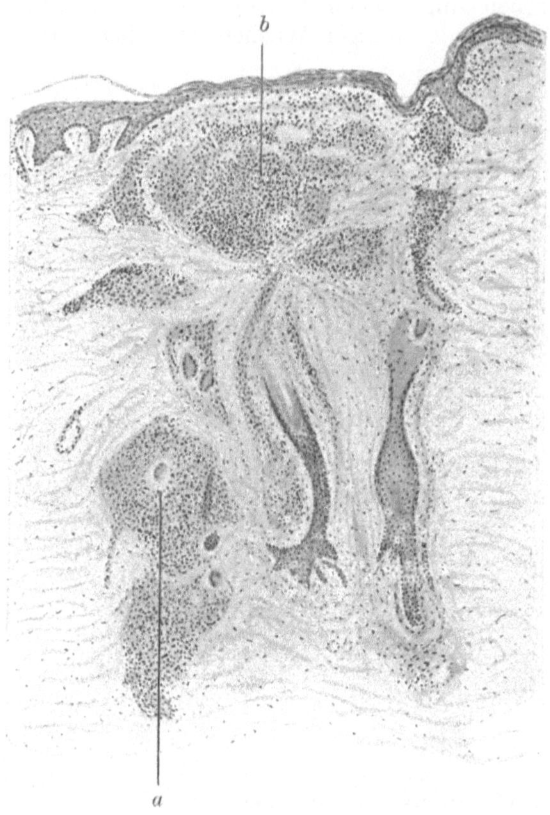

Abb. 85. Lichen scrofulosorum. *a* tuberkuloide Infiltrate; *b* entzündliches Infiltrat.

seitdem von mir untersuchten Fälle bestätigen die Richtigkeit dieser Behauptung. Gewiß kommen bei demselben Falle und in demselben Präparat banal entzündliche Infiltrate neben Tuberkelknötchen vor. Je mehr Material man aber untersucht, desto mehr Übergänge findet man und kommt schließlich zu der Überzeugung, daß sowohl der lymphocytenarme Tuberkel, als die einfache perivaskuläre Ansammlung von Rundzellen, nebst allem, was zwischen beiden liegt, nur verschiedene Stadien desselben Krankheitsprozesses sind. Die lymphocytenreichen Infiltrate wären dann als die frischeren, akuteren Reaktionen anzusehen.

Beginnen wir aber mit den histologisch „typischen" Veränderungen. Manche Fälle zeigen den kleinen, nicht verkästen Epithelioidzellen-Tuberkel in seiner reinsten Gestalt; und zwar finden wir ihn im Gegensatz zum Lupus meist isoliert. Das Zentrum wird von Langhansschen Riesenzellen und Epithelioiden, der Rand von Lymphocyten gebildet. Die letzteren können in scheinbar älteren Infiltraten manchmal vollkommen fehlen und die Knötchen gegen das normale Gewebe durch eine schmale Schicht bindegewebiger Zellen scharf abgegrenzt sein. In diesen älteren Knötchen finden sich dann auch neben den Epithelioiden häufig reichlich Bindegewebszellen mit gestreckten und spindelförmigen Kernen. Hier handelt es sich wohl schon um eine Rückbildung des Infiltrates. Größere Verkäsungen sind ja von vornherein in so kleinen Tuberkeln nicht zu erwarten. Dagegen sah ich öfter als gewöhnlich beschrieben wird, kleine Nekrosen im Zentrum der Knötchen, und zwar besonders bei klinisch hochgradig ausgebildeten Fällen. Im ganzen wird aber das klassische Bild des Tuberkels meist durch die Unregelmäßigkeit der Zellanordnung verwischt. Schon durch seinen geringen Umfang und die kleine Zahl der Zellen äußerst unscheinbar, stellt das Knötchen dann nur ein Häufchen von durcheinander liegenden Epithelioiden und schlecht ausgebildeten Riesen-

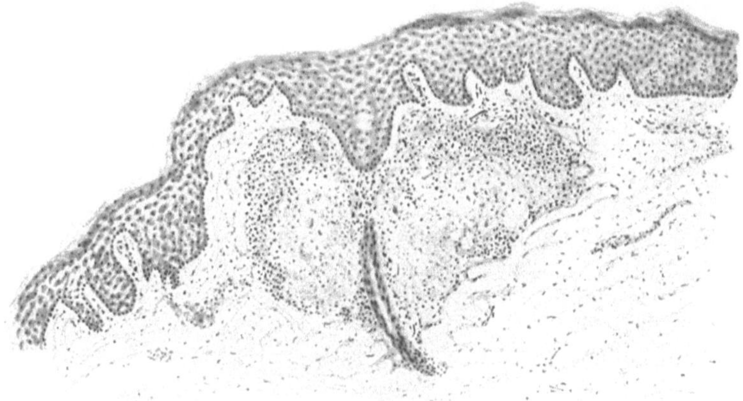

Abb. 86. Lichen scrofulosorum (plane Form). Tuberkuloides Infiltrat um Schweißdrüsenausführungsgang.

zellen dar. Doch fehlt selbst in diesen kleinen Ansammlungen meist das normale kollagene und elastische Grundgewebe. Die nicht tuberkuloiden Infiltrate setzen sich fast ausschließlich aus kleinen, runden Lymphocyten zusammen. Plasmazellen findet man nur spärlich.

Viel diskutiert worden ist die Beziehung der Infiltrate zu den Haarfollikeln. Sie ist sicher meistens vorhanden, aber durchaus nicht konstant und keineswegs durch eine ganz spezielle Pathogenese bedingt. In den meisten Fällen findet man neben perifollikulären Knötchen Infiltrate, die keinerlei Beziehung zu den Hautorganen haben. Sie sind um irgendwelche kleine Gefäße der Cutis gruppiert. Besonders häufig aber ist ihre Lokalisation in den alleroberstem Cutisschichten, unmittelbar unter dem Epithel. In manchen Fällen fand ich ziemlich reichlich solcher Art lokalisierte Knötchen von minimalen Dimensionen, oft nur aus einer Riesenzelle und ganz wenig Epithelioidzellen bestehend. In einem anderen Fall wieder waren in der Tiefe um die Follikel herum sehr scharf abgesetzte, lymphocytenarme, im Zentrum nekrotisierte Infiltrate, im Stratum subpapillare dagegen nicht so scharf umschriebene Anhäufungen von Epithelioiden und sehr zahlreichen Lymphocyten.

Bei der planen Form des Lichen scrofulosorum ist von Jadassohn die Lokalisation der Infiltrate um Schweißdrüsenausführungsgänge beobachtet worden (Abb. 86). Auch hier ist wieder eine Ähnlichkeit mit dem Lichen nitidus. Die perifollikuläre Lokalisation hat also nichts anderes zu bedeuten als die Ansiedlung der Infiltrate an gefäßreichen, häufig mit Tuberkelbazillen embolisierten Regionen. Es handelt sich weder um die Ausscheidung eines Toxins durch die Follikel, noch ist es eine Fremdkörperreaktion um die primär erkrankten Haarbälge. Diese alte Auffassung Riehls wird ja durch die nicht follikulären Lokalisationen schon ad absurdum geführt.

Das neben den Follikeln liegende tuberkulöse Infiltrat kann die verschiedensten Formen und Dimensionen haben. Es kann gegen den Follikel wie gegen die bindegewebige Umgebung scharf abgesetzt sein, oder die lymphocytäre Infiltration des Randes setzt sich an kleinen Gefäßen entlang eine kurze Strecke fort. Im Innern der Knötchen selbst werden Gefäße meist vermißt.

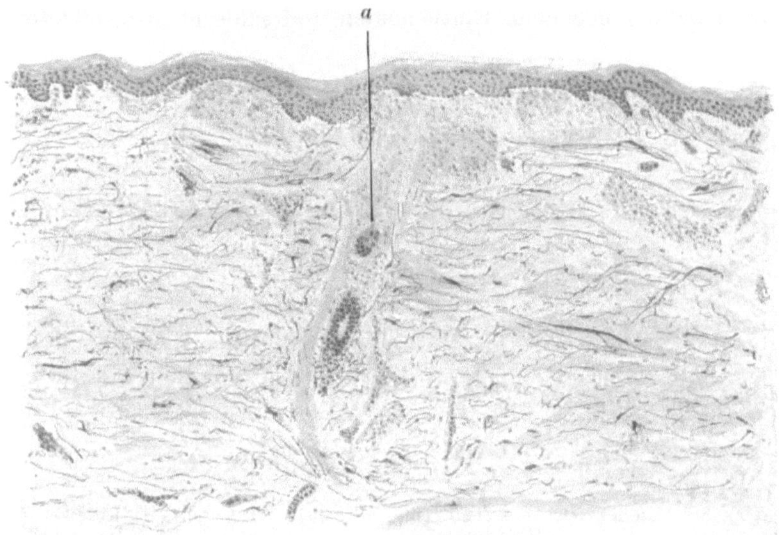

Abb. 87. Lichen scrofulosorum. Kleines Knötchen mit großer Riesenzelle (a).

Doch sind von manchen Autoren auch hier Gefäße mit verdickter und infiltrierter Wand beschrieben worden. Der Follikel ist in manchen Präparaten vollkommen intakt, von dem Infiltrat noch durch eine schmale Schicht normalen Bindegewebes getrennt, häufiger aber findet man das Follikelepithel krankhaft verändert, und zwar gibt es hier alle Grade von geringem interzellulärem Ödem bis zur völligen Zerstörung der Wand. Oft ist das Epithel von lymphocytären Elementen durchsetzt. Eine sehr häufige Erscheinung ist die Parakeratose des Follikelausganges, die sich bis ziemlich tief in den Follikel hinein erstrecken kann. Durch die Anhäufung konzentrisch geschichteter kernhaltiger Hornlamellen ist hier auch mikroskopisch der Ansatz zur Stachelbildung zu konstatieren. Aber alle Veränderungen der epithelialen Follikelwand sind nur sekundäre Folgen der perifollikulären Entzündung. Denn ganz dieselben Veränderungen zeigt auch das Oberflächenepithel fern von den Follikelmündungen an solchen Stellen, wo Infiltratknötchen unmittelbar unter dem Rete Malpighi liegen. Besonders die Parakeratose ist hier ein regelmäßiges Phänomen.

Einer eigentümlichen Erscheinung möchte ich noch gedenken, der ich allerdings nur ganz vereinzelt begegnet bin. Es sieht manchmal so aus, als ob kleinste Tuberkel innerhalb des Follikelepithels lägen, und auch auf Serienschnitten erweisen sie sich als rings von Epithel umschlossen. Dabei habe ich zum ersten Male den Namen „Epithelioidzellen" nicht ganz unberechtigt gefunden, denn es war tatsächlich schwer, hier die epithelialen Elemente von den Granulationszellen zu trennen, obwohl neben diesen auch typische Riesenzellen vorhanden waren. Zwei Möglichkeiten der Entstehung scheinen mir gegeben — denn ein Hervorgehen von Tuberkeln aus dem Epithel selbst ist nicht diskutierbar —: entweder hat sich der Tuberkel aus Lymphocyten, die in das spongiöse Epithel eingewandert waren, gebildet, oder das Epithel hat den Tuberkel nachträglich umwuchert. Das letztere ist mir am wahrscheinlichsten. Denn weniger vollkommene Wucherungsvorgänge am Follikelepithel in der Richtung auf die tuberkulösen Infiltrate sind besonders in der Tiefe ziemlich häufig zu beobachten. Die Pustelbildung auf der Höhe von Lichenknötchen wird durch starke Zunahme der Lymphocyten, vielleicht auch durch

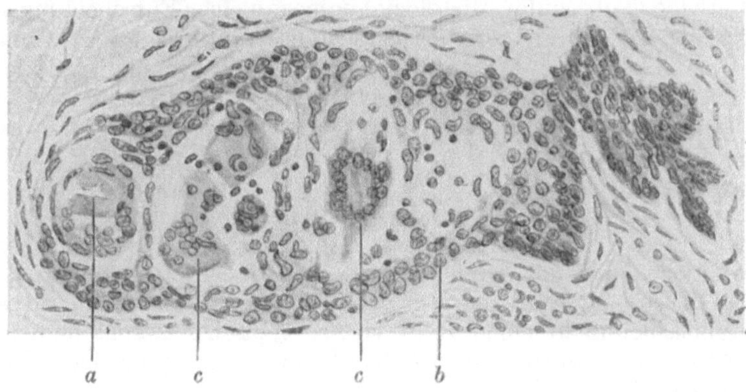

Abb. 88. Lichen scrofulosorum. Eigentümliche tuberkuloide Bildung innerhalb des Follikelepithels. *a* Haar; *b* Follikelepithel; *c* Riesenzellen.

Erweichung, Zerfall und polynukleäre Leukocyten verursacht. Sie ist häufig an den Follikelausgängen lokalisiert.

Tuberkelbazillenbefunde in Schnittpräparaten gehören beim Lichen scrofulosorum immer noch zu den größten Seltenheiten. Aus der ganzen Literatur bleiben uns an positiven Ergebnissen nur die Fälle von Jacobi, Pellizari, Wolff, Darier und Bettmann und mein Fall (Färbung nach Much). Die Mehrzahl von diesen betraf pustulöse Effloreszenzen. Auf den einen Antiforminbefund von Lier können wir kein Gewicht mehr legen. Wir haben im allgemeinen Teil die Gründe kennen gelernt, warum das Fehlen von Bazillen im Schnittpräparat nicht gegen die tuberkulöse und bazilläre Ätiologie der Krankheit spricht, ebensowenig wie der häufig negative Ausfall des Tierversuches (positive Resultate nur bei Haushalter, Jacobi, Wolff, Pellizari, Colombini, Whitfield). Die Tuberkelbazillen gehen eben durch die Abwehrreaktion des Organismus rasch zugrunde, so daß sie sich meist dem Nachweis entziehen. Aber die wenigen positiven Fälle zusammen mit Klinik, Histologie und der fast immer positiven lokalen Tuberkulinreaktion, besonders bei Einreibung nach Moro (Jadassohn), aber auch nach subkutaner Injektion, genügen, um die tuberkulöse Natur des Lichen scrofulosorum als bewiesen zu betrachten. Es ist in der Tat kaum mehr ein Zweifel möglich, daß der Lichen scrofulosorum eine hämatogene Hauttuberkulose ist, eine „Tuberkulose" mit nicht geringerem Recht als der Lupus vulgaris. Seine Benignität erklärt sich durch den starken Antikörpergehalt (s. Schema auf S. 75).

Diagnose. Die Diagnose des Lichen scrofulosorum ist in den meisten Fällen nicht besonders schwer. Die Affektion ist zwar oft recht unscheinbar, wer sie aber kennt und sich die Mühe nimmt, die Haut skrofulöser Individuen, besonders Kinder, genau zu untersuchen, wird sie leicht entdecken und richtig beurteilen. Wer dagegen mit den Hauterscheinungen der Tuberkulose nicht gut vertraut ist, wird manches als „ein wenig Ekzem" der Beachtung nicht für wert halten, was doch für den Patienten von großer Bedeutung sein kann. Nun gibt es aber Ekzemformen, die auch für den Geübteren schwer von Lichen scrofulosorum zu unterscheiden sind. Es sind das am Rumpf in Plaques auftretende, nicht nässende, wenig entzündliche, seborrhoische Ekzeme oder das seltenere, gruppierte, follikuläre Ekzem. Wer aber überhaupt an den Lichen scrofulosorum denkt, wird hier unter Zuhilfenahme einer oder der anderen Methode (Tuberkulin, Histologie) immer zu einer Entscheidung kommen. Ebenso verhält es sich mit der viel selteneren Krankheit der Pityriasis rubra pilaris. Hier geben jene Lichenfälle Anlaß zur Täuschung, bei denen alle Effloreszenzen einen Hornstachel tragen (z. B. der Fall von La Mensa). Diese Fälle können wohl für eine Pityriasis rubra pilaris Devergie gehalten werden. Ich möchte es nicht für ausgeschlossen halten, daß Milian ein solcher Irrtum passiert ist, als er bei Pityriasis rubra pilaris eine positive Tuberkulinreaktion feststellte und darum diese Krankheit unter die „Tuberkulide" einreihte. Dem Lichen ruber planus ähneln jene flachen Effloreszenzen des Lichen scrofulosorum, die wir oben beschrieben haben. Aber bei der ersteren Krankheit werden wir meistens an irgend einer Körperstelle oder auf der Mundschleimhaut einen Herd von so typischer Beschaffenheit finden, daß wir Lichen scrofulosorum ausschließen können. Auch hier kann das Mikroskop den letzten Zweifel beseitigen.

Weit schwieriger differentialdiagnostisch als von allen bis jetzt genannten Krankheiten ist die Unterscheidung von den sog. kleinpapulösen, lichenoiden Syphiliden. Ja, hier kann die Kunst des Diagnostikers überhaupt zu Schanden werden. Nicht nur, daß klinisch und histologisch (s. Abb. 3 und 4 auf S. 23) die größte Ähnlichkeit bis zur vollkommenen Identität bestehen kann, ist es nach den letzten Erfahrungen von Jadassohn sogar möglich, daß auch die Tuberkulinreaktion im Stiche läßt. Wir müssen dann also unsere Zuflucht zur Anamnese, Wassermannschen Reaktion und Diagnose ex juvantibus nehmen, Faktoren, deren Bedeutung wir weiter oben gewürdigt haben. Glücklicherweise sind derartige Fälle immerhin selten und kommen überwiegend bei Erwachsenen vor, während der Lichen scrofulosorum meistens Kinder betrifft. Jedenfalls muß aber jeder Fall von Lichen scrofulosorum, sowohl zur Sicherung der klinischen Diagnose als aus therapeutischen Gründen, sorgfältigst auf irgendwelche andere Manifestationen der Tuberkulose untersucht werden.

3. Papulo-nekrotische Tuberkulide (Tuberculosis papulonecrotica).

Die Geschichte dieser Krankheitsgruppe weist mancherlei Irrwege auf, ehe man zu einer richtigen Erkenntnis ihrer Natur und Pathogenese gelangte. Die ersten Autoren, denen diese Affektion auffiel, Hutchinson sowie Boeck, hielten sie für eine besondere Form des Lupus erythematodes. Das ist immerhin bemerkenswert, da auch in der neueren Literatur sich wieder die Beobachtungen über ein Zusammenvorkommen von papulo-nekrotischen Tuberkuliden und Lupus erythematodes mehren und in der Frage dieser letzteren Krankheit eine gewisse Rolle spielen. Das Verdienst, den klinischen Typus der papulo-nekrotischen Tuberkulide zuerst fest umschrieben zu haben, gebührt Barthélemy, ein Verdienst, das nur dadurch geschmälert wird, daß er zwei schreckliche Namen, „Folliclis" und „Aknitis" in die dermatologische Literatur einführte, und daß er bis zuletzt die prinzipielle, auch ätiologische Verschiedenheit dieser beiden Formen mit Hartnäckigkeit verfocht. Einen anderen Irrtum beging Pollitzer — und Dubreuilh und Unna sind ihm hier gefolgt —, indem er das Wesen der Affektion in einer primären Erkrankung der Schweißdrüsen, in einer „Hydroadenitis suppurativa" erblickte. Mit dem Zahlreicherwerden histologischer Untersuchungen mußte sich die Unrichtigkeit dieser Ansicht ergeben, die nur geeignet war, die Forschung nach der wahren Ursache vom richtigen Wege abzulenken. Einen Fortschritt brachte auch hier die Aufstellung des Begriffes der „Tuberkulide" durch Darier, und allmählich trat der Zusammenhang mit Tuberkulose für die Barthélemyschen Krankheitsbilder immer deutlicher zutage. Die Entstehungsweise wurde dann durch die Untersuchungen von Philippson und Török klargestellt. Und die Arbeiten der letzten Jahre haben unsere Kenntnisse derart bereichert, daß heute auch die hier zu behandelnden Affektionen ebenso wenig wie der Lichen scrofulosorum mehr ein Problem darstellen.

Zunächst ein Wort über die Nomenklatur. Die „papulo-nekrotischen Tuberkulide" umfassen ursprünglich nur die von Barthélemy als „Folliclis" und „Aknitis" beschriebenen Affektionen, von denen wir bald sehen werden, daß sie nur die oberflächliche und die tiefe Lokalisation eines und desselben Prozesses bedeuten. Man könnte sie also als „Tuberculosis papulo-necrotica superficialis et profunda" bezeichnen. Es scheint mir hier aber zweckmäßig, noch einige nahverwandte Typen in diesem Kapitel mitzubehandeln, die nur auf künstliche Weise abzutrennen wären. Das sind die von älteren Autoren als „Akne cachecticorum", „Akne scrofulosorum" und unter zahlreichen anderen Namen geschilderten Krankheiten. Bei ihnen tritt zwar das Symptom der Eiterung gegenüber der Nekrose stärker hervor, aber im Grunde ist es genau derselbe Vorgang. Auch das „papulöse Tuberkulid" von Hamburger enthält nichts Neues außer der Unterstreichung der Tatsache, daß im Säuglingsalter nicht selten ein Ausbleiben der Nekrose beobachtet wird. Wir müßten also eigentlich die Überschrift dieses Kapitels erweitern und von „papulösen", „papulo-pustulösen" und „papulo-nekrotischen" Tuberkuliden sprechen, wobei man dann noch weiter ins einzelne gehen und auch noch „papulo-squamöse" und „papulo-ulzeröse" Tuberkulide dem klinischen Anblick nach unterscheiden könnte. Komplizieren wir aber die Sache nicht und halten wir uns einstweilen für die Benennung an das histologisch meist mehr oder weniger deutlich ausgesprochene Phänomen der Nekrose, indem wir unter „papulo-nekrotischen Tuberkuliden" die ganze Gruppe verstehen! Der Name „Dermatitis nodularis necrotica", dessen sich Török, Werther, sowie verschiedene Arbeiten aus der Neißerschen Schule bedienen, ist besser aufzugeben, da er über die tuberkulöse Natur des Leidens nichts aussagt.

Es ist vielleicht diejenige Gruppe, welche die zahlreichsten Übergänge zu anderen kutanen Erscheinungen der Tuberkulose aufweist (s. Schema S. 79), Mag dem Entstehen von Lupusknötchen in Tuberkulidnarben, wie in dem Fall von F. Juliusberg, oder richtigen Übergängen, wie bei Mac Leod, wegen der Seltenheit keine große Bedeutung beigemessen werden, so ist doch das Zusammentreffen mit Tuberculosis verrucosa, besonders bei den postexan thematischen Formen, jetzt schon so häufig beobachtet worden, daß man auch das Übergehen der einen Krankheit in die andere, wie bei A. Alexander, E. Hoffmann, Arzt, Gaucher, Gougerot und Guggenheim nicht als zufälliges Vorkommnis betrachten kann. Daß zwischen den miliaren Hauttuberkulosen Leiners und Spielers und den Tuberkuliden der Säuglinge keine festen Grenzen zu ziehen sind, hatten wir weiter oben schon gesehen. Die akneähnlichen Formen der Tuberkulide wieder kommen häufig in einzelnen Exemplaren neben Lichen scrofulosorum vor, so daß F. Juliusberg sicher recht hat, wenn er nur graduelle Unterschiede zwischen beiden annimmt, sie nur als Varietäten einer Krankheit anerkennt. Schließlich leiten die subkutanen Lokalisationen der papulo-nekrotischen Tuberkulide, die „Aknitis“ Barthélemys, direkt zum „Erythema induratum“ Bazins über.

Symptome. Wir beginnen mit der klassischen Form der papulonekrotischen Tuberkulide, die der „Folliclis“ von Barthélemy entspricht. Die Einzeleffloreszenzen bestehen, wenn sie zuerst bemerkt werden, aus kleinen, kaum hanfkorngroßen, papulösen, derben Infiltraten, die unter gespannter Haut flach bis halbkugelig vorgewölbt sind und eine blaßrote Farbe haben. Sie liegen, wie die Palpation ergibt, in den oberflächlichsten Schichten der Cutis. Bald verändert sich der Farbenton, er wird dunkler und geht mehr ins Bläuliche und Bräunliche über. Es zeigt sich nun an den meisten Effloreszenzen im Zentrum eine Veränderung, die den Eindruck einer gelblich oder grüngelblich durchscheinenden Pustel macht. Sticht man aber mit einer Nadel die Decke ein, so erhält man häufig keinen Eiter, sondern nur einen Tropfen Serum, und bei stärkerem seitlichen Druck auf die Papel mittelst beider Daumennägel oder mit den Branchen einer Pinzette fördert man eine zähe nekrotische Masse zutage. Legt man diese in Kalilauge unter das Mikroskop, so kann man darin oft elastische Fasern nachweisen. Überläßt man die Effloreszenz sich selbst, so kommt es auch spontan häufig nicht zur Entleerung von Eiter, sondern das pustelähnliche Gebilde trocknet allmählich ein und an seiner Stelle nimmt jetzt eine dunkle, bräunliche oder schmutziggraue Kruste oder Borke das Zentrum der Papel ein. Dem Versuch, sie durch Kratzen zu entfernen, leistet sie einen gewissen Widerstand. Hebt man sie heraus, so bleibt eine kraterförmige, leicht blutende Vertiefung oder ein kleines, kreisrundes Ulcus mit scharfen steil abfallenden Rändern. Wartet man, bis die zentrale Kruste schließlich von selbst abfällt, so hat sich unter ihr eine kreisförmige, anfangs hyperämische, später weiße, glatte Narbe gebildet. Diese kreisrunden Narben, die meistens leicht vertieft sind, und zuerst einen bläulichroten, dann einen braunen, pigmentierten Hof und steil abfallende Ränder haben, sind ungemein charakteristisch durch ihre Form, auch noch nach Jahren, wenn die Pigmentation schon geschwunden ist.

Die eben geschilderte Entwicklung der Effloreszenzen, die langsam von statten geht und eine Zeit von etwa vier bis sechs Wochen in Anspruch nimmt, ist im allgemeinen ziemlich einförmig und bietet kaum bemerkenswerte Abweichungen. Nur kommt in manchen Fällen keine Nekrose zur Ausbildung, sondern die papulösen Effloreszenzen involvieren sich und verschwinden. Außerdem wären höchstens noch Größendifferenzen zu erwähnen; einzelne Papeln brauchen nur stecknadelkopfgroß zu sein, andere können Linsengröße erreichen. Bei frühzeitigem Abfall der Kruste kann auch ein ulzeröses Stadium längere Zeit beobachtet werden. Hier wäre aber auch schon der Läsionen zu gedenken, die aus ursprünglich tiefer gelegenen Effloreszenzen hervorgehen. Das sind zu Anfang kleine, derbe, kugelige Gebilde von Hanfkorn- bis Kirschkerngröße, die in der Subcutis liegen, frei verschieblich und auch mit der

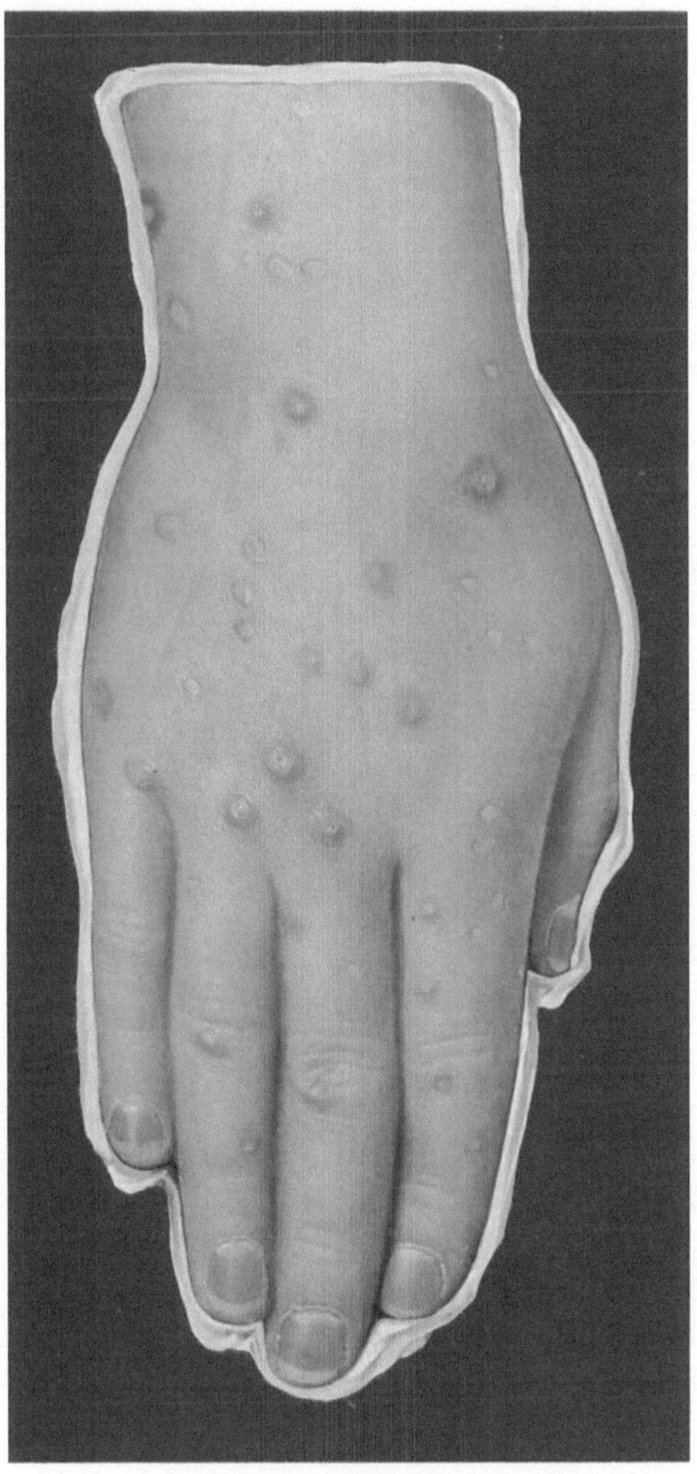

Papulo-nekrotische Tuberkulide (Folliclis).
(Sammlung der Breslauer Klinik.)

Verlag von Julius Springer in Berlin.

Cutis in keinem Zusammenhang, so daß sie unter dem palpierenden Finger rollen. Häufig allerdings beginnen sie schon von vornherein an der Grenze von Cutis und subkutanem Gewebe, und verschieben sich dann nur mit der Haut zusammen über der Unterlage. Die Haut hat hier anfangs normale Farbe und Beschaffenheit. Wächst aber dann das Knötchen nach der Oberfläche zu, so nimmt diese zuerst rote, dann livide Färbung an, es bildet sich eine Nekrose im Zentrum, ganz wie bei den oberflächlichen Elementen, und der weitere Verlauf ist der gleiche, nur daß hier häufiger Perforation und Eiterentleerung stattfindet, und manchmal die kreisförmigen Geschwüre etwas größer und von längerer Dauer sind. In anderen Fällen können die kleinen, subkutanen Knoten längere Zeit bestehen und sich dann spontan zurückbilden. Diese tiefen Läsionen sind es, die Barthélemy als „Aknitis“ bezeichnet hat.

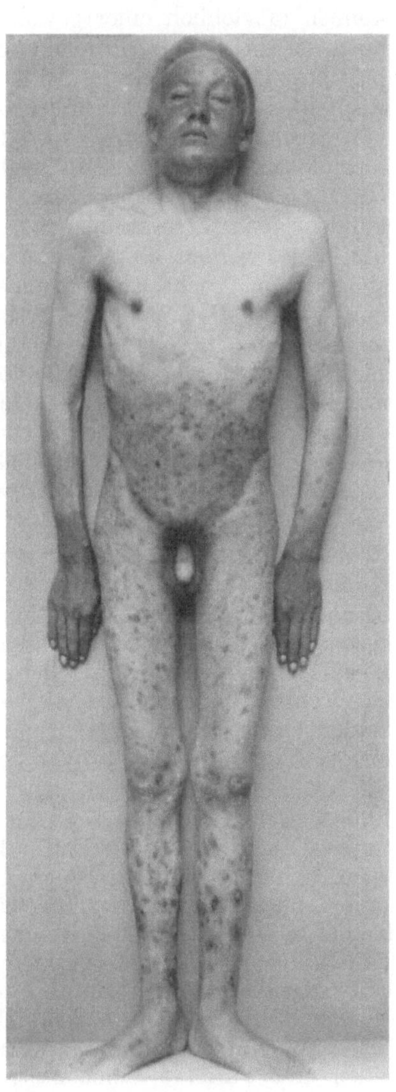

Abb. 89. Papulo-nekrotische Tuberkulide. (Sammlung d. Berner Klinik.)

Die oberflächlichen Effloreszenzen vom bisher geschilderten Typus treten meist disseminiert ohne besondere Anordnung auf. Doch ist in seltenen Fällen auch Gruppenbildung beobachtet worden, so von R. Bernhardt, von Whitfield, der herpetiforme, von Rusch, der ringförmige Anordnung um ein abheilendes, lichenifiziertes Zentrum gesehen hat. In einem Fall von Bunch gingen den Papeln immer Herde von schuppender Dermatitis voraus. Doch das sind Seltenheiten. Gewöhnlich stehen die Läsionen einzeln, zeigen nur eine gewisse Anhäufung an besonderen Prädilektionsstellen. Diese sind Hand- und Fingerrücken, Knie- und Ellenbogengegend. Nächstdem kommen die Streckseiten der Arme und Beine und die Glutäalgegend. Doch sind auch Rumpf, Gesicht, Handflächen und Fußsohlen gelegentlich befallen, also keine Körpergegend prinzipiell ausgeschlossen. Albanus hat mich in jüngster Zeit auf das relativ häufige Vorkommen von papulo-nekrotischen Tuberkuliden bei Kindern auf der Nase und den angrenzenden Partien der Wangen aufmerksam gemacht. Diese Kinder hatten zum Teil schwer zu definierende Läsionen der Nasenschleimhaut, die vielleicht als Schleimhauttuberkulide aufzufassen sind. Ganz besonderes Gewicht aber muß auf die charakteristischen Narben an Ellenbogen und Knien gelegt werden, weil sie in vielen Fällen noch lange nach Ablauf der Krankheit die Diagnose ermöglichen und damit auch einen Verdacht auf innere Tuberkulose begründen können. Die tiefen Knoten werden häufig mit den oberflächlichen Läsionen zusammen, besonders an den Fingerrücken, sowie an den Vorderarmen beobachtet. Barthélemy hat dagegen für seine „Aknitis“ die Lieblingslokalisation im Gesicht als charakteristisch angegeben.

Die akneiformen Tuberkulide unterscheiden sich von den eben beschriebenen hauptsächlich durch die weichere, schlaffere Beschaffenheit der Papeln und das deutlichere Hervortreten einer oberflächlichen Pustulation. Sie können tatsächlich einer gewöhnlichen Akne sehr ähnlich werden, mehr aber noch, da die Papeln doch häufig klinisch den Granulomcharakter zeigen, den pustulösen Syphiliden (s. Fälle von Jadassohn und Danlos). Die Farbe wechselt von hellem Bräunlichrot bis zu tief lividen Tönen, und der Umfang von Stecknadelkopfgröße, so daß die Knötchen von einem pustulösen Lichen scrofulosorum nicht zu unterscheiden sind, bis zu münzengroßen Gebilden. Häufiger als bei den typischen papulonekrotischen kommen bei diesen Tuberkuliden auch Ulzerationen vor, die vielfach als „Ekthyma scrofulosorum“ bezeichnet werden, ein Name, der heute besser fortfällt, nachdem das Ekthyma als eine ätiologische Einheit, als eine Streptokokkenkrankheit aufgefaßt werden muß. Diese Ulcera treten, besonders in den ersten Lebensjahren, manchmal so rasch und in so großer Anzahl auf, daß die vorangehenden Phasen kaum zur Beobachtung kommen, die Läsionen also den Eindruck primärer Geschwüre machen. Sie sind meist rund oder oval, mit scharfen Rändern, wie ausgestanzt, und die Narben entsprechen diesen Läsionen, nähern sich also wieder vollkommen denen der sog. „Folliclis“. Einen Fall beim Erwachsenen, wo die Ulcera bis zweimarkstückgroß wurden, hat kürzlich Bruck beschrieben.

Was die Lokalisation anbetrifft, so bevorzugen die papulo-pustulösen Elemente im Gegensatz zu den nekrotischen mehr den Rumpf und im frühen Kindesalter auch den Kopf. Bei Kindern vor der Pubertät muß jede „Akne“, besonders mit Hauptlokalisation an der unteren Rücken- und der Glutäalgegend den Verdacht auf Tuberkulide erregen. Doch kommen auch diese Läsionen an denselben Stellen wie die nekrotischen vor, sogar in buntem Gemisch mit diesen zusammen, weil eben kein prinzipieller Unterschied zwischen beiden existiert. An den Genitalien beider Geschlechter werden die akneiformen Tuberkuliden häufiger beobachtet als die nekrotisierenden.

Nekrose und Erweichung können, wie schon erwähnt, im klinischen Bilde ganz zurücktreten. Es ist das besonders im Säuglingsalter und in den ersten Lebensjahren der Fall. Die Effloreszenzen sind dann meist ziemlich klein. Häufig wird aber auch hier eine zentrale Schuppe oder Borke beobachtet, nach deren Entfernung eine kleine, meist trockene Vertiefung zurückbleibt. Es ist also im wesentlichen ganz derselbe Prozeß wie bei den typischen Tuberkuliden des späteren Alters, nur seine Intensität ist geringer. Die Unterscheidung dieser Form von den miliaren Tuberkulosen kann sehr schwer sein und oft nur durch den positiven oder negativen Tuberkelbazillenbefund herbeigeführt werden. Jadassohn hat auch beim Erwachsenen eine Varietät beobachtet, die sich durch das Ausbleiben der Nekrose sowie die Neigung zur Gruppierung auszeichnet (gruppiertes großpapulöses Tuberkulid).

In manchen Fällen geht der Pustelbildung, klinisch bemerkbar, ein vesikulöses Stadium voraus, so daß das Bild einer Impetigo ähnlich werden kann. Dergleichen haben Darier und Walter, Gaucher und Croissant, Kren, Werther u. a. beobachtet. Hallopeau hat eine besondere Form aufgestellt, deren Name die Beschreibung enthält: „Forme suppurative et pemphigoide de tuberculose cutanée en placards à progression excentrique.“

Eine andere Varietät, die hämorrhagische, beschreibt Werther. Die Elementareffloreszenzen sind „schwarzblaue, kugelige, sich hart anfühlende

Papeln von Mohnkorn- bis Linsengröße". Die Lokalisation ist die der papulonekrotischen Form. Die einzelnen hämorrhagischen Effloreszenzen können entweder nekrotisieren und abgestoßen werden oder eitrig zerfallen.

Wie alle hämatogenen, disseminierten Tuberkulosen der Haut kommen auch die papulo-nekrotischen vorwiegend bei jugendlichen Individuen vor. Wir haben bereits gesehen, daß bis zu einem gewissen Grade bestimmte Varietäten für die einzelnen Altersstufen charakteristisch sind, die papulösen und ulzerösen Formen für die ersten Lebensjahre, die pustulösen für die Kindheit überhaupt, die nekrotisierenden für das erwachsene Alter. Aber es herrscht in dieser Hinsicht keine Gesetzmäßigkeit. Aus denselben Gründen wie beim Lichen scrofulosorum sind prognostisch auch hier in der frühesten Kindheit auftretende Formen ernst zu beurteilen. Sie kommen häufig bei kachektischen Kindern mit manifester Tuberkulose zur Beobachtung und der Ausgang ist

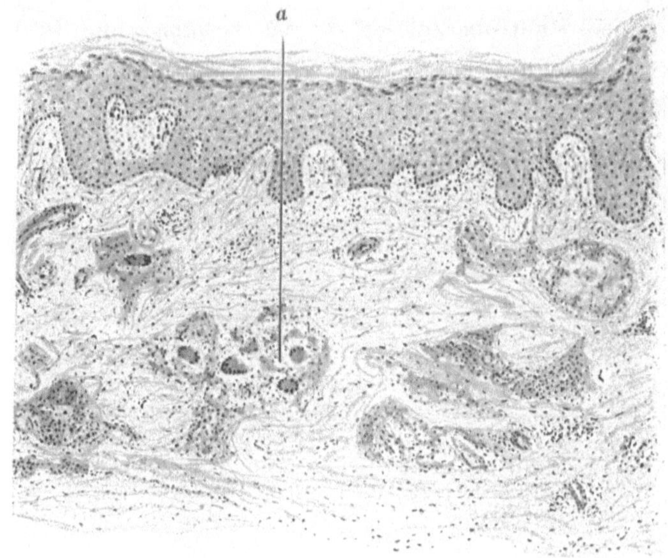

Abb. 90. Papulo-nekrotisches Tuberkulid. Typisch tuberkulöser Bau. *a* Tuberkel mit Riesenzellen.

nur zu häufig die allgemeine Miliartuberkulose oder die tuberkulöse Meningitis. Je mehr sich das Individuum dem erwachsenen Alter nähert, desto häufiger findet man die Erkrankung bei relativ gutem Allgemeinbefinden, ja nicht selten bei kräftigen Personen als erstes Symptom einer Tuberkulose. Mit dem höheren Alter werden auch diese Tuberkulide immer seltener, doch habe ich reichliche und typische Eruptionen z. B. noch bei einer ca. 60jährigen Frau beobachtet, bei der sie erst seit wenigen Jahren bestanden.

Auch die papulo-nekrotische Hauttuberkulose tritt in Schüben auf. Es entstehen plötzlich eine Anzahl Effloreszenzen, meist ohne irgendwelche Beeinträchtigung des Allgemeinbefindens und ohne subjektive Symptome. Da nun der Ablauf der einzelnen Läsion, wie schon gesagt, ein außerordentlich langsamer ist und sich auf sechs bis acht Wochen erstrecken kann, so kommt nicht selten ein neuer Schub der Krankheit zum Ausbruch, ehe der alte ganz verschwunden ist. Auf diese Weise kommt eine Erscheinung zustande, die für dieses Tuberkulid höchst charakteristisch ist: Man findet die verschiedensten

Entwicklungsstadien der Effloreszenzen nebeneinander, von der beginnenden hellroten Papel bis zur weißen reaktionslosen Narbe. Es können viele Jahre vergehen, ohne daß die Krankheit ganz erlischt. Vielfach aber sind es bestimmte Jahreszeiten, während deren neue Eruptionen auftreten. Das finden wir allerdings auch noch bei anderen Tuberkulidformen. Ob daran die Vegetationsbedingungen des Tuberkelbazillus, als eines pflanzlichen Organismus, schuld sind, wie das einmal Veiel angedeutet hat, können wir einstweilen noch nicht nachweisen. Dem Gegensatz von Sommer und Winter entsprechen ja auch Änderungen in der Blutzirkulation der Haut. Das Auftreten im Frühjahr und Herbst, wie es gerade manchen Fällen von papulo-nekrotischen Tuberkuliden eigen ist, konstatieren wir auch bei manchen anderen eruptiven Krankheiten mit mutmaßlich infektiöser Ursache.

Histologie und Pathogenese. Die einfachste histologische Läsion ist bei den papulo-nekrotischen Tuberkuliden — man kann wieder sagen: wie bei allen hämatogenen Hauttuberkulosen — das zirkumskripte Infiltrat in der

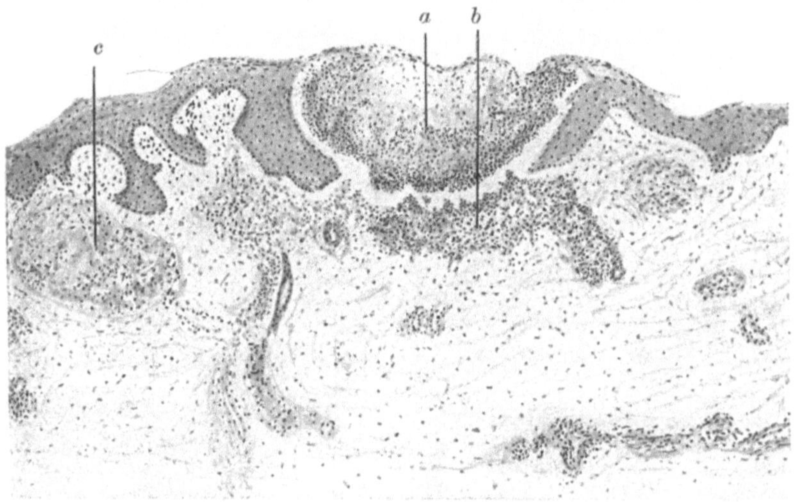

Abb. 91. Papulo-nekrotisches Tuberkulid. *a* oberflächlicher Nekroseherd; *b* unspezifische entzündliche Veränderungen; *c* tuberkuloider Herd.

Cutis von tuberkuloidem Bau. Es ist also im Prinzip dasselbe wie beim Lichen scrofulosorum. Doch gibt es einige Momente, wodurch es von jenem abweicht: Die Größe des Infiltrates, die geringere Häufigkeit der follikulären Lokalisation und das noch öftere Vorkommen uncharakteristischer, banal entzündlicher Veränderungen. Daß die histologische Untersuchung hier manchmal für Tuberkulose wenig Beweismaterial erbringt, haben Juliusberg und andere Autoren hervorgehoben. Doch scheint es mir, daß, wenn man zahlreichere Effloreszenzen von den eben geschilderten Typen untersucht, man fast immer irgendwo eine Stelle finden wird, die doch nicht mehr als ganz „banal“ bezeichnet werden kann. Jedenfalls habe ich schon bei der sog. „Folliclis“ zahlreiche kleine Herde mit großen Langhansschen Riesenzellen und Epithelioiden gesehen, so daß der erste Gedanke der an Tuberkulose sein mußte. Dasjenige Symptom aber, das bei diesen Affektionen stärker ausgeprägt ist als bei den meisten anderen hämatogenen Tuberkuloseformen, ist die Nekrose.

Die Nekrose ist hier meist nicht die zentrale käsige Degeneration eines schön ausgebildeten Tuberkels, wie wir es weiter oben, z. B. beim Lupus miliaris beschrieben und abgebildet haben. Wir finden bei der papulo-nekrotischen Tuberkulose kleine Nekroseherde in irgend einer Schicht der Cutis, Herde, bei denen eben nur die Nekrose imponiert, und die Reaktion des umgebenden Gewebes durchaus nicht tuberkelähnlich ist, sondern aus einer schmalen Lage von Granulationszellen und Lymphocyten besteht. Dergleichen nekrotische Herde sehen wir gar nicht selten in den obersten Schichten der Cutis unmittel-

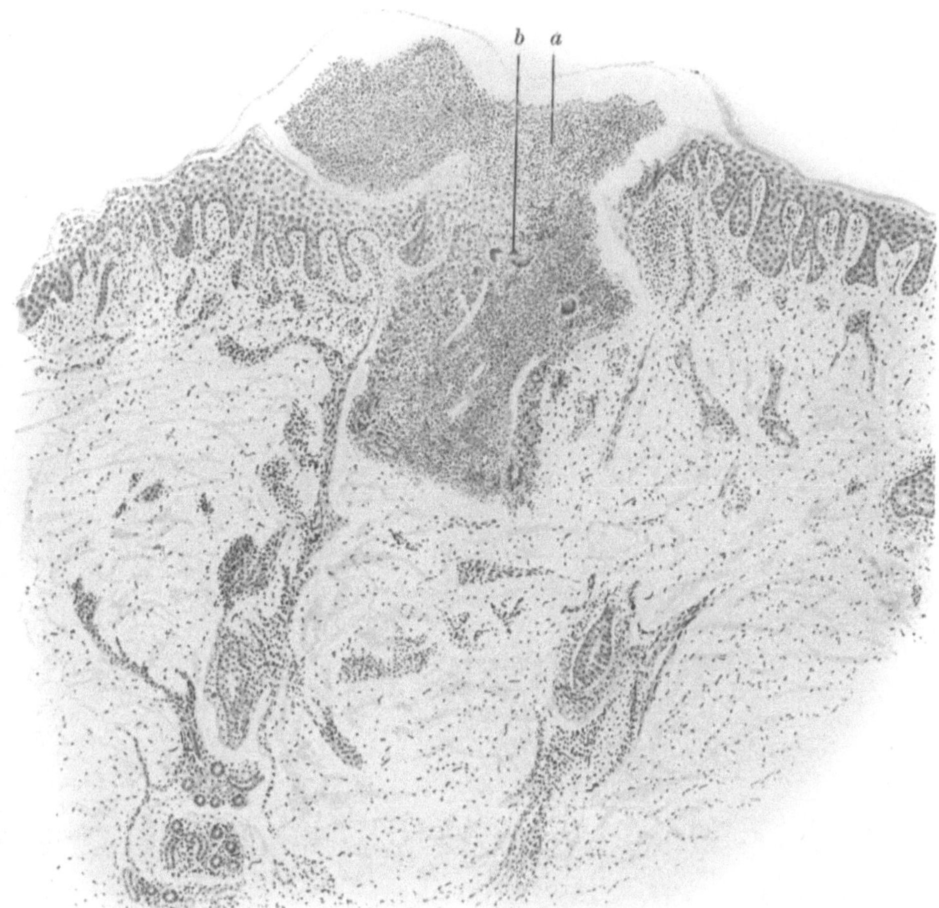

Abb. 92. Papulo-pustulöses (akneiformes) Tuberkulid. *a* Leukocyten; *b* Riesenzellen.

bar unter dem Epithel (s. Abb. 91). Das Epithel ist dann selber an der Nekrose mitbeteiligt, die Kerne der unteren Zellagen sind schlecht gefärbt und über dem Ganzen liegen nur ein paar Reihen platter, parakeratotischer Zellen. Oder im Epithel besteht über der Höhe der Cutisveränderung ein plattes, linsenförmiges Bläschen zwischen Hornschicht und Rete mit einem Inhalt aus zahlreichen, manchmal eingedickten Leukocyten und Kerntrümmern. Dies Bläschen kann dann nachträglich durch Zerstörung der unteren Zellagen mit dem kutanen Infiltrat kommunizieren; und wenn dieses dann weniger Nekrose als Erweichung zeigt, wie das bei den akneiformen Effloreszenzen meist der Fall ist, so kann ein ganz furunkelähnliches Bild entstehen: Eine intraepitheliale Pustel, die durch

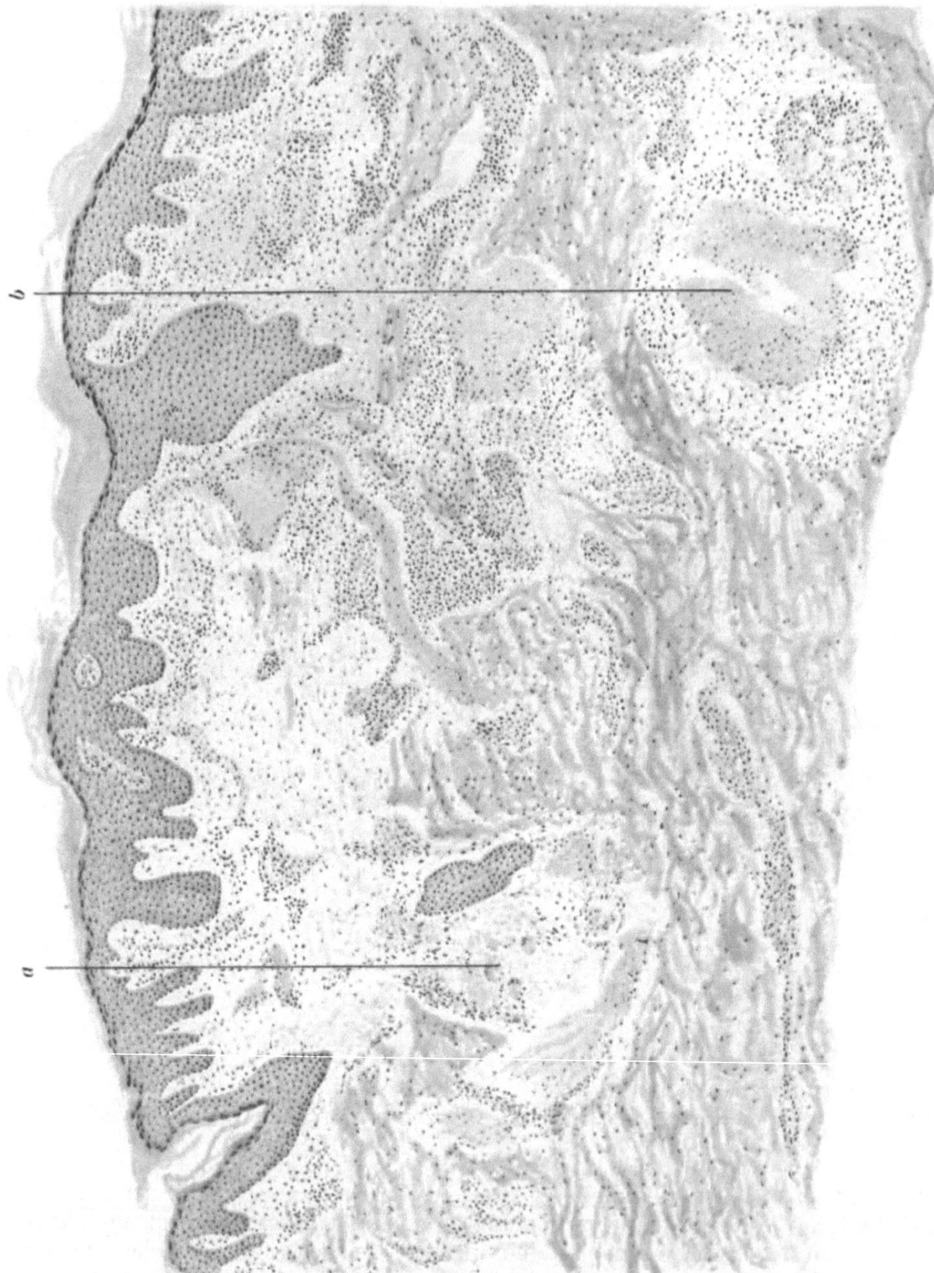

Abb. 93. Papulo-nekrotisches Tuberkulid. *a* Tuberkuloider Herd; *b* tiefer nekrotisierter Knoten (Aknitis).

eine enge Verbindung mit einem Hautabszeß zusammenhängt (Abb. 92). Den Inhalt dieses Abszesses bilden zwar, wie beim Furunkel, polynukleäre Leukocyten und Detritus, aber an der Wand desselben bemerkt man doch häufig wieder reichliche Epithelioide und manchmal auch Riesenzellen. Die subepithelialen Nekrosen sind manchmal annähernd keilförmig, mit der Spitze nach unten, woraus man auf deren infarktähnliche Entstehung geschlossen hat. Darüber werden wir sogleich zu sprechen haben. Das Epithel ist seitlich von den nekrotischen Partien manchmal leicht verbreitert und gewuchert, zeigt leichtes Ödem — wie das darunter liegende Stratum papillare — Status spongoides, Hyper- und Parakeratose.

Lymphocytäre, tuberkuloide Infiltrate und Nekrosen kommen in allen Schichten der Cutis bis herunter in die Subcutis zur Beobachtung. Die histologische Untersuchung zeigt, daß zwischen den oberflächlichen „Folliclis“- und den tieferen „Aknitis“-Effloreszenzen kein prinzipieller Unterschied besteht. Den letzteren entsprechen meist etwas massigere Nekrosen mit einem

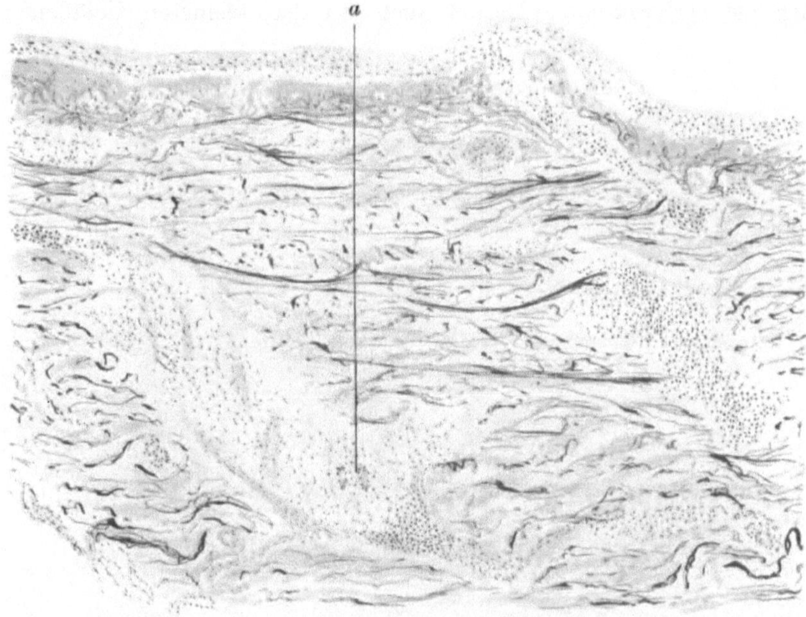

Abb. 94. Papulo-nekrotisches Tuberkulid. Strangförmiges Infiltrat mit Riesenzellen (*a*), dem Verlauf der Gefäße folgend.

breiteren Rand aus Lymphocyten, mit mehr oder weniger Epithelioiden und dann und wann auch einzelnen Riesenzellen. Innerhalb der Infiltrate fehlen sowohl die elastischen Fasern als die normalen Kollagenbündel. Da sich diese Herde nun häufig an den tieferen Gefäßen in der Gegend der Schweißdrüsenknäuel ansiedeln, so geraten auch diese mit in das Infiltrat hinein und verfallen schließlich der Nekrose. Das hat den älteren Untersuchern den Anlaß gegeben, an eine Erkrankung der Schweißdrüsen als Ursache des Prozesses zu glauben. Die Veränderungen an diesen sind aber rein sekundär und haben mit der Krankheit an sich nichts zu tun.

Für die Pathogenese dieser Krankheitsform sind ganz andere Bestandteile des Hautorgans bestimmend: die Gefäße. Wir haben zwar schon beim Lichen scrofulosorum ein Entstehen der einzelnen kleinen Knötchen in der Umgebung von Gefäßen und von diesen aus angenommen. Aber nirgends läßt sich das so gut ad oculos demonstrieren wie bei den papulo-nekrotischen

Tuberkuliden. Wahrscheinlich sind beim Lichen scrofulosorum mehr die kleinsten Gefäße und Kapillaren beteiligt, die selber in der Läsion meist rasch und vollständig verschwinden, während bei jenen schon etwas stärkere Gefäße in Betracht kommen, deren Wandung der Zerstörung oft längere Zeit Widerstand leistet. Vereinzelte pathologische Erscheinungen an Gefäßen hatten schon Hallopeau und Bureau, Boeck, Veillon, Gastou und andere konstatiert. Die prinzipielle Bedeutung dieser Befunde haben aber erst Philippson und Török gebührend hervorgehoben. Die primären Veränderungen betreffen nach diesen beiden Autoren die tieferen Venen der Cutis. Der Prozeß beginnt als Endophlebitis mit Intimawucherung und Thrombose, auf die dann die Nekrose folgt. Man findet also zu Anfang eine starke Vermehrung der Endothelzellen bis zum völligen Verschluß des Gefäßes. Media und Adventitia sind beträchtlich verdickt, von dichtem Infiltrat durchsetzt. Dieses Infiltrat setzt sich als perivaskulärer Mantel auch an den kleineren Gefäßen noch

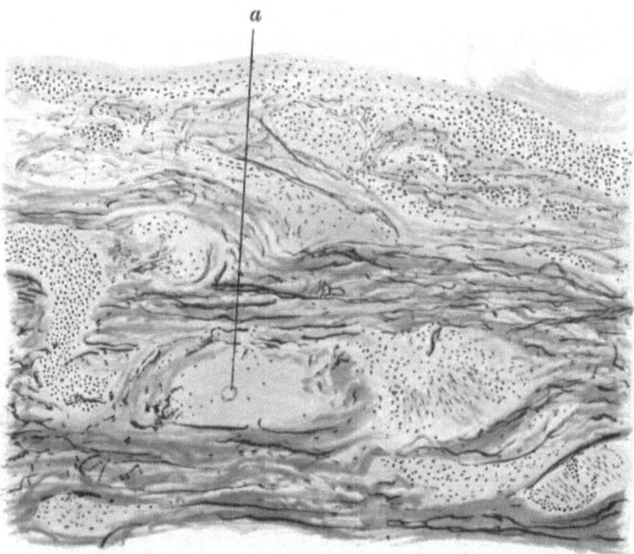

Abb. 95. Papulo-nekrotisches Tuberkulid. *a* elastische Membran einer Arterie im Zentrum eines kleinen Nekroseherdes.

lange Strecken weit fort. Die meisten folgenden Untersucher haben diese Angaben bestätigt. Später haben dann andere Autoren, vor allem A. Alexander, Kren und Werther, größeres Gewicht auf die arteriellen Veränderungen gelegt. Sie fanden Endarteritis mit Obliteration, Meso- und Periarteritis. Und speziell Werther glaubt den ganzen Prozeß durch den Arterienverschluß und seine Folgen erklären zu können. Jadassohn hat für die hämatogenen Dermatosen im allgemeinen und für die Tuberkulide im speziellen nachgewiesen, daß beides möglich ist. Damit stimmen auch meine Beobachtungen überein. Ich habe in einem größeren Nekroseherd die gut erhaltene elastische Membran einer Vene gesehen, in einem anderen Fall wieder fand sich genau im Zentrum eines kleineren nekrotischen Herdes eine kleine Arterie, deutlich kenntlich an dem starren Faserring und dem kreisrunden Lumen, das ebenfalls ganz mit nekrotischer Masse gefüllt war. Ferner konnte ich eine Arterie auf Serienschnitten verfolgen, wie sie mit stark gewuchertem Endothel und infiltrierter Wand in ein größeres tuberkuloides Infiltrat eintrat.

Es fragt sich nur, wieweit die Nekrosen direkt durch die Gefäßerkrankungen mechanisch, d. h. durch Unterbindung der Blutzufuhr und daraus folgenden Gewebstod, zu erklären sind. Selbst für die venösen Läsionen nimmt z. B. Juliusberg einen solchen direkten Einfluß an. Der abgekapselte, aus abgestorbenem Gewebe bestehende Thrombus soll als Fremdkörper wirken und schließlich abgestoßen werden. Werther findet Analogien mit den anämischen Infarkten an der Peripherie der Niere oder Milz. Daß eine Endarteritis aber dergleichen Läsionen verursachen kann, dafür muß man allerdings annehmen, daß die Arterien der Haut Endarterien sind. Das scheint

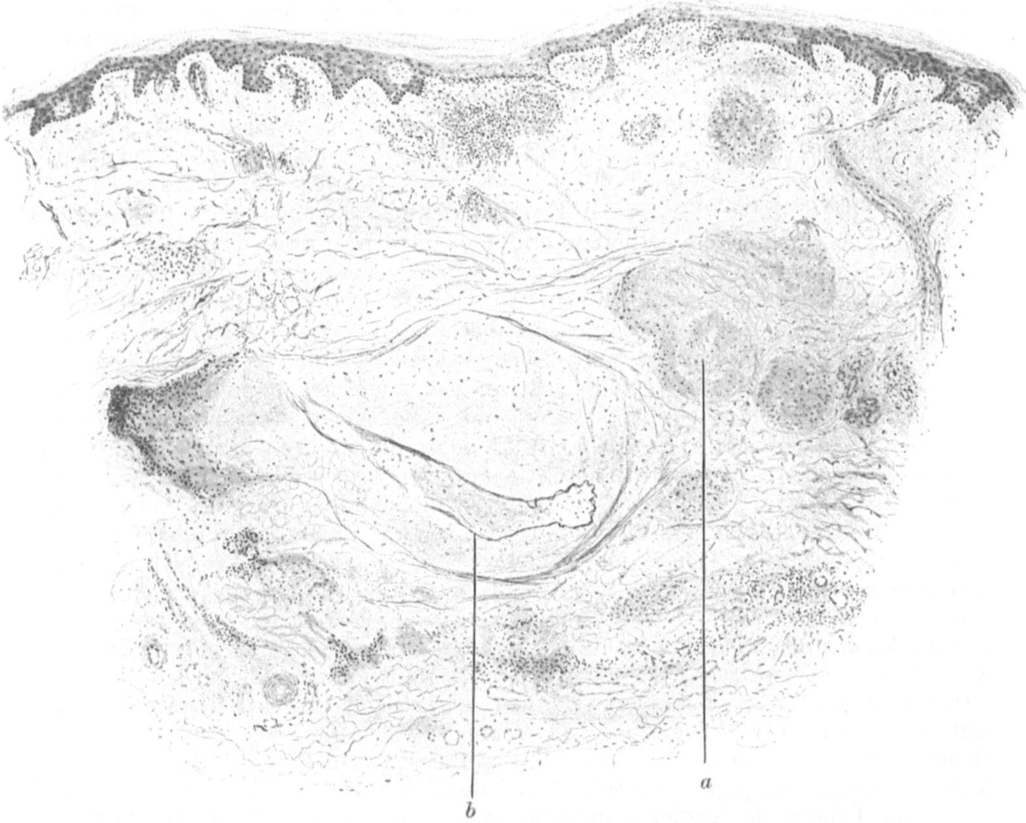

Abb. 96. Papulo-nekrotisches Tuberkulid. Tiefe Form (Aknitis). *a* nekrotisierender Herd; *b* elastische Membran einer Vene im Zentrum eines Herdes.

nun aber noch keineswegs bewiesen zu sein. Ehrmann wendet sich gegen eine Überschätzung des mechanischen Momentes. Phlebitiden seien nicht imstande, eine solche Zirkulationsstörung zu setzen, daß daraus eine Nekrose folgen müsse. Es gäbe so viele venöse Verbindungen in der weichen Haut, daß sich die Stauung sofort ausgleichen könne. Wenn er aber wirkliche Verlegungen der arteriellen Bahn für höchst selten hält, so stehen dem immerhin Werthers und meine Befunde gegenüber. Mir scheint die große Ausdehnung des endarteritischen, aber auch des endophlebitischen Prozesses, die manchmal ziemlich weite Strecken lang zu verfolgen ist, doch eine gewisse Möglichkeit der Gewebsschädigung zu bieten. Zumal wenn sich der Vorgang auf die kleinen abzweigenden Gefäße fortsetzt, können die angrenzenden Partien von einer genügenden Ernährung abgeschlossen werden. Sicherlich ist auch die toxische Schädigung des Gewebes durch das aufgeschlossene Tuberkelbazillentoxin ein wichtiges Moment, aber dieses ist ja genau ebenso beim Lichen scrofulosorum im Spiel. Die Tatsache, daß hier die Nekrosen viel weniger ausgebildet sind, und wir gleichzeitig viel weniger deutlich anatomische Veränderungen an den Gefäßen nachweisen können, scheint mir doch für die pathogenetische Bedeutung der Gefäßerkrankung zu sprechen. Ja, der Hauptunterschied zwischen Lichen scrofulosorum und papulo-nekrotischen Tuberkuliden liegt vielleicht darin, daß bei dem ersteren nur kleine Kapillargebiete befallen sind, deren Verschluß nur minimale Schädigungen setzt, während bei den letzteren durch die primäre Erkrankung des Inneren etwas größerer Gefäße stärkere Ernährungsstörungen sich bemerkbar machen.

Tuberkelbazillen waren bis vor kurzem nur in ganz vereinzelten Fällen mikroskopisch im Schnitte oder durch Tierversuch nachgewiesen worden (s. die Fälle von Philippson und Mac Leod und Ormsby). In den letzten Jahren hat sich das etwas geändert. Besonders Leiner und Spieler haben bei den Tuberkuliden des frühen Kindesalters fast regelmäßig in ihren Präparaten Tuberkelbazillen gefunden und die Virulenz durch Tierversuche beweisen können. Nun kann man hier freilich, ebenso wie gegen die damit übereinstimmenden Befunde von Mathilde Lateiner, den Einwand erheben, daß hier Übergänge zu den „echten Tuberkulosen" von miliarer Form vorgelegen haben. Wir haben ja weiter oben schon erwähnt, wie schwierig es ist, eine Grenze zu ziehen. Aber Bosellini hat auch bei papulo-nekrotischen Tuberkuliden der Erwachsenen das gleiche Resultat gehabt, und Lier hat in einem ganz einwandfreien Fall mit Follicliseffloreszenzen Meerschweinchen infizieren können. Whitfield fand ebenfalls einen nach Ziehl gefärbten Tuberkelbazillus im Schnitt. Gougerot schließlich hat in zwei Fällen von papulo-nekrotischen Tuberkuliden mit histologisch nicht tuberkuloidem Bau positive Resultate im Tierversuch gehabt. Nun ist allerdings, wie Ehrmann mit Recht bemerkt, schwer darüber etwas auszusagen, welchen anatomischen Charakter die verimpfte Läsion gehabt hat, da man sie ja nicht vorher untersuchen kann und bei einem Falle die verschiedensten Läsionen nebeneinander vorkommen. Wenn wir aber die banal entzündlichen und die tuberkuloiden Strukturen nur als verschiedene Stadien der gleichen Infektion ansehen, so hat diese Seite des Gougerotschen Versuches für uns keine besondere Bedeutung mehr. Es bleibt die Tatsache, daß die direkten Beweise für die tuberkulöse Ätiologie der papulo-nekrotischen Tuberkulide sich zu mehren beginnen.

Auf Tuberkulin reagieren diese Formen nicht so prompt und regelmäßig wie der Lichen scrofulosorum. In einem Fall von Urban, wo beide Krankheitstypen nebeneinander bestanden, zeigte auf 0,5 mg Tuberkulin nur der Lichen scrofulosorum eine lokale Reaktion, während die papulo-nekrotischen Effloreszenzen nicht reagierten. Vielleicht kommen für diese Erscheinung die Zirkulationsstörungen durch Gefäßverschluß als Ursache mit in Betracht, die das Tuberkulin nicht genügend an den Krankheitsherd herantreten lassen.

Sollte es im übrigen noch Beweise für die tuberkulöse Natur der papulonekrotischen Läsionen bedürfen, so bietet die Klinik genug Anhaltspunkte. Gerade diese Form kommt außerordentlich häufig in Kombination mit anderen Hautmanifestationen der Tuberkulose zusammen vor, sowohl mit den „echten Tuberkulosen", wie Lupus und Tuberculosis verrucosa, als mit anderen „Tuberkuliden", wie Lichen scrofulosorum und Erythema induratum. Auch mit Tuberkuliden des Auges zusammen wird sie nicht selten beobachtet. Wir haben weiter oben schon gesagt, daß wir keinen Unterschied zwischen „Folliclis" und „Aknitis" anerkennen können, insofern wir bei einem Patienten oberflächliche und tiefe Läsionen finden. Daß im übrigen nicht noch subkutane Bildungen von der Art der „Aknitis"-Effloreszenzen durch andere Ursachen als den Tuberkelbazillus zustande kommen können, wollen wir nicht behaupten. An sich gibt es ja nichts weniger Charakteristisches als diese Läsionen: Ein kleines, rundes, subkutanes Knötchen. Wo diese allein auftreten, ohne Kombination mit oberflächlichen Effloreszenzen, ist eine Diagnose überhaupt nicht zu stellen, und die tuberkulöse Ätiologie muß hier erst bewiesen werden. Möglich, daß es noch eine bestimmte Krankheit nicht tuberkulösen Ursprungs mit dieser Primärläsion gibt — wie es ja Barthélemy angenommen hat —, sicher ist, daß das gleiche klinische Element sehr häufig als Ausdruck einer embolischen Hauttuberkulose vorkommt, zusammen mit den charakteristischen papulo-nekrotischen Veränderungen der Oberfläche.

Diagnose. Die Krankheitsform ist keineswegs so selten, wie es nach den älteren Angaben der Literatur scheint. (Török hatte bis 1901 erst 41 Fälle zusammengestellt.) Je besser sie bekannt wurde, desto öfter wurde sie gefunden, und in einem mit Tuberkulose durchseuchten Material ist sie eher häufig. Die Diagnose der typischen Fälle ist nicht schwer. Die gut ausgebildete Elementarläsion und die Narben sind so charakteristisch, daß sie kaum mit etwas anderem verwechselt werden können. An den Händen kann höchstens der Lupus erythematodes ein ähnliches Bild hervorbringen. Doch fehlen hier die scharfrandigen kreisrunden Narben. Die Narben des Lupus erythematodes sind unregelmäßiger, oft im Zentrum von peripherwärts fortschreitende Läsionen. Sollte der Lupus erythematodes sich auch als tuberkulös herausstellen, so verliert diese Differentialdiagnose an Wichtigkeit. Den Pernionen fehlen ebenfalls die charakteristischen Narben, auch sind sie der Größe nach verschieden, weniger einförmig in der Entwicklung und im Ablauf. Am Rumpf gibt vor allem Akne vulgaris Anlaß zu Verwechslungen. Drei Momente sind hier wichtig zu beachten: Das Alter der Patienten, die Lokalisation und das Fehlen von Comedonen. Wir hatten bereits erwähnt, daß jede „Akne" der frühen Kinderjahre verdächtig ist. Ferner muß eine Akne mit vorwiegender Lokalisation an Glutäalgegend und Extremitäten oder ohne Seborrhöe und Comedonen denselben Verdacht erwecken. Die Akne necrotica, deren Narben ja eine gewisse Ähnlichkeit mit denen der Tuberkulide haben, ist von diesen durch die ausschließliche Lokalisation am Kopf und speziell an der Haargrenze unterschieden. Die Schwierigkeit der Unterscheidung vom pustulösen Syphilid ist ebenfalls schon erwähnt worden. Eine Differentialdiagnose ist hier oft nur durch die mikroskopischen und biologischen Methoden möglich.

Für die ulzerösen ekthymaähnlichen Formen des frühen Kindesalters kommen differentialdiagnostisch zunächst die gewöhnlichen Pyodermien durch Staphylo- und Streptokokken, dann aber auch ganz besonders das sog. „Ekthyma terebrans" in Betracht, das durch den Bacillus pyocyaneus verursacht wird. In beiden Fällen handelt es sich um kachektische Kinder; und da die Tuberkulose hier auch oft ohne sichtbares Vorstadium kleine scharfgeschnittene Ulcera mit eitrigem Grund hervorbringt, die in kreisrunde Narben übergehen, so ist eine klinische Unterscheidung von den entsprechenden Pyocyaneusläsionen manchmal kaum möglich. Hier muß die bakteriologische Untersuchung einsetzen, die ja den Bacillus pyocyaneus mit Leichtigkeit nachweist. Wird dieser nicht gefunden, so ist bei allen scharfrandigen ekthymaähnlichen Läsionen kachektischer Säuglinge auf Tuberkulose zu fahnden. Nach Gougerot können auch im späteren Alter die pyogenen Kokken papulonekrotische Effloreszenzen erzeugen, die von denen der Tuberkulose schwer zu unterscheiden sein sollen. Ich glaube, daß sich diese Ähnlichkeit eher einmal auf einzelne Effloreszenzen beziehen kann als auf das Gesamtbild, das denn doch bei beiden Krankheiten ziemlich verschieden ist. Daß schließlich zahlreiche, in einem einzigen Schube aufgetretene Tuberkulide einer infizierten Prurigo gleichen können, wie das Pautrier und Fernet einmal beobachtet haben, dürfte zu den größten Seltenheiten gehören.

4. Erythema induratum (Tuberculosis indurativa).

Das Erythema induratum wurde zuerst 1861 von Bazin beschrieben. Wie bei den anderen „Tuberkuliden", hat es auch bei diesem sehr lange gedauert, bis es als Krankheitsbild bekannt und anerkannt wurde. Noch 1901 nennt Wolff in Mracecks Handbuch diese Affektion selten. Erst mit dem größeren Interesse an der Tuberkulidfrage sind die Beobachtungen häufiger geworden. Schon wenige Jahre später kann Jadassohn in demselben Handbuch eine umfangreiche Kasuistik anführen und 1908 durch Schidachi allein aus seinem Material 16 Fälle publizieren lassen. Diese Arbeit von Schidachi enthält neben diesen eigenen Beiträgen eine wertvolle Zusammenstellung der früheren Literatur und eine kritische, vergleichende Studie über das ganze Gebiete.

Symptome. Die Einzelläsion des Erythema induratum zeigt sich dem Auge meist nur als eine rötliche, violette oder bläulich-livide Verfärbung der Haut von kreisförmigem Aussehen und unscharfen, in die normale Haut übergehenden Konturen. Bei älteren Herden wird die Farbe mehr braunrot, schließlich ganz bräunlich. Thibierge und Marcorelles beobachteten auch purpura-ähnliche Farbentöne, wahrscheinlich infolge tiefliegender Varicen. Im Bereich der Verfärbung kann man häufig eine mehr oder weniger deutliche Vorwölbung konstatieren. Die Haut ist dann gespannt, die normale Fältelung verstrichen. Die Hauptveränderung ist aber erst durch die Palpation nachweisbar. An der Stelle der verfärbten Herde, deren Umfang von Pfennig- bis Fünfmarkstückgröße und über diese hinausgehend sein kann, sind in der Tiefe der Cutis und Subcutis sehr derbe kugel-, ei- oder spindelförmige Infiltrate zu fühlen, die auf Berührung zumeist nicht schmerzhaft sind. Diese Knoten sind von ganz verschiedener Größe, vom Umfang einer Haselnuß bis zu dem eines kleinen Apfels. Sie sind zusammen mit der Haut über der Unterlage verschieblich. Ist man erst durch die geröteten Stellen aufmerksam geworden, so entdeckt man oft neben diesen noch andere, unter ganz unveränderter Haut in den unteren Schichten der Cutis oder frei beweglich im Unterhautgewebe liegende Knoten. Manchmal sind auch nur solche Läsionen vorhanden, die dann erst zufällig vom Arzt bemerkt oder vom Patienten selbst diesem gezeigt werden. Diese tiefen Infiltrate haben nicht immer die Gestalt rundlicher Knoten; von ihnen ausgehend, lassen sich zuweilen strangförmige Bildungen abtasten, die entweder mehrere Knoten miteinander verbinden oder sich schließlich in das normale Gewebe fadenförmig verlieren. Sie machen schon bei der Palpation den Eindruck thrombosierter Venen, denen sie in ihrer Entstehung auch entsprechen.

Außer dieser nicht seltenen, strangförmigen Anordnung der einzelnen Läsionen ist in atypischen Ausnahmefällen auch circinäre oder orbikuläre Gruppierung beschrieben worden (Mucha, Sprinzels), oder zentrale Abheilung und peripheres Fortschreiten (Schidachi). Plattenartige Tumorbildungen mit höckeriger Oberfläche sind auch schon unter dem Namen des Erythema induratum publiziert worden, gehören aber vielleicht, wenn man diesen Unterschied überhaupt noch machen will, eher zu den subkutanen Sarkoiden Dariers

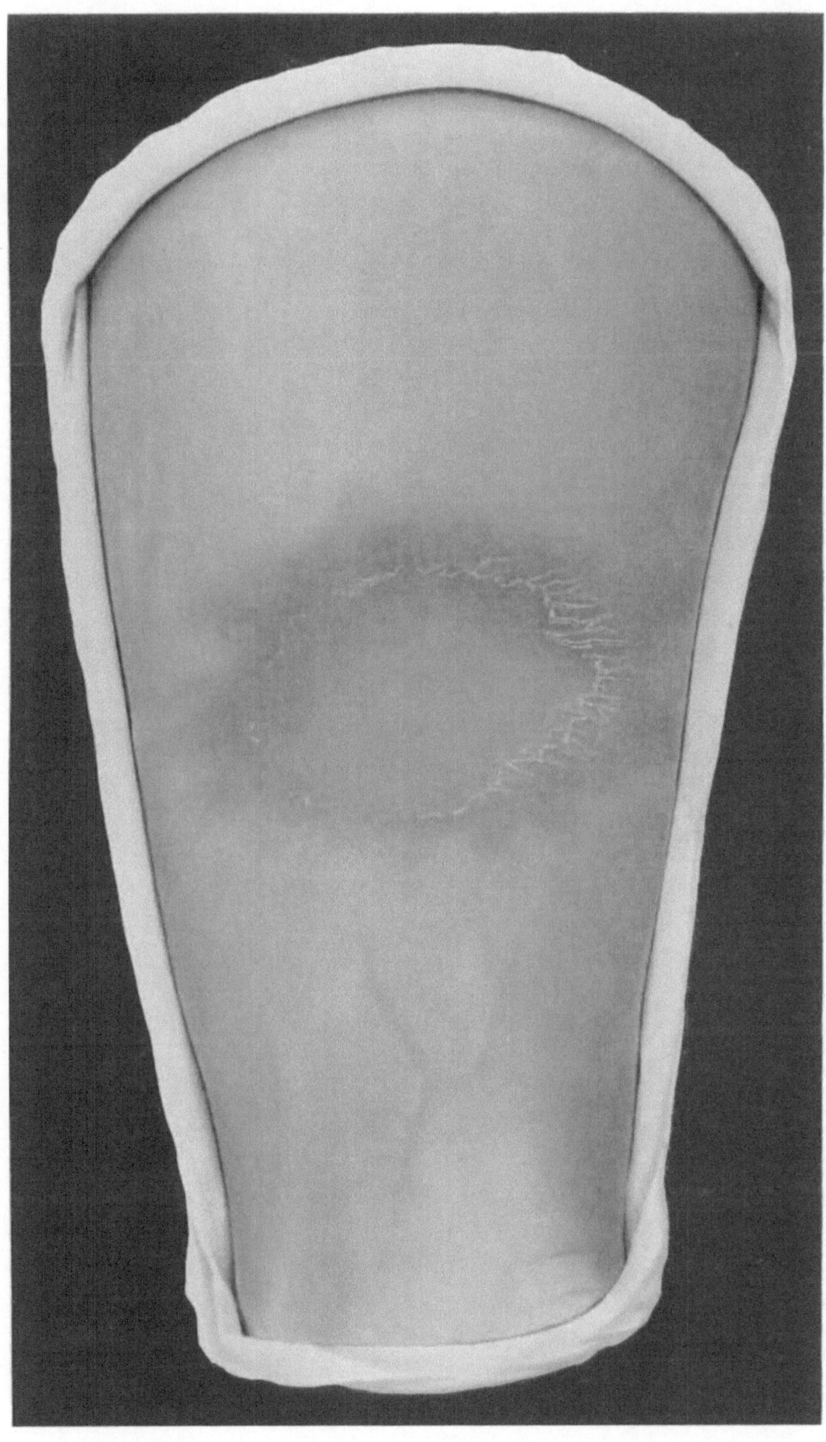

Erythema induratum.
(Sammlung der Breslauer Klinik.)

Verlag von Julius Springer in Berlin.

In den ältesten Beschreibungen der Krankheit ist von einer weiteren Entwicklung der einzelnen Knoten nichts erwähnt. Später ist von Hutchinson, dann von zahlreichen Autoren der Ausgang in Geschwürsbildung beobachtet worden. Und es ist sicher, daß man Ulzerationen in solchen Fällen antrifft, die im übrigen ein ganz typisches Bild der Bazin'schen Krankheit geben. Natürlich existieren hier auch Übergänge zur kolliquativen Tuberkulose. Aber die Geschwüre verdanken mehr einer oberflächlichen Nekrose ihre Entstehung als einer massigen Erweichung, wie beim Skrofuloderm. Sie sind oberflächlicher, nicht gezackt oder unterminiert, und sondern manchmal mehr seröses als eitriges Sekret ab. Die Abheilung erfolgt dann mit Zurückbleiben glatter, manchmal etwas eingezogener Narben, die häufig einen pigmentierten Saum haben. Jadassohn hat einmal Entstehung von Lupus im Anschluß an ein ulzeriertes Erythema induratum beobachtet. In der Regel aber kommt es nicht zu einer Ulzeration, sondern die Knoten verschwinden nach wochen-, ja monatelangem Bestehen meist spontan.

Außerordentlich charakteristisch für die Krankheit ist das häufige Befallensein des weiblichen Geschlechtes und die Lokalisation der Herde an den unteren Extremitäten. Gewiß ist diese Form der Tuberkulose in einzelnen Fällen auch bei Männern und in jedem Lebensalter beobachtet worden, aber die ganz überwiegende Zahl der Erkrankungen betrifft Frauen, und zwar hier wieder am meisten junge Mädchen von der Pubertät bis Ende der zwanziger Jahre. Wenn wir später sehen werden, daß die Entstehung der Krankheit durch Embolien von Tuberkelbazillen zu erklären ist, so ist es zu verstehen, daß gerade die Zirkulation der unteren Extremitäten beim Weibe einen Locus minorus resistentiae bieten kann; finden wir doch auch die Varicen des Unterschenkels viel häufiger beim weiblichen als beim männlichen Geschlecht.

Am allerhäufigsten sitzen die Krankheitsherde an der Beugeseite der Unterschenkel in der Wadengegend. Aber auch am Oberschenkel, in der Glutäalgegend, sowie an den Armen, hier besonders an den Streckseiten, kommen sie vor. Dagegen müssen Lokalisationen im Gesicht als ungewöhnlich, am Rumpf als atypisch bezeichnet werden und entsprechen wieder mehr der so nahe verwandten Gruppe der subkutanen Sarkoide. Strangförmige Bildungen finden sich, wie es scheint, an den Armen häufiger als an den Beinen, an diesen dagegen öfter Ulzerationen.

In vereinzelten Fällen sind neben typischen Erscheinungen an der äußeren Haut auch Läsionen an der Schleimhaut beobachtet worden, die allerdings weniger scharf charakterisiert waren. So berichtet Schidachi über oberflächliche Geschwüre von aphthösem Charakter in der Mundhöhle und an den Genitalien und weist auf die Fälle von Hirsch und Bodin hin, die ebenfalls ulzeröse Schleimhautaffektionen bei Erythema induratum gesehen haben.

Auch das Erythema induratum tritt meist schubartig auf. Bemerkenswert ist oft das Hervortreten in gewissen Jahreszeiten. Besonders im Herbst erscheinen die Knoten häufig und bleiben den Winter über bestehen, um dann im Frühjahr wieder zu verschwinden. Das wiederholt sich manchmal mehrere Jahre hindurch. Auch dieses deutet auf das prädisponierende Moment, das Gefäßstörungen bilden. Denn bei den bleichsüchtigen jungen Mädchen, die häufig noch durch ihren Beruf (Wäscherinnen!) zu langem Stehen gezwungen sind, machen sich ja dergleichen Erscheinungen im Winter viel eher bemerkbar. In anderen Fällen wiederholen sich die Schübe mit ganz unregelmäßigen Intervallen, nach Ehrmann zuweilen unter Fieberanfällen.

Was die Zahl der knotenförmigen Infiltrate betrifft, so verhalten sich die einzelnen Fälle darin ganz verschieden. Manchmal sind sie in sehr zahl-

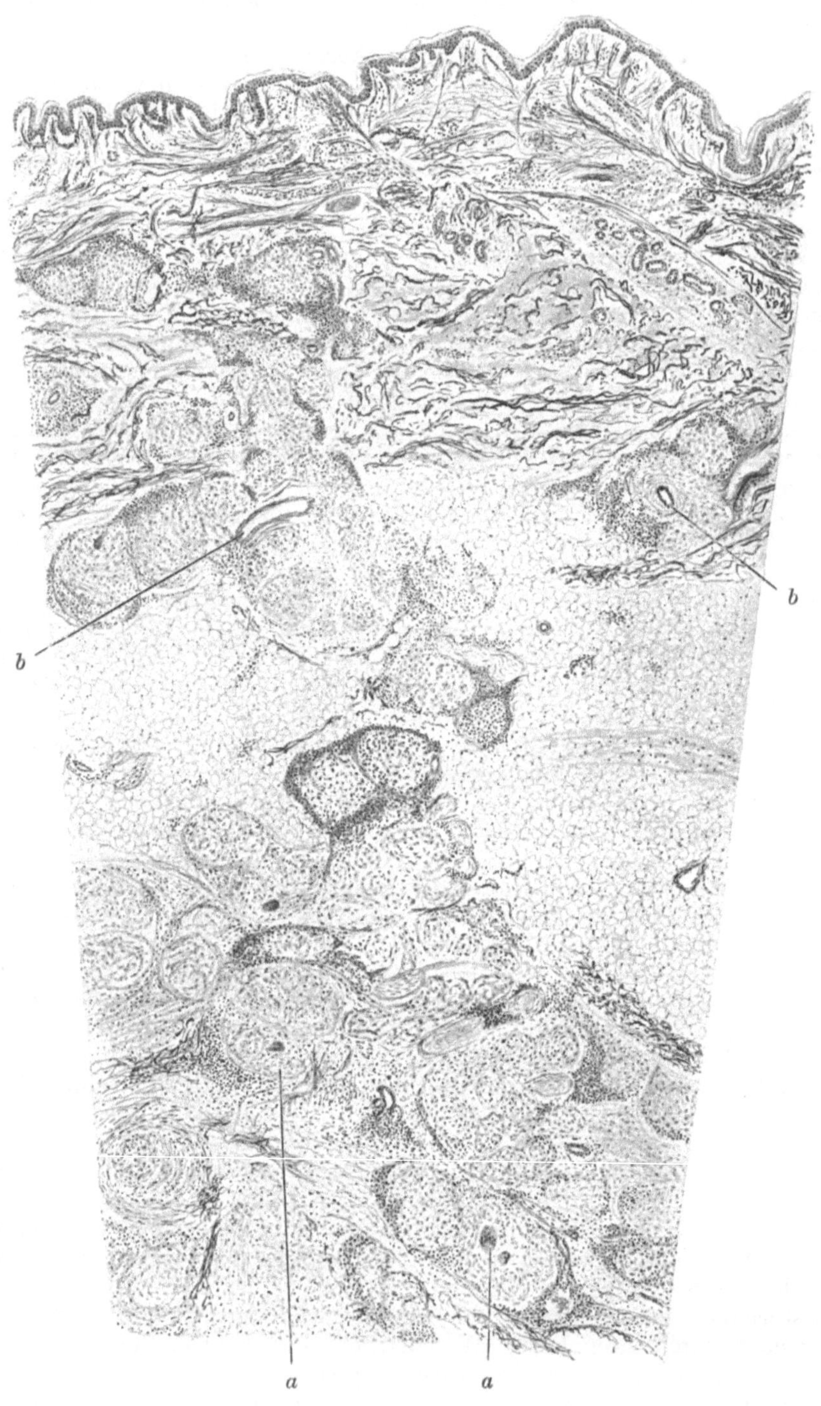

Abb. 97. Erythema induratum. *a* tuberkulöse Herde in der Tiefe; *b* Gefäße im Zusammenhang mit den Krankheitsherden.

reicher Aussaat einigermaßen symmetrisch über alle Extremitäten verteilt. Ein anderes Mal finden sich nur ganz vereinzelte Läsionen oder sogar nur eine einzige, und es liegen einige Beobachtungen vor, wo die Krankheitsherde nur auf einer Körperhälfte in Erscheinung traten. Das ist aber nicht ohne Analogien bei anderen, auf dem Blutwege entstandenen infektiösen Hauterkrankungen. Denn diese „vertikale Symmetrie" ist schon früher in manchen Fällen von tertiärer Syphilis, besonders in der Frühperiode, beschrieben worden.

Exzidiert man einen Herd von Erythema induratum, so zeigt sich häufig während der Operation, daß der Herd in der Tiefe sehr viel weniger deutlich

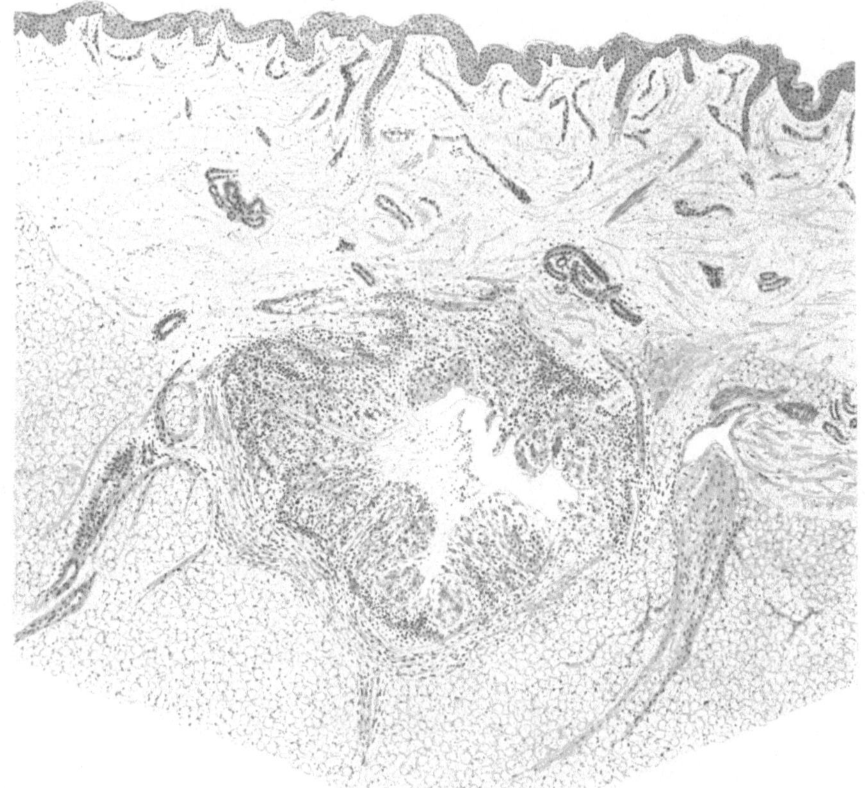

Abb. 98. Erythema induratum mit Erweichung.

abzugrenzen ist, als es bei der Palpation von außen geschienen hatte. Beim Durchschneiden des exzidierten Knotens sind manche Autoren (Audry, A. Kraus) auf Cysten gestoßen, die nach Eröffnung eine ölige Masse entleerten. Meistens sieht man nur das subkutane Fettgewebe durchsetzt von weißlichen Strängen eines derberen Gewebes, selten aber einen einzelnen, scharf umschriebenen Knoten, wie es der Palpationsbefund erwarten ließ.

Histologie und Pathogenese. Wir beginnen bei der Histologie des Erythema induratum auch wieder mit solchen Veränderungen, wie sie der alten Vorstellung von der anatomischen Tuberkulose am nächsten kommen. Das sind Veränderungen, die fast identisch mit jenen sind, die wir weiter oben beim Lupus pernio beschrieben haben. Wir finden da in der Subcutis, aber auch in den tieferen Cutisschichten, zahlreiche, sich von dem umgebenden Gewebe deutlich abhebende, scharf umgrenzte, zellige Einlagerungen, teils in Form von runden oder ovalen Herden, teils als strangartige Bildungen, offenbar dem Verlauf von Gefäßen folgend. Diese Herde bestehen ganz überwiegend aus epithelioiden Zellen. Langhanssche Riesenzellen sind manchmal zahlreich, in anderen Herden nur spärlich vorhanden. Sehr gering ist der Gehalt dieser Läsionen an Lymphocyten oder Plasmazellen. Häufig sind die Epithelioidzellen-Infiltrate von der Umgebung durch eine oder mehrere Schichten

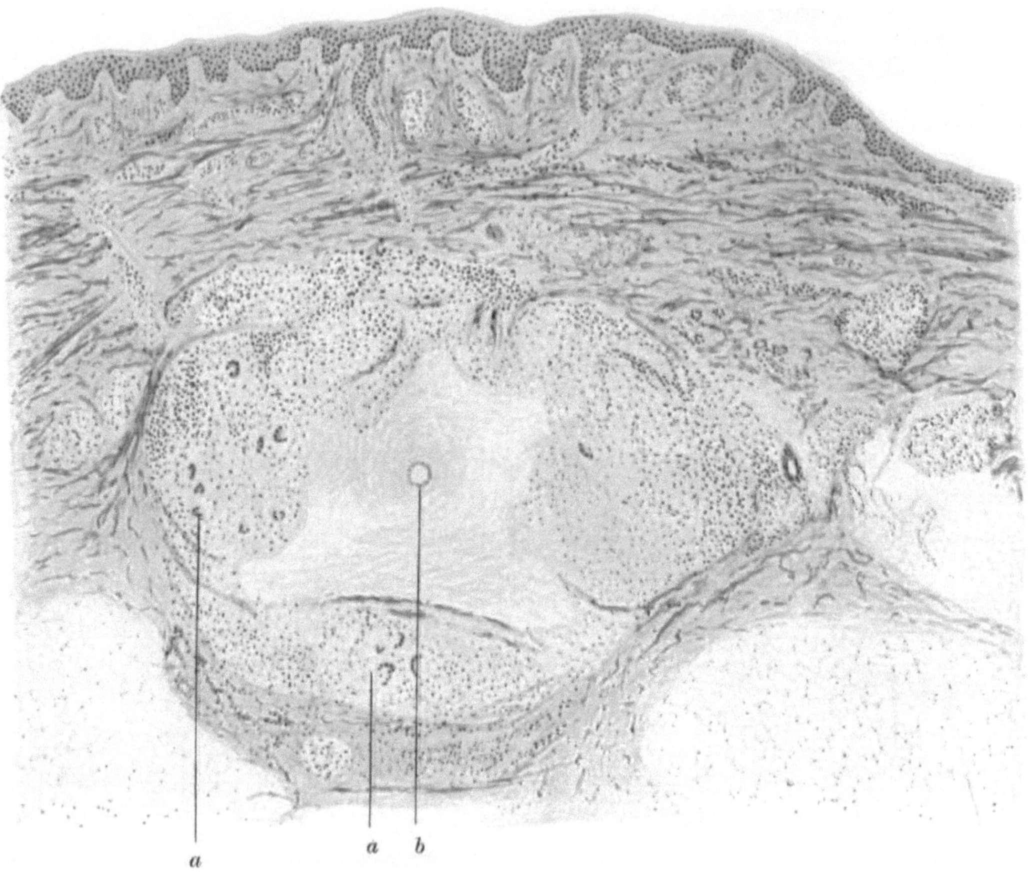

Abb. 99. Erythema induratum mit typisch tuberkulösem Gewebe (*a*) und Arterienlumen im nekrotischen Zentrum (*b*). Fall Schidachi.

platter Zellkerne getrennt. In manchen Fällen macht es sogar den Eindruck, als ob sich um die Infiltrationsherde eine Kapsel aus lockerem Bindegewebe gebildet habe. Weniger tuberkuloseähnlich wird schon das Aussehen der Knötchen, wenn die Riesenzellen fehlen und neben den Epithelioiden zahlreiche Fibroblasten, Bindegewebszellen mit langen, stäbchen- oder spindelförmigen Kernen auftreten Derartige Herde sind vielleicht schon älteren Datums und bereits in Rückbildung begriffen. Doch ist auch ihnen die scharfe Abgrenzung eigen, und zentrale Nekrosen lassen wieder mehr an ein spezifisch-tuberkulöses als an ein banal entzündliches Granulationsgewebe denken. Die

Stellung der Kerne in diesen Herden ist oft deutlich konzentrisch, in anderen Fällen mehr radiär, manchmal liegen sie wirr durcheinander und lassen jede Anordnung vermissen. Zerfall der Knötchen im Zentrum ohne Ansammlung von Leukocyten und Erweichung habe ich mehrfach gesehen. In anderen Fällen dagegen kommen ganz skrofulodermähnliche Bilder vor (Abb. 98). Ein größerer Herd zeigt sich oft zusammengesetzt aus mehreren kleinen Knötchen, die durch schmale Bindegewebssepten voneinander getrennt sind. In den Knötchen selber fehlen sowohl Kollagen als elastische Fasern vollständig. In den Infiltraten der Subcutis sieht man manchmal mitten zwischen den Epithelioidzellen noch einzelne kreisförmige Lücken, die ausgefallenen Fettzellen entsprechen. Im übrigen zeigt sich bei dieser Form das subkutane Fettgewebe außerhalb der einzelnen Krankheitsherde meist ganz unverändert. Nur hie und da gewahrt man einzelne Haufen von Lymphocyten, nirgends aber eine diffuse Infiltration des Gewebes.

Eine große Rolle und eine ähnliche wie bei den papulo-nekrotischen Tuberkuliden spielen auch bei dieser Tuberkuloseform die Gefäßveränderungen. Und zwar sind auch hier in gleicher Weise Läsionen an den Venen und Arterien beschrieben worden, doch scheinen sie an den ersteren häufiger zu sein. Sie beginnen mit Wucherungen der Intima, Verdickung der Media und Infiltration mit Lymphocyten und Plasmazellen oder mit perivaskulären Zellansammlungen. Auf dem höchsten Stadium der Läsion gewahrt man oft nur noch die elastische Membran der Vene mitten in den Epithelioidzellenherden oder auch in eine völlig nekrotische Masse eingebettet. Schidachi hat aber auch einmal eine Arterie als Zentrum und damit als Ausgangspunkt eines nekrotisierten Knötchens demonstrieren können. In vielen Fällen ist wohl zum Zeitpunkt der Untersuchung auch schon die Elastika zugrunde gegangen, und so ist es klar, daß häufig das Gefäß, dessen Embolie die Ursache der Erkrankung war, im histologischen Präparat nicht mehr zu finden ist. Nicht ausgeschlossen ist es ferner, daß in einzelnen Fällen die Affektion auf dem Lymphwege zustande kommt (Schidachi).

Endarteritis und Endophlebitis finden sich aber nicht nur bei Läsionen, die tuberkuloiden Bau aufweisen, sondern auch bei solchen, die anatomisch einen Zusammenhang mit Tuberkulose nicht erraten lassen. Veränderungen dieser letzteren Art sind beim Erythema induratum ungemein häufig, und zwar auch bei solchen Fällen, bei denen mit anderen Methoden die tuberkulöse Ätiologie sicher nachgewiesen worden ist. Das mikroskopische Bild zeigt dann nicht die eben beschriebenen scharf abgegrenzten Epithelioidzellenknötchen, sondern wir haben einen diffus-entzündlichen Prozeß im Unterhautfettgewebe vor uns. Es entspricht das dem Vorgang, der als entzündliche Atrophie oder Wucheratrophie des Fettgewebes seit langem bekannt ist, auf den in diesem Zusammenhang aber besonders A. Kraus wieder die Aufmerksamkeit gelenkt hat. Die Entzündung geht von dem interstitiellen Bindegewebe der Unterhaut aus, und allmählich wird das normale Fettgewebe verdrängt durch ein an Lymphocyten und Fibroblasten reiches Bindegewebe. Hie und da sieht man auch größere Anhäufungen von Lymphocyten. An Stelle einzelner Fettzellen bilden sich manchmal vielkernige Gebilde, die bei oberflächlicher Betrachtung mit Langhansschen Riesenzellen verwechselt werden können. Diese letzteren unterscheiden sich aber von jenen „Fettriesenzellen“ durch die regelmäßige, kranzförmige Anordnung der Kerne und das breite, nekrotische, zentrale Protoplasma. Innerhalb der entzündlichen Infiltration, die zugleich zahlreiche Läppchen des Unterhautfettgewebes befällt, finden sich immer noch einzelne oder reichliche Fettzellen oder Lücken, die solchen entsprechen. Vielfach sind die Grenzen zwischen den

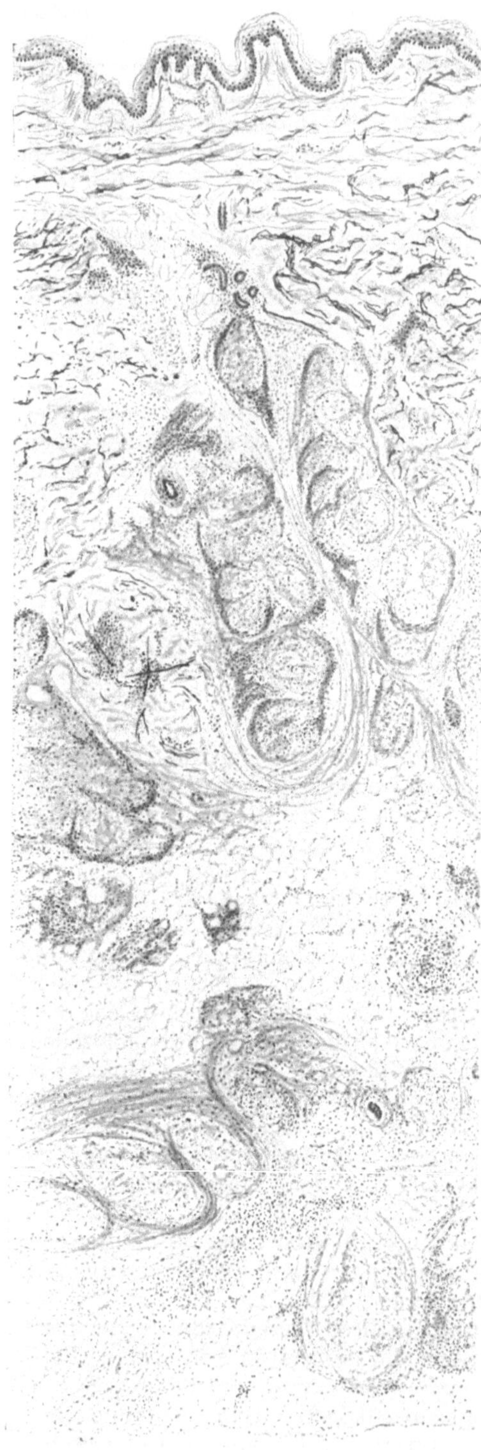

Abb. 100. Erythema induratum. Tuberkulöser Bau weniger deutlich ausgesprochen.

einzelnen Fettzellen verschwunden und diese zu zystenartigen Räumen konfluiert, die sich auch mit einer bindegewebigen Kapsel umkleiden können. Diese geht jedoch nach außen in die verdickten und infiltrierten Septen des Unterhautgewebes über. In dem sklerosierten Bindegewebe hat A. Kraus auch nekrotische Partien gefunden. Die Kerne hatten hier ihre Färbbarkeit verloren, doch blieb immer noch die faserige Struktur des Grundgewebes angedeutet. Schidachi dagegen hat Nekrosen nur im Innern tuberkulöser Herde gesehen. Bei den Gefäßerkrankungen sei noch ein Befund von Polland erwähnt, der auch bei dieser Form einmal eine ausgedehnte Venenthrombose beobachtete.

Tuberkulöse Knoten und entzündliche Atrophie des Fettgewebes kommen nun durchaus nicht prinzipiell getrennt bei verschiedenen Fällen, sondern gelegentlich auch gleichzeitig bei demselben Individuum vor (z. B. Fälle von Kuznitzky und Leopold). Beide sind nichts als verschiedene Reaktionsformen des Organismus auf den gleichen embolischen Vorgang, manchmal auch nur verschiedene Stadien. Der histologische Befund kann hier am wenigstens für oder gegen die Diagnose Tuberkulose beweisen. Diese muß durch andere Methoden gesichert werden. Nach allem Vorhergehenden ist es selbstverständlich, daß der Tuberkelbazillennachweis im Schnitt auch beim Erythema induratum nur ausnahmsweise gelingt. Die Befunde, über die Schidachi berichtet, betreffen nur atypische Fälle. Neuerdings haben dann freilich sowohl Gavazzeni als Kuznitzky Tuberkelbazillen im Innern der tuberkulösen Infiltrate gefunden; besonders der Fall Gavazzenis ist durchaus typisch. Auch die spärliche Zahl der positiven Tierversuche ist durch Lier um einen einwandfreien Fall vermehrt worden. Lokalreaktionen nach subkutaner Tuberkulininjektion haben jetzt schon zahlreiche Autoren konstatiert. Dabei hat es sich gerade herausgestellt, daß diese Reaktion nicht unbedingt dem histologischen Befund entsprach. Läsionen mit einfacher Wucheratrophie reagierten zuweilen positiv, tuberkuloide Knoten negativ. Besonders überzeugend waren seit alters her die klinischen Zusammenhänge, das Überwiegen von Personen mit anderweitiger Tuberkulose unter den Erkrankten. Vor allem wichtig ist das Zusammentreffen mit anderen Tuberkulidformen, mit Lichen scrofulosorum und papulo-nekrotischen Eruptionen. Die letzteren konstatierte z. B. Schidachi in seinen 15 Fällen sechsmal. Ein solches Zusammenvorkommen von Erythema induratum mit oberflächlichen Läsionen müssen wir geradezu fordern, wenn unsere pathogenetische Erklärung richtig sein soll. Denn, wenn beide auf Embolien mit Tuberkelbazillen beruhen sollen, so wäre es ja nicht zu verstehen, wenn in der einen Reihe von Fällen die Embolie immer nur die tiefen, in der anderen immer nur die oberflächlichen Gefäße betreffen würde. Natürlich kommen auch solche ausschließliche Lokalisationen in manchen Fällen, wie auch bei toxischen Erkrankungen, entsprechend der Disposition des Individuums vor. Wir haben schon weiter oben auf die verschiedenen Formen der Jodexantheme als Analogie verwiesen. Wenn aber Tuberkelbazillen im Blute kreisen, so müssen sie wenigstens in einer Anzahl von Fällen oberflächliche und tiefe Läsionen erzeugen können. Das wird durch die klinische Beobachtung bestätigt (s. die Fälle von Gavazzeni, Terebinsky, Lier, Alexander, Söllner, Möller, Török).

Das „Erythema induratum" ist eine tuberkulöse Hauterkrankung. Oder besser, man sollte den Namen „Erythema induratum" für die Fälle reservieren, in denen eine tuberkulöse Ätiologie sicher oder wahrscheinlich ist. In der gesamten dermatologischen Nomenklatur haben wir diese Entwicklung vom Symptom zur ätiologisch begründeten Krankheitseinheit durchgemacht. Es ist jetzt auch für das Erythema induratum an der Zeit. Gewiß sind hier einige Schwierigkeiten. Bei Läsionen, die zur Hauptsache subkutan gelegen sind, beschränken sich die erkennbaren Symptome notwendigerweise zum größten Teile auf Palpationseindrücke. Es gibt aber nichts Gröberes als diese Untersuchungsmethode, nichts weniger gut Definiertes als: „ein derbes, in der Unterhaut liegendes Knötchen von der und der Größe". Aus der klinischen Betrachtung der Einzelläsion läßt sich so wenig die Diagnose auf die Ätiologie stellen, wie etwa bei einem pleuritischen Exsudat allein aus der Perkussion. Hier muß der Fall in seiner Gesamtheit betrachtet, nach allen Methoden durchuntersucht werden. Nur wenn dadurch der Verdacht auf Tuberkulose begründet wird, sollte man die Diagnose „Erythema induratum" stellen. Sicherlich gibt es andere Infektionen, die klinisch identische Bilder hervorrufen können; von solchen mit bekannten Erregern wissen wir das von Syphilis und Lepra. Und höchstwahrscheinlich können auch heute noch nicht erforschte Mikroorganismen in anderen Fällen die Ursache bilden. Es ist aber kein Gewinn, diese Fälle mit unbekannter Ätiologie weiter als Erythema induratum zu bezeichnen. Gelingt es nicht, die Ätiologie, wenn auch nur mit Wahrscheinlichkeit, festzustellen, so soll man die Diagnose ruhig in suspenso lassen. Oder wenn man daran festhält, vielleicht ganz heterogene Dinge unter einem Namen zu vereinigen, dann soll man für die sicher tuberkulösen Fälle einen anderen Namen erfinden. Aber ich fühle mich nicht dazu berufen, durch einen neuen Vorschlag die dermatologische Nomenklatur noch mehr zu verwirren. Noch einmal sei betont, daß der histologische Befund allein hier niemals als Argument für oder gegen Tuberkulose verwertet werden darf.

Wir sind heute sowohl nach der makroskopischen als nach der mikroskopischen Betrachtung der Läsionen außerstande, das tuberkulöse Erythema induratum von anderen ähnlichen Erkrankungen zu unterscheiden, wie es z. B. W. Pick und Whitfield angenommen hatten. Es bedarf dazu einmal der gründlichen klinischen Untersuchung des ganzen Organismus, dann aber auch der Beweise höherer Ordnung, wie wir sie im allgemeinen Teil angeführt haben.

Betrachten wir also das „Erythema induratum" als eine tuberkulöse Hauterkrankung, so ist es selbstverständlich, daß zahlreiche Übergänge zu den anderen Hautmanifestationen der Tuberkulose vorhanden sind. Die histologische Identität mancher Fälle mit dem Lupus pernio haben wir schon erwähnt; die Ähnlichkeit braucht sich aber nicht auf das mikroskopische Bild zu beschränken, sondern kann auch klinisch die Wahl schwer machen, für welche der beiden Affektionen man sich entscheiden will (s. die Fälle von Grouven). Die kolliquativen Tuberkulosen können besonders im Beginn ganz dieselben klinischen Symptome verursachen wie das Erythema induratum. Und von diesem unterscheidet sich auf der anderen Seite die tiefe Form der papulo-nekrotischen Tuberkulide, die „Aknitis", nur durch das kleinere Volumen der Knoten und die etwas oberflächlichere Lokalisation. Das sind schließlich nur quantitative Differenzen. Am schwierigsten aber wird die Abgrenzung von einer unter einem anderen Namen beschriebenen subkutanen Tuberkuloseform, den „subkutanen Sarkoiden" Dariers. Wir werden im folgenden zu begründen haben, warum wir eine solche Abgrenzung überhaupt für überflüssig und unmöglich halten, und warum wir deshalb die Darierschen Sarkoide als Anhang beim Erythema induratum abhandeln.

Die Darierschen Sarkoide.

Der Name „Sarkoid" ist schon für ganz verschiedene Dinge angewandt worden, zuerst für Tumoren, die den Lymphosarkomen nahe stehen (Kaposi, Spiegler, Fendt) — mit diesen haben wir uns hier nicht zu beschäftigen —, dann aber für Affektionen von tuberkulösem Bau, und zwar sind es hier wieder zwei Typen, die kutanen Sarkoide von Boeck, die wir in einem besonderen Kapitel besprechen, und die subkutanen Sarkoide Dariers. Darier, der auf dem internationalen Kongreß in Budapest 1909 eine klare Auseinandersetzung der ganzen Frage gegeben hat, unterscheidet neben einer kleinen, nur wenige Fälle umfassenden Gruppe, den „Sarcoides souscutanées de Darier-Roussy", eine zweite, sehr große Gruppe als „Sarcoides se rapprochant de l'érythème induré (Sarcoides nodulaires et noueuses des membres)".

Sehen wir uns diese zweite Gruppe Dariers näher an, so finden wir darin eigentlich alles, was seit der ältesten Beschreibung Bazins an Erweiterungen der ursprünglichen Krankheitsform und an Atypien des Erythema induratum mitgeteilt worden ist. Der Beginn ist genau der gleiche wie bei diesem: Ein erbsen- bis nußgroßes Knötchen, das sich, ohne subjektive Erscheinungen zu machen, in der Subcutis entwickelt. Wenn es größer wird, kann es mit der Cutis verwachsen. Die Oberfläche nimmt dann einen rötlichen bis lividen Farbenton an. Bei dem Versuch, die Haut zu falten, zeigt sie eine derbe, „orangenschalenähnliche" Beschaffenheit. Das alles ist genau ebenso wie beim Erythema induratum. Mehrere Knoten können konfluieren und derbe, plattenartige Einlagerungen mit höckeriger Oberfläche bilden. Solche haben bei Erythema induratum schon Feulard, Fournier, Hartung und Alexander beschrieben. Ferner entstehen aus anfangs kugeligen Gebilden durch peripheres Wachstum ebenfalls große derbe Tumorplaques.

Diese können, wie in dem Fall von M. Winkler, im Zentrum deutliche Involutionserscheinungen und Abheilung bei peripherem Fortschreiten zeigen. Das hat aber auch, neben typischen Knoten des Erythema induratum, Mucha beobachtet. Andere Autoren haben schon früher darüber disputiert, ob solche Formen der Bazinschen Krankheit zuzurechnen seien (Thibierge und Bord). Lokalisationen des Erythema induratum an den oberen Extremitäten und im Gesicht waren schon bekannt, auch darin zeigen die „Sarkoide" keine Abweichung. Gerade im Gesicht wird häufiger die plattenartige Form gefunden. Ich habe einen solchen Fall mit symmetrischer Lokalisation an beiden Wangen gesehen bei einer Patientin, die gleichzeitig einen typischen Lupus erythematodes des Kopfes hatte. Demnach bleibt für diese Gruppe Dariers kein einziges prinzipielles Unterscheidungsmerkmal übrig, und es scheint, daß Darier selber heute gegen eine Verschmelzung dieser Form mit dem Erythema induratum nichts einzuwenden hat.

Auch für die andere kleine Gruppe, die er als wahre subkutane Sarkoide vom Typus Darier-Roussy noch abseits gestellt wissen will, scheinen mir die Differenzen nicht zu genügen. Wenn man einmal das Vorkommen von höckerigen, plattenförmigen Tumoren bei Erythema induratum zugegeben hat, sind die Unterschiede in der Lokalisation und in dem Alter der Patienten nach meiner Ansicht zu geringfügig, um einen besonderen Typus zu charakterisieren. Diese Form soll sich im Gegensatz zu der ersten nur bei älteren Personen und am Rumpf in symmetrischer Verteilung finden. Das Erythema induratum ist nun aber nach Schidachis Zusammenstellung auch bei älteren Individuen beiderlei Geschlechts keineswegs ganz selten. Und was die Lokalisation anbetrifft, so hat Volk kürzlich

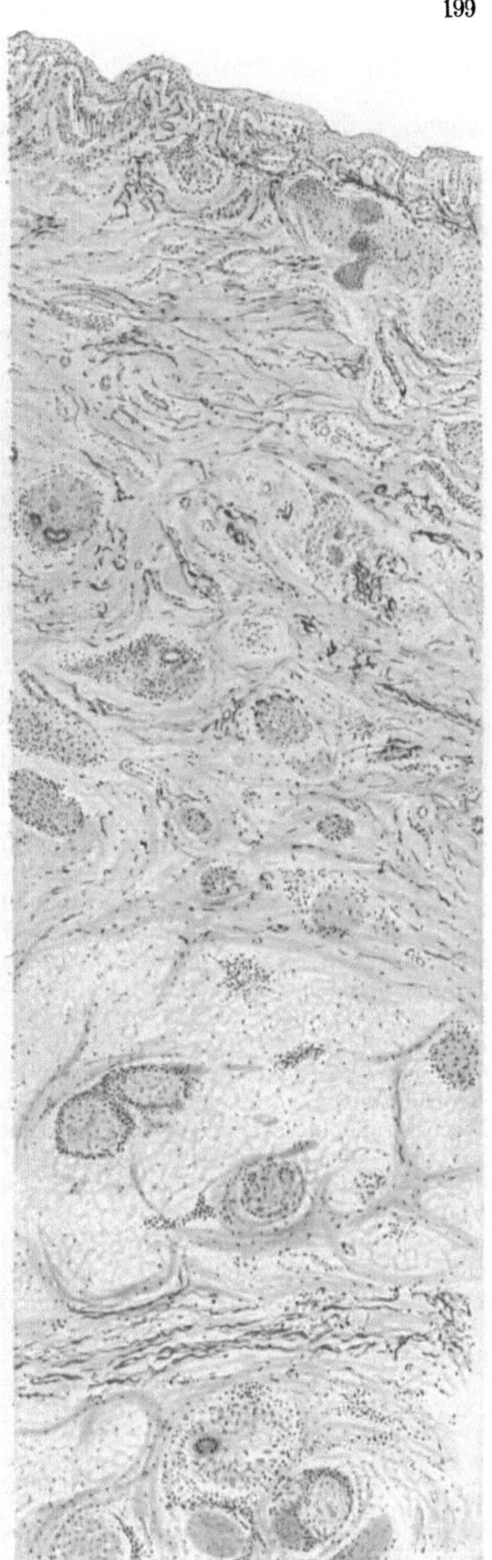

Abb. 101. Dariersches Sarkoid.

neben typischem Erythema induratum der Unterschenkel am Rumpfe Sarkoide vom Darierschen Typus beobachtet. Auch Nobl spricht sich auf Grund ähnlicher Erfahrungen für die Identität beider Affektionen aus.

Es bleibt der histologische Befund. Auch da kann man sagen, daß irgendwelche prinzipiellen Unterschiede nicht existieren. Auch bei den Sarkoiden sind teils scharf abgesetzte Epithelioidzellenherde mit mehr oder weniger Riesenzellen, teils die Erscheinungen der Wucheratrophie des Fettgewebes gefunden worden. Die Gefäßveränderungen entsprechen denen der Bazinschen Krankheit. Die Infiltrate zeigen deutlich perivaskuläre Anordnung, und häufig ist der Eindruck vorhanden, daß sie von den Lymphscheiden der Gefäße ihren Ausgang nehmen.

Die tuberkulöse Natur der Sarkoide ist verschiedentlich durch positive Lokalreaktion nach subkutaner Tuberkulininjektion wahrscheinlich gemacht worden. Neuerdings ist Volk der Tuberkelbazillennachweis durch Tierexperiment geglückt. Auch die Klinik spricht in diesem Sinne.

Es folgt aus allem, daß kein Grund und keine Möglichkeit mehr vorhanden ist, die Darierschen subkutanen Sarkoide vom Erythema induratum zu trennen. Allerdings muß dafür auch dieses letztere Krankheitsbild über den alten Begriff hinaus erweitert werden. Das ist aber schon längst geschehen. Besser wäre es freilich, wenn man für beide Formen einen Namen fände, der die charakteristischen gemeinsamen Eigenschaften hervorheben würde. Fast möchte ich dem Vorsatz, die Nomenklatur nicht zu bereichern, untreu werden und für den Namen „Tuberculosis indurativa", dem man ev. noch „subcutanea" hinzusetzen könnte, plädieren. Die „Tuberculosis indurativa" würde den besseren Teil des alten Namens retten und ein Gegenstück zur „Tuberculosis colliquativa" bilden.

Es braucht hier kaum noch einmal ausgeführt zu werden, daß natürlich auch unter den Sarkoiden sich manche Beobachtungen finden, die, wie solche als „Lupus pernio" und „Erythema induratum" aufgeführte, an eine unbekannte infektiöse Ätiologie denken lassen. Eine besondere Gruppe dieser Fälle aufzustellen (wie Zieler das vorschlägt), scheint mir deswegen verfrüht, weil wir nicht wissen, ob diese unbekannte Ätiologie eine einheitliche ist. Es gibt auch hier manche Beobachtungen, deren Deutung noch völlig unklar ist, wie z. B. der Fall von Pautrier und Fernet mit akuter Entwicklung der Sarkoidplaques oder der Fall von Brocq, Pautrier und Fage, wo das ganze Gesicht von der Affektion eingenommen war, oder die zwei Beobachtungen von Gougerot, über Lymphosarkoide, die histologisch der Mycosis fungoides ähnlich waren, bei denen aber der Tierversuch positiv ausfiel.

Für die Differentialdiagnose der indurativen Tuberkulose kommt von den bekannten Affektionen eigentlich nur Syphilis und Lepra in Betracht. Von Tumoren lassen sie sich ja durch die histologische Untersuchung ohne weiteres unterscheiden, während diese jenen beiden Krankheiten gegenüber völlig versagt. Besonders Philippson und Marcuse haben auf die Ähnlichkeit der Bilder aufmerksam gemacht. Es müssen hier also in jedem Falle, wenn Zweifel vorhanden sind, die anderen Untersuchungsmethoden in ihr Recht treten.

5. Die Boeckschen Sarkoide (benignes Miliarlupoid).

Weit mehr als die subkutanen Sarkoide Dariers verdienen die kutanen Sarkoide von Boeck als ein selbständiges Krankheitsbild angesehen zu werden, da die klinischen Charaktere viel eigenartiger ausgeprägt sind. Boeck, der diesen Krankheitstypus 1899 zum ersten Male geschildert hat, hat später den Namen in „benignes Miliarlupoid“ umgeändert, eine Bezeichnung, die der älteren vorzuziehen ist, wenn es sich auch nur in einem Teil der Fälle um wirklich miliare Eruptionen handelt. Die Affektion muß als selten bezeichnet werden. Selbst bei einem großen Hautmaterial können Jahre vergehen, bis man einen Fall zu Gesicht bekommt, und bisher ist wohl fast jeder diagnostizierte Fall der Publikation würdig befunden worden. Trotzdem hat die Kenntnis des besonderen Wesens dieser Form seit den ersten Arbeiten Boecks noch keine großen Fortschritte gemacht; es sind hier noch manche Fragen zu lösen. Die Klinik dieser Erkrankung freilich hat Boeck so vorzüglich ausgearbeitet, daß wir immer wieder auf seine Beschreibung zurückgreifen müssen.

Symptome. Nach Boecks Beschreibung müssen wir drei Formen der Krankheit unterscheiden: Die kleinknotige, disseminierte, die großknotige, herdförmige, und die diffus infiltreirende.

Bei der ersten Form handelt es sich um ein Exanthem aus zahlreichen, halbkugelförmig prominierenden, papulösen Effloreszenzen von Stecknadelkopf- bis Erbsengröße. Daneben kommen aber auch kleine, die Oberfläche nicht überragende, fleckförmige Läsionen vor, seltener aus kleinen Einzeleffloreszenzen konfluierte lichenoide Herde. Die Papeln sind derb, als kutane Infiltrate deutlich abtastbar. Die Farbe ist bei frischen Effloreszenzen hellrot (Stadium der Turgeszenz nach Boeck), nimmt aber bald mehr livide oder bräunliche Töne an. Bei Glasdruck zeigen sie sich weniger transparent als Lupusherde, lassen aber oft zahlreiche gelbliche bis gelblichbraune feinste Stippchen und Fleckchen erkennen, die manchmal auch als graue oder graugelbliche „staubförmige“ Bildungen beschrieben werden. Diese gelblichen Flecke sind ungemein charakteristisch für das Boecksche Miliarlupoid; sie finden sich außer bei diesem höchstens noch beim Lupus pernio. In einem späteren Stadium (Stadium der Pigmentation) tritt diese gelbbräunliche Farbe an der Oberfläche der sich zurückbildenden Effloreszenzen noch bedeutend stärker hervor und gibt diesen in der Tat ein eigenartiges Aussehen. Zu gleicher Zeit bemerken wir an der Oberfläche eine feine Abschilferung. Dann treten zahlreiche, erweiterte, kleine Gefäße im Bereich der Läsion auf (teleangiektatisches Stadium) und schließlich heilt diese spontan ab unter Hinterlassung eines braunen Pigmentfleckes, der nach einiger Zeit restlos verschwindet, oder einer feinen, glatten, oberflächlichen Narbe. Diese Entwicklung des einzelnen Knötchens ist allerdings keineswegs immer so typisch ausgeprägt; auch findet man, entsprechend dem Auftreten der Krankheit in einzelnen aufeinander folgenden Schüben, die verschiedenen Stadien häufig nebeneinander.

Die großknotige Form zeigt mehr oder weniger stark erhabene, von der Cutis ausgehende Tumoren von Haselnuß- bis Walnußgröße und darüber, und runder, ovaler oder unregelmäßiger Form. Die Oberfläche ist meist flach, das Epithel im Anfangsstadium nicht verändert. Die Farbe und ihre Umwandlung im weiteren Verlauf ist die gleiche wie bei den papulösen Effloreszenzen, doch macht sich hier später ein deutlicher Unterschied zwischen Zentrum und Peripherie bemerkbar. Während der Rand noch stark prominiert und intensiv gelbbräunliche Färbung mit zahlreichen, auf Glasdruck kenntlichen, kleinsten Fleckchen und feiner Schuppung zeigt, sinkt das Zentrum ein, färbt sich bläulich und wird von zahlreichen erweiterten Gefäßen durchzogen. Die weitere Abheilung geschieht auch hier unter Pigmentierung oder Teleangiektasien, seltener mit Narben. Erweichung und Ulzeration ist nie beobachtet worden.

Bei der diffus infiltrierenden Form haben wir unscharf begrenzte, anfangs rote, später bläuliche oder bräunlich-rote Verfärbungen, denen bei der Palpation derbe kutane Infiltrate entsprechen, die von der Umgebung sich nicht deutlich abheben. Auch hier sieht man bei Glasdruck häufig die geschilderten gelben Fleckchen oder bei Konfluenz derselben einen diffusen gelbbraunen Ton. Diese Form kommt seltener allein als im Gemisch mit einer der beiden vorhergehenden zur Beobachtung. Aber auch alle drei können bei dem gleichen Patienten zur selben Zeit vorhanden sein (z. B. Fälle von Bering, Stümpke, Opificius).

Das Miliarlupoid kann an allen Körperregionen vorkommen, hat aber besondere Lieblingslokalisationen, zu denen vor allem Gesicht, Schultern und Streckseiten der oberen Extremitäten gehören. Doch tritt es auch am Stamm und an den unteren Extremitäten auf, selten auf dem behaarten Kopf. Ob es auf der Schleimhaut überhaupt vorkommt (Boeck), ist noch fraglich. Die kleinknotige Form hat den Charakter eines Exanthems, hunderte von Effloreszenzen entstehen oft gleichzeitig, bei der großknotigen werden meistens nur wenige Herde, manchmal nur ein einziger, beobachtet. Die Erkrankung kann mit diffuser Rötung und leichtem Jucken der befallenen Hautbezirke beginnen, worauf dann erst die Entstehung der einzelnen Herde folgt. Häufig aber erscheinen diese auch ohne jedes Vorstadium und ohne subjektive Symptome zu verursachen. Die kleinknotige Form beginnt oft schubartig, die großknotige schleichend mit allmählicher Entwicklung eines Knotens in der Haut. Der Gesamtverlauf ist ganz außerordentlich chronisch. Dem spontanen Verschwinden eines Schubes oder einer einzelnen Effloreszenz — schon bis dahin vergehen nicht selten Monate oder Jahre — können nach einer Zeit scheinbarer Heilung wieder Rezidive folgen. So kann das Leiden viele Jahre dauern. Wenn es auch keinerlei Beschwerden verursacht, und, da die einzelne Krankheitserscheinung keine Neigung zur größeren Ausbreitung besitzt, als an sich durchaus gutartig zu betrachten ist, so wird es doch schon durch die lange Dauer und die Entstellung, die es bei Lokalisation im Gesicht verursachen kann, recht lästig.

In einer Reihe von Fällen wurde Miterkrankung anderer Organe beobachtet. Relativ häufig sind Drüsenaffektionen. Und zwar handelt es sich nicht immer um Beteiligung der den Krankheitsherden entsprechenden regionären Drüsen, sondern um entferntere Drüsengruppen. Wichtig ist, daß in einzelnen Fällen (z. B. von Terebinsky und Darier) der mikroskopische Befund in den Drüsen mit dem der Haut identisch war. Merkwürdig ferner ist das Befallensein der Speicheldrüsen in dem Fall von Bering. Iridocyklitis, die ebenfalls in diesem Falle vorhanden war, ist nach Br. Bloch in 5 von 20 aus der Literatur zusammengestellten Fällen beobachtet worden. Knochenerkrankung in Form von herdweise auftretendem Knochenschwund beschreibt Morosoff. Schließlich soll nach Darier auch Milzschwellung vorkommen, dagegen das Blutbild meist normal sein.

Histologie und Pathogenese. Besonderen Wert zur Charakterisierung des von ihm entdeckten Krankheitsbildes hat Boeck von Anfang an auf den histologischen Befund gelegt. Er meint, dieser sei so eigentümlich, daß etwas vollkommen Ähnliches in der ganzen Pathologie der Haut kaum vorkomme, und daß ein einziger Blick ins Mikroskop genüge, um die Diagnose zu stellen. Darin haben ihm spätere Untersucher nicht folgen können. Wir werden sehen, daß, wenn wir mit der histologischen Beschreibung beginnen, wir manches einfach wiederholen müssen, was wir schon beim Lupus pernio und beim Erythema induratum gesagt haben. Das eigentliche Element der Erkrankung ist histologisch mit jenen fast identisch, nur die Lokalisation ist beim Boeckschen Sarkoid eine andere. Die scharf umschriebenen Epithelioidzellenherde wie bei jenen finden wir auch beim Sarkoid, aber sie liegen nicht nur in der Unter-

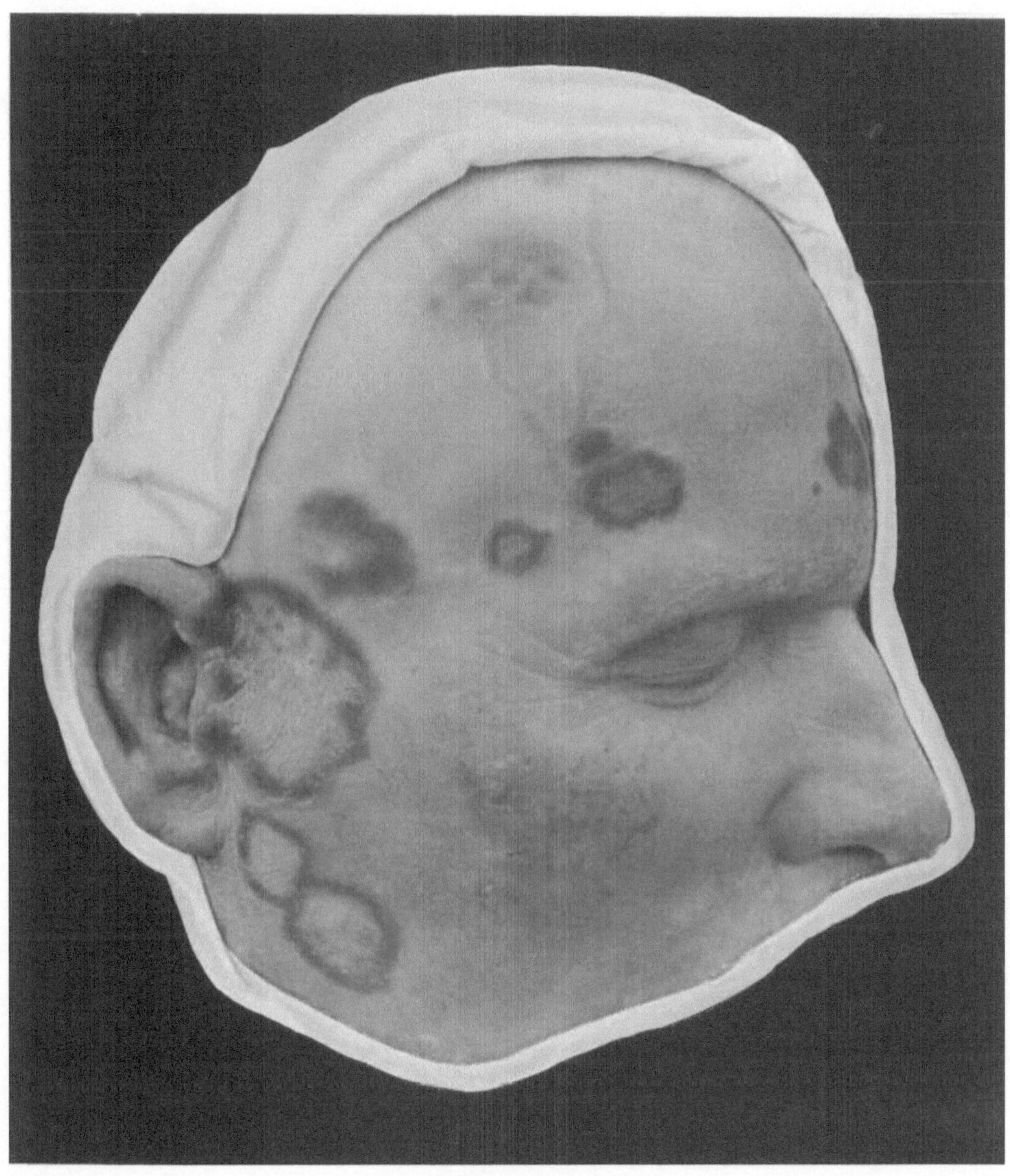

Boecksche Sarkoide.

(Sammlung der Breslauer Klinik.)

Verlag von Julius Springer in Berlin.

haut, sondern vorwiegend in der Cutis selbst. Die Formation ist dieselbe, nur sind die einzelnen Knötchen meist kleiner. Sie sind kreisrund, oval oder strangförmig und bestehen aus Epithelioidzellen mit breitem Protoplasma und Zellen von bindegewebigem Typus. Die Zahl gut ausgebildeter Riesenzellen ist je nach den einzelnen Fällen sehr verschieden. Lymphocyten, Plasmazellen und Mastzellen sind ganz außerordentlich spärlich. Ein Zusammenhang der Infiltrate mit Gefäßen ist meist ganz deutlich. Schon die strangförmige Anordnung läßt darauf schließen, daß sie dem Verlauf von Blutgefäßen folgen. Diese sind auch häufig im Innern der Zellhaufen nachzuweisen. Dabei zeigt sich das Gefäß selbst nicht selten erweitert, das Lumen frei, die Intima nicht gewuchert. Der pathologische Prozeß scheint in den

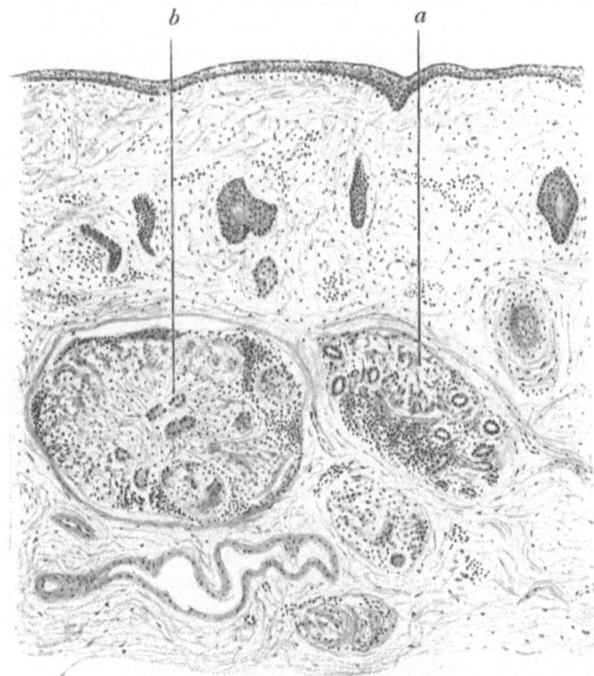

Abb. 102.
Boecksches Sarkoid. *a* Epithelioidzellenknötchen; *b* Riesenzellen.

perivaskulären Lymphräumen zu beginnen, sich von da auszubreiten und das umgebende Bindegewebe zu verdrängen, das dann oft das fertig ausgebildete Knötchen kapselartig umschließt. Kollagen und elastische Fasern fehlen im Infiltrate. Nach Darier wären die Arterien inmitten der Infiltrate bis auf die Adventitia meist intakt, während sich an den Venen schwerere Veränderungen nachweisen ließen, so daß schließlich nur die elastische Membran erhalten bliebe. Urban hat dagegen auch Endarteritis bis zur vollkommenen Obliteration gesehen und auch die Lokalisation von Infiltraten um Nervenstämme beobachtet. P. Unna jr. fand in seinem Falle Läsionen an Venen und Arterien. Echte Nekrose im Zentrum ist nie vorhanden, doch beschreibt Boeck eine Veränderung der Epithelioidzellen in der Mitte der Herde, derart, daß ihre Kerne die Färbbarkeit verlieren, und nur noch ein feines Netz von Zellfortsätzen sichtbar bleibt. Ähnlich war es in dem Fall von Kren und Weidenfeld.

Es fragt sich nun, ob dies histologische Bild so spezifisch ist, wie Boeck das angenommen hat. Wir müssen das entschieden verneinen. Nicht nur die eben genannten „Tuberkulide", von deren naher Verwandtschaft ja schon die Rede war, sondern auch „echte Tuberkulosen", wie der Lupus vulgaris, können solche Bilder zeigen. Das hat z. B. Kyrle in einem Fall überzeugend nachgewiesen, und ich kann das nach meinen Erfahrungen nur bestätigen (s. Abb. 40 Seite 106). Allerdings sind wohl beim Lupus die lymphocytenfreien Knötchen selten so ausschließlich und in so reiner Form vorhanden wie beim Sarkoid. Daneben werden meist lymphocytenreichere Infiltrate zu sehen sein, so daß der histologische Gesamteindruck doch in diesem Falle für oder gegen Sarkoid entscheiden kann. Aber die mikroskopische Untersuchung ist in anderen Fällen nicht imstande, das benigne Miliarlupoid von klinisch ähnlichen Läsionen der Lepra und Syphilis zu unterscheiden. Es ist mehr als wahrscheinlich, daß Boeck selbst einmal einem solchen Irrtum zum Opfer gefallen ist, als er in dem Fall von Mazza Sarkoid statt Lepra diagnostizierte.

Das Miliarlupoid nimmt gegenüber allen bis jetzt beschriebenen Hautmanifestationen der Tuberkulose insofern eine Sonderstellung ein, als bei keiner von diesen (vielleicht mit einziger Ausnahme des Lupus pernio) alle Methoden zum direkten Nachweis der tuberkulösen Natur so häufig versagen wie bei der Boeckschen Krankheit. Tuberkelbazillen im Schnitte sind bisher, außer in einem atypischen Falle von Darier, noch niemals gefunden worden, und von positiven Tierversuchen existieren erst zwei einwandfreie, die von Kyrle und Morawetz. Der Fall von Boeck, der einmal im Nasensekret säurefeste Bazillen fand, die tierpathogen waren, ist zweifelhaft. Ein schwieriges und einstweilen noch kaum zu lösendes Problem bietet uns das eigentümliche Verhalten der Läsionen gegen Tuberkulin. Freilich gibt es Fälle, in denen das der Norm bei anderen „Tuberkuliden" entsprach. So erhielten Kreibich und A. Kraus, Marie Opificius, Darier, Stümpke nach subkutaner Injektion ausgesprochene Lokalreaktionen der Krankheitsherde. Dem aber steht eine größere Zahl von Fällen gegenüber, die sich gegen Tuberkulin in jeder Anwendungsart vollkommen refraktär verhielten. Selbst mit den feinsten Methoden (Intradermoreaktion im Krankheitsherd) konnte in den Fällen von Pürkhauer und Jadassohn kein Resultat erzielt werden. Das ist aber um so merkwürdiger, als in manchem dieser Fälle eine bestehende Organtuberkulose mit Sicherheit nachgewiesen werden konnte, ja die positiven Impfexperimente von Kyrle und Morawetz wurden bei Fällen erreicht, wo das Tuberkulin versagt hatte. Jadassohn hat diese Erscheinung durch die eigentümliche, histologische Struktur zu erklären versucht. Das Fehlen entzündlicher Erscheinungen könne vielleicht durch eine besondere Unempfindlichkeit gegen das in den Krankheitsherden frei werdende Tuberkulin gedeutet werden. Diese bedinge dann auch das Versagen der Tuberkulinreaktion bei äußerer Applikation. Neuerdings hat dann Jadassohn in diesem Zusammenhange mit aller Vorsicht den Gedanken an eine „spezifische Anergie" ausgesprochen. Jedenfalls sind hier noch einige Fragen zu lösen. Trotzdem scheint es mir aus klinischen Gründen richtig, wenn wir wenigstens einen großen Teil der Fälle von kutanen Sarkoiden als Hauttuberkulose auffassen. Der Zusammenhang mit Tuberkulosen anderer Organe tritt doch in vielen Beobachtungen mit großer Deutlichkeit hervor; ich erinnere nur an den Fall von Stümpke, wo Boecksche Sarkoide bei manifester innerer Tuberkulose bestanden und schließlich bei zunehmender Lungenaffektion zu spontaner Heilung kamen, was ja ganz unserer Anschauung vom Wesen der Tuberkulide entspricht.

Andererseits muß zugestanden werden, daß die Boecksche Krankheit gegenüber den anderen Tuberkuliden auch klinisch manche Besonderheiten aufweist, so die begleitenden eigentümlichen Drüsen- und Augenaffektionen, besonders aber die starke therapeutische Reaktion auf Arsen, die kaum bei einem andern Tuberkulid so ausgeprägt in Erscheinung tritt. Dazu kommt der in neuester Zeit mehrfach beobachtete positive Ausfall der Wassermannschen Reaktion trotz Fehlen von Syphilis und Heilung durch Salvarsan (Tzank und Pelbois, Pautrier, Br. Block u. a.). Wir dürfen daher, ehe wir noch zuverlässigere Indizien in den Händen haben, die Ansicht derer nicht ohne weiteres für falsch erklären, die beim Sarkoid wie beim Lupus pernio und Erythema induratum, wenigstens für einen Teil der Fälle, an eine von der Tuberkulose verschiedene, durch einen bisher noch unbekannten Erreger erzeugte Infektionskrankheit glauben.

Diagnose. Für die Differentialdiagnose der Boeckschen Sarkoide gegenüber Lues und Lepra gilt dasselbe wie für die vorhergehende Krankheitsgruppe. Es ist fast überflüssig, nochmals zu betonen, daß die mikroskopische Diagnose bei der Unterscheidung besonders von tuberkuloider Lepra im Stiche lassen kann. Auch die selteneren Dermatomykosen mögen ähnliche Bilder erzeugen können. Wichtig ist ein Befund, den M. Oppenheim in jüngster Zeit in einer Gruppe von drei Fällen mit einer speziellen Pathogenese erhoben hat. Es handelte sich in allen dreien um tumorähnliche Infiltrate von sarkoidähnlicher Beschaffenheit, die nach subkutaner Injektion von verschiedenartigen Präparaten aufgetreten waren. Tuberkulose konnte nicht nachgewiesen werden, wenn auch wohl nicht so leicht „ausgeschlossen" wie Oppenheim annimmt. Es muß also unentschieden bleiben, ob chemische Körper verschiedener Natur (Hg, Morphium) solche, histologisch den Sarkoiden vergleichbare Strukturen erzeugen können, oder, was wahrscheinlicher ist, bei Deponierung in der Subcutis einen Locus minoris resistentiae herstellen, an dem sich irgendwelche infektiöse Granulome ansiedeln, unter denen man auch die Tuberkulose nicht ausschließen kann.

Ein Wort wäre hier noch über eine Affektion zu sagen, die von einzelnen Autoren (z. B. von Galewsky) wenigstens dem Namen nach mit den Sarkoiden vereinigt wird: dem Granuloma annulare. Diese Auffassung aber scheint mir wenig begründet. Denn das Granuloma annulare, wie es nach den Beobachtungen von Radcliffe Crocker und nach den neueren, zusammenfassenden Darstellungen von Graham Little und Arndt als fest umschriebenes Krankheitsbild vor uns steht, hat klinisch mit Sarkoiden weder vom Darierschen noch vom Boeckschen Typus die entfernteste Ähnlichkeit. Besonders die charakteristische weißliche Färbung der ringförmigen Läsionen findet sich niemals bei den Sarkoiden. Auch histologisch sind konstante Unterschiede, wenn auch geringere, vorhanden. Das Infiltrat besteht zwar aus ähnlichen Zellmassen, doch lassen die Herde des Granuloma die regelmäßige Form und die scharfe Umrandung vermissen. Ob das Granuloma annulare seinerseits eine besondere Form der Tuberkulose darstellt, ist eine andere Frage. Graham Little ist geneigt, sie zu bejahen. Ich möchte mich eher Arndt anschließen, der das Beweismaterial für eine tuberkulöse Ätiologie der Erkrankung für ganz ungenügend hält. Allerdings habe ich einmal bei einem 30jährigen Manne mit tuberkulöser Spitzenaffektion ring- und halbkreisförmige Eruptionen an Vorderarmen und Handrücken beobachtet, die histologisch Epithelioidzelleninfiltrate mit perivaskulärer Anordnung zeigten. Doch war der Farbenton hier nicht weißlich, sondern rot, das Aussehen das eines toxischen Erythems mit leichter Prominenz der Herde. Jedenfalls lassen sich aus solchen vereinzelten Beobachtungen keine weitgehenden Schlüsse ziehen, und was das

Granuloma annulare anbetrifft, wird man weiter einen abwartenden Standpunkt einnehmen.

6. Das Angiolupoid.

Unter dem Namen „Angiolupoid" haben in letzter Zeit Brocq und Pautrier ein Krankheitsbild zusammengefaßt, das zwar nach ihrer eigenen Ansicht sowohl mit dem gewöhnlichen Lupus als auch mit der großknotigen Form der Boeckschen Sarkoide einige Verwandtschaft hat, aber sich doch nicht bei der einen oder anderen Form unterbringen läßt. Nach der sehr präzisen klinischen Beschreibung der Autoren und nach dem Eindruck, den ich von einem Fall gehabt habe, den ich vor einigen Jahren bei Brocq zu sehen Gelegenheit hatte, scheint es mir auch nicht möglich, das Angiolupoid mit irgend einem der anderen Lupoide zu identifizieren, so daß man ihm einstweilen einen Platz für sich einräumen muß.

Das Angiolupoid tritt auf in Gestalt kleiner Plaques von rundlicher oder ovaler Form, die $^1/_2$—2 cm im Durchmesser betragen. Diese Plaques sind scharf von der Umgebung abgegrenzt, leicht erhaben, mit ebener oder leicht höckeriger Oberfläche. Die Farbe ist bläulichrot, manchmal mit gelblichen Tönen untermischt. Bei Glasdruck verschwindet das Rot nahezu vollkommen, und es bleibt ein diffus gelbbrauner Farbenton, der sich aber von dem gerstenzuckerartigen Aussehen der Lupusknötchen unterscheidet, auch sind nie einzelne Knötchen zu konstatieren. Das Epithel ist vollkommen glatt, ohne die geringste Andeutung von Schuppenbildung, doch scheint es etwas verdünnt, besonders beim Versuch der Faltenbildung. Bei der Palpation fühlt man eine weiche Infiltration, bei stärkerem Druck mit dem Finger hat man das Gefühl, als ob man das Infiltrat zerdrücke. Nirgends findet sich Atrophie oder Narbenbildung. Dagegen sind im höchsten Maße charakteristisch die zahlreichen feinen Teleangiektasien, die über die Oberfläche der Plaques hinwegziehen.

Die Krankheitsherde entstehen allmählich, ohne subjektive Symptome zu verursachen und dehnen sich langsam aus; sie zeigen keine Neigung zu spontaner Abheilung und verhalten sich gegen die meisten bei Hauttuberkulose angewandten Behandlungsmethoden refraktär.

Die Affektion scheint recht selten zu sein. Brocq und Pautrier selbst haben im ganzen nur sechs Fälle gesehen und von anderer Seite liegen bisher überhaupt noch keine Beobachtungen vor. In allen sechs Fällen handelte es sich um Frauen über 40 Jahre. Besonders charakteristisch ist die Lokalisation der Erkrankung an den Seitenflächen des oberen Teiles der Nase, in der Nähe des inneren Augenwinkels, also etwa die Stellen, auf denen die Bügel eines Pincenez aufsitzen. Die Herde kommen hier in der Einzahl oder zu zweien zu beiden Seiten symmetrisch vor, daneben können noch kleinere Herde an den benachbarten Partien der Wangen vorhanden sein. Immer sind es nur sehr wenige Plaques, höchstens vier bis fünf.

Histologisch wurde nur ein Fall, bei dem die Läsion in toto exstirpiert wurde, untersucht. Dabei ergab sich ein Unterschied zwischen den mittleren und den Randpartien des Herdes. Im Zentrum fand sich ein sehr umfangreiches zusammenhängendes Infiltrat, vornehmlich aus Epithelioiden und typischen Langhansschen Riesenzellen gebildet. Lymphocyten durchzogen diese Masse nach allen Richtungen. Kurz, es war ein Bild, wie es manche nicht ulzerierte Lupusfälle geben. Das Epithel war atrophisch. Die obersten Schichten der Cutis zeigten an den Stellen, wo das Infiltrat nicht bis an die Oberfläche reichte, zahlreiche stark erweiterte, mit Blut gefüllte Kapillaren, zum Teil unmittelbar unter dem Epithel.

Am Rande der Läsion entsprachen die histologischen Veränderungen vielmehr denen der Boeckschen Sarkoide. Hier sah man zahlreiche große, scharf abgesetzte Herde aus Epithelioid- und Riesenzellen mit sehr wenigen Lymphocyten. Im Inneren derselben waren Kollagen und elastische Fasern zugrunde gegangen; dagegen waren manche Knoten von Bindegewebszügen kapselartig umrandet. Gefäße fanden sich häufig im Zentrum der Herde; an manchen war die Wand verdickt, die Intima gewuchert. Der Sitz der Infiltrate ist im wesentlichen die Cutis, viel weniger die obere Subcutis. Es steht also auch histologisch das Angiolupoid zwischen Lupus und Sarkoiden, ohne von dem einen oder anderen durch ganz spezielle Eigenschaften getrennt zu sein. Höchstens die Kapillarektasien der obersten Schichten stellen etwas Besonderes im Bilde dar.

In dem einen mikroskopisch untersuchten Fall wurden keine Tuberkelbazillen gefunden. Eine Tierimpfung, mit sehr reichlichem Material ausgeführt, fiel negativ aus. Trotzdem führt das klinische Verhalten der Krankheit Brocq und Pautrier dazu, einen Zusammenhang mit Tuberkulose anzunehmen. Dieses macht ja schon die äußere Ähnlichkeit mit anderen Formen der Hauttuberkulose wahrscheinlich. Dann wiesen vier von den sechs Patientinnen noch anderweitige Anzeichen von Tuberkulose auf. Besonders interessant ist ein Fall, wo die Patientin auf der linken Wange ein großknotiges Sarkoid, auf der rechten Wange einen Lupus vulgaris und auf der Nase ein Angiolupoid hatte. Deutlicher kann der intime Zusammenhang der drei Affektionen nicht vor Augen geführt werden. Immerhin ist das Material noch zu klein, um einen tieferen Einblick in Wesen und Pathogenese dieser Krankheitsform zu bekommen. Leider enthält die Arbeit von Brocq und Pautrier nichts über das Verhalten gegenüber Tuberkulin. Denn es wäre wichtig, zu wissen, ob das Angiolupoid auf Tuberkulin positiv reagiert, wie der Lupus, oder negativ, wie viele der Boeckschen Sarkoide.

C. Krankheiten, deren tuberkulöse Ätiologie noch unsicher ist.

1. Lichen nitidus.

Der Lichen nitidus ist erst wenige Jahre bekannt. 1907 gab F. Pinkus diesen Namen einem von ihm schon 1901 beobachteten Krankheitsbild, von dem er eine größere Anzahl Fälle gesammelt hatte. Diese erste zusammenfassende Publikation enthält, da sie sich auf ein großes Material stützt, eine so vollständige klinische und anatomische Beschreibung, daß spätere Untersucher, wie G. Arndt, in einer ebenfalls sehr reichhaltigen Arbeit nur noch Einzelheiten hinzufügen konnten. Außer diesen beiden größeren Abhandlungen existieren bisher in der Literatur nur einzelne kasuistische Mitteilungen. Bereits 1906 habe ich aus der Berner Klinik zwei Fälle von lichenoidem Exanthem veröffentlicht, die ich jetzt mit Sicherheit zum Lichen nitidus rechnen möchte; später habe ich in Hamburg noch zwei weitere Fälle gesehen. Außerdem finde ich nur je zwei Fälle von Dalla Favera und Sutton, je einen von Kyrle und Mc Donagh, Bachrach, Audry, Brocq und Fernet. Die Fälle von Königstein, Civatte, Bottelli sind zum mindesten fraglich und scheiden deswegen aus unserer Betrachtung aus.

Die Primäreffloreszenz des Lichen nitidus kann man mit gutem Recht auch als die Effloreszenz der Krankheit bezeichnen. Denn wie bei keiner anderen der im vorhergehenden besprochenen Affektionen gibt beim Lichen nitidus ein einziges Element der Krankheit ihr Gepräge. Nur nach der Zahl und Lokalisation der Einzeleffloreszenzen sind die Fälle voneinander verschieden, während die Läsion selbst stets in der gleichen Gestalt wiederkehrt und klinisch keine Phasen einer Entwicklung erkennen läßt. Diese Effloreszenz ist ein kleines, kaum stecknadelkopfgroßes Knötchen von runder oder polygonaler Form. Es ist scharf abgegrenzt, leicht erhaben, von ebener, glatter, im auffallenden Lichte stark glänzender Oberfläche. Viele Knötchen zeigen in der Mitte eine feine, punktförmige Vertiefung. Die Farbe ist je nach der Lokalisation verschieden. Am Penis, dem Hauptsitze der Erkrankung, ist es meist die Farbe der normalen Haut; am übrigen Körper haben die Knötchen eine helle, gelbbraune bis rötliche Färbung. Bei Glasdruck sieht die Mitte grau durchscheinend aus, ähnlich wie bei einem Lupusflecke. Durch Kratzen kann man die ganze Effloreszenz auf einmal aus der Haut herausheben und es bleibt eine blutende Vertiefung. Von diesem Typus kommen, wie gesagt, gar keine Abweichungen vor. Höchstens kann man bemerken, daß ältere Effloreszenzen sich abflachen und dann als bräunliche Fleckchen im Niveau der Haut liegen. Sie verschwinden ohne irgendwelche Spuren, seien es Narben oder Pigmentationen, zu hinterlassen.

Die Knötchen konfluieren nie. Selbst wo sie noch so dicht stehen, sind die einzelnen Elemente deutlich voneinander getrennt. Sie zeigen auch keine

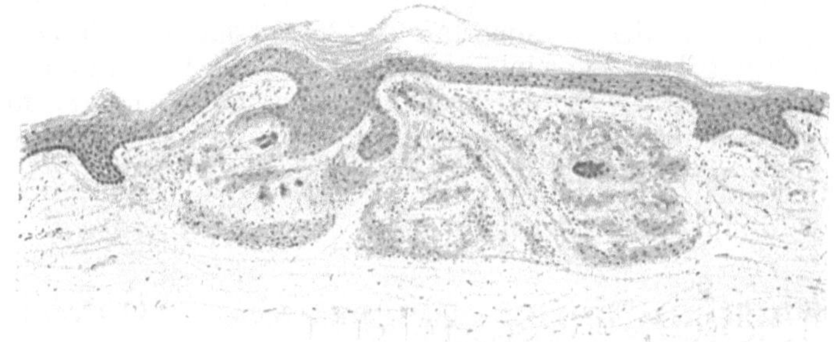

Abb. 103. Lichen nitidus vom Penis.

Neigung zur Gruppenbildung, sondern finden sich meist gleichmäßig über größere oder kleinere Körperflächen verteilt. Die häufigste Lokalisation — und hier allein wurde sie zuerst von Pinkus beobachtet — bildet der Penisschaft und die Glans penis. Auf der letzteren soll die Affektion nach Pinkus besonders bei Zirkumzidierten vorkommen. Sie kann aber auch, wenn auch viel seltener, am ganzen übrigen Körper mit Ausnahme des Gesichtes auftreten und so ein richtiges Exanthem darstellen. Aber auch dann hat sie bestimmte Prädilektionstellen, die sie meist symmetrisch befällt. Diese sind die Bauchgegend und die Beugefläche der Vorderarme bis zum Handgelenk. An der Mundschleimhaut wurde sie bisher nur ein einziges Mal von Arndt beobachtet. Und zwar bestanden hier an der Wange kleine weißliche Knötchen, die von denen des Lichen planus nicht zu unterscheiden waren.

Bemerkenswert ist, daß fast bei allen bisherigen Beobachtungen die Patienten männlichen Geschlechtes waren. Bei Frauen gibt es bis jetzt überhaupt erst drei Fälle (Pinkus, Arndt, Kyrle), und bei diesen handelte es sich um hochgradig ausgebreitete Exanthemformen. Die Krankheit verursacht weder Jucken noch andere subjektive Symptome oder irgendwelche Störungen des Allgemeinbefindens. So kommt es, daß ihr Beginn fast nie bemerkt wird, sondern daß sie erst bei Gelegenheit einer Untersuchung aus anderer Veranlassung zur Kenntnis des Arztes kommt. Sie kann jahrelang in gleicher Ausdehnung verharren und dann schließlich spontan verschwinden.

Fast ebenso einfach und gleichförmig wie das klinische ist das histologische Bild des Lichen nitidus. „Es stellt", wie Pinkus sagt, „geradezu einen kleinen, mit seiner Oberfläche an die Epidermisunterseite angepreßten Tuberkel dar". Wir haben also in den obersten Cutisschichten unmittelbar unter dem Epithel ein zirkumskriptes Infiltrat von der Form annähernd eines Längsovales oder häufiger eines Rechteckes mit abgerundeten Ecken. Dieses Infiltrat wird im Zentrum gebildet von Epithelioidzellen und Fibroblasten, die mit ihren Fortsätzen manchmal nur wie durch ein lockeres Maschenwerk zusammenhängen, und reichlichen Riesenzellen. Diese sind oft sehr groß und zeigen den Langhansschen Typus in schönster Ausbildung, in anderen Fällen sind sie unregelmäßiger gestaltet, den Fremdkörper-Riesenzellen sich nähernd. Lymphocyten sind im Innern des Infiltrates meist nicht sehr reichlich, dagegen bilden sie eine mehr oder weniger breite Randzone. Besonders nach unten hin wird das Infiltrat oft in einer geraden Linie durch eine schmale aber sehr dichte Lymphocytenschicht von der normalen Cutis abgegrenzt.

Die Infiltration setzt sich nur selten an den Gefäßen eine kurze Strecke fort. Erweiterte Gefäße finden sich auch noch im Inneren des Knötchens. Endothelwucherungen und Oliteration kleiner Gefäße haben Kyrle und Dalla Favera beschrieben. Elastische Fasern sind innerhalb des Infiltrates nicht zu finden, selten auch Kollagenreste. Nekrosen sind an frischen Effloreszenzen nicht zu beobachten. Dagegen fand ich ältere Herde, die im Innern zum großen Teil aus nekrotischer Masse mit eingelagerten degenerierten Kernen und Detritus bestanden.

Das Epithel ist bis zum Rand des Infiltrates völlig normal. Über demselben ist es abgeflacht; die Retezapfen sind verstrichen. Es sind manchmal nur wenige platte Zellagen, die über das Knötchen hinwegziehen. Die Hornschicht zeigt fleckweise Hyperkeratose. Gegen das Infiltrat ist das Epithel mit einer glatten, leicht gebogenen oder geraden Linie abgegrenzt, oder die unterste Epithelschicht ist unregelmäßig gestaltet, sieht wie „angenagt" oder „ausgefranst" aus; einzelne Zellen hängen in das Infiltrat hinein, manchmal auch größere Zapfen. Häufig findet sich zwischen Epithel und Infiltrat eine Lücke, ähnlich wie beim Lichen planus. Polynukleäre Leukocyten in dieser Schicht hat nur Pinkus vereinzelt beobachtet.

Die Knötchen sind häufig um einen breiten Epithelzapfen angeordnet, der im Inneren verhornt ist, und dessen untere Zellagen degeneriert sind. Pinkus meinte früher die Riesenzellbildung auf diesen fremdkörperähnlichen Reiz zurückführen zu sollen. Auch in das Infiltrat abgestoßene degenerierte Epithelzellen sollen dabei eine Rolle spielen. In diesem Sinne spricht vielleicht eine Beobachtung von Arndt, der Epithelioide und Riesenzellen mit Pigment beladen fand, während das Pigment in dem deckenden Epithel fehlte. Der zentrale Epithelzapfen wird aber nicht bei allen Knötchen konstatiert. Statt dessen haben andere Autoren vereinzelt Follikel und Schweißdrüsenausführungsgänge im Zentrum gefunden. Gerade was die letzteren betrifft, unterscheiden sich meine Befunde etwas von anderen. In den Berner Fällen fand ich eine regelmäßige Lokalisation um die Schweißdrüsenausführungsgänge. In einem Hamburger Fall (zwei Knötchen vom Vorderarm) war das ebenso. Bei dem anderen zeigten die Knötchen vom Penis typische Anordnung um einen zentralen Epithelzapfen, wie es Pinkus beschrieben hat. Bei demselben Patienten exzidierte ich drei Knötchen vom Vorderarm. Von diesen war eines deutlich um einen Schweißdrüsengang zentriert; das zweite enthielt auch einen Ausführungsgang, aber nicht im Zentrum, und das dritte war seitlich gegen einen solchen gelagert. Ich möchte diesen Tatsachen zwar pathogenetisch keine besondere Bedeutung beimessen, aber sie doch den abweichenden Befunden der anderen Autoren gegenüber nochmals betonen.

Das histologische Bild des Lichen nitidus ist also das eines typischen Tuberkels. Trotzdem hat Pinkus in richtiger Einschätzung des Wertes histologischer Momente die Krankheit nicht zur Hauttuberkulose gerechnet, weil eben alles andere fehlte. Tuberkelbazillen wurden nicht gefunden und aus Anamnese und Status der Patienten ergab sich kein Tuberkuloseverdacht. Ebenso konnte Arndt in seiner ersten Arbeit für eine tuberkulöse Ätiologie noch keine Anhaltspunkte bringen. Später aber hat er zwei Fälle mitgeteilt, von denen der eine eine stark positive Pirquet-Reaktion bot. Bei dem andern konnte er im Schnitt ein nach Much gefärbtes Stäbchen nachweisen. Die Fälle von Kyrle, Sutton und Bachrach betrafen tuberkulöse Individuen. Der Tuberkelbazillennachweis durch Färbung oder Tierversuch fiel aber bisher stets negativ aus. Das war auch in meinen Fällen nicht anders. Die drei Patienten aber, die ich klinisch beobachten konnte (den einen Berner Fall hatte ich nur histologisch untersucht), waren alle tuberkulös. In dem ersten Berner Fall stellte sich bei der Sektion eine aktive Tuberkulose heraus (Meningitis, Spondylitis und Lungentuberkulose). Der eine Hamburger Patient, der eine eigentümliche einseitige Lokalisation der Krankheit an einem Vorderarm zeigte, hatte zahlreiche Narben von tuberkulösen Drüsenerkrankungen am Halse. Besonders interessant in dieser Hinsicht ist aber der zweite Fall. Als ich den Patienten zuerst sah (wegen einer frischen Luesinfektion), hatte er einen typischen Lichen nitidus nur am Penis. Diese Affektion war, wie er sagte, schon vor Jahren in einer Wiener Poliklinik den Ärzten aufgefallen. In der Folgezeit, während der ich den Patienten häufiger sah, blieb der Lichen nitidus unverändert. Der Patient selber war auffallend kräftig und erregte keinen Verdacht auf Tuberkulose; die Untersuchung daraufhin verlief vollkommen ergebnislos. Drei Jahre nach der ersten Konsultation war der Lichen nitidus zum größten Teil spontan verschwunden. Zwei Jahre darauf sah ich den Patienten wieder. Er war jetzt wegen tuberkulöser Pleuritis ins Krankenhaus aufgenommen und zeigte nun neben einem sehr stark ausgeprägten Lichen nitidus des Penis hochgradige Eruptionen derselben Krankheit an den Beugeflächen beider Vorderarme. Diese waren wenige Monate vor Beginn der Pleuritis aufgetreten.

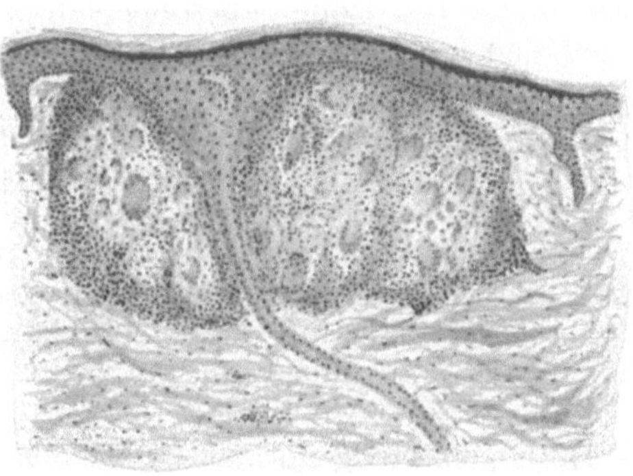

Abb. 104. Lichen nitidus vom Vorderarm. Lokalisation um einen Schweißdrüsenausführungsgang.

Es stehen demgegenüber natürlich die Fälle von Pinkus und Arndt, die längere Zeit beobachtet wurden und wo es sich anscheinend nur um lokale Hautaffektionen am Penis bei sonst gesunden Leuten handelte. Und ich habe früher erwogen, ob bei diesen und den Fällen mit Ausbreitung am Körper nicht etwa zwei ätiologisch verschiedene Affektionen zusammengeworfen wurden. Aber gerade in dieser Beziehung gibt mein eben angeführter Fall zu denken, wo die Disseminierung des lokalen Leidens fast zugleich mit einem Manifestwerden der Tuberkulose erfolgte.

Sicherlich bietet der Lichen nitidus, wenn wir ihn selbst mit einem eingeklammerten Fragezeichen zu den Hauttuberkulosen stellen, noch einige Schwierigkeiten. Da ist vor allem das lange Stationärbleiben der Effloreszenzen, wie wir es sonst bei keinem Tuberkulid kennen, ferner die ungeheure Verschiedenheit in der Häufigkeit der Fälle. Nach Pinkus und Arndt ist es überhaupt keine seltene Krankheit. Ich habe, obwohl ich mit besonderem Interesse auf die Affektion fahnde, unter einem großen Material in fünf Jahren zwei Fälle gesehen. Andere Dermatologen haben überhaupt noch keine zu Gesicht bekommen.

Und doch ist selbst für den, der noch keinen Fall gesehen hat, die Diagnose wegen des monomorphen Charakters der Krankheit nach der Beschreibung leicht zu stellen. Die wichtigste Unterscheidung ist die vom Lichen planus. Die Einzeleffloreszenz des Lichen nitidus läßt sich von den beginnenden Knötchen jener Krankheit nicht unterscheiden. So hatten wir auch in dem ersten Berner Fall zunächst nur an Lichen ruber gedacht, aber wegen der ganz ungewöhnlichen Gleichartigkeit der Einzelelemente eine Biopsie vorgenommen, die dann die Diagnose berichtigen ließ. Jetzt nach Bekanntwerden des Lichen nitidus ist diese Gleichförmigkeit des Exanthems das wichtigste Unterscheidungsmaterial. Bei einem ausgebreiteten Lichen planus wird fast immer Konfluieren und Vergrößerung der Effloreszenzen zugleich mit Annehmen dunklerer Farbentöne beobachtet. Bei isolierten Herden am Penis kommen fast immer annuläre Bildungen vor. Alles das ist dem Lichen nitidus fremd. Die Entscheidung kann hier immer die histologische Untersuchung bringen. Denn obwohl auch hier in der Form und Lagerung des Infiltrates manche Ähnlichkeit besteht, sind doch auch eingreifende Unterschiede in der zelligen Zusammensetzung des Infiltrates (wenngleich nach Sabouraud Riesenzellen auch beim Lichen planus vorkommen) und in den Epithelveränderungen vorhanden. Weniger leicht, ja unmöglich, ist die histologische Unterscheidung von den planen Formen des Lichen scrofulosorum, deren wir weiter oben gedachten, wo wir auch deren histologische Lokalisation um Schweißdrüsenausführungsgänge erwähnt haben. Das wäre auch gar nicht so schlimm, sobald wir sicher sind, daß der Lichen nitidus wirklich eine Tuberkulose ist. Solange das noch nicht der Fall ist, müssen wir die Trennung aufrecht erhalten und uns hier mehr auf klinische Momente verlassen. Da werden wir auch beim Lichen scrofulosorum selten eine so gleichförmige, disseminierte Eruption vorfinden, sondern meist verschiedene Größe der Effloreszenzen bei Neigung zur Gruppenbildung konstatieren. Schließlich kämen für den Lichen nitidus am Penis noch flache Warzen in Betracht, die aber eine matte, nicht glänzende, oft körnige oder gestichelte Oberfläche haben, und die durchscheinenden Talgdrüsen, die, durch gelbe Farbe und unscharfe Begrenzung kenntlich, kaum mit den Knötchen des Lichen nitidus verwechselt werden können.

2. Erytheme.

Die flüchtigste Form, mit der die Haut auf irgend eine ihr auf dem Blutwege zugeführte Schädlichkeit reagieren kann, ist die des Erythems. Es ist mehr als wahrscheinlich, daß auch aufgeschlossenes Tuberkelbazillentoxin diese Wirkung auf das Hautorgan ausüben kann. Wir haben dafür ein einwandfreies Beispiel in exanthemartig auftretenden Erythemen nach Injektion von Tuberkulin. Hier ist die Ätiologie ohne weiteres klar. Viel schwerer ist es bei Erythemen, die spontan ohne künstliche Zufuhr von Tuberkelbazillentoxin erscheinen, zu sagen, ob sie tatsächlich durch die Tuberkelbazillen verursacht sind, oder ob es sich um ein zufälliges Zusammentreffen der an sich ja so häufigen Erytheme mit der noch häufigeren Tuberkulose handelt. Der direkte Nachweis des Erregers wird ja durch die vorübergehende Natur des Hautsymptoms besonders erschwert, und wir sind fast immer auf klinische Beobachtungen und Kombinationen angewiesen. So ist es noch sehr die Frage, ob roseolaartige Eruptionen im fortgeschrittenen Stadium der Phthise, wie sie Bayet beobachtete, oder die unter ähnlichen Verhältnissen auftretenden Erytheme de Bruns, durch Bazillen hervorgerufen, oder nicht vielmehr auf allgemeine, nicht spezifische Intoxikation zurückzuführen sind. Etwas näher liegt die Annahme einer bazillären Ätiologie bei der tuberkulösen Roseola, die Werther gleichzeitig neben papulo-nekrotischen Tuberkuliden beobachtet hat. Hier kann man vielleicht auch die blaßbläulichen, unscharf begrenzten Flecke unterbringen, die Jadassohn bei Erythema induratum, Lupus pernio und (ebenso wie Klingmüller) beim papulo-nekrotischen Tuberkulid gesehen hat.

Wir müssen immer bedenken, daß wir einstweilen noch keine Erythemform kennen, die absolut spezifisch wäre, d. h. die durch ein bestimmtes bakterielles oder toxisches Agens und ausschließlich durch dieses hervorgerufen würde. Das Erythema exsudativum multiforme macht nun freilich in der Mehrzahl der Fälle ganz den Eindruck eines selbständigen Krankheitsbildes; aber auch hier ist Koinzidenz mit Tuberkulose beobachtet und im Sinne einer Abhängigkeit gedeutet worden (z. B. Fall von Ciuffini). Bei den anderen polymorphen Erythemen ist das noch viel erklärlicher (Alessandri, Gaucher und Nathan; Gaucher, Gougerot und Guggenheim). Vielfach wird aber hier das Erythema nodosum schon mitgerechnet (z. B. von Lyonnet und Martin), und für die Beziehung dieser Affektion zur Tuberkulose liegt heute allerdings ein nicht ganz unerhebliches Material vor.

Sicher ist auch das Erythema nodosum keine „Entité morbide", sondern eine „Réaction cutanée" im Sinne Brocqs. Oder besser: Es mag eine spezifische Infektionskrankheit geben, die mit den Symptomen des Erythema nodosum auftritt; jedenfalls wissen wir, daß die gleichen Erscheinungen durch toxische Substanzen (z. B. Jod) oder auch durch ein belebtes Virus erzeugt werden können. Auf das Erythema nodosum syphiliticum hat besonders E. Hoffmann wieder aufmerksam gemacht und den pathologischen Prozeß als syphilitische Wandentzündung subkutaner Venen dargetan. Die Ansicht von einem Zusammenhang des nodösen Erythems mit Tuberkulose ist noch älter. Bereits Uffelmann spricht 1872 von einer „ominösen Form" dieser Krankheit und 1877 schrieb Oehme über denselben Gegenstand. Dabei ist ein — wie uns scheint — sehr wesentliches Moment gerade in der Arbeit von Uffelmann hervorgehoben, wenn er von einer Krankheit des kindlichen Alters spricht. Wenn man nämlich die Literatur der letzten Jahre durchsieht — ich verfüge auf diesem Gebiet über keine eigenen Beobachtungen — so liegt eine gewisse Berechtigung darin, den Fällen bei Kindern eine Sonderstellung einzuräumen.

R. Pollak hat vor kurzem 48 Fälle von Erythema nodosum bei Kindern von 1—13 Jahren zusammengestellt. Alle diese Kinder reagierten auf Tuberkulin nach Pirquet positiv. Davon waren 28 Kinder in einem Alter (zwei bis sechs Jahre), wo der Durchschnitt positiver Reaktionen sonst höchstens 52% beträgt. Moro hat allerdings unter seinen Fällen nicht ausschließlich positive Reaktionen erhalten, aber die Beobachtungen Pollaks sind jedenfalls von Wichtigkeit und sprechen noch mehr für einen Zusammenhang mit

Tuberkulose als es die zahlreichen Einzelbeobachtungen folgender Art tun: Ein Kind erkrankt an Erythema nodosum; die Krankheit läuft in typischer Weise ab; kürzere oder längere Zeit darauf stirbt das Kind an Meningitis tuberculosa (z. B. Fälle von Dunlop, Sézary, Hegler, der viele ähnliche Fälle aus der Literatur zitiert). Hier ist es natürlich sehr wohl möglich, daß das Erythema nodosum bereits ein Symptom der Tuberkulose war. Aber auch die Erklärung Jadassohns ist nicht zu widerlegen, daß es sich um Mobilisierung einer schon vorhandenen Tuberkulose durch Hinzukommen einer anderen spezifischen Infektionskrankheit handeln könne, ähnlich wie wir das bei den Masern seit langem kennen. Freilich sah Pollak, ebenso wie Joynt, gerade nach Masern mehrmals ein Erythema nodosum auftreten. Hegler beobachtete dasselbe einmal nach Scharlach.

Bei den Fällen im erwachsenen Alter ist der Beweis einer tuberkulösen Ätiologie noch schwieriger. Es fehlt hier eine so große Statistik wie die von Pollak. Doch finden wir in vielen Einzelbeobachtungen das Zusammenvorkommen mit Tuberkulose besonders betont (Parkes Weber, Courmont, Savy und Charlet, Martinotti), gelegentlich auch mit Tuberkuliden (Balzer und Landesmann). W. Hildebrandt und Brian haben in je einem Falle in dem Blute der Patienten durch Tierversuch Tuberkelbazillen nachgewiesen. Landouzy fand einmal bei einer tuberkuloseverdächtigen Frau mikroskopisch einen Tuberkelbazillus im Schnittpräparat von einem Knötchen und konnte mit einem solchen ein Meerschweinchen infizieren. Ferner ist wiederholt die Beobachtung gemacht worden, daß die Patienten auf kutane Tuberkulinanwendung ganz besonders hochgradig reagieren, ja daß die Reaktionsstellen den Charakter der spontan entstandenen Krankheitsherde annehmen (Chauffard und Troisier, Barbier und Lian). Auch nach subkutaner Tuberkulininjektion hat Sequeira solche Herde auftreten sehen.

Im ganzen scheint es mir kaum zu bestreiten, daß der Tuberkelbazillus, wenn er auf der Blutbahn in die Haut verschleppt wird, Krankheitssymptome erzeugen kann, die eine frühere Zeit unter dem einheitlichen Bild des Erythema nodosum zusammenfaßte. Es ist aber nicht bewiesen, daß dieser Symptomenkomplex nur der Tuberkulose seine Entstehung verdankt. Im Gegenteil ist es recht wahrscheinlich, daß verschiedenen Ursachen dasselbe klinische Bild hervorrufen können. Ich erinnere nur nochmals an Syphilis, ferner an einen Fall, den ich mit E. Plate zusammen beschrieben habe, wo ein dem Erythema nodosum gleichendes Exanthem bei einer Erkrankung der Speichel-, Tränen- und Lymphdrüsen auftrat. Ebensowenig wie es uns hier gelungen ist, eine spezifische Ursache ausfindig zu machen (für Tuberkulose fiel alles negativ aus; histologisch fand sich ein sarkoidähnliches Granulom), wird man in einer ganzen Reihe anderer Fälle über die Ätiologie etwas Bestimmtes aussagen können. Möglich, ja wahrscheinlich ist es, daß es noch eine akute Infektionskrankheit dieser Form mit uns noch unbekanntem spezifischem Erreger gibt; wir können darüber einstweilen nicht mehr äußern als Hypothesen. Unter allen Umständen muß jeder Fall von Erythema nodosum genau in der Richtung auf Tuberkulose untersucht, jeder Fall im frühen Kindesalter als höchst tuberkuloseverdächtig angesehen werden.

Für die Diagnose ist einstweilen eine scharfe Trennung vom Erythema induratum wichtig, dessen Beziehungen zur Tuberkulose ja viel gesicherter sind. Wahrscheinlich sind manche Fälle, die früher als Erythema nodosum publiziert worden sind, tatsächlich Erythema induratum gewesen. Trotz möglicherweise vereinzelt vorkommenden Übergangsfällen ist aber die Unterscheidung beider Affektionen durchaus nicht schwer. Beim Erythema nodosum haben wir akutes Auftreten zahlreicher Krankheitsherde, beim Erythema induratum oft allmähliche Entwicklung einzelner Knoten; bei der ersteren Krankheit vorwiegend kutanen Sitz der Läsion, bei der letzteren subkutanen. Die Knoten des Erythema nodosum sind auf Berührung schmerzhaft, die des Erythema induratum meist indolent. Bei jenem lokalisiert sich die Eruption vorwiegend auf die Streckseiten, bei diesem auf die Beugeflächen des Unterschenkels. Das Erythema nodosum beginnt oft unter Fieber und mit Beeinträchtigung des Allgemeinbefindens, läuft meist in wenigen Wochen ab, führt nie zur Ulzeration und schwindet unter eigentümlicher Verfärbung der Herde wie bei der Resorption von Blutergüssen. Das Erythema induratum kann sich über viele Monate hinziehen, beeinflußt die allgemeine Gesundheit kaum, führt häufig zu Erweichung und Ulzeration der Knoten, die allmählich mit bräunlicher Pigmentierung oder unter Vernarbung abheilen. Es sind also Unterschiede genug vorhanden, und wenn man selbst eine „persistierende Form des Erythema nodosum“ anerkennen will, wie W. Pick — ich halte den Namen kaum für zweckmäßig —, so hat auch dieses mit dem Erythema induratum, wie wir es oben als eine bestimmte Form der Hauttuberkulose beschrieben haben, nichts zu tun, sondern fällt unter die Gruppe der einstweilen noch ätiologisch unklaren Affektionen.

3. Exfoliierende Erythrodermien.

Unter „exfoliierender Erythrodermie“ verstehen wir ein Krankheitsbild, dessen Hauptkennzeichen, wie der Name sagt, diffuse Rötung und Schuppenbildung sind, und das die Tendenz hat, die gesamte Hautoberfläche in gleicher Weise zu ergreifen. Zu Anfang sind allerdings oft nur einzelne Regionen befallen, besonders die Beugeflächen der großen Gelenke, bald aber breitet sich das Leiden von da über den ganzen Körper aus und kann so Wochen, Monate und Jahre verharren. Auf dem Höhepunkt der Krankheit zeigt die gesamte Körperhaut eine hell- bis dunkelrote Farbe, an den unteren Extremitäten manchmal mit bläulichen Tönen untermischt. Sie ist ödematös, infiltriert und dadurch häufig stark gespannt, so daß die Bewegungen erschwert sind und an den Gelenkbeugen nicht selten Einrisse entstehen. Das Gesicht bekommt in diesen Fällen einen eigentümlich starren Ausdruck. In anderen Fällen ist eine Schwellung der Haut kaum bemerkbar, sondern nur eine diffuse Rötung zu konstatieren. Die Schuppenbildung ist bei diesen oft fein kleienförmig, bei stärkerer Infiltration mehr lamellös, in allen Fällen sehr ausgiebig. Wo die Schuppen sich in großen Lamellen ablösen, ist der Grund manchmal etwas feucht oder fettig anzufühlen. Auf dem behaarten Kopf sind die Schuppen meist zu dichten weißlichen Massen angehäuft. Die Haare werden allmählich spärlich und fallen bei längerem Bestehen des Leidens völlig aus. Diese Alopecie betrifft dann meist das gesamte Haarkleid. Die Nägel zeigen anfangs Unregelmäßigkeiten des Wachstums, Querfurchen, Verdickungen, Brüchigkeit und gehen schließlich ohne besondere entzündliche Vorgänge am Nagelbett ganz verloren. Nach langem Bestehen tritt an Stelle der ödematösen Schwellung schließlich eine hochgradige Atrophie der Haut, die eine „seidenpapierartige“ Beschaffenheit annimmt. Durch diese Atrophie kommt es an manchen Stellen zu Kontrakturen, durch welche Gelenke immobilisiert werden, an den unteren Augenlidern häufig zu Ektropien.

Der Verlauf des Leidens ist von ganz verschiedener Dauer. Die akut auftretenden und in kurzer Zeit zur Heilung gelangenden Fälle interessieren uns hier nicht, da sie wohl immer vorübergehend einwirkenden Schädlichkeiten ihre Entstehung verdanken. Die schweren subakuten und chronischen

Fälle beginnen meist allmählich ohne starke subjektive Erscheinungen und entwickeln sich schleichend. Sie bleiben manchmal lange Zeit auf dem Höhepunkt ohne starke Beeinträchtigung des Allgemeinbefindens. Von subjektiven Beschwerden sind zu nennen das Jucken, das manchmal nur sehr gering ist, und das infolge des Wärmeverlustes meist vorhandene Frösteln. Fieber besteht nicht immer, in manchen Fällen nur periodisch. Schließlich gehen die Patienten doch unter allgemein kachektischen Erscheinungen zugrunde, wobei dann in den hier besonders in Betracht kommenden Fällen häufig eine innere Organtuberkulose im klinischen Bild die Oberhand gewinnt.

Die „Erythrodermia exfoliativa generalisata" ist noch viel weniger als das eben besprochene Erythema nodosum als eine Krankheit sui generis zu betrachten, ja es ist schon ein Fehler, von ihr im Singularis zu sprechen. Die exfoliativen Erythrodermien sind Hautreaktionen auf schädigende Ursachen verschiedenster Art. Wir wissen heute, daß chemisch bekannte Körper nicht nur vorübergehende (z. B. Morphium), sondern auch schwere und relativ langsam verlaufende, in einzelnen Fällen auch zum Tode führende Formen hervorrufen können (z. B. Hg und ganz besonders Salvarsan). Ferner ist es bekannt, daß gut charakterisierte Krankheiten, wie Psoriasis, Lichen ruber, seborrhoische Ekzeme, in ein Stadium übergehen können, wo sie ganz das Bild einer exfoliativen Erythrodermie bieten. Diese Fälle, deren Ursache manchmal in ungeeigneter Therapie zu suchen ist, haben die alten französischen Autoren als „maligne Herpetiden" bezeichnet. Die Mykosis fungoides kann längere Zeit als mykotische Erythrodermie bestehen und in dieser Form klinisch von den anderen Gruppen nicht zu unterscheiden sein. Schließlich — und das ist für uns hier das Wichtigste — sind es ganz besonders die Tuberkulose und die leukämischen Krankheiten, die bei den Erythrodermien eine ursächliche Rolle spielen.

Bei diesem Sachverhalt hat eine klinische Einteilung der Erythrodermien wenig Wert. Wir können deshalb das etwas umständliche Schema, das Brocq gibt, und dem sich auch Darier teilweise anschließt, ganz entbehren. Denn es baut sich hauptsächlich auf die Zeit des Verlaufes auf. Hier wäre es nur zweckmäßig, die akuten und rezidivierenden skarlatiniformen Erythrodermien Brocqs abseits zu stellen. Die subakuten und chronischen dagegen sind kaum voneinander zu trennen. Eine begründete Trennung wäre nur ätiologisch durchzuführen. Hier ist die Frage, ob neben den obengenannten möglichen Krankheitsursachen eine bis jetzt noch unbekannte spezifische vorkommt, der eine besondere „idiopathische" Krankheitsform entspräche. Ich halte das kaum für wahrscheinlich. Und deshalb kann ich keine anderen als Pietätsgründe dafür einsehen, daß man solchen Fällen, deren Ätiologie dunkel geblieben ist, den Namen einer „Pityriasis rubra Hebrae" anhängt. Es gibt kein Symptom, durch das diese Affektion etwa von den anderen Erythrodermien klinisch zu unterscheiden wäre. Auch die Atrophie stellt kein solches Merkmal dar. Sie kann in allen Fällen eintreten, wenn der Kranke es erlebt, braucht aber auch nicht zur Ausbildung zu kommen, da die Krankheit vorher ihrem infausten Ende zueilt. Die Diagnose „Pityriasis rubra Hebrae" bedeutet also weiter nichts als den Verzicht darauf, die Grundursache des Leidens in dem betreffenden Falle herauszufinden.

Gerade bei der „Pityriasis rubra Hebrae" haben seinerzeit die wichtigen Untersuchungen von Jadassohn eingesetzt. Er wies hier an eigenen Fällen und solchen der Literatur nach, daß unter den mit dieser Krankheit behafteten ein unverhältnismäßig hoher Prozentsatz von tuberkulösen Individuen zu finden ist und hat damit die Lehre von der tuberkulösen Erythrodermie begründet, die heute fast allgemein anerkannt ist. In den letzten Jahren ist eine ganze Anzahl solcher Fälle publiziert worden, ich nenne die von Bruusgaard, Kanitz, O. Müller, Foster, Halle, Polland, Fiocco und O. Sachs. In fast allen diesen Fällen konnte das Vorhandensein einer Tuberkulose durch die Sektion bewiesen werden.

Die Frage ist nur noch, welcher Art der Zusammenhang der Hauterscheinungen mit dem Grundleiden ist. Daß die Tuberkulose sekundär zu einer schweren Haut- und Allgemeinerkrankung hinzugekommen wäre, wie es früher Audry angenommen, neuerdings Fiocco für möglich gehalten hat, ist zwar nicht ganz auszuschließen, als Erklärung aber wenig befriedigend. Andererseits könnte der Zusammenhang mit Tuberkulose ja auch ein indirekter sein. Fast in allen Fällen handelt es sich um eine Lymphdrüsentuberkulose. Nun kennen wir mehrere Arten von Hautreaktionen (Prurigo- und Urticaria formen), die bei Erkrankungen des Lymphsystems, auch von ganz verschiedener Ätiologie, auftreten (Leukämie, Lymphogranulomatose, Sarkome etc.). Möglicherweise könnten auch Erythrodermien so entstehen und in gleicher Weise bei Leukämie und Pseudoleukämie wie bei Tuberkulose. Der histologische Befund scheint ja manches für diese Erklärung Verwendbare zu bieten. Er ist nämlich in der großen Mehrzahl der Fälle ganz unspezifisch. Wir haben eine Parakeratose des Epithels, Schwund des Stratum granulosum und Ödem des Rete Malpighi, Ödem der obersten Cutisschichten und ein mehr oder weniger dicht, häufig um Gefäße und Drüsen angeordnetes Infiltrat, das fast ausschließlich aus kleinen Lymphocyten mit vereinzelten Mast- und Pigmentzellen besteht. Im späteren Stadium finden wir, entsprechend den klinischen Befunden, hochgradige Atrophie des Epithels und der Cutis mit Schwinden des Kollagen (Foster). Da auch die pseudoleukämischen Erythrodermien ein identisches Bild geben können, so schien das dafür zu sprechen, daß als direkte Ursache nur die Schädigung des Lymphsystems anzusehen wäre. Hiergegen gibt es aber zwei Einwände. Einmal gibt es Tuberkulosen, die unter dem Bilde der Pseudoleukämie verlaufen, und der Zusammenhang zwischen beiden Krankheiten ist vielleicht überhapt enger als man früher gedacht hat. (Davon im folgenden Abschnitt!) Zweitens aber sind bisher doch schon zwei Fälle bekannt (die von Bruusgaard und Fiocco), wo bei einer Erythrodermia exfoliativa generalisata in der Haut typisch tuberkulöse Strukturen und nach Ziehl färbbare Tuberkelbazillen nachgewiesen worden sind. Trotz der geringen Zahl kommt diesen Befunden eine große prinzipielle Bedeutung zu. Denn sie zeigen, daß es unter dem Bilde der Erythrodermie verlaufende Fälle gibt, die wir ungekünstelt nicht anders erklären können als alle anderen allgemein anerkannten Formen hämatogener Hauttuberkulose. Was die Fälle mit durchweg unspezifischen Veränderungen anbelangt, so müssen wir hier schon die Frage aufwerfen, die auch die folgenden Kapitel beherrschen wird, ob wir nicht umlernen müssen, in betreff dessen, was wir von den Wirkungen des Tuberkelbazillus in der Haut und im Organismus wissen.

4. Hauterkrankungen bei Lymphadenose und Lymphogranulomatose.

Es ist eine bekannte Tatsache, daß es multiple Lymphdrüsentuberkulosen gibt, die klinisch unter dem Bilde einer Pseudoleukämie verlaufen. Die Diagnose kann hier nur durch den Blutbefund gestellt werden, der das Vorhandensein einer Pseudoleukämie oder Leukämie, oder wie man jetzt besser sagt, einer „aleukämischen oder leukämischen Lymphadenose“ durch die relative oder absolute Vermehrung der Lymphocyten beweist. Die histologische Untersuchung der erkrankten Haut kann die gewünschte Entscheidung lange nicht in allen Fällen erbringen. Denn bei den leukämischen Erythrodermien kann der Befund genau denen der tuberkulösen entsprechen, d. h. ganz uncharakteristisch sein. Nur in der kleineren Zahl der Fälle handelt es sich auch bei der diffusen Erkrankung der ganzen Hautdecke um denselben Prozeß wie an den Lymphdrüsen und inneren Organen, nämlich um eine Hyperplasie des lymphatischen Gewebes. Wo diese sich in den Hautschnitten nachweisen läßt, ermöglicht allerdings auch schon die histologische Untersuchung die Diagnose.

Im übrigen wäre die Trennung von der Tuberkulose ein leichtes, wenn die Frage nach der Ätiologie der leukämischen Erkrankungen in befriedigender Weise gelöst wäre. Das ist aber noch keineswegs der Fall. E. Fränkel und Much haben im Antiforminsediment von leukämischen Organen regelmäßig einen granulierten Bazillus gefunden, der etwa die Länge des Tuberkelbazillus, aber die drei- bis vierfache Dicke hatte, einen Bazillus, der sich nicht nach Ziehl, wohl aber nach der Muchschen Modifikation der Gramfärbung darstellen ließ. Denselben Bazillus fanden sie nach Impfung mit leukämischem Material in der vergrößerten Mesenterialdrüse eines Meerschweinchens. Sie zögern nicht mehr, diesen antiformin- und gram-, aber nicht ziehlfesten Bazillus für den Erreger der Leukämie zu erklären. Mit ihren Angaben stimmen aber die Befunde von G. Arndt nicht überein. Dieser Autor untersuchte einen in jeder Beziehung typischen Fall von leukämischer Lymphadenose mit hochgradiger, unter dem Bilde der exfoliativen Erythrodermie verlaufender Erkrankung der gesamten Hautdecke, und zwar jener Form, bei der auch die Hautveränderungen histologisch den ausgesprochenen Charakter der Lymphadenose haben. In den nach Ziehl gefärbten Schnittpräparaten von der Haut entdeckte er spärliche, teilweise auch zu zweit gelagerte Bazillen, die zum Teil von Tuberkelbazillen nicht unterschieden werden konnten, zum Teil dagegen etwas plumper und kürzer erschienen. Die Bazillen lagen frei im Gewebe oder im Innern von großen Lymphocyten. Die Untersuchung von Lymphdrüsen und Milz zeigte dieselben Bazillen, in der Milz sogar an einer Stelle 10—12 Exemplare im Innern eines großen Lymphocyten. Weder die Haut noch die inneren Organe wiesen die geringste Spur histologischer Tuberkulose auf, so daß von einer Kombination beider Krankheiten im gewöhnlichen Sinne nicht die Rede sein konnte. In einem anderen Fall von zirkumskripten tumorförmigen Hautveränderungen bei Leukämie fand Arndt mitten in dem lymphadenotisch erkrankten Gewebe einen einzelnen Herd mit typischen, perivaskulär angeordneten Epithelioidzellentuberkeln, obwohl auch hier die genaueste Untersuchung der Haut und der inneren Organe sonst keinen Verdacht auf Tuberkulose ergab. Auch in diesem Falle konnte Arndt in dem lymphadenotischen, nicht in dem tuberkulösen Gewebe dieselben ziehlfesten Bazillen nachweisen. Tierversuche konnten leider in beiden Fällen nicht angestellt werden, so daß die Frage unentschieden bleiben mußte, ob die gefundenen Bazillen tatsächlich Tuberkelbazillen oder diesen sehr nahe verwandte Mikroorganismen sind.

Zur Ergänzung seiner eigenen Befunde zitiert Arndt die Arbeit von Coley und Ewing. Auch von diesen Autoren wurden in einem Falle typischer Leukämie ohne anatomisch nachweisbare tuberkulöse Erkrankung irgend eines Organes in einer Lymphdrüse Bazillen von vollkommener Tuberkelbazillenähnlichkeit gefunden. Durch Überimpfung von Lymphdrüsenaufschwemmung konnte bei Affen und Meerschweinchen Tuberkulose erzeugt werden. Es ist hier also das Vorhandensein von Tuberkelbazillen in den lymphadenotisch veränderten Drüsen bewiesen. Dadurch gewinnen tatsächlich die Arndtschen

Untersuchungen noch an Bedeutung. Daß seine Bazillen mit denen von von Fränkel und Much nicht identisch sind, ist ohne weiteres klar, denn sie waren säurefest, jene nur gramfest und viel plumper. Die Befunde von Arndt haben aber deshalb jenen gegenüber besonders großen Wert, weil sie nicht nur im Antiforminpräparat, sondern auch in Schnitten erhoben wurden. Es ist also sehr wohl möglich, daß wir neben den früher schon bekannten Mischformen von tuberkulösen und pseudoleukämischen Veränderungen, wie sie in der Haut z. B. Jadassohn gesehen hat, noch eine Form der Tuberkulose werden anerkennen müssen, die unter dem Bilde der reinen Lymphadenose verläuft. In diesem Falle würden manche heute unter die leukämischen Dermatosen gerechnete Erkrankungen, Erythrodermien wie Tumoren, tatsächlich zur Hauttuberkulose gehören. Bis jetzt ist aber noch alles ungewiss, und wir können deshalb bei einer Darstellung der Hauttuberkulose nur darauf hinweisen, daß hier vielleicht spätere Zeiten einige Kapitel hinzufügen werden.

Ganz ähnlich wie bei den leukämischen Krankheiten verhält es sich mit den Beziehungen der Lymphogranulomatose zur Tuberkulose. Jene Krankheitsform wurde bekanntlich von C. Sternberg mit Recht von der großen Gruppe der Leukämien abgetrennt. Denn von diesen unterscheidet sich das Lymphogranulom oder die „Hodgkinsche Krankheit“ dadurch, daß ihr Wesen nicht in einer Hyperplasie des lymphatischen Gewebes liegt, sondern in einer Verdrängung desselben durch ein entzündliches Granulom. Daher fehlt auch im Blutbild die Lymphocytose, und wenn dieses überhaupt verändert ist, so ist es im Sinne einer Vermehrung der polymorphkernigen Leukocyten. Das Granulom zeichnet sich durch die Vielgestaltigkeit der Zellelemente aus. Es besteht aus kleinen und großen Lymphocyten, Epithelioidzellen und Fibroblasten, Eosinophilen und Plasmazellen. Ganz besonders charakteristisch sind aber zahlreiche, sehr große Zellen mit großem, polymorphem, gelapptem oder ringförmigem Kern, oder mit mehreren, chromatinreichen, dunkel gefärbten, meist zentral gelegenen Kernen. Diese Zellen unterscheiden sich durchaus von den Langhansschen Riesenzellen des Tuberkels, mit denen sie nur bei oberflächlicher Betrachtung verwechselt werden können.

Das Lymphogranulom ist, wie die Leukämien, vorwiegend eine Krankheit der Lymphdrüsen, der Milz und des Knochenmarkes. In der Haut wurden tumorartige Formen der Affektion zuerst von S. Grosz beschrieben, später von Hecht, Bruusgaard, K. Ziegler, Bering, daneben der Erythrodermie ähnliche Flächen von Arndt, papulöse Eruptionen, die an Syphilis erinnerten, von Nobl, und ähnliche Elemente von Heuck. Die Diagnose kann schon wegen der Unterscheidung von den leukämischen Hautaffektionen nur mikroskopisch gestellt werden.

Sternberg sah anfangs in der Krankheit „eine eigenartige, unter dem Bilde der Pseudoleukämie verlaufende Tuberkulose des lymphatischen Apparates“. Von den späteren Autoren haben sich viele dieser Auffassung nicht angeschlossen, sondern sind für die selbständige Natur der Krankheit eingetreten. Ätiologisch haben sich in den letzten Jahren besonders E. Fränkel und Much um die Erforschung des Leidens verdient gemacht. Während Sternberg in vielen Fällen neben den anatomischen Veränderungen des Lymphogranuloms auch solche von typischer Tuberkulose gefunden hatte, waren diese nur einmal unter 18 Fällen von E. Fränkel nachzuweisen. Bei der Untersuchung des Antiforminsedimentes erkrankter Drüsen und anderer Organe fanden Fränkel und Much fast immer feine, gram-, aber nicht säurefeste Bazillen, die von der granulären Form des Tuberkelbazillus nicht zu unterscheiden waren. Bei Meerschweinchen, die mit frisch exzidierten Krankheitsprodukten geimpft waren, entstanden meist nur vereinzelte fibröse Tuberkel. In drei Fällen konnte dagegen allgemeine Meerschweinchentuberkulose erzeugt und daraus die Tuberkelbazillen in Reinkultur gewonnen werden, obwohl die spätere Sektion der Fälle typischen Morbus Hodgkin ohne eine Spur von nachweisbarer Tuberkulose ergab. In einem weiteren Falle erhielt Hegler eine ausgesprochene lokale Reaktion der erkrankten Lymphdrüsen auf Tuberkulin. Auch hier konnte später keine Tuberkulose im gewöhnlichen Sinne nachgewiesen werden. Durch alle diese Beobachtungen wird ein ätiologischer Zusammenhang der Lymphogranulomatose mit Tuberkulose sehr nahe gelegt.

Arndt ist zu ähnlichen Resultaten gekommen. In seinem Fall, der klinisch keine Anhaltspunkte für Tuberkulose bot (Pirquetsche Reaktion negativ), fand er in Schnittpräparaten eines Hauttumors säurefeste Bazillen, die etwas kürzer und plumper schienen als Tuberkelbazillen. Etwas reichlicher fand er diese Mikroorganismen nach Muchscher Färbung. Ob es Tuberkelbazillen waren, läßt sich bei Fehlen von Tierversuchen nicht entscheiden. Es ist hier nicht der Platz, auf die große Literatur des Lymphogranuloms aus den letzten Jahren näher einzugehen. Es sei dafür auf das große Sammelreferat von G. Herxheimer verwiesen. Das Beweismaterial, das die dermatologischen Arbeiten für einen Zusammenhang mit Tuberkulose liefern, ist einstweilen gering. In den Fällen von Nobl und Bruusgaard wurde nichts von Tuberkulose gefunden. Dagegen ist eine Beobachtung von Heuck bemerkenswert: Bei einem Patienten mit ausgebreitetem altem Lupus entstanden in der Leistengegend eigentümliche, kleine, rosafarbene Knötchen, die histologisch das Bild des Lymphogranuloms zeigten. Auf eine subkutane Tuberkulininjektion reagierte der Lupus deutlich lokal, die Lymphogranulomknoten dagegen nicht. Die Verimpfung der letzteren auf Meerschweinchen gab ein negatives Resultat.

Alles in allem muß man also auch in der Frage des Lymphogranuloms ein „non liquet“ aussprechen. Für einen Zusammenhang mit Tuberkulose sprechen die immerhin recht häufigen Angaben der Pathologen über Mischfälle von beiden Krankheiten (z. B. A. Lichtenstein), sowie die Befunde von E. Fränkel und Much und Arndt. Das eigentliche Problem ist aber noch ungelöst.

5. Lupus erythematodes.

In der Einleitung ist bereits erwähnt worden, daß es Cazenave war, der im Jahre 1851 den Namen Lupus erythematodes eingeführt hat. Damit war das Krankheitsbild, das Biett schon 1828 als „Erythème centrifuge“, Hebra 1845 als „Seborrhoea congestiva“ beschrieben hatte, in die unmittelbare Nachbarschaft des Lupus vulgaris gerückt. Das eigentliche Problem des Lupus erythematodes, das in dieser Namensverwandtschaft schon angedeutet wird, konnte allerdings erst eine spätere ätiologisch denkende Zeit aufstellen. Einstweilen beschäftigten sich zahlreiche Beobachter damit, das klinische Bild der Krankheit in den Einzelheiten zu vervollkommnen, und in diesem Zusammenhang muß vor allem der Name Kaposis genannt werden. Die Schwierigkeit begann, als die tuberkulöse Natur des Lupus vulgaris bewiesen war und es sich herausstellte, daß für den Lupus erythematodes so einfache ätiologische Zusammenhänge nicht nachzuweisen waren. Jetzt erhob sich die Frage des Lupus erythematodes, die seitdem eine der wichtigsten, vom klinischen Standpunkt aus wohl heute die wichtigste in der Lehre von der Hauttuberkulose geblieben ist. Denn es handelt sich beim Lupus erythematodes nicht um eine Rarität, wie bei den Boeckschen Sarkoiden, oder ein an sich gleichgültiges, nur diagnostisch interessierendes Leiden, wie beim Lichen nitidus. Der Lupus erythematodes ist eine nicht ganz seltene, in jedem Falle eine ernste Krankheit, die unter Umständen Wohlbefinden und Leben der Patienten ebenso gefährden kann wie die schwersten uns bekannten Formen der Hauttuberkulose. In solchen Fällen hat das Gefühl der vollkommenen Ungewißheit über Ursache und Wesen der Krankheit etwas besonders Peinigendes.

Die französischen Autoren in ihrer großen Mehrzahl haben sich bald die Sache leicht gemacht, indem sie intuitiv auf Grund klinischer Eindrücke den Lupus erythematodes ohne weiteres zur Hauttuberkulose stellten. Und heute ist man in Frankreich fast so weit, daß der Praktiker sich bei der Diagnose „Lupus" beruhigt und auf die Unterscheidung von „vulgaris" und „erythematodes" keinen großen Wert legt. Die deutschen Dermatologen haben dagegen in dieser Frage eine größere Skepsis walten lassen und sich lange gegen jeden Zusammenhang mit Tuberkulose gewehrt. Logisch war dieser Standpunkt sicher besser begründet, denn Beweise, die man verlangen mußte, waren nicht vorhanden. Hier ist nun in den allerletzten Jahren besonders durch die Untersuchungen von Gougerot und Br. Bloch ein Umschwung eingetreten, und es scheint sich jetzt die Wage nach der Seite der Tuberkulose zu senken. Wenn ich deshalb hier den Lupus erythematodes, abweichend von früheren deutschen Autoren, bei der Hauttuberkulose behandle, so muß ich gestehen, daß ich das noch immer mit einem gewissen Zögern und mit aller Reserve tue in der Überzeugung, daß das letzte Wort noch nicht gesprochen ist. Solange aber diese Unsicherheit besteht, scheint es mir richtiger, bei der Schilderung der Krankheit im Rahmen der Hauttuberkulose sich auf das Wichtigste zu beschränken. Welchen Raum eine Beschreibung, die alle Einzelheiten berücksichtigt, einnehmen müßte, zeigt ja die in jeder Beziehung erschöpfende Monographie von Jadassohn, die sich als selbständige Arbeit außerhalb der Hauttuberkulose in Mraceks Handbuch findet. Es ihr gleichtun zu wollen, würde gegen die Proportionen dieses Buches verstoßen. Hier kann nur eine kürzere Zusammenfassung der klinischen Eigenschaften und eine Erörterung aller der Momente, welche für oder gegen die Zugehörigkeit zur Tuberkulose sprechen, gegeben werden.

Symptome. Der Lupus erythematodes hat keine eigentliche Primäreffloreszenz, wie das Jadassohn mit Recht im Gegensatz zu Kaposi betont. Alles, was als Primärläsion angesehen werden könnte, ist schon eine Weiterentwicklung aus uncharakteristischen Anfängen. Erst die Kombination verschiedener Krankheitsphasen und Hautsymptome macht das Wesen des Lupus erythematodes aus. Man könnte hier klinisch drei Kardinalsymptome unterscheiden: Erythem, Hyperkeratose, Atrophie, und diesen drei weitere wichtige Erscheinungen unterordnen: Infiltration, Teleangiektasien, Pigmentation. Der klinische Charakter des einzelnen Falles und die große Polymorphie der Krankheit ist von der Abstimmung dieser sechs Faktoren abhängig. Nehmen wir zunächst den einfachsten und häufigsten Fall. Die Erkrankung beginnt im Gesicht mit einem kleinen, runden, scharf von der Umgebung abgesetzten, manchmal schon leicht erhabenen roten Fleck. Das ist das Stadium des reinen Erythems. Der Fleck schreitet langsam und nach allen Seiten gleichmäßig peripherwärts fort, wobei ein Geflecht von Teleangiektasien sich häufig von dem diffusen Rot des Erythems abhebt, manchmal auch punktförmige Hämorrhagien zu sehen sind. Im Zentrum bilden sich trockene Schuppen, die fest anhaften und durch leichtes Kratzen kaum zu entfernen sind. Kratzt man etwas stärker, so kann man sie von der Unterlage abheben und sieht nun, daß sie mit kleinen zapfenartigen Fortsätzen in der Haut haften. Wo diese gelöst sind, wird es deutlich, daß ihnen Vertiefungen entsprechen, die zum größten Teil durch erweiterte Follikelöffnungen gebildet sind. Auch neben den zusammenhängenden Schuppenmassen, meist nach dem Rand zu, sieht man punktförmige Verhornungen und klaffende Follikelmündungen mit beginnender Hyperkeratose oder mit verhornter, comedoähnlicher Masse im Innern. Diese erweiterten Follikelausgänge geben der Oberfläche ein gesticheltes Aussehen. Das ist das Stadium der Hyperkeratose.

Bei der weiteren Entwicklung des Herdes machen sich in der Mitte andere Veränderungen bemerkbar. Das Zentrum sinkt ein und nimmt eine narbig atrophische Beschaffenheit an. Von außen nach innen haben wir nun folgende Zonen: Einen roten glatten, etwas erhabenen Saum, dann eine mit verhornten Massen bedeckte Schicht und schließlich im Zentrum eine glatte, weiße oder graue oder leicht bläulich durchscheinende Narbe. Diese repräsentiert das Stadium der Atrophie, und das Ganze wäre jetzt eigentlich erst ein klinisch typischer Herd von Lupus erythematodes.

Das ist aber, wie gesagt, nur die Entwicklung einer ganz bestimmten Art von Fällen, wo die drei Kardinalsymptome alle gleich deutlich ausgeprägt sind. Davon sind die verschiedensten Abweichungen möglich. Nehmen wir zuerst die Fälle, wo das Erythem im Vordergrund der Erscheinungen steht. Auch diese Fälle beginnen mit kleinen roten, scharf umgrenzten Flecken. Diese haben aber die Tendenz, sich rasch über größere Flächen auszudehnen, und zwar in symmetrischer Weise, besonders im Gesicht. Es ist das die Form, die Brocq als „Erythème centrifuge" von der „Forme fixe" des Lupus erythematodes abgetrennt hat. Wir finden hier das Gesicht in einer ganz bestimmten charakteristischen Lokalisation befallen: Die Nase und beide Wangen nimmt eine „schmetterlingsförmig" umgrenzte Rötung ein. Es sind große, konfluierte Plaques eines Erythems, das fast keine palpable Infiltration zeigt. Die Hyperkeratose braucht anfangs gar nicht und auch später nur in geringem Grade vorhanden zu sein. Sie hat dann oft nur den Charakter einer feinen, weißen, pityriasiformen Schuppung, ähnlich manchen ganz oberflächlichen, seborrhoischen Gesichtsekzemen, nur mit dem Unterschied, daß sich die Schuppen nicht beim Darüberstreichen als feine kleienförmige Masse abblättern lassen, sondern fest in den Follikelöffnungen haften. Die Schuppen sind bei dieser Form meist weiß, fest und ganz trocken. Eine Atrophie der zentralen Partien besteht meist gar nicht, wenigstens klinisch, oder nur in ganz geringem Maße, nur durch bläulichweiße Verfärbung und leichtes Einsinken bemerkbar. Der Schnelligkeit des Entstehens entspricht eine gewisse Flüchtigkeit der Erscheinungen. Diese Form kann sich ohne jede Therapie vollkommen zurückbilden, ohne sichtbare Reste zu hinterlassen.

Dem gegenüber stehen die langsam sich entwickelnden stabileren Formen, die in Monaten und Jahren um wenige Zentimeter sich vergrößern, aber dafür irreparable Schädigungen setzen. Der Anfang ist so, wie ich es zuerst beschrieben habe, als roter Fleck mit Hyperkeratose und zentraler Atrophie. Doch gibt es die verschiedensten Modifikationen. Das Rot kann blaß oder hell-entzündlich oder bläulich-livid sein. Und hier kommt meist eins aus der zweiten Symptomengruppe hinzu: Die Infiltration. Während sie bei dem „Erythème centrifuge" häufig vermißt wird, kann sie bei der „Forme fixe" alle Stadien von geringer, mehr ödematöser Schwellung der Oberfläche bis zu tiefer knorpelähnlicher Infiltration durchlaufen. Im Gegensatz zum Lupus vulgaris ist das Oberflächenepithel nicht verdünnt. Die stumpfe Sonde dringt nicht in die Cutis ein, sondern hinterläßt nur bei Druck eine leichte Delle, wie in einem ödematösen Gewebe. Bei Glasdruck bleibt ein diffus gelblicher Farbenton zurück, niemals aber Elemente, die Lupusknötchen gleichen. Scheinbare Ausnahmen wollen wir später erwähnen. Nicht selten sind neben der diffusen Rötung der Randpartien noch zahlreiche Teleangiektasien kleinerer Gefäße deutlich zu erkennen.

Mannigfache Gestalt kann auch die Hyperkeratose annehmen. Sie ist meist mächtiger ausgebildet als bei den flüchtigen Formen und findet sich häufig als zusammenhängende Schuppenmasse angeordenet. Die besondere Beteiligung der Follikel an der Verhornung ist dann nicht mehr oder nur am Rande zu erkennen. Löst man aber die Schuppenmassen ab, was nur unter Anwendung einer gewissen Gewalt gelingt, so haben wir auch hier die Horn-

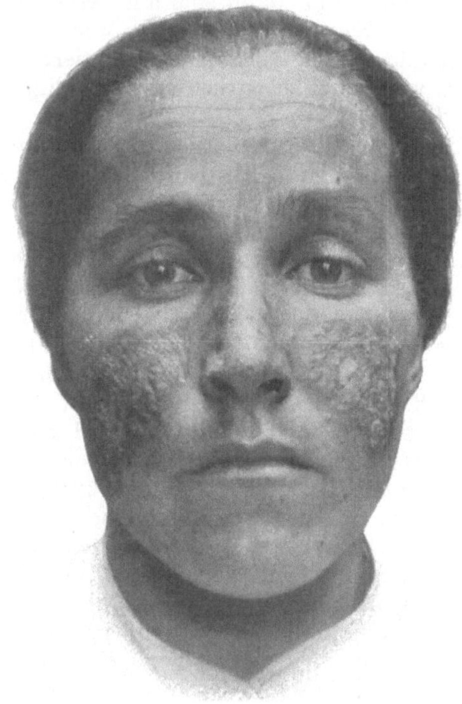

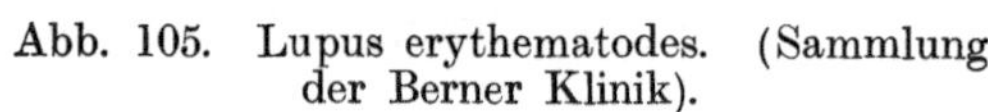

Abb. 105. Lupus erythematodes. (Sammlung der Berner Klinik).

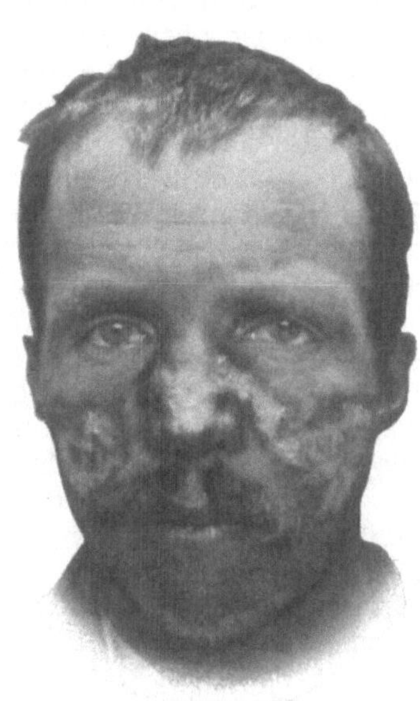

Abb. 106. Lupus erythematodes mit starker Narbenbildung und Pigmentation. (Sammlung der Berner Klinik.)

zapfen, die sich in die Tiefe senken. Bei dem Versuch, die Schuppen zu entfernen, kommt es nicht selten zu einer leichten Blutung. Die Farbe der Schuppen ist entweder weiß — sie sind dann meist trocken und hart — oder sie nehmen dunklere Farbentöne an, von graugelb und braun bis schwarz. Diese dunklen Schuppenmassen sind häufig etwas feuchter und fettiger anzufühlen und haben der Affektion den Namen „Seborrhoea congestiva“ (Hebra) verschafft. Die Hyperkeratose kann, wenn die Schuppen den ganzen peripheren Teil des Herdes überlagern, das hervorstechendste Symptom sein und bei vernachlässigten Fällen hohe Grade annehmen.

Sehr deutlich ist bei der „Forme fixe“ der Unterschied zwischen Peripherie und Zentrum, das gegenüber dem stark erhabenen Wall oft tief eingesunken

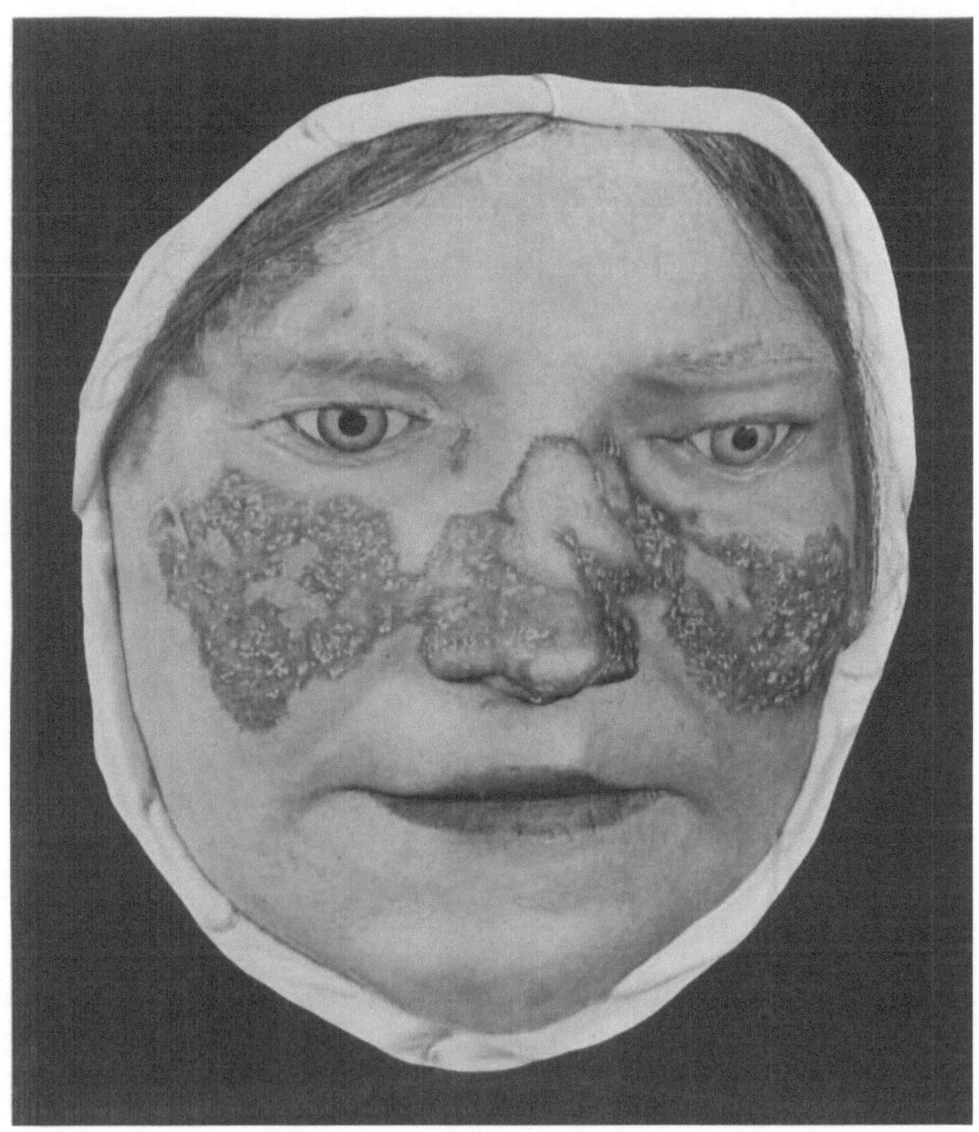

Lupus erythematodes.

(Sammlung des Allgem. Krankenhauses Hamburg-St. Georg.)

Verlag von Julius Springer in Berlin.

erscheint. Die Narbe des Lupus erythematodes ist meistens glatt, viel seltener netz- oder gitterförmig; sie fühlt sich derb an und ist häufig von einem reinen Weiß, das auch noch bei geheilten Fällen in sehr auffallender Weise gegen die normale Umgebung absticht. Nicht selten aber finden sich neben Teleangiektasien auch braune oder graubraune Pigmentationen in der Narbe, die dann mit dem Weiß zusammen ein eigentümliches scheckiges oder gesprenkeltes Bild geben. Pigmentierungen kommen übrigens auch am Rande der Affektion vor und können bei größerer Intensität das Bild in eigentümlicher Weise verändern.

Während sich das „Erythème centrifuge" meist symmetrisch über Nase und Wangen verbreitet, entstehen die tiefen Formen häufig mit einzelnen oder mehreren asymmetrisch gelagerten Herden. Diese Herde dehnen sich langsam aus und konfluieren miteinander; es resultieren dann die auch bei anderen Dermatosen bekannten Randbildungen aus Kreissegmenten und Figuren, die einem Kleeblatt, einer 8 ähnlich sind und ganz unregelmäßige, polyzyklisch umgrenzte Herde. Von der Bildung großer kreisrunder Scheiben hat man für diese chronische Form auch den Namen „Lupus erythematodes discoides" abgeleitet.

Es gibt dann wieder Fälle, in denen neben dem hyperämischen das teleangiektatische Element vorherrscht. Sie fangen an, ähnlich einer Rosacea mit kleinen roten Erhebungen, auf denen zahlreiche Gefäßerweiterungen sichtbar sind. Diese bedecken sich nach längerem Bestand mit fest anhaftenden Schuppen und erst dann ist die Diagnose „Lupus erythematodes" zu stellen. Man kann hier nicht sagen — wie es Brocq treffend ausdrückt —, wo die Rosacea aufhört und der Lupus erythematodes anfängt. Auf den Händen können solche Kombinationen von Gefäßerweiterung und Verhornung Bilder erzeugen, die sich dem Angiokeratoma Mibelli nähern. Auch tumorartige Formen sind beschrieben worden, z. B. kürzlich von E. Hoffmann (von Arndt histologisch untersucht), doch ist ihre Zugehörigkeit zum Lupus erythematodes noch nicht überzeugend dargetan.

Lokalisationen. Der Lupus erythematodes in den bisher geschilderten Formen hat ganz ausgesprochene Lieblingslokalisationen. Sie entsprechen fast ganz den unbedeckt getragenen Körperteilen, den Regionen, die dem Licht und anderen äußeren Reizen am meisten ausgesetzt sind. Der Häufigkeit nach kann man folgende absteigende Skala aufstellen: Nase und Wangen, Ohrmuscheln, behaarter Kopf, Hände. An den oberen Thoraxpartien habe ich in einzelnen Fällen schon die chronischen Läsionen des Lupus erythematodes gesehen, an dem übrigen Rumpf müssen sie ungemein selten sein. An den unteren Extremitäten sind nur die Zehen etwas häufiger befallen.

Wie beim Lupus vulgaris — doch immerhin nicht in dieser Vielgestaltigkeit —, sind auch beim Lupus erythematodes für die verschiedenen Lokalisationen verschiedene klinische Formen vorherrschend, gewisse Folgezustände charakteristisch. Die Diagnose auf Anhieb wird meistens in den Fällen gestellt werden, wo die schon erwähnte „schmetterlingsförmige" Ausbreitung über Nase und Wangen vorhanden ist, wobei die Nase den Körper, die Wangenherde die Flügel des Schmetterlings darstellen. Wir haben gesehen, daß diese Lokalisation bei dem Erythème centrifuge die Regel ist. Bei den tieferen Formen braucht sie nicht vorhanden zu sein, kommt aber auch noch recht häufig zur Beobachtung, wenn auch nicht selten nur die Nase oder eine Wange befallen ist. Isolierte Herde auf der Stirn oder am Kinn sind weniger häufig. Sehr oft sind gleichzeitig mit Nase und Wangen, aber auch ohne diese, die Ohrmuscheln erkrankt, und zwar hier wieder ganz besonders die hinteren Ränder. Krankheitsherde finden sich zwar auch an den mittleren Partien bis zur Mündung des äußeren Gehörganges; die späteren Stadien der Erkrankung treten aber besonders an den Ohrrändern hervor. Durch die narbige Atrophie kann dadurch die Ohrmuschel im ganzen verkleinert werden, von starrer Beschaffenheit und von papierdünner, mit dem Knorpel verwachsener Haut bedeckt sein, oder die Ränder sehen wie angenagt aus. Derselbe Vorgang der Narbenbildung kann auch der Nase ein eigentümliches starres Aussehen geben und zu Deformationen führen, doch fehlen dem Lupus vulgaris gegenüber größere partielle Defekte, die nur durch Ulzerationen hervorgerufen werden. Diese gehören aber nicht zum Bilde des Lupus erythematodes.

Auf dem behaarten Kopf finden wir den Lupus erythematodes in Gestalt eines einzigen oder mehrerer annnähernd kreisrunder Herde von verschiedenem Umfang. Im Zentrum dieser Stellen sind die Haare völlig ausgegangen. Die Haut ist atrophisch und läßt keine Follikelmündungen mehr erkennen. Die Farbe ist weiß oder noch leicht entzündlich gerötet. Nach dem Rand zu folgt die erythematöse und hyperkeratotische Zone, die hier meist nur wenig über die Umgebung hinausragt, doch die Art der Schuppenbildung ganz charakteristisch erscheinen läßt. Auch hier fehlen die Haare meist, höchstens auf dem äußersten, rein erythematösen Saume sind sie noch vorhanden. Der Lupus erythematodes kann auf dem behaarten Kopfe auch ohne jedwede andere Lokalisation am übrigen Körper in einem einzigen Herde vorkommen. Die Krankheitssymptome sind aber so charakteristisch, daß die Affektion kaum mit einer anderen des behaarten Kopfes verwechselt werden kann, vielleicht mit einziger Ausnahme tertiärer Syphilide (z. B. Fall von Mc Leod), die aber am Rand meist stärker infiltriert sind, nicht die typische Schuppung, dagegen oft Geschwüre zeigen.

Viel weniger charakteristisch und manchmal viel schwieriger zu diagnostizieren sind die Krankheitsherde an den Händen. Sie sind fast immer in mehreren Exemplaren vorhanden, die einzelnen Herde klein, von runder Gestalt, deutlich prominent, oft von cyanotischer Färbung. Ist bei derartigen Effloreszenzen die Hyperkeratose nur im Zentrum deutlich ausgebildet, so kann in der Tat eine große Ähnlichkeit mit papulo-nekrotischen Tuberkuliden entstehen, wodurch der oben erwähnte Irrtum Boecks erklärbar wird. Die Atrophie tritt gerade an den kleinen Herden oft nicht deutlich hervor. Dagegen finden sich Läsionen, die von gewöhnlichen Pernionen schwer zu unterscheiden sind. An den Fingerenden kommen daneben trommelschlägerartige Auftreibungen vor von bläulicher Farbe. Findet sich neben solchen Herden an den Händen auch im Gesicht ein Lupus erythematodes der Nase mit starker Schwellung und bläulich-rötlichen Tönen bei relativ geringer Hyperkeratose, so kommt der Symptomkomplex zustande, den Hutchinson als „Chilblain-Lupus“ bezeichnete, und der, wie wir schon oben betont haben, vom „Lupus pernio“ Tennesons und Besniers streng zu unterscheiden ist. Etwas seltener als auf der dorsalen ist der Lupus erythematodes auf der plantaren Fläche der Hände, nur an den Fingerkuppen wird er etwas häufiger konstatiert. Wie bei allen Hautkrankheiten erzeugt auch bei dieser die Lokalisation auf der anatomisch anders gebauten Haut der Handflächen gewisse Abweichungen im Aussehen der Krankheitsherde. Die Hyperkeratose tritt im allgemeinen weniger hervor, kann aber in einzelnen Fällen in Gestalt von derben schwielenartigen Hornmassen sich bemerkbar machen. Gewöhnlich sieht man nur scharf begrenzte rote Flecken von unregelmäßigen Konturen, die aber im weiteren Verlauf manchmal gyriforme Figuren bilden. In ihrem Zentrum zeigt sich dann eine Aufhellung, entsprechend der Atrophie, die meist nur durch den hellgrauen bis bläulichen Farbenton, seltener durch Niveaudifferenzen zum

Ausdruck kommt. Analoge Erscheinungen werden manchmal an den Zehenkuppen beobachtet.

An den Nägeln erkranken manchmal die Ränder unter Rötung und übermäßiger Hornbildung. Zuweilen findet sich aber auch der Nagel selbst ohne Erkrankung des Falzes pathologisch verändert. Doch ist, wie bei so vielen anderen, im Verlauf von Dermatosen auftretenden Nagelaffektionen das Bild sehr wenig charakteristisch. Die Struktur des Nagels zeigt die bekannten Unregelmäßigkeiten, die Nagelsubstanz wird brüchig, faserig, längsgespalten. Hochgradige Deformationen mit Mutilationen der Endphalangen hat kürzlich Heller beschrieben.

Eine besondere Erwähnung verdient der Lupus erythematodes der Schleimhaut oder vielmehr der Mundschleimhaut, denn sie ist die einzige, die praktisch in Betracht kommt. Allerdings ist auch ihre Erkrankung nicht besonders häufig. (Nach Th. Smith immerhin 28% aller Fälle, doch häufiger bei akuten als bei chronischen.) Nur an den Lippen, speziell an der Unterlippe, wird sie öfter in Fortsetzung eines Lupus erythematodes des Gesichtes, aber auch in isolierten Herden beobachtet. Diese sind meist länglich-oval und haben ein atrophisches oder von mazerierten Epithelmassen oder dunkel tingierten Borken überlagertes Zentrum, einen roten Saum, von dem aus feine, weiße, radiäre Streifen oder auch Teleangiektasien in die Umgebung ausstrahlen. Speziell die weißliche Streifung, die manchmal auch in der Mitte zu konstatieren ist, hat bis zu einem gewissen Grade etwas Charakteristisches. Sonst sind wohl die Schleimhautläsionen, die vor allem noch Gaumen und Wangen betreffen, meistens nur durch den gleichzeitig im Gesicht vorhandenen Lupus erythematodes mit Sicherheit zu diagnostizieren. Sie stellen teils rundliche, im Zentrum atrophische, peripher erythematöse Herde dar, teils erinnern sie an die Veränderungen der Leukoplakie oder auch manchmal des Lichen planus, von denen sie sich aber wieder durch die Beschaffenheit des Randes unterscheiden. Auf der Zunge ist der Lupus erythematodes außerordentlich selten. Pautrier und Fage haben zwei Fälle gesehen und im ganzen fünf in der Literatur gefunden.

Die subjektiven Symptome, die der Lupus erythematodes verusacht, sind gering. Nur in ganz vereinzelten Fällen wird über Jucken und Brennen der befallenen Hautstellen geklagt. In den allermeisten Fällen läßt sich nur eine erhöhte Schmerzhaftigkeit der erkrankten Partien gegenüber mechanischen Reizen feststellen. Besonders beim Versuch, die Schuppen abzukratzen, werden nicht selten von den Patienten Schmerzempfindungen geäußert. Das Allgemeinbefinden wird durch die bisher beschriebene chronische Form der Krankheit nicht beeinträchtigt.

Was Verlauf und Dauer anbetrifft, so existieren schon bei dieser Form die größten Unterschiede. Wir haben schon gesehen, daß das „Erythème centrifuge" sich meist rascher entwickelt, in einigen Wochen oder Monaten, und nach unbestimmter Zeit auch ohne Behandlung spontan verschwinden kann, daß die tieferen Läsionen dagegen meist langsamer, aber oft stetig fortschreiten. Hier kann sich der gesamte Krankheitsverlauf über Jahrzehnte erstrecken. Doch kommen Remissionen und Exazerbationen, ja auch Spontanheilungen, allerdings stets unter sichtbarer Narbenbildung, auch hier vor. Den Einfluß äußerer Umstände, die Bedeutung der Jahreszeiten, von Alter und Geschlecht werden wir später zu würdigen haben. Vorerst ist es notwendig, das Bild der akuten Form des Lupus erythematodes kurz zu skizzieren.

Lupus erythematodes acutus. Der Lupus erythematodes acutus wurde zuerst von Kaposi beschrieben. Seitdem haben über die Abgrenzung und Zugehörigkeit dieses Krankheitsbildes manche Meinungsverschiedenheiten geherrscht. Einmal gibt es Fälle von Lupus erythematodes, die sich nur durch die große Ausdehnung und Disseminierung der Herde von der bis jetzt behandelten Gruppe unterscheiden, Fälle, bei denen schwere Allgemeinerscheinungen nicht zur Beobachtung kommen. Diese von den chronischen Formen des Lupus erythematodes abzutrennen, hätte keinen Zweck. Ferner begegnet man noch hie und da dem „Lupus erythematodes disseminatus" von Boeck. Dieser entspricht der „Folliclis" von Barthélemy, also unseren papulonekrotischen Tuberkuliden und gehört überhaupt nicht zum Lupus erythematodes. Deshalb ist auch der Name zu vermeiden. Es bleiben zwei Typen eines wahren akuten Lupus erythematodes. Bei dem einen hat längere Zeit ein gewöhnlicher Lupus erythematodes discoides bestanden, und im Anschluß an diesen tritt plötzlich unter Fiebererscheinung und schwerer allgemeiner Erkrankung eine akute Aussaat der Krankheitsherde auf. Der zweite Typus, den Pernet in einer sehr sorgfältigen Studie als „Lupus erythémateux aigu d'emblée" noch besonders herausheben will, umfaßt die sehr seltenen Fälle — Pernet hat 1908 erst zehn in der Literatur gefunden — wo ohne vorausgegangene Erkrankung der Lupus erythematodes von vornherein als akute Krankheit auftritt. Nach unserer Ansicht hat diese Unterscheidung keine besonders große Bedeutung. Denn gerade die viel zahlreicheren Fälle des ersten Typus stellen die Verbindung mit dem chronischen Lupus erythematodes her und beweisen durch alle denkbaren Übergänge zu den akutesten Formen, daß es sich tatsächlich überall um eine klinisch einheitliche Affektion handelt. Auch der Lupus erythematodes d'emblée beginnt in der größten Zahl der Fälle mit einer Erkrankung des Gesichtes, die sich nur durch raschere Entwicklung von den bekannteren Formen des chronischen Lupus erythematodes unterscheidet.

Die Hauterscheinungen des akuten zeichnen sich gegenüber denen des chronischen Lupus erythematodes durch eine gewisse Polymorphie aus. In den Fällen, wo bereits seit Jahren ein Lupus erythematodes discoides bestand, kommen plötzlich außerhalb des alten Herdes wie mit einem Schube zahlreiche kleinere Herde hervor. Oder diese bilden in anderen Fällen überhaupt den Beginn des Leidens. Charakteristisch ist nun, daß diese Läsionen im Gesicht eine gwisse Neigung zur Konfluenz haben. Wir finden dann auf dem Höhepunkt der Krankheit meistens das Gesicht gedunsen und diffus gerötet. Diese Rötung hat einen dunklen, violetten Ton und ist oben auf der Stirn gegen die Haargrenze, seitlich gegen die Ohrgegend meist mit unregelmäßiger Grenzlinie, aber scharf abgesetzt. Die geröteten Partien sind mit Schuppen und Krusten bedeckt. Der Eindruck kann auf den ersten Blick der eines akuten Ekzems sein, mehr noch der eines in Abheilung begriffenen Erysipels, wie das Kaposi schon hervorgehoben hat. Er hat darum diesem Symptom die Bezeichnung „Erysipelas perstans faciei" gegeben, die wir heute, wo wir unter Erysipel eine ätiologisch definierte Krankheit verstehen, besser nach Jadassohn in „Erythema perstans faciei" umwandeln. Diese diffuse, meist schmerzhafte Rötung braucht aber nicht in allen Fällen vorhanden zu sein. Es gibt Fälle, wo die Affektion auch im Gesicht während des ganzen Verlaufes im Stadium der Einzelherde verharrt. Solche finden sich auch auf dem behaarten Kopf, oder es herrscht auch hier ein diffuses Erythem vor, mit pityriasiformer Schuppung und starkem Haarverlust, selbst wenn es nicht zur Atrophie kommt. Auf den Armen, besonders den Vorderarmen, kommen größere Plaques und circinäre Herde vor, die eine ausgesprochene Ähnlichkeit mit einem Erythema exsudativum multiforme haben können: Kreisrunde, rote, wenig erhabene Herde mit bläulichem, eingesunkenem oder auch blasenartig abgehobenem Zentrum und anämischen Höfen. Durch Konfluieren solcher Herde kommen polyzyklische Figuren zustande. An den Händen unterscheiden sich die Effloreszenzen meist nicht von denen der chronischen Form.

Am Rumpf werden neben meist sehr kleinen, typischen, auch ganz von der Norm abweichende Effloreszenzen beobachtet. Das sind kleinste, bräunlichrote Papeln und Knötchen mit zentraler Schuppung. Sie stehen nicht selten in Gruppen und können dann viel eher einem Lichen scrofulosorum gleichen als einem Lupus erythematodes. Durch die histologische Untersuchung kann man aber meist ihre Zugehörigkeit zu diesem demonstrieren. Solche Fälle sind von Kreibich, Pernet, Jadassohn beschrieben. Auch an den unteren Extremitäten sind die einzelnen Elemente des Exanthems meist uncharakteristisch. Neben kleinpapulösen kommen hier, wie am Rumpf, auch hämorrhagische, purpuraähnliche Effloreszenzen vor, ferner schlaffe Blasen mit blutig gefärbtem Inhalt. Nach Bersten der Blasendecke bildet sich eine Kruste, die sich weiter in die typische zentrale Schuppenkruste des Lupus erythematodes umwandeln kann. In seltensten Fällen sind auch Nekrosen, Substanzverluste und Ulzerationen beobachtet worden.

Diese Exantheme treten schubweise auf, zugleich mit schweren Störungen des ganzen Organismus. Es besteht meist hohes Fieber von 39—40°. Die Kurve ist, analog der bei septischen Prozessen, unregelmäßig, mit steilen Zacken und dazwischen liegenden Remissionen. Die Patienten haben ein starkes Krankheitsgefühl, leiden häufig an Gelenkschmerzen. Häufig tritt vorübergehende Besserung ein, in einer kleinen Anzahl von Fällen auch wieder Rückkehr zur chronischen Form der Krankheit und relative Heilung. Die weitaus größere Zahl aber geht nach längerem Leiden zugrunde. In der letzten Zeit dominieren dann von seiten der inneren Organe meist die Symptome der Nieren- und Lungenerkrankung. Das letztere soll nach Pernet mehr bei der Forme d'emblée, das erstere mehr bei der ursprünglich chronischen der Fall sein. Jedenfalls werden Albuminurie und Nephritis, sowie Pneumonien in den meisten Fällen beobachtet. Jadassohn konnte zweimal als unmittelbare Todesursache Streptokokkensepsis feststellen. Über die Sektionsergebnisse und die Befunde von tuberkulösen Erkrankungen müssen wir noch in anderem Zusammenhang sprechen.

Histologie. Lenglet kommt am Schluß eines vorzüglich klar geschriebenen Kapitels über die pathologische Anatomie des Lupus erythematodes zu dem Ergebnis, daß eine wirklich charakteristische oder spezifische Läsion von der Histologie noch nicht gefunden sei, und daß die Klinik in diesem Punkte der Pathologie voraus sei. Ganz ähnlich äußert sich auch Jadassohn. Im Grunde liegen die Verhältnisse für die klinische und histologische Untersuchung nicht sehr verschieden. Es gibt nicht ein einziges, an sich absolut charakteristisches Symptom, wohl aber eine ganz bestimmte Kombination verschiedener pathologischer Erscheinungen und Zustände, die nur dem Lupus erythematodes eigen ist. Ist sie wirklich voll ausgebildet, so erlaubt sie auch schon nach dem histologischen Bilde mit einem hohen Grad von Wahrscheinlichkeit die Diagnose zu stellen, und differentialdiagnostisch ist ihre Bedeutung nicht zu unterschätzen.

Das erste Stadium, dem klinischen des Erythems entsprechend, ist wohl auch histologisch eine reine Gefäßerweiterung. Aus begreiflichen Gründen kommen aber Krankheitsherde so früh kaum zur Untersuchung, und wir können diesen Schluß nur auf Grund dessen machen, was wir am Rand größerer

Herde sehen. Zu der Erweiterung der Gefäße kommt sehr bald als zweite Erscheinung eine zellige Infiltration um die Gefäße hinzu. Und hier tritt schon häufig eine Besonderheit hervor: Die Infiltration umscheidet fast ausschließlich die Gefäße des Stratum subpapillare, während die oberflächlichsten Schichten der Cutis, die dem Papillarkörper entsprechen, frei bleiben und nur der Sitz eines stärkeren Ödems werden. Ödem der obersten, Infiltration der mittleren Schichten ist ein für jüngere Herde des Lupus erythematodes einigermaßen charakteristisches Bild. Der Grad des Ödems ist verschieden. Er kann so stark sein, daß das kollagene Gewebe auseinander gedrängt wird und nur aus rarefizierten feinen Fasern zu bestehen scheint, ja daß das Epithel von der Cutis abgedrängt wird. In dem ödematösen Gebiet sind die Blutkapillaren, sowie Lymphspalten und -gefäße stark erweitert. Zellige Elemente sind im Gewebe nur spärlich vorhanden. Wo das Ödem nur gering ist, fällt

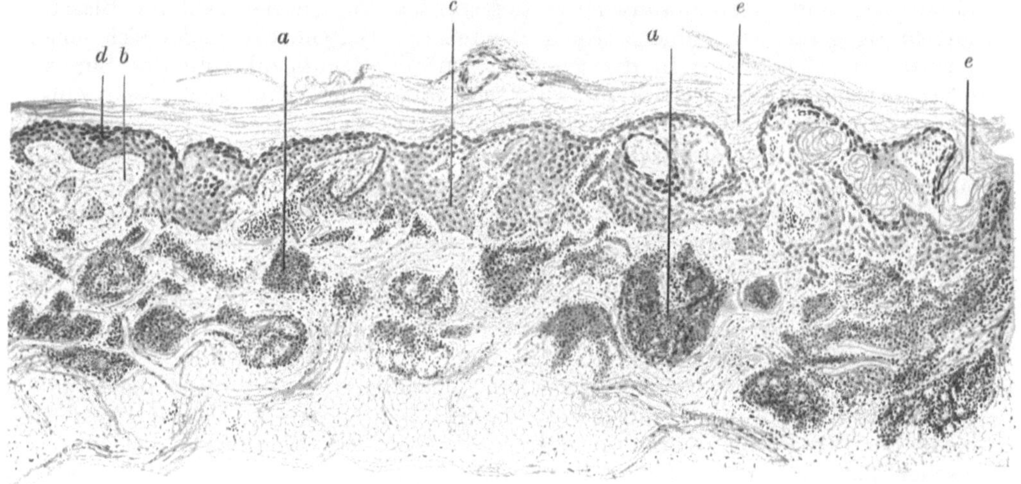

Abb. 107. Lupus erythematodes. *a* Lymphocytenherde; *b* Ödem des Papillarkörpers; *c* Verbreiterung des Rete; *d* Verbreiterung der Keratohyalinschicht; *e* Hyperkeratose.

in manchen Fällen zwischen Epithel und Cutis ein schmales ungefärbtes Band auf; ich kann in dieser Beziehung eine ältere Beobachtung von Holder bestätigen, möchte sie aber nicht, wie dieser Autor, als hyaline Degeneration, sondern nur als Folge eines Ödems deuten.

Was das Infiltrat der mittleren Cutisschichten anbetrifft, so ist im früheren Stadium und auch am Rande älterer Herde die Anordnung in einzelnen perivaskulären Knötchen und Strängen ganz deutlich. Diese haben häufig eine rundliche Form, wie sie überall entsteht, wo sich vergrößernde Zellherde unter dem Druck des normalen Gewebes der Umgebung stehen. Das Infiltrat besteht zum überwiegenden Teil aus kleinen runden Lymphocyten, doch findet sich meist auch eine Vermehrung der fixen Bindegewebszellen. Über die Rolle der Plasmazellen ist gestritten worden. Unna glaubt, daß auch der primäre Herd des Lupus erythematodes ein Plasmon sei, während andere Autoren den Plasmazellen bei dieser Krankheit nicht die Bedeutung eines Hauptelementes zugestehen wollen. Ich habe in einem ziemlich frischen Herde von einem dem akuten Typus sich nähernden Falle sehr reichlich Plasmazellen gefunden, sonst diese Zellart aber nur in einzelnen Exemplaren zwischen den Lymphocytenherden gesehen. Nach Unna stellen ja freilich die von uns als Lymphocyten bezeichneten Zellen auch Abkömmlinge von Plasmazellen dar. Mastzellen sind nur spärlich vorhanden. Langhanssche Riesenzellen kommen — darüber sind sich wohl alle neueren Untersucher, gegenüber älteren Befunden von Audry, einig — beim Lupus erythematodes nicht vor, ebensowenig epithelioide Zellen in größeren Haufen oder tuberkelähnlicher Anordnung. In größeren Infiltrationsherden sieht man manchmal Degenerationserscheinungen an den Zellen, die das Phänomen der Karyorhexis aufweisen.

Die Dichte des Infiltrates kann nun, was sich auch klinisch bei den tiefen Formen als größere Härte bemerkbar macht, ganz erheblich zunehmen. Dabei verschwindet die Anordnung in einzelnen perivaskulären Herden, diese konfluieren zu einer großen Zellmasse, welche die ganze Breite der Cutis vom Epithel bis zur Unterhaut einnimmt.

Innerhalb der Infiltrate gehen die elastischen Fasern bald zugrunde oder bleiben nur in einzelnen Resten erhalten. Was an scholligen und klumpigen Massen von Elastin an der Oberfläche von manchen Autoren beschrieben ist, und was ich auch selber derart gesehen habe, fällt in das Gebiet der kolloiden Degeneration und hat nach Jadassohn nichts für Lupus erythematodes Charakteristisches. Dergleichen findet sich auch sonst häufig in der Gesichtshaut, besonders von älteren Leuten. Auch von Kollagen ist im Inneren größerer Zellherde wenig zu sehen, doch kann man bei stärkerer Vergrößerung noch feine Fasern in Gestalt einer Art von Retikulum feststellen.

Stärkere Veränderungen an den Gefäßen selbst habe ich ebenso wie Jadassohn weder innerhalb noch außerhalb der Infiltrate nachweisen können, im Gegensatz zu einzelnen Autoren, die Endarteritis und Thrombosen gefunden haben wollen. Im allgemeinen kann man nur eine starke Erweiterung der meisten Gefäße konstatieren, daneben manchmal geringe Schwellung oder Vermehrung des Endothels. Nicht selten sieht man bei hochgradigen Fällen dagegen rote Blutkörperchen im Gewebe als Zeichen von Hämorrhagien kleinerer Gefäße.

Den Läsionen der drüsigen Hautorgane kann man heute nicht mehr die pathogenetische Bedeutung zumessen, die eine frühere Zeit ihnen beigelegt hat. Kaposi und andere glaubten, daß der krankhafte Prozeß von den Talgdrüsen seinen Ausgang nehme. Nun läßt sich allerdings bei zahlreichen Fällen eine Vergrößerung der Talgdrüsen und Erweiterung ihrer Ausführungsgänge konstatieren. Aber diese Veränderungen sind erst sekundär bedingt durch den Verschluß des Follikelhalses infolge der Hyperkeratose. Da sich das entzündliche Infiltrat mit Vorliebe an den Gefäßen der Follikel und Schweißdrüsen lokalisiert und schon bei sonst oberflächlichen Lokalisationen an diesen entlang in die Tiefe steigt, so geraten die Talgdrüsen bald mitten in die Infiltrationsherde hinein und gehen dann rasch zugrunde. Dabei wandern Leukocyten von außen ein und die Drüsenzellen zerfallen. Auch an den Schweißdrüsen sind nur sekundäre Erweiterungen zu sehen.

Wir hatten bis jetzt noch kaum die pathologischen Vorgänge am Epithel erwähnt, die zwar außerordentlich bedeutsam im histologischen Bilde hervortreten, aber doch nicht als die primären Krankheitserscheinungen anzusehen sind. Diese spielen sich in der Cutis ab, und das Epithel erkrankt wohl erst sekundär. Gehen wir schichtweise von oben nach unten vor, so haben wir als erstes Symptom die Hyperkeratose, und zwar eine echte Hyperkeratose durch Überproduktion kernloser, meist fest aneinander haftender Hornmassen. Nur fleckweise sieht man auch eine Parakeratose, meistens an einzelnen eingesenkten kleinen Hornzapfen, deren Lamellen ihre Kerne erhalten haben. Die Hyper-

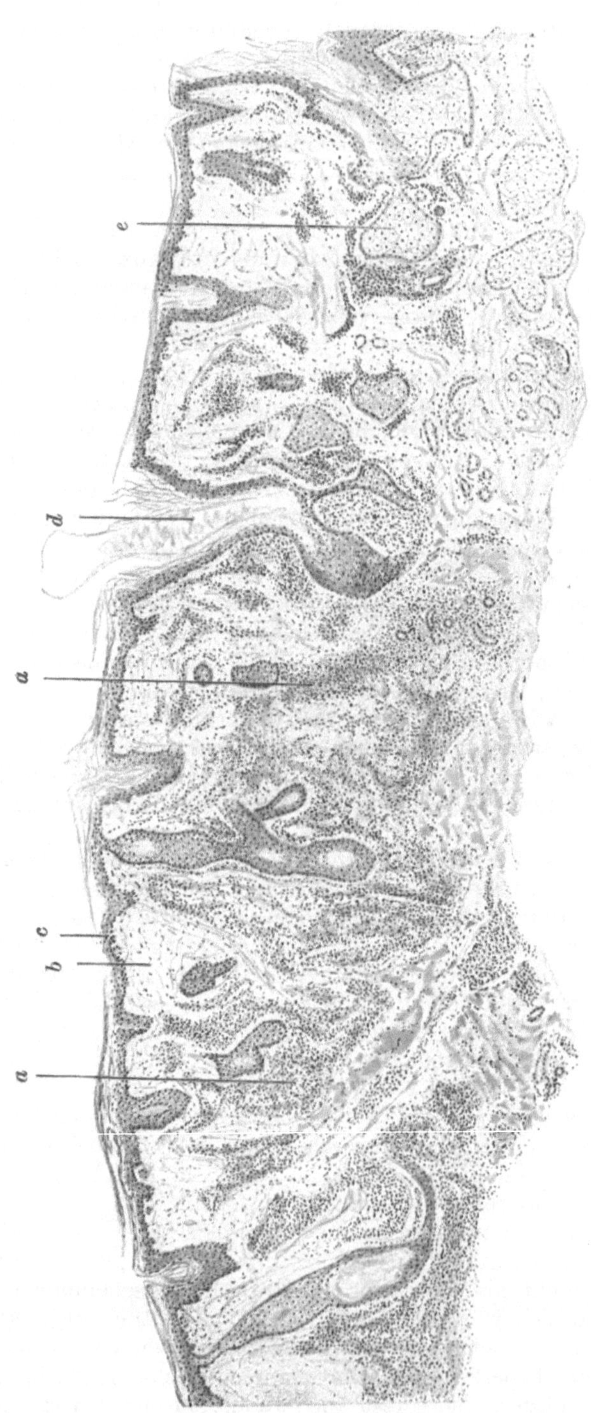

Abb. 108. Lupus erythematodes. *a* Lymphocyteninfiltrate; *b* Ödem des Papillarkörpers; *c* Atrophie des Rete *d* hyperkeratotische Hornzapfen; *e* vergrößerte Talgdrüsen.

keratose betrifft dagegen meist die gesamte Hautdecke im erkrankten Bezirk und ist nur an den einzelnen Stellen von verschiedener Stärke. Besonders akzentuiert sie sich an den Ausgängen von Follikeln und Schweißdrüsen. Hier senkt sich die verdickte Hornschicht in Gestalt von derben Zapfen in die Tiefe. Aber auch außerhalb der natürlichen Mündungen der Hautorgane kommen solche Einsenkungen vor, sie sind allerdings meist flacher.

Die Keratohyalinschicht ist erhalten, ja meist verbreitert. Dabei ist der Körper der einzelnen Zellen größer und unregelmäßiger gestaltet. Das Keratohyalin aber ist spärlicher als normalerweise vorhanden und unregelmäßig im Protoplasma verteilt, teils in großen Schollen, teils in kleinen Körnchen. An der Seite der Hornzapfen geht die Keratohyalinschicht mit in die Tiefe. Das Rete Malpighi zeigt sich an einem und demselben Schnitt meist in mannigfacher Weise verändert. An einzelnen Stelllen ist es etwas verbreitert und in Gestalt plumper breiter Zapfen gewuchert. Hier haben wir den Vorgang der Akanthose. Im ganzen aber ist es eher atrophisch und im Vergleich zur Keratohyalinschicht an Raum beschränkt. Dem entsprechend sind dann meist die Retezapfen vollkommen verstrichen oder auf kleine unscheinbare Fortsätze zusammengeschrumpft. An den Zellen sind mancherlei pathologische Erscheinungen zu beobachten. Ihre Form wird unregelmäßig, sowohl im Stratum spinosum als in der Basalschicht. Sie verlieren teilweise die Fortsätze und werden zu rundlichen Gebilden. Das Wesentliche sind aber wohl die Erscheinungen inter- und intrazellulären Ödems, das sich als eine Folge des gleichen Zustandes im Papillarkörper erweist. Man sieht also teils eine Vergrößerung der Interzellularlücken, teils eine vakuoläre Degeneration der Zelle selbst. Häufig ist das Epithel von eingewanderten Leukocyten durchsetzt. Eine eigentümliche Erscheinung, auf die Jadassohn aufmerksam gemacht hat, und die in einer Dissertation aus seiner Klinik Maria Robbi ausführlicher studiert hat, ist das relativ häufige Vorkommen von elastischen Fasern im Epithel bei Lupus erythematodes.

Im letzten Stadium der Atrophie ist das ganze Rete auf zwei bis drei Zellagen eingeengt. Diese Zellen sind vollkommen platt und uncharakteristisch. Die darunter liegende Cutis zeigt dasselbe Aussehen wie bei Atrophie und Narbenbildung aus anderer Ursache. Die elastischen Fasern sind verschwunden, die Bindegewebsfasern dicht und parallel zur Oberfläche gerichtet, die Zellen vermehrt. Das Pigment wird in diesem Stadium oft ganz vermißt. In der Basalschicht des Epithels scheint es ziemlich früh verloren zu gehen. Dagegen findet sich in den obersten Schichten der Cutis oft eine Anhäufung von reichlichen Pigmentzellen.

Das sind die wesentlichsten pathologischen Veränderungen, die beim chronischen Lupus erythematodes nachzuweisen sind. Der akute Lupus erythematodes unterscheidet sich davon prinzipiell in keiner Weise, und das ist ein weiterer gewichtiger Grund für die Zusammengehörigkeit beider Krankheitsformen. Nur treten, wie es ja der klinische Befund erwarten läßt, gewisse Symptome auch histologisch stärker hervor. Das gilt ganz besonders vom Ödem. Hier ist es manchmal so stark, daß tatsächlich eine Abreißung des Epithels von der Cutis stattfindet und so eine Blase entsteht. Aber auch infolge Degeneration der Epithelzellen ist intraepitheliale Blasenbildung beschrieben worden, z. B. von Reitmann und Zumbusch. Seröse Blasen hat allerdings Maria Robbi gelegentlich auch beim chronischen Lupus erythematodes gesehen. Die Hämorrhagie ist bei den akuten stärker ausgeprägt als bei den chronischen Fällen. Ganz vereinzelt kommt auch Nekrose der obersten Cutisschicht und des Epithels vor. Die atrophischen Stadien dagegen kommen weniger häufig zur Beobachtung.

Auch der Lupus erythematodes der Schleimhaut hat histologisch keine besondere Eigenart. Bemerkenswert ist nur, wie das besonders Pautrier und Fage gezeigt haben, das Vorkommen einer veritablen Hornschicht, die sonst auf der Schleimhaut fehlt. Diese Hornschicht sendet auch, wie auf der äußeren Haut, Zapfen in die Tiefe. Alles übrige stimmt mit der obigen Beschreibung überein.

Vorkommen, Komplikationen. Der Lupus erythematodes ist im Gegensatz zum Lupus vulgaris ganz überwiegend eine Krankheit des erwachsenen Alters, nach einer Jadassohnschen Berechnung am häufigsten zwischen dem 20. und 40. Lebensjahre. Beginn der Krankheit vor dem 10. Jahre (in neuerer Zeit Fälle von Galewsky und Nobl) ist ganz außerordentlich selten; Galewsky hat in der Literatur nur 17 derartige Fälle gefunden. Ganz auffallend ist die stärkere Beteiligung des weiblichen Geschlechtes gegenüber dem männlichen. Jadassohn hat hier aus einer Statistik, die 639 Fälle verschiedener Autoren umfaßt, ein Verhältnis von 3 : 1 (75% gegenüber 25%) ausgerechnet. Noch merkwürdiger wird aber das Ergebnis, wenn man nur die disseminierten akuten Fälle nimmt. Unter den disseminierten fand Jadassohn ein Verhältnis von 90 : 10, und bei den schweren akuten Fällen gehört das Vorkommen bei männlichen Personen zu den größten Ausnahmen. Unter einer größeren Zahl von Fällen aus den letzten Jahren finde ich nur zwei solche, die von Pernet und Kerl.

In neuerer Zeit haben wieder speziell englische Autoren, wie Leslie Roberts und Freshwater darauf hingewiesen, daß die geographische Verbreitung des Lupus erythematodes nicht der des Lupus vulgaris entspricht. Die erstere Krankheit sei auffallend häufiger in Ländern mit kaltem und feuchtem Klima (England, Skandinavien, Norddeutschland) als im Süden. Fälle von Lupus erythematodes würden durch Aufenthalt in dem ägyptischen Wüstenklima erstaunlich gebessert, und nach den Erfahrungen von Castellani, Chalmers und Prout gehöre der Lupus erythematodes in den Tropen zu den extremen Seltenheiten. Ohne die Richtigkeit dieser Beobachtungen bestreiten zu wollen, möchte ich nur eine etwas abweichende Erfahrung mitteilen, die freilich nicht mit Zahlen begründet werden kann und daher nur den Wert eines persönlichen Eindruckes hat. Es ist danach der Lupus erythematodes in dem Berner Material bedeutend häufiger als in dem Hamburger, und das wäre ein Parallelismus zum Vorkommen der Hauttuberkulosen und sog. „Tuberkulide". Dem Klima nach dagegen müßte entsprechend den Anschauungen der eben zitierten englischen Autoren die Krankheit in Hamburg häufiger sein. Ein gewisser Einfluß von Klima und Jahreszeit auf den Krankheitsprozeß ist aber gar nicht zu leugnen. Denn oft genug können wir an unseren Fällen bedeutende spontane Besserungen im Sommer, Verschlimmerungen im Winter konstatieren. Allerdings hat man dann in einzelnen Fällen wieder den Eindruck, als ob das Licht eher ungünstig wirke. Die Bewohner des Landes sollen zu den Erkrankten ein größeres Kontingent stellen als die der Städte.

Aus allem diesem, sowie aus der Lokalisation der Krankheit kann man schließen, daß Zirkulationsstörungen und äußere Reize für ihr Zustandekommen und ihre Ausbreitung nicht gleichgültig sind. Unter den Kranken findet sich ein relativ hoher Prozentsatz von Individuen, die an schlechter Zirkulation in den peripheren Körperteilen leiden. Sequeira und Balean fanden unter 71 Fällen 12 mal Pernionen, Ward ebenso wie Freshwater noch viel mehr (8 : 15 resp. 12 : 20). Auch andere Erscheinungen, die mit peripherer Asphyxie in Zusammenhang stehen, sind gelegentlich beobachtet worden, so der Raynaudsche Symptomenkomplex (Pringle, Little), oder sklerodermieähnliche Zustände (Sequeira). Einen gewissen Einfluß, den Erkrankungen der weiblichen Sexualorgane auf die Entwicklung des Leidens haben, erklärt Jadassohn durch die gleichzeitig vorhandene Neigung zu peripheren Kongestionen, besonders im Gesicht. Traumen und äußere Schädlichkeiten werden sehr oft von den Patienten als Ursache der Krankheit angeschuldigt. Derartige Angaben sind nicht ohne weiteres von der Hand zu weisen. Denn daß die verschiedensten Reize provozierend wirken können, davon haben wir als Therapeuten leider oft Gelegenheit genug, uns zu überzeugen. Es gibt Fälle von Lupus erythematodes, die auf irgend eine nicht ganz indifferente chemische oder physikalische Behandlungsmethode mit einer weiteren Ausbreitung oder einem neuem Schube der Krankheit reagieren. Und es ist zu erwägen, ob nicht auch die natürlicherweise von außen einwirkenden Faktoren, wie Licht, Wärme, Kälte etc. bei pathologischer Empfindlichkeit die Rolle solcher provozierender Reize übernehmen können.

Zur Vervollständigung der Klinik des Lupus erythematodes wären noch kurz die Komplikationen zu erwähnen. Es sind eigentlich nur zwei, die Beachtung verdienen. Erstens das Erysipel. Es ist aber fraglich, ob alle früher unter diesem Namen aufgezeichneten Beobachtungen unserer heutigen Definition entsprechen. Wir haben schon die erysipelähnlichen Rötungen bei der akuten Form kennen gelernt, die im Wesen des Krankheitsprozesses liegen und keine Komplikationen sind. In neuerer Zeit ist wenig mehr von Erysipel bei Lupus erythematodes die Rede gewesen. Jedoch berichtet R. Crocker, daß er einen Lupus erythematodes unter einem hinzugekommenen Erysipel sich auffallend verkleinern, ja fast heilen gesehen habe. Die zweite Komplikation stellt das Epitheliom dar. Es ist bei Lupus erythematodes sehr viel seltener als beim Lupus vulgaris. Pautrier zählt bis 1904 nur acht Fälle in der Literatur. Es tritt wohl immer erst nach langem Bestehen des Leidens hinzu, entwickelt sich aber dann ziemlich rasch, wie in den Fällen von Pautrier und Sequeira.

Ätiologie und Pathogenese. Die Ätiologie und Pathogenese des Lupus erythematodes bildet für uns immer noch ein Rätsel, wenn auch heute einige Untersucher hoffen, wenigstens den Schlüssel zu seiner Lösung in der Hand zu haben. Um das kaum übersehbare und widerspruchsvolle Material zur Tuberkulosefrage einigermaßen ordnen zu können, ist es gut, hier ganz in der Reihenfolge zu verfahren, wie sie im allgemeinen Teil angegeben worden ist.

Der direkte Nachweis eines Tuberkelbazillus im Schnitte ist bisher noch niemandem geglückt. Anders sind die Resultate mit dem Antiforminverfahren gewesen. Arndt, Hidaka, Friedlaender, Spiethoff fanden bei mehreren Fällen im Antiforminsediment nach Ziehl und noch zahlreichere nach Much färbbare Stäbchen. Wir haben unsere Bedenken gegen den Wert der Untersuchungsmethode oben schon geäußert. Friedländer hat freilich Kontrollen mit normaler Haut vorgenommen und negative Resultate gehabt. Aber das beweist wenig bei einer Affektion, wie der Lupus erythematodes, wo zahlreiche Krusten, Borken und erweiterte Follikelausgänge vorhanden sind, die jeder Art von Bakterien eine Zuflucht und Brutstätte gewähren. Wir können also die Antiforminbefunde bei einer so schwierigen Frage nicht als Beweise gelten lassen.

Der erste einwandfreie positive Tierversuch mit Material von Lupus erythematodes ist Gougerot geglückt. Er berichtet über zwei Fälle, von denen wir freilich den einen als ganz atypisch in Form und Lokalisation nicht anerkennen können. Der andere dagegen entspricht allen Anforderungen. Auch Ehrmann und Reines haben in einem Falle durch den Tierversuch die tuberkulöse Natur demonstrieren können. Ganz systematisch sind aber erst Br. Bloch und H. Fuchs zu Werke gegangen, und ihre Untersuchungen scheinen mir von allen neueren die größte Bedeutung zur Entscheidung der Frage zu haben. Sie haben große Stücke von Lupus erythematodes exstirpiert, alle histologisch untersucht, um Mischfälle mit den bekannten Tuberkuloseformen auszuschließen, dann das Material auf mehrere Tiere verimpft. War bei diesen Tieren nach einigen Monaten keine Tuberkulose nachzuweisen, so wurden sie getötet, und ihre Drüsen auf frische Tiere überimpft und von diesen noch ev. auf eine dritte Serie. So gelang es Bloch und Fuchs, bei vier Fällen von klinisch und histologisch typischem Lupus erythematodes die Anwesenheit von Tuberkelbazillen in der erkrankten Haut durch den Tierversuch zu beweisen. Denn dem Einwand, die Tuberkelbazillen könnten im Blut gekreist haben und zufällig in die erkrankte Haut hineingelangt sein, begegneten sie wenigstens in einem Falle dadurch, daß sie zur Zeit der Exzision auch mit dem Blute des Patienten Tierimpfungen vornahmen. Diese aber fielen negativ aus. Freilich wurde derselbe Versuch in einer Anzahl anderer Fälle von Lupus erythematodes ohne Erfolg angestellt; aber die vier positiven Resultate sind natürlich beweisender als die negativen.

Wir kämen nun zu den biologischen Reaktionen zum Nachweis des Tuberkelbazillus in den Krankheitsherden. In seiner Arbeit über Lupus erythematodes läßt Jadassohn alle Mitteilungen Revue passieren, die sich mit lokaler Reaktion des Leidens auf Tuberkulin beschäftigen. Er findet nur wenig Beweisendes in allen Angaben, und es bleibt eigentlich nur ein Fall von Wolff, der allen Einwänden gegenüber Stich hält. Jadassohn verlangt mit Recht, daß in jedem Falle eine diagnostische Verwechslung mit Lupus vulgaris oder Mischformen beider Krankheiten durch die histologische Untersuchung ausgeschlossen werden müßte. Seitdem ist in dieser Hinsicht nun doch manches Wichtige hinzugekommen. Es ist eine Anzahl von Fällen publiziert worden, die keinen Zweifel am Vorkommen einer lokalen Tuberkulinreaktion des Lupus erythematodes mehr zulassen. Am meisten imponieren natürlich die deutlichen lokalen Entzündungserscheinungen, die nach subkutaner Injektion um den entfernten Herd herum aufgetreten sind. Eindeutige Beobachtungen in dieser Richtung verdanken wir Ehrmann und Reines, Mucha, Siebert, C. A. Hoffmann, Br. Bloch. Jadassohn selbst läßt einen Fall von lokaler Reaktion nach subkutaner Injektion durch Maria Robbi veröffentlichen. Ferner hat er durch Einreibung von Tuberkulinsalbe nach Moro in zwei Fällen deutliche Reaktion von Lupus erythematodes-Herden gesehen, wie das auch schon Spiethoff mitgeteilt hat. Die lokale Reaktion bei Lupus erythematodes existiert also, aber — hier ist eine wichtige Einschränkung zu machen — sie bildet eine große Ausnahme. Die überwältigende Majorität der Fälle reagiert nicht. Dagegen hat man allerdings geltend gemacht, daß auch sichere Tuberkulosen, besonders von der papulo-nekrotischen und indurativen Form nur sehr unregelmäßig auf Tuberkulin reagieren. Aber es ist auch schon mehrfach beobachtet worden, daß bei gleichzeitigem Vorkommen von Lupus erythematodes und „Tuberkuliden", Erythema induratum und Lichen scrofulosorum die letzteren auf subkutane Tuberkulininjektion positiv reagierten, die ersteren dagegen nicht (Kyrle, Jadassohn). Ich habe eine Patientin mit sicherer Tuberkuloseanamnese gesehen, die auf dem behaarten Kopf einen Lupus erythematodes, an beiden Wangen tiefe subkutane Infiltrate (Dariersche Sarkoide oder Erythema induratum) hatte. Diese zeigten auf 1 mg Tuberkulin deutliche Lokalreaktionen, ohne daß an dem Lupus erythematodes eine Veränderung zu konstatieren war. Ferner ist es bei manchen der eben zitierten Beobachtungen auffallend, daß nicht alle, sondern nur einzelne Krankheitsherde reagierten, und daß bei späteren Injektionen diese Reaktion überhaupt ausblieb. Erwähnen wollen wir noch, daß therapeutische Beeinflussung von Lupus erythematodes durch Tuberkulin auch neuerdings mehrfach festgestellt wurde (Ehrmann und Reines, Ullmann, Mucha, Török), in einem Falle auch durch intrarektale Injektion von Marmorek-Serum (Balzer und Rafinesque). Ein bisher einzigartiges aber sehr wichtiges Faktum stellt ein Fall von E. Hoffmann dar. Hier entstand nach Injektion von 0,01 mg Tuberkulin in einen Herd von Lupus erythematodes discoides eine intensive lokale Reaktion, und daran anschließend eine akute Disseminierung der Krankheit. Zusammenfassend kann man sagen, daß das Material, welches die letzten Jahre über Tuberkulin bei Lupus erythematodes gebracht haben, zwar noch spärlich ist, aber doch für irgend einen Zusammenhang mit Tuberkulose zu sprechen scheint.

Einen neuen Weg hat auch hier Br. Bloch eingeschlagen. Er versuchte zusammen mit H. Fuchs, das Vorhandensein von Tuberkelbazillenderivaten (Tuberkulin) in den Krankheitsherden dadurch nachzuweisen, daß er diese auf tuberkulinempfindliche Individuen gleichsam übertrug. Das geschah folgendermaßen: Es wurden Herde von Lupus erythematodes (in jedem Fall durch genaueste histologische Untersuchung kontrolliert) exzidiert, und daraus ein Extrakt hergestellt. Der durch Filtration von körperlichen Elementen befreite Extrakt wurde eingeengt und ein Tropfen davon — wie bei der Intradermoreaktion mit Tuberkulin (und zur Kontrolle auch gleichzeitig mit diesem) — einer tuberkulösen Person intrakutan injiziert. Dazu wurden vor allem Individuen mit Hauttuberkuliden gewählt, bei denen besonders starke Tuberkulinreaktionen aufzutreten pflegten. In der Tat zeigte es sich, daß der Extrakt bei diesen Individuen wie eine stark verdünnte Tuberkulinlösung wirkte. Die Reaktionsstellen flammten nach subkutaner Tuberkulininjektion wieder auf und hatten histologisch tuberkuloiden Bau. Da alle Fehlerquellen durch sorgfältige Kontrollen ausgeschaltet wurden, und der Versuch in drei verschiedenen Fällen gelang, muß man den Beweis als geführt betrachten, daß in den Krankheitsherden von Lupus erythematodes in einzelnen Fällen Tuberkelbazillenprodukte vorhanden sind: Ein weiteres, nicht zu unterschätzendes Argument für die ätiologische Rolle der Tuberkulose.

Die allgemeinen Reaktionen auf Tuberkulin werden wir nicht hier anschließend, sondern erst an vierter Stelle beim Zusammenvorkommen von Lupus erythematodes mit Tuberkulose würdigen, entsprechend den im allgemeinen Teil wiedergegebenen Anschauungen. Zunächst haben wir uns mit den morphologischen Reaktionen des Organismus zu befassen. Hier haben wir einen wesentlichen Unterschied gegenüber allen Krankheiten der Haut, deren tuberkulöse Natur wir mit mehr oder weniger Sicherheit annehmen. Der Lupus erythematodes zeigt niemals, in keinem Stadium seines Verlaufes, die Läsionen, die eine frühere Zeit allein als für Tuberkulose beweisend ansah. Wir haben zur Genüge auseinandergesetzt, daß für uns darin kein vollgültiger Beweis liegt. Aber es muß doch hervorgehoben werden, daß wir bei der Suche nach Stützpunkten für die Annahme einer tuberkulösen Ätiologie beim Lupus erythematodes von der Histologie völlig im Stiche gelassen werden. Bei allen anderen Formen der Hauttuberkulose dagegen konnten wir mit einer gewissen Regelmäßigkeit doch wenigstens in einer größeren Anzahl der Fälle und in bestimmten Entwicklungsstadien tuberkuloide Bildungen nachweisen. Wir finden beim Lupus erythematodes nichts, was auch nur entfernt daran erinnert. Seine Histologie ist von derjenigen der bekannten Hauttuberkulosen völlig abweichend. Bei den ganz vereinzelten Angaben über tuberkelähnliche Strukturen bei Lupus erythematodes handelt es sich entweder um klinisch-diagnostische Irrtümer oder um die äußerst seltenen Mischformen von Lupus erythematodes und vulgaris. Man könnte uns nun hier einen logischen Fehler vorwerfen, der darin läge, daß wir von vornherein erklären, der Lupus erythematodes hat keinen tuberkuloiden Bau. Das ist aber keine Annahme a priori, sondern eine durch hundertfache Untersuchungen der verschiedensten Autoren festgestellte Tatsache.

Andererseits ist das gemeinsame Vorkommen von Lupus vulgaris und erythematodes bei demselben Individuen in einzelnen, ganz seltenen Fällen schon klinisch diagnostiziert und histologisch bewiesen worden (Spitzer, Bornemann). In manchen Fällen mag die klinische Diagnose dieser Kombination sehr schwierig sein, denn es ist immer an den beim Lupus vulgaris beschriebenen „Lupus erythematoides“ zu denken. Dann kann die Diagnose eben nur histologisch gestellt werden. Das zeigt am deutlichsten der höchst eigentümliche Fall von Kyrle. Hier wurde bei zwei symmetrischen, als Lupus erythematodes diagnostizierten Herden zufällig durch die histologische Untersuchung herausgebracht, daß nur der eine ein Lupus erythematodes, der andere ein vulgaris war. Es ist bei diesen Beobachtungen aber immer wieder zu betonen, daß es sich um derartige Raritäten handelt, daß sie sehr wohl durch ein Spiel des Zufalls hervorgebracht sein könnten. Wirkliche Übergänge beider Krankheiten ineinander sind niemals einwandfrei beobachtet worden, wenn sie auch zuweilen durch eine gewisse klinische Ähnlichkeit vorgetäuscht wurden. Denn es gibt nicht nur einen „Lupus vulgaris erythematoides“, sondern auch einen Lupus erythematodes, der den vulgaris nachahmt und schon als „Lupus erythematodes tuberculoides“ bezeichnet wurde. Es sind das Krankheitsformen, die durch das Vorhandensein kleiner brauner Knötchen den Gedanken an Lupus vulgaris nahelegen. Diese Knötchen können aber durch verschiedene, von Lupusflecken völlig abweichende pathologische Veränderungen erzeugt werden. Einmal können ausnahmsweise, wie in dem Fall von C. A. Hoffmann, die umschriebenen Lymphocyteninfiltrate des Lupus erythematodes unmittelbar unter stark verdünntem Epithel liegen und dadurch den Anschein von Lupusknötchen erwecken. Dann aber kann auch hier die kolloide Degeneration der elastischen Fasern Anlaß zu Irrtümern geben, worauf Jadassohn bereits hingewiesen hat.

Mit der Kombination von Lupus erythematodes und vulgaris wären wir schon zu den Argumenten vierter Ordnung gekommen, welche die tuberkulöse Natur des Lupus erythematodes aus dem häufigen Zusammenvorkommen mit sicher tuberkulösen Erkrankungen beweisen wollen. Am meisten interessieren uns hier die tuberkulösen Hautaffektionen. Und da haben sich die Mitteilungen über Zusammentreffen von Lupus erythematodes mit den sog. Tuberkuliden entschieden in den letzten Jahren vermehrt. Sie scheinen mir bereits zu zahlreich, als daß die Erklärung durch einen Zufall noch befriedigen könnte. Gleichzeitig mit Lupus erythematodes sind beobachtet worden: Lichen scrofulosorum (Kyrle, Jadassohn), papulo-nekrotische Tuberkulide (Bernhardt, Coyon und Gougerot, Ehrmann, Ullmann, Weidenfeld), Erythema induratum (Kyrle, Hirsch, Polland, Galloway und Mac Leod, Schidachi, mein oben zitierter Fall). Besonders wenn man, was mehrfach der Fall war, mehrere verschiedene Formen von Tuberkuliden mit einem Lupus erythematodes auf einem Patienten vereinigt sieht, kann man sich des Gedankens nicht mehr erwehren, daß hier irgend ein Zusammenhang besteht, und daß der Lupus erythematodes zu dem ganzen Symptomenkomplex mit hinzugehört.

Eine Frage, die von allen Autoren, die auf diesem Gebiete gearbeitet haben, aufgeworfen und bisher noch nie befriedigend beantwortet wurde, ist die, in welchem Prozentsatz der Fälle von Lupus erythematodes überhaupt irgendwelche Erscheinungen von Tuberkulose vorhanden sind. So horrende

Unterschiede, wie zwischen 18% (Sequeira und Balean) und 80% (Ullmann) können nicht auf einer bloßen Verschiedenheit des Materials beruhen, sondern müssen differente Gesichtspunkte bei der Untersuchung als Ursache haben. Allerdings gibt es Unterschiede, die nur auf der Art des Materials beruhen. Das zeigen die Statistiken von Jadassohn, der zweimal (von Voirol und Maria Robbi) die Fälle der klinischen und privaten Praxis getrennt bearbeiten ließ und dabei Differenzen von 20—30% herausbekam. Die Tuberkulose war bei den privaten Patienten seltener zu konstatieren als bei den klinischen. Aber von diesen Schwankungen, die durch das Material bedingt sind, abgesehen, kommen ganz verschiedene Resultate heraus, weil besonders über das, was als tuberkuloseverdächtig angesehen werden soll, keine Einigkeit existiert. Nach meiner Ansicht könnten hier nur unter einheitlichen Gesichtspunkten an großem Material vorgenommene Untersuchungen mit Tuberkulin nebst zahlreichen, vergleichenden Kontrolluntersuchungen bei Normalen und Patienten mit anderen Krankheiten zum Ziele führen. Was darüber bisher veröffentlicht ist, genügt noch nicht, weil die Zahlen zu klein sind. Das ist ja ganz erklärlich, weil der Lupus erythematodes doch keine allzu häufige Krankheit ist, und die modernen Methoden der Tuberkulindiagnostik erst seit wenigen Jahren geübt werden. Maria Robbi fand unter 23 Fällen 16mal positive Allgemeinreaktion nach subkutaner Injektion; das wäre also fast in 70%. 19 Fälle, bei denen die Pirquet-Reaktion angestellt wurde, reagierten alle positiv. Wenn diese Prozentzahlen bei einem größeren Material dieselben bleiben würden, so wäre damit allerdings ein neues Gewicht in die Wage gelegt zugunsten der tuberkulösen Ätiologie. Nicht ganz unwichtig ist es ferner, wenn Sequeira bei 21 Fällen ohne klinisch nachweisbare Tuberkulose sogar die Konjunktivalreaktion 14mal positiv fand, die doch bedeutend weniger empfindlich ist als die kutane. Die negativen Resultate Kingsburys mit derselben Methode lassen sich dagegen nicht als Beweis verwerten, da ja eine nicht geringe Zahl echter Lupusfälle auch keine Reaktion gibt. Wenig anfangen können wir einstweilen mit den Bestimmungen des opsonischen Index durch Bunch und der Agglutination auf Tuberkelbazillen bei Lupus erythematodes-Patienten (Nicolas). Diese Methoden sind an sich viel zu unsicher, um zur Entscheidung irgend etwas beitragen zu können.

Unter den Kranken mit nachweisbaren tuberkulösen Symptomen spielen Erkrankungen der Lymphdrüsen eine besonders große Rolle. Beispielsweise hatten von 14 sicher klinisch tuberkulösen Patienten, die in der Arbeit von Maria Robbi aufgeführt werden, 13 tuberkulöse Drüsen. Es ist aber nicht so sehr dieser hohe Prozentsatz, der interessiert, als die direkten Beziehungen zu der Hautaffektion, die in manchen Fällen hervorgehoben werden. Besonders gut ist ein Fall von Delbanco beobachtet. Hier bestand ein typischer Lupus erythematodes beider Wangen und tuberkulöse Lymphome an beiden Halsseiten. Nach der Operation der Drüsen heilte die Hautkrankheit spontan. Zwei Jahre später entwickelten sich neue Drüsenpakete und gleichzeitig mit ihnen wiederum Herde von Lupus erythematodes. Ganz ähnlich war der Verlauf in einem Fall von Bender; einen allerdings rasch vorübergehenden Erfolg nach Drüsenexstirpation sah auch Meschtscherski, einen dauernden Pospelow. Das sind alles Tatsachen, die zwanglos nur durch einen Zusammenhang des Lupus erythematodes mit der Drüsentuberkulose zu erklären sind. Ebenso steht es mit den Fällen von Darier und de Beurmann und Laroche, wo der Lupus erythematodes sich unmittelbar an der Stelle von Narben ansiedelte, die von tuberkulösen Drüsen- oder Gelenkleiden herrührten.

Hereditäre Belastung mit Tuberkulose wird bei einer großen Zahl von Patienten mit Lupus erythematodes angegeben. Das familiäre Vorkommen dieses Leidens selbst ist selten, aber doch mehrfach beobachtet worden. Erkrankungen an Lupus erythematodes bei zwei Geschwistern haben Rona, Sequeira (zwei Beobachtungen), P. Cohn (aus der Jadassohnschen Klinik) mitgeteilt. Leslie Roberts behandelte wegen Lupus erythematodes einen Patienten, dessen Schwester an Lupus vulgaris litt. Es wäre also auch in dieser Richtung noch wichtig, zu forschen, und jede derartige Beobachtung zu registrieren. Ein Beweis ist daraus einstweilen noch nicht abzuleiten.

Seit langem hat man versucht, aus den Sektionsbefunden bei Lupus erythematodes Klarheit über die eigentliche Natur des Krankheitsprozesses zu gewinnen. Aber auch hier sind die Ergebnisse ebenso widersprechend wie alles andere, was auf den Lupus erythematodes Bezug hat. Die Fälle von chronischem Lupus erythematodes discoides, die zur Sektion kamen, sind begreiflicherweise nur spärlich, da die Hauterkrankung ja hier immer nur einen zufälligen Nebenbefund bildet. Jadassohn bringt in seiner Tabelle nur vier, zwei mit, zwei ohne Tuberkulose. Später hat dann noch Kren einen Fall publiziert von einer Frau mit Lupus erythematodes, die an Endometritis und Peritonitis zugrunde ging und bei der nichts von Tuberkulose gefunden wurde. Größer ist die Anzahl der akuten Fälle. Bei diesen ist, wie übrigens auch klinisch, der Prozentsatz tuberkulöser Organerkrankungen beträchtlicher. Aber wir haben auch hier gut untersuchte Fälle, die jede Spur von Tuberkulose vermissen lassen (Short, Arning, vier Fälle von Kraus und Bohač, zwei von Maki, einer unter sechs von Reitmann und Zumbusch). Bei anderen stand die Geringfügigkeit der tuberkulösen Läsionen in auffallendem Widerspruch zu der Schwere der allgemeinen Erkrankung und der hochgradigen Ausbreitung der Hauterscheinungen. So wurden in dem Fall von Pernet nur mikroskopisch eine Tuberkulose der retroperitonealen Lymphdrüsen, in dem von Leslie Roberts nur eine Affektion der Mesenterialdrüsen gefunden. Wir beschränken uns hier auf die Anführung dieser Tatsachen, da wir sie weiter unten noch zu diskutieren haben.

Damit können wir die kurze Übersicht über das zur Verfügung stehende Material schließen und müssen nun noch einmal die Frage aufstellen: Was ist also der Lupus erythematodes? Ist er eine Hauttuberkulose? oder, wenn er keine Tuberkulose ist, was ist er dann? Auch auf diese letzte Frage sind schon die verschiedensten Antworten gegeben worden. Sie sind zusammengestellt in dem Ergebnis einer Rundfrage, die Civatte 1907 in den Annales de Dermatologie veröffentlicht hat. Neben den deutschen Autoren, die sich abwartend verhielten, haben sich vor allem einige bedeutendere englische Dermatologen stets gegen die Tuberkulose ausgesprochen. So legen Galloway, Mac Leod und auch Sequeira großen Wert auf eine gewisse Ähnlichkeit des Lupus erythematodes mit manchen Fällen von Erythema multiforme. Sie meinen, daß der Lupus erythematodes nur eine chronische Form der letzteren Krankheit darstelle und, wie diese, auf toxischer Ursache beruhe. Ihre Ausführungen enthalten nichts Beweisendes und wenig Überzeugendes. Denn was ist das Erythema multiforme? Es ist durchaus nicht sicher, daß es immer oder auch nur zum größten Teile durch Intoxikation entsteht. Vielmehr hat die Annahme einer spezifisch infektiösen Ätiologie für die meisten Beobachtungen viel mehr Wahrscheinlichkeit. Zudem ist die Ähnlichkeit mit dem Lupus erythematodes doch nur recht äußerlich und nicht größer, als sie häufig zwischen den Hautsymptomen zweier ätiologisch zu trennender Krankheiten besteht. Bakterientoxine der verschiedensten Herkunft sind nach Kreibich die eigentlichen Erreger des Lupus erythematodes. Natürlich müssen bei ihm diese Toxine, um zur Wirkung zu gelangen, den Umweg über die Angioneurose machen. Die Hypothese einer toxischen Ätiologie des Lupus erythematodes schwebt einstweilen noch völlig in der Luft und hat nicht einmal das bescheidene Material sicherer Tatsachen für sich, über das heute die Anhänger der Tuberkulosetheorie verfügen.

Nun hat man gesagt, es ist nicht mehr zu leugnen, daß einige Fälle zur Tuberkulose in engster Beziehung stehen. Für andere hat sich nicht der geringste Zusammenhang nachweisen lassen. Also ist es sehr wohl möglich, daß unter dem Krankheitsbild des Lupus erythematodes von uns heute noch mehrere, ätiologisch verschiedene Affektionen zusammengefaßt werden, die wir augenblicklich noch nicht imstande sind, klinisch voneinander zu differenzieren. Diese Ansicht hat zwei so gewichtige Stimmen wie Brocq und Jadassohn für sich. Von Jadassohn hatte ich diese Hypothese übernommen, und man muß ihm recht geben, daß sie wenigstens eine Arbeitshypothese ist. Aber sie ist schließlich doch nur eine Verlegenheitshypothese. Denn hier liegt die Sache ganz anders als bei den toxischen Erythemen und den subkutanen knotenförmigen Granulomen, bei denen wir im vorhergehenden fortwährend auf eine ähnliche Anschauung zurückkommen mußten. Bei diesen kennen wir wirklich mehrere chemische Körper und mehrere Parasiten, die in ganz bestimmten Fällen dergleichen Erscheinungen hervorrufen können. So konnten wir mit Recht folgern: Wenn wir z. B. vom Brom und Jod wissen, daß es diese Form eines Exanthems hervorbringt, warum sollten nicht andere Substanzen Ähnliches bewirken können. Oder, wir kennen subkutane Knoten von tuberkuloidem Bau, sowohl durch die Spirochaete pallida als den Tuberkelbazillus und das Sporotrichon verursacht. Warum sollte es außer diesen nicht noch andere, uns zurzeit noch unbekannte Mikroorganismen geben, die die gleichen Erscheinungen hervorrufen wie jene unter sich so verschiedenen Parasiten. Beim Lupus erythematodes aber kennen wir bisher weder eine chemische Substanz oder ein Bakterientoxin oder einen belebten Erreger, von dem wir mit absoluter Sicherheit behaupten könnten, daß er auch nur in einem einzigen Falle wirklich die Krankheitsursache darstelle.

Außerdem sind Erytheme und subkutane Knoten gewiß banale Reaktionen des Organismus, die schon klinisch wenig scharf ausgeprägte Eigencharaktere haben. Es sind die gewöhnlichen Reaktionen der Haut auf akute oder chronische Schädigungen, die sie vom Blutwege her in ihren verschiedenen Schichten treffen. Der Lupus erythematodes aber ist, wenn man so sagen darf, ein ganz originelles Krankheitsbild. Er ist in seinen Erscheinungsformen fester umschrieben, in seinem Verlauf weniger proteusartig als viele Krankheiten mit uns bekannter einheitlicher Ätiologie. Den Lupus erythematodes als Hautreaktion auf verschiedene Schädlichkeiten anzusehen, heißt nichts anderes als vorbehaltlos die Brocqsche Lehre von den „Reactions cutanées" annehmen. Diese Lehre, nach der ungefähr alle uns ätiologisch dunklen Affektionen als bloße „Reactions cutanées" von den eigentlichen Krankheiten der Haut zu scheiden sind, hat den Fehler, daß sie nicht unsere Erkenntnis — auch das wäre wohl im strengsten Sinne verkehrt —, sondern unseren Mangel an Erkenntnis zur Grundlage eines Systems macht. Was dem Lupus erythematodes recht ist, wäre der Psoriasis oder dem Lichen ruber billig. Auch bei diesen beiden, klinisch so scharf charakterisierten Dermatosen werden wohl die wenigsten sich mit der Annahme zufrieden geben, daß sie überhaupt keine einheitliche Ätiologie haben, weil wir noch nicht so glücklich gewesen sind, sie herauszufinden. Genau so ist es beim Lupus erythematodes; bloß daß wir jetzt hier in einer Richtung eine Fährte verfolgen, von der wir hoffen, daß sie uns auf den richtigen Weg führen soll.

Der Lupus erythematodes hat einen Zusammenhang mit Tuberkulose. Das lehren zahlreiche Untersuchungen aus neuester Zeit. Ist er darum ein

„Tuberkulid“ in dem Sinne etwa des Lichen scrofulosorum oder der „Folliclis“? Entsteht er wie diese durch Tuberkelbazillen, die auf der Blutbahn in die Haut gelangen und hier durch die Antikörperreaktion des Organismus zugrunde gehen? Diese Fragen möchte ich noch keineswegs bejahen. Der Lupus erythematodes verhält sich schon rein klinisch nicht wie die Tuberkulide. Jene tief infiltrierten Herde, die durch Jahrzehnte sich langsam vergrößern, diese Neigung zur stetigen Progredienz, die Schwere der lokalen Erscheinungen fallen ganz aus dem Rahmen dessen, was wir von den Tuberkuliden kennen. Und dann das Verhältnis zur inneren Tuberkulose! Daß ein Lupus erythematodes discoides des Gesichtes besteht, und man nach dem Tode des Patienten an einer interkurrenten Krankheit bei der Autopsie nichts von Tuberkulose findet, wie in dem Falle von Kren, wäre nicht so unerklärlich. Die an sich nicht sehr hochgradigen Hauterscheinungen konnten von einem Herde aus entstehen, der so unbedeutend war, daß er der Untersuchung entging. Daß bei einem Lupus erythematodes acutus im Verlauf einer Miliartuberkulose die Hauterscheinungen abheilen (Polland), würde sogar sehr gut zu unserer Erklärung der Tuberkulide passen. Mit Zunahme der Tuberkulose hört die Reaktionsfähigkeit der Haut auf. Aber was soll man von den Fällen sagen, wo die Patienten an einem akuten Lupus erythematodes unter schweren septischen Erscheinungen zugrunde gehen und bei der Sektion keine Spur einer Tuberkulose zu finden ist (Arning, Short). Die Patienten sterben an einer Tuberkulose, die überhaupt nicht nachzuweisen ist! Das ist der Bankerott unseres Wissens! Ist der Lupus erythematodes also Tuberkulose, dann muß es entweder eine Form des Virus oder eine Art der pathologischen Reaktion des Organismus geben, von der wir bis jetzt nichts ahnen.

Diesem Gedankengang ist in letzter Zeit Br. Bloch in konsequenter Weise gefolgt. Er hat versucht, die Tuberkelbazillen chemisch zu modifizieren und dadurch experimentell Lupus erythematodes zu erzeugen. Nach den verläufigen Mitteilungen auf dem Wiener Kongreß scheinen diese Versuche nicht aussichtslos. Es wäre dann auch möglich, daß der Lupus erythematodes durch exogene Infektion mit dem modifizierten Virus zustande käme. Vielleicht wird uns auch die experimentelle Forschung über die Reaktionen des Organismus gegen Tuberkelbazillen noch Neues lehren. Vielleicht aber ist doch die Tuberkulose in der Ätiologie des Lupus erythematodes nicht der dominierende Faktor, sondern nur eine notwendige Bedingung, um den Körper für ein anderes, uns noch unbekanntes Agens empfänglich zu machen. Daß tuberkulöse Tiere gegen physikalische Reize, wie Lichtstrahlen, im Sinne einer Sensibilisierung stärker reagieren als normale, haben kürzlich Volk und Grosz gezeigt. Ebenso könnte auch irgend ein Parasit erst auf tuberkulös durchseuchtem Boden Wurzel fassen, könnte beim Lupus erythematodes eine Art Symbiose bestehen. Für eine spezifische Infektionskrankheit unbekannter Ätiologie hat man auch die Erscheinungen ins Treffen geführt, daß mehrfach Fälle von Lupus erythematodes acutus eine positive Wassermann-Reaktion gezeigt haben, ohne daß irgend ein Verdacht auf Lues bestand. Solche Beobachtungen sind von Reinhardt (bei dem Arningschen Fall), Feuerstein, Hauck, v. Zumbusch, Kerl mitgeteilt worden, von W. Schmidt allerdings in zwei Fällen nicht bestätigt. Wir kennen ja neben der Syphilis verschiedene Infektionskrankheiten, und zwar nur akute (Scharlach, Malaria), die vorübergehend eine positive Reaktion geben. Es wäre also möglich, daß auch der Lupus erythematodes in die Gruppe dieser Krankheiten gehört. Ja, man hat sogar hieraus, wie aus dem therapeutischen Einfluß von Chinin, schon auf die Protozoennatur des mutmaßlichen Erregers geschlossen. Das geht aber viel zu weit und es ist sehr fraglich, ob eine einseitig nach dieser Richtung dirigierte

Arbeit sich lohnen würde. Für die nächste Zeit scheint es mir am notwendigsten, den Fäden, die den Lupus erythematodes mit der Tuberkulose verbinden, nachzuspüren und die verborgenen Zusammenhänge freizulegen. Wenn es gelingt, in dieser Frage Klarheit zu schaffen, wird vielleicht nicht nur die Wissenschaft davon Vorteil haben, sondern auch die Behandlung des Leidens, die einstweilen genau so unsicher und unbefriedigend ist, wie unsere Kenntnis von seiner Entstehung.

6. Einige fälschlich zur Tuberkulose gerechnete Hauterkrankungen.

a) Angiokeratoma Mibelli.

Mit dem Lupus erythematodes sind wir nach unserer Auffassung an der äußersten Grenze des Gebietes der Hauttuberkulose angelangt. Man kann einstweilen diese Grenze nicht weiter hinausschieben, ohne sich einfach willkürlich dazu das Recht zu nehmen und auf jeden Beweis, der den bescheidensten Anforderungen der Logik genügt, zu verzichten. Wie aber hier von manchen Autoren, zumal den Anhängern von Poncet verfahren wird, dafür möchten wir nur ein literarisches Beispiel anführen, welches das Angiokeratoma Mibelli betrifft. Ein um die Erforschung der Hauttuberkulose so außerordentlich verdienter Autor wie Gougerot erledigt diese Affektion in einer Übersicht über die Tuberkulide mit folgenden Worten: „Ce syndrome clinique n'a encore comme preuves de son origine bacillaire que des statistiques cliniques (Darier) et quelques faits de transition anatomiques (Milian et Leredde). Quoique non douteux, leur origine bacillaire ne s'appuie que sur des probabilités." Also das Tatsachenmaterial wird vollkommen richtig gewürdigt, aber trotzdem der tuberkulöse Ursprung a priori als zweifellos angenommen! Aber gerade für das Angiokeratoma liegt bisher nicht einmal die geringste Wahrscheinlichkeit einer bazillären Ätiologie vor. Schon klinisch machen die kleinen, wenig erhabenen, an Finger- und Zehenrücken (in seltenen Fällen auch an den volaren Flächen) lokalisierten Herde, die aus blau oder violett durchscheinenden, erweiterten, kleinen Gefäßen zusammengesetzt und mit Hornmassen von wechselnder Dicke bedeckt sind, durchaus nicht den Eindruck entzündlicher Reaktionen. Es sind — wie es auch Mibelli 1899 in seiner ersten Arbeit dargestellt hat — Angiome mit sekundärer Verhornung. Dieser Eindruck wird durch die histologische Untersuchung nur verstärkt. Es findet sich nicht ein einziges Element, wie wir es bei bakteriellen oder toxischen Reizen, die auf ein Gewebe einwirken, zu sehen gewohnt sind. Sondern wir haben einen kleinen Tumor durch kavernöse Erweiterung der Gefäße des Papillarkörpers, vielleicht auch Neubildung desselben, und ein auf die veränderte Ernährung mit Hyperkeratose reagierendes Epithel. Wenn Milian und Leredde sowie Pautrier Gefäßveränderungen in der Tiefe, bestehend aus Wandverdickungen und Intimawucherungen gefunden haben, so sind das erstens vereinzelte Befunde, die von anderen Autoren auch bei tiefen Biopsien nicht bestätigt wurden. Zweitens beweisen diese anatomischen Veränderungen nicht das Geringste für die Tuberkulose, denn sie sind vollkommen unspezifisch, und es spricht nichts dagegen, daß sie sich nicht sekundär auch bei irgend einem beliebigen Nävusangiom herausbilden können. Weil bei manchen Hauttuberkulosen auch einmal unspezifische Läsionen vorkommen, daraus darf man doch nicht die Umkehrung ableiten, daß solche unspezifische Strukturen für

Tuberkulose sprechen. Und gerade auf den anatomischen Beweis legt Pautrier noch besonderes Gewicht. Mir aber scheint die Anatomie vielmehr den Angiomcharakter des Leidens zu beweisen. Dafür spricht auch ein jüngst von H. v. Planner publizierter Fall, wo neben Läsionen, die klinisch völlig dem Angiokeratoma Mibelli glichen, eine ausgedehnte Angiomatose auch der tieferen Schichten vorhanden war.

Auch die klinischen Zusammenhänge mit Tuberkulose sind äußerst unsicher. Bei manchen Patienten ist nicht das Geringste von irgend einer tuberkulösen Erkrankung nachzuweisen. So war in einem Fall von Brandweiner die Tuberkulinreaktion in allen Modifikationen negativ, desgleichen Tierversuche mit Hautmaterial; auf den Lungen war auch röntgenologisch nichts Verdächtiges festzustellen. Wenn in einigen Fällen überhaupt von einer Beziehung zur Tuberkulose die Rede sein kann, so ist es nur eine ganz indirekte. Man findet nicht selten bei tuberkulösen und tuberkulös belasteten Personen eine gewisse Schwäche der peripheren Zirkulation. Es ist dieselbe Anlage, die auch das Zustandekommen von Pernionen begünstigt, und Pernionen sowie cyanotische und kühle Beschaffenheit der Extremitätenenden kommen häufig zugleich mit Angiokeratomen bei demselben Individuum vor. Die meisten Autoren sehen daher auch heute für das Angiokeratom das Wesentliche in Zirkulationsstörungen und Stauungserscheinungen (Scheuer, Judin, Guszmann, Beck). Wie sehr gerade mechanische Ursachen hier eine Rolle spielen, konnte ich an einem Falle der Arningschen Abteilung beobachten, wo einige Jahre nach Operation einer tuberkulösen Coxitis und Inguinaldrüsentuberkulose an der entsprechenden Extremität Lymphangiome zugleich mit Angiokeratomen aufgetreten waren. Die Tuberkulose hatte also nur eine ganz sekundäre Bedeutung. Die Ursache des Hautleidens war nicht der Tuberkelbazillus, sondern eine Funktionsstörung im Organismus, die durch die tuberkulöse Erkrankung eines anderen Organes hervorgerufen war, ebenso wie die Pigmentation beim Morbus Addisoni nicht durch Tuberkelbazillen erzeugt wird, sondern eine Folge der tuberkulösen Nebennierenerkrankung ist. Es sei schließlich noch einmal erwähnt, daß unter Umständen ein Lupus erythematodes der Hände einem Angiokeratom ähnlich sehen kann, und sich dadurch Angaben über Kombination beider Prozesse sowie abweichende Auffassungen über das Wesen des Angiokeratoms in einzelnen Fällen würden erklären lassen.

b) Parapsoriasis.

Eine viel bedeutendere Rolle spielt die Frage der Diagnose bei der Parapsoriasis. Diese Krankheit ist zwar in allen ihren Formen selten, aber durch die Arbeiten von Jadassohn, Juliusberg, Brocq u. a. klinisch und anatomisch so fest umschrieben worden, daß wir „Übergänge" zum Lichen scrofulosorum oder anderen Tuberkuliden nicht zulassen können. Die Parapsoriasis hat niemals histologisch tuberkuloide Veränderungen. Finden wir solche in einem klinisch atypischen Fall und dazu eine positive Lokalreaktion auf Tuberkulin, so ist es eben keine Parapsoriasis, sondern ein Lichen scrofulosorum. Denn gerade bei dieser Form der Hauttuberkulose hatten wir ja schon gesehen, daß sie klinisch in verschiedenerlei Gestalt auftreten kann. So hatten wir schon die Verwechslung mit Pityriasis rubra pilaris erwähnt. Auch Fälle, die dem Bilde der Parapsoriasis äußerlich sich nähern, dürfen uns durchaus nicht befremden. Wir können uns daher der Auffassung von Civatte über die tuberkulöse Natur der Parapsoriasis nicht anschließen, da sie nur geeignet ist, Verwirrung anzurichten. Denn einerseits werden dann typische Tuberkulide für Parapsoriasis erklärt, wie in dem Falle von Verotti, oder trotz Fehlens jedes anatomischen Verdachtmomentes Parapsoriasisfälle zu den Tuberkuliden gestellt, wie von Queyrat und Pautrier.

c) Psoriasis.

Noch weniger als für die Parapsoriasis liegt für die echte Psoriasis irgend ein Argument vor, das die Frage einer tuberkulösen Ätiologie überhaupt diskussionsfähig machen würde. Die einzige ernst zu nehmende Beobachtung in dieser Richtung stammt von Petges und Desqueyroux, die einen Fall von Poncetschem Rheumatismus mit Psoriasis und Beziehungen zwischen beiden gesehen haben. Sie zögern jedoch selbst, die Frage so einfach bejahend zu beantworten, wie Poncet und Leriche, die erklären, „que dans certaines circonstances le psoriasis est une dermatose bacillaire". Die Angaben von Menzer über Tuberkulinreaktion und Bakterienbefunde bei Psoriasis sind zu wenig kritisch, als daß die Nachprüfung lohnend schiene. Hübner und Schönfeld, sowie Nast (an einer größeren Anzahl Fälle der Arningschen Abteilung) haben nichts davon bestätigen können.

Damit können wir die Reihe der Hautkrankheiten, deren Name bei der Tuberkulose erwähnt werden muß, schließen. Höchstens an die retikuläre Melanodermie des Nackens, die Vignolo-Lutati bei Tuberkulösen gesehen hat und als Pigmenttuberkulid auffaßt, wollen wir noch erinnern, ohne uns der Ansicht des italienischen Autors anzuschließen, denn es kann sich hier um irgendwelche nichtspezifische Intoxikationsphänomene handeln. Wer Poncet folgen will — und selbst Gougerot geht für unser Empfinden auf diesem Wege viel zu weit — könnte noch viele Seiten mit Krankkheitsbildern anfüllen, bei denen sonst noch keine präzise Ätiologie nachgewiesen worden ist: Ekzeme, Keloide, Fibrome, Sklerodermien, Atrophien, Tumoren der verschiedensten Art. Sie alle und noch viele andere sind schon für tuberkulös erklärt worden. Wir brauchen nicht zu wiederholen, daß wir eine Erweiterung des heute bekannten Gebietes der Hauttuberkulose durchaus nicht für ausgeschlossen halten. Das kann aber nicht durch verallgemeinernde Theorien, sondern nur durch neue Tatsachen geschehen.

III. Therapeutischer Teil.

A. Behandlung der inneren und der chirurgischen Tuberkulose.

Jeder Patient, der an irgend einer Form der Hauttuberkulose leidet, ist zunächst als ein tuberkulöses Individuum zu betrachten und zu behandeln. Man wird sich also nicht mit der Diagnose des Hautleidens begnügen und auf dieses seine therapeutischen Bestrebungen richten, sondern man wird mit allen zur Verfügung stehenden Hilfsmitteln den gesamten Organismus nach irgendwelchen anderen Äußerungen der tuberkulösen Infektion untersuchen. Erst wenn diese Nachforschungen zu keinem Ziel geführt haben, und sonst die Anamnese und der Befund dazu stimmt, wird man eine rein lokale Infektion der Haut annehmen dürfen. Nur in diesem Falle wird sich auch die Therapie auf lediglich lokale Maßnahmen beschränken, sonst aber behandeln wir nicht sowohl die Hauttuberkulose als den tuberkulösen Menschen. Das ist gewiß keine neue Weisheit und nicht minder trivial wie der Satz, daß man jeden Fall individuell behandeln müsse. Es ist aber eigentümlich, daß es sofort zu Mißdeutungen Anlaß gibt, wenn man es unterläßt, dergleichen selbstverständliche Dinge auszusprechen. So mußte Jadassohn die dermatologischen Lehrbücher gleichsam entschuldigen, weil sie so wenig über die allgemeine Tuberkulosetherapie brächten, indem er mit Recht bemerkt, daß sich diese bei Hauttuberkulose durchaus nicht von der sonst bei Tuberkulose üblichen unterscheide. In der Tat haben unsere großen Kliniker, die sich seit Jahrzehnten besonders der Lupusbehandlung gewidmet haben, nie etwas anderes getan, als gleichzeitig auch versucht, die Tuberkulose des übrigen Organismus zu bekämpfen. Aber sie waren wohl alle so kritisch, um einzusehen, daß das viel leichter gesagt als getan ist.

Diejenige Lokalisation der Infektion, von der auch die Hauttuberkulösen am meisten bedroht sind, ist die Lungentuberkulose. Und daß wir auch heute noch weder eine einfache, noch eine rasche, noch eine sichere Behandlungsmethode dieser Krankheitsform besitzen, weiß jeder Anfänger. Alle die Maßregeln, von denen wir uns noch einigen Erfolg versprechen, beruhen darauf, den Patienten für lange Zeit aus den schädlichen Einflüssen des gewohnten Milieus zu entfernen und ihn nur seiner Gesundheit und Kräftigung leben zu lassen. Wie leicht das in jedem Falle möglich ist, ist ja bekannt! Die Tuberkulose ist die Krankheit des sozialen Elends, und die Hauttuberkulösen gehören nicht selten zu den allerärmsten. Solange wir nicht in der Lage sind, diese Unglücklichen dauernd aus ihren ungesunden und unwürdigen Lebensbedingungen herauszunehmen, mag man gern erklären, daß die Behandlung der Hauttuberkulose mit der Behandlung des Gesamtorganismus beginnen müsse. Es werden nur schöne Worte sein. Der erwachsene Mensch, der mit einer Hauttuberkulose zu uns kommt, sucht uns in vielen Fällen nur deswegen auf, weil ihm diese Lokalisation der Krankheit den letzten Rest der Existenzmöglichkeit, seine Arbeitsfähigkeit, raubt. Wir werden uns sehr oft damit begnügen müssen, ihm durch eine lokale Behandlung des Hautleidens zu helfen, weil an eine gut durchgeführte Behandlung der inneren Krankheit leider gar nicht zu denken ist, aus äußeren Gründen!

Und ist es mit der großen Anzahl der skrofulösen Kinder, die mit beginnenden Hauttuberkulosen zu uns gebracht werden, viel anders? Bei aller Anerkennung, die man den Leistungen der privaten Wohltätigkeit gerade auf diesem Gebiete schuldig ist, kann man doch sagen, daß alles, was bis jetzt geschehen ist, noch nicht im entferntesten ausreicht, um in der Mehrzahl der Fälle die Heilung beginnender, die Verhütung drohender Erkrankung zu ermöglichen, weil es eben trotz größter Opfer meist nicht gelingt, diese Kinder auf die Dauer vor den gesundheitlichen Gefahren des Milieus zu schützen. Das ist keine ärztliche, sondern eine ökonomische Frage. Daß es durch klimatische und diätetische Kuren möglich ist, die allgemeine Infektion und damit auch die Hautmanifestationen bei tuberkulösen Kindern auf das Günstigste zu beeinflussen, darüber dürfte kein Zweifel sein. In dem bescheidenen Maßstabe, wie das bisher durchgeführt ist, kann man sich auch von solchen Erfolgen überzeugen überall, wo skrofulöse Kinder aus schlechten hygienischen Verhältnissen an einen gesunden Aufenthaltsort bei guter Luft und reichlicher Ernährung gebracht werden. Hier sind besonders die Seehospize zu nennen, die dieses Ziel in der vollkommensten Weise erreichen. Die bakterienfreie Luft, die allgemeine Kräftigung und Abhärtung, die Anregung des Gesamtstoffwechsels und die Erhöhung des Appetits sind die Faktoren, die sich zu einer günstigen Einwirkung vereinigen. Auch in den Solbädern werden manche schöne Heilresultate erreicht. Der Lebertran gilt als altbewährtes Mittel zur Hebung des Ernährungszustandes bei tuberkulösen Kindern.

Was aber die Lokalisation der Organerkrankungen anbetrifft, so handelt es sich bei den skrofulösen Kindern mit Hauttuberkulose viel häufiger um Affektionen von Drüsen und Knochen, als um eine Erkrankung der Lungen. Und zwischen diesen chirurgischen Tuberkulosen und den tuberkulösen Hauterscheinungen bestehen ja viel engere Beziehungen. Auch davon ist in letzter Zeit wieder sehr häufig die Rede gewesen, ohne daß darüber viel Neues gesagt worden wäre. Ein so vorzüglicher Autor, wie L. Philippson, spricht in seinem kleinen Buch über den Lupus von seiner Behandlungsart, die sich „von allen bei der Lupusbehandlung üblichen Methoden unterscheidet". Diese besteht darin, daß zuerst die chirurgische Tuberkulose und erst dann der Lupus in Angriff genommen wird. Das Gute an dieser Methode ist nun keineswegs neu, sondern seit Jahrzehnten Gemeingut aller Kliniker. Ich möchte wirklich den Arzt sehen, der eine chirurgische Tuberkulose unbeachtet ließe, wo es möglich wäre, sie zu behandeln. Was aber bei Philippson neu ist, daß man nämlich einen Lupus nicht anrühren solle, solange noch irgendwo eine chirurgische Tuberkulose bestände, ist zum mindesten sehr anfechtbar. Wo die Zeit und das Geld zur Verfügung stehen, daß die Patienten jahrelang unter günstigen Bedingungen in Beobachtung bleiben können, mag man sich wohl derartig abwartend verhalten, ohne Schaden anzurichten. Die Praxis zeigt aber, daß man in vielen Fällen sehr wohl gleichzeitig mit der Knochen- und Drüsentuberkulose auch die Behandlung der Hauttuberkulose beginnen und damit Vorzügliches erreichen kann.

Wenn die älteren dermatologischen Werke auch über die Behandlung der chirurgischen Tuberkulosen wenig enthalten, so mag das zum Teil daran liegen, daß die Erfolge auf diesem Gebiet im allgemeinen keine besonders glänzenden waren. Erst die letzten Jahre haben hier einen bedeutenden Fortschritt gebracht, und das Wesen dieses Fortschrittes liegt darin, daß die Behandlung der „chirurgischen“ Tuberkulosen immer mehr eine nicht chirurgische geworden ist. Nicht als ob von anderer Seite dieses Gebiet den Chirurgen streitig gemacht worden wäre. Im Gegenteil, die Chirurgen selber haben hier die Initiative ergriffen, nachdem sie sehen mußten, daß das Resultat ihrer operativen Leistungen oft weit hinter dem Ideal der Heilung zurückblieb. Der Exstirpation tuberkulöser Drüsenpakete folgte häufig in kurzer Zeit ein Rezidiv, und die Operationen an Knochen und Gelenken zogen oft schwere Entstellungen und Funktionsbehinderungen nach sich, ohne die Beseitigung des Krankheitsherdes mit Sicherheit zu verbürgen. Der erste, der wieder einen neuen Gedanken für eine konservative Behandlung der chirurgischen Tuberkulosen aufbrachte, war wohl Bier, dessen Stauungstherapie auch auf diesem Gebiete eine Zeitlang viel angewendet wurde. Leider hat sich die Hyperämiebehandlung hier nicht als so aussichtsreich und zuverlässig herausgestellt, wie man anfangs gehofft hatte. Es soll nicht geleugnet werden, daß in einzelnen Fällen etwas damit erreicht werden kann, aber das Bestreben, nach anderen und besseren Methoden zu suchen, blieb nach wie vor berechtigt. Zwei solche Verfahren sind nun in den letzten Jahren ausgearbeitet worden: Die Heliotherapie und die Röntgentherapie. Obwohl wir später noch ausführlich von der physikalischen Behandlung der Hauttuberkulose zu reden haben und dabei auch den Licht- und Röntgenstrahlen einen wichtigen Platz einräumen müssen, dürfen wir es doch hier nicht versäumen, einige Worte über die Wirkung der Sonnen- und Röntgenbehandlung auf chirurgische Tuberkulosen einzuschieben. Denn diese Methoden setzen uns endlich in den Stand, eine Forderung zu erfüllen, die früher oft vergeblich erhoben wurde, neben der erkrankten Haut auch die tiefer liegenden Infektionsherde zu beeinflussen.

1. Heliotherapie.

Der Gedanke, tuberkulöse wie andere Krankheiten durch die Kraft der Sonne zu heilen, ist in der Geschichte der Medizin schon häufiger bei Ärzten und Laien aufgetaucht. Eine exakte Grundlage für derartige Bestrebungen haben aber erst die Versuche Finsens gebracht, auf die wir später noch ausführlich zu sprechen kommen. Als nun Rollier (etwa gleichzeitig mit Bernhard) anfing, nicht, wie Finsen, Hauttuberkulose, sondern die tuberkulösen Erkrankungen tiefer liegender Organe, Knochen, Gelenke, Drüsen mit diffusem Sonnenlicht zu behandeln, schien demgegenüber eine gewisse Skepsis recht am Platze. Denn Finsen hatte gerade gezeigt, daß die chemisch wirksamen Strahlen des Spektrums nur bis zu einer sehr geringen Tiefe in die Haut eindringen, und daß bei längerer Behandlung die Pigmentbildung ein weiteres Hindernis für eine tiefere Wirkung dieser Strahlengattung bildet. Ferner hatte er nachweisbare Erfolge bei Lupus nur mit konzentriertem Sonnenlicht erzielt. Unbekümmert um diese theoretischen Erwägungen hat Rollier 1903 in Leysin 1300 m über dem Meere eine Klinik zur Behandlung der chirurgischen Tuberkulosen durch Besonnung aufgemacht, und der Erfolg hat ihm recht gegeben. Jetzt, nach 10 Jahren, ist ein Zweifel an der Wirksamkeit dieser Behandlung nicht mehr möglich, zumal ja Rollier solche Zeugen wie Escherich, Bardenheuer, Eiselsberg für sich anführen kann. Wenn man die Berichte dieser Autoren liest, wenn man die zahlreichen Abbildungen, die Rollier seiner letzten Schrift beigegeben hat, ansieht, muß die Skepsis der Bewunderung weichen.

Das Rolliersche Verfahren beruht darauf, daß die Kranken durch kurze Sonnenbestrahlung einzelner Körperteile allmählich an das Licht gewöhnt werden, bis sie schließlich während des ganzen Tages mit dem ganzen Körper der Hochgebirgssonne ausgesetzt werden. Mit dieser Behandlung hat Rollier es erreicht, in einem hohen Prozentsatz der schwersten Fälle von Knochen- und Gelenktuberkulose völlige Heilungen zu erzielen, mit einer oft ans Wunderbare grenzenden Wiederherstellung der normalen Funktion. Wie diese Tatsachen zu erklären sind, ist freilich noch dunkel. Daß das Klima eine große Rolle spielt ist wohl sicher. Auch Jadassohn hat ja aus diesem Grunde schon für häufigere Hochgebirgsbehandlung der chirurgischen, sowie der Hauttuberkulose plädiert. Ganz vermögen aber klimatische Einflüsse jene staunenswerten Heilungen nicht zu erklären. Sicher hat das Licht einen wesentlichen Anteil daran; es fragt sich nur, wie man sich diese Lichtwirkung vorzustellen hat. Die Bakterizidie kann es nicht sein; denn daß eine solche nur bis zu einer sehr geringen Tiefe vorhanden ist, ist bewiesen. Andererseits aber hat das Licht sicher nachgewiesene Effekte auf den gesamten Organismus und besonders auf Zirkulation und Blutbildung, über deren Ursache wir aber noch wenig Sicheres wissen. Rollier glaubt an eine besondere Bedeutung des Pigmentes. Jedenfalls hat er einen Parallelismus zwischen lebhafter Pigmentbildung und gut fortschreitender Heilung beobachtet. Er nimmt an, daß das Pigment gleichsam als Transformator wirke, der die kurzwelligen Strahlen in eine andere Form der Lichtenergie umwandele. Vulpius, Leuker, Haberling dagegen haben einen solchen Zusammenhang nicht konstatieren können, sondern Heilungen auch ohne Pigmentbildung zustande kommen sehen. Der theoretischen Forschung bleibt es noch vorbehalten, hier der Praxis nachzufolgen und die unbestreitbaren und erfreulichen Heilwirkungen zu begründen.

Leider hat die Sonnenbehandlung den großen Nachteil, daß sie nur einer sehr kleinen Anzahl von Kranken zuteil werden kann. Nur ausnahmsweise finden sich an einem Platze im Hochgebirge oder auch am Mittelmeer alle die Bedingungen vereinigt, die Rollier für eine erfolgreiche Heliotherapie für unerläßlich hält. Weitaus der größte Teil Europas entbehrt des reinen, nicht durch Nebelschichten filtrierten Sonnenlichtes während der meisten Monate des Jahres. Besonders der Winter ist für diese Behandlung gar nicht zu benutzen. Es ist gar nicht daran zu denken, so viel Stätten für Heliotherapie zu gründen, um auch nur einen wesentlichen Teil der Kranken behandeln zu können. Zudem erstreckt sich eine Kur stets über viele Monate, oft über Jahre. Dadurch wird sie wieder für die Ärmeren meist unmöglich. Die Heliotherapie der chirurgischen Tuberkulosen ist heute vielleicht die beste Behandlungsmethode, aber sie bleibt für die wenigen reserviert, die in einer dazu geeigneten Gegend leben, oder die Mittel haben, die Heilstätte selbst aus weiter Ferne aufzusuchen. Man hat zwar auch im Mittelgebirge und in der Ebene versucht, die sonnigen Tage für eine Behandlung auszunutzen und bei fehlendem Sonnenlicht dieses durch künstliche Lichtquellen zu ersetzen. Als solche wurden elektrisches Bogenlicht und die „künstliche Höhensonne“ — unter diesem etwas reklamehaften Namen befindet sich eine besondere Form der Hg-Quarzlampe im Handel — angewandt. Beide, besonders die letztere, unterscheiden sich in der Zusammensetzung der gelieferten Strahlen beträchtlich von der natürlichen Höhensonne. Ihr Licht enthält zu viel ultraviolette und zu wenig langwelligere Strahlen. Daher treten Erythem und Pigmentation sehr rasch auf, und man kann nach Vulpius, der diese Behandlung im übrigen für aussichtsreich hält, selbst nach Gewöhnung, die einzelnen Sitzungen nicht über 20 Minuten ausdehnen. Ganz besonders fehlt aber hier die unvergleichliche Kombination mit der Höhenluftkur.

2. Röntgenbehandlung.

Im Gegensatz zur Heliotherapie verzichtet die Röntgenbehandlung chirurgischer Tuberkulosen von vornherein auf eine allgemeine zugunsten einer maximalen örtlichen Wirkung. Sie entfernt sich also von dem Ideal einer Behandlung des tuberkulösen Menschen, indem sie nur auf einen Krankheitsherd einwirkt. Aber sie bietet den Vorteil, überall und leicht ausführbar zu sein und kann daher jeder beliebigen Zahl von Kranken, auch ambulanten, zugute kommen. Unter besonders günstigen Bedingungen kann man sie natürlich auch mit der Heliotherapie kombinieren, wie das von Tixier in Mentone geschieht, und dadurch den Erfolg beschleunigen.

Die ersten Versuche, tuberkulöse Drüsen- und Knochenaffektionen durch Röntgenstrahlen zu beeinflussen, datieren schon seit 1898 (Kirmisson, Leigh, Heeve, Willard), aber sie betrafen nur vereinzelte Fälle und blieben deshalb unbeachtet. Erst L. Freund gelang es, 1904 durch eine größere Anzahl erfolgreicher Fälle die Aufmerksamkeit auf dieses Gebiet der Strahlentherapie zu lenken. Ausgebaut aber und gründlich durchstudiert wurde das Verfahren durch Iselin an der Baseler Klinik. Von 1907 bis 1913 hat Iselin über 800 Fälle von chirurgischer Tuberkulose behandelt. Die Zahl der Heilungen ist bei Drüsentuberkulose, sowohl bei der geschlossenen, als bei der abszedierenden und fistulösen Form eine recht hohe. Und auch bei den tuberkulösen Affektionen der Knochen und Gelenke hatte er zwar nicht ganz so günstige, aber doch noch sehr erfreuliche Resultate. Die Angaben Iselins sind dann überall, wo man an einem größeren Material sich gründlich damit beschäftigte, bestätigt worden, so von Baisch, Wilms, Schmerz, D. H. Petersen, F. Schede, Broca und Mahar, Tixier u. a. Es hat sich gezeigt, daß es gelingt, durch Röntgenbestrahlung die größten tuberkulösen Drüsen zum Schwinden zu bringen, tuberkulöse Knochenherde, Arthritiden und Fisteln zu beseitigen. Nur über die Technik, sowie über die Erklärung der Wirkung hat man sich noch nicht geeinigt. Sicher ist, daß große Dosen nötig sind, um derartige Heilwirkungen zu erzielen, Dosen, die das von der Haut vertragene Maximum an Strahlen um ein Vielfaches übertreffen. Es müssen also selbstverständlich Filter angewandt werden, um die oberflächlich wirkenden Strahlen nach Möglichkeit abzublenden. Iselin arbeitet mit Filtern von geringer Dicke, da er auf die mittelharten Strahlen nicht verzichten will. Er gibt aber an, daß er in allerdings seltenen Fällen noch Spätschädigungen der Haut erlebt hat. Petersen, der an der Kieler Klinik die Röntgenbehandlung tuberkulöser Lymphome durchgeführt hat, stützt sich in seiner Technik auf die modernen Grundlagen der Tiefentherapie, wie sie von Christen und H. Meyer ausgearbeitet sind. Danach ist das Optimum der Strahlenhärte für die Tiefenwirkung erreicht, wenn die Halbwertschicht der Strahlen gleich der Tiefenausdehnung des erkrankten Gewebes ist. Petersen verwendet also harte Röhren und Aluminiumfilter von 2—3 mm Dicke. Ferner versucht er, wie auch Iselin, denselben tiefer gelegenen Herd von verschiedenen Punkten der Haut aus zu erreichen, ihn unter „Kreuzfeuer“ zu nehmen, um die Haut möglichst zu entlasten. Auf diese Weise hat er keine Schädigungen der Haut, auch keine spät auftretenden, beobachtet. Die Einzeldosis beträgt eine Maximaldosis nach Sabouraud-Noiré (10 X) und wird anfangs in vierwöchentlichen, später in längeren Intervallen wiederholt.

Die Erfolge sind, wie gesagt, besonders bei Drüsentuberkulose, vorzüglich. Entweder die Drüsen verschwinden ganz spontan, oder man kann durch einen kleinen Einschnitt den Eiter entleeren, die verkästen Massen auskratzen, die Wunde durch Naht schließen und dann bestrahlen. Auch auf diese Art vermeidet man die großen entstellenden Narben an der Halsgegend. Bernhard in Samaden hat mit Recht betont, welcher Nutzen dadurch den Patienten in sozialer Beziehung geleistet wird. Denn jene charakteristischen Drüsennarben stempeln den Patienten für jedermann deutlich zu einem Tuberkulösen und können ihm daher im späteren Leben, wo es sich um Anstellungen und dergleichen handelt, recht unangenehm und störend sein. Wilms gibt dem Verfahren auch deswegen vor der Exstirpation den Vorzug, weil es physiologisch nicht bedeutungslose Organe dem Körper erhält. Allerdings steht Petersen dieser Ansicht skeptisch gegenüber, da durch die hier angewandten hohen Strahlenquantitäten auch das normale Drüsengewebe zerstört werde, und die kleinen fibrösen Knoten, die zurückbleiben, wohl kaum mehr als funktionsfähige Organe angesehen werden können.

Daß die Wirkung bei den hohen Dosen zunächst auf einer Zerstörung tuberkulösen Gewebes beruht, ist sicher. Baisch hat diesen Zerfall im histologischen Bilde beobachtet und gesehen, wie junges Bindegewebe sich an die Stelle der Tuberkel setzt. Die Tuberkelbazillen werden wohl durch die Strahlen in dieser Tiefe kaum angegriffen. Aber bei der Auflösung von Drüsengewebe werden wahrscheinlich Fermente frei, welche die Tuberkelbazillen schädigen können. Iselin denkt nun daran, daß weiter infolge eines Zerfalles von Tuberkelbazillen Tuberkulin gebildet werden könne, daß dieses in den Organismus übergehe und eine allgemeine Heilwirkung entfalte. Jedenfalls hat er nicht, wie bei der Resorption pathologischen Gewebes zu erwarten, eine vorübergehende Störung des Allgemeinbefindens mit Gewichtsabnahme, sondern im Gegenteil, allgemeine Besserung und Zunahme bei seinen Patienten beobachtet. In einzelnen Fällen wurde die Pirquet-Reaktion, die vor der Behandlung negativ gewesen war, nachher positiv. Das spricht allerdings deutlich für eine erhöhte Immunisierung des Organismus. Iselin meint, daß die schädlichen Stoffe, die in tuberkulösen Drüsen gebildet werden, durch die Bestrahlung vernichtet werden, daß eine richtige „Entgiftung" der tuberkulösen Herde stattfindet. Er hält es für möglich, daß diese auch durch kleinere Dosen weniger harter Strahlen in Zukunft zu erreichen sei. Das sind freilich nur Hypothesen, aber sie haben manches für sich.

Es ist nun für uns besonders wichtig, zu wissen, wie sich eine von der chirurgischen Tuberkulose abhängige Hauttuberkulose unter der Helio- und Radiotherapie der tiefen Herde verhält. Hier ist ein großer Unterschied zu machen zwischen den kolliquativen Tuberkulosen, die als Skrofuloderme sekundär von dem tieferen Organ aus entstanden sind, und dem Lupus, selbst wenn er sich auf dieselbe Weise entwickelt hat. Die kolliquativen Tuberkulosen heilen, der Lupus nicht. Jene sind ja überhaupt therapeutisch viel leichter zu beeinflussen. Und alle eben genannten Autoren berichten übereinstimmend, wie schön Skrofuloderme und Hautfisteln durch Strahlenbehandlung zum Verschwinden gebracht werden. So hat z. B. Leuba bei Rollier von 42 fistelnden Tuberkulosen der Fußknochen, darunter manche mit fungösen Hautveränderungen, 39 vollständig heilen sehen. Fast ebensogut sind die Erfolge mancher Autoren mit Röntgenstrahlen. Anders liegt es beim Lupus. Diese Krankheitsform zeigt, wenn sie einmal sich ausgebildet hat, immer eine gewisse Selbständigkeit gegenüber dem Grundleiden. Die Heilung des letzteren führt fast niemals eine Heilung des Lupus herbei. Fast immer muß man diesen lokal behandeln. Über die Wirkung der Röntgenstrahlen in dieser Beziehung werden wir weiter unten noch zu sprechen haben.

Was die Heliotherapie anbelangt, so ist ihre Wirkung dem Lupus gegenüber nicht eindeutig. Sicher kann Sonnenbestrahlung einen Lupus ganz bedeutend bessern — davon noch später —, aber dann kommt die Pigmentierung hinzu, und damit hört nicht nur die günstige lokale Wirkung des Lichtes auf den Lupus auf, sondern es wird auch die Anwendung anderer Methoden erschwert. Trotzdem würde sicher gerade für die Lupösen die allgemeine Sonnenbehandlung nach Rollier außerordentlich Gutes leisten durch Kräftigung des Gesamtorganismus. Jadassohn bringt daher einen Gedanken Finsens in Erinnerung, ein Lichtinstitut im Hochgebirge zu errichten und schlägt vor, den ganzen Körper des Patienten der Sonne auszusetzen, aber den Lupus vor der Sonnenwirkung zu schützen, um ihn dann mit der viel energischer wirkenden Finsenbehandlung zu heilen. In ähnlicher Weise verfährt auch Jungmann, der für die Anlage von Lupusheilstätten ein sonniges, in guter Luft gelegenes Terrain verlangt, wie das der neuen Wiener Heilstätte, weil man dann den Kranken neben der lokalen Strahlenbehandlung die wohltätigen Wirkungen der allgemeinen Insolation angedeihen lassen könne. Auch werden von der Heilstätte aus Lupöse zur allgemeinen Lichtbehandlung an die Adria geschickt und in vielen Fällen wird durch die Umstimmung des Gesamtorganismus nun die weitere Behandlung des Lupus bedeutend gefördert.

Von den operativen Methoden der Knochen- und Drüsentuberkulose, auf die man in einer kleinen Zahl von Fällen auch heute noch zurückgreifen muß, kann hier natürlich nicht gesprochen werden. Erwähnen möchte ich nur ein neuerdings von Sattler zur Drüsenbehandlung empfohlenes Verfahren: Die Injektion einiger Tropfen reiner Karbolsäure in die erkrankte Drüse. Auch Ringel hat mit dieser Behandlung, die in manchen Fällen die Röntgenbestrahlung ersetzen kann, außerordentlich günstige Resultate erhalten. Die Behandlung der Schleimhauttuberkulose bildet einen, und zwar einen höchst wichtigen Teil der Lupusbehandlung selbst und soll bei dieser mit gebührender Ausführlichkeit dargestellt werden.

B. Die Behandlung der Hauttuberkulose.

Wir haben im vorhergehenden keinen Zweifel gelassen an der Wichtigkeit und Notwendigkeit, bei tuberkulösen Hauterkrankungen die inneren und chirurgischen Komplikationen zu beachten und zu behandeln. Die Methoden aber, wie dieses geschehen soll, gehören natürlich in die Domäne der inneren Medizin und der Chirurgie und konnten daher hier nur kurz gestreift werden. Auch wird der Dermatologe bei der Tuberkulosebehandlung häufig die Hilfe des Internisten und Chirurgen nicht entbehren können. Hier sollen nur ausführlich die Behandlungsarten besprochen werden, die sich gegen die Hauttuberkulose als solche richten.

Bei einem Rückblick auf die geschichtliche Entwicklung der Therapie der Hauttuberkulose — und hier steht ja immer der Lupus an erster Stelle — können wir vielleicht zwei Epochen unterscheiden, deren Markstein durch den Namen Finsen bezeichnet wird. Gerechterweise muß man freilich neben Finsen auch Lang nennen, dessen Arbeit kaum weniger verdienstlich war, aber es ist doch wohl unbestreitbar, daß das Auftreten Finsens am stärksten befruchtend gewirkt hat. In der Zeit vor Finsen sahen wir im Kampf gegen die Hauttuberkulose eine Unzahl der verschiedensten medikamentösen Mittel und alle möglichen Verfahren der kleinen Chirurgie angewandt. Hie und da wurden auch ganz hübsche Erfolge erzielt, aber im ganzen waren die Ergebnisse wenig befriedigend. Die Finsensche Lichtbehandlung wirkte in jeder Beziehung als etwas ganz Neues. Schon theoretisch von höchstem Interesse, weil sie eine neue Kraft in die Therapie einführte, erwies sie praktisch die Möglichkeit, eine ungeahnt große Zahl selbst ausgedehnter Lupusfälle zu heilen. Gerade die Tatsache, daß das auch hier nur bei großem Aufwand von Mühe und Zeit geschehen konnte, hatte einen gewissen moralischen Effekt auf Ärzte und Patienten. Sie lehrte den Lupustherapeuten in einer Weise Geduld zu üben, wie er sie begreiflicherweise bei den früheren, weniger vollkommenen Heilverfahren nur selten aufgewandt hatte. Und das hob natürlich auch wieder den Mut der Kranken, zumal die neue Behandlung schmerzlos und ungefährlich war. Besonders glücklich war aber die Konstellation, durch welche die Arbeiten Finsens gerade mit einer Zeit großer physikalischer Entdeckungen und technischer Fortschritte auf verwandtem Gebiete zusammenfielen. Wir meinen die Entdeckung des Radiums durch das Ehepaar Curie und die Entwicklung der Röntgentechnik. Auch diese wurde rasch der Lupusbehandlung nutzbar gemacht.

Es zeigte sich in der ersten Zeit nun das Gegenteil von dem, was für die frühere Epoche charakteristisch gewesen war. Statt der vielen Behandlungsmethoden erschien jetzt den einzelnen Schulen ein einziges Verfahren als das allen andern überlegene, die Lupustherapie beherrschende. Auch das hat sich als falsch herausgestellt. In den letzten Jahren hat sich eigentlich die Situation vollkommen geklärt, so daß unter denjenigen, die sich im großen mit Lupustherapie befassen, kaum mehr prinzipielle Widersprüche bestehen. Es gibt nicht eine, sondern mehrere Methoden der Lupusbehandlung, von denen jede ihr besonderes Anwendungsgebiet hat. Aber die Zahl dieser Methoden ist nicht sehr groß. Von den zahlreichen Heilverfahren, die Jadassohn in seinem Werke noch der historischen Vollständigkeit wegen erwähnt, brauchen wir heute manche gar nicht mehr anzuführen, da sie ganz verschwunden sind, andere nur noch zu nennen, um vor ihnen zu warnen. Überblicken wir die Methoden, die heute an den Zentren der Lupusbehandlung benutzt werden — ich möchte hier auf die „Leitsätze zur Lupusbehandlung“ von Jungmann hinweisen — so kommen wir auf höchstens acht verschiedene Verfahren, die der Lupustherapeut beherrschen muß. Alle anderen können entbehrt werden. Freilich erfordern diese acht Methoden ein solches Maß theoretischer Kenntnisse und praktischer Erfahrung, daß sie die ganze Arbeitskraft eines Menschen in Anspruch nehmen. Ja, häufig werden sich mehrere vereinigen müssen, um eine Lupusbehandlung im modernen Sinne durchzuführen.

Die acht Methoden nach ihrem Wesen gruppiert sind folgende:

I. Biologische:
   1. Tuberkulinbehandlung.

II. Chemische:
   2. Pyrogallolbehandlung,
   3. Pfannenstillsche Methode (nur für die Schleimhaut).

III. Physikalische:
   4. Finsenbehandlung,
   5. Röntgenbehandlung,
   6. Radiumbehandlung,
   7. Diathermie und Kaltkaustik.

IV. Chirurgische:
   8. Exzision nach Lang.

Im folgenden werden wir uns im wesentlichen an diese Disposition halten. Jedoch werden wir noch anderer, besonders chemotherapeutischer Verfahren gedenken, die zwar heute noch nicht ausgebaut sind, aber eine Perspektive in die Zukunft gewähren und noch einige Methoden erwähnen, die im Einzelfall einmal Gutes leisten können.

1. Biologische Methoden.

Von dem Ideal einer biologischen Behandlung der Tuberkulose sind wir noch weit entfernt. Sonst müßte es gelingen, den Organismus aktiv oder passiv derart zu immunisieren, daß alle vorhandenen Krankheitsherde zur Ausheilung kämen. Ob dies Ziel überhaupt je erreicht werden wird, und wir einmal ein Verfahren bekommen werden, das auch nur für einen Teil der Fälle eine gewisse Sicherheit gewährleistet, scheint mir noch sehr fraglich. Gewiß heilen zahlreiche Tuberkelbazilleninfektionen beim Menschen spontan ab, und zwar — wir können uns das kaum anders vorstellen — durch Auftreten einer Immunität. Sicher spielen im ganzen Verlauf der Tuberkulose überall Immunitätserscheinungen die größte Rolle. Aber gerade bei den klinisch einmal manifest gewordenen Tuberkulosen bleiben diese Immunitätsvorgänge häufig unvollkommen. Es ist für die allergische Immunität bei Tuberkulose gewissermaßen charakteristisch, daß die Tuberkelbazillen zwar nicht mehr ungehindert sich vermehren können, aber auch die Antikörper nicht ausreichen, um die Bazillen zu vernichten. Selbst beim Tier sind bisher alle Versuche mißglückt, eine bereits zum Ausbruch gelangte Tuberkelbazilleninfektion durch Immunisierung zum Verschwinden zu bringen. Und auch beim Menschen sind wir bisher nicht weiter gekommen, als die spontan sich abspielenden Immunitätsvorgänge zu unterstützen, ohne ihnen aber einigermaßen mit Sicherheit den Sieg verschaffen zu können. Wir können im besten Falle nach Sahli von „immunisatorischer Heilwirkung", nicht schlechthin von „Immunisierung" sprechen.

Das Mittel, mit dem wir versuchen, solche Wirkungen zu erzielen, ist seit Koch im wesentlichen dasselbe geblieben: das Tuberkulin. Aber wir haben in der Anwendungsart Fortschritte gemacht, die erst nachträglich den ganzen Wert der Kochschen Entdeckung auch für die Therapie enthüllt haben. Über das Prinzip der Tuberkulinwirkung, wie wir es uns heute vorstellen, ist im ersten Teile genug gesagt worden. Die Tuberkulinbehandlung hat den Zweck, die Bildung von Antikörpern im Organismus anzuregen, in der Hoffnung, daß diese sich bei der Bekämpfung des tuberkulösen Krankheitsprozesses nützlich erweisen.

Die Tuberkulinbehandlung der Tuberkulose im allgemeinen gehört nicht hierher. Für uns handelt es sich nur um die spezielle Frage: Was dürfen wir für die Behandlung einer tuberkulösen Hauterkrankung vom Tuberkulin erwarten? Hier müssen wir nun gleich eine Trennung in zwei Gruppen vornehmen. Auf der einen Seite stehen die meisten hämatogenen und ein Teil der übrigen, sekundär entstandenen Hauttuberkulosen, auf der anderen Seite die primären, exogenen Infektionen und der größte Teil aller Lupusfälle, gleichviel welcher Pathogenese.

Nehmen wir zuerst den Fall an, daß wir ein sog. „Tuberkulid" vor uns haben, also eine Hautaffektion, die durch Aussaat von Tuberkelbazillen von einem inneren Herde her entstanden ist. Wir haben gesehen, daß hier die Bazillen in der Haut unter der Einwirkung von Antikörpern zugrunde gehen. Bei diesen an sich gutartigen Krankheitserscheinungen dürfen wir uns vom Tuberkulin aus doppeltem Grunde einen Erfolg versprechen. Einmal wird das Tuberkulin durch Anregung einer Heilung der inneren Tuberkulose die Quelle für eine weitere Tuberkelbazillen-Aussaat verstopfen, dann aber wird es durch Verstärkung der Antikörperproduktion bewirken, daß die in die Haut verschleppten Tuberkelbazillen noch rascher und vollständiger abgebaut werden, so daß das Stadium der Giftwirkung kaum zur Geltung kommt. Es treten also nur rasch vorübergehende oder überhaupt keine Hauterscheinungen mehr auf. Dieser Erwartung entsprechen auch die Resultate der Tuberkulinbehandlung in vielen Fällen von „Tuberkuliden". Das Wichtigste ist hier natürlich die energische Beeinflussung des inneren Herdes, wie sie durch das Tuberkulin oder durch irgend eine andere Allgemeinbehandlung geschieht. Auf die Haut kommt es ja in diesen Fällen überhaupt weniger an, da die hier hervortretenden Erscheinungen für den Therapeuten weniger als Krankheiten, denn als Indikatoren eines inneren Leidens von Wichtigkeit sind. Immerhin werden in manchen Fällen auch diese Hautaffektionen als störend empfunden (z. B. Erythema induratum). Zu ihrer Beseitigung ist also, wenn irgend möglich, ein Versuch mit Tuberkulin zu machen. Dasselbe, was von den „Tuberkuliden" gilt, kann man auch von dem mit diesen eng verbundenen Lupus miliaris sagen, der ja auch durch hämatogene Infektion entsteht. Auch hier ist eine Tuberkulinkur jeder lokalen Behandlung vorzuziehen; so berichtet z. B. Delbanco über einen vollen Heilerfolg durch Neutuberkulin. Auch einen Lupus pernio sah Jadassohn durch Tuberkulin heilen. Etwas anders verhalten sich die Fälle von multiplem, postexanthematischem Lupus, die schon mehr die Selbständigkeit und Widerstandsfähigkeit der Lupusform zeigen und häufig ohne lokale Eingriffe nicht zu beseitigen sind.

Dagegen werden manche kolliquativen Tuberkulosen, fistelnde Prozesse u. dgl. durch Tuberkulin sehr günstig beeinflußt, sofern dieses auch auf den darunter gelegenen Ausgangspunkt der Krankheit eine Heilwirkung ausübt. Bei vielen Fällen von chirurgischer Tuberkulose ist diese Wirkung unbestreitbar. Wir haben ja gesehen, daß sogar bei der Röntgenbehandlung tuberkulöser Lymphome Iselin an eine Tuberkulinisierung des Organismus denkt und ihr einen Teil der Heilerfolge zuschreibt. An anderen Stellen hat man direkt mit der Röntgenbestrahlung noch eine Tuberkulinbehandlung verbunden und damit gute Resultate erzielt. Besonders für die Fälle mit fehlender oder schwach ausgebildeter Pirquet-Reaktion empfiehlt Wilms Injektionen von Tuberkulin. Man kann verallgemeinernd sagen, daß bei der Hauttuberkulose das Tuberkulin überall da besonders am Platze ist, wo der Ausgangspunkt der Krankheit nicht in der Haut selbst gelegen und das Hautleiden in direkter Abhängigkeit von dem inneren Herde geblieben ist.

Wo dagegen die Hautaffektion einen selbständigen progredienten Prozeß darstellt, gestaltet sich die Einwirkung immunisierender Kräfte von vornherein sehr viel ungünstiger. Der wichtigste Grund dafür liegt wohl in den Zirkulationsverhältnissen der Haut. Sie ist weniger stark durchblutet als die inneren Organe, und die Schutzstoffe, die im Serum doch immer nur in relativ schwacher Konzentration vorhanden sind, werden einem kutanen Herd nicht in der Menge andauernd zugeführt, wie z. B. einem in der Lunge gelegenen. Etwas günstiger als für die äußere Haut liegen hier die Verhältnisse für die Schleimhäute, und deshalb ist auch gerade für den Schleimhautlupus das Tuberkulin immer wieder mit Recht empfohlen worden. Ganz gering aber sind unter diesen Umständen natürlich die Aussichten einer passiven Immunisierung bei tuberkulösen Infektionen der Haut. Die Methoden, über welche wir hier verfügen, sind ja überhaupt noch sehr des Ausbaues bedürftig. Immerhin sind von zuverlässigen Autoren einige durch die Sera von Maragliano und von Marmorek bewirkte Heilerfolge beobachtet worden. Besonders das Marmorek-Serum hat bei intrarektaler Anwendung in manchen Fällen von chirurgischer Tuberkulose einen günstigen Einfluß. Es ist klar, daß es einmal von Nutzen sein kann, wo es sich nicht so sehr um Heilung eines lokalen Hautleidens als um eine allgemeine Umstimmung handelt. So ist z. B. der gute Erfolg von Balzer und Rafinesque in einem Falle von Lupus erythematodes zu erklären. Aber gegen die eigentliche fortschreitende Hauttuberkulose, den Lupus vulgaris, hat dieses Serum, wie alle anderen Methoden der passiven Immunisierung, bis jetzt vollkommen versagt.

Auch die Wirkung der aktiven Immunisierung, als deren mildeste Form wir das Tuberkulinverfahren ansehen können, ist beim Lupus noch keineswegs allgemein anerkannt oder so eindeutig, daß sie mit einigen wenigen Worten zu präzisieren wäre. Sie ist bis in die jüngste Zeit immer noch ein Gegenstand der Diskussion geblieben.

Als Koch im Jahre 1890 das Tuberkulin in die Therapie einführte, glaubte man in dem Lupus ein besonders geeignetes Objekt zu haben, um die Wirksamkeit des neuen Mittels zu prüfen. Die Momente, von denen wir eben ausgeführt haben, daß sie einer Immunotherapie der Hauttuberkulose besonders ungünstig sind, wurden damals natürlich noch nicht berücksichtigt. Dagegen schien es einleuchtend, daß man an diesen sichtbaren Tuberkuloseherden alle Phasen der Tuberkulinwirkung besonders gut studieren könne. Und in der Tat verdanken wir ja auch die Kenntnis der Lokalreaktion und ihrer Bedeutung wesentlich diesen Beobachtungen. In jener Zeit wurden zahlreiche Lupusfälle mit den damals noch üblichen großen Tuberkulindosen behandelt. Daß ein Einfluß des Mittels auf die Krankheitsherde vorhanden war, wurde sofort klar. Es wurden denn auch damals zahlreiche Mitteilungen über Besserungen und Heilungen publiziert, die ebenso verfrüht waren, wie die Begeisterung über die Erfolge in der Behandlung der Lungentuberkulose. Der Rückschlag erfolgte ebenso prompt, und erst allmählich konnte dem Tuberkulin die gebührende Stellung in der Lupustherapie eingeräumt werden. Die Stellung ist bis heute keine beherrschende geworden. Man kann das nicht besser charakterisieren als es Jadassohn mit folgendem Satze getan hat: „Wäre der Erfolg des Tuberkulins bei der Hauttuberkulose und speziell beim Lupus wirklich ein eklatanter und zuverlässiger, so würden wir nicht mehr über ihn diskutieren.“

Wenn wir das Material in der Literatur durchsehen (das meiste ist in einer Jenenser Dissertation von W. Krüger zusammengestellt), so finden wir immerhin einige einwandfreie Fälle, in denen allein durch Tuberkulin Heilung erzielt wurde. Da ist von Senator ein Fall beobachtet, der noch nach 14 Jahren rezidivfrei war; da sind Fälle vollständiger Heilung von M' Call Anderson, ein Fall von Litzner, der einen nach Finsen vergeblich behandelten Patienten durch Tuberkulin heilte, und einige andere ähnliche Beobachtungen. Aber es bleiben Raritäten, und sie wollen nichts besagen gegenüber der Tatsache, daß ein Mann wie Neißer, der von Anfang an in konsequentester Weise die Tuberkulinbehandlung des Lupus mit größtem Eifer durchgeführt hatte, 1910 erklären konnte, er kenne keinen durch Tuberkulin geheilten Fall von Lupus. Weiter aber sagt Neißer, daß ihm das Tuberkulin ein unentbehrliches Hilfsmittel für die Lupustherapie geworden sei. Über diese Bedeutung des Tuberkulins als eines „unentbehrlichen Hilfsmittels“ scheinen sich heute auch die meisten Lupustherapeuten geeinigt zu haben. Man verlangt nicht mehr, daß das Tuberkulin allein einen Lupusherd zum Verschwinden bringen soll, sondern wünscht nur eine Anregung der Antikörperbildung, eine Umstimmung im allgemeinen, welche die lokalen Maßnahmen dem Lupus gegenüber auf das kräftigste unterstützen soll. Wie wichtig das Tuberkulin ferner in der Bekämpfung des Lupus ist, weil es verborgene Herde entdecken hilft, soll hier nur nochmals kurz erwähnt werden. Neißer hat erst jüngst wieder hervorgehoben, daß das Tuberkulin imstande sei, scheinbar banale Katarrhe der Nasenschleimhaut als tuberkulös nachzuweisen, noch bevor die beste klinische Untersuchung dies ermöglicht.

Für die Therapie sind zwei Fragen zu beantworten: 1. Welches Tuberkulinpräparat soll man benützen? 2. Welche Methode soll man anwenden?

Die Zahl der Tuberkulinpräparate ist heute schon eine recht große. Da das Alttuberkulin Kochs die Hoffnungen, die man darauf gesetzt hatte, nicht erfüllt hatte, ist das Bestreben verständlich, durch eine Verbesserung des Präparates bessere Resultate zu erzielen. Koch selbst ging auf diesem Wege voran, indem er dem Alttuberkulin das Tuberkulin R (TR) und dann das Neutuberkulin (Bazillenemulsion) folgen ließ. Andere Autoren haben dann durch die verschiedensten Modifikationen der Herstellung neue Präparate geschaffen.

Nur der kleinste Teil davon kann hier erwähnt werden: das Perlsuchttuberkulin von Spengler (ein Fall von Lupusheilung durch Bandelier beobachtet), das Tuberkulin von Denys, das ein nicht erwärmtes, nicht eingeengtes Kulturfiltrat von Tuberkelbazillen darstellt, das Tuberkulin Beraneck, das außer dem Kulturfiltrat noch mit Säure aufgeschlossene Tuberkelbazillensubstanz enthält, das Tuberkulin Rosenbach, in dem die Tuberkelbazillen durch Symbiose mit Trichophytonkulturen abgeschwächt sind. Wolff-Eisner hat wohl recht, wenn er das wirksame Prinzip aller dieser Tuberkuline für das gleiche hält. Aber gerade dieser Autor bevorzugt doch ein Tuberkulin, das neben Filtraten auch Tuberkelbazillensubstanz enthält. Es scheint, daß derartige Tuberkuline auch dem Lupus gegenüber etwas mehr leisten als die Filtrate. Auf derselben Eigenschaft beruht wohl auch die Wirksamkeit des von Sahli besonders empfohlenen Tuberkulin Beraneck, das zudem ebenso wie das von Denys den Vorteil hat, daß es in fertigen Verdünnungen in den Handel kommt. Die reinen Bazillenemulsionen scheinen dagegen weniger geeignet zur Behandlung der Hauttuberkulose. Wenigstens ist bei einer Vakzinetherapie der Hauttuberkulose nach Wright unter Bestimmung des opsonischen Index bisher nicht viel herausgekommen (s. die Arbeiten von Williams und Bushnell, Ritchie und Whitfield). Ob die Vakzinebehandlung nach Friedmann mit abgeschwächtem lebenden Virus für die Hauttuberkulose etwas leisten wird, läßt sich heute noch schwer beurteilen. Was darüber bis jetzt Günstiges verlautet ist, bezieht sich auf kolliquative Tuberkulosen sekundärer Natur. Größere Erfahrungen über Anwendung bei Lupus sind noch nicht vorhanden. und die wenigen Publikationen klingen nicht sonderlich ermutigend (A. Brauer, Wichmann). Zudem hat ja bis vor kurzem der Autor die objektive Prüfung seines Mittels nicht gerade erleichtert. Auch über das Tebean von E. Levy, das ein Vakzin aus Tuberkelbazillen, die mit Galaktoselösungen vorbehandelt wurden, darstellt, ist in seinen Wirkungen auf Hauttuberkulose noch wenig bekannt. Der Vollständigkeit halber sei hier noch die Behandlung mit den Partial-Antigenen der Tuberkelbazillen nach Deycke und Much erwähnt. Über Hauttuberkulose liegen bis jetzt noch keine Versuche vor.

Noch wichtiger als die Frage nach dem Präparat — wohl mit jedem der genannten lassen sich gewisse Wirkungen erzielen — ist die zweite Frage, die nach der Anwendungsweise. Es ist bekannt, daß in der ersten Zeit nach der Entdeckung des Tuberkulins Dosen eingespritzt wurden, die wir heute mit Recht für lebensgefährlich halten. Es wurden damals bei Lupus kolossale Lokalreaktionen beobachtet, und nach Abklingen derselben weitgehende Besserungen. Diejenigen Autoren, welche jene Zeit mitgemacht haben, erklären zum größten Teil, daß sie, was die Beeinflussung des Lupus anbetrifft, damals die besten Resultate gesehen haben. Trotzdem ist diese Methode allgemein verlassen, weil unsere bessere Kenntnis der Überempfindlichkeit und die Tatsache der Tuberkelbazillenverbreitung nach derartigen Injektionen ihre weitere

Anwendung verbietet. Es besteht aber hier ein Gegensatz zwischen den inneren Organen, speziell der Lunge, und der Haut. Dieselben Reaktionen, die dort als gefährlich vermieden werden müssen, sind hier ganz erwünscht. Aber natürlich haben wir uns in unserem therapeutischen Verhalten in allererster Linie nach den lebenswichtigen Organen zu richten. So müssen wir auch für die Lupustherapie von der Injektion solcher Dosen absehen, die geeignet sind, starke Allgemeinreaktionen auszulösen.

Wo ein Lungenherd besteht, oder nur ein Verdacht in dieser Richtung vorhanden ist, darf das Tuberkulin nur mit der Vorsicht angewendet werden, die bei diesen Affektionen geboten ist. Es würde sich also eine mit allerkleinsten Dosen beginnende, unter Vermeidung jeder klinisch nachweisbaren Reaktion durchzuführende Behandlung empfehlen, wie sie Sahli in seinem mehrfach zitierten Buche angegeben hat. Wir müssen uns dann aber von vornherein bewußt sein, daß wir mit unserer Therapie nur das Allgemeinleiden und nicht die Hautaffektion behandeln, daß wir also einen günstigen Einfluß auf dieses nur indirekt zu erwarten haben. Ja, selbst bei gutem Erfolg der Allgemeinbehandlung kann jede Wirkung auf das Hautleiden ausbleiben, wie ein Fall von Sahli beweist, wo bei dem gleichen Patienten eine Lungentuberkulose sehr gut, ein Lupus gar nicht durch die Tuberkulinbehandlung beeinflußt wurde. Kann man eine Lungenaffektion ausschließen, was freilich selten möglich ist, so kann man mit der Erhöhung der Konzentrationen etwas rascher vorgehen. Ein Schema für alle Fälle läßt sich nicht geben. Anfangen wird man wohl immer am besten mit kleinen Dosen, etwa $^1/_{100}$ mg. Dann empfehlen sowohl Neißer wie Blaschko, so zu steigen, daß zwar keine allgemeinen, wohl aber leichte lokale Reaktionen auftreten. Welche Dosen dazu nötig sind, muß natürlich in jedem einzelnen Falle ausprobiert werden. Im ganzen wird man sich aber bei einem Lupusfalle nicht auf diese Behandlung beschränken, sondern sie immer nur als eine Unterstützung der lokalen Therapie betrachten, die hier fast immer zur Notwendigkeit wird.

Es ist nun in neuerer Zeit wieder von verschiedenen Seiten angeregt worden, das Tuberkulin bei Hauttuberkulose in anderer Weise zu verwenden, die das Zustandekommen starker Lokalreaktionen ermöglicht, ohne durch Allgemeinreaktionen den Organismus zu schädigen. Das kann nur geschehen, wenn man das Tuberkulin direkt in den Krankheitsherd bringt. Solche Versuche wurden schon früher von Blaschko und auch von Unna (durch Verwendung einer Tuberkulinseife) unternommen, ohne zu sehr beachtenswerten Resultaten zu führen. Man kam erst wieder darauf zurück, als Wolff-Eisner zeigte, daß die Pirquetsche Reaktion im Krankheitsherd sehr viel stärker ausfällt, als in der gesunden Haut. So spricht bereits 1907 Nagelschmidt von einer therapeutischen Verwendung der Kutanreaktion, während Senger von der Einreibung einer 10%igen Tuberkulinsalbe Heilerfolge bei Lupus sah. Auch Sahli empfiehlt die intrafokale Injektion von Tuberkulin Beraneck bei Lupus und Lassueur berichtet über drei vollkommene Heilungen nach dieser Methode. Elsässer hat dasselbe in einem Fall mit Tuberkulin Rosenbach erreicht. Diese Versuche sind vielleicht theoretisch von größerer Bedeutung als praktisch. Sie geben nämlich einen guten Einblick in den Mechanismus der Tuberkulinheilung, indem sie auch die Wichtigkeit der lokalen entzündlichen Reizerscheinungen beweisen, die nach Sahli neben der Steigerung der allgemeinen Giftfestigkeit und der spezifisch entgiftenden Bestrebungen des Organismus hier in Betracht kommen. Durch die lokale Injektion wird die Entstehung chemolytischer Antikörper an Ort und Stelle ausgelöst, daneben wirken nicht spezifische entzündliche Antikörper mit. Der Vorgang hochgradiger Entzündung, Hyperämie, Ödem, fibrinöse Exsudation, Lymphocytose gibt auch dem histologischen Bild solcher Injektionsstellen seinen Charakter.

Praktisch wird die Methode der intrafokalen Tuberkulininjektion darum keine größere Verbreitung erlangen, weil sie unsicher ist. Wir verfügen über so gute Methoden der lokalen Lupusbehandlung, daß wir im allgemeinen mit solchen Experimenten nicht gern Zeit verlieren. Es ist vorzuziehen, den Lupus lokal mit einem jener wirksamen Verfahren zu behandeln, und dem Organismus daneben den Vorteil einer milden allgemeinen Tuberkulinbehandlung angedeihen zu lassen. Anders ist es bei den Tuberkuliden. Daß es hier z. B. beim Erythema induratum gelingt, durch ganz minimale, intrakutan injizierte Quantitäten Tuberkulin die Affektion verschwinden zu lassen, haben Thibierge, Weißenbach und Gastinel, sowie Jeanselme und Chevallier gezeigt. Auch nach Moroscher Salbeneinreibung kann man solche Heilerfolge bei Tuberkuliden konstatieren. Da aber alle diese Krankheitsformen auch spontan leicht heilen, so ist die Bedeutung dieser therapeutischen Resultate nicht sehr hoch zu bewerten.

2. Chemische Methoden.

a) Chemotherapie im modernen Sinne.

Bei der Besprechung der chemischen Methoden zur Behandlung der Hauttuberkulose muß man heute eine Unterscheidung in zwei verschiedene Arten vornehmen. Wir haben einmal die Behandlung mit chemischen Mitteln, wie wir sie seit langem lokal anwenden, Mittel, von denen die einen ätzend, die anderen reizend, wieder andere desinfizierend wirken. Bei vielen ist überhaupt der Mechanismus ihrer Wirkungsweise noch nicht präzis zu formulieren, nur die Erfahrung beweist die Tatsache ihrer Wirksamkeit. Demgegenüber steht die „Chemotherapie" im modernen Sinne. Ihr Ziel ist ein einheitliches und läßt sich klar in folgendem Satze ausdrücken: Die Chemotherapie der Infektionskrankheiten bezweckt durch Einführung einer chemischen Substanz in den Körper, den Infektionserreger zu vernichten, ohne den Organismus zu schädigen. Es sind vor allem die bewundernswerten Leistungen Ehrlichs auf dem Gebiete der Syphilisbehandlung gewesen, welche in der Chemotherapie der gesamten Medizin wieder von neuem ein aussichtsreiches Feld eröffnet haben.

Natürlich haben die Erfolge Ehrlichs auch neue Impulse für die Tuberkulose gegeben. Und gerade die Dermatologen sind diesen unter den ersten gefolgt. Daß die Aufgabe bei der Tuberkulose viel schwieriger war als bei der Syphilis, ist durch die Beschaffenheit der beiden Infektionserreger von vornherein klar begründet. Die Spirochaete pallida ist ein gegen die meisten chemischen und physikalischen Schädigungen recht empfindlicher Mikroorganismus. Der Tuberkelbazillus dagegen gehört unter den nicht sporenbildenden zu den allerwiderstandsfähigsten Parasiten. Man denke nur daran, daß der Tuberkelbazillus sogar einem Verfahren wie der Antiformierung Trotz bietet, durch die fast alles organische Gewebe sonst einfach aufgelöst und zerstört wird. Dank seiner chemischen Struktur, dem Vorhandensein einer Fett- und Wachshülle, ist dem Tuberkelbazillus überhaupt schwer beizukommen. Zudem kennen wir bei ihm kaum irgend eine hochgradige, spezifische, chemische Empfindlichkeit, während die Schaudinnsche Spirochäte einer Gruppe von Mikroorganismen nahe steht, deren Arsenempfindlichkeit schon längere Zeit bekannt war. Die Voraussetzungen für eine Chemotherapie der Tuberkulose sind also recht ungünstig.

Salvarsan. Am nächsten lag es, das Ehrlichsche Mittel selbst, wie gegen manche andere Infektionskrankheiten bekannter und unbekannter Ätiologie, so auch gegen Tuberkulose zu versuchen. Man konnte speziell für die Hauttuberkulose dazu eine gewisse Berechtigung aus der Tatsache ableiten, daß einige hierher gehörige Prozesse durch Arsen entschieden günstig, ja bis zur Heilung beeinflußt werden. So ist das Arsen schon früher bei Lupus von Doutrelepont, Lesser, Brocq empfohlen worden. Vor allem aber reagieren darauf manche der hämatogenen Tuberkulosen, der sog. „Tuberkulide", ganz besonders die Boeckschen Sarkoide. Heilung dieser Affektion unter Arsen wird von verschiedenen Autoren berichtet (z. B. Boeck, Kreibich und Kraus, Nobl, M. Winkler). Allerdings ist gerade bei manchen als „Boecksche Sarkoide" publizierten Beobachtungen die Zugehörigkeit zur Tuberkulose noch nicht bewiesen. Ferner sind diese, sowie die anderen verwandten „Tuberkulide" Krankheitsformen, die an sich gutartig sind und die Neigung haben, in kürzerer oder längerer Zeit spontan abzuheilen. Es läßt sich also nicht beweisen, ob das Arsen in diesen Fällen als spezifisches, bakterientötendes Agens wirkt — was kaum wahrscheinlich ist, da die Tuberkelbazillen ja hier durch Antikörper sowieso zugrunde gehen — oder nur durch seinen allgemeinen Einfluß auf die Hauternährung den Ablauf des Prozesses bis zur Heilung unterstützt — was uns viel annehmbarer scheint. Eine chemotherapeutische Heilwirkung des Arsens bei Tuberkulose ist also noch nicht bewiesen. Da aber dem Salvarsan bei seinem komplexen Bau Eigenschaften zukommen, die dem Arsen an sich fehlen, so war es immerhin nicht ausgeschlossen, daß dieser Körper gegen Tuberkelbazillen im Organismus bakterizide Wirkungen entfaltete.

Im ersten Teile haben wir bei der Frage der Diagnose ex juvantibus schon die Arbeiten von Herxheimer und Altmann erwähnt. Besonders bemerkenswert war das Auftreten deutlicher Lokalreaktionen bei Lupus nach Salvarsan. Die Autoren sind geneigt, diese Erscheinung durch Freiwerden von Tuberkulin, sei es aus dem tuberkulösen Gewebe oder direkt aus zugrunde gehenden Tuberkelbazillen zu erklären. Ein Erfolg der Injektionen bis zu bedeutenden Besserungen in einzelnen Fällen scheint unzweifelhaft. Aber es ist schwer, den Mechanismus derselben zu verstehen, da Herxheimer und Altmann die Salvarsanbehandlung von Anfang an mit Tuberkulininjektionen kombinierten. Möglicherweise handelt es sich um eine doppelte und daher besonders intensive Tuberkulinwirkung. Doch betont R. Bernhardt, der diese Beobachtungen im übrigen bestätigt, daß er nach seinen Erfahrungen durch Tuberkulin allein nie ähnliche Erfolge gesehen habe. Da aber wirkliche Lupusheilungen bisher durch Salvarsan nicht erreicht worden sind, ist eine spezifische Einwirkung des Mittels auf den Tuberkelbazillus noch durchaus fraglich. Vielleicht spielt hier auch nur die allgemeine Hautwirkung des Arsens die Hauptrolle, besonders wenn die rasche Überhäutung ulzeröser Partien nach Salvarsan hervorgehoben wird. Selbst bei ulzeröser Lues scheint mir diese rasche Epithelialisierung auf einer Allgemeinwirkung des Arsens zu beruhen. Nach modernen pharmakalogischen Theorien, auf Grund deren F. Mendel für eine kombinierte Arsen-Tuberkulinbehandlung der Tuberkulose eintritt, soll das Tuberkulin das „Vehikel" bilden, welches das Arsen an die tuberkulösen Herde heranbringt und dort speichert. Vielleicht aber ist es auch umgekehrt, daß die durch das Arsen hervorgerufene Hyperämie der Entwicklung der Tuberkulinreaktion günstig ist, wie es für die Gold-Arsenbehandlung angenommen wird. Es ist hier alles noch hypothetisch.

Nicht ohne Interesse sind die Versuche von Ravaut und von Arnault Tzank und Pelbois, „Tuberkulide" mit Salvarsan zu behandeln. Diese

Autoren haben bei Lichen scrofulosorum, papulo-nekrotischen Tuberkuliden, Angiolupoid, Erythema induratum und auch bei Lupus erythematodes Erfolge gesehen. Aber die Erfolge waren weder so sicher noch so rasch und eindeutig, um daraus wichtige Schlüsse zu ziehen. Zudem war vielleicht ein Teil der Fälle, wie die positive Wassermannreaktion vermuten läßt, mit Lues kompliziert.

Für die Praxis scheint mir bis jetzt die Salvarsanbehandlung der Hauttuberkulose mit oder ohne Tuberkulin noch keineswegs empfehlenswert. Wenn wir ein so differentes Mittel anwenden wie das Salvarsan, so muß dem auf der anderen Seite die Aussicht auf einen sicheren und totalen Heilerfolg entsprechen, wie es wohl bei der Lues, aber einstweilen durchaus nicht bei der Tuberkulose der Fall ist. Wir können auch nicht wissen, ob wir nicht eine etwa bestehende Lungentuberkulose durch die intravenösen Salvarsaninjektionen ungünstig beeinflussen. Da wir dem Lupus gegenüber bessere und sicherere Mittel in der Hand haben, läßt sich für die Praxis der Lupusbehandlung diese Methode jedenfalls sehr gut entbehren. Theoretisch ist sie gewiß von Bedeutung, und weitere Versuche an Kliniken mögen zeigen, ob sie noch entwicklungsfähig ist. Ausgehen wird man wohl am besten von der bei Herxheimer und Altmann beschriebenen Technik: 5 bis 6 (oder mehr) Salvarsaninjektionen à 0,3 bis 0,4 in Abständen von zwei bis drei Wochen, später nach längeren, dazwischen einzelne kleine Tuberkulininjektionen.

Durchaus berechtigt ist natürlich die Anwendung des Salvarsans und aller anderen Antiluetika in allen Fällen, wo der Verdacht auf gleichzeitiges Vorhandensein einer Lues vorliegt. Wir haben weiter oben schon gesehen, daß in solchen Fällen bei nachgewiesenermaßen tuberkulösen Erkrankungen, besonders der Schleimhaut, auch durch Hg und JK Heilungen beobachtet worden sind. Umgekehrt werden wir aber in Fällen, wo tuberkulöse Haut- oder Schleimhautaffektionen auf diese Mittel reagieren, immer zuerst an eine Mischinfektion glauben. Denn als wirksame Medikamente unkomplizierter Hauttuberkulose kommen beide nicht in Betracht. Es genügt daher bei der Therapie der Hauttuberkulose diese kurze Erwähnung. Für das Jod in anderer Form sind allerdings schon früher und auch in letzter Zeit (Rothschild) wieder Versuche angestellt worden, die ihm einen gewissen Einfluß auf tuberkulöse Herde zuschreiben. Praktisch haben sie einstweilen keine Bedeutung.

Goldpräparate. Wie wir gesehen haben, ist vom Tuberkelbazillus wenig über spezifische Empfindlichkeit gegen bestimmte chemische Substanzen bekannt. Bruck ist auf der Suche nach solchen wieder auf ältere Versuche von Koch und Behring zurückgegangen, die eine stark desinfizierende Wirkung der Goldcyanverbindungen gegenüber Tuberkelbazillen nachweisen. Noch in millionenfacher Verdünnung soll sich im Reagenzglasversuch eine Entwicklungshemmung bemerkbar machen. Im Blutserum soll allerdings die Grenze bei 1 : 20 000 liegen. Bruck verwandte nach verschiedenen Versuchen mit anderen Goldsalzen, die er unwirksam fand, das Aurum-Kalium cyanatum. Es stellte sich nach Vorversuchen an Tieren heraus, daß in Form intravenöser Infusionen vom Erwachsenen 0,02 bis 0,05 der Substanz im allgemeinen ohne Schaden ertragen wurden. Später wurden statt dessen kleine, intravenöse Injektionen der einprozentigen Lösung vorgenommen. Die Einspritzungen wurden jeden dritten Tag wiederholt, im ganzen etwa 12, von 0,02 bis 0,05 steigend. Bruck und Glück sahen bei den so behandelten Lupusfällen deutliche Besserungen. Nach anfangs heftigen Lokalreaktionen flachten die Herde ab, wurden blasser; Ulzerationen überhäuteten sich und vernarbten. Das Resultat war weitgehende Besserung, jedoch in keinem Falle definitive Heilung.

Das neue Verfahren ist von verschiedenen Autoren nachgeprüft worden, doch nur im günstigsten Falle wurden ebensolche Erfolge erzielt wie von Bruck und Glück (v. Poor, Pasini, Dalla Favera, Zieler). Bemerkenswert ist vor allem die Heilung einer Schleimhauttuberkulose in einem Falle von Dalla Favera. Andere Versuche fielen fast ganz negativ aus (Ruete, Walter, Mentberger). Doch sah Ruete, der bei Lupus vulgaris wenig von einer Einwirkung des Mittels konstatieren konnte, einen Lupus erythematodes disseminatus unter seiner Anwendung völlig heilen.

Daß ein gewisser Einfluß des Aurum-Kalium cyanatum auf tuberkulöse Herde vorhanden ist, scheint aber doch aus den meisten Untersuchungen hervorzugehen. Auch im Tierexperiment konnte Feldt das nachweisen. Auf welcher Eigenschaft diese Wirkung beruht, ist dagegen noch strittig. Die Bakterizidie scheint im menschlichen und tierischen Organismus dem Tuberkelbazillus gegenüber doch nur unvollkommen zu sein. Jedenfalls haben sowohl Dalla Favera, als auch Mentberger nach Abschluß der Behandlung in den Lupusherden Tuberkelbazillen mikroskopisch und durch Tierversuch feststellen können. Manche Autoren berichten auch über Auftreten neuer Krankheitsherde während der Behandlung. So bleibt eigentlich nichts übrig, als auf die allgemeine pharmakologische Wirkung des Goldes als eines Kapillargiftes zurückzugehen, wie das W. Heubner getan hat. Sowohl die Lokalreaktionen, als die Besserungen wären dann durch eine in den erkrankten Hautstellen besonders stark hervortretende und lang anhaltende Hyperämie zu erklären. Es scheint schließlich die Hyperämie bei allen nicht zerstörenden Behandlungsmethoden der Hauptfaktor in der Lupusheilung zu sein. Auch die Strahlenbehandlung wirkt z. B. auf diesem Wege, nur ist die erzeugte Hyperämie hier eine viel gewaltigere und daher auch der schließliche Effekt ein viel bedeutenderer, als ihn irgend ein Mittel von der Blutbahn aus in einem Hautherd hervorrufen kann.

Die durch Kapillarerweiterung erzeugte Hyperämie in den Krankheitsherden ist wohl auch der Grund zur Verstärkung der lokalen und allgemeinen Tuberkulinreaktion, wie sie bei kombinierter Gold- und Tuberkulinbehandlung von Bruck und Glück, Bettmann, Walter beobachtet wurde. Es verhält sich wahrscheinlich damit ganz ebenso wie bei der Salvarsanwirkung. Aber diese starken Reaktionen — Bettmann wie Walter konstatierten Temperatursteigerungen bis über 40° — sind bei gleichzeitig vorhandener Lungentuberkuolse höchst unerwünscht und gefährlich. So sahen auch Junker und Pekanowitsch danach Verschlimmerungen des Lungenleidens auftreten. Auch ohne Tuberkulin sind die Goldcyaninjektionen für den Organismus nicht ganz gleichgültig. Die Temperaturerhöhung hält sich freilich meist in gewissen Grenzen, aber es können Blutungen in den Herden, Ikterus, Veränderungen der Blutbeschaffenheit auftreten. In einem Falle von Hauck erkrankte der Patient nach der elften Injektion (0,04) mit hohem Fieber, Kopfschmerzen, schweren Störungen des Allgemeinbefindens und Ikterus. Die Zahl der Erythrocyten sank bedeutend; der Fall verlief unter dem Bilde einer schweren Intoxikation zum Exitus. Allerdings handelte es sich um ein sehr herabgekommenes, schwer phthisisches Individuum, und auch durch die Sektion konnte die Goldcyanvergiftung nicht als Todesursache bewiesen werden. Dennoch mahnt ein einzelner Fall dieser Art zur Vorsicht. Wie die Methode bis jetzt angewandt wurde, ist sie jedenfalls für die Praxis noch nicht reif, leistet auch nichts, was nicht auf andere, weniger gefährliche Weise zu erreichen wäre. Aber es ist durchaus nicht gesagt, daß man nicht auf diesem Wege weiter fortschreiten wird. Durch Modifikation des Präparates, durch

Verlängerung der Behandlung und Kombination mit anderen Methoden kann vielleicht noch einmal auch praktisch Brauchbares herauskommen.

Cholin. Von einer anderen Seite her als Bruck sind Mehler und Ascher zu den Anfängen einer Chemotherapie der Tuberkulose gelangt. Sie gehen von der Tatsache aus, daß Tuberkelbazillen — wie Deycke und Much gezeigt haben — durch die Lezithinspaltungsprodukte Neurin und Cholin aufgelöst werden können. Sie versuchen also, durch Einführung des Cholin in den Organismus eine „Therapia sterilisans“ zu erreichen. Nach den Untersuchungen von Werner und Szécsi kann man dem Cholin auch noch andere Eigenschaften zutrauen. Denn diese Autoren haben nachgewiesen, daß durch Röntgenbestrahlung im Gewebe Cholin entsteht und glauben, damit einen Teil der Röntgenwirkung erklären zu können. Es handelt sich nun zunächst darum, ein unschädliches Salz des stark giftigen Cholin zu finden. Als solches verwenden Mehler und Ascher das Borcholin, das als Enzytol in den Handel kommt. Sie injizieren das Präparat intravenös in 1%iger Lösung, zuerst 1 ccm = 0,01 Borcholin, dann jeden zweiten Tag steigend bis auf 0,25. Sie haben auch schon 1 g der Substanz in $^1/_4\%$iger Lösung in Form einer Infusion gegeben. Nebenwirkungen treten nur über 0,2 schon während der Injektion ein und sind rasch vorübergehend. Sie bestehen in Rötung des Gesichtes, Herzklopfen, Dyspnoe und verstärkter Sekretion der Speichel- und Tränendrüsen. Die Erfolge bei chirurgischen und auch bei Lungentuberkulosen waren ermutigend. Das Allgemeinbefinden besserte sich, und die Lokalerscheinungen gingen zurück. Bei floriden Tuberkulosen folgte auf die Injektion eine fieberhafte Reaktion, welche die Autoren auf die Zerstörung der Tuberkelbazillen im Blute zurückführen. Mehler und Ascher hoffen das Verfahren vervollkommnen zu können, indem sie dem Cholin, das die Hülle der Tuberkelbazillen auflösen soll, Metallsalze zufügen, die auf das Protoplasma der Tuberkelbazillen zerstörend wirken sollen. In einer kurzen Notiz geben sie an, durch Kombination von Borcholin mit Kupfersalzen bei schweren chirurgischen und Larynxtuberkulosen rasche Heilung erzielt zu haben. Sollte sich das weiter bestätigen, so sind auch für die Behandlung der Hauttuberkulose günstige Aussichten vorhanden. Hierüber liegen aber einstweilen noch keine Mitteilungen vor.

Kupfer. Wenn Mehler und Ascher, wie wir eben gesehen haben, mit dem Borcholin das Kupfer zu energischerer Wirkung vereinigen, so machen sie sich damit schon die Ergebnisse neuerer chemotherapeutischer Arbeiten zunutze. Das Kupfer wurde gegen Tuberkulose zuerst von Luton 1894 angewandt. Dann hat es Finkler als ein wirksames Agens gegen Tuberkelbazillen erkannt, und seine Schüler haben in eingehenden Untersuchungen die desinfizierenden und heilenden Eigenschaften des Kupfers, sowie einer anderen Substanz, des Jodmethylenblau, festgestellt und sich mit dem Ausbau von Behandlungsmethoden beschäftigt. Die theoretischen Grundlagen hat die Gräfin Linden geliefert. Sie zeigte den stark entwicklungshemmenden Einfluß des Kupfers in künstlichen Kulturen und erreichte bei tuberkulösen Meerschweinchen durch Kupferbehandlung Stillstand der Krankheit und bedeutende Verlängerung der Lebensdauer. Es stellte sich ferner heraus, daß eine gewisse Affinität des Kupfers zu den Tuberkelbazillen und dem tuberkulösen Gewebe besteht, daß dies letztere viel mehr Kupfer aufspeichert als normale Organe. Das Kupfer erwies sich in diesen Eigenschaften auch noch dem Jodmethylenblau überlegen, von dem wir hier ganz absehen können, da es für die Hauttuberkulose keine Bedeutung gewonnen hat. Während die Untersuchungen von Meißen, der in der Behandlung menschlicher Lungentuberkulose mit dem Finklerschen Verfahren gute Erfolge erzielte, bisher keine sehr große Beachtung bei den Praktikern gefunden haben, ist es der eifrigen Arbeit von A. Strauß gelungen, dem Kupfer in der Therapie der Hauttuberkulose eine gewisse Bedeutung zu verschaffen. Allerdings hat sich Strauß dabei von der eigentlichen Chemotherapie im strengsten Sinne entfernt.

Die ersten Versuche von Strauß auf diesem Gebiete verliefen freilich in den Bahnen der früheren Untersucher. Auch er wollte auf dem Blutwege die Tuberkelbazillen in der Haut durch eine spezifisch wirkende Substanz vernichten. Zu diesem Zweck verwandte er anfangs subkutane Injektionen von Kupfersalzen. Als er diese wegen zu großer lokaler Schmerzhaftigkeit aufgeben mußte, ersetzte er sie durch intravenöse Injektionen, durch Schmierkuren und durch innerliche Behandlung. Zu den Injektionen benutzte er eine 1%ige Lösung von dimethylamidoessigsaurem Kupfer, zu den Schmierkuren und zu den Pillen eine Kupfer-Lezithinverbindung, von der weiter unten noch Näheres zu sagen ist. Die Injektionen beginnt man mit 0,005 und steigt bis auf 0,05 Kupfer. Die Pillen enthalten je 5 mg Kupfer und werden dreimal täglich nach der Mahlzeit (1—2 Stück) genommen. Das Resultat dieser Behandlungsart ist bisher kein sehr auffallendes gewesen. Strauß selber will zwar gute Erfolge bei chirurgischer und bei Hauttuberkulose gesehen haben, aber die meisten anderen Autoren haben mit dieser Verwendung des Kupfers bei Hauttuberkulose keine besonders günstigen Erfahrungen gemacht. Es zeigte sich wieder die große Schwierigkeit, besonders den Lupus auf dem Blutwege überhaupt zu beeinflussen. Schließlich muß ja auch Strauß von seinen Resultaten nicht besonders befriedigt gewesen sein, sonst wäre er nicht auf den Gedanken gekommen, diese allgemeine mit einer lokalen Behandlung zu kombinieren. Und hier hat es sich in der Tat als fruchtbringend erwiesen, das Kupfer direkt mit den Krankheitsherden als örtliches Medikament in Berührung zu bringen.

Nachdem verschiedene Kupfersalze und Salbengrundlagen ausprobiert waren, verfielen Strauß und Gräfin Linden darauf, eine Kupferlezithinverbindung herzustellen. Denn nach den Untersuchungen von Deycke und Much hat ja das Lezithin die Fähigkeit, die Hülle der Tuberkelbazillen zu durchdringen und zur Auflösung zu bringen. Es ist also derselbe Gedanke, der Mehler und Ascher zur Verwendung des Cholin führte. Nach mannigfachen Versuchen entstand schließlich das Präparat, das neuerdings als Lekutyl in den Handel gebracht wird, und das eine Salbe mit 1,5% Kupfergehalt darstellt. Das Kupfer befindet sich hier in der Form von zimtsaurem Kupferlezithin. Um die Schmerzhaftigkeit bei der Applikation herabzumindern, sind der Salbe 10% Zykloform zugesetzt.

Die Anwendung gestaltet sich nun nach Strauß folgendermaßen: Die Salbe wird auf nicht ulzerierte oder exkoriierte Hautstellen direkt aufgelegt, und darüber ein mit der gleichen Salbe bestrichener Mull durch Verband oder Leukoplast fixiert. Bei freiliegender Cutis wird die Salbe nicht direkt in die Haut eingerieben, sondern nur der Salbenverband aufgelegt. Schon am ersten Tage tritt meist Rötung und Exsudation auf; am zweiten geht schon das Epithel zugrunde und man bemerkt „die Lupusknötchen, als graue Pfröpfe im Gewebe liegend“. Am dritten Tage kann dann schon die Zerstörung der Lupusknötchen erfolgen. Meist muß jetzt wegen großer Schmerzhaftigkeit die Behandlung ausgesetzt werden und man wartet unter indifferenter Salbe (Liq. Alum. acet.-Lanolin-Vaselin) die Epithelialisierung ab. Die Reste können dann von neuem mit Lekutylsalbe behandelt werden. Bei sehr tiefen und ausgedehnten Herden muß man diese Kur mehrfach wiederholen. In kleineren, günstiger gelegenen Fällen genügt manchmal eine einzige Kur. Es empfiehlt sich, zu Anfang größere Herde nicht auf einmal, sondern schrittweise zu behandeln. Später wird die Schmerzhaftigkeit überhaupt geringer. Die Heilung tritt ein unter Bildung glatter Narben.

Diese Angaben von Strauß sind von mehreren Autoren, so von Lautsch und Zieler bestätigt worden. Es fragt sich nur, ob mit dem Straußschen Verfahren etwas prinzipiell Neues in die Therapie eingeführt worden ist. Strauß behauptet, das Lekutyl wirke spezifisch, d. h. bakterizid gegen Tuberkelbazillen, und elektiv, d. h. das kranke Gewebe durch Ätzung zerstörend, das gesunde verschonend. Die Ätzwirkung ist wohl außer Frage; besonders bei den früher von Strauß verwendeten, höherprozentigen Salben soll sie außerordentlich stark gewesen sein. Auch das elektive Verhalten wird von allen Untersuchern zugegeben. Nur über die Spezifizität der Wirkung hat man sich noch nicht einigen können. Das ist aber prinzipiell das Wichtigste. Denn über elektiv ätzende Mittel verfügen wir bereits genügend in der Lupusbehandlung. Vor allem haben wir im Pyrogallol eine Substanz, die in dieser Beziehung allen Ansprüchen genügt. Strauß sieht die Spezifität dadurch als bewiesen an, daß tiefer gelegene Skrofulodermknoten sich bei völlig intakter Haut unter Einwirkung der Salbe zurückbilden. Demgegenüber berichtet Mentberger, daß er nach der Behandlung noch mit exzidierten Hautstückchen Meerschweinchen habe infizieren können. Der objektive Beurteiler wird weder aus der Beschreibung von Strauß, noch der anderen Autoren irgend etwas entnehmen können, wonach die Lekutylwirkung im Prinzip anders verläuft als die des Pyrogallol. Nach Zieler sind beide Substanzen gleichwertig, während Mentberger erklärt, daß die neue Kupferbehandlung die Pyrogalloltherapie nicht erreiche, ja daß die letztere in kürzerer Zeit zum Ziele führe. Damit wäre allerdings ein Hauptvorzug der Straußschen Methode hinfällig. Sicher genügt die Zeit seit der Einführung der Methode noch nicht, um über sie ein endgültiges Urteil abzugeben. Soviel aber kann man schon sagen, daß ihre Wirksamkeit bereits erwiesen ist. Die zahlreichen von Strauß veröffentlichten Bilder vor und nach der Behandlung liefern genügendes Beweismaterial. Aber den Eindruck werden die meisten gehabt haben, die bei der letzten Lupuskonferenz in Berlin die Straußschen Fälle zu sehen Gelegenheit hatten, daß man dieselben Resultate auch mit Pyrogallol oder anderen Methoden hätte erreichen können. Eine Chemotherapie des Lupus im eigentlichen Sinne ist mit dem Lekutyl nicht geschaffen worden. Es ist nur ein neues, brauchbares, elektiv wirkendes Ätzmittel zu den alten, bei Lupus angewandten Medikamenten hinzugekommen.

b) Lokale Anwendung chemischer Substanzen.

Mit dem Lekutyl hatten wir das Gebiet der eigentlichen Chemotherapie verlassen und waren zu der lokalen, medikamentösen Behandlung der Hauttuberkulose übergegangen. Was die Chemotherapie bisher vergeblich anstrebte, haben auch andere Methoden bis heute nicht erreicht, weder die chemischen noch die physikalischen. Es gibt noch keine Behandlung des Lupus, deren Prinzip darin bestände, den Parasiten in der Läsion abzutöten, worauf dann die spontane Resorption des kranken Gewebes erfolgen würde. Es ist einstweilen noch fraglich, ob es überhaupt gelingen wird, eine solche Methode zu schaffen; und man könnte fast glauben, daß manchmal die Vernichtung der Tuberkelbazillen allein noch gar nicht genügen würde, beim Lupus auch das kranke Gewebe zu beseitigen. Manche Fälle von hämatogenem Lupus, die lange Zeit stationär bleiben, erwecken fast den Eindruck, daß das Virus nicht mehr propagationsfähig ist, aber die Reaktionen des Organismus nicht ausreichen, das pathologisch veränderte Zellmaterial durch gesundes zu ersetzen. Was wir bis jetzt an wirksamen Methoden in der Lupusbehandlung kennen, beruht auf der Fähigkeit, entweder die natürlichen physiologischen Heil- und Abwehrvorrichtungen zu stärken oder das kranke Gewebe zu zerstören. Zu der ersten Gruppe gehören alle Verfahren, die durch Entzündungsreize eine dauernde Hyperämie in dem lupösen Gewebe zu erzeugen vermögen, z. B. die Lichtbehandlung, ferner jene Behandlungsarten, welche die Bindegewebsbildung an Stelle des tuberkulösen Gewebes zu fördern bestrebt sind, wie die lineäre Skarifikation. Was die zweite Gruppe, die der zerstörenden Methoden anbetrifft, so kommen wir immer mehr dazu, alle diejenigen zu verwerfen, die wahllos eine Vernichtung gesunden und kranken Gewebes bewirken, wie die Auskratzung und die starken Ätzmittel. Die einzige Behandlungsart, die alles Kranke zugleich mit dem Erreger entfernt, ist die radikale Exzision. Aber sie erfüllt auch die Forderung, das Entfernte durch neues gesundes Gewebe zu ersetzen. Hier versagen aber jene anderen, chemisch oder mechanisch zerstörenden Methoden. Sie vernichten mit den Zellen des Tuberkels auch das oft zarte Gerüst von Bindegewebe, das fast immer zwischen den tuberkulösen Partien vorhanden ist, und von dem aus dann die Umbildung des Lupus in fibröses Gewebe stattfindet. Sie schaffen oft tiefgreifende Substanzverluste, ohne sich um ihre Deckung zu kümmern. Daher ist dann häufig die Narbenbildung so schlecht und unregelmäßig, kosmetisch so fehlerhaft, daß das schließliche Relultat kaum weniger schlimm ist als die Krankheit selber. Man könnte nun, wenigstens an manchen Lokalisationen, zumal den bedeckt getragenen Körperteilen, über diesen Mangel hinwegsehen, wenn wenigstens eine Garantie oder nur eine hinreichende Wahrscheinlichkeit gegeben wäre, daß wirklich alles Kranke beseitigt worden ist. Aber auch das ist bei den meisten dieser Methoden nicht der Fall, mit Ausnahme der Diathermie, die darum auch als zerstörende Methode für ein bestimmtes Anwendungsgebiet ihren Wert behalten wird.

Alles drängt uns dazu, immer mehr nach Mitteln zu suchen, die elektiv wirken, die das pathologische, nicht regenerationsfähige Gewebe zerstören, aber jene Elemente ungeschädigt lassen, die das Ersatzgewebe zu bilden berufen sind. Das leisten die radiotherapeutischen Verfahren (Röntgen, Radium, Mesothorium), das leisten auch die besten der bekannten chemischen Behandlungsarten des Lupus. Allen voran steht hier das im Vergleich zum Lekutyl bereits mehrfach erwähnte Pyrogallolverfahren.

Das Pyrogallol wurde von Jarisch in die Therapie eingeführt; den Ausbau einer systematischen Lupusbehandlung mit diesem Mittel verdanken wir aber hauptsächlich Th. Veiel. Die Technik ist bis heute dieselbe geblieben, die dieser Autor 1893 angeben hat. Man verwendet eine 10—20%ige Pyrogallol-Vaselinsalbe. Diese wird auf Leinen oder Lint aufgestrichen, die erkrankte Hautpartie damit bedeckt und das Ganze durch einen gut sitzenden Verband fixiert, der alle 24 Stunden gewechselt wird. Dabei wird die Erkrankungsfläche mit etwas warmem Öl gereinigt. Unter der Einwirkung des Pyrogallols schwärzt sich das Epithel. An den erkrankten Stellen hebt es sich blasig ab, und bald zeigt sich ein Gegensatz zwischen den ulzerierten kranken Partien und der gut erhaltenen normalen Epidermis der gesunden Umgebung. Die kranken Stellen nehmen immer mehr ein graues, schmieriges Aussehen an, entsprechend einer großen Geschwürsfläche mit zähem Belag. In den ersten Tagen verursacht diese Behandlung wenig Beschwerden, dann aber stellen sich Schmerzen ein, besonders durch Luftzutritt beim Verbandwechsel, der deswegen mit möglichster Schnelligkeit zu erfolgen hat. Schließlich, etwa nach fünf Tagen oder später — das ist in den einzelnen Fällen ganz verschieden —, werden die Schmerzen auch unter dem Verband so stark, daß sie selbst unter Zuhilfenahme lokaler Anästhetika (Anästhesin, Zykloform etc.) nicht mehr erträglich sind. Dann muß die starke Pyrogallussalbe entfernt werden. Man ersetzt sie nach Veiel am besten durch eine schwächerprozentige Pyrogallolvaseline ($^1/_2$—2%), unter der sich die verätzten Gewebsteile abstoßen. Das lupöse Gewebe wird durch diese Salbe noch zerstört, aber die Bildung guter Granulationen nicht gehindert. So verwandelt sich der Krankheitsherd allmählich in eine rote, granulierende Fläche. Sind die Schmerzen verschwunden, so wird man am besten jetzt nochmals zur starken Salbe übergehen, die wieder kleinere, in der Tiefe zurückgebliebene Lupusherde sichtbar macht und zerstört. Dann folgt wieder einige Tage Anwendung der schwachen Salbe, und so wird derselbe Zyklus mehrere, oft viele Male wiederholt, bis sich die erkrankten Stellen unter Bildung schöner Granulationen mit Epithel bedecken und das Ganze mit einer glatten, zarten Narbe verheilt. Einzelne Herde, die in dieser zurückbleiben, können dann ev. mit anderen Methoden beseitigt werden.

Das Veielsche Verfahren läßt sich auf verschiedene Art modifizieren. Veiel selber handhabt es jetzt — wie aus einer Mitteilung von Fritz Veiel hervorgeht — meistens derart, daß er auf die 10%ige Salbe sehr lange Zeit hindurch eine 2%ige folgen läßt und dann ganz allmählich bis auf $^1/_{10}$% heruntergeht. Bei besonders empfindlichen Personen kann man in den Intervallen zwischen der Anwendung der 10—20%igen Pyrogallusvaseline eine ganz indifferente Behandlung vornehmen, etwa mit Borvaseline oder essigsaurer Tonerde. Besonderer Wert ist nach Veiel darauf zu legen, daß die Überhäutung der Geschwürsfläche nicht zu rasch erfolgt. Einmal bietet das bessere Gewähr für eine vollständige Zerstörung der Krankheitsherde. Dann aber hat es auch einen Einfluß auf die Narbenbildung. Bei raschem Vorgehen wird diese unregelmäßig, manchmal keloidartig, während bei langsamer Überhäutung, unter sorgfältiger Überwachung der Granulationsbildung sehr schöne zarte Narben entstehen.

Die Wirksamkeit des Verfahrens ist unbestritten, seine Erfolge sind heute allgemein anerkannt. Allerdings nimmt es lange Zeit in Anspruch und erfordert viel Geduld, wodurch es sich aber kaum von den meisten anderen Methoden der Lupusheilung unterscheidet. Ein Nachteil ist die Schmerzhaftigkeit, die sich kaum je ganz vermeiden läßt. Es wird auch als Vorsichtsmaßregel ärztlicher Erfahrung überliefert, daß man bei jeder Pyrogallolbehandlung den Urin häufig untersuchen müsse, um allgemeine Intoxikationen, wie sie sich in Albuminurie und Hämaturie manifestieren, zu vermeiden. Wenn man aber nicht allzu große Körperflächen auf einmal behandelt, wird man wohl kaum irgendwelche Schädigungen beobachten.

Das Prinzip der Pyrogallolwirkung beruht, wie gesagt, auf ihrem elektiven Verhalten. Die pathologisch veränderten Zellen werden zerstört, während nicht nur das gesunde Gewebe des Randes, sondern auch die im Krankheitsherd selber noch vorhandenen Reste normaler Stützsubstanz erhalten bleiben. Es ist oft erstaunlich, zu sehen, wie das Pyrogallol bei einem hypertrophischen Lupus der Nase, wo das ganze Nasenende aus weichen schwammigen Massen zu bestehen scheint, das kranke Gewebe zum Schwinden bringt, ohne einen bleibenden Defekt zu setzen, sondern soviel von normalen Gewebsresten erhält, daß schließlich noch eine ganz annehmbare Form der Nase resultiert. Hätte man hier mit dem scharfen Löffel den Herd ausgekratzt, so wäre das ganze Nasenende einfach verloren gewesen. Es ist vielleicht nicht nur der zerstörende Faktor, der bei der Pyrogallolbehandlung zur Geltung kommt, sondern auch die dauernde Erhaltung eines gewissen Reizzustandes — auch während der Anwendung der schwachen Salben —, der durch Erregung von Hyperämie die Bildung guter Granulationen fördert. Was die Narben anbetrifft, so sind sie im allgemeinen gut, wenn auch nicht auf der Höhe der Narbenbildung nach Lichtbehandlung.

Aus diesen Tatsachen lassen sich für das Anwendungsgebiet des Pyrogallol in der modernen Lupustherapie folgende Schlüsse ziehen: Das Pyrogallol ist ein vorzügliches Mittel, um hypertrophische und ulzeröse Herde des Gesichtes für die Finsenbehandlung zu präparieren. Ja, man kann sagen, es ist in dieser Hinsicht einfach unentbehrlich. Zur alleinigen Behandlung eines Gesichtslupus ist es heute aus verschiedenen Gründen nicht zu empfehlen. Solche sind weniger die lange Dauer, die Schwierigkeit der ambulanten Behandlung, die Schmerzhaftigkeit, als in letzter Linie doch die oft nicht ganz fehlerlose Narbenbildung, die eben mit Finsenbehandlung weit besser zu erreichen ist. Wo diese Rücksicht wegfällt, also besonders bei dem Lupus der Extremitäten, tritt dagegen wieder das Pyrogallol an erste Stelle. Hier würde eine Finsenbehandlung noch viel länger dauern und bedeutend kostspieliger sein, während durch Pyrogallol sich größere Herde auf einmal behandeln und zu völliger Heilung bringen lassen. Auch für die Nasenschleimhaut kann man Pyrogallol verwenden. Man geht hier am besten so vor, wie es Wittmaak angegeben hat, indem man mit Pyrogallolsalbe bestrichene Tampons, die von einem kleinen Zelluloidkatheter durchbohrt sind, in die erkrankten Nasenhöhlen einführt, so daß sie einen leichten Druck auf die Wand ausüben. Es wird auch hier zwischen starken und schwachen Salben gewechselt. Doch wird wohl für die Schleimhautbehandlung diese Methode von manchen anderen übertroffen. Schließlich sei erwähnt, daß das Pyrogallol sogar gegen fistelnde Drüsen und Knochentuberkulosen mit Erfolg verwendet worden ist. Heute werden wir in solchen Fällen allerdings das Röntgenverfahren bevorzugen.

In der mannigfachsten Weise ist das Pyrogallol mit anderen chemischen Substanzen kombiniert worden, so mit dem Resorcin, das ihm in der Wirkung ähnlich ist, es aber nicht erreicht. Ein gutes Rezept ist hier die Boecksche Pinselung:

Resorcin	
Pyrogallol	aa 5,0
Talc. venet.	
Gelanth.	aa 7,0

Diese Pinselung ist besonders da gut verwendbar, wo Salbenverbände schwierig zu applizieren sind, wie an der Ohrmuschel.

Arning empfiehlt zur Erreichung einer guten weichen Narbe während der Pyrogallolbehandlung wöchentlich zwei- bis dreimal Thiosinamin resp. Fibrolysin-Injektionen zu geben. Nach Blaschko wird das Pyrogallolverfahren erleichtert und abgekürzt, wenn man die erkrankte Stelle vorher mit Kalilauge behandelt. Das einfache Abreiben mit dieser Substanz, wie Blaschko es vorschlägt, mag in der Tat unschädlich sein und die geschlossenen Lupusknötchen rascher öffnen und verborgene zum Vorschein bringen. Von der massigen Anwendung der Kalilauge in Form von Lösungen, Pasten oder Ätzungen mit dem Stift ist zu warnen, wie vor allen anderen, rein zerstörend wirkenden Ätzmitteln.

Wie groß die Zahl dieser Mittel ist, kann man aus der ziemlich vollständigen Zusammenstellung sehen, die Jadassohn gegeben hat. Die meisten haben nur noch eine historische Bedeutung, und für die Praxis ist es nützlich, wenn sie in Vergessenheit geraten. Wir verweisen hier auf den hübschen Aufsatz von Jungmann: „Wie soll man den Lupus nicht behandeln?" Er führt dort überzeugend aus, warum all diese Ätzungen mit Chlorzink, Argentum nitricum, Kali causticum, warum alle jene „Spickmethoden" u. dgl. zu verwerfen sind, selbst wenn es sich um die Zerstörung einzelner Knötchen handelt. Der oberflächlichen Lage dieser Knötchen entspricht oft durchaus nicht die Ausbreitung des tuberkulösen Prozesses in der Tiefe. Durch jene Ätzmethoden erzeugt man an einer einzelnen Stelle heftige Zerstörungen und demzufolge unregelmäßige, oft keloidartige Narbenbildung, während von der Tiefe her die Krankheit wieder um sich greift. Die Anwendung jener Methoden in größerem Umfang ist auch vor allem deshalb zu verlassen, weil die derben Narben später die Heilung durch bessere Methoden, besonders durch Licht erschweren, ja manchmal unmöglich machen. Jene Verfahren entsprechen einer, zum Glück heute überwundenen Epoche in der Lupustherapie. Sie sind samt und sonders überflüssig geworden. Wir dürfen uns daher hier darauf beschränken, vor ihnen zu warnen.

Dagegen dürfen noch einige zwar ebenfalls nicht sehr sicher, aber milder und darum weniger schädlich wirkende chemische Substanzen hier aufgezählt werden. Am ähnlichsten dem Pyrogallol in der Wirkung ist wohl das Arsen. Es wird angewandt in Form der sog. Cosmeschen Paste, die in den letzten Jahren wieder als Zellersches Krebsmittel unberechtigtes Aufsehen erregt hat. Die Zusammensetzung ist:

Acid. arsenicos.	1,0
Hydrarg. sulfurat. rubr.	3,0
Vaselin oder Ungt. lenient.	15,0—30,0.

Diese Paste wird in derselben Weise angewandt wie die starken Pyrogallussalben. Auch sie führt zur Ulzeration und Abstoßung des kranken Gewebes, ruft nach einigen Tagen starke Schmerzen hervor, wie jene, und muß dann für die nächste Zeit durch indifferente Salben ersetzt werden. Die Gefahr der Intoxikation ist größer als beim Pyrogallol, weshalb sich die Behandlung großer Herde verbietet. Einen Vorzug vor dem Pyrogallolverfahren hat diese Therapie nicht. Sie ist daher von den meisten Autoren verlassen, zumal die Narben schlechter sein sollen.

Das Kalium permanganicum ist in der verschiedensten Form besonders von französischen Autoren (Butte, Hallopeau) angewandt worden, in Substanz und in Lösungen von verschiedener Konzentration, auch in Kombination mit den Methoden der kleinen Chirurgie, so nach Skarifikation (Pautrier). Mit feuchten Verbänden, zuerst von schwacher Konzentration, die dann allmählich verstärkt wird, kann man hypertrophische und fungöse Formen zum Abflachen bringen, ohne aber wirkliche Heilungen zu erreichen (Jadassohn). Ebenso wirken Sublimatumschläge, die von manchen Autoren (z. B. Doutrelepont) gerühmt werden, wohl nur als Palliativmittel. Unter stärkeren Hg-Pflastern haben manche Autoren Resorption lupöser Infiltrate beobachtet. Auch Salizyl in starken Konzentrationen mit und ohne Kreosot ist bei Lupus empfohlen worden; es hat zwar resorbierenden Einfluß, entfaltet aber keine sicheren Heilwirkungen. Dagegen haben die starken Salizyl- und Salizylkreosotpflastermulle (Unna) einen gewissen Effekt bei Tuberculosis verrucosa, Crocker hat sogar Heilungen gesehen.

Zweier Substanzen wäre ferner zu gedenken, die bei kolliquativen Tuberkulosen und den zugrunde liegenden Drüsenerkrankungen mit Erfolg angewandt werden können: Jodoform und Karbol. Das erstere wird als Jodoformöl oder -glyzerin, das letztere am besten als reine Karbolsäure (wenige Tropfen) in den tuberkulösen Herd injiziert. Von den günstigen Resultaten der Drüsenbehandlung mittelst reiner Karbolsäure (Sattler, Ringel) hatten wir weiter oben schon gesprochen.

Es kämen nun noch einige chemische Körper, die zwar für die Behandlung der äußeren Haut eine geringe, dagegen größere Bedeutung für die Schleimhauttuberkulose haben. Da wäre zunächst die Milchsäure, die rein oder in Verdünnungen bis zu $10^0/_0$ herab zu Pinselungen verwendet wird. Besonders gute Wirkung entfaltet sie bei tuberkulösen Herden der Gaumen- und Rachenschleimhaut. Diese werden einmal täglich energisch mit dem Mittel eingerieben und kommen unter dieser Behandlung nicht selten in verhältnismäßig kurzer Zeit zu vollständiger Heilung. Für die Tuberkulose der Nasenschleimhaut, die im allgemeinen weniger leicht therapeutisch zu beeinflussen ist als die des Mundes, reicht dagegen die Milchsäure meist nicht aus, da sie doch nur eine milde Ätzwirkung entfaltet. Hier verdient eine andere Substanz, das Jod, den Vorzug.

Das Jod kommt ebenfalls als Pinselung in starken Tinkturen zur Anwendung. Ein Rezept, das aus dem Finseninstitut stammt, lautet:

Jod	1,0
Kal. jodat.	2,0
Aq. dest.	2,0

Damit wird die erkrankte Schleimhaut täglich gepinselt. Aber selbst mit dieser starken Konzentration ist es meist nicht möglich, in der Nase einen radikalen Heilerfolg zu erzielen. Man hat daher versucht, das Jod in noch anderer Form, in statu nascendi einwirken zu lassen. Darauf beruht die Methode von Pfannenstill, die dann Ove Strandberg im Finseninstitut für die Behandlung des Nasenlupus modifiziert und ausgebaut hat.

Pfannenstill gibt seinen Patienten innerlich Jodnatrium und läßt sie dann Ozon inhalieren, das entweder der Zimmerluft beigemischt oder durch einen besonderen Apparat direkt eingeatmet wird. Dabei wird auf den Schleimhäuten, die mit dem Ozon in Berührung kommen, Jod frei. Später erwies es sich als zweckmäßig, statt des Ozon und des Inhalierens Wasserstoffsuperoxyd in flüssiger Form lokal zu verwenden. Die Methode gestaltet sich jetzt nach Strandberg etwa folgendermaßen: Zuerst wird die Nasenhöhle von Krusten und Schorfen gereinigt. Das geschieht durch Einlegen von Tampons mit $50^0/_0$igem Alsol und Dermofil. Dann beginnt die eigentliche Behandlung. Der Patient bekommt täglich 3,0 JNa in sechs Einzeldosen à 0,5, und zwar die erste eine Stunde vor Beginn, die letzte eine Stunde vor Aufhören der lokalen Behandlung. Diese geschieht derart, daß ein wasserstoffsuperoxydhaltiger Tampon aus stärkefreier Gaze so eingelegt wird, daß er überall mit der kranken Schleimhaut in Berührung kommt, ohne aber einen zu starken Druck auszuüben, da sonst lokale Anämie erzeugt wird. Bei zurückgebogenem Kopfe wird nun von Zeit zu Zeit frische Flüssigkeit aus einer Tropfpipette langsam auf den Tampon geträufelt. Man hört auf damit, sobald der Patient die Flüssigkeit im Pharynx merkt. Die Sitzungen sind anfangs kurz, $^1/_4$—$^1/_2$ Stunde, später 6—7 Stunden täglich. Die Tampons bleiben auch nachts liegen. In den ersten Tagen wird zum Anfeuchten der Tampons ein Gemisch von folgenden zwei, bis zum Gebrauch getrennt aufzubewahrenden Lösungen benützt:

1. Oxydol Petri 3%
3 Teile

2. Eisenchlorid 5,0
25% HCl 2,5
Aq. dest. 500,0
2 Teile

Wenn die Ulzerationen gereinigt sind und einigermaßen frisch aussehen, wird statt dessen eine einfache Lösung benützt, die $3^0/_0$ Oxydol und $1^0/_0$

Essigsäure enthält. Später, nachdem die Geschwüre ganz flach geworden sind und im Niveau der Schleimhaut liegen, geht man bis auf 1—2% Oxydol und $^1/_2$% Essigsäure herunter. Bildet sich nun nach $2^1/_2$—3monatlicher Behandlung noch kein Epithel, so setzt man die Behandlung aus und sieht dann häufig in 1—2 Tagen die Fläche sich vollkommen überhäuten. Das Jod verhindert nämlich manchmal die Epithelialisierung. An der Klingmüllerschen Klinik wird von H. Meyer statt der oben angegebenen Lösungen mit Erfolg reines Perhydrol benützt, wodurch die Dauer der einzelnen Sitzungen sich auf eine Stunde verringern läßt. Reyn bringt das Jod nach innerlicher Darreichung im erkrankten Gewebe durch Elektrolyse (positiver Pol im Krankheitsherd) zur Entwicklung.

Die Gesamtdauer der Behandlung ist im Durchschnitte drei Monate. Strandberg hat von 200 Fällen in 50% vollkommene Heilung erzielt, was bei einer für die Therapie bisher so schwer zugänglichen Lokalisation als ein gutes Resultat bezeichnet werden muß. Andere Autoren sind nicht ganz so erfolgreich gewesen. Aber alle, die sich eingehend damit beschäftigt haben, erkennen die Wirksamkeit der Methode an. Ihr Nachteil ist, daß sie ein schier unerschöpfliches Maß an Geduld von dem Patienten verlangt. Es ist wirklich keine Kleinigkeit, drei Monate lang täglich 6—7 Stunden sich dieser Tropfbehandlung zu unterwerfen. Darum wird die richtige Anwendung der Methode ganz nur möglich sein in einer Atmosphäre wie der des Kopenhagener Finseninstitutes, wo durch das Vorbild des Begründers alles zu eiserner Zähigkeit und unendlicher Geduld in der Verfolgung des Zieles erzogen worden ist. An anderen Orten, wo ein großes Lupusmaterial ambulant behandelt werden muß, werden diesem Verfahren die rascher wirkenden und für den Patienten weniger zeitraubenden physikalischen Behandlungsmethoden vorgezogen werden.

3. Physikalische Methoden.

a) Lichtbehandlung.

Bei der Behandlung der chirurgischen Tuberkulosen war bereits von der heilenden Wirkung des Lichtes gesprochen worden, und hier hatten wir auch schon den Namen genannt, der bei jeder Besprechung der Lichtbehandlung an erster Stelle stehen muß: Niels R. Finsen. Die Größe dieses Mannes liegt nicht in der Kühnheit des Einfalles, wie bei Pasteur, oder in der Beherrschung des Komplizierten, wie bei Ehrlich, sondern in der zähen Beharrlichkeit, in der unbeirrbaren Folgerichtigkeit, mit der er, von einer an sich einfachen Idee ausgehend, Schritt für Schritt seinen Weg fortsetzte. Alles, was er gemacht hat, trägt diesen Stempel des Einfachen, Klaren, des gesunden Menschenverstandes. Darum hat auch sein Werk in ungewöhnlichem Maße bei der Laienwelt Interesse und Verständnis gefunden, wodurch wieder die Erreichung des Zieles nicht wenig gefördert wurde. Es spricht aber am meisten für die Sicherheit seines Arbeitens, daß das Gebäude, so wie er es errichtet hat, bis auf den letzten Stein unverändert geblieben ist. Keine der vielen Modifikationen, durch welche die verschiedensten Autoren die Lichtbehandlung zu vereinfachen und zu verbessern hofften, hat sich der Technik als gleichwertig erwiesen, die Finsen selber ausgebaut hat.

Finsen begann mit sorgfältigen Untersuchungen über die physiologischen Wirkungen des Lichtes im allgemeinen und der verschiedenen Teile des Spektrums im speziellen. Manches darüber war ja schon bekannt, aber er hat das Vorhandene kritisch nachgeprüft und überall durch neue sinnreiche Versuche ergänzt. So wurde die entzündungserregende und pigmentbildende

Fähigkeit des Lichtes an der menschlichen Haut studiert, die inzitierende Wirkung auf das Protoplasma an niederen Organismen festgestellt. Die älteren Versuche von Downes und Blunt über die bakterientötenden Eigenschaften des Lichtes wurden bestätigt, und die Durchdringbarkeit der Haut für die verschiedenen Strahlenarten geprüft. Es ergab sich, daß überall die stärker brechbaren Strahlen des Spektrums vom Blau bis zum Ultraviolett als Träger der Lichtwirkung anzusehen waren, daß aber gerade diesen chemisch wirksamen Strahlen die geringste Penetrationsfähigkeit zukam.

Behandlungsmethode. Nach diesen theoretischen Vorarbeiten ging Finsen daran, parasitäre Hautkrankheiten mit Licht zu behandeln, und zwar erkannte er sofort den Lupus als das geeignetste Objekt, weil gerade hier bisher fast alle anderen Behandlungsmethoden versagt hatten. Die Verwendung des diffusen Sonnenlichtes erschien ihm bald aussichtslos. Das haben auch alle späteren Versuche anderer Autoren nur bestätigen können. Sowohl Bernhard in Samaden als Rollier in Leysin haben bei Lupus mit dieser Behandlung nur Besserungen, nie wirkliche Heilungen erzielen können. Die rasch eintretende Pigmentierung erschwert das tiefere Eindringen der wirksamen Strahlen in das Gewebe und damit jede Beeinflussung der nicht ganz an der Oberfläche gelegenen Krankheitsherde. Mit konzentriertem Sonnenlicht, das durch große Glaslinsen gesammelt wurde, konnte Finsen zwar eine energischere Strahlenwirkung erreichen, aber auch den hindernden Faktor der Pigmentbildung nicht beseitigen. Zudem stand das Sonnenlicht nur an einer beschränkten Anzahl von Tagen und Stunden zur Verfügung. Finsen ersetzte es daher bald durch eine künstliche Lichtquelle, das Kohlenbogenlicht. Dieses ist zwar an den tief penetrierenden, blauen Strahlen ärmer als das Sonnenlicht, dagegen reicher an violetten und ultravioletten. Letztere rufen an der Oberfläche eine starke seröse Exsudation und Abstoßung des Epithels hervor, wodurch der größte Teil des vom Lichte gebildeten Pigmentes entfernt wird (Reyn). Während aber die blauen Strahlen durch gewöhnliches Glas hindurchgehen, werden die ultravioletten durch dasselbe zurückgehalten. Es war also nötig, um die Lichtquelle ganz auszunutzen, zur Konzentration des Lichtes ein anderes Medium, nämlich Bergkristall (Quarz) zu verwenden. Dadurch wird der Apparat und die Behandlung natürlich verteuert, aber bisher hat keine der zu diesem Zweck hergestellten Glasarten (z. B. das Uviolglas) den Quarz zu ersetzen vermocht. Dieser hat vor allem auch den Vorzug, ein guter Wärmeleiter zu sein. Und bei der ganzen Behandlung kommt es hauptsächlich darauf an, die Wärmewirkung auszuschalten. Dazu dienen zwischen den Linsensystemen eingeschaltete Schichten von destilliertem Wasser, welche die ultraroten Strahlen abfiltrieren. Für die Haut wurden zudem besondere Kühlvorrichtungen notwendig, die aber zugleich und vornehmlich noch einem anderen Zwecke dienen. Finsen hatte gefunden, daß der rote Farbstoff des Blutes ein tieferes Eindringen der chemisch wirksamen Strahlen verhindert. Man muß also während der Behandlung das Blut aus der erkrankten Haut verdrängen. Das geschieht durch den Druck einer Bergkristallplatte oder -linse, die mit einer Wasserkühlung versehen ist.

Der Apparat, wie ihn Finsen zuletzt verwendete, und wie er heute noch unverändert in allen großen Instituten in Betrieb ist, stellt sich folgendermaßen dar: Die Lichtquelle bildet eine Kohlenbogenlampe von 50—60 Ampère Stromstärke. Um die Lampe herum verläuft ein breiter Metallring, an dem vier Apparate zur Sammlung des Lichtes, die Konzentratoren, befestigt sind, in einem Winkel von 50^0 zur Achse der Kohlen. Diese vier Konzentratoren ermöglichen die gleichzeitige Behandlung von vier Patienten durch eine Lichtquelle. Der einzelne Konzentrator ist folgendermaßen konstruiert: Dem Lichte zunächst befindet sich ein Linsensystem, bestehend aus einer planparallelen und zwei plankonvexen Linsen, das dazu dient, die von der Lampe divergent ausgehenden Strahlen parallel zu richten. Zwischen der gegen den Lichtbogen gerichteten planparallelen Scheibe und der ersten plankonvexen Linse befindet sich eine 1 cm dicke Schicht destillierten Wassers, das durch außerhalb der Einfassung in einem Metallmantel zirkulierendes, fließendes Wasser ständig kühl erhalten wird. Diese Vorrichtung dient dazu, um zu starke Erhitzung und damit das Springen der Linsen zu vermeiden. Direkte Kühlung durch fließendes Wasser zwischen den Linsen wäre wegen der Bildung von Luftblasen ausgeschlossen. Die parallel gerichteten Strahlen fallen in einen langen Metalltubus, dessen unterer Teil sich in dem oberen verschieben läßt, so daß man den ganzen Tubus beliebig lang gestalten kann, je nach der Lage des Patienten. Der untere Teil des Tubus trägt wieder ein Linsensystem, zwei plankonvexe Linsen mit breiter Schicht destillierten Wassers zwischen denselben. Von einer Mantelkühlung dieser Wasserschicht hat Finsen später abgesehen. Das Linsensystem dient dazu, die parallel in dem Tubus verlaufenden Strahlen außerhalb desselben in einem Brennpunkt zu vereinigen. In diesem liegt das Maximum der Strahlenwirksamkeit bei der Behandlung.

Trotz der Wärmefilter und der Mantelkühlung enthält aber das austretende Licht noch so viel Wärmestrahlen, daß es auf einer im Brennpunkt befindlichen Hautstelle in kürzester Zeit die stärkste Hitzeempfindung und Verbrennung hervorruft. Es wäre also in dieser Gestalt für die Behandlung unbrauchbar. Um diese Wärmewirkung auszuschalten, und um das Blut aus der zu behandelnden Hautstelle zu verdrängen, bedient man sich eines Kompressoriums. Ein solches besteht aus einer planparallelen Platte und einer plankonvexen Linse aus Bergkristall, die in einen Metallring eingefaßt sind. Zwischen ihnen zirkuliert beständig kaltes Wasser, das durch Gummischläuche ein- und abgeleitet wird. Die Drucklinsen haben die verschiedenste Gestalt, je nach der Art der zu behandelnden Körpergegend. Sie sind meist kreisförmig, von 3—4 cm Durchmesser, mit schwach gewölbter Linse zur Behandlung von Stellen, wo die Haut direkt über Knochen liegt, wie auf der Stirn, oder mit starker Konvexität, wo die Haut sich tief eindrücken läßt, wie an den Wangen. Für die Lippen und das Zahnfleisch gibt es ovale Linsen mit einem langen Handgriff (die kreisförmigen Kompressorien haben zum Halten nur vier kurze Arme), für kleine Stellen am Naseneingang oder am Augenwinkel kleine, sehr stark gewölbte Linsen mit abgebogenem Handgriff, in welchem zugleich Zu- und Abflußrohr der Wasserkühlung verläuft.

Zur Behandlung wird eine Hautstelle, die durch zweckmäßige Vorbereitung von Krusten und Borken befreit sein muß, nochmals mit Benzin oder Äther gründlich gereinigt und entfettet. Dann wird die zu bestrahlende Partie mit einem Hautstift als Kreis aufgezeichnet. Der Patient wird möglichst bequem gelagert, so daß die zu behandelnde Hautstelle sich genau parallel zur Linse des Apparates und dieser etwas näher als der Brennpunkt befindet, da die stärkste Wirkung von den senkrecht auffallenden Strahlen ausgeht. Um die Einstellung zu ermöglichen, ohne den Patienten bereits der brennenden Wirkung des Lichtes auszusetzen, sind die Frontlinsen des Apparates mit durchlöcherten Metalldeckeln versehen, die erst beim Beginn der Bestrahlung abgenommen werden. Sie erlauben außerdem die Kontrolle, ob der Apparat gut zentriert ist, was man daran erkennen kann, daß auf einem vorgehaltenen Stück Papier sich alle Löcher als gleich lichtstarke Flecken abzeichnen. Es wird nun die Umgebung des zu behandelnden Kreises mit feuchter Watte und dunklem Papier abgeblendet, außer an solchen Hautstellen, wo das Kompressorium in seinem ganzen Umfange der Haut gut anliegt. Wo dieses nicht der Fall ist, und wo sich eine noch so kleine Luftschicht zwischen Drucklinse und Haut befindet, tritt sofort Wärmebildung und Verbrennung ein. Es ist also eine ganz besonders wichtige Aufgabe für das behandelnde Personal, eine gute Polsterung der Umgebung mit feuchter Watte herzustellen. Während der Sitzung wird die Anfeuchtung ab und zu durch Aufträufeln von Borlösung wieder erneuert.

Kommt ein Lupusfall frisch zur Behandlung, so beginnt man an der Peripherie, und zwar muß der Kreis, der die zu behandelnde Stelle bezeichnet, zur Hälfte im äußerlich Gesunden liegen. Bei der nächsten Sitzung setzt man den Kreis in gleicher Weise neben den ersten und geht so allmählich an der Grenze des Herdes herum, bis man die erste Stelle wieder erreicht hat. Die

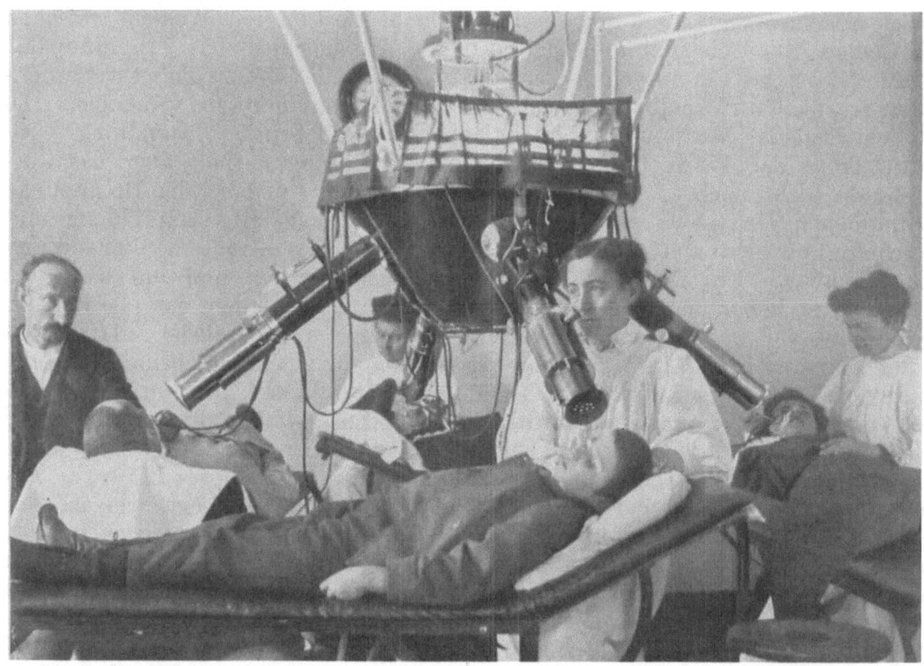

Abb. 109. Finsenbehandlung. Licht-Institut der Berner Klinik.

einzelne Sitzung dauert durchschnittlich $1^1/_4$ Stunde. Bei besonders empfindlichen Kranken kann man die Zeit etwas verringern, bei besonders refraktären Fällen sie verlängern, ja sogar verdoppeln. Während der Sitzung wird das Kompressorium dauernd gegen die betreffende Hautstelle gedrückt, und zwar so stark, daß der rote Farbenton aus der Haut verschwunden ist. Wird die Kompression sorgfältig ausgeführt, so empfindet der Patient während der ganzen Sitzung keine Schmerzen. Bei jeder Schmerzäußerung muß nachgesehen werden, ob die Drucklinse noch richtig anliegt, ob sich das Wattepolster verschoben hat usw. Das erfordert viel Sorgfalt und Übung. Am besten wird daher überall die Kompression von geschulten Hilfskräften ausgeführt. Wo diese nicht in ausreichender Zahl zur Verfügung stehen, kann man sie — aber nur für manche einfache Lokalisationen — durch mechanische Kompressorien, wie sie Wichmann, Jungmann u. a. angegeben haben, ersetzen. Diese werden an dem Apparat selbst befestigt, und der Patient mit Hilfe von Polstern und Widerlagern so gelegt, daß das Kompressorium durch den Druck einer Feder in richtiger Weise gegen die zu behandelnde Stelle gepreßt wird. Natürlich ist Kontrolle durch eine beaufsichtigende Person notwendig.

Unmittelbar nach der Sitzung ist an der behandelten Stelle, falls die Technik richtig war, und keine Wärmewirkung stattgefunden hat, kaum etwas Besonderes zu bemerken. Mit der für die Lichtwirkung charakteristischen Inkubation treten die ersten Erscheinungen nach 6—12 Stunden auf, zuerst als Erythem, dann weitere 12 Stunden später als Blase. Diese Blase ist häufig ringförmig; ihr Inhalt ist zuerst serös, bei bakteriologischer Untersuchung steril. Dann trübt sich die Blase, und nach zwei bis drei Tagen bildet sich an ihrer Stelle eine Kruste. Obwohl sich unter diesen Krusten, wie Martha Ehrlich an der Jadassohnschen Klinik in einer größeren Untersuchungsreihe nachgewiesen hat, sehr häufig gelbe Staphylokokken und auch Streptokokken finden, so trocknen sie doch meist unter indifferenter Behandlung ein und fallen nach 8—14 Tagen ab. Damit ist die Reaktion beendet und man sieht nun als Resultat der Behandlung, daß sich an Stelle des lupösen Gewebes vielfach zartes Narbengewebe gebildet hat, und daß von dem früher diffusen Lupus häufig nur noch einzelne Knötchen übrig geblieben sind. Es kann nun die Stelle zum zweiten Male dem Licht ausgesetzt werden.

Man behandelt, wie schon gesagt, zuerst die peripheren, dann die zentralen Partien des Lupusherdes. Zwischen den Sitzungen wird die erkrankte Stelle mit essigsaurer Tonerde, Borvaselin oder anderen indifferenten Mitteln verbunden. Schmerzhaftigkeit besteht meist auch nicht während der Reaktion. Impetigo oder Erysipele durch Sekundärinfektion sind äußerst selten. Bei größeren Herden kann man meist, wenn man alle Stellen einmal bestrahlt hat, sofort mit dem zweiten Behandlungszyklus beginnen und dann in gleicher Weise beliebig viele folgen lassen. Bei kleinen Herden, die nur wenige Sitzungen erfordern, macht man nach dem ersten Zyklus eine Pause von zwei bis drei Wochen, bis die Reaktion abgeklungen ist. Fast niemals wird eine Stelle durch eine einzige Bestrahlung geheilt, sondern nachdem die oberflächlichsten lupösen Partien verschwunden sind, kommen nun erst die tiefer gelegenen zum Vorschein und müssen jetzt dem Licht ausgesetzt werden.

Es ist klar, daß die Behandlung immer längere Zeit in Anspruch nehmen muß. Selbst für kleine Herde berechnen Finsen und Forchhammer einen Durchschnitt von 40 Sitzungen, für große 200 und darüber. Das Endresultat einer gelungenen Behandlung ist eine glatte, meist nicht pigmentierte, oft weißliche Narbe, die von der normalen Haut sich wenig abhebt. Keine andere Methode der Lupusbehandlung kann sich, was das kosmetische Resultat betrifft, mit der Finsentherapie vergleichen. Allerdings müssen die behandelten Fälle in regelmäßigen Zwischenräumen immer wieder zur Untersuchung kommen, noch Jahre nach Abschluß der Behandlung. Denn nicht gar zu selten sieht man noch lange nachher auf dem scheinbar geheilten Bezirk wieder einzelne frische Lupusknötchen entstehen. Es genügen dann aber stets einige wenige Sitzungen, um diese wieder zu beseitigen.

Erklärung der Lichtheilung. Zahlreiche Untersuchungen haben sich mit der Frage beschäftigt, durch welche Vorgänge die Lichtheilung des Lupus zustande kommt. Finsen war ursprünglich von dem Gedanken an die bakterientötende Kraft des Lichtes ausgegangen. Es hat sich aber bald herausgestellt, daß die Abtötung von Tuberkelbazillen im Gewebe sich unter der Einwirkung des Lichtes nur sehr unvollkommen erreichen läßt. Nach Jansen und Delbanco gehen nur diejenigen Bazillen zugrunde, die sich bis zu 0,2 mm unterhalb der Oberfläche befinden, während die tiefer liegenden nicht angegriffen werden. Der einzige, der von einer Sterilisierung tuberkulösen Gewebes durch Finsenbestrahlung berichtet, ist Nagelschmidt. Dagegen konnten sowohl Klingmüller und Halberstädter, sowie Frank Schultz mit solchem Gewebe unmittelbar nach der Belichtung noch Tiere infizieren. Sogar für lebende Zellen erstreckt sich die abtötende Wirkung des Lichtes nur bis 0,5 mm unter die Oberfläche, wie Jansen an den Zellen des Mäusekarzinoms nachgewiesen hat. Es muß also die Einwirkung des Lichtes auf das Gewebe bei der Heilung des Lupus die Hauptrolle spielen. Welche Vorgänge hier nach Finsenbestrahlung stattfinden, darüber sind wir durch eine ganze Anzahl histologischer Untersuchungen ziemlich gut orientiert. Die

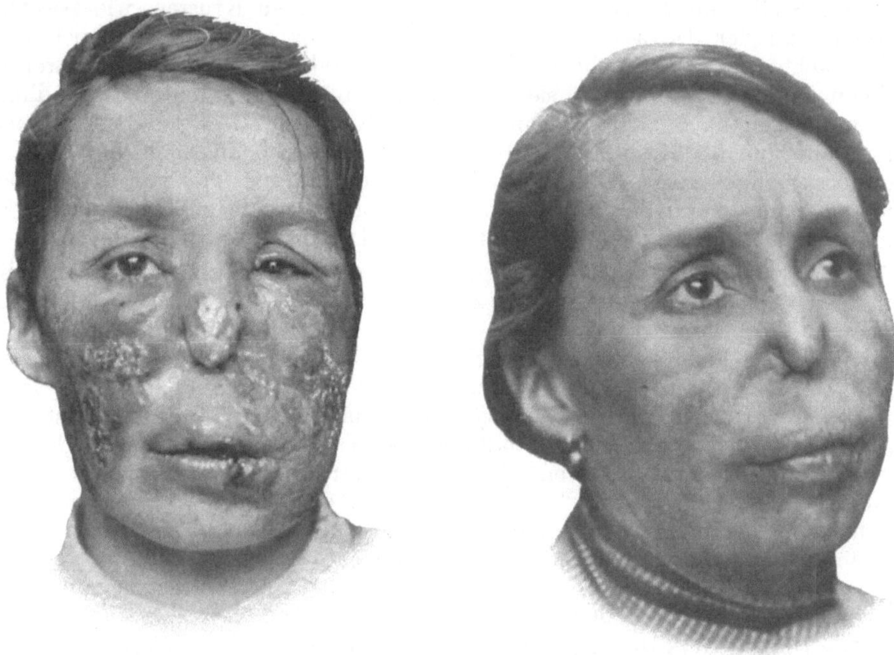

Abb. 110. Lupus vulgaris vor der Behandlung. Abb. 111. Derselbe Fall nach Finsenbehandlung.
(Sammlung der Berner Klinik.)

wichtigsten dieser Arbeiten stammen von Glebowsky und Serapin, Mac Leod, Leredde und Pautrier, H. E. Schmidt und Marcuse, Wanscher, Doutrelepont, Jansen und Delbanco, Gavazzeni.

Dem klinischen Bild entsprechend, ist das erste, was nach der Bestrahlung im Gewebe zu sehen ist, eine starke Erweiterung sämtlicher Gefäße, am stärksten an der Oberfläche. Hier findet sich auch Abstoßung des Endothels und Thrombenbildung. Auf die Gefäßerweiterung folgt bald ein hochgradiges Ödem. Dies Ödem betrifft sowohl das Epithel, als auch das lupöse Granulom und das benachbarte Cutisgewebe. Im Epithel sind die Intrazellularräume erweitert bis zur Blasenbildung, die Zellen selbst gequollen und vakuolisiert. Vakuolenbildung finden wir auch in den Epithelioiden und Riesenzellen des lupösen Infiltrates, die durch das Ödem auseinander gedrängt sind. Einen Tag nach der Bestrahlung sind die Kerne des Epithels nicht mehr färbbar;

die Zellen sind abgestorben. Gleiche Zellschädigungen finden sich auch in den obersten Schichten des Infiltrates. Man darf hier wohl eine direkte Nekrotisierung durch das Licht annehmen. Die in den tieferen Partien zu beobachtende Vakuolisierung und fettige Degeneration der Zellen kann dagegen nach Jansen und Delbanco durch den Entzündungszustand, die Thrombosen und das erhöhte Ödem erklärt werden. Die Ödemflüssigkeit enthält jetzt reichlich Fibrin, besonders unterhalb der nekrotisierten Oberfläche. Aus den Gefäßen hat eine starke Auswanderung von weißen Blutkörperchen, vielfach aber auch Austritt von Erythrocyten stattgefunden. Später finden wir das Gewebe von mononukleären Lymphocyten durchsetzt. Aus diesen sollen dann weiter nach manchen Autoren die spindelförmigen Zellen hervorgehen, die als Bildner neuen Bindegewebes auftreten. An der Oberfläche hat sich inzwischen aus nekrotischen Zellen, Leukocyten und Fibrin ein Schorf gebildet. Unter diesen wächst vom Rande her normales Epithel, und schließlich wird der Schorf abgestoßen. Damit wäre das Ende der Reaktion nach einmaliger Bestrahlung erreicht.

Wir haben also im wesentlichen eine sero-fibrino-hämorrhagische Entzündung, zelluläre Nekrose mit Demarkation und Regenerationsvorgänge, bestehend in der Bildung von neuem Epithel und Bindegewebe. Dabei bleiben aber die Tuberkel in der Tiefe noch unverändert. Sie sind nur jetzt durch eine erneute Bestrahlung leichter zu erreichen. So wirkt die Behandlung, indem sie schichtweise in die Tiefe dringt. Jedesmal wiederholt sich derselbe Vorgang. Jedesmal wird das neugebildete Epithel wieder zerstört und mit einem oberflächlichen Schorf abgestoßen. Dabei kann man die Behandlung in dem Sinne als eine elektive bezeichnen, als sie nur die Zellen zerstört, während ihr das Bindegewebe auch das neu gebildete, Widerstand leistet. Wegen der Gleichmäßigkeit der Einwirkung ist dann auch die Regeneration eine gleichmäßige, und so kommt das zarte Narbengewebe zustande, das auch eine weitere Bestrahlung der tieferen Zellherde nicht hindert. Daß diese oft sehr lange intakt bleiben können, zeigt allerdings ein Befund von Wanscher, der noch nach sechs Sitzungen 2 mm unter der Oberfläche typische Tuberkel konstatieren konnte. Wir wissen aber, daß solche von immer wiederholten Bestrahlungen doch schließlich getroffen und zur Resorption gebracht werden. Schließlich ist außer der demarkierenden Entzündung ein Umstand nicht zu vernachlässigen: die starke Hyperämie, die durch das Licht hervorgerufen wird. Finsen hat ja durch Versuche an normaler Haut gezeigt, daß durch das Licht ein sehr eigentümlicher Zustand der Gefäßwände erzeugt wird, durch den sie noch lange nachher auf geringe Reizung mit Erweiterung reagieren. Es entsteht eine so dauernde Hyperämie, wie wir sie auf keine andere Weise hervorzurufen imstande sind. Darauf scheint denn weniger die unmittelbare, als die später zur Geltung kommende, aber nachhaltigere Wirkung der Lichtbehandlung zu beruhen.

Indikation. In den ersten Jahren nach der Gründung seines Lichtinstitutes hat Finsen prinzipiell alle sich meldenden Lupusfälle angenommen und sie ausschließlich mit Licht behandelt. Das war eine notwendige Arbeit, um die Leistungsfähigkeit und die Grenzen der neuen Methode zu bestimmen. Dies ist seitdem in Kopenhagen und an den anderen Zentren der Lupusbehandlung zur Genüge geschehen, und wesentliche Differenzen über den Wert der Methode existieren eigentlich nicht mehr. So sind auch jetzt die Indikationen für ihre Anwendung ziemlich klar vorgezeichnet. Sie ergeben sich von selbst aus der Abwägung von Vorzügen und Nachteilen des Verfahrens. Die Vorzüge sind: die Schmerzlosigkeit, die Ungefährlichkeit und das von keiner anderen Methode erreichbare kosmetische Resultat. Demgegenüber sind folgende

Schattenseiten zu nennen: die lange Dauer, die Notwendigkeit häufig wiederholter Behandlung und die Kostspieligkeit. Man wird also die Anwendung der Finsentherapie jetzt ausschließlich auf den Gesichtslupus beschränken, an den bedeckt getragenen Körperteilen dagegen prinzipiell andere Methoden (Exzision, Pyrogallol, Diathermie) vorziehen. Denn wo es auf den kosmetischen Effekt nicht ankommt, wäre Lichtbehandlung Zeit- und Geldverschwendung. Es ist schon aus diesem Grunde auch nicht jeder Gesichtslupus nach Finsen zu behandeln. Wo sich kleine Knötchen ohne auffallende oder entstellende Narbe durch Exzision entfernen lassen, wird man diese meistens vorziehen, vorausgesetzt, daß der Patient nicht jeden Eingriff mit dem Messer ablehnt. Man wird aber auch weiter eine gewisse soziale Indikation gelten lassen müssen. Bei einem Manne oder einer älteren Frau ist auch im Gesicht auf eine ideale Narbe nicht immer besonderes Gewicht zu legen. Hier kommt

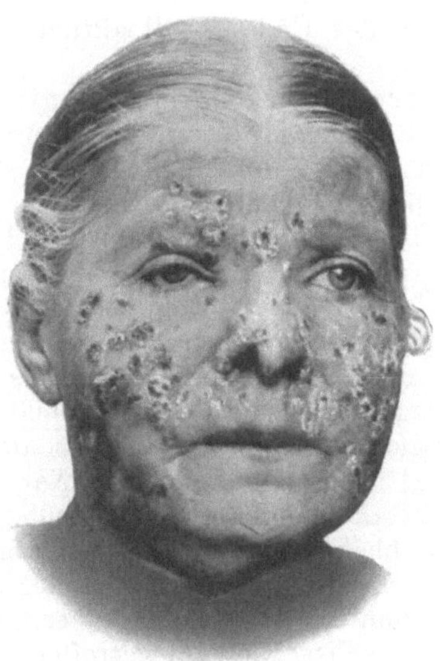

Abb. 112. Lupus vulgaris vor der Behandlung.

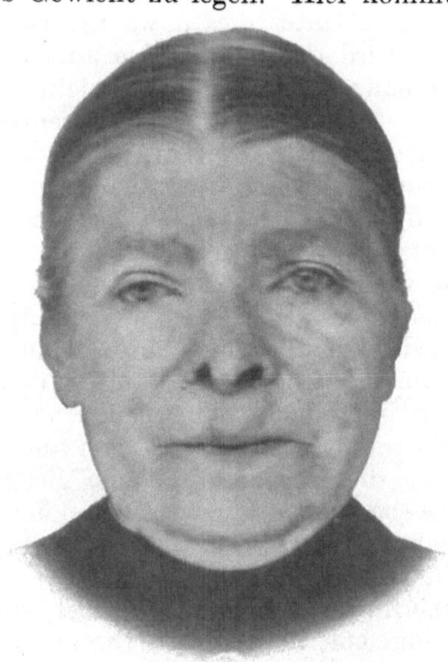

Abb. 113. Derselbe Fall nach Finsenbehandlung.

(Sammlung der Berner Klinik.)

es den Patienten selber häufig nur auf möglichst rasche und gründliche Heilung ohne Störung der Erwerbsfähigkeit an. Es ist dann auch bei größeren Herden die Exzision am Platze. Dagegen sollte man bei Kindern weiblichen Geschlechtes und jüngeren Mädchen und Frauen immer für ein möglichst gutes kosmetisches Resultat sorgen, da ja nun einmal für eine Frau in sozialer Beziehung außerordentlich viel von einem angenehmen Äußeren abhängt. Man wird also selbst kleinere Herde bestrahlen, wenn die Exzision schon eine Plastik erfordern und sich nicht mehr mit einfacher lineärer Narbe machen lassen würde.

Es sind nun aber beim Gesichtslupus noch mehrere wichtige Einschränkungen zu machen. Die erste betrifft die Ausdehnung des Falles. Es ist gewiß ein Vorzug der Finsenmethode, daß sie selbst noch in Fällen, wo die chirurgische Therapie wegen zu großer Ausdehnung und schlechter Begrenzung versagen muß, weitgehende Besserungen, ja nicht selten sogar Heilungen erzielt.

Wenn man aber — wie das in der ersten Zeit fast überall geschehen ist — Fälle in Behandlung nimmt, wo infolge der Verwüstungen durch den Lupus gar keine Aussicht mehr besteht, das Individuum arbeits- und gesellschaftsfähig zu machen, so verrichtet man eine Sisyphusarbeit. Lesser hat ganz recht, wenn er sagt, daß es besser ist, solche Patienten mit Borsalbe zu behandeln und ins Siechenhaus zu schicken. Das ist sicher hart, aber selbst an großen Instituten nehmen derartig aussichtslose Fälle andern Platz und Zeit weg, denen noch zu helfen ist. Es ist auch ein Ziel, welches die moderne Lupusbekämpfung mit ihrer Aufklärungsarbeit erreichen muß, daß solche Fälle

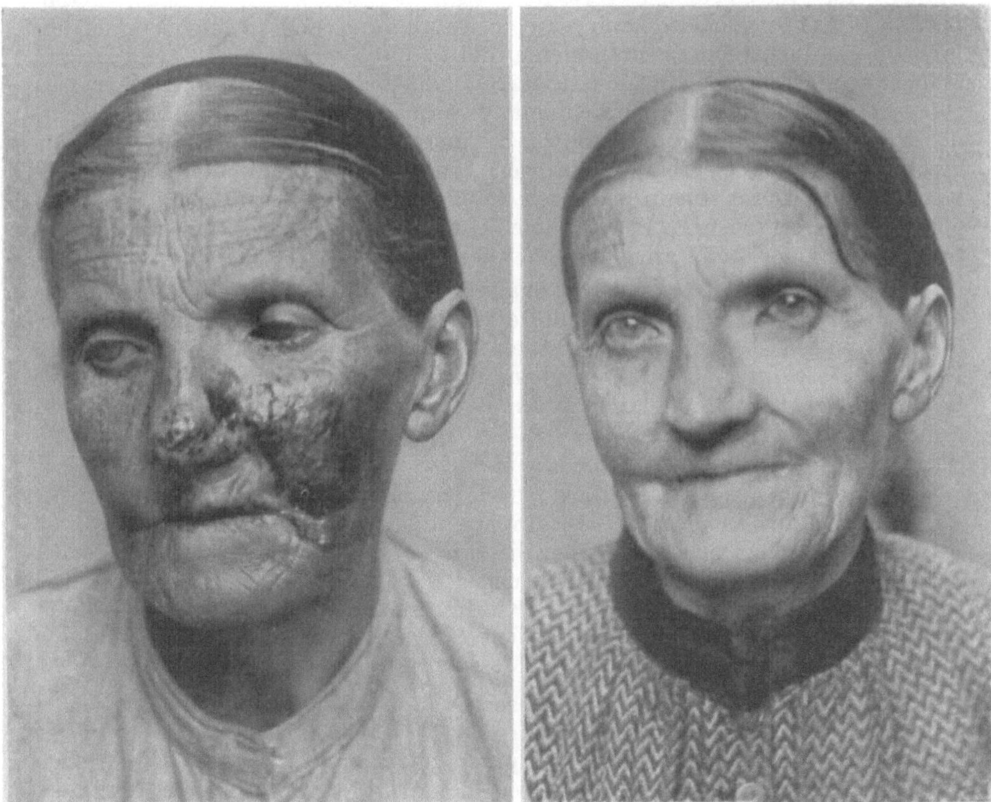

Abb. 114. Lupus vulgaris vor der Behandlung. Abb. 115. Derselbe Fall nach Finsenbehandlung. (Sammlung der Berner Klinik.)

immer seltener werden, und daß eine kommende Generation sie nicht mehr kennen wird.

Dann gibt es Fälle, deren Ausdehnung keine Kontraindikation gegen die Lichtbehandlung bieten würde, die aber durch fehlerhafte Vorbehandlung derartig verdorben sind, daß man auf Anwendung der Phototherapie besser von vornherein verzichtet. Das sind Patienten, die jahrelang mit den verschiedensten stark ätzenden und kleinen chirurgischen Verfahren behandelt worden sind, und bei denen das kranke Gewebe überall zwischen und unter dicken, wulstigen und keloidartigen Narben gelegen ist. Hier kann das Licht nicht mehr an die eigentlichen Krankheitsherde herankommen. Damit auch solche Fälle künftig verschwinden, wäre der schon genannten Schrift von Jungmann, wie man den Lupus nicht behandeln soll, möglichst große Verbreitung unter den Ärzten zu wünschen.

Eine weitere Einschränkung betrifft die Form des Lupus. Das eigentliche Gebiet für die Finsenbehandlung sind plane, glatte Formen. Die Kompressorien liegen hier gut an und man kann die Kreise für die einzelnen Sitzungen relativ groß zeichnen. Schwierig gestaltet sich dagegen die Behandlung bei hypertrophischem und ulzerösem Lupus. Hier soll man jedenfalls nicht sofort mit der Lichtbehandlung beginnen. Es ist ein großer Fortschritt der letzten Jahre, daß wir uns jetzt nicht mehr auf eine bestimmte Methode festlegen, sondern die verschiedenen Verfahren auch bei demselben Patienten kombinieren. Auf diese Weise kann man einen Fall durch anderweitige Vorbehandlung für die Lichttherapie präparieren und dadurch viel Zeit und Geld sparen. Wir haben gesehen, daß diese vorbereitende Behandlung alle starken Zerstörungen und fehlerhafte Narbenbildung vermeiden muß. Es sind im wesentlichen zwei Methoden, durch die wir hypertrophische Formen zum Einsinken, geschwürige zum Überhäuten bringen: die Pyrogallol- und die Röntgenbehandlung. Durch diese Verfahren können wir aus einem papillomatösen oder ulzero-serpiginösen einen planen Lupus machen, der für die Finsenbehandlung keine Schwierigkeit mehr bietet.

Es bleiben noch besondere Lokalisationen, an denen die Finsentherapie erfahrungsgemäß schlechtere Resultate gibt. Das ist ganz besonders die Ohrmuschel und das Ohrläppchen. Auch hier wird man kombinieren müssen. Daß der Nasenlupus bei Finsenbehandlung so häufig rezidiviert, hat seinen Grund in der Erkrankung der Schleimhaut, von der aus immer neue Infektionen der Haut stattfinden. Es hat also eine Finsenbehandlung ohne gleichzeitige Inangriffnahme des Schleimhautleidens keinen Sinn.

Leider ist die Lichttherapie gegen Schleimhautlupus nur in sehr beschränktem Maße anwendbar. Die Lippen und das Zahnfleisch sind auf diese Art zur Not noch zu behandeln, aber die Erfolge sind nicht besonders glänzende. Ebenso verhält es sich mit der kleinen Partie am Naseneingang. Dagegen berichtet Lundsgaard über merkwürdig gute Resultate bei Lupus der Konjunktiva. Im ganzen wird an den Schleimhäuten die Lichtbehandlung wohl allmählich durch Radium und Mesothorium ersetzt werden.

Statistiken. Bei einer ihrer ganzen Art nach an einzelne große Zentren gebundenen Methode, wie der Finsenschen, ist auch das allgemeine Resultat, wie es sich in Heilungsstatistiken ausspricht, nicht ohne Interesse. Nur stellen sich der Ausarbeitung von Statistiken besondere Schwierigkeiten entgegen. Zuerst: wann soll ein Fall als geheilt erklärt werden? Wir wissen, daß bei manchen noch nach Jahren kleine Rezidive auftreten. Die meisten Statistiken haben daher auch spezielle Rubriken für die Zahl der Jahre, seitdem der Patient rezidivfrei ist. Ferner wird — wie eben ausgeführt — jetzt eine große Anzahl von Fällen nicht mehr allein nach Finsen, sondern kombiniert behandelt. Hier kann man aber doch wohl die Fälle ruhig mitzählen, bei denen die Finsentherapie das Hauptverfahren darstellt, während die anderen Methoden nur zur Vorbereitung oder Nacharbeit verwendet wurden. Schließlich muß eine Statistik die Ausdehnung der Fälle berücksichtigen; und darüber hat sich von selber ein Übereinkommen hergestellt.

Wenn man die großen Statistiken vergleicht, so sind die Resultate auch nicht allzu divergierend. An erster Stelle erwähnen wir die Statistik des Kopenhagener Instituts, von Forchhammer bearbeitet. Von 1200 Fällen werden 721 = 60% als geheilt geführt, davon etwa die Hälfte seit mehr als fünf Jahren rezidivfrei. Nimmt man die beginnenden Fälle für sich, so erhöht sich die Zahl der Heilungen auf 76%. Über noch größeres Material verfügt Sequeira, der am London-Hospital in 13 Jahren 1356 Patienten wegen Lupus mit Licht behandelte. Er verzeichnet 54% Heilungen, daneben noch eine größere Anzahl fast Geheilter. Jungmann-Wien zählt unter 311 Behandelten 95 Geheilte, 34 anscheinend Geheilte und 58 fast Geheilte. Weljaminow in Petersburg hat in zehn Jahren unter 181 Fällen 40,5% Geheilte, 16% fast Geheilte. Die Statistik von Zinsser in Köln zählt 142 Fälle mit 56% Heilungen. Derselbe Autor erklärt, daß man bei kleinen, bis etwa fünfmarkstückgroßen Herden des Gesichtes ohne Schleimhautkomplikation nahezu in 100% Heilung versprechen könne. Wenn im ganzen sich die Zahl der Heilungen in den obigen und anderen kleineren, hier nicht erwähnten Statistiken nicht über 60% erhebt, so liegt das daran, daß sie meist mit zahlreichen, sehr ausgedehnten Fällen belastet sind. Für die beginnenden und mit richtiger Indikation ausgewählten Fälle stellt sich der Prozentsatz der Heilungen ganz bedeutend besser.

Ersatzmethoden. Die Finsenbehandlung, wie sie hier geschildert worden ist, kann nur eine Institutsbehandlung sein. Sie ist ohne ein gut eingearbeitetes Wartepersonal gar nicht durchzuführen. Sie erfordert eine mit allen technischen Einzelheiten vertraute leitende Kraft. Der Apparat muß mit peinlichster Sorgfalt instand gehalten werden. Dabei sind allerhand Einzelheiten zu beachten, deren Vernachlässigung das Behandlungsresultat verschlechtern kann. Am besten wird das Ergebnis dort sein, wo man sich am strengsten an das Kopenhagener Vorbild hält. Um nun dem einzelnen Arzt die Möglichkeit zu geben, Lichttherapie zu treiben, sind die verschiedenartigsten Lampen erfunden worden, die, handlicher als der große Finsenapparat, diesem an Wirkung gleichkommen, ja ihn sogar übertreffen sollten. Alle sind wieder verschwunden, bis auf zwei, die sich in der Praxis einigermaßen bewährt haben: die Finsen-Reyn-Lampe und die Kromayersche Quarzlampe.

Die Finsen-Reyn-Lampe, die aus dem Kopenhagener Institut hervorgegangen ist, beruht auf ganz demselben Prinzip wie die ursprüngliche Finsensche Einrichtung. Sie soll nur den Vorteil bieten, mit geringerem Stromverbrauch zu arbeiten und in kleineren Betrieben Einzelsitzungen zu ermöglichen. Sie ist weniger kostspielig und beansprucht weniger Platz als der große Apparat. Die Lichtquelle bildet eine Projektionslampe mit schräg gestellten Kohlenstiften, die bei einer Stromstärke von 20 Ampère brennt. Der Konzentrationsapparat ist ähnlich gebaut wie bei dem Originalapparat, nur kürzer und zur besseren Ausnützung des Lichtes diesem möglichst nahe gerückt (bis ca. 5 cm). Die am stärksten lichtbrechende Linse ist eine Fresnel-Linse. An der Kühleinrichtung sind keine Änderungen vorgenommen. Bogenlampe und Sammelapparat befinden sich auf einem beweglichen Stativ, auf dem sie in verschiedenster Weise verstellbar angebracht sind, so daß mit Leichtigkeit auf jede Hautpartie eingestellt werden kann. Die Kompression geschieht ebenso wie oben beschrieben, auch sonst verläuft die Behandlung genau in derselben Weise wie mit dem großen Apparat; Sitzungsdauer und Art des Vorgehens bleiben die gleichen. Im allgemeinen scheint auch der Effekt dem mit der großen Bogenlampe erzielten kaum nachzustehen. Doch liegen immerhin einige Angaben vor (z. B. von Jacobi), wonach die Wirkungen doch nicht ganz gleichwertig wären. Für größere Institute bleibt jedenfalls der alte Apparat vorzuziehen.

Stellt die Finsen-Reyn-Lampe nur eine praktische Modifikation des ursprünglichen Verfahrens dar, so bietet die Kromayersche Quarzlampe an sich etwas Neues, indem sie eine andere Art Lichtquelle einführt, das Quecksilberlicht, das 1892 von Arons entdeckt wurde. Dieses kommt dadurch zustande, daß man in einer luftleeren Röhre, die in einen elektrischen Strom eingeschaltet ist, Quecksilber von einem Pol zum andern fließen läßt. In dem Augenblick, wo das Hg beide Pole berührt, stellt sich der Kontakt her, und es erfolgt die Bildung von Hg-Dämpfen, welche die Röhre erfüllen und nun den weiteren Kontakt vermitteln, wobei sie ein sehr intensives Licht ausstrahlen. Kromayer machte dieses Licht für die Therapie benutzbar, indem er um die Lichtquelle eine Wasserkühlung anbringen und sämtliche durchsichtigen Teile der Lampe aus Quarz (Bergkristall) herstellen ließ. Es resultierte eine Lampe, die bedeutend billiger als selbst die Finsen-Reyn-Lampe mit 120—150 Volt und 3—4 Ampere brennt, die sich also, mit einem Rheostaten verbunden, an jede Gleichstromleitung anschließen läßt. Sie ist sehr handlich, sehr einfach zu bedienen. Man spart den etwas schwerfälligen Konzentrationsapparat und eine besonders ausgeübte Kompression, da die Lampe selber mit ihrem Quarzfenster direkt gegen die zu behandelnde Hautstelle angedrückt wird. Das Licht ist äußerst intensiv, von starker Wirkung; es ist ärmer im Blau und Violett als das Kohlenbogenlicht, dagegen reicher an ultravioletten Strahlen. Daher ist es, was den Effekt auf die photographische Platte und die bakterizide Wirkung auf Bakterienkulturen anbetrifft, jenem überlegen. Für die therapeutische Wirksamkeit handelt es sich aber vor allem darum, welches Licht die größere Penetrationsfähigkeit besitzt. Über diese Frage ist dann auch bald eine sehr große Literatur entstanden. Von den zahlreichen experimentellen und klinischen Untersuchungen seien nur genannt die Arbeiten von Bering, Gunni Busck, Hesse, H. Jansen, Johansen, Jungmann, Maas, Maar, Mulzer, Pürckhauer, E. H. Schmidt, Frank Schultz, Stern und Hesse. Aus fast allen geht hervor, daß die Tiefenwirkung der Hg-Lampe geringer ist als die des Finsenlichtes. An der Oberfläche sind dagegen die entzündlichen und besonders die nekrotischen Vorgänge stärker bei Beleuchtung mit der Quarzlampe. Man hat nun gemeint, daß eben durch diese starke Oberflächenreaktion, die in solcher Intensität nicht erwünscht ist, das Eindringen des Lichtes in die Tiefe verhindert würde, und deshalb versucht, durch Einschalten einer Methylenblaulösung als Strahlenfilter, besser durch eine blaue Quarzscheibe, die äußersten, ultravioletten Strahlen abzublenden. Es gelang dadurch zwar, die allzu starke Reizwirkung zu beseitigen, aber nicht die Tiefenwirkung zu verstärken. Außerdem ergaben die histologischen Untersuchungen von Jansen und von Pürckhauer, daß bei der Behandlung mit Hg-Licht einer stärkeren Nekrose eine geringere Intensität der regenerativen Vorgänge und späteres Einsetzen derselben entspricht. Das ist ein Faktor, der entschieden zuungunsten der Quarzlampe in die Wagschale fällt.

Die Praxis hat auch durchweg diese Ergebnisse der experimentellen Untersuchungen bestätigt. Es ist eigentlich außer Kromayer selbst nur noch Klingmüller mit seinen Schülern (Bering, Stümpke), der an der Gleichwertigkeit, ja an der Überlegenheit der Quarzlampe gegenüber der Finsenlampe festhält. Alle anderen sind zu dem Schluß gekommen, daß die Resultate der Finsenbehandlung mit der Quarzlampe nicht erreicht werden. Trotzdem bedeutet diese Lampe eine Bereicherung unseres therapeutischen Inventars bei der Bekämpfung des Lupus. Sie kann sowohl oberflächlich gelegene Herde zum Abheilen bringen, als auch zur Vorbereitung für die Finsenbehandlung dienen. Man kann bei einem ausgedehnten Herd mit der Quarzlampe beginnen und dann für die tieferen Knötchen Finsenbehandlung nachfolgen lassen. Besonders hervorheben möchte ich auch eine von Klingmüller gestellte Indikation: bei Lupus des Ohrläppchens dieses zwischen zwei Quarzlampen zu komprimieren. Durch eine solche Betrahlung von beiden Seiten lassen sich in der Tat viel größere Wirkungen erzielen als durch die einfache Finsenbehandlung. Die Quarzlampe behält also neben dem Original-Finsenapparat und der Finsen-Reyn-Lampe ihr eigenes, wenn auch beschränktes Anwendungsgebiet. Frank Schultz dachte freilich daran, durch Veränderung der Applikationsart auch mit der Quarzlampe bei der Lupusbehandlung auskommen zu können. Es schien ihm nämlich manches darauf hinzuweisen, daß den ultravioletten Strahlen eine stärkere Penetrationskraft zukäme als gewöhnlich angenommen wird. Aber er ist über die ersten Versuche nicht hinausgekommen, und nach dem allzu frühen Tode dieses hochbegabten Forschers sind diese Untersuchungen nicht wieder aufgenommen worden.

Ein Versuch, die Lichtstrahlen von größerer Wellenlänge zur Behandlung nutzbar zu machen, hat heute nur noch historisches Interesse. Dreyer, der ihn unternahm, ging von der Tatsache aus, daß es gelingt, Bakterien, die in Lösungen suspendiert sind, durch gewisse Substanzen gegen Licht zu sensibilisieren. Er injizierte deshalb in lupöses Gewebe Erythrosin und glaubte, dadurch die Lichtwirkung zu verstärken, weil so die Strahlen bis zum gelben Teil des Spektrums in der Tiefe des Gewebes wirksam würden. Bei der Nachprüfung durch Spiethoff, Forchhammer und Frank Schultz hat sich das als ein Irrtum herausgestellt. Frank Schultz besonders hat gezeigt, daß die stärkere Reaktion nur durch Summierung von chemischer Reizung und Lichtwirkung zustande kommt, und daß ein therapeutischer Erfolg von dieser Methode nicht zu erwarten ist. Ebensowenig haben die Versuche von Tappeiner und Jesionek, durch fluoreszierende Substanzen die Haut gegen Licht zu sensibilisieren, für die Dermatologie irgend ein praktisches Ergebnis gehabt.

b) Röntgenbehandlung.

Die Röntgenbehandlung der Hauttuberkulose ist dem allgemeinen Entwicklungsgang der Röntgentherapie überhaupt gefolgt. Schon Ende der neunziger Jahre des vorigen Jahrhunderts haben Freund, Kümmell, Neißer, Albers-Schönberg und Hahn u. a. Lupus mit Röntgenstrahlen behandelt. Es wurden auch manche interessante Beobachtungen gemacht, weitgehende Besserungen, ja sogar vereinzelte Heilungen konstatiert. Trotzdem hat es über ein Dezennium gedauert, bis sich die Röntgentherapie aus dem Stadium tastender Versuche zu einer wirklichen Methode entwickelt hat. Was in dieser Zeit geleistet wurde, hat heute nur noch historischen Wert. Zu einer Zeit, wo man kaum eine andere Abmessung der verwendeten Strahlenenergie kannte als die Beleuchtungszeit, war man in der Tat allen Zufällen und unangenehmen Überraschungen ausgesetzt. Das Verfahren war also unsicher und gefährlich. So war der Stand der Dinge noch 1906, wie aus der kritischen Übersicht hervorgeht, die Jadassohn in seinem Werke liefert. Seitdem sind aber, besonders in den letzten Jahren, wesentliche Fortschritte gemacht worden. Nachdem einmal eine ebenso einfache wie brauchbare Meßmethode für die Strahlenquantität gefunden war — es ist die von Sabouraud und Noiré, die jetzt überall über die von Holzknecht und von Kienboeck den Sieg davongetragen hat —, nachdem auch zur Messung der Qualität gute Apparate vorhanden waren, ist durch die Arbeiten von Lenglet, E. H. Schmidt, Frank Schultz und H. Meyer für den Dermatologen die Röntgentherapie erst ein zuverlässiges und sicheres Instrument geworden.

Zunächst darf man sagen, daß heute die Röntgentherapie dort, wo sie richtig ausgeführt wird, unschädlich ist. Die Frage der Überempfindlichkeit hat lange nicht mehr die Bedeutung wie in früherer Zeit. Es mag sein, daß manche Individuen schon auf Strahlenmengen, die andere ohne weiteres vertragen, mit Hautschädigungen reagieren. Wenn das aber wirklich vorkommt, so ist es sicher ungemein selten. Je besser die therapeutische Technik eines Röntgenologen, um so mehr verschwinden jene Fälle. Die Überempfindlichkeit spielt bei der Röntgentherapie eine geringere Rolle als bei den meisten bekannten wirksamen Methoden der medikamentösen Behandlung. Jene, wirklich eine Gefahr darstellenden schweren Schädigungen, die in früheren Jahren leider so häufig zur Beobachtung kamen, können wir heute mit Sicherheit vermeiden. Unsere Methodik ist so weit, daß wir das in der Hand haben. Und nur, wo ein verzweifelter Zustand, wie bei inoperablen Karzinomen, uns das Recht dazu gibt, nähern wir uns bewußt jener Gefahrgrenze.

Damit ist nicht gesagt, daß schon heute eine Methode als Einheitsmethode, als die Methode der Röntgenbehandlung allgemein anerkannt sei. Über die bei den einzelnen Krankheiten zu verwendende Qualität und Quantität der Strahlen, über den zu bevorzugenden Röhrentypus, sowie über manche anderen technischen Einzelheiten gibt es unter den Röntgentherapeuten noch Differenzen, aber auch hier scheint man sich allmählich näher zu kommen.

Was die Technik der therapeutischen Röntgenbestrahlung anbetrifft, so scheint mir die von Hans Meyer zuerst eingeführte alle anderen Systeme an Zuverlässigkeit, Einfachheit und praktischer Brauchbarkeit zu übertreffen. Sie sei hier daher mit den Modifikationen, die ihr Meyer und H. Ritter in den letzten Jahren gegeben haben, kurz geschildert. Als Strahlenquelle dient eine Burger-Zentral-Therapieröhre. Bei dieser ist die Antikathode, um möglichst wenig Verlust an Strahlen zu bekommen, der Glaswand sehr nahe gerückt. Eine feine Ausblasung, die zur Erzielung einer weichen Strahlung hier früher angebracht war, fällt neuerdings fort, seitdem den harten Strahlen die größere Wirksamkeit zugestanden wird. Die Röhre liefert eine Normaldosis nach Sabouraud-Noiré in relativ kurzer Zeit (5—10 Minuten). Besondere Details in der Konstruktion der Röhre ermöglichen eine gute, von selbst funktionierende Kühlung (ohne Wasser) und dienen der Erhöhung der Lebensdauer der Röhre. Diese befindet sich in einem Schutzkasten aus Bleiglas, der nur das Kugelsegment freiläßt, aus welchem die Strahlen austreten sollen. An dem Schutzkasten sind hier besondere Vorrichtungen zur Anbringung von Aluminiumfiltern vorhanden. Die Röhre wird im Betriebe härter; um sie weicher zu machen, dient die Villardsche Osmoregulierung: Ein Palladiumröhrchen ist so in die Röhre eingeschmolzen, daß es mit dem geschlossenen Ende nach außen, mit dem offenen nach innen ragt. Erhitzt man es bis zur Rotglut, so wird es für Gase durchgängig und gibt diese ins Innere der Röhre ab, die also weicher wird. Um das jederzeit zu ermöglichen, hat Meyer eine Einrichtung für Fernzündung getroffen. Mittelst einer kleinen Stichflamme, die, unmittelbar unter dem Palladiumröhrchen angebracht, mit einer Gasleitung verbunden ist, kann von irgend einer Stelle des Zimmers aus jederzeit die Korrektur an der Qualität der Röhre vorgenommen werden. Zur Beurteilung der Röhrenkonstanz dient ein in den sekundären Stromkreis eingeschaltetes Milliamperemeter und das Heinz Bauersche Qualimeter, das die Spannung im sekundären Stromkreis anzeigt, als Ersatz für die parallele Funkenstrecke.

Die Prüfung der Strahlenqualität geschieht nach Benoist-Walther, die der Quantität nach Sabouraud-Noiré. Um nun Teildosen zu verabreichen und doch bei jeder Sitzung eine zuverlässige Kontrolle zu haben, hat

H. Meyer den sehr glücklichen Gedanken gehabt, die Dosierung nach der Zeit durch die Dosierung nach der Distanz zu ersetzen. E. H. Schmidt und Frank Schultz eichten eine Röhre, bevor sie sie in Betrieb nahmen, indem sie die Zeit bestimmten, in der sie bei gleichbleibender Qualität die Maximaldosis nach Sabouraud-Noiré lieferte. Wird diese Zeit gleich 10 X gerechnet, so werden 5 X durch eine Bestrahlung von halber Dauer, 2 X durch ein fünftel Dauer usw. gegeben. Meyer läßt dagegen bei jeder Bestrahlung eine Tablette nach Sabouraud-Noiré mitbestrahlen, bis zur Erzielung der Teinte B. Da diese die Maximaldosis nur für eine bestimmte Distanz, nämlich wenn sie sich genau in der Mitte zwischen Fokus und Haut befindet, anzeigt, kann man durch Variierung der Fokus-Hautdistanz auch die Dosis verändern. Da die Intensität der Strahlen im Quadrat der Entfernung abnimmt, hat Meyer die Distanz für die einzelnen Teildosen berechnet und Stäbe anfertigen lassen, die mit der Entfernung von bestrahlter Hautstelle und Fokus (praktisch gemessen durch die Entfernung von Haut bis zur Tablette) zugleich die Dosis angeben (von 1—10 X). Mit Hilfe dieser Stäbe wird die Hautstelle zu Beginn der Behandlung in einer bestimmten Distanz vom Fokus eingestellt und jedesmal so lange bestrahlt, bis die Tablette die Teinte B angenommen hat. Ist dies erreicht, so wissen wir genau, daß die zu behandelnde Hautstelle den ihr bestimmten Teil der Maximaldosis bekommen hat. Dieses Verfahren ist bedeutend zuverlässiger als das der Eichung, da die Röhren doch niemals ganz konstant bleiben. Einfache Apparate ermöglichen das Ablesen der Tablette auch bei künstlichem Lichte, während es nach Sabouraud und Noiré ursprünglich nur bei Tageslicht geschehen konnte.

In welcher Weise soll man nun die Röntgenstrahlen bei der Behandlung der Hauttuberkulose und speziell des Lupus verwenden? In der ersten Zeit haben manche Autoren absichtlich bis zur Geschwürsbildung bestrahlt. In einigen günstigen Fällen trat dann mit der Heilung des Geschwürs auch Heilung des Lupus ein. Dieses Verfahren wird wohl heute kaum von irgend jemand noch angewendet. Es wäre auch unverantwortlich, einen Patienten wegen einer Krankheit, gegen die wir über eine Anzahl ganz guter Methoden verfügen, einer solchen Gefahr, wie sie das Röntgenulcus bedeutet, auszusetzen. Nehmen wir selbst den besten Fall an, daß dieses schließlich dauernd heilt, so ist das kosmetische Resultat miserabel. Wir haben das bekannte Bild der abgelaufenen Röntgendermatitis, ein buntes Gemisch von Narbe, Atrophie, Pigmentation und zahllosen Teleangiektasien. Diese Therapie wäre mindestens so schlimm wie die Krankheit.

Das entgegengesetzte Extrem bildet ein Verfahren, das Gottschalk noch 1910 auf der Lupuskonferenz als das beste bei Lupus vorschlug. Er gibt in täglichen Bestrahlungen ganz kleine Dosen von $^1/_2$—1 X bis zur Erreichung der Gesamtdosis von 10 X. Eine Gefahr ist hierbei zwar nicht vorhanden, aber es ist kein Grund, einzusehen, warum diese Bestrahlungsart bessere Wirkungen haben soll, als wenn man dieselbe Dosis in einem Mal oder in zwei halben Dosen verabreicht. Im besten Fall ist die Wirkung dieselbe. Dann hat es aber keinen Zweck, die Behandlung unnütz in die Länge zu ziehen. Zudem ist eine Möglichkeit nicht aus den Augen zu lassen, die Jadassohn erwähnt, nämlich, daß durch häufige kleine Dosen Lupuskarzinome provoziert werden könnten. Nach den experimentellen Untersuchungen von Ritter und mir ist das durchaus wahrscheinlich.

Man hat sich also im allgemeinen auf eine Behandlung mit einer Normaldosis oder mehreren großen Teildosen geeinigt, eine Behandlung, die aber höchstens bis zur Reaktion mit einem geringen Erythem getrieben werden darf. Es bliebe noch die Frage der Strahlenqualität zu erörtern. Während Lenglet schon seit langem mit sehr harten Röhren arbeitet (Benoist 7—8 = Benoist-Walther 6 oder Wehnelt 10), empfiehlt Frank Schultz noch in seinem hübschen Buch über die Röntgentherapie in der Dermatologie bei Lupus Strahlen von 5—7,5 Wehnelt (= Benoist-Walther 3—4) in zwei Dosen von je 5 X. Frank Schultz war damals der Ansicht, daß den weichen Strahlen im allgemeinen bei Dermatosen eine größere Wirksamkeit zukäme als harten, und daß die Menge der in der Haut absorbierten Strahlen das Entscheidende sei. Später hat er sich durch die Praxis überzeugt, daß dem nicht so ist, und daß die harten Strahlen in vielen Fällen einen bedeutend größeren therapeutischen Effekt haben. Frank Schultz hatte auch die Absicht, in dieser Hinsicht sein Lehrbuch einer Umarbeitung zu unterziehen, die er dann leider nicht mehr hat vollenden können.

Inzwischen hatten H. Meyer und Ritter den exakten Nachweis geführt, daß die harten Strahlen eine stärkere biologische Wirkung ausüben als die weichen. Sie machten ihre Studien an Geweben mit lebhafter Zellproliferation, an Erbsenkeimlingen und an der Haarpapille des Menschen. Hier konnten sie zeigen, daß bei gleicher Absorption eine harte Strahlung viel wirksamer ist als eine weiche. Dies Prinzip bewährte sich, auf die Therapie übertragen, auch bei Versuchen mit Behandlung von Psoriasisplaques und Ekzemherden. So mußte die ganze therapeutische Technik eine Umgestaltung erfahren. Es handelte sich darum, möglichst nur Strahlen von einer gewissen Härte für die Therapie zu verwenden. Das geschieht erstens, indem man von vornherein mit harten Röhren arbeitet, zweitens, indem man die weichen Strahlen durch Aluminiumfilter von verschiedener Dicke ausschließt. Auf diese Weise ist in der Kieler Klinik nicht nur ein gutes Verfahren der Tiefenbestrahlung bei chirurgischer Tuberkulose ausgebildet worden — davon war schon weiter oben die Rede —, sondern auch für die Lupusbehandlung sind Technik und Indikationen ganz genau umschrieben worden.

Zunächst muß man sich über das zu erreichende Ziel klar sein. Hier verzichten auch Meyer und Ritter von vornherein darauf, Lupus allein durch Röntgenbestrahlung heilen zu wollen. Die Möglichkeit dazu ist gewiß vorhanden; aber man kommt bei dieser Behandlung an einen Punkt, von wo an man mit anderen Methoden rascher und sicherer zum Ziel kommt. Die Röntgenbestrahlung ist also eine Vorbehandlung speziell für die Finsentherapie, als solche aber bei hypertrophischen und ulzerierten Formen heute fast unentbehrlich. Wir haben gesehen, daß diese der Lichtbehandlung die größten Schwierigkeiten bieten. Man kann mit dieser erst beginnen, wenn aus dem hypertrophisch gewucherten und geschwürigen Lupus ein glatter, planer Lupus geworden ist. Das können wir zwar in vielen Fällen auch mit Pyrogallol erreichen. Aber die Röntgenbestrahlung leistet dasselbe in kürzerer Zeit und für den Patienten in unendlich angenehmerer Weise. Sie ist schmerzlos und erspart die lästigen Verbände. Je nachdem es sich um wesentlich hypertrophische oder einfach ulzeröse Fälle handelt, ist das Verfahren verschieden. Für die ersteren verwendet man unter Einschaltung eines Aluminiumfilters von 0,5 mm Dicke (bei tumorartigen Formen bis 1,0 mm) Strahlen von der Härte Benoist-Walther 6 (= Wehnelt 10), entsprechend einer Halbwertschicht von 1,5 cm. Man kann mit diesen Strahlen die Maximaldosis nach Sabouraud-Noiré erheblich überschreiten (bis 14 X) ohne ein Erythem auf der Haut zu provozieren und übt doch einen zerstörenden Einfluß auf die Zellen des Lupusgewebes aus. So verabreicht man die ganze Dosis (10—12 X) in einer Sitzung und wartet dann vier Wochen. Ohne sichtbare Entzündungsreaktion findet dann meist schon ein ganz erhebliches Zusammensinken des hypertrophischen Lupus statt, so daß jetzt schon in manchen Fällen die

Finsenbehandlung beginnen kann. War die Wirkung indes noch nicht genügend, so gibt man jetzt noch einmal eine Volldosis von gleicher Qualität, die dann fast stets genügt, um das gewünschte Resultat zu erreichen. Der Lupus ist in eine glatte Fläche verwandelt worden, in der neben feinen, zarten Narben sich sehr schöne Lupusflecke abzeichnen. Es ist jetzt ein Fall, der die klassische Indikation für die Lichtbehandlung bildet. Daß eine solche sich mit voraufgegangener Röntgenbestrahlung ohne Schaden verträgt, hat die Praxis hundertfach erwiesen.

Bei einem flachen, aber geschwürig zerfallenen Lupus geht man anders vor. Hier handelt es sich zuerst darum, die Geschwüre zur Überhäutung zu bringen. Zu diesem Zwecke verwendet man eine kleine Strahlenquantität, die vielleicht als Reizdosis wirkt. Man gibt 3 X einer Strahlung von derselben Härte wie beim Lupus tumidus, aber unfiltriert. Innerhalb der nächsten acht Tage trocknen die Geschwüre und nach weiteren vier bis fünf Tagen sind sie meist überhäutet. Häufig genügt also eine einzige Bestrahlung; andernfalls läßt man eine zweite 14 Tage nach der ersten folgen. So ist man auch hier spätestens in vier Wochen so weit, um zur Lichtbehandlung übergehen zu können.

Einige Bemerkungen wären über die Größe und die Lokalisation des zu behandelnden Prozesses zu machen. Bei sehr ausgedehnten Lupusfällen muß man mehrere Stellen bestrahlen. Der Durchmesser der zu bestrahlenden Fläche darf nicht größer sein als die Hälfte der Fokushautdistanz (diese beträgt bei der gewöhnlichen Anordnung 18 cm; also darf der Durchmesser des Herdes nicht über 9 cm betragen). Bei jeder Einstellung werden die vorher bestrahlten oder noch zu bestrahlenden Partien sorgfältig abgedeckt. Auch beim hypertrophischen Lupus der Nase empfiehlt es sich manchmal, von zwei Seiten zu bestrahlen.

Ein sehr günstiges Anwendungsgebiet für die Röntgentherapie bildet der Schleimhautlupus, besonders die Erkrankungen der Lippen, des Zahnfleisches, des Gaumens und der Konjunktiva. Die Lippen werden herauf- resp. heruntergezogen, mit Heftpflasterstreifen fixiert und dann zusammen mit dem Zahnfleisch bestrahlt. Man appliziert 5 X bei 6 Benoist-Walther mit 0,5 Aluminiumfilter und wiederholt das nach 14 Tagen. Die Bestrahlung des Gaumens geschieht mit Hilfe besonderer Bleiglasspekula. Zur Behandlung der Konjunktiva wird das Lid ektropioniert, an den Wimpern mit Heftpflaster festgehalten und das Auge selbst mit einem Augenschutzdeckel aus Bleiglas geschützt. Die Resultate bei der Tuberkulose dieser Schleimhäute sind vorzüglich. Es kommen viel öfter völlige Heilungen zustande als an der äußeren Haut.

Schwieriger liegen die Verhältnisse bei der Nasenschleimhaut. Eine direkte Bestrahlung ist hier nur im Naseneingang, auch mit Bleiglasspekulum, möglich. Jedoch wird bei Behandlung eines äußeren Lupus mit harter Strahlung das Naseninnere auch perkutan mitbestrahlt. Es ist aber fraglich, ob auf diesem Wege die üblichen Dosen genügen. Ganz systematisch soll man dagegen die Tiefenbestrahlung bei Kehlkopftuberkulose versuchen. Unter vorsichtiger Abdeckung der Umgebung kann man durch ein Aluminiumfilter von 2 mm von drei Seiten je 15 X härtester Strahlung in die Tiefe schicken.

Mit der Röntgenbestrahlung kann man aber nicht nur bei Lupus, sondern auch bei anderen Formen der Hauttuberkulose gute, ja glänzende Erfolge erzielen. In dieser Vielseitigkeit ist die Methode der Finsentherapie überlegen. Von den vorzüglichen Resultaten bei kolliquativen Tuberkulosen, die mit chirurgischen Tuberkulosen in Verbindung stehen, ist schon die Rede gewesen. Gerade für diese Fälle wird die Röntgenbehandlung immer mehr die Methode der Wahl werden. Ebenso gut wirkt sie bei selbständigen Skrofulodermen, bei den „Gommes tuberculeuses“ und dem mit diesen so nahe verwandten Erythema induratum. Hier hatte sie schon Frank Schultz als sicheres Heilverfahren empfohlen. Ebenso hat er auf die günstigen Wirkungen bei Tuberculosis verrucosa cutis aufmerksam gemacht. Man kann diese durch Röntgenbestrahlung ganz zum Abflachen bringen und der Hornmassen entkleiden, so daß schließlich nur ein paar flache Knötchen übrig bleiben, die der Finsentherapie leicht zugänglich sind. Meyer und Ritter geben bei diesen Krankheiten Dosen von 12 X mit 1,0 mm Aluminumfilter, die sie in vierwöchentlichen Abständen wiederholen, und haben damit vollkommene Heilungen erreicht. Schließlich sei noch erwähnt, daß auch Narbenkeloide, die auf alten Lupusherden spontan oder durch fehlerhafte Behandlung entstanden sind, durch Röntgenbestrahlung sehr günstig beeinflußt werden.

Die Art der Wirkung der Röntgenstrahlen ist wohl in erster Linie von der gewählten Strahlenhärte abhängig. Bei den harten Strahlen, die neuerdings verwendet werden, steht die zerstörende Wirkung im Vordergrund; und zwar scheint es sich um eine elektive Wirkung auf die kranken Zellen zu handeln bei relativ geringer Reaktion der Umgebung. Dafür sprechen ja schon die klinischen Erscheinungen, die jedes Erythem vermissen lassen. Ritter und ich haben bei Karzinomzellen diese Wirkungsweise histologisch demonstrieren können, und es ist anzunehmen, daß der Effekt auf die Zellen des Tuberkels ein ähnlicher ist. Eine Bakterizidie der Röntgenstrahlen kommt praktisch nicht in Betracht, und da auch eine länger anhaltende Hyperämie und andere reaktive Vorgänge fehlen, so erklärt sich daraus, daß das Verfahren bei Lupus selten ein radikales ist, daß häufig Rezidive durch zurückgebliebene Tuberkelbazillen verursacht werden. Bei Behandlung mit weicheren Strahlen, wie sie den älteren Untersuchungen von Neißer, Scholtz und Doutrelepont u. a. zugrunde liegt, spielen wohl entzündliche Vorgänge eine größere Rolle, wenn auch hier von Neißer und Scholtz die Schädigung der Zellen als das Primäre angesehen wird. Wenn die Entzündung mit Proliferation des Bindegewebes die Hauptsache wäre, wie es Doutrelepont, Freund u. a. annehmen, so könnte in dieser Hinsicht die Röntgenbehandlung sicherlich nicht den Vergleich mit dem Finsenschen Verfahren aushalten. Es ist wahrscheinlich, daß die von diesem so durchaus verschiedene Wirkung auch von einem anderen Angriffspunkt ausgeht, daß das Prinzip auf der elektiven Zerstörung und langsamen Resorption der kranken Zellelemente beruht.

c) Radium und Mesothorium.

Radium. Die therapeutische Verwendung des Radiums und des Mesothoriums in Chirurgie und Gynäkologie hat die medizinische Sensation der letzten Jahre gebildet. In der Dermatologie haben die radioaktiven Substanzen schon länger eine Rolle gespielt. Von hier hat die Radiumtherapie überhaupt ihren Ausgang genommen. Die geschichtliche Entwicklung und die physikalischen Tatsachen können hier nur in wenigen Worten wiedergegeben werden. Für ein ausführliches Studium, das sich auf jeden Fall lohnt, sei auf die zusammenfassenden Darstellungen von Wickham und Degrais (deutsche Übersetzung von M. Winkler), Riehl und Schramek, Barcat, Sticker verwiesen.

1896 entdeckte Becquerel beim Studium der phosphoreszierenden Substanzen die Eigenschaft gewisser Körper, besondere chemisch und biologisch wirksame Strahlen auszusenden. Wenige Jahre später fanden P. Curie und Frau Curie in dem Radium ein Element, das alle bis dahin bekannten an Radioaktivität weit übertraf. 1901 lernte Becquerel durch ein unfreiwilliges Experiment die Einwirkung der Radiumstrahlen auf die menschliche Haut kennen. Er trug ein Röhrchen mit Radium in der Westentasche und zog sich dadurch eine Dermatitis zu. Curie übergab dann Danlos eine Quantität Radium, um damit therapeutische Versuche zu machen. Unter den ersten Patienten hat Danlos bereits solche mit Hauttuberkulose behandelt und konnte über sehr günstige Resultate berichten, die in der nächsten Zeit auch von anderen Seiten bestätigt wurden. Grundlegend aber wurden für die Radiumtherapie die Arbeiten von Wickham und Degrais nebst ihren Mitarbeitern Dominici, Beaudouin, Barcat u. a. Auch Wichmann hat ein gewisses Verdienst um die Methodik, indem er etwa gleichzeitig mit Wickham zuerst die Filtration der Strahlen anwandte. Weiter ausgearbeitet hat diesen Zweig der Technik Dominici.

Die Strahlung des Radiums besteht nicht, wie die einer Röntgenröhre, aus Strahlen einer Art, wenn auch verschiedener Härte, sondern ist komplex aus drei verschiedenen Strahlengattungen zusammengesetzt, die als α-, β- und γ-Strahlen bezeichnet werden. Die α-Strahlen sind korpuskuläre Elemente, mit positiver Elektrizität geladene Heliumatome, die mit ca. $^1/_{10}$ Lichtgeschwindigkeit abgestoßen werden. Sie gleichen am meisten den Strahlen, die in der Röntgenröhre von der Anode zur Kathode gehen und durch diese, wenn sie durchbohrt ist, hindurchtreten, den sog. „Kanalstrahlen". Die β-Strahlen sind analog den Kathodenstrahlen einer Röntgenröhre als negativ geladene Elektrone aufzufassen. α- und β-Strahlen werden durch einen Elektromagneten abgelenkt, während die γ-Strahlen ihre Bahn behalten. Die γ-Strahlen, die als Ätherstrahlungen angesehen werden, sind theoretisch dasselbe, wie die X-Strahlen, jedoch von einer Penetrationskraft, wie sie durch die härteste Röntgenröhre bisher nicht annähernd zu erzeugen ist. Bei einer genügend großen Quantität Radiums wird das Aufleuchten eines Fluoreszenzschirmes nicht im geringsten dadurch beeinflußt, daß z. B. ein menschlicher Körper zwischen den Schirm und die Strahlenquelle tritt. Die γ-Strahlen durchdringen den Körper vollständig und werden selbst durch 5 cm dickes Blei nicht völlig aufgehalten. Dagegen haben die α-Strahlen nur eine äußerst geringe Durchdringungskraft; sie werden durch ein Aluminiumfilter von $^4/_{100}$ mm Dicke, in den meisten Apparaten schon durch den zur Befestigung verwandten Lack oder Firnis am Austreten verhindert. Bei den β-Strahlen muß man weiche, mittlere und harte unterscheiden, von denen die ersten durch $^1/_{10}$ mm Blei, die zweiten durch $^4/_{10}$ mm Blei abgeblendet werden, während die letzteren selbst nach Passage einer 5 mm dicken Bleischicht noch nicht ganz absorbiert sind.

Sehr wichtig ist die Eigenschaft der β- und γ-Strahlen, dort, wo sie auf einen Körper auftreffen, Sekundärstrahlen zu erzeugen, die wieder den Charakter von β-Strahlen haben. Da die γ-Strahlen den menschlichen Organismus ganz durchdringen, ohne absorbiert zu werden, so hat man ihre biologische Wirksamkeit überhaupt nur durch die Hervorrufung von sekundären β-Strahlen erklärt, doch ist der Beweis dafür noch nicht geführt.

Der Anteil der einzelnen Strahlengattungen an der Gesamtstrahlung einer unbedeckten Radiummenge beträgt etwa $90^0/_0$ für die α-, $9^0/_0$ für die β- und nur $1^0/_0$ für die γ-Strahlen. Dies Verhältnis ändert sich aber sofort in allen in der Praxis verwendbaren Apparaten, wo durch schützende Schichten immer schon der größte Teil der α-Strahlen zurückgehalten wird. Bei einem beträchtlichen Verlust an Strahlenquantität haben wir dann nur $1^0/_0$ α-,

90 % β- und 9 % γ-Strahlen. Die Abblendung der α-Strahlen ist in den meisten Fällen durchaus erwünscht, da sie nur eine oberflächliche und stark entzündungserregende Wirkung haben. Gerade für die Behandlung der Hauttuberkulose kommen sie nicht in Betracht, und wir brauchen daher die Apparate, die auch die Ausnützung eines Teiles der α-Strahlen möglich machen, hier nicht zu erwähnen.

Für unsere Zwecke brauchen wir zwei Arten von Apparaten, flächenförmige für die äußere Haut und röhrenförmige für die Schleimhäute. Die ersteren werden derart hergestellt, daß das Radium, mit Bariumsalz zur besseren Verteilung gemischt, in einem flüssig gemachten Lack auf eine Metallplatte ganz dünn ausgegossen wird. Ist der Lack erstarrt, so sind die Radiumkörnchen in einer einzigen Schicht gleichmäßig ausgebreitet und lassen eine relativ große Totalstrahlung austreten. Bei den Apparaten zur Schleimhautbehandlung befindet sich das Radium in einem feinen Glasröhrchen, das von einer Aluminium- oder Silberhülle umgeben ist. Natürlich ist die Ausnützung der Strahlung hier nicht so groß wie bei den Lackapparaten. Wichmann bevorzugt auch für die äußere Haut Kapseln aus $^1/_{20}$ mm dickem Silber, die hermetisch verschlossen sind, um einen Verlust an Aktivität durch die Emanation zu verhindern.

Zu einer systematischen Radiumtherapie ist es nach Wickham und Degrais notwendig, über folgende sieben Fragen orientiert zu sein:

„1. Die ursprüngliche Radioaktivität des im Apparate vorhandenen Barium-Radiumsalzes,
2. das Gewicht dieses Salzes,
3. die Größe und den Flächeninhalt des Apparates,
4. die Verteilung des Salzes,
5. die Natur des Firnis,
6. die Intensität der nutzbaren Gesamtstrahlenmenge, je nachdem dieselbe von der ganzen Fläche des Apparates oder nur von einem Bruchteil desselben ausgeht,
7. den qualitativen Wert der Strahlenmischung und deren Gehalt an α-, β- und γ-Strahlen.

Die fünf ersten Daten sind bei der Fabrikation des Apparates bekannt und unveränderlich.“

Die Radioaktivität wird gemessen durch die Fähigkeit der Strahlen, eine Luftschicht zu ionisieren und dadurch ein Elektroskop zur Entladung zu bringen; ausgedrückt wird sie in Einheiten, die von der Radioaktivität des Urans genommen sind. Ein Teil reinen Radiums hat die Aktivität von 2 000 000 Einheiten Uran. Die Radioaktivität des Präparates richtet sich nach dem Verhältnis des Radium- zum Bariumsalz. Ist dieses, wie z. B. in vielen Apparaten, gleich 1 : 3, so ist natürlich die Radioaktivität nur ein Viertel so groß wie bei reinem Radium, also gleich 500 000. Da nun aber der größte Teil der α-Strahlen schon durch den Lack zurückgehalten wird, so ist die tatsächlich ausgenützte Aktivität bedeutend geringer, etwa gleich 40 000. Wird nun von der Fläche des Apparates nur ein Teil verwendet, so ist die zur Wirkung kommende Strahlenmenge natürlich noch kleiner. Der qualitative Wert richtet sich nach dem Firnis und den zur Umhüllung oder Filtration angewandten Substanzen.

Barcat empfiehlt als Normalapparat für dermatologische Zwecke einen viereckigen Lackapparat, der auf 4 ccm Oberfläche 4 cg einer Mischung von Radium-Bariumsulfat enthält, mit 25 % reinem Radium. Dieser Apparat wird zum Schutz mit einer $^1/_2$ mm dicken Kautschukschicht umhüllt, so daß er nach Abfiltrierung der α- und eines Teiles der β-Strahlen noch eine Radioaktivität von 25 000 bis 35 000 Einheiten hat. Die viereckige Form ist praktischer als die runde, da sie bessere Abgrenzung bei Behandlung größerer Herde, ev. auch das Nebeneinandersetzen mehrerer gleichgroßer Apparate erlaubt.

Die biologische Wirkung des Radiums betrifft nach den Untersuchungen von O. Hertwig in erster Linie die Chromatinsubstanz der Kerne. Es ist wahrscheinlich, daß kleine Dosen als Reiz, große destruierend wirken (Guyot). Der Effekt der Radiumbestrahlung ist am deutlichsten bei einem in lebhafter Proliferation befindlichen Gewebe, z. B. den unteren Schichten des Rete, der Haarpapille, den Zellen maligner Tumoren. Nach Wickham und Degrais gibt es bei diesen letzteren eine Abheilung durch Radiumbestrahlung ohne entzündliche Reaktion, einfach durch selektive Wirkung auf die Tumorzellen. Diese schmelzen ein und werden durch Bindegewebe ersetzt. Bei den Zellen des Tuberkels genügt diese selektive Wirkung ohne entzündliche Reizung nicht. Die epithelioiden Zellen sind ja nicht als Zellen von gesteigerter Vitalitat, sondern im Gegenteil als degenerierte und partiell nekrotisierte Zellen anzusehen. Sie müssen erst vollständig zerstört werden, und wohl nur zum kleinen Teil sind sie der Umbildung in embryonales und später in fibröses Gewebe fähig. Die Heilung vollzieht sich hier nach Dominici und Barcat 1. durch die Destruktion der durch die Entzündung modifizierten anatomischen Elemente, 2. durch die Resorption der zerstörten Gewebe durch die Phagocyten und Ersatz durch Narbengewebe. Dominici und Barcat haben sehr eingehende Untersuchungen über den Einfluß der Radiumbestrahlung auf das normale Bindegewebe der Haut und auf experimentelle Hauttuberkulose beim Meerschweinchen angestellt. Das normale Cutisgewebe verwandelt sich unter dieser Einwirkung in ein angiomyxomatöses embryonales Gewebe. Später geht die Gefäßentwicklung zurück, und aus den spindelförmigen Zellen bildet sich zartes fibröses Gewebe, das auch wieder elastinhaltig wird. Bei der Hauttuberkulose hört die Umwandlung von Lymphzellen in Plasmazellen, ebenso wie die Bildung von Lymphknötchen auf. Das Bindegewebs- und Gefäßstroma bekommt angiomyxomatöse Beschaffenheit. Ein Teil der epithelioiden Zellen nimmt längliche Gestalt an und anastomosiert zu einem Zellnetz von embryonalem Typus. Der größere Teil aber wird zerstört und resorbiert. Das Endstadium ist auch hier ein fibröses Narbengewebe, das sich durch besondere Zartheit und gleichmäßig parallele Faserrichtung auszeichnet und nirgends das Niveau der Oberfläche überschreitet. Eine bakterientötende Wirkung der Strahlen gegenüber den Tuberkelbazillen kommt auch hier nicht in Betracht. Selbst in vitro ist diese Fähigkeit der Radiumstrahlung gering und vor allem an die α-Strahlen gebunden, die ja bei der praktischen Anwendung meist ausgeschlossen werden.

Klinisch ist das Resultat der Radiumbehandlung in höchstem Grade abhängig von der Qualität des Strahlengemisches, das zur Anwendung gelangt. Barcat unterscheidet drei verschiedene Methoden, die der weichen, der penetrierenden und der ultrapenetrierenden Strahlung. Eine weiche Strahlung erhält man, wenn man den Apparat ohne Filter, nur mit einer dünnen Kautschukhülle umgeben, auf die Haut aufsetzt. (Der Normalapparat von Barcat liefert unter diesen Verhältnissen z. B. 40 000 Einheiten, die sich aus β-Strahlen aller Qualitäten und γ-Strahlen zusammensetzen.) Bei dieser Art der Bestrahlung kann auf normaler Haut schon nach 10 Minuten langer Applikation eine erythematöse Reaktion hervorgerufen werden, die nach drei bis fünf Tagen erscheint. Diese Reaktion nimmt je nach der Dauer der Bestrahlung an Intensität zu und steigert sich bei Bestrahlungen von über einer Stunde bis zur oberflächlichen Ulzeration. Erst mehrstündige Bestrahlungen führen tiefe und schwer heilende Geschwüre herbei. Schaltet man zwischen den Apparat und die zu bestrahlende Fläche einen Bleifilter von $^1/_{10}$ mm Dicke ein, so werden außer den α- auch noch die weichen β-Strahlen aus dem Gemisch entfernt. Eine solche Strahlung kann 2 mm dicke Hautschichten durchdringen, ohne mehr als $^1/_3$ von ihrer Intensität zu verlieren. Das Prinzip ist „aus dem Gesamtstrahlengemisch alle diejenigen Strahlen herauszunehmen, welche nicht bis in die ganze Tiefe der betreffenden Läsion reichen, und welche durch ihre stark schädigende Wirkung auf die oberflächlichen Gewebe verhindern, daß man genügend lange die penetrierenden Strahlen auf die tiefen kranken Gewebe einwirken lassen kann" (Barcat). Dieser penetrierenden Strahlung kann man die Haut 12 Stunden lang aussetzen, ohne mehr als leicht erythematöse Reaktion zu erhalten. Erst nach 24- bis 48stündiger Applikation entstehen Ulzerationen, die drei bis vier Monate bis zur Heilung brauchen. Die ultrapenetrierende Strahlung, die man durch Einschaltung eines Bleifilters von $^4/_{10}$ mm Dicke erzielt, enthält nur noch harte β- und γ-Strahlen und wird von der normalen Oberfläche zwei bis drei Tage lang ohne Schädigung vertragen. Sie wird hauptsächlich bei tief liegenden Tumoren angewandt, um den umstimmenden Einfluß der Strahlen auf die Tumorzellen ohne entzündliche Reaktion zur Geltung zu bringen.

Welche Art der Strahlung soll man bei der Hauttuberkulose und speziell beim Lupus anwenden? Wickham und Degrais haben Apparate von hoher Radioaktivität ohne Filter auf die Krankheitsherde appliziert und zwei bis vier Stunden lang liegen lassen, also bis zur Erzeugung einer starken erythemato-ulzerösen Reaktion. Doch trat stets nach einigen Monaten gute Vernarbung ein, wie ja überhaupt die Radiumgeschwüre bedeutend gutartiger sind als die Röntgenulcera und erst bei ganz erheblicher Überdosierung die unangenehmen Eigenschaften jener annehmen. Im ganzen haben Wickham und Degrais überall deutliche Besserungen gesehen, sind aber in ihrem Urteil über die endgültigen Ergebnisse keineswegs übertrieben optimistisch. Rezidive treten häufig auf und in vielen Fällen haben sie die Bestrahlung mit Kauterisation der einzelnen Knötchen kombiniert. Auch Barcat hat nicht viel größere Erfolge gehabt, solange er mit derselben Methode arbeitete. Er hat zwar bis zu sieben und acht Stunden bestrahlt, aber selbst dann noch die Reaktion zu oberflächlich und die tieferen Herde wenig beeinflußt gefunden. Barcat ging deshalb zum Verfahren der penetrierenden Strahlung über, das Wichmann schon seit längerer Zeit angewendet, und mit dem er von 30 Fällen 23 geheilt hatte. Nach dieser Methode kann man die Krankheitsherde durch ein $^1/_{10}$ mm dickes Bleifilter bis zu 48 Stunden bestrahlen, und falls eine einzige Bestrahlung die Heilung nicht herbeiführt, nach drei bis vier Monaten diese wiederholen. Die ultrapenetrierende Strahlung erreicht nur Abflachung bei hypertrophischen Lupusformen, ohne den Prozeß endgültig zur Heilung zu bringen, leistet also nicht mehr als eine Röntgenbestrahlung. Sie kann daher nur vorbereitende Dienste tun.

Aus dem Gesagten geht hervor, daß die Methode der penetrierenden Strahlung, die Applikation des Radiums mit $^1/_{10}$ mm dickem Bleifilter, den richtigen Weg zur Behandlung der Hauttuberkulose darzustellen scheint. In der Praxis wird man folgendermaßen verfahren: Man umzeichnet den zu behandelnden Herd mit einem Hautstift, zeichnet die Grenzen auf Pauspapier ab und schneidet mit Hilfe desselben ein entsprechendes Loch in einer Bleiplatte aus, die dann zur Bedeckung der gesunden Umgebung dient. Bei Anwendung dieser relativ harten Strahlung muß das Blei mindestens 1 mm dick sein. Nun entstehen aber beim Auftreffen der Strahlen auf das Blei wieder

Sekundärstrahlen. Vor diesen wird die normale Haut durch einige Lagen schwarzen Papiers oder durch Pflaster geschützt. Auch über den Krankheitsherd kommt eine 2 mm dicke Papierlage, um die Sekundärstrahlen, die von dem Bleifilter ausgehen und oberflächlich entzündungserregend wirken würden, abzuhalten. Dann wird der Radiumträger aufgelegt, also etwa 4 cg $25^0/_0$iges Radium auf 4 qcm verteilt. Nach Passieren des Bleifilters bleibt eine Aktivität von 10 000 Einheiten mittlerer und harter β- und γ-Strahlen. Der Apparat wird durch Pflaster und Verband sicher fixiert und bleibt nun 48 Stunden lang liegen. Es kommt nach einigen Tagen zu Rötung der Haut, Exsudation und Krustenbildung. Die Kruste, die einer Impetigokruste ähnlich ist, läßt man am besten sitzen, ohne sie abzuweichen oder sie gewaltsam zu entfernen, da sie den besten Schutz für die Läsion darstellt. Auch etwas tiefere Ulzerationen heilen in einigen Monaten. Die Narbenbildung ist im allgemeinen kosmetisch vorzüglich. Pigmentationen und Teleangiektasien sind bei dieser Methode im ganzen selten.

Die praktischen Vorteile der Methode liegen auf der Hand. Sie ist schmerzlos und bequem. Die eigentliche Behandlung nimmt nur wenige Tage in Anspruch, nach denen der Patient wieder auf drei bis vier Monate fortgeschickt werden kann. Einer größeren Verbreitung steht leider noch immer die Seltenheit und der hohe Preis des Radiums im Wege. Die Indikationen für die Radiumbehandlung sind gut umgrenzt. Vor allem eignen sich einzelne und multiple Herde zur Behandlung, ganz besonders die knötchenförmigen, hartnäckigen Rezidive nach Behandlung mit anderen Methoden. Gerade dort, wo die Finsenbehandlung versagt, weil die Lichtstrahlen die in dichtes Narbengewebe eingebetteten Lupusknötchen nicht mehr erreichen, ist das Radium am Platze. Denn seine Strahlen haben auch die Fähigkeit, keloidartige Narben und Keloide zum Abflachen zu bringen, können also unter Umständen noch die Fehler früherer Behandlungsversuche korrigieren. Ferner lassen sich die Radiumapparate mit Leichtigkeit an Körpergegenden zur Anwendung bringen, wo die Lokalisation an sich andere Behandlungsarten erschwert und verschlechtert, z. B. am Ohr und an der Nase. Am allermeisten aber bedeutet die Einführung der Radiumtherapie für die Behandlung des Schleimhautlupus einen Fortschritt.

Für die Schleimhautbehandlung müssen natürlich andere Apparate benutzt werden, als wie sie für die äußere Haut konstruiert worden sind. Das macht aber keine Schwierigkeiten, und es ist vielleicht der größte Vorzug der Radiumtherapie, daß sie noch in entlegenen Winkeln und Nischen der Schleimhäute zur Anwendung kommen kann, wohin Licht- und Röntgenstrahlen nicht mehr zu dirigieren sind. Am besten schließt man das Radium zu diesem Zwecke in Röhrchen ein. Dominici verwendet Röhrchen von $1^1/_2$—2 cm Länge und 2—3 mm Durchmesser. Diese sind aus Silber gearbeitet und ev. noch mit einer Bleischicht zur Filtration umgeben. Sticker hat Röhrchen angegeben, die aus Glas gefertigt und mit Silber umgeben sind, von 30 mm Länge, 5,3 mm Durchmesser und 0,05 oder 0,1 mm Wanddicke. Das Salz füllt, wenn es reichlich genug vorhanden, das Glasröhrchen aus, oder ist auf einen Asbestzylinder aufgeklebt. An den Röhrchen kann ein Faden befestigt werden, um sie z. B. nach Einführung in die Nasenhöhle später bequem wieder entfernen zu können. Albanus hat mit einer Kapsel und Silberumhüllung von $^1/_2$—1 mm gearbeitet. Er fixiert die Kapsel an den zu behandelnden Schleimhautstellen mit einer besonderen Vorrichtung nach Art der Michelschen Klammern. Auch im Rachen und sogar im Kehlkopf gelingt es, durch besondere Fixationsbügel den Radiumapparat für längere Zeit zu applizieren. Für den Gaumen bedient sich Albanus zur Fixation der Prothesen, die aus der Abdruckmasse gefertigt werden, welche die Zahnärzte benutzen. Zur Einführung in den Kehlkopf hat er besondere Instrumente angegeben. Die Behandlungsresultate bei Schleimhauttuberkulose sind vorzüglich und übertreffen noch die an der äußeren Haut erreichbaren. Auch ist es kaum nötig, die Sitzungen so lange auszudehnen und so stark zu filtrieren.

Der Versuch, die Radiumemanation therapeutisch bei Hauttuberkulose zu verwenden dadurch, daß man emanationshaltige Flüssigkeiten direkt in das lupöse Gewebe injiziert, hat bisher keine praktische Bedeutung bekommen.

Mesothorium. Neben dem Radium hat in den letzten Jahren das Mesothorium sich einen wichtigen Platz in der Lupustherapie erobert. Das Mesothorium wurde 1907 von O. Hahn entdeckt und von Wichmann zuerst therapeutisch verwendet. Es entsteht als erstes Zerfallsprodukt aus dem Thorium, das aus dem in Brasilien vorkommenden Monazitsand gewonnen wird. Der ungleich kürzeren Zerfallszeit des Mesothoriums gegenüber der des Radiums entspricht eine viel stärkere Radioaktivität. 1 mg chemisch reinen Mesothoriums würde die Aktivität von 300 mg reinen Radiumbromids haben. Nun läßt sich aber reines Mesothorium nicht herstellen. Das gewonnene Produkt enthält immer noch 25% Radium. Im Handel bezeichnet die Zahl der angegebenen mg das Gewicht reinen Radiumbromids, welches die gleiche Aktivität des betreffenden Mesothoriumpräparates haben würde. 100 mg technischen Mesothoriums z. B. enthalten in Wahrheit 25 mg Radium, den übrigen 75 mg entsprechen nur 0,25 mg reinen Mesothoriums, da diese dieselbe Aktivität haben wie 75 mg Radiumbromid. Das technisch hergestellte Mesothorium hat das Maximum der Aktivität nach drei Jahren, nach zehn Jahren ist es noch etwas stärker als zur Herstellungszeit, nach 20 Jahren nur noch halb so stark (gegenüber 1800 Jahren bei Radium). Nach vollkommenem Zerfall des Mesothoriums bleiben schließlich noch die 25% Radium übrig.

Die Strahlung des Mesothoriums ist qualitativ nicht völlig identisch mit der des Radiums. Dem reinen Mesothorium fehlen die α-Strahlen. Diese stammen in den technischen Präparaten nur vom Radium. Dagegen ist das Mesothorium reicher an weichen, ärmer an harten β-Strahlen als das Radium. Auch die γ-Strahlen des Mesothoriums sind weniger durchdringend als die des Radiums. Danach würde man also schon theoretisch eine stärkere Oberflächen-, eine geringere Tiefenwirkung erwarten als beim Radium. Das ist auch tatsächlich der Fall. Unfiltriertes Mesothorium erzeugt schon nach wenigen Minuten erythematöse Hautreaktionen. Bei längerer Applikation treten Ödeme und Blasenbildung auf und schließlich ulzero-krustöse Reaktionen, welche die des Radiums an Intensität übertreffen. Würde also das Mesothorium in der Behandlung tiefliegender Tumoren an Wirksamkeit etwas hinter dem Radium zurückstehen, so scheinen beim Lupus die Erfolge nicht schlechter zu sein. Für die Schleimhautbehandlung gibt ihm Wichmann sogar den Vorzug.

Das Mesothorium kam bisher in runden Kapseln zur Verwendung, in denen das Präparat von einem feinen Glimmerblatt (etwa 0,05 mm Dicke) bedeckt ist. Es fragt sich, ob es nicht vorteilhafter wäre, auch hier Lackapparate von viereckiger Gestalt, entsprechend den französischen Radiumapparaten anzufertigen. Die Aktivität der Präparate betrug von etwa 5 bis 20 mg Radium. Als Filter dienten Aluminium- und Silberplatten. Zum Gebrauch wird die Kapsel ferner mit einem dünnen Gummistoff umhüllt. Die Abdeckung der Umgebung geschieht ebenso wie beim Radium. Wichmann behandelte bei Lupus mit Filtration und wiederholten Einzelsitzungen von $^3/_4$ bis 2 Stunden Dauer. Er verfügte 1912 über 44 geheilte Fälle von Lupus der äußeren Haut. Besonders gute Resultate hatte er bei Schleimhautlupus und hebt die Wichtigkeit der Methode zur Bekämpfung des initialen Lupus im Kindesalter hervor. In zwei bis drei Sitzungen von $^1/_2$—1 Stunde Dauer konnte er meistens die beginnende Erkrankung der Nasenschleimhaut beseitigen. Um die Tiefenwirkung auf der Schleimhaut zu verstärken, macht Albanus diese durch Adrenalin anämisch. Kuznitzky hat in der Breslauer Klinik bei Lupus vulgaris mit Mesothorium nicht so gut Erfolge gehabt wie Wichmann. Dagegen haben Nägeli und M. Jeßner an der Jadassohnschen Klinik die Angaben Wichmanns im großen und ganzen bestätigt. Sie arbeiteten meist mit Silberfiltern von 0,05 mm Dicke und bestrahlten 30—45 Minuten, haben aber auch bei Sitzungen von drei Stunden keine Schädigung gesehen. Sie empfehlen als Anwendungsgebiet für Mesothorium kleine, isoliert stehende Lupusherde, besonders solche, die in älteren Narben rezidivieren. In manchen Fällen erzielten sie nach zwei- bis fünfmaliger Behandlung völlige Heilung, die in einem Falle auch histologisch kontrolliert wurde. Bei Tuberculosis verrucosa sahen sie gute Erfolge nach wiederholten, 20 Minuten langen Bestrahlungen ohne Filter.

Ganz übereinstimmend lauten die günstigen Berichte von Wichmann, Kuznitzky, Zehden, Nägeli und Jeßner über Mesothorium bei Lupus erythematodes. Die letztgenannten Autoren haben 23 Fälle von dieser Krankheit behandelt, die ausnahmslos sehr günstig beeinflußt wurden. Doch muß man die Behandlung vorsichtig beginnen. Bei jüngeren, leicht irritierbaren Fällen sind kurze Sitzungen von 5—10 Minuten mit Silberfilter am Platze, bei älteren, tief infiltrierten und stabilen Formen kann man bis zu einer Stunde bestrahlen. Bei einer Krankheit, deren Behandlung bisher so schwierig und unsicher war, sind diese Erfolge mit besonderer Freude zu begrüßen.

d) Diathermie.

Die Fähigkeit der Hochfrequenzströme, im Organismus Wärme zu erzeugen, wurde schon von dem Entdecker dieser Ströme, Tesla, und auch von d'Arsonval, der sich zuerst eingehend mit ihren physiologischen Wirkungen beschäftigte, festgestellt. Das Prinzip, nach welchem diese Wärme therapeutisch verwertbar gemacht werden konnte, haben etwa gleichzeitig v. Berndt, v. Zeynek und Nagelschmidt gefunden. Für die methodische Ausarbeitung hat vor allem der letztgenannte Autor die größten Verdienste.

Es ist ja bekannt, daß Hochfrequenzströme, selbst von sehr hoher Spannung, im Körper keine Reizerscheinungen hervorbringen wie der gewöhnliche Gleich- und Wechselstrom. Der Grund dafür liegt darin, daß infolge der hohen Zahl der Polwechsel in der Zeiteinheit es nicht zu elektrolytischen Zersetzungen kommt, welche die Ursache aller Reizerscheinungen sind. Die dem Körper mitgeteilte elektrische Energie, die nicht verloren gehen kann, setzt sich in Wärme um, die nichts anderes ist als die Widerstandswärme des elektrischen Stromes, als Joulesche Wärme. Auf dieser Wärmeentwicklung beruht in letzter Linie die ganze Wirkung auch der früher bekannten Formen der Hochfrequenzbehandlung. Dazu kam freilich noch die zerstörende Wirkung des Funkens, die bei der sog. Fulguration nach Keating-Hart nutzbar gemacht wird. Man arbeitete mit Apparaten von hoher Spannung, die vor allem der Funkenerzeugung diente. Für die Hauttuberkulose hat diese Methode keinerlei Vorteil gebracht und wird daher nirgends mehr geübt.

Abweichend von jenen älteren Methoden konstruierte Nagelschmidt Apparate von geringerer Spannung (200 Volt) bei einer Intensität von 3 bis 4 Ampere, welche ohne Funkenbildung eine regelmäßige Erwärmung des zu zerstörenden Gewebes bis zur Koagulation ermöglichen. Eine indifferente

Elektrode, eine breite Metallplatte, wird irgendwo am Körper appliziert, die differente Elektrode, die nur wenige qmm Oberfläche haben darf, wird auf die zu behandelnde Stelle aufgedrückt. Von dieser Elektrode aus findet dann die Durchwärmung statt, die je nach der Dauer der Applikation und der Intensität des Stromes die verschiedensten Grade der Tiefenwirkung erreichen kann. Wie Nagelschmidt mit Recht betont, ist diese Durchwärmung, die Diathermie, etwas prinzipiell Verschiedenes von allen älteren Methoden zerstörender Wärmebehandlung, von jeder Art von Kaustik. Der Paquelin oder Galvanokauter erhitzt das Gewebe an der Berührungsstelle auf 1500 Grad, bringt es zur Verkohlung. Da verkohltes Gewebe ein schlechter Wärmeleiter ist, so hindert es das Eindringen der Wärme in die Umgebung. Es kommt also keine Tiefenwirkung zustande, und die Zerstörung des kranken Gewebes bleibt unvollkommen. Die Diathermie erzeugt eine Wärme von 70—80 Grad, sie bringt das Gewebe zur Koagulation, ohne es bis zur Karbonisierung zu erhitzen; das koagulierte Gewebe behält seine Leitfähigkeit für Wärme, die man infolge dessen innerhalb weniger Sekunden in eine Tiefe von 1—2 cm vordringen lassen kann.

Aus diesen wenigen Bemerkungen werden schon die Vorteile des Verfahrens für die Behandlung der Hauttuberkulose deutlich. Es zerstört in kürzester Zeit krankes Gewebe und sterilisiert es, indem es alle darin enthaltenen Bazillen vernichtet. Es ist aseptisch und unblutig. Die sehr starke, reaktive arterielle Hyperämie, die sich an der Grenze der Einwirkungszone einstellt, trägt zur raschen Abstoßung der Schorfe bei. In wenigen Minuten kann man selbst größere Herde vollständig zerstören. Die Methode bedeutet also eine ganz außerordentliche Zeitersparnis. Ihr Nachteil ist der Mangel jeder Dosierungsmethode. Nicht nur nach der Zeit der Anwendung und der Stärke des Stromes, sondern auch nach der Beschaffenheit des Gewebes, nach der Stärke des Druckes, mit dem die Elektrode aufgesetzt wird, sowie nach der Form der Elektrode schwankt die erreichte Tiefenwirkung in den weitesten Grenzen. So kann nur persönliche Übung und Erfahrung bei der Behandlung dem Arzte zur Richtschnur dienen. Ferner ist das Diathermieverfahren nicht eigentlich elektiv. Die durch den Hochfrequenzstrom erzeugte Wärme koaguliert in gleicher Weise gesundes und krankes Gewebe. Bisher ist es nicht geglückt, wie Jacobi es angeregt hat, eine Grenztemperatur zu treffen, bei der das gefäßlose Lupusgewebe zerstört, das blutdurchströmte normale Hautgewebe noch erhalten würde.

Für die praktische Durchführung der Methode wird man sich bis auf weiteres am besten an die Vorschriften von Nagelschmidt und einzelne Verbesserungen von Jacobi halten. Die Hautoberfläche wird entfettet, mit Kochsalzlösung gut angefeuchtet, damit die differente Elektrode überall gut anliegt und nicht Funkenbildung die Wirkung verringert. Als Form der Elektrode wählt man für die äußere Haut nach Jacobi am besten eine kreisförmige Platte von 3—4 mm Durchmesser, mit abgebogenem Griff. Für die Zeit der Einwirkung und die Stärke des Stromes lassen sich bestimmte Regeln nicht geben. Jacobi gibt als Beispiel an, daß man bei einer Stromstärke von 500 Milliampere in zwei Sekunden einen Lupus von mäßiger Tiefenausdehnung genügend koagulieren könne. Es empfiehlt sich, die Intensität des Stromes nicht allzu stark zu steigern, da es dann zur Verkohlung, Verlust der Leitfähigkeit im Gewebe und Funkenbildung kommen kann. Man erzielt gleichmäßigere Wirkung mit schwächeren Strömen in etwas längerer Zeit (es handelt sich ja immer nur um Sekunden). Um genau zu arbeiten, kann man nach dem Vorschlage von Jacobi sich nach einem Metronom richten, das auf halbe Sekunden eingestellt ist, und Ein- und Ausschaltung des Stromes durch einen

Assistenten vornehmen lassen, statt den Nagelschmidtschen Fußkontakt zu benutzen. Ebenso annehmbar ist für den Anfänger in der Diathermie eine andere Empfehlung Jacobis. Wenn man noch keinen rechten Begriff von der Tiefenwirkung der mit einer bestimmten Stromstärke in bestimmter Zeit ausgeführten Operation hat, so kann man, nachdem man die ersten Schorfe gesetzt hat, diese vorsichtig inzidieren und sich durch Augenschein von der erreichten Wirkung überzeugen. Auch Übungen am lebenden Tier können zur Orientierung dienen und sind solchen an der Leiche vorzuziehen, da die Blutzirkulation für die Diathermie ganz andere Verhältnisse schafft. So wird es schließlich jedem gelingen, die Methode zu beherrschen. Doch ist besonders am Anfange Vorsicht geboten, damit nicht zu starke Defekte verursacht werden, oder durch zu lange und starke Einwirkung unter der Haut gelegene Organe, wie Sehnen und Nerven, mit nekrotisiert werden.

Das Verfahren ist schmerzhaft und kann, wo es sich um mehr als ganz vereinzelte Knötchen handelt, nur in Lokalanästhesie ausgeführt werden. Bei großen Herden — und es können bei der kurzen Dauer der Einzelapplikation sehr große Partien in wenigen Minuten behandelt werden — wird man unter Umständen auch narkotisieren müssen. Sehr wichtig ist die Nachbehandlung. Das Abstoßen der Schorfe kann man unter indifferenten oder leicht aseptischen Verbänden (essigsaure Tonerde) sich spontan vollziehen lassen. Jacobi legt, um einen besseren Abfluß der Sekrete zu ermöglichen, einige oberflächliche Inzisionen durch die verschorften Partien an. Haben sich die koagulierten Massen abgestoßen, so ist es gut, wenn die Epithelialisierung nicht zu rasch stattfindet. Es können nämlich dann, zumal im Gesicht, Keloidbildungen die Freude am Resultat bedeutend beeinträchtigen. Das geschieht nach Nagelschmidt besonders dort, wo die Cutis nicht in ihrer ganzen Dicke, sondern nur teilweise koaguliert war. Das Auftreten von Keloiden kann man dadurch verhindern, daß man die endgültige Schließung des Defektes sich über 6—10 Wochen hinziehen läßt, und zwar am besten unter einer milden Pyrogallusbehandlung ($^1/_2$—$2\,^0/_0$ige Salben). So kann man eine einigermaßen gute Narbenbildung erzielen, die allerdings nie die Vollkommenheit des kosmetischen Effektes nach Finsentherapie erreicht.

Damit ist auch schon ein wesentliches Moment für die Indikationen der Diathermie gegeben. Sie hat ihr Anwendungsgebiet überall dort, wo es mehr auf rasche und vollständige Heilung, als auf das kosmetische Resultat ankommt. Beim Lupus des Gesichtes wird sie also nur in beschränktem Maße von Nutzen sein, kann aber immerhin zur Beseitigung einzelner hartnäckig rezidivierender Knötchen dienen. Dagegen bedeutet die Methode für die Behandlung größerer Herde am übrigen Körper einen entschiedenen Fortschritt, der ganz besonders in der Kürze der Behandlungszeit und dementsprechend auch in Geldersparnis liegt. Wie schon gesagt, können große Herde in einer Sitzung behandelt werden, und selbst bei multiplen Herden kann man mit wenigen Sitzungen auskommen. Die größte Wichtigkeit aber hat das Diathermieverfahren für die Behandlung der Schleimhauttuberkulose. Besonders in der Nase kommt es gar nicht auf die Form der Narbenbildung an, sondern nur darauf, die Infektionsquelle für neue Lupuseruptionen möglichst gründlich zu zerstören. Und das leistet die Diathermie vielleicht vollkommener und jedenfalls rascher als irgend eine andere Behandlungsart. Die Anästhesierung läßt sich hier durch Tampons mit 10—$20\,^0/_0$iger Kokainlösung erzielen. Das Verfahren selbst ist bequemer anzuwenden als die alten kaustischen Methoden, speziell auch als die Galvanokaustik. Bei der Diathermie wird die Elektrode — man bedient sich für die Schleimhaut einer kleinen Elektrode mit halbkugeliger Oberfläche — kalt eingeführt, und der Operateur kann sich in aller Ruhe die zu behandelnde Stelle aufsuchen, die Elektrode gut auflegen und dann den Kontakt herstellen, während die Einführung des glühenden Instrumentes immer eine gewisse Schnelligkeit und Zielsicherheit erfordert. Zudem ist die Wirkung der Diathermie eine viel tiefer gehende, viel sicherere als wie die der Galvanokaustik. Auch für den Lupus des Gaumens, des Rachens und des Kehlkopfes ist die Diathermie verwendbar. Beim Lupus des Zahnfleisches ist Vorsicht geboten, um nicht durch die erzeugte Wärmewirkung die Zähne selbst zu schädigen. Wo starke Narbenbildung und Deformierung der Schleimhaut vermieden werden soll, wie im Naseneingang oder im Kehlkopf, sind der Diathermie die radiotherapeutischen Methoden vorzuziehen.

Eine spezielle, nach Nagelschmidt allerdings eine der unwichtigsten Anwendungsarten der Diathermie ist die sog. „Kaltkaustik" mittelst der Forestschen Nadel. Sie beruht auf Funkenwirkung, die sich auch durch die Diathermieapparate erzeugen läßt. Von den zur Fulguration verwendeten Funken der Hochfrequenzapparate mit hoher Spannung sind diese durch ihre geringere Länge (entsprechend der geringeren Spannung), aber größere Wärme verschieden. Die Nachteile gegenüber der eigentlichen Diathermie sind nach Nagelschmidt folgende: Die Funkenwirkung ist nicht genau lokalisierbar, sie ist nur oberflächlich, sie bietet keine so sichere Gewähr für ein unblutiges Verfahren wie die Diathermie, denn der Verbrennungsschorf ist nur dünn und wird durch die reaktive Hyperämie oft gesprengt, so daß Nachblutungen stattfinden. Theoretisch ist das ohne weiteres zuzugeben. Praktisch kann man, wie die Mitteilungen von Albanus beweisen, bei großer Erfahrung auch mit der Kaltkaustik, wenigstens für die Schleimhaut, Gutes leisten. Albanus unterscheidet als verschiedene Anwendungsarten der Forestschen Nadel 1. kurzes und schnelles Einstechen an streng lokalisierten Stellen (Ziselierarbeit), 2. längeres Verweilen der Nadel in der Tiefe des Gewebes, um dieses in einem Umfang von $^1/_2$—1 cm zu zerstören, 3. Schneiden durch rasches Durchziehen der Nadel wie mit einem Skalpell. Besonders die letztere Anwendungsart scheint bei tumorartigem Lupus der Nasenschleimhaut gewisse Vorteile zu bieten. Es lassen sich so größere Partien auf einmal abtragen. Die anderen Applikationsarten stehen dagegen wohl hinter der eigentlichen Diathermie zurück. Für die äußere Haut bietet die Kaltkaustik keine Vorteile und wird überall durch die Diathermie übertroffen.

e) Kaustik.

Durch die Diathermie sind einige ältere Behandlungsmethoden ganz in den Hintergrund gedrängt worden, sofern sie nicht schon früher durch die Fortschritte der modernen Lupustherapie überflüssig geworden waren. Es sind eigentlich alle diejenigen Methoden, welche bezwecken, das tuberkulöse Gewebe durch Kontaktwärme zu zerstören. Wir hatten schon gesehen, warum ihre Wirkungsweise ungenügend sein muß. Sie bilden einen verkohlten Schorf, jenseits dessen meist noch krankes Gewebe und Bazillen erhalten bleiben. Mit dem Paquelin z. B. ist es nicht einmal möglich, ein einziges kleines Lupusknötchen mit Sicherheit zu zerstören. Der oberflächlich sichtbare Fleck entspricht eben durchaus nicht immer dem manchmal etwas verzweigten Verlaufe in der Tiefe, und die Zerstörung reicht nur so weit wie der keilförmige Substanzdefekt, den wir im Gewebe setzen. Wir zerstören an der Oberfläche gesundes Gewebe mit und lassen in der Tiefe krankes stehen. Noch weniger können wir einen größeren Herd durch multiple Stichelungen heilen. Wir mögen die einzelnen Stiche noch so dicht nebeneinander setzen, in der Tiefe wird zwischen ihnen mit Sicherheit krankes Gewebe zurückbleiben, von dem aus stets neue Rezidive ausgehen. Die Kaustik mit dem Paquelin ist die denkbar schlechteste Behandlungsmethode des Lupus nächst der Auskratzung und ist durchaus als veraltet zu verlassen. Sie schadet mehr als sie nützt, indem sie dicke, wulstige Narben produziert, in deren Bereich neue Lupusknötchen aufschießen, die aber in diesem derben Gewebe von therapeutischen Eingriffen schwer zu erreichen sind.

Etwas besser in betreff der Narbenbildung, aber nicht viel zuverlässiger in betreff der Heilwirkung, ist die eine Zeitlang häufiger angewendete Heißluftbehandlung nach Holländer. Sie zerstört das kranke Gewebe zwar gleichmäßiger, aber auch nur an der Oberfläche und muß, wenn man einen Dauererfolg erreichen will, häufig wiederholt werden. Das wird aber durch die Schmerzhaftigkeit des Eingriffes erschwert, der meist nur in der Narkose vorgenommen werden kann. Es soll nicht geleugnet werden, daß die Methode imstande ist, einen hypertrophischen und wuchernden Lupus zum Abflachen zu bringen und, mit Pyrogallolbehandlung kombiniert, bedeutende Besserungen zu bewirken. Aber dasselbe können wir durch Pyrogallol allein und noch besser durch Röntgenbehandlung erreichen. Die Heißluftmethode ist also für die Lupusbehandlung zum mindesten überflüssig geworden.

Dasselbe Schicksal wird vielleicht schon in kurzem auch die Galvanokaustik haben, die bis vor wenigen Jahren noch als das beste Mittel für die Schleimhautbehandlung gegolten hat. Sie leistet nichts, was die Diathermie nicht besser und zuverlässiger zu erreichen imstande wäre, aber da sie bei genügender Ausdauer immerhin manche Erfolge gezeitigt hat, so sei sie wenigstens kurz erwähnt. Zur Behandlung des äußeren Lupus ist sie natürlich ebenso ungeeignet wie die Kauterisierung mit dem Paquelin, für die Schleimhaut — speziell der Nase — ist sie schon aus dem Grunde vorzuziehen, weil das Instrument leichter einzuführen ist und feiner lokalisierte Anwendungen ermöglicht. Man anästhesiert die Nasenschleimhaut wie bei der Diathermie durch Tampons mit 10—20%iger Kokain- (resp. Novokain-) lösung, die längere Zeit einwirken müssen. Dann bedient man sich nach Forchhammer am besten nur des rotglühenden Drahtes, nicht des weißglühenden. Mit dem schwachglühenden Galvanokauter kann man durch das Gefühl das weiche Lupusgewebe von dem derben, normalen unterscheiden, das er nicht durchdringen kann. Man merkt also auch, wie tief man kauterisieren darf. Bei dieser oberflächlichen Arbeit muß man allerdings täglich oder mehrmals wöchentlich lange Zeit hindurch die Behandlung wiederholen und sie mit Jodpinselungen oder Sublimattamponaden kombinieren, wenn man etwas erreichen will. Und selbst dann sind noch Rezidive häufig. Gegenüber dem Radium und der Diathermie stellt die Galvanokaustik also nur noch einen Notbehelf dar, der selbst hinter der Kaltkaustik weit zurückbleiben muß.

f) Kältebehandlung.

Ebenso wie die Hitze hat sich die physikalische Therapie auch die Kältewirkung nutzbar gemacht. Diese Art der Behandlung ist in den letzten Jahren besonders in Aufnahme gekommen, seit Allen Pusey die überaus praktische Verwendung des Kohlensäureschnees in die therapeutische Technik eingeführt hat. Das zur Behandlung nötige Inventar ist außerordentlich einfach: Eine Kohlensäurebombe, mit nach unten gerichtetem Ventil aufgestellt, ein Beutel aus Wildleder, in den man aus einem feinen Ansatzrohr die Kohlensäure fließen läßt, die sich alsbald als Schnee niederschlägt, und Holz- oder Ebonitformen von verschiedener Gestalt und Größe, in die der Schnee hineingepreßt wird. Aus dem gepreßten Schnee gewinnt man so Stifte von verschiedener Dicke, die, auf die zu behandelnde Stelle aufgedrückt, intensive Kältewirkung entfalten. Der Druck ist dabei wesentlich; denn bei locker aufgelegtem Schnee haben wir das Leidenfrostsche Phänomen, die Bildung einer Gasschicht zwischen Haut und Kohlensäureschnee, und damit starke Verringerung des Effektes. Der Druck ist aber andererseits wieder das schwierig zu dosierende, das dem Gefühl des einzelnen überlassene Moment bei der Methode. Je stärker der Druck, desto intensiver die Wirkung. Diese beruht auf einer oberflächlichen Nekrotisierung, die bei der gewöhnlichen Applikationsweise das Epithel kaum überschreitet, und einer starken reaktiven Entzündung. Es besteht also eine gewisse Analogie zur Lichtwirkung, nur bleibt sie an Intensität und Nachhaltigkeit hinter dieser weit zurück. Es ist also klar, daß wir uns beim Lupus vulgaris, sowie bei den anderen klassischen Formen der Hauttuberkulose von der Kältebehandlung keinen Erfolg versprechen können. Darüber sind sich auch alle Autoren, die den Versuch gemacht haben, einig. Wir brauchten die Kohlensäureschnee-Behandlung hier kaum zu erwähnen, wenn wir nicht den Lupus erythematodes noch in den Rahmen unserer Darstellung aufgenommen hätten. Für diese Krankheit aber hat jene Methode eine nicht geringe Bedeutung gewonnen.

Daß lokale Kälteapplikation beim Lupus erythematodes von Nutzen sein könnte, war nicht ohne weiteres selbstverständlich. Denn viele Fälle scheinen von kalten Temperaturen ungünstig beeinflußt zu werden derart, daß sie im Winter exazerbieren, im Sommer sich zurückbilden. Trotzdem hatte schon Hebra eine Therapie empfohlen, die im wesentlichen keine andere Wirkung haben konnte als die einer gelinden Abkühlung, und davon recht günstige Erfolge gesehen. Er ließ die Krankheitsherde mit einem Gemisch von Alkohol, Äther, Spirit. menthae piperitae āā häufig am Tage betupfen, eine Behandlungsart, die für ganz akute, oberflächlich-erythematöse Ausbrüche des Leidens auch heute noch nicht übel angebracht ist. Arning hat dann Lupus erythematodes mit Chloräthylspray behandelt, zum Teil mit recht guten Resultaten; das Chloräthyl ersetzte M. Juliusberg an der Neißerschen Klinik durch den Kohlensäurespray. Aber allen diesen Applikationsformen ist die Anwendung des festen Schnees in jeder Beziehung überlegen. P. Haslund hat zum ersten Male die Methode an dem großen Material des Finseninstitutes erprobt und sein Urteil lautet, daß die Kohlensäuretherapie verdient, die Normalmethode bei Behandlung des Lupus erythematodes zu werden. Sogar die Lichtbehandlung, die in manchen Fällen gute Erfolge geliefert hat (z. B. ein geheilter, ausgedehnter Fall von Jadassohn), aber unzuverlässig ist, hat man in Kopenhagen zugunsten der Kältebehandlung aufgegeben.

Haslund geht so vor, daß er die einzelne Stelle 12 Sekunden lang unter kräftigem Andrücken des Kohlensäurestiftes behandelt. An Stellen mit zarter Haut und bei Kindern wird die Zeit auf 10 oder bis auf 6 Sekunden herabgesetzt, bei stark infiltrierten, hyperkeratotischen Partien auf 15 bis 20 Sekunden erhöht. Vorsicht ist geboten, wo Röntgenbehandlung voraufgegangen ist, da hier manchmal unerwünscht starke Reaktionen auftreten. Die normale Reaktion besteht in einer serösen Blase, die unter Krustenbildung eintrocknet; nach 2—4 Wochen kann die Behandlung wiederholt werden. Das kosmetische Resultat ist einwandfrei. Haslund hat 74 Fälle behandelt; davon sind 10 ausgeheilt, alle übrigen gebessert. Für eine bisher so schlecht zu beeinflussende Krankheit ist das ein gutes Ergebnis. An kleinerem Material sind Fabry, Zweig, Halle zu ähnlichen Resultaten gekommen. Der letztere Autor bezeichnet die Heilerfolge als „geradezu glänzend und von keiner bisher angewandten Therapie auch nur annähernd erreichbar". Mit der Mesothoriumbehandlung zusammen wird also die Kohlensäuregefrierung einstweilen das Hauptmittel gegen den Lupus erythematodes darstellen und viele der zahlreichen medikamentösen Behandlungsweisen verschwinden lassen. Sollten beide versagen, wird man allerdings immer wieder einen Versuch mit chemischer Behandlung machen, freilich meist ohne große Heilungsaussichten Erwähnt seien hier nur die Behandlung mit Pyrogallol in Salben nach Veiel oder in Kollodium zusammen mit Salizyl nach Brooke; ferner die Chinin-Jod-Behandlung nach Holländer (innerlich Chinin 0,5, drei- bis fünfmal täglich, äußerlich mehrmals Pinseln mit Jodtinktur).

4. Chirurgische Methoden.

a) Exzision.

Die Behandlung des Lupus durch operative Entfernung des Krankheitsherdes ist schon seit langer Zeit geübt worden, mit wechselndem Erfolge. Die vielen Namen der Autoren, die auf diesem Gebiete gearbeitet haben, findet man bei Jadassohn. Einer aber verdient vor allen und an erster Stelle genannt zu werden: E. Lang, weil er in unermüdlicher Arbeit erst der chirurgischen Therapie des Lupus die gebührende Stellung verschafft hat. Seit 1892 hat er Lupus in systematischer Weise durch radikale Exstirpation zu heilen versucht und ist allmählich zu immer glänzenderen Ergebnissen gelangt. Dabei hat er sich von jeder Einseitigkeit ferngehalten und niemals in dem chirurgischen Verfahren das Allheilmittel für den Lupus gesehen, sondern stets ein offenes Auge für die Vorzüge anderer Methoden gehabt. Das beweist sein Lebenswerk, die neue Wiener Heilstätte für Lupuskranke.

Die chirurgische Behandlung des Lupus hat das Ziel, die Krankheitserreger gleichzeitig mit allen pathologischen Reaktionsprodukten des Organismus restlos zu entfernen. Es bleibt ihr dann eine zweite Aufgabe, für das Entfernte einen Ersatz durch gesundes Gewebe zu schaffen, der nach außen hin möglichst die normalen Verhältnisse wieder herstellt. Das Gelingen dieses Bestrebens ist von zahlreichen Faktoren abhängig: von Form und Verlauf des Lupus, von der Lokalisation und Begrenzung der Krankheitsherde, von ihrer Ausdehnung nach Fläche und Tiefe, von dem Vorhandensein oder Fehlen von Komplikationen an Schleimhaut, Drüsen und Knochen, und schließlich nicht zum wenigsten von der Technik — man kann manchmal sagen: von der Virtuosität — des Therapeuten. Jedes dieser Momente verdient, kurz erläutert zu werden.

Geeignet für die Exstirpation sind zunächst plane, nicht ulzerierte Formen von Lupus vulgaris. Stärkere Geschwürsbildung, sowie hochgradige Wucherungen erschweren die Asepsis bei der Operation. Es ist in diesen Fällen eine Vorbehandlung mit Röntgen oder Pyrogallus angebracht. Gelingt diese, so kann man den Lupus wie einen einfachen, geschlossenen operieren. Erforderlich für eine erfolgversprechende Operation ist weiter ein gewisses Stationärbleiben oder jedenfalls nur langsames Fortschreiten der Krankheit in der letzten Zeit. Fälle, die sich dem Lupus vorax nähern, die eine besondere Aktivität des Krankheitserregers verraten, sollten nicht operiert werden, da die Chancen, alles Kranke zu entfernen, hier bedeutend geringer sind, selbst wenn man weit im Gesunden exzidiert. Auch hier verdienen die chemischen und radiologischen Methoden den Vorzug, sofern überhaupt der Allgemeinzustand des Patienten eine lokale Behandlung ratsam erscheinen läßt.

Was die Lokalisation anbetrifft, so bietet jeder Lupus des Rumpfes oder der Extremitäten der chirurgischen Behandlung ein Feld, falls sonst die Bedingungen für den Eingriff erfüllt sind. Die Ausdehnung der Herde kommt hier am wenigsten in Betracht, da die Deckung des Substanzverlustes nicht kosmetisch fehlerfrei zu sein braucht. Im Gesicht gibt es bestimmte Lokalisationen, die an sich die Operation erschweren, sie aber nicht unmöglich machen: Nase, Ohren, Lippen. Hier hängt alles von dem plastischen Geschick des Operateurs ab. Der rein medizinischen Indikation nach würde der Lupus des Gesichtes keinen anderen Regeln unterliegen als der des übrigen Körpers; aber hier spielt die soziale Indikation eine große Rolle. Wenn es in kurzer Zeit gelingt, den Krankheitsherd zu beseitigen und die Operationswunde auf irgend eine Art zu schließen, so ist auch hier in vielen Fällen allen Wünschen Genüge geschehen, besonders da, wo es sich um männliche Patienten und ältere Frauen aus der arbeitenden Bevölkerung handelt. Da aber die Finsenbehandlung anerkanntermaßen ein schöneres kosmetisches Resultat bringt als alle Exstirpationen, die größere Lappenbildungen oder gar Transplantationen erfordern, so wird man in manchen Fällen sie wählen müssen, selbst wenn der Aufwand an Zeit und Geld ein viel größerer ist. Eine größere Zahl von Krankheitsherden spricht nicht von vornherein gegen eine Operation. Hier ist es nur wichtig, zu wissen, ob die Eruption einigermaßen zur Ruhe gekommen ist, und ob nicht noch neue Herde im Entstehen begriffen sind. Der postexanthematische multiple Lupus wird häufig einige Zeit nach dem Erscheinen ganz stabil. Es kommen keine neuen Herde und die vorhandenen vergrößern sich kaum. In diesem Stadium kann man dann ruhig sämtliche Herde exzidieren. Ferner braucht man nicht, wenn mehrere Krankheitsherde bestehen, alle auf gleiche Art zu behandeln. Man kann z. B. eine Lupusplaque der Wange herausschneiden und einen gleichzeitig vorhandenen Lupus der Nase, der auf die Schleimhaut übergeht, nach Finsen behandeln.

Die große Ausdehnung eines Lupusherdes allein bildet keine absolute Kontraindikation gegen das chirurgische Verfahren. Lang hat gezeigt, daß man auch in Fällen mit Erfolg operieren kann, wo die Größe eines Fünfmarkstückes um ein Vielfaches (bis auf das Elffache) überschritten wird. In seinem schwersten Falle betrug die größte Ausdehnung eines Gesichtslupus 26 cm in der einen, 11 cm in der anderen Richtung. Der Fall wurde rezidivlos geheilt. Die Ausdehnung nach der Tiefe ist schwer zu beurteilen. Selbst bei vorsichtigem, präparierenden Vorgehen des Operierenden ist nicht immer deutlich zu erkennen, wie weit sich die Erkrankung in das Unterhautfettgewebe erstreckt und wieviel man von diesem entfernen muß. Nimmt man prinzipiell alles Fettgewebe mit fort, so erhöht man freilich die Sicherheit, beeinträchtigt aber den kosmetischen Erfolg nicht unwesentlich.

Scharfe Abgrenzung des Krankheitsherdes ist eine Vorbedingung für die Operation. Herde mit ausgesprengten Knötchen am Rande sind ungünstig für die Exstirpationsmethode, da sie ein Fortschreiten auf dem Lymphwege verraten und die Aussicht auf einen Totalerfolg verringern. Hauptsächlich aber sind solche Fälle von der chirurgischen Behandlung auszuschließen, wo die tuberkulöse Erkrankung direkt auf die Schleimhaut übergeht. Es bedarf keiner Erklärung, daß eine vollkommene Exstirpation hier überhaupt unmöglich ist. Man muß also Haut und Schleimhaut gesondert nach anderen Methoden behandeln (z. B. Radium, Mesothorium, Röntgen, Finsen).

Schwieriger liegt die Entscheidung da, wo zwar eine gleichzeitige Erkrankung der Haut und der Schleimhaut besteht, aber eine direkte Kommunikation nicht nachweisbar ist. Haben wir z. B. bei einem Patienten einen ausgedehnten Lupus des Naseninnern und einen kleinen Herd außen auf der Nase, so ist wenig damit getan, wenn man den letzteren exzidiert. Es erfolgen fast unweigerlich Rezidive von innen her. Hier ist die Schleimhautbehandlung die Hauptsache, und nebenher kann man den kleinen Hautlupus radiologisch behandeln. Auch wo ein größerer Herd auf der Wange besteht und ein nicht sehr bedeutender Lupus der Nasenschleimhaut, soll man immer diesen energisch in Angriff nehmen, wenn man jenen mit Aussicht auf dauernden Erfolg operieren will.

Die Komplikationen des Hautlupus von seiten der darunter liegenden Organe, Drüsen und Knochen stellen heute eine andere Indikation dar als noch vor wenigen Jahren. Früher waren diese Fälle speziell die Domäne des Chirurgen, weil mit der Exzision des Lupus zugleich die Krankheitsherde aus der Tiefe mitentfernt wurden. Wir haben weiter oben gesehen, daß die Sicherheit, wirklich alles Erkrankte fortzunehmen, nicht sehr groß ist, und daß für die Tuberkulose der Drüsen, Knochen und Gelenke die Röntgen-Tiefenbestrahlung immer mehr an die Stelle der operativen Methoden zu treten berufen ist. So werden wir es uns heute z. B. sehr überlegen, ob wir einen Lupus am Halse, der von tuberkulösen Lymphomen seinen Ausgang genommen hat, der chirurgischen Behandlung zuführen sollen. Es dürfte sich hier viel eher empfehlen, zuerst die Lymphome durch energische Bestrahlung zum Verschwinden zu bringen und den Lupus später nach Finsen zu behandeln, vielleicht aber dann noch zu exzidieren. Auch mit der Operation tuberkulöser Hand- und Fingerknochen ist man heute wohl etwas zurückhaltender geworden zugunsten der Röntgenbehandlung.

Die Technik der operativen Lupusbehandlung kann, wie jede chirurgische Technik, nur durch lange persönliche Übung und eigene Erfahrung erworben werden. Und auch das ist nicht möglich ohne gute allgemeine, chirurgische Ausbildung. Den Dermatologen ist es in den seltensten Fällen gegegeben, diese Höhe der chirurgischen Kunst zu erreichen, und von den Chirurgen haben nur wenige dem Sondergebiet der Lupustherapie das nötige Interesse zugewandt. Tatsache ist, daß die schönsten Erfolge dort erzielt wurden, wo sich einmal Chirurg und Dermatologe in einer Person vereinigt haben, wie bei Lang. Annähernd günstige Resultate sind jedenfalls nur zu erreichen, wenn ein wirkliches Zusammenarbeiten von Dermatologen und Chirurgen stattfindet, und die schwierigen Fragen der Indikationsstellung und der technischen Ausführung gemeinsam gelöst werden.

Für die Operation ist in erster Linie das Allgemeinbefinden des Patienten zu berücksichtigen. Es hat keinen Zweck, bei fortgeschrittener innerer Tuberkulose oder momentan schlechtem Ernährungszustand zu operieren. Man wird erst auf jede Art den Allgemeinzustand zu bessern suchen. Mit Rücksicht auf das Gesamtbefinden und besonders auf eine etwaige Affektion der Lungen sieht man auch nach Langs Beispiel im allgemeinen besser von einer Narkose ab, sondern arbeitet mit Schleichscher Infiltrationsanästhesie. Diese genügt bei guter Ausführung selbst für die Exstirpation großer Lupusherde. In einigen Fällen, besonders bei Kindern, wird sich die Narkose trotzdem nicht vermeiden lassen. Um möglichst unblutig zu operieren, setzt man der Kokainlösung Adrenalin zu; an den Extremitäten arbeitet man unter Esmarchscher Blutleere.

Die wichtigste Frage ist die Abgrenzung des zu exzidierenden Stückes. Auf einen Erfolg kann man natürlich nur hoffen, wenn man rings im Gesunden operiert, und nirgends auch nur der kleinste Herd zurückbleibt. Die mikroskopische Untersuchung exzidierter Lupusherde lehrt nun, daß kleinste Knötchen häufig noch dort vorhanden sind, wo das Gewebe makroskopisch gesund scheint. Es gilt daher als allgemeine Regel, die Schnittlinie mindestens 1 cm weit von der Grenze des Krankheitsherdes im Gesunden zu führen, ohne daß dieses Maß für alle Fälle Gültigkeit beanspruchen kann. Wir haben schon im allgemeinen Teil von dem Versuch gesprochen, durch die

Tuberkulinreaktion die wahre Ausdehnung des Krankheitsherdes festzustellen (Klingmüller). Wir konnten ihm keinen praktischen Wert beilegen, weil die Breite der Reaktionszone nur durch die Intensität der im Herd enthaltenen Antikörper bestimmt wird. Es bleibt also auch hier dem Operateur nur übrig, sich auf seine persönliche Erfahrung zu verlassen. In jedem Falle aber muß das exzidierte Stück mikroskopisch daraufhin untersucht werden, ob sich noch tuberkulöse Herde unmittelbar in der Nähe der Schnittwunde finden. Sollte das der Fall sein, so ist der betreffende Patient möglichst sorgsam zu beobachten, ev. bald nachzuoperieren. Von der Exstirpation des subkutanen Gewebes war schon die Rede. Immer ist sorgfältig darauf zu achten, ob etwa noch tuberkulöse Herde sich in der Tiefe, ev. unter der Faszie finden, oder ob vielleicht kleine tuberkulöse Lymphome vorhanden sind.

Die eigentliche Schwierigkeit und die höhere chirurgische Aufgabe beginnt aber erst, wenn es sich um die Deckung des durch die Exstirpation verursachten Defektes handelt. Nur bei kleinen Herden kann die Wunde durch einfache Naht geschlossen werden. Aber selbst hiebei ist, wenn die Erkrankung im Gesicht lokalisiert ist, subtilste chirurgische Technik erforderlich. Die Schnittlinie muß mit Rücksicht auf die normale Zugrichtung, wo es geht, womöglich in den präformierten Falten angelegt werden. Es muß mit peinlichster Asepsis gearbeitet werden, damit die Heilung per primam erfolgt, und die Narbe möglichst wenig sichtbar bleibt. Bei größeren Herden ist der Verlust nur durch Lappenbildung aus der Umgebung so zu decken, daß das Resultat kosmetisch noch höheren Anforderungen entspricht. War der Lupus so ausgedehnt, daß auch das nicht mehr möglich ist, so muß zu Transplantation mittelst Krausescher Lappen die Zuflucht genommen werden. Auch hier können Spezialisten auf diesem Gebiete noch erstaunliche Resultate erzielen, wie die Langschen Patienten beweisen, aber die transplantierte Haut behält doch leicht ein von der übrigen Gesichtshaut etwas abweichendes Aussehen. Noch weniger vollendet ist der kosmetische Effekt nach Thierschschen Transplantationen, besonders wenn es bei der Operation nötig war, das subkutane Fettgewebe bis in die tiefen Schichten zu exstirpieren. Alle diese Bedenken fallen natürlich fort, wenn es sich um einen Extremitätenlupus handelt. Hier kann man selbst nach Exstirpation sehr großer Herde mit Transplantationen nach Thiersch noch ein gutes Gesamtergebnis erreichen. Eine Ausnahme macht vielleicht einzig der Lupus der Hand, bei dem in manchen Fällen wieder größere Rücksicht auf den kosmetischen Eindruck genommen werden muß.

Was die Heilungsresultate nach chirurgischer Exstirpation anbetrifft, so hat man der Methode früher oft den Vorwurf gemacht, daß Rezidive häufig seien, daß die Patienten sich dann aus Angst vor einer zweiten Operation der ärztlichen Beobachtung ganz entziehen und der Lupus weiter seinen Lauf nehme. Sicher war das für viele Fälle richtig. Es beweist aber nur, wieviel Erfahrung und technisches Können dazu gehört, um mit dem chirurgischen Verfahren Gutes zu leisten. Sind diese Bedingungen aber erfüllt, so hat keine andere Methode bis jetzt einen so hohen Prozentsatz rezidivloser Heilungen aufzuweisen wie die chirurgische. Lang und Jungmann, die sich stets die größte Mühe gegeben haben, ihre Fälle nach der Operation im Auge zu behalten, hatten bis 1912 unter 400 nachkontrollierten Fällen nur 2—3% Rezidive. Nächst der Übung im Ausführen der Operation kommt eben alles auf richtige Indikationsstellung an. Diese ist — wie wir bereits gesehen haben — was den Gesichtslupus anbetrifft, für das chirurgische Verfahren enger begrenzt als für die Finsentherapie. Der größte Teil der Fälle gehört dieser, darunter naturgemäß auch die schwersten und kompliziertesten. Schon deswegen ist ihr statistisches Ergebnis mit dem der operativen Methode nicht zu vergleichen. Diese aber hat den Vorzug, bei richtiger Auswahl der zu behandelnden Fälle — immer eine ideale Ausführung vorausgesetzt — mit einem hohen Grad von Wahrscheinlichkeit rezidivlose Heilung garantieren zu können.

Mit der Würdigung der radikalen Operation des Lupus könnten wir das Kapitel über die chirurgische Behandlung abschließen. Denn die Exstirpation ist die chirurgische Methode. Alle anderen Behandlungsarten, die mit diesem Namen bezeichnet werden, weil dabei chirurgische Instrumente zur Anwendung kommen, verdienen in der modernen Lupustherapie keinen Platz mehr. Merkwürdigerweise ist aber erst vor kurzer Zeit ein neues operatives Verfahren beschrieben worden, das in manchen Fällen die Exzision ersetzen soll: die Payrsche Operation. Payr legt bei Extremitätenlupus zu beiden Seiten des Herdes, je 1 cm von diesem entfernt, Parallelschnitte an, die bis auf die Faszie reichen. Von beiden Seiten löst er dann durch stumpfe Präparation den Lappen von der Unterlage los, der also jetzt nur noch oben und unten mit der übrigen Haut zusammenhängt. Unter den Lappen legt er mit Perubalsam getränkte Jodoformgaze, deren Enden über dem Lappen zusammengelegt werden. Der Verband wird alle acht Tage erneuert, nach drei Wochen fortgenommen und der losgelöste Lappen wieder zur Anheilung gebracht. Fabry hat die Operation für den Gesichtslupus derart modifiziert, daß er einen Lappen rings herum bis auf eine Hautbrücke abpräpariert und dann ebenso verfährt wie Payr. Es soll in dem Lappen Abstoßung der Lupusknötchen und bindegewebiger Ersatz stattfinden. Payr und Doutrelepont haben Erfolge mitgeteilt. Fabry hat das Verfahren erst gelobt, und, nachdem er seine Fälle etwas länger beobachtet hatte, das Lob zurückgenommen, was zu erwarten war. Die Payrsche Operation hat in der Lupusbehandlung keine Existenzberechtigung, da sie keinen Vorzug vor der Exstirpation, sondern lauter Nachteile hat und nicht die geringsten Garantien für eine Dauerheilung bieten kann.

b) Exkochleation und Skarifikation.

Wenn man gegen die „kleinen chirurgischen“ Methoden der Lupusbehandlung Front macht, muß man gefaßt sein, immer noch auf Widerspruch zu stoßen. Namentlich von der Auskratzung wollen einige Autoren nicht lassen, obgleich sie an den großen Instituten für Lupusbehandlung fast einstimmig als veraltet und schädlich aufgegeben worden ist. Daß sie, allein angewandt, außerstande ist, einen Lupus zur Heilung zu bringen, darüber kann gar kein Zweifel mehr bestehen. Sie wird daher auch meistens mit anderen Verfahren kombiniert, wie Pyrogallol oder Röntgen. Es muß aber bestritten werden, daß sie selbst in dieser Verbindung mehr leistet als jedes dieser Verfahren allein, in allerdings etwas längerer Zeit. Dagegen hat sie als ersten Fehler die Eigenschaft, die Narbenbildung zu verschlechtern; sie begünstigt das Entstehen von wulstigen und keloidähnlichen Narben. Noch wichtiger aber ist der andere Einwand, den Veiel, Blaschko, Jacobi u. a. gegen die Auskratzung erhoben haben: sie eröffnet die Blut- und Lymphbahnen und führt zur Aussaat des tuberkulösen Virus. Das kann sich bemerkbar machen in Gestalt kleiner Knötchen, die peripher vom ursprünglichen Herde aufschießen. Es können aber noch viel unheilvollere Folgen auftreten. Veiel hat mehrmals im Anschluß an die Auskratzung eines Lupus tuberkulöse Meningitis mit tödlichem Ausgang entstehen sehen. Wenn diese Fälle auch selten sind, so genügt doch die Möglichkeit eines solchen Ereignisses, eine Methode zu verlassen, die sonst keinerlei Vorteile bietet und durch die therapeutischen Fortschritte der letzten Zeit lange überholt worden ist.

Die Gefahr der Disseminierung der Tuberkelbazillen teilt mit der Auskratzung eine andere Methode, die der multiplen Skarifikationen, die hauptsächlich von Vidal und Brocq ausgebildet worden ist, und von dem letzteren heute noch viel geübt wird. Aber die Skarifikationsbehandlung hat gegenüber der Auskratzung den unbestreitbaren Vorteil, vorzügliche Narben zu hinterlassen. Wer die Brocqschen Fälle gesehen hat, muß in der Tat gestehen, daß das kosmetische Resultat kaum hinter dem der Finsentherapie zurückbleibt. Die Methode ist ja auch eigentlich weniger eine chirurgische, durch Operation entfernende, als eine biologische, die natürlichen Heilungsvorgänge anregende. Sie gibt einen Reiz zur Bindegewebsbildung aus den fibrösen Partien des tuberkulösen Gewebes, ohne daß diese Neubildung das gewünschte Maß überschritte. Praktisch geht man so vor, daß man mit einem feinen Messer, oder besser einem Skarifikator, der eine Anzahl parallel angebrachter feiner Klingen enthält, das lupöse Gewebe nach allen Richtungen durchtrennt, und zwar bis man in der Tiefe auf derbes, gesundes Gewebe trifft. Nachher wird mit leicht antiseptischen Lösungen gewaschen, und die behandelte Stelle mit Ichthyol-, Hg- oder Pyrogallolpflastern bedeckt. Auch Verbände mit Kalium permanganicum können zur Nachbehandlung dienen. Nach einigen Wochen muß die Operation wiederholt werden, und es sind stets eine größere Anzahl Sitzungen (10 bis 20) notwendig, um ein befriedigendes Resultat zu erreichen. Die Skarifikationen sind ferner recht schmerzhaft, so daß manche Patienten deswegen aus der Behandlung fortbleiben. Aber die Wirkungen sind in einzelnen Fällen wirklich verblüffend. Brocq empfiehlt die Skarifikationen ganz besonders als Methode der Wahl bei ulzerösem Lupus des Nasenendes, an der Grenze der Nasenlöcher und in der Umgebung des Mundes. Bei Lupus vorax der Körperöffnungen hat ihm keine andere Methode so gute Resultate gegeben. Wir glauben nun freilich, daß man mit den in letzter Zeit verbesserten Methoden der Röntgen- und Radiumtherapie dasselbe erreichen kann, aber immerhin mag man sich in rebellischen Fällen der eben erwähnten Art einmal des Skarifikationsverfahrens erinnern. Allerdings gehört auch zu dieser Methode große Erfahrung und technische Routine, und da definitive Heilungen selten sind, ist sie wohl mehr zur Vorbehandlung für andere Methoden (Finsen, Radium) geeignet.

Es wäre zum Schluß noch derjenigen chirurgischen Eingriffe zu gedenken, die dazu dienen, gewisse Folgezustände des Lupus zu beseitigen. Vor allem handelt es sich um drohenden Verschluß und wirkliche Atresien von Nase und Mund. Im Bereich des Nasenausganges machen derartige Veränderungen eine normale Atmung unmöglich und haben deswegen eine unheilvolle Einwirkung auf eine etwa gleichzeitig bestehende Lungenaffektion. Die Verkleinerung des Mundes durch Narbenatrophie muß aus Gründen einer ausreichenden Nahrungsaufnahme korrigiert werden. Die hierfür anzuwendenden Methoden gehören in das spezielle Gebiet der plastischen Operationen. Wo der Ersatz einer durch Lupus zerstörten Nase durch chirurgische Plastik nicht möglich ist, kann man dem Patienten durch Prothesen, künstliche Nasen, helfen. Solche sind in großer Vollendung von Hennigs in Wien hergestellt worden. Man gibt dem Patienten das verfertigte Gipsnegativ und eine Masse, aus der er sich selber die Nase gießen kann. Hennigs hat die Zusammensetzung dieser Masse nicht angegeben. Salomon-Coblenz empfiehlt eine Mischung von Wasser, Gelatine und Glyzerin, die mit Ocker, Tannin und Bleiweiß gefärbt wird.

C. Schematische Übersicht über die Behandlung der Hauttuberkulose nach Form und Lokalisation.

In den vorhergehenden Abschnitten hatten wir die verschiedenen Behandlungsarten, die uns im Kampfe gegen die Hauttuberkulose zur Verfügung stehen, einzeln besprochen. Wir haben uns dabei absichtlich auf diejenigen Methoden beschränkt, denen ein größeres Anwendungsgebiet zukommt, und über deren Wirksamkeit heute nahezu Übereinstimmung herrscht. Dagegen haben wir zahllose kleine Verfahren und Mittelchen, die der eine oder andere Autor auf Grund einiger günstiger Fälle einmal irgendwo empfohlen hat, gar nicht erwähnt. Denn es gilt wohl auch für die Therapie der Hauttuberkulose die allgemeine Regel, daß es für den Therapeuten besser ist, wenige wirksame Mittel gut zu beherrschen, als eine Unzahl von Medikamenten durchzuprobieren. Es bliebe nun eigentlich noch übrig, die einzelnen Formen der Hauttuberkulose noch einmal an uns vorüberziehen zu lassen und die spezielle Therapie für eine jede zu besprechen. Dabei würden sich zahlreiche Wiederholungen nicht vermeiden lassen. Ich ziehe daher vor, statt dessen eine schematische Übersicht zu geben, die neben der Bezeichnung der Krankheitsform nur das therapeutische Verfahren enthält. Alle Einzelheiten über das letztere sind dann in den vorhergehenden Abschnitten nachzusehen.

Lupus vulgaris.

Lupus des Gesichtes.

1. Kleine isolierte Einzelherde ohne Komplikationen:
   Exzision, ev. Radium, Mesothorium, Finsen.
2. Größere, plane, geschlossene, zirkumskripte Herde ohne Komplikationen:
   Finsen, Exzision.
3. Größere Herde in Zusammenhang mit Schleimhauttuberkulose:
   Finsen (neben Behandlung der Schleimhaut).
4. Hypertrophische und ulzerierte Herde:
   Vorbehandlung mit Röntgen oder Pyrogallol, dann Finsen.
5. Herde in Zusammenhang mit Drüsen- oder Knochentuberkulose:
   Röntgentiefenbestrahlung, später Finsen oder Exzision.
6. Einzelne Rezidivknötchen in derben Narben (Keloide):
   Radium, Mesothorium, Diathermie.
7. Lupus der Nase:
   hypertrophische Form: Röntgen, Pyrogallol, dann Finsen;
   einzelne Knötchen: Radium, Mesothorium, Finsen.
8. Lupus des Ohres:
   Pyrogallol (Boecksche Pinselung), Radium, Mesothorium, bei hypertrophischen Formen auch Röntgen, Bestrahlung des Ohrläppchens zwischen zwei Quarzlampen.
9. Lupus der Lippen:
   Röntgen, dann Finsen; Radium, Mesothorium.

Lupus des übrigen Körpers.

1. Lupus des Rumpfes:
   Exzision, Diathermie, Pyrogallol (je nach Größe und Lokalisation des Herdes).

2. Lupus der Extremitäten ohne Komplikationen:
   Exzision, Diathermie, Pyrogallol (je nach Größe und Lokalisation des Herdes).
3. Lupus der Extremitäten mit chirurgischen Komplikationen:
   Rötgentiefenbestrahlung, ev. Heliotherapie, später Exzision.
4. Lupus der Hände:
   Wie die vorhergehenden, ev. Finsen.

Schleimhautlupus.

1. Nasenschleimhaut:
   a) einzelne kleine Herde:
      Diathermie, Radium, Mesothorium;
   b) zirkumskripte Tumoren:
      Diathermie, Kaltkaustik.
   c) diffuse Tuberkulose, auch ulzeröse:
      Pfannenstillsche Methode; Pyrogallol, darauf Radium, Mesothorium, Diathermie.
2. Konjunktiva:
   kleine zirkumskripte Herde: Exzision;
   größere Ausdehnung: Röntgen, Mesothorium, Radium, Finsen;
   Tuberkulose des Tränensackes: Exstirpation, Röntgen.
3. Mundschleimhaut:
   Tuberkulose des harten und weichen Gaumens:
      Röntgen, Radium, Mesothorium, Diathermie, Milchsäure.
   Tuberkulose der Lippe und des Zahnfleisches:
      Röntgen, Radium, Mesothorium, Finsen.
   Tuberkulose der Zunge:
      Röntgen, Radium, Mesothorium.
4. Pharynx und Nasenrachenraum:
   Allgemeinbehandlung, Tuberkulin. Radium, Mesothorium.
5. Kehlkopf:
   Radium, Mesothorium, Diathermie, Röntgentiefenbestrahlung.

Tuberculosis verrucosa cutis:

Exzision, Röntgen, Radium, Mesothorium.
Lymphangitis: Röntgen.

Tuberculosis colliquativa:

Röntgen, Pyrogallol, ev. Heliotherapie.

Tuberculosis miliaris ulcerosa:

bei schlechtem Allgemeinzustand rein symptomatisch; Milchsäure;
bei besserer Prognose: Röntgen, Radium, Mesothorium, evtl. Diathermie.

Lupus miliaris faciei, Lichen scrofulosorum, Papulonekrotische Tuberkulide:

Allgemeinbehandlung, Tuberkulin.

Lupus pernio:

Tuberkulin, Röntgen, evtl. Finsen.

Erythema induratum:

Tuberkulin, Röntgen.

Boecksche Sarkoide:

Tuberkulin, Arsen (intern).

Exfoliierende Erythrodermien:

Rein palliativ mit indifferenten Salben.

Lupus erythematodes:

Oberfächliche flüchtige Formen:
indifferente Pasten und Pflaster, Hebrasche Alkohol-Äthermischung;
tiefere Formen:
Kohlensäureschnee, Mesothorium, Radium, Finsen.
Lupus erythematodes acutus dissemininatus:
Allgemeinbehandlung; indifferente externe Therapie; Chinin intern (?).

D. Die soziale Bedeutung der Hauttuberkulose und die Lupusbekämpfung.

Viele Formen der Hauttuberkulose sind in sozialer Beziehung kaum anders zu betrachten wie tuberkulöse Erkrankungen anderer Organe. Die damit behafteten Patienten sind durch Krankheit arbeitsunfähig gewordene Individuen, denen ärztliche Behandlung oder Krankenhauspflege zu verschaffen ist, wie anderen Kranken auch. In einer anderen Gruppe von Fällen (z. B. bei den „Tuberkuliden") bilden die Hauterscheinungen nur einen interessanten Nebenbefund im Verlaufe einer Tuberkulose funktionswichtiger Organe. Die soziale Fürsorge für alle diese Fälle gehört in das Gebiet der Tuberkulosebekämpfung überhaupt. Die Fortschritte, die wir in den letzten Jahrzehnten in der Bakteriologie, Hygiene und Klinik der Tuberkulose gemacht haben, eröffnen die Aussicht, diese Seuche mit Erfolg bekämpfen und in ihrer Ausbreitung beschränken zu können. Um dieses Ziel zu erreichen, haben sich Ärzte und Laien zu einer internationalen Vereinigung zusammengeschlossen und zahlreiche nationale Organisationen sich gebildet. Auch viele Staaten haben die Bekämpfung der Tuberkulose als eine der vornehmsten Kulturaufgaben erkannt und versucht, die Bestrebungen auf diesem Gebiet durch praktische Maßregeln zu fördern. Leider sind auf absehbare Zeit die finanziellen Kräfte der meisten europäischen Nationen für andere Zwecke derartig in Anspruch genommen, daß die Mittel, die eine Tuberkulosebekämpfung im großen Stile erfordern würde, nicht frei gemacht werden können. Die Hochherzigkeit einzelner Privatleute vermag dafür nur einen schwachen Ersatz zu liefern. Aber es muß anerkannt werden, daß in bescheidenem Rahmen immerhin etwas geschehen ist. Alles, was dazu dient, durch vervollkommnete Hygiene, durch bessere Lebensbedingungen, durch erhöhte Zahl von Heilungen die Ansteckungsmöglichkeiten zu verringern, kommt auch der Hauttuberkulose zugute. Alle ihre Formen haben, wie statistisch bewiesen ist, als Hauptinfektionsquelle von außen die menschliche Tuberkulose, und zwar ganz vor allem die Lungentuberkulose. Je geringer die Gefahr ist, daß Bazillen durch das Sputum in großer Masse in der Außenwelt verteilt werden, desto geringer wird die Zahl schwerer Tuberkuloseinfektionen überhaupt und damit auch der Hauttuberkulosen sein, gleichgültig ob sie von innen oder außen entstehen.

Trotz dieses engen Zusammenhanges mit der Lungentuberkulose stellt nun der Lupus in der allgemeinen Tuberkulosebekämpfung noch ein besonderes Problem dar. Das gilt freilich weniger für jene Fälle, wo er sich im frühen Alter mit schweren Drüsen- und Knochentuberkulosen kombiniert. Derartig erkrankte Kinder müssen notgedrungen in ärztliche Behandlung gebracht werden. Und falls diese Patienten nicht früh der Allgemeintuberkulose erliegen, wird man immer neben dieser den Lupus im Auge behalten und zu heilen versuchen. Ganz anders liegt die Sache in jenen Fällen, wo durch viele Jahre, ja durch Jahrzehnte, der Lupus das einzige manifeste Symptom einer tuberkulösen Infektion bildet. Die beginnende Erkrankung im Kindesalter wird — wo es sich nicht um Patienten der begüterten Klasse handelt — fast immer übersehen. In ländlichen Gegenden läßt man den Lupus meist schon eine größere Ausdehnung annehmen, ehe man das Kind einem Arzte zeigt. Es wird dann vielleicht die richtige Diagnose gestellt, aber nach einigen — meist ungenügenden — therapeutischen Versuchen, die dazu noch meist durch Schmerzhaftigkeit schrecken, läßt man das Kind aus der Behandlung fortbleiben. Es fehlen die Mittel, den Arzt zu bezahlen, oder das Kind — wie der Arzt vielleicht verständigerweise geraten hatte — einer Lupusheilstätte zuzuführen. Der Lupus schreitet inzwischen weiter fort. Nach einiger Zeit wird das Äußere des Kindes dadurch so entstellt, daß sich die anderen Kinder von ihm zurückziehen, nicht mehr mit ihm spielen, nicht in der Schule neben ihm sitzen wollen. So wird der Lupuskranke früh außerhalb der menschlichen Gesellschaft gestellt, sogar in seinen Bildungsmöglichkeiten beschränkt und zurückgesetzt. Später geht es ihm nicht besser; obwohl vielleicht körperlich ganz kräftig und arbeitsfähig, wird er beim Suchen nach Arbeit überall seines Aussehens wegen zurückgewiesen. Seine wirtschaftliche Lage verschlechtert sich dadurch immer mehr. Er wird scheu und verkriecht sich vor den Mitmenschen. An eine Heilung hat er den Glauben verloren, nachdem mehrfach begonnene Kuren nichts genützt haben oder sich aus äußeren Gründen nicht zu Ende führen ließen. So führt er als Aussätziger ein elendes Leben, andern zum Ekel, sich selbst zur Qual.

Wäre dieses nur das unglückliche Schicksal ganz vereinzelter Individuen, so könnte es trotz allen Mitleides — es gibt ja des Unglücks durch Krankheit so viel! — nicht Gegenstand einer besonderen, allgemeinen Fürsorgebewegung werden. Um eine solche einzuleiten, mußte man sich zuerst über die Zahl der Lupösen einigermaßen zu orientieren versuchen. Dieses ist in Deutschland durch eine Enquête der Lupuskommission des Zentralkomitees zur Bekämpfung der Tuberkulose geschehen. Die Rundfrage erging an alle Ärzte mit der Bitte, die Zahl der von ihnen behandelten Lupuspatienten anzugeben. Das Resultat dieser Statistik, die von Hamel nach den einzelnen Landesteilen bearbeitet wurde, war, daß am 1. November 1908 im Deutschen Reich 11 354 Lupuskranke in Behandlung standen. Da nur 57% aller Ärzte geantwortet hatten, und die Zahl der nicht ärztlich diagnostizierten und unbehandelten Lupusfälle hierbei unberücksichtigt geblieben war, berechnet Nietner die Zahl der tatsächlich vorhandenen Fälle für Deutschland auf annähernd 30 000. Für Dänemark hatte Finsen schon früher ausgerechnet, daß auf je 2000 Einwohner ein Lupuskranker käme. In Österreich taxiert Lang die Zahl der Lupösen auf 19 000. Diese Zahlen führen eine beredte Sprache. Wenn wir bedenken, daß allen Lupösen, die nicht ausreichend behandelt werden, das Schicksal des Aussätzigen droht, wenn wir dagegen uns erinnern, mit wie leichter Mühe die Krankheit oft im ersten Beginn zu heilen ist, und wie viele Existenzen durch eine rechtzeitige und geeignete Therapie gerettet werden können, so wird es klar, daß es eine Pflicht des Staates oder der Allgemeinheit ist, hier einzugreifen, und es ist auch klar, von wo aus eine Aktion ihren Ausgang nehmen muß. Daß eine solche Aktion notwendig ist, und daß man nicht einfach die Kranken sich selbst überlassen darf, geht aus der Tatsache hervor, daß eine gute Lupusbehandlung nicht ganz geringe pekuniäre Anforderungen stellt, daß aber die Lupuskranken fast durchweg zu den Armen gehören. Es ist auffallend, wie selten der Lupus in der Privatpraxis selbst der beschäftigtsten Spezialärzte großer Städte ist. Wo fände man unter bekannten Persönlichkeiten oder solchen, die im öffentlichen Leben eine Rolle gespielt haben, jemanden, der an Lupus gelitten hat? Der tragische Fall H. von Tschudis ist die einzige mir bekannte Ausnahme. Der Lupus ist so recht eine Krankheit der kleinen Leute, des städtischen Proletariats und der armen ländlichen Bevölkerung.

Der Lupus muß rechtzeitig erkannt und rechtzeitig behandelt werden. Dieser Satz enthält das Prinzip der ganzen Lupusbekämpfung, gegen dessen Richtigkeit ein Widerspruch nicht möglich ist. Aber die Schwierigkeiten beginnen, wenn es an die praktische Durchführung dieses Prinzipes geht. Wer soll den Lupus erkennen? Natürlich der Arzt. Nehmen wir den günstigsten Fall, daß der Kranke tatsächlich im ersten Anfangsstadium einem Arzt gezeigt wird. Wird dann wirklich jeder Lupus richtig diagnostiziert? Es wäre sehr optimistisch, das anzunehmen. Gewiß sollte man von jedem praktischen Arzt verlangen, daß er einen Lupus, auch im ersten Beginn, als solchen erkennen kann. Daß dieser Forderung in Wirklichkeit nicht Rechnung getragen wird, liegt an der ungenügenden dermatologischen Ausbildung, welche die meisten Studenten an den deutschen Universitäten erhalten. Und darin wird kein Wandel eintreten, wenn man nicht in Deutschland das Beispiel der Schweiz nachahmt und die Dermatologie zum Prüfungsfach erhebt. Es ist das nicht nur durch die außerordentliche Entwicklung der Syphilidologie geboten, sondern nicht weniger notwendig im Interesse einer erfolgreichen Lupusbekämpfung. Jedenfalls wäre es dann nicht möglich — ich zitiere hier einen krassen Fall meiner Erfahrung als Beispiel von vielen —, daß eine an einem Krankenhaus einer mittleren Stadt beschäftigte Wärterin monatelang von den dortigen Ärzten wegen „Psoriasis“ mit Zinkpaste behandelt wird, während es sich in Wirklichkeit um einen typischen und schon recht ausgedehnten Lupus des Armes handelte. Mit der Lupusdiagnose vertraut zu sein, ist ganz besonders wichtig für den Landarzt; denn in den großen Städten suchen die mit Hautleiden behafteten Patienten schon vielfach spezialistische Polikliniken oder Spezialärzte von Krankenkassen auf.

Um ein Vielfaches größer als die Zahl der von Ärzten nicht erkannten Lupusfälle ist die Zahl derjenigen Patienten, die überhaupt nie einen Arzt gesehen haben. Die Schmerzlosigkeit des Leidens und die Indolenz der Bevölkerung in manchen Gegenden sind die Ursachen, daß man die Krankheit sich ruhig ausbreiten und die kostbarste Zeit verstreichen läßt, ehe man ärztliche Hilfe sucht. Diese Fälle heißt es möglichst frühzeitig zu entdecken und zur Behandlung heranzuziehen. Die erste Arbeit, die zu diesem Zwecke zu leisten ist, ist Aufklärung. Es muß überall die Erkenntnis verbreitet werden vom Wesen des Lupus, von seinen schlimmen Folgen und von der Möglichkeit, ihn zu heilen. Das geschieht eimal durch Flugschriften und Merkblätter. Neißer selbst hat sich dazu bereit gefunden, eine sehr hübsche kleine populäre Schrift zu verfassen „Über die Bedeutung des Lupus und seine Bekämpfung“, die im wesentlichen die Grundsätze formuliert, von denen dann die Lupuskommission in ihrer praktischen Tätigkeit ausgegangen ist. Eine kürzere Schrift ähnlichen Inhaltes „Die Bedeutung der frühzeitigen Erkennung des Lupus für seine Heilung“ von Hübner ist später von der Lupuskommission an alle in Betracht kommenden Behörden zwecks Verteilung an Lehrer und Geistliche versandt worden. Denn die alte Erkenntnis, daß der Lupus meist im Kindesalter beginnt, ist für die Lupusbekämpfung von größter Wichtigkeit. Darum müssen gerade jene Personen, denen die Obhut einer größeren Zahl Kinder anvertraut ist — eben Lehrer und Geistliche — ganz besonders darauf aufmerksam gemacht werden, auf chronische Hautleiden, aber auch auf chronische Nasenkatarrhe bei den Kindern zu achten, und sie möglichst früh zu ärztlicher Kenntnis zu bringen. Es muß in den Schulen selbst eine Belehrung über den Lupus stattfinden. Das Institut der Schulärzte ist überall einzuführen. Die Möglichkeit unentgeltlicher Untersuchungen durch Fürsorgestellen muß geschaffen werden. Um die Bevölkerung über die Gefahren jener Krankheit aufzuklären, dafür leisten noch Besseres als Flugschriften kleine Wanderausstellungen, wie sie das deutsche Zentralkomitee zur Bekämpfung der Tuberkulose nicht nur in Städten, sondern auch auf dem Lande veranstaltet.

Die zweite Frage, wer den Lupus behandeln soll, ist ebenfalls nicht so einfach zu beantworten. So sehr man vom praktischen Arzte verlangen muß, daß er einen Lupus diagnostizieren kann, so wenig darf man von ihm verlangen, daß er ihn auch behandeln kann. Es sei ruhig ausgesprochen: Die Behandlung des Lupus gehört nicht mehr in die Sprechstunde des praktischen Arztes, auch nicht in die des dermatologischen Spezialisten. Natürlich ist das cum grano salis zu verstehen. Wer eine solide chirurgische Technik besitzt — aber auch nur der und nicht jeder Gelegenheitschirurg — wird natürlich einen kleinen Lupusherd selbst exzidieren und nicht den Patienten deswegen an ein Institut verweisen. Wo es sich aber um ausgedehntere Fälle handelt, kommt man mit den Mitteln, die dem Arzte in der Sprechstunde oder selbst in einem beliebigen Krankenhause zur Verfügung stehen, nicht aus. Auch der Spezialist muß sich sagen, daß er als einzelner unmöglich das ganze Rüstzeug in Bereitschaft haben kann, das der heutige Stand der Wissenschaft vom Lupustherapeuten verlangt. Tut er das nicht, so geschieht es, daß die Indikation zur Therapie nicht nach dem Wesen des Falles, sondern nach dem Inventar des Arztes gestellt wird, nicht zum Vorteil des Patienten. Der eine hat eine Quarzlampe und behandelt jeden Lupusfall damit, der andere verwendet in ähnlicher Weise seinen Röntgenapparat, der dritte ein paar Milligramm Radium, über die er verfügt. So geht der Fortschritt wieder verloren, den wir in den letzten Jahren gemacht haben, und der darin liegt, nicht eine Behandlungsart für die einzig richtige zu halten, sondern mehrere kombiniert zu verwenden. Ein Arzt, der gezwungen ist, seinen Beruf auch des Erwerbes wegen auszuüben, ist außerstande, sich aus eigenen Mitteln alle jene kostspieligen Einrichtungen anzuschaffen. Denn im Betriebe rentieren sie sich nicht — im Gegenteil: die Lupusbehandlung ist teuer, und der Lupuskranke ist arm. Um die Behandlung dennoch zu ermöglichen, muß also der Staat oder die Versicherungen oder private Wohltätigkeit — und tatsächlich meist alle vereint — eintreten. Und das geht nur, wenn man die Lupusbehandlung für einen bestimmten Umkreis in einem Institut zentralisiert.

Es spricht auch noch ein anderer Grund für die Notwendigkeit der Zentralisierung. Alle die weiter oben besprochenen Methoden erfordern nicht bloß vom Arzte große Erfahrung und Routine, sondern verlangen auch ein zuverlässiges geübtes Wartepersonal. Nur wo täglich Lupuspatienten in großer Zahl behandelt werden, ist es möglich, die Übung in der Anwendung der Apparate auf der Höhe zu erhalten, die ein erfolgreiches Arbeiten verbürgt. Wer nur gelegentlich einmal auch Lupus behandelt, wird nie dieselben Erfolge haben, selbst wenn er über dasselbe Instrumentarium verfügt. Das gilt nicht nur von dem einzelnen Spezialisten, sondern auch von Krankenhäusern und Universitätskliniken. Wo nicht ein besonderes Departement für Lupuskranke besteht, sondern wo die einzelnen Fälle neben anderen Hautkranken behandelt werden, kommen die Lupösen nicht zu ihrem Recht. Es ist darum a priori noch nicht jede Klinik die geeignete Zentralstelle für Lupusbehandlung. Gibt es doch in Deutschland noch dermatologische Universitätskliniken, die Lupus behandeln, ohne auch nur einen Finsen-Reyn-Apparat zu besitzen.

Die ganze Entwicklung drängt zur Gründung von Lupusheilstätten, besonderer Institute, die sich nur der Behandlung von Lupuskranken widmen. Diese müssen mit allen zur physikalischen Therapie nötigen Apparaten ausgestattet sein. Dem Leiter eines solchen Institutes, einem mit diesem Zweig der Therapie besonders vertrauten Dermatologen, muß ein chirurgischer und ein rhino-laryngologischer Mitarbeiter zur Seite stehen. Von größter Wichtigkeit ist auch die Heranbildung eines zuverlässigen Personals von Wärterinnen.

Die Faktoren, welche die Kosten der Gründung eines solchen Institutes tragen müssen, sind schon genannt worden. Wie wir noch sehen werden, haben sie in den meisten Kulturländern nicht versagt. In Deutschland hat sich das weit ausgebaute Krankenversicherungswesen auch hier als segensreich erwiesen. Denn die Landesversicherungsanstalten haben bald richtig erkannt, daß die möglichst frühzeitige Behandlung Lupöser an geeigneten Zentralstellen für sie eine Ersparnis bedeutet, und daher das ihrige zur Gründung derartiger Heilstätten beigetragen. Das Beispiel dazu gab die Landesversicherungsanstalt der Hansastädte durch die Errichtung einer Lupusheilstätte in Hamburg unter Leitung Wichmanns. Welche Kosten die Behandlung Lupuskranker verursacht, zeigt eine von F. Loeb wiedergegebene Statistik aus dem Reichsversicherungsamt, nach der sich für die Versicherungen die Kosten für die Durchführung einer Behandlung pro Patient durchschnittlich auf 350—400 Mark belaufen. Dabei ist dann noch zu bedenken, daß die betreffenden Institute häufig noch mit Subventionen vom Staat oder von privaten Stiftungen arbeiten.

Es ist nun noch nicht alles damit geschehen, ein therapeutisches Institut zu gründen und den Patienten die Kosten der Behandlung abzunehmen. Manche der erwachsenen Lupuskranken, deren Krankheit noch nicht sehr fortgeschritten ist — also gerade die Fälle mit günstiger Prognose für eine Behandlung —, haben durch ihre Arbeit Familienangehörige zu ernähren und sind daher schwer zu bewegen, ihre Tätigkeit für einige Zeit aufzugeben, um sich der Behandlung zu unterziehen. Da müssen Unterstützungen für die Familie gezahlt werden während der Dauer der Kur. Ferner muß für manche Patienten das Reisegeld beschafft werden, damit sie von dem entlegenen Wohnort zur Zentralstelle gelangen. Hier erhebt sich nun wieder die Frage, wo man die Patienten unterbringen soll. Das Erstrebenswerteste wäre es natürlich, mit dem therapeutischen Institut, der „Lupusheilstätte“, die „Lupusheimstätte“, die Wohnräume für auswärtige Patienten, zu vereinigen. Für die Erbauung solcher großer Lupuskliniken sind aber einstweilen fast nirgends die Mittel vorhanden. Man muß sich also meist begnügen, die Behandlung ambulant durchzuführen und den auswärtigen Patienten bei Privatleuten billige und gesunde Unterkunftsräume zu verschaffen.

Die Fürsorge muß sich aber weit über den Abschluß der ersten Behandlung hinaus erstrecken, wenn sie irgendwelchen Wert haben soll. Immer wieder müssen die Patienten zur Nachuntersuchung bestellt werden, ev. sogar in ihrem Heimatsort von sachverständigen Personen aufgesucht werden, damit man sich überzeugen kann, ob sie rezidivfrei geblieben sind. Es ist das vielleicht der schwierigste Teil der Lupusbekämpfung, den fast Geheilten, die einige wenige nicht auffallende Knötchen haben, klar zu machen, daß sie sich wieder in Behandlung begeben müssen, bis der letzte Rest der Krankheit verschwunden ist. Viele sind mit einem scheinbaren Resultat, einer „gesellschaftlichen Heilung", ganz zufrieden und erscheinen trotz aller Mahnungen erst nach Jahren wieder, wenn die Krankheit die ursprüngliche Ausdehnung wiedergewonnen hat. Trotzdem muß man hoffen, auch hier durch Aufklärung allmählich weiter zu kommen.

Auf eine andere Aufgabe hat besonders Neißer aufmerksam gemacht, die darin besteht, den geheilten Lupösen und den fast Geheilten geeignete Stellungen zu verschaffen. Die meisten Lupösen haben ja eine etwas labile Gesundheit, und es ist für das Erreichen einer Dauerheilung gut, darauf Rücksicht zu nehmen. Ferner ist es wünschenswert, daß sie möglichst lange unter ärztlicher Beaufsichtigung bleiben. Neißer empfiehlt daher, möglichst viele Lupusgeheilte und fast Geheilte in dem Personal der Krankenhäuser und wissenschaftlichen Institute unterzubringen; er selber hat an der Breslauer Klinik nicht weniger als 11 angestellt und damit gute Erfahrungen gemacht. Es ist allerdings die Gefahr, daß die im Krankenhaus beschäftigten Personen, da sie durch dieses oder jenes im Dienste in Anspruch genommen werden, weniger regelmäßig zu den therapeutischen Sitzungen erscheinen als andere Patienten.

Einige Beispiele mögen zeigen, wie der Gedanke einer Bekämpfung des Lupus in den einzelnen Staaten bisher in die Tat umgesetzt wurde. Vorangegangen ist in dieser Bewegung Dänemark, wo durch das Wirken Finsens und den berechtigten Stolz auf diesen großen Sohn des Landes das allgemeine Interesse mächtig angeregt wurde und seinen Ausdruck fand in ansehnlichen staatlichen und privaten Beiträgen zur Gründung des Lichtinstitutes. Dieses Institut, das anfangs nur der Phototherapie und der wissenschaftlichen Erforschung der Lichtwirkungen diente, hat später auch die anderen Methoden der Lupusbehandlung in seinen Bereich gezogen. Nur die Chirurgie ist ihm bis jetzt ferngeblieben. Die operative Behandlung der geeigneten Lupusfälle geschieht heute noch in anderen Instituten. Die Behandlung ist meist ambulant, doch ist auch für gute Unterbringung der Patienten in besonderen Heimen Sorge getragen. Die Heime sind aus kleinen Villen mit Gärten entstanden, die den Patienten Gelegenheit zum Aufenthalt und zur Arbeit in der freien Luft bieten. Für die Kinder ist eine Schule und Handarbeitsschule eingerichtet. Der Staat zahlt jährlich 30 000 Kronen Zuschuß für die Behandlung armer Patienten. Ferner existiert seit dem Jahre 1901 ein Gesetz, nach dem unbemittelte Lupuspatienten von der Gemeinde eine Unterstützung zur Behandlung erhalten können, ohne daß dieses als Armenhilfe betrachtet wird. Forchhammer, dessen Bericht wir diese Tatsachen entnehmen, glaubt erklären zu dürfen, daß man in Dänemark so weit ist, „daß kaum ein Lupuspatient aus ökonomischen Gründen verhindert ist, Heilung zu suchen".

Hat das Kopenhagener Institut immer noch seine Hauptbedeutung als Lichtinstitut und ist hierin für die ganze Welt maßgebend geworden, so ist das Ideal einer universellen Behandlung des Lupus in der neuen Wiener Lupusheilstätte erreicht worden, deren Errichtung der Initiative Langs zu danken ist. Hier ist keine der modernen Behandlungsmethoden unberücksichtigt geblieben, mit Einschluß der Chirurgie. Die Heimstätte ist mit dem therapeutischen Institut in einem großen Gebäude vereinigt, das für 70 Kranke Raum hat. Das Ganze liegt außerhalb der Stadt in schönster landschaftlicher Umgebung in der Nähe von Wald und Hügeln. Der Bau wurde durch staatliche und private Mittel ermöglicht (die Staatssubvention betrug 500 000 Kronen), im übrigen verbürgt eine Stiftung und ein „Verein Lupusheilstätte" die weitere gedeihliche Entwicklung der Lupusfürsorgebewegung in Österreich.

Etwas später als in den beiden genannten Ländern ist man in Deutschland dem Plane einer organisierten Lupusbekämpfung näher getreten. Im Jahre 1909 hat das Deutsche Zentralkomitee zur Bekämpfung der Tuberkulose eine besondere Kommission gebildet, die sich ausschließlich mit dieser Frage zu beschäftigen hat. Der Kommission ist ein größerer Lupusausschuß angegliedert, dem zahlreiche Dermatologen, Chirurgen und auch Rhino-Laryngologen angehören, und in dessen alljährlich stattfindenden Sitzungen die theoretischen und praktischen Probleme der Lupusbekämpfung und -behandlung erörtert werden. Man begann die Arbeit mit Erhebung nicht nur der Zahl der vorhandenen Lupusfälle, sondern auch der innerhalb des Reiches existierenden vollwertigen Lupusheilstätten. Es zeigte sich dabei, daß im Jahre 1909 bereits 30 solche Anstalten in den verschiedenen Gegenden Deutschlands existierten. Es war also die Initiative einzelner dem organisatorischen Gedanken zuvorgekommen, und es hatten sich bereits eine ganze Anzahl Universitätskliniken (z. B. Berlin, Breslau, Kiel, Bonn, Freiburg) und anderer Krankenanstalten (z. B. Hamburg, Köln, Graudenz) zu Hauptstellen moderner Lupusbehandlung ausgebildet. Da der Lupuskommission bis jetzt nur verhältnismäßig geringe Mittel zur Verfügung standen (etwa 30 000 Mark jährlich), so war es ganz ausgeschlossen, noch ein eigenes großes zentrales Musterinstitut nach dem Beispiel Wiens zu errichten, sondern es mußte mit den schon bestehenden Heilstätten gearbeitet werden. Diese Dezentralisation bietet auch einen gewissen Vorteil, indem sie das Heranziehen bisher unbehandelter Fälle erleichtert. Gerade in der Entdeckung dieser Fälle hat die Lupuskommission das wichtigste Ziel der Lupusbekämpfung erkannt. Ihrer Tätigkeit ist es zu danken, daß allein im Jahre 1912 nicht weniger als 4051 noch nicht in Behandlung befindliche Lupusfälle zu ärztlicher Kenntnis kamen. Als nützlich erwiesen sich dabei Umfragen der Regierungen bei den lokalen Behörden, und zur Entdeckung des initialen Lupus im Kindesalter besonders die den Lungenfürsorgestellen angegliederten Lupusfürsorgestellen. Die Hauptschwierigkeit aber entsteht erst, wenn es daran geht, die Patienten der Behandlung zuzuführen. Die finanziellen Mittel der Kommission reichen nur für die Behandlung einer geringen Anzahl von Patienten aus. Es müssen also nach Möglichkeit immer noch andere Faktoren — Stadt- und Kreisverwaltungen, Krankenkassen, Stiftungen — zur Deckung der Kosten mit herangezogen werden. Das verursacht zwar viel Schreiberei und verzögert manchmal den Beginn der Behandlung, hat sich aber in dem Bestreben, möglichst vielen Patienten eine geeignete Therapie angedeihen zu lassen, als notwendig erwiesen. Nur wo alle anderen Faktoren versagen, kommt die Lupuskommission allein für die Kosten der Behandlung auf. Zu ihrem Programm gehört außerdem die Unterstützung von Heilstätten, wo die Beiträge von Staat, Gemeinde und Landesversicherungsanstalten nicht ausreichen, zumal wenn es sich um die Anschaffung neuer Apparate handelt. Sie kümmert sich ferner um billige Wohnungen für die von auswärts einer Heilstätte zugewiesenen Patienten, um Unterstützungen für deren Familienangehörige usw. So ist zwar bei uns der Stand der Lupusbekämpfung noch nicht so weit, wie es Forchhammer von Dänemark berichtet, aber es muß anerkannt werden, daß trotz geringer Mittel durch energische Arbeit und Propaganda — es seien hier die Verdienste des jüngst verstorbenen Generalsekretärs Nietner besonders hervorgehoben — in den letzten Jahren bedeutende Fortschritte gemacht sind.

In der Schweiz wurde zuerst in Bern 1903 an der Jadassohnschen Klinik ein Finseninstitut nach Kopenhagener Muster eingerichtet. Dadurch ist ein starker Zustrom von Lupösen nach Bern verursacht worden, das seitdem das Zentrum für die Lupusbehandlung in der Schweiz geblieben ist, zumal auch die anderen therapeutischen Methoden zur Anwendung kommen. Ein „Hilfsbund für Lupuskranke" macht es sich zur Aufgabe, bedürftigen Patienten Reisegeld und Unterkunft zu verschaffen und sie auch sonst zu unterstützen. In den anderen europäischen Kulturländern existieren manche gute Spezialinstitute für Lupusbehandlung (ich erinnere z. B. an das vorzüglich eingerichtete Finseninstitut Sequeiras am London Hospital), doch ist mir z. B. aus England, Frankreich und Italien nichts von einer Organisation der Lupusbekämpfung in größerem Umfange bekannt. Und doch ist diese notwendig, wenn es gelingen soll, das Entstehen schwerer und unheilbarer Fälle zu verhindern. Nur wo durch Aufklärung und Propaganda und emsige Nachforschung immer wieder die Aufmerksamkeit auf den beginnenden Lupus gelenkt wird, wird es schließlich so weit kommen, daß jene Fälle vollkommen verschwinden und damit die Krankheit ihren Schrecken verliert.

So ist das Problem der Lupusbehandlung heute mehr ein soziales als ein medizinisches. Der wissenschaftliche Fortschritt der letzten Jahre hat uns so gute Mittel zur lokalen Therapie des Lupus in die Hand gegeben, daß ein beginnender Fall demjenigen, der ihre Anwendung sicher beherrscht, nur höchst selten eine schwierige Aufgabe stellt. Können wir es erreichen, daß jeder Lupus wirklich im ersten Anfange zur Behandlung kommt, so brauchen wir nach neuen Behandlungsmethoden kaum mehr zu suchen. Das Problem des Lupus als einer lokalen Erkrankung hat also eine befriedigende Lösung gefunden, nicht aber das der Hauttuberkulose im allgemeinen. Dieses ist unzertrennbar verknüpft mit der großen Tuberkulosefrage: Werden wir in absehbarer Zeit dazu gelangen, eine sero- oder chemotherapeutische Heilungsmethode der Tuberkulose zu finden? Einstweilen ist kein Weg zu sehen, der diese Aussicht eröffnet. Bis dahin werden wir also jeder tuberkulösen Erkrankung eines Menschen als Ärzte mit einer gewissen Unsicherheit und vorsichtigen Zurückhaltung gegenüberstehen. Auch die Hauttuberkulose macht davon keine Ausnahme. Daß wir imstande sind, ihrer schlimmsten und gefürchtetsten Form den Stachel zu nehmen, ist zwar ein Fortschritt, den man nicht für gering halten soll. Das höchste Ziel aber ist für die Dermatologie das gleiche wie für die Gesamtmedizin; auch sie beruhigt sich nicht mit der Beseitigung störender Symptome, sondern strebt weiter: Zur Heilung der Tuberkulose.

Literaturverzeichnis.

Die Literatur bis zum Jahre 1906 findet sich vollständig bei Jadassohn. Es sind darum hier von den älteren Arbeiten nur die wichtigsten angeführt [1]).

Abkürzungen.

Ann. = Annales de Dermatologie. — Arch. = Arch. für Dermatologie. — B. K. T. = Beiträge zur Klinik der Tuberkulose. — B. K. W. = Berliner klinische Wochenschrift. — B. J. D. = British journal of Dermatology. — B. S. D. = Bulletins de la société de Dermatologie. — C. f. B. = Centralblatt für Bakteriologie. — D. D. G. = Deutsche dermatologische Gesellschaft. — D. m. W. = Deutsche medizinische Wochenschrift. — D. W. = Dermatologische Wochenschrift. — D. Z. = Dermatologische Zeitschrift. — G. it. = Giornale italiano delle mal. ven. e della pelle. — J. c. d. = (Amerikan.) Journal of cutaneous and genito-urinary diseases. — I. D. = Ikonographia dermatologica. — M. f. p. D. = Monatshefte für praktische Dermatologie. — M. K. = Medizinische Klinik. — M. m. W. = Münchener medizinische Wochenschrift. — St. = Strahlentherapie. — W. m. W. = Wiener medizinische Wochenschrift. — W. kl. W. = Wiener klinische Wochenschrift. — Z. f. I. = Zeitschrift für Immunitätsforschung.

Adamson, Three cases of subcutaneous „sarcoid". B. J. D. **24**, 393, 1912. — Derselbe, Acne scrofulosorum with episcleral tubercle. B. J. D. **24**, 315, 1912. — Adrian, Disseminierte Hauttuberkulide mit multiplen Lymphomen. D. m. W. **1908**, 807. — Alamartine, M. H., L'érythème noueux d'origine tuberculeuse etc. Gaz. des hôp. **1912**, 1027. — Albanus, Moderne Behandlung des Schleimhautlupus. St. **2**, 43, 1913. — Derselbe, Die Pathogenese des Lupus des Naseninnern. Arch. f. Laryngol. **27**, H. 2, 1913. — Alessandri, Beziehung zwischen polymorphen Erythemen und Tuberkulose. Gaz. Osp. e Clin. 1911, Nr. 112. — Alexander, A., Folliclis und Erythema induratum. B. K. W. **1904**, 897. — Derselbe, Weitere Beiträge zur Klinik und Histologie der Folliclis. Arch. **70**, 17, 1904. — Derselbe, Neuere Erfahrungen über Hauttuberkulose. B. K. W. **1907**, 314. — Anderson, M'Call, Tuberkulin. B. J. D. **17**, No. 9, 1905. — Arent de Besche, Untersuchungen über die tuberkulöse Infektion im Kindesalter. D. m. W. **1913**, 452. — Arluck und Winocouroff, Zur Frage der Ansteckung während der Beschneidung. B. K. T. **22**, 341, 1912. — Arnault Tzanck et Pelbois, Traitement des tuberculoses cutanées et des tuberculides par le néosalvarsan. Ann. **1914**, 25. — Arndt, G., Beiträge zur Kenntnis des Lichen nitidus. D. Z. **16**, 551, 1909. — Derselbe, Lichen nitidus. Arch. **104**, 327 u. 331, 1910 und D. Z. **18**, 51, 1911. — Derselbe, Über die Kombination von Lupus miliaris disseminatus mit Acnitis und den Nachweis der TB. im Schnitt und im Antiforminsediment. D. Z. **18**, 53, 1911. — Derselbe, Über den Nachweis der TB. bei Lupus miliaris und Acnitis. B. K. W. **1910**, 1405. — Derselbe, Über den Nachweis von TB. bei Lupus erythematodes acutus resp. subacutus. B. K. W. **1910**, 1360. — Derselbe, Zur Kenntnis der leukäm. und aleukäm. Lymphadenose der Haut. D. Z. **18**, 1911. — Derselbe, Beitrag zur Kenntnis

[1]) Nach Beendigung dieses Buches ist in Jesioneks Ergebnissen der Haut- und Geschlechtskrankheiten ein großes kritisches Sammelreferat über „Hauttuberkulose und Tuberkulide" von K. Zieler erschienen. Diese Arbeit bringt ein Literaturverzeichnis von bewundernswerter Vollständigkeit (2423 Nummern!). Wo sich also in obigem Verzeichnis Lücken bemerkbar machen sollten, kann ich getrost auf das Zielersche Werk verweisen. Leider konnte ich den Inhalt der Zielerschen Arbeit nicht mehr in meinem Buche berücksichtigen, was ich um so mehr bedauere, als zwischen Zieler und mir über manche Punkte der Pathogenese noch erhebliche Unterschiede der Auffassung bestehen. Da ich mich nicht entschließen konnte, meinen Text noch nachträglich mit Anmerkungen polemischen Inhaltes zu beschweren, muß ich mir die Auseinandersetzung über diese Gegensätze für eine spätere experimentelle Arbeit vorbehalten.

der Lymphogranulomatose der Haut. Virchows Arch. **209**, 1911. — Arning, Ed., Eine eigentümliche Veränderung an den größeren Nervenstämmen bei einzelnen Fällen von Lepra. D. D. G. 6. Kongreß 1899. — Derselbe, Lupus erythematodes acutus disseminatus. Arch. **99**, 472, 1910. — Derselbe, Lupusbehandlung. D. m. W. **1910**, 1180. — Derselbe, Zwei Fälle von Tuberkuliden. Arch. **112**, 413, 1912. — Arzt, Fälle von Tuberkuliden. Arch. **115**, 744, 1913. — Derselbe, Mikroskopische Präparate eines Falles von Lupus. Arch. **115**, 410, 1913. — Audry, Über eine riziforme Varietät des Miliarlupoids. Ann. **1908**. — Derselbe, Leucoplasie et épithéliomatose surtuberculeuse. Ann. **1907**, 1078. — Derselbe, Action congestive de KJ sur les tuberculoses de la peau. Ann. **1910**, 405. — Derselbe, Sur un cas de lichen nitidus. Ann. **1913**, 669.

Babes, Pénétration du bacille de la tuberculose par la peau intacte. Presse méd. **1907**, Nr. 68. — Bachrach, Kasuistische Beiträge zur Kenntnis des Lichen nitidus. D. Z. **20**, 189, 1913. — Bacmeister, Auftreten der TB. im Blut nach der diagnostischen Tuberkulininjektion. M. m. W. **1913**, 343. — Bacmeister und Rueben, Über sekundäre Tuberkulose. D. m. W. **1912**, 2350. — Bail, O., Übertragung der Tuberkulinempfindlichkeit. Z. f. I. **4**, 470, 1910. — Derselbe, Weitere Versuche, betreffend die Übertragung der Tuberkulinempfindlichkeit. Z. f. I. **12**, 451, 1912. — Baisch, B., Die Behandlung der chirurgischen Tuberkulose mit Röntgenstrahlen. B. K. W. **1911**, 1968. — Derselbe, Röntgenbehandlung tuberkulöser Lymphome. St. **1**, 286, 1912. — Balzer, Traitement du lupus par la colle caustique de Boeck. B. S. D. **22**, 366, 1911. — Balzer et Landesmann, Adénopathie cervicale, érythème noueux, lichen scrofulosorum. B. S. D. **24**, 245, 1913. — Balzer et Milian, Tuberculose cutanée pustolo- ulcereuse B. S. D. **21**, 79, 1910. — Balzer et Poisot, Lupus avec lymphectasies et lymphorragies. Ann. **1906**, 679. — Balzer et Pouzin, Lichen scrofulosorum. B. S. D. **22**, 250, 1911. — Balzer et Rafinesque, Rhumatisme chronique déformant d'origine tuberculeuse, lupus erythémateux etc. B. S. D. **21**, 146, 1910. — Balzer et Rafinesque, Lupus erythémateux, traitement par le sérum du Dr. Marmorek. B. S. D. **21**, 46, 1910. — Bandler und Kreibich, Erfahrungen über kutane Tuberkulinimpfungen bei Erwachsenen. D. m. W. **1907**, 1629. — Barbier et Lian, Erythème noueux et intradermoréaction à la tuberculine. Soc. des hôp. 1909, 13 Mai. — Barcat, Lupus tuberculeux traité par le radium. B. S. D. **21**, 325, 1910. — Derselbe, Die Radiumtherapie in der Dermatologie. St. **4**, 322, 1914. — Bardenheuer, Die Sonnenbehandlung der chirurgischen Tuberkulose. St. **1**, 211, 1913. — Bauer, J., Die passive Übertragung der Tuberkuloseüberempfindlichkeit. M. m. W. **1909**, 1218. — Derselbe und Engel, Klinische und experimentelle Studien zur Pathologie und Therapie der Tuberkulose im Säuglingsalter. B. K. T. **13**, 1909. — Baumgarten, Über das Verhältnis von Perlsucht und Tuberkulose. B. K. W. **1901**, 894. — Derselbe, Über das Verhalten der TB. an der Eingangspforte der Infektion. B. K. W. **1905**, 1329. — Baumm, G., Zur Kasuistik des Lupus erythematodes. Arch. **88**, 98, 1907. — Beck, S., Ätiologie des Angiokeratoms. Budap. Orvosi uysag 1909. — Derselbe, Lungenschwindsucht und Hautkrankheiten. M. f. p. D. **45**, 125. 1909. — Beitzke, H., Häufigkeit, Herkunft und Infektionswege der Tuberkulose. Lubarsch-Ostertag. Ergebn. **14**, 169, 1911. — Bender, Fälle von Lupus erythematodes. D. D. Ges. **10**. Kongr. 376, 1908. — Bering, F., Die Behandlung der Hautkrankheiten mit Licht 80. Vers. Deutsch. Naturf. u. Ärzte. Köln 1908. — Derselbe, Über die Behandlung der Hautkrankheiten mit der Kromayer'schen Quarzlampe. D. m. W. **1908**, 62. — Derselbe, Beitrag zur Symbiose der Syphilis und Tuberkulose. M. K. **1910**, Nr. 39. — Derselbe, Zur Kenntnis des Boeckschen Sarkoids. D. Z. **17**, 404, 1910. — Derselbe und Meyer, H., Experimentelle Studien über die Wirkung des Lichtes. St. **1**, 411, 1912. — Bernhard, O., Durch Sonnenbelichtung behandelter Lupus. D. D. G. **9**. Kongr., 425, 1906. — Derselbe, Heliotherapie im Hochgebirge. Enke, Stuttgart 1911. — Bernhardt, R., 14 Jahre nach Tuberkuloseimpfung infolge ritueller Vorhautbeschneidung. Arch. **54**, 220, 1900. — Derselbe, Über die Behandlung des Lupus vulgaris nach Herxheimer-Altmann. Arch. **114**, 401, 1912. — Derselbe, Koexistenz von papulo-nekrotischen Tuberkuliden mit Lupus erythematodes. Arch. **111**, 531, 1912. — Bettmann, Über eine besondere Form des Lupus vulgaris (Lupus miliaris disseminatus). M. m. M. **1902**, 1549. — Derselbe, Über akneartige Formen der Hauttuberkulose. M.m.W. **1904**, 657. — Derselbe, Über kombinierte Behandlung des Lupus mit Alttuberkulin und Aurum-Kalium cyanatum. M. m. W. **1913**, 798. — Beurmann, de, et Gougerot, Sporotrichosis dermica (verrucosa). I. D. **6**, 225, 1912. — Beurmann, de, Degrais et Vaucher, Traitement du lupus tuberc. 16. Internat. med. Kongr. Budapest 1909, 397. — Bittrolf und Momose, Zur Frage des granulierten Tuberkulosevirus. D. m. W. **1912**, 16. — Blaschko, Über den heutigen Stand der Lupustherapie. M. K. **1906**, 1250. — Derselbe, Lupusbehandlung. D. m. W. **1910**, 1176. — Bloch, Br., Beitrag zur Kenntnis des Lupus pernio. M. f. p. D. **45**, 177, 1907. — Derselbe, Hauttuberkulosen und -tuberkulide. M. K. **1909**, Nr. 7. — Derselbe und Fuchs, Über die Beziehungen des chronischen Lupus erythematodes zur Tuberkulose. Arch. **116**, H. 3, 1913. — Blumenthal, F., Fall von Erythema induratum. D. Z. **20**, 224, 1913. — Boas und Ditlevsen, Über das Vorkommen des Muchschen Tuberkulosevirus bei Lupus vulgaris. B. K. W.

1910, 2106. — Bobbis, Tuberkulose der Unterlippe. Riform. med. **1910**, 1350. — Boeck, C., Multiple benigne sarcoid of the skin. J. c. d. **1899**, Nr. 12. — Derselbe, Weitere Beiträge über das multiple Sarkoid der Haut. Festschrift Kaposi, 153, 1900. — Derselbe, Fortgesetzte Untersuchungen über das multiple benigne Sarkoid. Arch. **73**, 301, 1905. — Bogolepow, Ein Fall von gutartigem Sarkoid. Journ. russ. d. mal. cut. 1910. Ref. Arch. **109**, 348, 1911. — Derselbe, Zur Frage des Lupus pernio. Arch. **109**, 349, 1911. — Bontemps, Über die Verhütung der mikroskopischen Fehldiagnose des TB. D. m. W. **1913**, 456. — Borisyak, Sieber und Metalnikow, Zur Frage der Immunität gegen Tuberkulose. Z. f. I. **12**, 65, 1912. — Bosellini, Acne scrofulosorum, chachecticorum, Folliclis etc. G. it. **1911**, 591. — Bottelli, C., Lichen nitidus. G. it. **1913**, Nr. 4. — Bourgeois, M. A., Über die disseminierte postexanthematische hämatogene Tuberculosis verrucosa cutis. D. Z. **21**, 1, 1914. — Brandweiner, A., Hat das Angiokeratoma Mibelli Beziehungen zur Tuberkulose? W. m. W. **1912**, Nr. 19. — Derselbe, Heilung eines Lupus vulgaris an der Glans penis nach Entfernung einer tuberkulösen Niere. W. m. W. **1913**, 2352. — Brauer, A., Behandlung des Lupus mit dem Friedmannschen Tuberkulose-Heilmittel. D. m. W. 1914, 838. — Brian, Untersuchungen über die Ätiologie des Erythema nodosum. Deutsch. Arch. f. Klin. Med. **104**, 272, 1911. — Brinitzer, Ein Fall von Lupus miliaris faciei. Arch. **115**, 95, 1912. — Broca und Mahar, Die Röntgentherapie bei lokaler Tuberkulose. St. **4**, 261, 1914. — Brocq, Traité de dermatologie pratique. **1**, 582, 1907. — Brocq, Les scarifications lineaires quadrillées etc. 16. intern. med. Kongr. Budapest **1909**, 381. — Brocq et Fernet, Un cas de lichen nitidus. B. S. D. **24**, 557, 1913. — Dieselben, Un cas de lupus erythémateux subaigu. B. S. D. **21**, 43, 1910. — Brocq et Laubry, Angiokeratom. B. S. D. 1900, 3 Mai. — Brocq et Pautrier, L'angiolupoide. Ann. **1913**, 1. — Brocq, Pautrier et Fage, Forme insolite de Tuberculose profonde en plaques etc. B. soc. des hôp. 1907, 3 Mai. — Bruck, C., Dermatitis nodularis necrotica. I. D. **6**, 231, 1912. — Derselbe, Die Chemotherapie mit Gold und Borcholin. Lupus Aussch. 4. Sitz. 1913. — Bruck und Glück, Über die Wirkung von intravenösen Infusionen mit Aurum-Kalium cyanatum bei äußerer Tuberkulose. M. m. W. **1913**, 58. — Bruns, Impftuberkulose bei Morphinismus. M. m. W. **1904**, 1643. — Bruusgaard, Beiträge zu den tuberkulösen Hauteruptionen (Erythrodermia exfoliativa). Arch. **67**, 227, 1903. — Derselbe, Über Lupus follicularis disseminatus. Arch. **110**, 111, 1911. — Derselbe, Über Hauteruptionen bei der myeloiden Leukämie und der Lymphogranulomatose. Arch. **106**, 105, 1911. — Bunch, J. L., The question of the tuberculous nature of lupus erythematosus. B. J. D. **1907**, 411. — Derselbe, On necrotic tuberculides. B. J. D. **24**, 357, 1912. — Derselbe, Case of atrophic tuberculide. B. J. D. **23**, 402, 1911. — Burnett, Notes on a case of papulo necrotic tuberculide. B. J. D. **22**, 312, 1910. — Busck, Gunni, Bemerkungen über die Kromayersche Hg-Lampe. B. K. W. **1907**, 908.

Caboche, Rolle der Nasenschleimhaut bei der Entstehung des Lupus. Presse med. 1907, Ref. M. f. p. D. **46**, 575. — Campana, Il trattamento del lupus volgare in rapporto alla patogenia. 16. intern. med. Kongr. Budapest **1909**, 77. — Capelle, v., Über Tuberkulinanaphylaxie und ihren Zusammenhang mit dem Wesen der Tuberkulinreaktion. C. f. B. **60**, 531, 1911. — Capelle, Contribution à l'étude du lupus érythémateux des muqueuses. Thèse Lille 1901. — Capelli, J., Histologische Untersuchungen über die Wirkung der Kromayerschen Quarzlampe etc. Arch. **95**, 107, 1909. — Carle, Erythème induré et tuberculose. Lyon méd. 1901, Nr. 10. — Cella, F. A. della, Über das Verhalten tuberkulöser Tiere gegen die subkutane Infektion mit TB. C. f. B. 1904. — Ceresole, Ophthalmoreaktion bei Hautkrankheiten. Arch. **98**, 144, 1909. — Chauffard et Troisier, Erythème noueux expérimental etc. B. soc. des hôp. **1909**, 21 Janv. — Chauffard et Troisier, A propos des injections intradermiques de toxines dans l'érythème noueux. B. soc. des hôp. **1909**, 6 Mai. Chitrowo, Lupus pernio. Russk. Wratsch. 1910, Nr. 52. — Chompret, Tuberculose miliaire de la gencive et de la lèvre. B. S. D. **24**, 305, 1913. — Chrybczynski, Über Verwendung der Einreibung mit Tuberkulin zu diagnostischen Zwecken. M. f. p. D. **47**, 624, 1908. — Ciuffini, Polymorphes Erythem bei Tuberkulose. Rif. med. 1911, Nr. 10. — Ciuffo e Ballerini, Alcuni recenti metodi di diagnosi della Tuberculosi in dermatologia. G. it. 1907, Nr. 6. — Ciuffo, Ricerche sperimentali sulla tuberculosi cutanea. 7. intern. med. Kongr. Rom **1912**, S. 274. — Civatte, A., Note pour servir à l'étude des tuberculides papulo-squameuses. Ann. **1906**, 208. — Civatte, A., Les opinions d'aujourd'hui sur la nature du lupus érythémateux. Ann. **1907**, 263. — Civatte, A., Lichen nitidus coexistant avec un lichen plan. B. S. D. **22**, 65, 1911. — Cohn, P. Demonstrat. v. familiärem Lupus erythematodes. D. D. G. **9**. Kong. Bern **1906**, 466. — Cohn, C., u. Marie Opificius, Über Lupus follicularis disseminatus. Arch. **90**, 339, 1908. — Coley and Ewing, Acute lymphatic tuberculosis with purpura, New York path. soc. **1910**, 145. — Comby, Tuberculose cutanée chez les enfants. Arch. de med. des enfants. 1898. — Coppolino, Papulonekrot. Tuberkulide. G. it. **1911**, 402. — Cosco, Rosa und de Benedictis, Infektion durch bovine TB. C. f. B. **66**, 161, 1912. — Courmont et André, Sur la tuberculose cutanée par passage des bacilles à travers la peau. C. r. de la soc. de biol. **1907**, 16. — Courmont et Lesieur, Passage du bac. tuberculeux à travers la peau etc. C. r. de la soc. de biol. 1907. — Courmont et Nicolas, Sérodiagnostic tuberculeux chez les lupiques. Lyon méd. **1905**, Nr. 821. — Courmont, Savy et Charlet, 6 cas d'érythème noueux. Lyon méd. 1912, Nr. 53. — Coyon et Gougerot, Tuberculoses cutanées etc. B. S. D. **22**, 425, 1911. — Cranston Low, Kut. Tuberkulinreaktion bei Hautkrankheiten. Edinburg med. journ. **1909**, August. — Cranston Low, Carbonic acid snow as a therapeutic agent etc. London, Edinburg 1911.

Daels, Zur Kenntnis der kut. Impfpapel etc. M. K. **1908**, 58. — Danlos, Tuberculides cutanées etc. Ann. **1905**, 84. — Derselbe, Poussée aiguë de lupus érythémateux. B. S. D. **1908**, 180. — Danlos et Pathaut, Tuberculose vulvaire et leucoplasie. Ann. **1907**, 675. — Darier, Les sarcoides cutanées et souscutanées etc. 16. intern. med. Kongr. Budapest **1909**, 222. — Derselbe, Grundriß der Dermatologie (herausg. Zwick-Jadassohn). Berlin 1913. J. Springer. — Darier et Roussy, Des sarcoides souscutanées. Arch. de méd. exp. 1906, 1. — Darier et Walter, Tuberculides papulo-necrotiques. Ann. **1905**, 621. — Delbanco, E., Zur Klinik und Anatomie des Lupus erythematodes. M. f. p. D. **48**, 535, 1909. — Derselbe, Klinisches und Anatomisches zur Tuberkulose der Haut. M. m. W. 1909. — Derselbe, Lupusbehandlung. D. m. W. **1910**, 1180. — Derselbe, Eine neue Tuberkulidform. Arch. **104**, 289, 1910. — Derselbe, Lupus miliaris, geheilt durch Neutuberkulin. Arch. **110**, 129, 1911. — Deneke, Th., Ein Fall von Inokulationstuberkulose. D. m. W. 1890, 262. — Detre, L., Differentielle Tuberkulinreaktionen. W. K. W. **1908**, 173. — Deycke und Much, Bakteriolyse von TB. M. m. W. **1909**, 39. — Dieselben, Einiges über Tuberkulin und Tuberkuloseimmunität. M. m. W. **1913**, 119. — Dietl und Hamburger, Über tuberkulöse Exacerbation. B. K. T. **24**, 55, 1912. — Dörner, Ein Beitrag zur Pathogenese d. Tuberkulose. B. K. T. **20**, 1, 1911. — Dore, E. S., Lupus vulgaris erythematoides. B. J. D. **22**, 233, 1910. — Doutrelepont, Histologische Untersuchung über die Einwirkung der Finsenbestrahlung bei Lupus. D. m. W. **1905**, 1260. — Derselbe, Cutireaktion und Ophthalmoreaktion. D. m. W. 1907. — Derselbe, Lupusbehandlung. D. m. W. **1910**, 1179. — Dreesen, Über das Vorkommen von TB. im strömenden Blute. M. K. **1913**, 580. — Dunlop, J., Erythema nodosum und Tuberkulose. Brit. med. Journ. **1912**, II, 120.

Ehrmann, S., Acne cachecticorum. Mraceks Handbuch 1, 520, Wien 1902, Hölder. — Derselbe, Ulcus tuberculosum. Arch. **63**, 375, 1902. — Derselbe, Was ist Chilblain-Lupus etc. Unna Festschrift 574, 1910. — Derselbe, Die Tuberkulide. W. m. W. **1913**, 2330. — Derselbe und Reines, Zur Frage des Lupus erythematodes und der Tuberkulide. M. K. **1908**, 1298. — Ehrhardt, Primäre Tuberkulose der Mundschleimhaut. D. m. W. 1911, Nr. 3. — v. Eiselsberg, Ausgedehnte multiple Knochentuberkulose durch Aufenthalt i. Leysin geheilt. W. K. W. **1911**, 921. — Elsässer, F. A., Erfahrungen mit Tuberkulin Rosenbach. D. m. W. **1913**, 1198. — Emmerich, E., Über die Bedeutung der kutanen und perkutanen Tuberkulinreaktion bei Erwachsenen. M. m. W. **1908**, 1066. — Engelbreth, Ist Lupus Rindertuberkulose? M. f. p. D. **50**, 247, 1910. — Ernst, P., Über Hauttuberkulose nach Tätowierung. Derm. Zentr. 1907, H. 8. — Escherich, Der gegenwärtige Stand der Lehre von der Skrofulose. D. m. W. **1909**, 1641.

Fabry, J., Zur Frage der Hauttuberkulide. Arch. **91**, 163, 1908. — Derselbe, Die Anwendung der Payrschen Operation bei Gesichtslupus. Arch. **111**, 603, 1912. — Derselbe, Bericht über die Anwendung der Payrschen Operation. Arch. **115**, 996, 1913. — Favera, dalla, A proposito di due osservazioni di Lichen nitidus. G. it. **1910**, Nr. 5. — Derselbe, Behandlung des Lupus vulgaris mit Aurum Kalium cyanatum. Arch. **117**, 510. 1913. — Feer, E., Über den Wert der kutanen und konjunktivalen Tuberkulinprobe beim Kinde und über das Wesen der Skrofulose. B. K. T. 18, 117, 1911. — Feldt, A., Zur Chemotherapie der Tuberkulose mit Gold. D. m. W. **1913**, 547. — Feuerstein, L., Über die Wassermann'sche Reaktion bei Lupus erythematodes acutus. Arch. **104**, 233, 1910. — Finger, Lupus vulgaris disseminat. serpiginos. Arch. **76**, 427, 1905. — Derselbe, Lupus disseminat. partim verrucosus. Arch. **76**, 418, 1905. — Derselbe, Zur Ätiologie und Klinik der Tuberkulose. M. K. **1909**, 1303. — Finsen, N., Mitteilungen aus Finsen med. Lichtinstitut. 1901—1907. — Fiocco, Über einen Fall von Pityriasis rubra Hebrae. Unna Festschrift 483, 1910. — Forchhammer, H., Lupus pernio. D. Z. **1907**, 770. — Derselbe, Über Lungentuberkulose als Todesursache bei Lupus vulgaris. Arch. **92**, 3, 1908. — Derselbe, Über die Erfolge der Lupusbekämpfung in Dänemark. Lupus-Ausschuß, 3. Sitzung 1911. — Foster, Über eine eigentümliche papulo-ulzeröse Form der Tuberculosis ulcerosa miliaris. D. D. G. 10. Kongr. Frankfurt 1908, 434. — Derselbe, Beitrag zur Kenntnis der Pityriasis rubra Hebrae. Arch. **93**, 389, 1908. — Fox, Howard, Drei ungewöhnliche Formen kutaner Tuberkulose. J. c. d. **30**, 78, 1912. — Fraenkel, C., Über die Wirkung der TB. von der unverletzten Haut aus. Hyg. Rundsch. **1907**, 903. — Derselbe, Über die Wirkung der TB. von der unverletzten Haut aus. Hyg. Rundsch. **1910**, 818. — Fränkel, E., TB. im strömenden Blut. D. m. W. **1913**, 737. — Fraenkel, E., Über metastatische Hautaffektion bei bakteriellen Allgemeinerkrankungen. Unna Festschrift **74**, 1910. — Derselbe, Über die sogenannte Hodgkinssche Krankheit. D. m. W. **1912**, 637. — Derselbe und Much, Bemerkungen zur Ätiologie der Hodgkinschen Krankheit und der Leukaemia lymphatica. M. m. W. **1910**, 685. — Français, Un cas de sarcoides souscutanées multiples. Ann. **1905**, 242. — François, Die physikalische Behandlungsmethode der Lupus vulgaris. Ann. de méd. phys. Antwerpen 1912. — Freshwater, Douglas, The aetiology of lupus erythematosus. B. J. D. **24**, 57, 1912. — Friedländer, The value of Muchs granules etc. B. J. D. **24**, 13, 1912. — Fritsche, E., Versuche über Infektion durch kutane Impfung. Arb. a. d. Kais. Ges.-Amt **18**, 453, 1902. — Freund, L., Die Röntgenbehandlung der tuberkulösen Knochen- und Gelenkleiden. M. K. **1913**, 1554. — Derselbe, Bemerkungen zur Lupustherapie. St. **4**, 231, 1914.

Galewsky, Über Lupus erythematosus im Kindesalter. Arch. **84**, 193, 1907. — Derselbe, Ein Fall von benigner Sarkoidgeschwulst. I. D. **3**, 91, 1908. — Derselbe, Beitrag zur Kenntnis des Boeckschen Sarkoids. Arch. **110**, 185, 1911. — Galloway, J., Case of Erythema induratum giving no evidence of tuberculosis. B. S. D. **25**, 217, 1913. — Galloway and Mac Leod, The relationship of Lup. eryth. and Erythema multiforme. B. J. D. **20**, 65, 1908. — Garcia del Mazo, El lupus vulgar en Madrid. Ref. Ann. **1913**, 116. — Gastou et Gonthier, Tuberculose de la verge etc. B. S. D. **23**, 472, 1912. — Gastou et Seminario, Tuberculides faciales et cervicales etc. Ann. **1905**, 252. — Gaucher et Croissant, Tuberculides papulo-necrot. B. S. D. **22**, 271, 1911. — Gaucher, Brin et Cesbron, Lupus tuberculo ulcereux etc. B. S. D. **21**, 11, 1910. — Gaucher, Fouquet et Flurin, Lupus généralisé. B. S. D. **21**, 23, 1910. — Gaucher, Gougerot et Guggenheim, Erythème polymorphe et purpura d'origine tuberculeux. B. S. D. **22**, 102, 1911. — Gaucher, Gougerot et Guggenheim, Tuberculoses cutanées multiples etc. B. S. D. **22**, 98, 1911. — Gaucher et Audebert, Tuberculose verruqueuse du pied etc. B. S. D. **24**, 259, 1913. — Gaucher et Nathan, Erythème polymorphe et tuberculose. B. S. D. **19**, 31, 1908. — Gavazzeni, G. A., Ricerche sulle modificatione istologiche determ. dalle applicaz. di Finsen nella pelle luposa. G. it. 1907. — Gavazzeni, G. A., Erythema induratum Bazin-Fox. M. f. p. D. **49**, 248, 1909. — Gerber, Lupusbekämpfung und Nasenvorhof. M. m. W. **1911** 2501. — Gilchrist, C. A., An interesting group of cases of tuberc. infect. of the skin etc. J. c. d. **1907**, Nr. 5. — Göbel, F., Zum Vorkommen von TB. im strömenden Blut. D. m. W. **1913**, 1136. — Gottschalk, E., Der Lupus und seine Behandlung. Arch. **95**, 321, 1909. Lupusbehandlung. D. m. W. **1910**, 1170. — Gougerot, Tuberculoses cutanées (atypiques) non folliculaires. Rev. d. l. tuberculose **1908**, 345. — Gougerot, Tuberculose: nouvelles hypothèses pathogéniques. Journ. d. méd. int. **1912**, 131. — Gougerot, Etat actuel de la demonstration des tuberculoses cutanées. Biol. méd. 1912 Juin. — Gougerot, L'état actuel de la question des bacillo tuberculoses non folliculaires. Progr. méd. **1912**, Nr. 35. — Gougerot, Le follicule tuberculeux; sa signification. Journ. de méd. int. 1912, 30 Avr. — Gougerot, Anatomie patholog. des mycoses. Arch. de méd. exp. **24**, 738, 1912. — Gougerot et Laroche, Reproduction expérimentale des tuberculides. C. r. d. la soc. de biol. 1907, 14 Déc. — Gougerot et Laroche, Reprod. expér. d. tuberculides etc. Arch. de méd. exp. **20**, 581, 1908. — Gougerot et Laroche, Etiologie et pathogénie des tuberculides cutanées. Gaz. des hop. **1912**, 141. — Griffith, Bericht der Brit. Royal Commission on Tuberculosis. **10**, 317, 1911. — Grosz, S., Über eine bisher nicht beschriebene Hauterkrankung (Lymphogranulomatosis cutis). Zieglers Beitr. **39**, 405, 1906. — Derselbe, Chilblain-Lupus und Lupus pernio. D. W. **54**, 133, 1912. — Großmann, Lupus vulgaris des Ohrläppchens. Rev. prat. des malad. cut. **1907**, Nr. 12. — Großer, P., Über Impftuberkulose. D. Z. 1907, Nr. 8. — Grouven, Fall von Erythema indurat. D. D. G. 9. Kongr. Bern 1906, 324. — Derselbe, Über tuberkuloseähnliche Hauterkrankung. Arch. **100**, 291, 1910. — Grünberg, Zur Jod- und Hg-Behandlung der Tuberkulose in Nase, Schlund und Kehlkopf. M. m. W. **1907**, 1680. — Grüner, Die Agglutination bei tuberkulösen Kindern. B. K. T. **14**, 87, 1909. — Derselbe und Hamburger, Experimentelle Untersuchungen über die Tuberkuloseinfektion. B. K. T. **17**, 1, 1910. — Guszmann, Beitrag zur Pathologie und Klinik des Angiokeratoms. 16. Intern. med. Kongr. Budapest 1909.

Hagen, A., Über den Einfluß im Blute kreisender Tuberkulosegiftstoffe auf den Verlauf tuberkulöser Exantheme etc. In. Diss. Würzburg 1911. — Halberstädter, Boecksches Sarkoid. D. Z. 18, 45, 1911. — Halkin, Contribution à l'étude des sarcoides. Arch. **84**, 227, 1907. — Halle, A., Über einen Fall von Pityriasis rubra Hebrae. Arch. **88**, 247, 1907. — Derselbe, Beitrag zur Behandlung mit Kohlensäureschnee. Arch. **113**, 389, 1912. — Hallopeau et Eck, Contribution à l'étude des sarcoides. Ann. **1902**, 985. — Hallopeau et François-Dainville, Sur un cas de tuberculides disséminées etc. B. S. D. **1908**, 240. — Hallopeau et Francois-Dainville, Tuberculoses multiples etc. B. S. D. **24**, 158, 1913. — Hallopeau et Maré de Lépinay, Sur l'atténuation de la virulence du bacille de Koch chez les lupiques. Ann. **1906**, 693. — Hamburger, F., Über Hauttuberkulide im Säuglingsalter. M. m. W. **1908**, 107. — Derselbe, Über den Wert der Stichreaktion nach Tuberkulinreaktion. W. kl. W. **1908**, 381. — Derselbe, Die pathologische Bedeutung der Tuberkulinreaktion. W. kl. W. **1908**, 1043. — Derselbe, Über die Wirkung des Alttuberkulins auf den tuberkulosefreien Menschen. M. m. W. **1908**, 1220. — Derselbe, Über Tuberkuloseimmunität. B. K. T. **12**, 259, 1909. — Derselbe und Monti, Über Tuberkuloseimmunität. M. m. W. **1910**, 1330. — Derselbe und Toyofuku, Über Immunität tuberkulöser Tiere etc. B. K. T. **18**, 163, 1911. — Hamel, Die Ausbreitung des Lupus in Deutschland. Med. statist. Mitteil. aus dem Kais. Ges.-Amt 1911. — Harms, Über Lupus der Zunge und des Kehlkopfes. Arch. f. Laryng. **5**, H. 6, 1913. — Harttung und Alexander, Weitere Beiträge zur Klinik und Histologie des Erythème induré Bazin. Arch. **71**, 385, 1904. — Haslund, P., Behandlung des Lupus erythem. mit Kohlensäureschnee. Arch. **118**, 336. 1913. — Hauck, Positiver Ausfall der Wassermann-Reaktion bei Lupus erythem. acut. M. m. W. **1910**, 17. — Derselbe, Goldbehandlung des Lupus. M. m. W. **1913**, Nr. 33. — Havas, Lupus vulgaris universalis. Orv. Lapp. **1912**, Nr. 6. — Hecht, H., Über Lymphogranuloma. Arch. **98**, 106, 1909. — Hedinger, Miliartuberkulose der Haut bei Tuberkulose der Aorta. Frankf. Z. f. Pathol. **2**, 121, 1909. — Hegler, C., Das Erythema nodosum. Ergebn. d. inn. Med. **12**, 620, 1913. — Heine, Erfahrungen und Gedanken über Tuberkulose und Tuberkulin. M. K. **1912**, 1777. — Heller, A., Klinische Beiträge zur Tuberkulosefrage. M. m. W. **1902**, 609. — Heller, J., Lupus erythem. unguium mutilans. D. Z. **21**, 151, 1914. — Helmholz, H. F., Über passive Übertragung der Tuberkulinüberempfindlichkeit. Z. f. I. **3**, 371, 1909. — Derselbe und Toyofuku, Histologische Untersuchungen über die ersten Veränderungen nach TB.-Infektion. B. K. T. **17**, 39, 1910. — Hermann, K., Über Hauttuberkulose beim Pferde. M. f. p. D. **53**, 245, 1911. — Herxheimer, G., Über Lymphogranulomatose. Beitrag z. Klin. d. Infektionskrankh. **2**, 349, 1914. — Herxheimer, K., und Altmann, Über eine Reaktion tuberkulöser Prozesse nach Salvarsaninjektion. D. m. W. **1911**, 441. — Dieselben, Weitere Mitteilungen zur Reaktion des Lupus vulgaris etc. Arch. **110**, 249, 1911. — Herxheimer und Foster, Zwei Fälle von Lupus follicul. dissemin. D. D. G. 10. Kongr. Frankfurt 1908, 196. — Herz, Über Agglutination der TB. bei Hauttuberkulose. Arch. **64**, 213, 1903. — Hesse, E., Zur Tiefenwirkung des Quarzlampenlichtes. M. m. W. **1907**, 1738. — Heubner, W., Zur Chemotherapie der Tuberkulose mit Gold. D. m. W. **1913**, 690. — Heuck, W., Über tumorbildenden Lupus. Arch. **82**, 9, 1906. — Derselbe, Über Lymphogranulomatosis cutis nodularis etc. Arch. **113**, 417, 1912. — Heuser, K., Ein Fall von Tuberculosis verrucosa cutis durch Rinder-TB. D. m. W. **1911**, 260. — Hidaka, Über den Nachweis der Muchschen Granula bei Lup. vulg. etc. Arch. **106**, 259, 1911. — Hildebrandt, W., Zur Ätiologie des Erythema nodosum. M. m. W. **1907**, 310. — Hintz, Tuberculosis verrucosa cutis. Arch. **112**, 402, 1912. — Hirsch, Über Erythema indurat. Bazin. Arch. **75**, 57, 1905. — Hodara, Menahem, Ein Fall von Tuberculosis verrucosa cutis. M. f. p. D. **48**, 311, 1909. — Derselbe, Histologische Untersuchungen in zwei Fällen von papulo-nekrotischen Tuberkuliden. D. W. **55**, 1515, 1912. — Hoffmann, C. A., Lokalreaktion auf Alttuberkulin bei Lup. erythem. Charité. Ann. **1911**, 574. — Derselbe, Lupoide Einlagerungen bei Lup. erythem. Arch. **113**, 431, 1912. 1912. — Hoffmann, E., Über Ätiologie und Pathogenese des Erythema nodosum. D. m. W. **1904**, 1877. — Derselbe, Lup. erythem. hypertrophicus. Arch. **95**, 137, 1909. — Derselbe, Multiple verruköse Hauttuberkul. und generalisierte Folliclis. M. m. W. **1909**, 1812. — Derselbe, Lupus miliaris faciei. Arch. **95**, 137, 1909. — Derselbe, Lup. erythem. dissem., entstanden durch minimale Tuberkulininjekt. D. m. W. **1913**, 530. — Hübner, Beiträge zur Kenntnis der Tubercul. verr. cutis. Arch. **99**, 59, 1909. — Derselbe, Ist die Psoriasis ein Hautsymptom konstitutionell-bakterieller Erkrankungen? etc. D. m. W. **1913**, 505.

Isaac, H., Fall von Lupus erythem. D. Z. **18**, 494, 1911. — Iselin, H., Die konservative Behandlung der Drüsentuberkulose. Korr. f. Schweiz. Ärzte. **1912**, 729. — Derselbe, Entgiftung des tuberkulösen Herdes durch Röntgenbestrahlung. D. m. W. **1913**, 297. — Iwanow, W. W., Zur Ätiologie des papulo-nekrotischen Tuberkulids. Festschrift Pawlow, Petersburg 1910. — Derselbe, Papulo-nekrotisches Tuberkulid. Arch. **109**, 527, 1911. —

Jacobi, Lupusbehandlung. D. m. W. **1910**, 1174. — Derselbe, Die Behandlung des Lupus mittelst Diathermie. St. **4**, 244, 1914. — Jadassohn, Die Tuberkulose der Haut. Mraceks Handbuch der Hautkrankheiten. Wien, 1907, Hölder. — Derselbe, Über tuberkuloide Veränderungen in der Haut bei nicht tuberöser Lepra. D. D. G. 6. Kongr. Straßburg **1899**, 508. — Derselbe, Über infekt. und toxische hämatogene Dermatosen. B. K. W. **1904**, Nr. 37. — Derselbe, Demonstrationen. D. D. G. 9. Kongr. Bern 1906. — Derselbe, Syphilidologische Beiträge. Arch. **85**, 1907. — Derselbe, Einige Erfahrungen über lokale Reaktion mit Moroscher Tuberkulinsalbe etc. Arch. **113**, 479, 1912. — Derselbe, Über die Behandlung der Hauttuberkulose. M. K. **1913**, 1149. — Derselbe, Die ektogene und endogene Entstehung des Lupus. Lupus-Ausschuß. 4. Sitzung. 1913. — Derselbe, Lepra. Kolle und Wassermann, Handb. d. pathogenen Mikroorg. Jena 1913, G. Fischer. — Derselbe, Die Tuberkulide. D. D. G. 11. Kongr. Wien 1913. — Jansen, H., Untersuchungen über die Fähigkeit der bakteriziden Lichtstrahlen, durch die Haut zu dringen. Mitteilungen aus Finsens med. Lichtinstituts. **4**, 1913. — Derselbe, Histologische Untersuchungen der durch Kromayers Hg-Lampe erregten Lichtentzündung. Arch. **90**, 53, 1908. — Derselbe und Delbanco, Die histologischen Veränderungen des Lupus vulgaris unter Finsens Lichtbehandlung. Arch. 88, H. 3, 1907. — Jesionek, A., Tuberkulose der äußeren weiblichen Genitalien. B. K. T. **2**, 1905. — Derselbe, Das Lupusheim in Gießen. St. **2**, 417, 1913. — Jensen, C. O., und Jansen, Untersuchungen über die Widerstandsfähigkeit der Geschwulstzellen gegenüber intensivem Licht. Mitteil. aus Finsens med. Lichtinstitut. **7**, 1904. — Jessen und Rabinowitsch, Über das Vorkommen der TB. im kreisenden Blute. D. m. W. **1910**, 1116. — Johansen, E. J., Untersuchungen über die Wirkung der Kromayer-Lampe und der Finsen-Reyn-Lampe. B. K. W. **1907**, 1007. — Jones, H. E., Über die Entstehung des Lupus vulgaris auf Grund von Drüsentuberkulose. B. J. D. **21**, Nr. 9, 1909. — Joseph und Trautmann, Über Tuberculosis verruc. cut. D. m. W. **1902**, 200. — Joseph, K., Zur Theorie der Tuberkulinüberempfindlichkeit. Z. f. I. **4**, 575, 1910. — Joynt, E. P., Erythema nodosum nach Masern. Brit. med. Journ. 1911, 5. April. — Juliusberg, F., Über kolloide Degeneration der Haut. Arch. **61**, 175, 1902. — Derselbe, Über „Tuberkulide" und dissemin. Hauttuberkulose. Mitteil a. d. Grenzgeb. **13**, 671, 1904. — Jungmann, A., Indikationen der Lupustherapie. Arch. **87**, 303, 1907. — Derselbe, Klinische Ausführungen zur Kromayerschen Hg-Lampe. Arch. **97**, 7, 1909. — Derselbe, Über Wert und Bedeutung der operativ-plastischen Lupusbehandlung. Arch. **97**, 3, 1909. — Derselbe, Ärztlicher Bericht aus der Heilstätte für Lupuskranke. Wien 1911, Braumüller. — Derselbe, Die Lupusheilstättenbewegung und ihre Ziele. St. **1**, 1912. — Derselbe, Wie soll man den Lupus nicht behandeln? M. K. **1912**, Nr. 18. — Derselbe, Prognose und Therapie der Hauttuberkulose. St. **1**, 17, 1912. — Derselbe, Der Neubau der Lupusheimstätte und der Lupusheilstätte. St. **2**, 440, 1913. — Derselbe, Leitsätze zur Lupusbehandlung. St. **4**, 221, 1914. — Junker, F., Untersuchungen über die Pirquetsche Tuberkulinreaktion bei Erwachsenen. M. m. W. **1908**, 218. — Judin, Zur Angiokeratomfrage. D. Z. **15**, 36, 1908.

Kahn, E., Zum Nachweis der TB. im strömenden Blute. M. m. W. **1913**, 345. — Kanitz, H., Untersuchungen über die perkutane Tuberkulinreaktion nach Moro. W. kl. W. **1908**, 1011. — Derselbe, Beiträge zur Klinik, Histologie und Pathogenese der Pityriasis rubra Hebrae. Arch. **81**, 259, 1906. — Kayser, C., Beiträge zum Studium des primären Schleimhautlupus. In. Diss. Berlin 1910. — Kausch, W., Erfahrungen über Tuberkulin Rosenbach. D. m. W. **1913**, 252. — Kennerknecht, Klara, Über das Vorkommen von TB. im strömenden Blut bei Kindern. B. K. T. **23**, 265, 1912. — Kerl, Fall von Lupus erythem. acut. Arch. **115**, 755, 1913. — Derselbe, Fall von Lupus verrucos. Arch. **115**, 755, 1913. — Kingsbury, J., Die konjunktivale Tuberkulinreaktion bei gewissen Hautkrankheiten. J. c. d. **27**, Nr. 2, 1909. — Kleine, F., Impftuberkulose durch Perlsuchtbazillen. Z. f. Hyg. **52**, 495, 1906. — Klett, B., Über die Wirkung toter TB. Arb. a. d. pathol. Inst. Tübingen. Baumgarten **8**, 129, 1912. — Klingmüller, V., Über tuberkuloseähnliche Veränderungen der Haut bei Lepra. Lepra **1**, 1900. — Derselbe, Beitr. zur Tuberkulose der Haut. Arch. **69**, 167, 1904. — Derselbe und Halberstädter, Über die bakterizide Wirkung des Lichtes bei Finsenbehandlung. D. m. W. **1905**, 539. — Derselbe, Über Lupus pernio. Arch. **84**, 323, 1907. — Derselbe, Lupusbehandlung. D. m. W. **1910**, 1178. — Derselbe, Über Dermatitis nodularis necrotica. Arch. **110**, 419, 1911. — Klose, Über Perlsuchtreaktion nach Pirquet. D. m. W. **1910**, 2239. — Knowsley, Sibley, A case of Lupus erythematosus. B. J. D. **26**, 20, 1914. — Koch, Robert, Fortsetzung der Mitteilungen über ein Heilmittel gegen Tuberkulose. D. m. W. **1891**, 101. — Derselbe, Die Bekämpfung der Tuberkulose etc. D. m. W. **1901**, 549. — Derselbe, Übertragbarkeit der Rindertuberkulose auf den Menschen. D. m. W. **1902**, 857. — König, W., Über die Pirquetsche Tuberkulinimpfung und die Ophthalmoreaktion bei lupösen Erkrankungen. Arch. **89**, 385, 1908. — Königsfeld, H., Über den Durchtritt der TB. durch die unverletzte Haut. C. f. B. **60**, 28, 1911. — Königstein, Lichen nitidus. M. f. p. D. **49**, 164, 1909. — Körner, Lehrbuch der Ohren-, Nasen- und Kehlkopfkrankheiten. S. 93, 3. Aufl. Wiesbaden 1912, Bergmann. — Kolster, Studien über die Einwirkung gewöhnlicher Lichtstrahlen auf sensible Gewebe. Mitteil. aus Finsens med. Lichtinstitut **10**, 50, 1906. — Kossel, H., Die Beziehungen der menschlichen und tierischen Tuberkulose. D. m. W. **1912**, 740. — Krabbel, M., TB. im strömenden Blut bei chirurgischer Tuberkulose. Deutsche Ztschr. f. Chir. **120**, 370, 1913. — Kraus, A., Über eine eigentümliche Hauttuberkulose (Verkalkung) Arch. **74**, 3, 1905. — Derselbe, Zur Kenntnis des Erythema induratum. Arch. **76**, 185, 1905. — Derselbe, Beitrag zur Pathogenese d. Lup. foll. dissemin. M. f. p. D. **45**, 529, 1907. — Derselbe, Versuche mit T. O. A. (Höchst). Arch. **92**, 453, 1908. — Derselbe, Seltene Formen der Hauttuberkulose. D. m. W. **1909**, 822. — Derselbe, Lupus der Glans penis. D. W. **58**, 249, 1914. — Derselbe und Bohaç, Bericht über 8 Fälle von Lupus erythem. acut. Arch. **93**, 117, 1908. — Kraus, R., Über experimentelle Erzeugung von Hauttuberkulose bei Affen. W. kl. W. **1905**, 1131. — Derselbe, Weitere Berichte über experimentelle Tuberkulose der Haut bei Affen. W. kl. W. **1905**, 1366. — Derselbe und Grosz, S., Über experimentelle Hauttuberkulose bei Affen. W. kl. W. **1907**, 795. — Derselbe und Kren, Experimentelle Tuberkulose bei Affen. K. k. Akademie der Wissenschafften. **1905**. — Derselbe und Volk, Zur Frage der Tuberkuloseimmunität. W. kl. W. **1910**, 699. — Dieselben, Über die Spezifizität der intrakutanen Tuberkulinreaktion etc. Z. f. I. **6**, 683, 1911. — Kraus, R., Loewenstein und Volk, Zur Frage des Mechanismus der Tuberkulinreaktion. D. m. W. **1911**, 389. — Derselbe und Hofer, Über Auflösung von TB. im Peritoneum gesunder und tuberkulöser Meerschweinchen. D. m. W. **1912**, 1227. — Krause, P., Über einen Fall von Impftuberkulose durch tuberkulöse Organe eines Rindes. M. m. W. **1902**, 1035. — Kreibich, K., Über Lupus pernio. Arch. **70**, 3, 1904. — Derselbe, Ein Fall von Erythema perstans faciei. M. f. p. D. **43**, 443, 1906. — Derselbe, Zur Ätiologie des Erythema perstans. D. D. G. 10. Kongr. Frankfurt **1908**, 361. — Derselbe, Über Lupus pernio („Lymphogranuloma pernio"). Arch. **102**, 249, 1910. — Derselbe und A. Kraus, Beiträge zur Kenntnis des Boeckschen Miliarlupoids. Arch. **92**, 173, 1908. — Kren, O., Über die Beziehungen des Lupus erythem. zur Tuberkulose. Arch. **75**, 303, 1905. — Derselbe, Über Lupus erythem. des Lippenrotes und der Mundschleimhaut. Arch. 88, 13, 1907. — Derselbe, Über ein pustolo-nekrotisches Exanthem bei Tuberkulösen. Arch. **99**, 67, 1909. — Derselbe und Weidenfeld, St., Ein Beitrag zum Lupoid (Boeck). Arch. **99**, 79, 1909. — Kromayer, Hg-Wasserlampen zur Behandlung der Haut und Schleimhaut. D. m. W. **1906**, 377. — Derselbe, Finsen-Reyn contra Quarzlampe. Arch. **92**, 169, 1908. — Derselbe, Die bisherigen Erfahrungen mit der Quarzlampe. M. f. p. D. **46**, 20, 1908. — Krüger, M., Zur Ätiologie des Lupus vulgaris. M. m. W. **1910**, 1165. — Krüger, W., Das Tuberkulin in der Therapie der Lupus vulgaris. In. Diss. Jena, 1912. — Kühlmann, A., Lupus pernio. Arch. **100**, 365, 1910. — Kuznitzky, E., Über Erythema indurat. Bazin. Arch. **104**, 227, 1910. — Derselbe, Das Mesothorium in der Dermatologie. Arch. **116**, 423, 1913. — Derselbe, Bemerkungen zur Lupustherapie. St. **4**, 661, 1914. — Kyrle, J., Über einen Fall von Lupus erythem. in Gemeinschaft mit Lupus vulgaris. Arch. **94**, 309, 1909. — Derselbe, Lupus erythem. und Erythema indurat. Arch. **96**, 341, 1909. — Derselbe, Über eigentümliche histologische Bilder bei Hauttuberkulose und deren Beziehungen zum benignen Miliarlupoid (Boeck). Arch. **100**, 375, 1910. — Derselbe, Beiträge zur Histologie der Hauttuberkulose. Arch. **100**, 453, 1911. — Derselbe und Mc. Donagh, Beiträge zur Kenntnis des Lichen nitidus. Arch. **95**, 45, 1909.

Labernadie, V., Lupus consécutif à la rougeole. Ann. **1910**, 330. — Laffite, J. B., Tuberculose cutanée. La pratique dermatol. IV, 578, Paris 1904. — Lahaussois, Gommes tuberculeuses disséminées etc. Ann. **1909**, 53. — Lancashire, G. H., The treatment oft lup. vulg. Brit. med. journ. 1908, II, 1258. — Landouzy, Erythème noueux et tuberculose. Presse méd. 1913, 19 Nov. — Lang, E., Der Lupus und dessen operative Behandlung. Wien 1898, Sofar. — Derselbe, Die Behandlung des Lupus vulgaris mit Rücksicht auf die Pathogenese. 16. intern. med. Kongr. Budapest **1909**, 210. — Derselbe, Die chirurgische Behandlung des Lupus. D. m. W. **1910**, 1161. — Derselbe, Über Einrichtung von Heilstätten etc. Wien 1910. — Derselbe, Zur Geschichte der Lupusbekämpfung. St. **4**, 206, 1914. — Lassar, O., Über Impftuberkulose. D. m. W. **1902**, 716. — Lassueur, Le traitement du lup. vulg. par la tuberculine de Béraneck. Rev. prat. d. malad. cut. **1907**, 11. — Lateiner, Mathilde, Über den histologischen Bau und die bazilläre Ätiologie der papulösen Tuberkulide der Säuglinge. Z. f. Kinderheilk. **1911**, 442. — Lautsch, Über Lupusbehandlung mit Kupferpräparaten. Arch. **115**, 855, 1913. — Derselbe, Die Wirkung von Radium und Mesothorium etc. Lupus-Ausschuß. 4. Sitzung. Berlin 1913. — Lefèvre, Lichen scrofulosorum. Thèse de Nancy 1898. — Leichtenstern, O., Akute Miliartuberkel der Haut bei allgemein akuter Miliartuberkulose. M. m. W. **1897**, 1. — Leiner und Spieler, Zum Nachweis der bazillären Ätiologie der Folliclis. Arch. **81**, 221, 1906. — Dieselben, Über die bazilläre Ätiologie des papulo-nekrotischen Tuberkulids. 80. Vers. Deutsch, Naturf. u. Ärzte, Köln 1908. — Dieselben, Zur dissem. Hauttuberkulose des Kindes. 81. Vers. Deutsch. Naturf. u. Ärzte. Salzburg 1909. — Dieselben, Über dissemin. Hauttuberkulose im Kindesalter. Ergeb. d. inn. Med. u. Kinderheilk. **7**, 66, 1911. — Lenglet, Lupus. La pratique dermatol. III, 239, Paris 1902. — Lenglet, L'emploi des rayons X en dermatologie. 16. intern. med. Kongr. Budapest **1909**, 136. — Leod, Mac, The patholog. changes in the skin produced by the rays from a Finsen-lamp. Brit. med. Journ. 1902. — Derselbe, A lecture on lup eryth., its nature an treatment. Lancet **1908**, 2, 1271. — Derselbe, Case of lup eryth. associated with nephritis. B. J. D. **20**, 162, 1908. — Derselbe, Superficial late syphilide simulating lupus eryth. B. J. D. **24**, 196, 1912. — Derselbe, A case of Folliclis. B. J. D. **25**, 138, 1913. — Leod, Mac und Ormsby, Tuberculide. B. J. D. **13**, 1901. — Leopold, Erythema induratum Bazin. Arch. **112**, 449, 1912. — Leredde et Pautrier, Photothérapie et Photobiologie. Paris 1903. — Leredde et Martial, Traitement du lup. vulg. Rev. prat. des mal. cut. **1907**, Nr. 5. — Leredde et Martial, Etudes sur le traitement du lup. eryth. Rev. prat. d. mal. cut. 1908, Nr. 2. — Leriche et Dor, Tuberculose et érythème noueux. Gaz. des hôp. **1913**, 2221. — Leschke, E., Die Auflösung von TB. nach Deycke und Much. B. K. T. **20**, 393, 1911. — Lesseliers, Contribution à l'étude du lichen scrofulosorum. Ann. **1906**, Nr. 11. — Lesser, E., Die moderne Behandlung des

Lupus. Lupus-Ausschuß. 1. Sitzung. Berlin 1909. — Derselbe, Lupusbehandlung. D. m. W. **1910**, 1176. — v. Leszczynski, R., Über eine Lichen scrof.-Eruption nach Tuberkulinimpfung. Arch. **97**, 193, 1909. — Derselbe und Mahl, Über Tuberkulinimpfung. M. f. p. D. **49**, 409, 1909. — Leuba, Heliotherapie der Fußtuberkulose. Deutsche Z. f. Chir. **125**, H. 5—6, 1913. — Lewandowsky, F., a) Kulturen von TB. aus Lupus und Scrofuloderm, b) Hauttuberkulose bei Tieren. D. D. G. 9. Kongr. Bern **1906**, 518. — Derselbe, Tuberculosis fungosa verrucosa lymphangiectatica. 9. Congr. Bern 1906, 333. — Derselbe, Demonstration einer eigenartigen lichenoiden Erkrankung etc. D. D. G. 9. Kongr. Bern 1906. — Derselbe, Fall von Lichen nitidus. Arch. **99**, 467, 1910. — Derselbe, Experimentelle Studien über Hauttuberkulose. Arch. **98**, 335, 1909. — Derselbe, Zwei Fälle von Tuberkuliden. Arch. **112**, 414, 1912. — Derselbe, Die Tuberkulose der Haut. Lubarsch-Ostertag. Ergebn. der allg. Pathol. **16**, 454, 1912. — Derselbe, Hautimmunität bei Tuberkulose. D. D. G. 11. Kongr. Wien, 1913. — Derselbe, Experimentelle Tuberkulide. M. m. W. **1914**, 961. — Lewinski, J., Beitrag zur Tuberkulose des Penis. D. Z. **20**, 132, 1913. — Licharew, Lupus pernio. M. f. p. D. **46**, 88, 1908. — Lichtenstein, A., Pseudoleukämie und Tuberkulose. Virchows Arch. **202**, 222, 1910. — Lie, H. P., Über Tuberkulose bei Leprösen, Arch. **107**, 3, 1911. — Liebermeister, G., Zur Frage der „ohne Mitwirkung von TB. erzeugten tuberkulösen" Veränderungen. M. m. W. **1908**, 1874. — Derselbe, Studien über Komplikationen der Lungentuberkulose und der Verbreitung der TB. etc. Virchows Arch. **197**, 332, 1909. — Lier, W., Ein Beitrag zum Nachweis der TB. im Gewebe. C. f. B. **51**, 678, 1909. — Derselbe, Über TB.-Nachweis bei Hauterkrankungen. M. K. **1910**, 1453. — Derselbe, Klinische und experimentelle Beiträge zur Frage des Eryth. indurat. etc. W. m. W. **1913**, 2415. — Gräfin Linden, Beitrag zur Chemotherapie der Tuberkulose. B. K. T. **23**, 201, 1912. — Dieselbe, Die Chemotherapie mit Kupferpräparaten und Methylenblau, Lupus-Ausschuß. 4. Sitzung. Berlin 1913. — Lippmann, A., Zum Nachweis der TB. im strömenden Blut der Phthisiker. M. m. W. **1909**, Nr. 43. — Lipschütz, B., Miliare Tuberkulose des weichen Gaumens. Arch. **112**, 683, 1912. — Derselbe, Schleimhauttuberkulose. Arch. **115**, 400, 1913. — Little, Graham E., Granuloma annulare. B. J. D. **20**, 1908. — Derselbe, Dissem. Lupus. B. J. D. **22**, 92, 1910. — Derselbe, Acne scrofulos. B. J. D. **23**, 22, 1911. — Derselbe, Dissem. tubercul. nodules of the skin. B. J. D. **23**, 49, 1911. — Litzner, Lupusbehandlung. D. m. W. **1910**, 1177. — Loeb, F., Statistik der Lupusbehandlung. D. W. **54**, 275, 1912. — Loewenberg, Über Lupus follicul. dissemin. faciei. Arch. **104**, 261, 1910. — Loewenstein, E., Über Antikörper bei Tuberkulose. Kraus u. Levaditi, Handb. d. Immun.-Forschg. I, 560, 1911. — Lubarsch, Beitrag zur Pathologie der Tuberkulose. Virchows Arch. **213**, 1913. — Lundsgaard, Behandlung des Lup. conjunctivae. Klin. Monatsh. f. Augenheilk. **1906**, H. 2. — Derselbe, Behandlung des Lup. conjunctivae. Mitteil. aus Finsens med. Lichtinst. **10**, 75, 1906. — Lyonnet et Martin, Erythème polymorphe et tuberculose. Lyon méd. **1912**, Nr. 10.

Maar, V., Die Tiefenwirkung der Finsen-Reyn- und der Kromayer-Lampe. Arch. **90**, 3, 1908. — Maas, F. J., Die medizinische Quarzlampe. Nederl. Tijdschr. f. Geneesk. **1907**, Nr. 25. — Maki, Histologische Untersuchungen des Lupus erythemat. disseminat. D. W. **56**, 602, 1913. — Mallein, Erythème noueux. Thèse de Paris. 1910. — Mantoux, Intradermoreaktion etc. M. f. p. D. **48**, 148. — Mantoux et Pautrier, Intradermoreaction à la leproline. Bull. de la soc. med. des hôp. 1909, 290 Okt. — Mantoux et Pautrier, Intradermoreaction à la tuberculine. C. r. de la soc. de biol. **1909**, 54. — Marmorek, A., Resorption toter TB. B. K. W. **1906**, 1179. — Derselbe, Weitere Untersuchungen über die TB. und das Antituberkuloseserum. B. K. W. **1907**, 621. — Martel, H., Anwendung der Pirquetschen Methode zur Diagnostik der Rotzkrankheiten. B. K. W. **1908**, 451. — Martinotti, Erythema nodosum etc. D. W. **56**, 679, 1913. — Marzocchi, V., Fall von papulo-nekrot. Tuberkuliden. Arch. **101**, 428, 1910. — Mathes, M., Die Diagnose der Miliartuberkulose. M. K. **1912**, 1169. — Mazza, G., Über das multiple benigne Sarkoid. Arch. **96**, 56, 1908. — Mehler, H., und Ascher, Beitrag zur Chemotherapie der Tuberkulose. M. m. W. **1913**, 748. — Dieselben, Beitrag zur Chemotherapie der Tuberkulose mit Borcholin. M. m. W. **1913**, 1041. — Meirowsky, E., Fall v. Boeckschem Sarkoid. Arch. **94**, 137, 1909. — Derselbe, Über die diagnostische und spezifische Bedeutung der Pirquetschen Hautreaktion. Arch. **94**, 335, 1909. — Meißen, Erfahrungen bei Lungentuberkulose mit Jod-Methylenblau und Kupfer. B. K. T. **23**, 215, 1912. — Mendel, F., Die intravenöse Arsen-Tuberkulinbehandlung. M. m. W. **1909**, 13. — La Mensa, Seltene Fälle von Hautkrankheiten. Arch. **71**, 325, 1904. — Derselbe, Lichen scroful. mit generalisierter Dornenbildung. Arch. **103**, 219, 1910. — Derselbe, L'oftalmoreazione di Calmette nel lupus etc. G. it. 1908. — Mentberger, Beitr. zur Gold- und Kupferbehandlung des Lupus vulgaris. D. W. **58**, 169, 1914. — Menzer, Bakterienbefunde bei Psoriasis. D. m. W. **1912**, 2119. — Derselbe, Psoriasis als Konstitutionskrankheit. D. m. W. **1913**, 1599. — Merian, L., Zwei Fälle von Lepra mit tuberkuloiden Gewebsveränderungen. D. W. **54**, 637, 1912. — Messa, Ein Fall von papulo-nekrot. Tuberkulid nach Masern. Rev. Clin. pediatr. **1910**, Nr. 7. — Merkel, H., Der TB.-Nachweis mittelst Antiformin etc. M. m. W.

1910, 681. — Meschtscherski, Zur Behandlung des Lupus eryth. mittelst Exstirpation der Halsdrüsen. Russ. Z. f. Hautkr. **1911**, 25. — Meyer, A., Zur Kenntnis der akuten miliaren Pharynxtuberkul. Z. f. Laryngol. **5**, Nr. 6, 1913. — Meyer, F., und Schmitz, K. E. F., Über das Wesen der Tuberkulinreaktion. D. m. W. **1912**, 1963. — Meyer, H., Eine Methode zur Messung der Röntgenstrahlung in der Therapie. M. m. W. **1911**, Nr. 4. — Derselbe und Ritter, H., Experimentelle Untersuchungen zur biologischen Strahlenwirkung. St. **1**, 1912.. — Dieselben, Zur Methodik der quantitativen Strahlenmessung in der Röntgentherapie. B. K. W. **1912**, Nr. 2. — Meyer, J., Über experimentelle Hauttuberkulose. B. K. W. **1903**, 1038. — Meyer, P., Zwei Fälle von metastatischer Hauttuberkulose. Inaug. Diss. Kiel 1889. — Meyr, A., Ein Fall von Tuberkulose der Bindehaut d. Oberlids. Inaug. Diss. München, 1911. — Mibelli, V., Dissemin. Miliartuberkulose des Haarbodens. M. f. p. D. **44**, 1, 1907. — v. Mikulicz-Radetzky und Kümmel, W., Die Krankheiten des Mundes. Jena 1909. G. Fischer. — Milian, Nodosités chroniques du rhumatisme déformant. B. S. D. **21**, 151, 1910. — Milian, Chancre tuberculeux du menton. B. S. D. **22**, 342, 1911. — Miller, Lupus eryth. in a child. J. c. d. **31**, 646. 1913. — Minassian, Ophthalmoreaktion bei Lupus eryth. etc. Arch. **96**, 399, 1909. — Miyahara, Kasuistische und histologische Beiträge zur Kenntnis der Tuberkulose der Mundhöhle. Arch. **111**, 305, 1912. — Derselbe, Zur Frage der atypischen Epithelwucherung bei Lupus etc. Frankf. Z. f. Pathol. **9**, H. 2, 1913. — Möller, Erythema indurat. Bazin. Arch. **97**, 344, 1909. — Möllers, Serologische Untersuchungen bei Leprösen. D. m. W. **1913**, 395. — Derselbe, Der Bericht der englischen Tuberkulosekommission etc. B. K. W. **1911**, 2117. — Morawetz, G., Miliarlupoid (Boeck). Arch. **99**, 457, 1910. — Morgan et Iliescou, Contribut. à l'étude des érythrodermies exfol. etc. Ann. **1913**, 577. — Moro, E., Über eine diagnostisch verwertbare Reaktion der Haut etc. M. m .W. **1908**, 216. — Derselbe, Klinische Ergebnisse der perkutanen Tuberkulinreaktion. B. K. T. **12**, 207, 1909. — Derselbe, Experiment. und klinische Überempfindlichkeit. Lubarsch-Ostertag, Ergebn. **14**, 429, 1910. — Derselbe, Fall von Tuberkuloseinfektion. Jahrb. f. Kinderheilk. **27**, 474, 1913. — Derselbe, Erythema nodosum und Tuberkulose. M. m. W. **1913**, 1142. — Derselbe und Doganoff, Zur Pathogenese gew. Integumentveränderungen bei Tuberkulose. W. kl. W. **1907**, 433. — Morosoff, Zur Frage der gutartigen sarkoiden Neubildungen. Arch. **94**, 459, 1909. — Morris, Malcolm, The treatment of lupus eryth. 16. intern. med. Kongr. Budapest 1909, 74. Derselbe, Lupus erythematosus. B. J. D. **22**, 234, 1910. — Much, H., Die nach Ziel nicht darstellbaren Formen des TB. B.K.W. **1908**, 691. — Derselbe, Über moderne Tuberkulosefragen. M. m. W. **1909**, No. 20. — Derselbe, Tuberkuloseimmunität und Tuberkulinreaktion. M. m. W. **1910**. — Derselbe, Neue immunobiologische und klinische Tuberkulosestudien etc. M. m. W. **1912**, 685. — Derselbe, Das Problem der Tuberkuloseimmunisierung. B. K. T. **20**, 343, 1911. — Derselbe, Die neuen Ergebnisse über das Wesen der Hodginschen Krankheit. Tuberculosis **12**, 594, 1913. — Derselbe u. Leschke, E., Die TB i. System d. säurefesten Bazillen etc. B. K. T. **20**, 351, 1911. — Dieselben, Das biol. u. immunisator. Verhalten der TB-Auflösungen etc. B.K.T. **20**, 405, 1911. — Mucha, V., Zur Differentialdiagnose zwischen Lues und Tuberkulose etc. Arch. **89**, 355, 1908. — Derselbe, Fall von Lupus erythematodes. Arch. **101**, 376, 1910. — Derselbe, Über atypische Formen d. Eryth. indurat. etc. Arch. **107**, 61, 1911. — Mulzer, P., Vergleichende experimentelle Untersuchungen über Wirkung der Finsenlampe und der med. Quarzlampe. Arch. 88, 11, 1907. — Müller, O., Ein Fall von Pityriasis rubra Hebrae mit Lymphdrüsentuberkulose. Arch. **87**, 255, 1907. — Mygind, Lupus cavi nasi. Mitt. aus Finsens med. Lichtinst. **10**, 30, 1906.

Naegeli, Über hämatogene Hauttuberkulose. M. m. W. **1898**, 450. — Naegeli, O. E., u. Jessner, M., Über die Verwendung von Mesothorium und Thorium X etc. Therap. Monh. **17**, 11, 1913. — Nagelschmidt, F., Zur Theorie der Lupusbehandlung durch Licht. Arch. **63**, 330, 1902. — Derselbe, Zur Diagnose und Therapie tuberkulöser Hautaffektionen. D. m. W. **1907**, 1631, — Derselbe, Lupusbehandlung. D. m. W. **1910**, 1173. — Derselbe, Die Behandlung des Lupus mittels Diathermie. Lup.-Aussch. **3**. Sitzung 1911. — Derselbe, Über die klinische Bedeutung der Diathermie. D. m. W. **1911**, 21. — Derselbe, Lehrbuch der Diathermie. Berlin 1913, J. Springer. — Nanta, A., Sur une forme de tuberculose fongueuse. Ann. **1914**, 141. — Neißer, A., Über die Bedeutung der Lupuskrankheit und die Notwendigkeit ihrer Bekämpfung. Leipzig 1908. D. Klinkhardt. — Derselbe, Lupusbehandlung. D. m. W. **1910**, 1174. — Derselbe, Bemerkungen zur Lupusbekämpfung. St. **2**, 16, 1913. — Nicolas et Favre, Erythème cutané etc. chez un tuberculeux. Ann. **1906**, 625. — Nicolas et Favre, Des formations histologiques tuberculoides dans la Syphilis tertiaire. 7. intern. Derm. Kongr. Rom **1912**, 228. — Nicolas et Gauthier, Cutiréaction et ophtalmoréaction etc. Ann. **1907**, 705. — Nicolas et Moutot, Traitement du lupus par les scarifications etc. B. S. D. **24**, 400, 1913. — Nicolau, St., Contribution à l'étude des tuberculides. Ann. **1903**, Nr. 10. — Nicolau, St., Les manifestations cutanées de la leucémie. Ann. **1904**, 788. — Nietner, Die Lupusbekämpfung in Deutschland. St. **2**, 4, 1913. — Nobl, G., Zur Klinik und Histologie seltener Formen von Hauttuberkulose. Festschr. Kaposi 1900, 811. — Derselbe, Beitrag zur Pathologie der Tuberkulide im Kindesalter. D. Z. **11**, 837, 1904. — Derselbe, Zur klinischen, anatomischen und experimentellen Grenzbestimmung lupöser Hautläsionen. Arch. **73**, 87, 1905. — Derselbe, Exanthemat. Aussaat von Lupus verrucosus. Arch. **76**, 418, 1905. — Derselbe, Boecksches Sarkoid. Arch. **98**, 129, 1909. — Derselbe, Erythema indurat. Bazin. Arch. **96**, 96, 1909. — Derselbe, Zur Kenntnis des multiplen, benignen Miliarlupoid Boeck. Festschr. Unna 1910, 348. — Derselbe, Zur Pathogenese des Lichen scrofulos. D. Z. **17**, 205, 1910. — Derselbe, Über eine atypische Erscheinungsform des Lupus erythm. Arch. **107**, 109, 1911. — Derselbe, Lymphogranuloma papulosum disseminat. Arch. **110**, 486, 1911. — Derselbe, Lichen scrofulosorum bei zwei Geschwistern. Arch. **112**, 677, 1912. — Derselbe, Erythema induratum. Arch. **112**, 26, 1912. — Derselbe, Lupus vulgaris und papulonekrotische Tuberkulide. Arch. **112**, 539, 1912. — Derselbe, Granuloma nodulare et confluens (Typ. Boeck). I. D. **6**, 239, 1912. — Derselbe, Zur Identität des subkutanen Sarkoid mit dem Erythema indurat. W. m. W. **1913**, 2342. — Noesske, H., Zur Kenntnis der Wirkung abgetöteter TB. im menschlichen Körper. M. K. **1908**, 587. — Novotný und Schick, Über passive Übertragbarkeit der intrakutanen Tuberkulinreaktion. Z. f. I. **9**, 275, 1911.

Oehme, W., Über Erythema nodos. und seine Beziehung zur Tuberkulose. Arch. f. Heilk. **18**, 426, 1877. — Onaka, Über die passive Übertragung der Tuberkulinüberempfindlichkeit. Z. f. I. **5**, 264, 1910. — Derselbe, Weitere Studien zur Übertragung der Tuberkulinüberempfindlichkeit. Z. f. I. **7**, 507, 1910. — Opificius, Marie, Ein Fall von benignem Miliarlupoid. Arch. **86**, 239, 1907. — Oppenheim, M., Über urethrale Tuberkulinreaktion. W. kl. W. **1908**, 37. — Derselbe, Über Hautveränderungen Erwachsener im Anschluß an die Pirquetsche Reaktion. W. kl. W. **1907**, 974. — Derselbe, Fall von polymorpher tuberkulöser Hautinfektion. Arch. **112**, 535, 1912. — Derselbe, Lupus vulgaris. Arch. **115**, 392, 1913. — Derselbe, Lupoid Boeck nach subkutaner Injektion. D. D. G. **11**. Kongr. Wien 1913. — Orth, Bedeutung der Rinderbazillen für den Menschen. D. m. W. **1913**, 481. — Ostermann, Kontaktinfektion bei Tuberkulose. Z. f. Hyg. **60**, H. 3, 1908.

Paetzold, Über die isolierte primäre Tuberkulose des Ohrläppchens. Z. f. Chir. **84**, 1908. — Pasini, Über einige mit Aurum-Kal. cyanat. behandelte Fälle von Hauttuberkulose. Arch. **117**, 509, 1913. — Pautrier, L., Les tuberculoses atypiques. Thèse de Paris 1903. — Derselbe, La conception actuelle de la tuberculose. Bullet. méd. **1903**, 982. — Derselbe, Sur le traitement du lupus tuberculeux à forme ulcereuse et végétante. Bull. de thér. **1903**, 3 Nov. — Derselbe, Über die tuberkulöse Natur des Angiokeratoms etc. Arch. **69**, 145, 1904. — Derselbe, Sur un cas d'épithelioma développée au niveau d'un lupus érythémateux. Bull. de la soc. anat. 1904, Nov. — Derselbe, Sarcoides de Boeck etc. B. S. D. **1914**, 113. — Derselbe et Fage, Contribut. à l'étude de l'anatomie du lupus éryth. des muqueuses. Ann. **1909**, 673. — Pautrier, L., et Fage, Lupus de la cuisse ulcéreux etc. Ann. 1908, H. 1. — Pautrier, L., et Fernet, Tuberculides papulo-nécrot. ayant simulé les lésions de prurigo infecté. B. S. D. **1909**, Nr. 7. — Pautrier, L., et Fernet, Forme anormale aiguë de sarcoïdes en plaques étendues etc. B. soc. des hôp. 1909, 15 Mars. — Pautrier, L., et Fernet, Lésion tuberculeuse chancriforme de la lèvre supérieure. B. S. D. **1912**, 491. Pautrier, L., et Maurel, Epithélioma disséminé à foyers multiples développé sur lupus. B. S. D. **1913**, 524. — Payr, Lupusoperation. Deutsche Zeitschr. f. Chir. **100**, 398, 1911. — Pellizari, Della Fototerapia. Salerno 1908. — Pernet, G., Le lupus éryth. aigu d'emblée. Thèse de Paris 1908. — v. Petersen, Über Behandlung des Lupus mit Stauungshyperämie. D. S. G. 10. Kongr. Frankfurt 1908, 372. — Petersen, O. H., Erfahrungen mit der Röntgenbestrahlung der Lymphdrüsentuberkulose. St. **4**, 272, 1914. — Petges et Desqueyroux, Tuberculose inflammatoire et psoriasis. Ann. **1913**, 129. — Pfannenstill, Ein neues Heilverfahren bei Tuberkulose der oberen Luftwege. Zentralbl. f. d. ges. Ther. 29, H. 1 u. 2. — Philippson, L., Über die Pathogenese des Lupus und ihre Bedeutung für die Behandlung desselben. Arch. **67**, 73, 1903. — Derselbe, Fall von tertiärer Lues der Nase. Arch. **97**, 341, 1909. — Derselbe, Über die Tuberkulinreaktionen bei Lupus. Festschr. Unna 1910, 184. — Derselbe, Der Lupus, seine Pathologie, Therapie, Prophylaxe (übersetzt von F. Juliusberg) Berlin 1911, J. Springer. — Pick, W., Zur Kenntnis d. Acne teleangiektodes Kaposi. Arch. **72**, 193, 1904. — Derselbe, Über die persistierende Form des Erythema indurat. Arch. **72**, 361, 190. — Derselbe, Über die Einschlüsse im Lupusgewebe. Arch. **78**, 185, 1906. — Pickert, Über natürliche Tuberkulinresistenz. D. m. W. **1909**, 1013. — Derselbe und Loewenstein, Eine neue Methode zur Prüfung der Tuberkulinimmunität. D. m. W. **1908**, 2262. — Pinkus, F., Über eine neue knötchenförmige Hauteruption: Lichen nitidus. Arch. **85**, 11, 1907. — Piorkowski, Zur Lichttherapie des Lupus. B. K. W. **1908**, 1973. — v. Pirquet, C., Das Verhalten der kutanen Tuberkulinreaktion während der Masern. D. m. W. 1908. — Derselbe, Allergie. Ergebnisse der inneren Med. und Kinderheilkunde **5**, 459, 1910. — Derselbe, Über lokale Tuberkulinreaktionen. Kraus und Levaditi, Handbuch d. Techn. u. Method. d. Immunforschg. 1. Ergänzungsband **1911**, 191. — Derselbe und Schick, Zur Frage des Agressins. W. kl. W. **1905**, 431. — Dieselben, Zur Theorie der Inkubationszeit. W. kl. W. **1903**, 758. — v. Planner, H., Angiokeratoma Mibelli. W. m. W. **1913**, 2345. — Pollak, R., Erythema nodos. und Tuberkulose. W. kl. W. **1912**, 1223. — Polland, R., Ein Fall von Lupus erythem. mit Erythema indurat. D. Z. **11**, 482, 1904. — Derselbe, Lupus pernio. D. Z. **13**, H. 11, 1906. — Derselbe, Über die Beziehungen des akuten Lupus erythem. zur Tuberkulose. Arch. **96**, 215, 1909. — Derselbe, Beitrag zur Klinik und Pathogenese d. exfoliat. Erythrodermien. Arch. **101**, 321, 1910. — Pollitzer, Note on a case of sarcoid. J. c. d. **1908**, 15. — Poncet et Leriche, La tuberculose inflammatoire de la peau. Lyon méd. 1912, Nr. 5. — v. Poor, F., Die intraven. Behandlung des Lupus mit Aurum-Kal. cyan. D. m. W. **1913**, 1303. — Pospeloff, Ein Fall von raschem Verschwinden von Lupus eryth. nach Entfernung von tuberkulösen Halsdrüsen. Arch. **98**, 144, 1909. — Predöhl, A., Die Geschichte der Tuberkulose. Hamburg-Leipzig 1888. — Preis, K., Säurefeste Bazıllen in zwei Fällen von Perifolliculitis agminata suppurativa. Arch. **92**, 205, 1908. — Pürckhauer, Experimentelle Untersuchung über die Tiefenwirkung der Kromayerschen Quarzlampe. Arch. **87**, 354, 1907. — Derselbe, Boecksches Sarkoid. Arch. **94**, 413, 1909. — Pusey, W. A., The therapeutic use of refrigeration with solid carbonic dioxid. J. c. d. **1910**, Nr. 7. — Pusey, W. A., The use of carbo dioxid snow etc. J. of amer. med. assoc. 1907, 19. Oct.

Querner, E., Über Vorkommen von TB. im strömenden Blut. M. m. W. **1913**, 401. — Queyrat et Pautrier, Parapsoriasis de Brocq. Bull. de la soc. des hôp. **1907**, 19 Juillet.

Rabinowitsch, Lydia, Blutbefunde bei Tuberkulose. D. m. W. **1913**, 481. — Ravaut, P., Lupus de la face traité par l'air chaud. B. S. D. **22**, 432, 1913. — Ravaut, P., Lupus nodulaire traité et guéri par l'air chaud etc. B. S. D. **22**, 70, 1913. — Ravaut, P., Lupus érythémateux avec réaction de Wassermann positive. B. S. D. **22**, 551, 1913. Derselbe, L'action du néosalvarsan et la réaction de Wassermann chez les malades atteints de tuberculides diverses. Ann. **1913**, 470. — Raw, N., Is Lupus caused by the bovine tuberculosis? Tuberculosis **8**, 295, 1909. — v. Redwitz, E., Zur Kasuistik der Mundschleimhauttuberkulose. W. kl. W. **1912**, 238. — Reichmann, Der Wert der Konjunktivalreaktion, speziell bei der Hauttuberkulose. M. K. **1908**, 631. — Reines, S., Framboesiforme kolliq. Kontiguitätstuberkulose der Haut. Arch. **86**, 153, 1907. — Reitmann und Zumbusch, Beitrag zur Pathologie des Lupus eryth. acut. Arch. **99**, 147, 1909. — Rensburg, H., Hauttuberkulide. Jahrbuch d. Kinderheilk. **59**, 360, 1904. — Reyn, A., Apparate zur Methode der Lichtbehandlung. Mitteil. aus Finsens med. Lichtinstitut **10**, 128, 1906. — Derselbe, Methode zur therapeutischen Anwendung von Jod in statu nascendi. B. K. W. **1911**, 1873. — Derselbe und Kjer-Petersen, Observations on the opsonins with special regards to lup. vulg. Lancet 1908, I, 919. — Riecke, E., Lichen scrofulosorum. Mraceks Handb. d. Hautkrankh. IV, 1, 521, 1907. — Riehl und Schramek, Das Radium und seine therapeutische Verwendung. Wien 1913, Braumüller. — Ritter, H., Beitrag zur qualitativen Messung der Röntgenstrahlen in der Therapie. M. m. W. **1911**, Nr. 50. — Derselbe, Über rationellen Röhrenbetrieb in der Röntgentherapie. M. m. **1912**, Nr. 3. — Derselbe, Zur Methodik der Röntgentherapie. Z. f. ärztl. Fortbildg. **9**, Nr. 14, 1912. — Derselbe und Lewandowsky, F., Untersuchungen zur Wirkung der Röntgenstrahlen auf Karzinomzellen. St. **4**, 412, 1914. — Robbi, Maria, Statistische, kasuistische und histologische Beiträge zur Lehre vom Lupus erath. Inaug.-Diss. Bern 1910. — Roberts, Leslie, Acute Lupus erythematosus. B. J. D. **23**, 167, 1911. — Rodler, Acne scroful. mit auffallender Narbenbildung. D. D. G. 9. Kongr. Bern **1906**, 374. — Roemer, P., Spezifische Überempfindlichkeit und Tuberkulose-Immunität. B. K. T. **11**, 79, 1908. — Derselbe, Tuberkulin-Immunität, Phthiseogenese etc. B. K. T. **17**, H. 3, 1910. — Derselbe, Tuberkulose-Vaccin. Kraus und Levaditi, Handb. I, 341, 1911. — Derselbe und Joseph, Experimentelle Tuberkulosestudien. B. K. T. **17**, H. 3, 1910. — Dieselben, Kasuistik über experimentelle Meerschweinchentuberkulose. B. K. T. **17**, H. 3, 1910. — Roger et Simon, Action pathogène des bacilles tuberculeux stérilisés etc. Arch. de méd. exp. **22**, 623, 1910. — Rollier, A., Die Heliotherapie der Tuberkulose. Berlin 1913, J. Springer. — Derselbe, Die Praxis der Sonnenbehandlung der chirurgischen Tuberkulose etc. St. **4**, 507, 1914. — Rose, Carl, Über Tuberkulose des Penis. Beitr. z. klin. Chir. **72**, 132, 1911. — Rosenbach, F. J., Erfahrungen über die Anwendung des Tuberkulin Rosenbach bei chirurgischen Tuberkulosen. D. m. W. **1912**, 539. — Rothe und Bierotte, Untersuchungen über den Typus der TB. bei Lupus vulgaris. D. m. W. **1912**, 1631. — Ruete, A., Über den Wert des Aur.-Kal. cyanat. bei der Behandlung des Lupus. D. m. W. **1913**, 1727. — Rumpf, E., Über das Vorkommen von TB. im Blutstrom. M. m. W. **1912**, 1951. — Rupp, E., Klinische und statistische Beiträge zur Ätiologie der Hauttuberkulose. D. W. **56**, 129, 1913. — Ruppel, Über Immunisierung von Tieren gegen Tuberkulose. M. m. W. 1910, 2343. — Derselbe und Rickmann, Über Tuberkuloseserum. Z. f. I. **6**, 344, 1910. — Rusch, Tuberkulose der Gaumenschleimhaut. Arch. **107**, 454, 1911. — Derselbe, Papulo-nekrot. Tuberkulide. Arch. **112**, 994, 1912. — Derselbe, Ein Fall von Lupus dissemin. faciei. Arch. **117**, 393, 1913.

Sachs, O., Zur Pathologie der generalisierten Erythrodermien. Arch. **118**, 209, 1913. — Sack, A., Über das Wesen und den Fortschritt der Finsenschen Lichtbehandlung. M. m. W. **1902**, 530. — Safranek, Zur Pathologie und Therapie des Lupus vulgaris der oberen Luftwege. Monatsh. f. Ohrenheilk., Laryngol. etc. **16**, H. 5, 1913. — Sahli, H., Über Tuberkulinbehandlung. Basel 1913, 4. Aufl. B. Schwabe. — Saisawa, Über den Bazillus der Pseudotuberkulose. Z. f. Hyg. **73**, 401, 1913. — Sata, Passive Übertragbarkeit der Tuberkulinüberempfindlichkeit durch Tuberkuloserum. Z. f. I. **17**, 62, 1913. — Derselbe, Untersuchungen über die spezifische Wirkung des Tuberkuloseserum. Z. f. I. **17**, 84, 1913. — Savolin, M., Ein Beitrag zur Kenntnis des Erythema nodosum. Intern. Zentralbl. f. d. ges. Tuberkuloseforschg. **7**, 262, 1913. — Schamberg, J. F., Eine Studie über Aknitis. J. c. d. **26**, 1, 1909. — Schaumann, Lupus pernio. Arch. **112**, 883, 1912. — Schede, F., Die Röntgenbehandlung der Knochen- und Gelenktuberkulose. Fortschr. a. d. Geb. d. Röntgenstr. **21**, 341, 1913. — Schein, M., Ein mit Tuberkulin behandelter Fall von Tuberculosis verruc. cut. M. f. p. D. **53**, 463, 1911. — Scheuer, Ein Fall von Angiokeratoma Mibelli. Arch. **98**, 251, 1909. — Schidachi, T., Über Erythema induratum. Arch. **90**, 371, 1908. — Schindler, Kasuistische Beiträge zur Frage der Übertragbarkeit der Rindertuberkulose auf den Menschen. Arch. **78**, 257, 1904. — Schlasberg, Zwei Fälle von Lupus follicul. dissemin. Arch. **74**, 23, 1905. — Schmidt, H. E., und B. Marcuse, Über die histologischen Veränderungen lupöser Haut nach Finsenbestrahlung. Arch. **64**, 323, 1903. — Schmidt, H. E., Zur Behandlung des Lupus vulgaris mit der Kromayerschen Quarzlampe. D. Z. **15**, 220, 1908. — Schmidt, W., Über drei Fälle von Lupus erythem. acut. etc. D. Z. **21**, 28, 1914. — Schnitter, Nachweis und Bedeutung der TB. im strömenden Blute. D. m. W. **1909**, 1566. — Schoenfeld, W., Ist die Psoriasis ein Symptom chronischer Infektionskrankheiten? D. m. W. **1913**, 1446. — Scholtz, Lupusbehandlung. D. m. W. **1910**, 1175. — Derselbe und Doebel, Tuberculosis verrucosa cutis. Arch. **92**, 375, 1908. — Schrameck, Lupus pernio. Arch. **112**, 1010, 1912. — Derselbe, Tuberkulöses Ulcus der Lippe. Arch. **112**, 270, 1912. — Schueller, Über Lupus lymphangiomatosus. Frankf. Z. f. Pathol. 4, H. 2. — Schütz, A., u. Vidéky, Über den Zusammenhang der exsudativen Augenerkrankungen mit Tuberkulose etc. W. kl. W. **1908**, 1285. — Schürmann, F., Über atypischen Lichen scroful. Arch. **73**, 379, 1905. — Schultz, Frank, Experimentelle Beiträge zur Lichtbehandlung. B. kl. W. **1905**, 979. — Derselbe, Neue Gesichtspunkte in den prinzipiellen Fragen der Lichttherapie. D. Z. **17**, 1910. — Derselbe, Die Röntgentherapie in der Dermatologie. Berlin 1910, J. Springer. — Derselbe, L'influence des differents pouvoirs pénétrants des Radiations de Röntgen. Journ. de Radiologie 1912. — Derselbe, Die Röntgentherapie der malignen Hauttumoren und der Grenzfälle. Fortschr. auf d. Gebiete der Röntgenstrahlen **1912**. — Schwartz, Bassja, Kasuistische Beiträge zum Lupuskarzinom. Inaug.-Diss., Berlin 1911. — Séguinaud, Fall von Tuberculosis verrucosa cutis. Journ. méd. d. Bordeaux **1912**, Nr. 4. — Seiffert, O., Lupus und Tuberkulose des Nasenrachenraumes. M. K. **1908**, 581. — Derselbe, Über Tuberkulose der äußeren Genitalien des Weibes. Arch. **113**, 1015, 1912. — Derselbe, Beiträge zur Tuberkulose der äußeren Genitalien des Mannes. Festschr. Unna 1910, 113. — Seligmann, S., Dauerreaktion bei Konjunktivalreaktion. M. m. W. **1908**, 995. — Senger, E., Über die Behandlung des Lupus mittelst Tuberkulinsalbe etc. B. K. W. **1908**, 1097. — Sequeira, J. H., On Calmettes ophthalmo tuberculin-reaction etc. Brit. med. J. **1908**, II, 1177. — Derselbe, Lupus carcinom. B. J. D. **20**, Nr. 2, 1908. — Derselbe, Lupus erythematosus with epithelioma. B. J. D. **22**, 236, 1910. — Derselbe, Case of Lupus dissem. faciei. B. J. D. **22**, 95, 1910. — Derselbe, Case of non ulcerating Tuberculides following Lupus vulgaris. B. J. D. **22**, 60, 1910. — Derselbe, Lupus erythematosus acutus. B. J. D. **23**, 157, 1911. — Derselbe, A case of Boecks miliary sarcoid following Lupus vulg. B. J. D. **23**, 85, 1911. — Derselbe, A case of tuberculides. B. J. D. **23**, 366, 1911. — Derselbe, The tratment of intra-nasal lupus by the Pfannenstill Method. B. J. D. **23**, 327, 1911. — Derselbe, Lupus vulg. and scrofulodermia treated by the Pfannenstill Method. B. J. D. **24**, 231, 1912. — Derselbe, Lupus vulg. in a syphilitic subject. B. J. D. **24**, 28, 1912. — Derselbe, Case of multipe Lupus. B. J. D. **25**, 99, 1913. — Derselbe, The Finsen Light Treatment at the London Hospital 1900—1913. Lancet 1913, I, 1655. — Sequeira, J. H., and Balean, Lupus erythematosus. B. J. D. **14**, 367, 1912. — Serapin, Über die Veränderungen im Lupusgranulom unter der Einwirkung der Finsenmethode. D. D. G. 7. Kongr. Breslau **1901**, 500. — Sézary, Erythème noueux et meningite. Gaz. des hôp. **1912**, 125. — Short, Fatal case of acute lupus erythemat. B. J. D. **19**, 271, 1907. — Sigrist, A., Zur Frage des Wertes und der Gefahren der Ophthalmoreaktion. Ther. Monatsh. **1908**, 175. — Smith, T. H., Mucous membrane lesions in lupus eryth. B. J. D. **18**, 59, 1906. — Smith, W. E., An unusual case of Lupus mutilans. B. J. D. **21**, Nr. 3, 1909. — Söllner, Ein Fall von Erythema indurat., kombiniert mit Lichen scrof. M. f. p. D. **37**, 1903. — Spehl, Les réactions locales à la tuberculine chez le cobaye. Arch. de méd. exp. **25**, 239, 1913. — Spiethoff, Zur Ätiologie und Pathologie des Lupus erythem. Arch. **113**, 1047, 1912. — Spitzer, L., Association de lupus erythem. et de lupus tuberculeux. Ann. **1907**, 188. — Sprecher, F., Zwei Fälle von Inokulationslupus. Arch. **83**, 117, 1907. — Sprinzels, Erythema indurat. Bazin. Arch. **115**, 626, 1913. — Spronck et Hoefnagel, Transmission à l'homme par inoculation de la tuberc. bovine etc. Sem. méd. **1902**, No. 42. — Stanziale, Experimente über die Infektion von Meerschweinchen mit Lupus. G. it. **1911**, 434. — Stein, R., Lupus follicul. dissemin. faciei. Arch. **112**, 390, 1912. — Derselbe, Drei Fälle von Tuberkuliden. Arch. **115**, 745, 1913. — Stern, C., Tierexperimentelle Untersuchungen über den Nachweis von TB. bei Tuberkulose der Haut. D. m. W. **1913**, 2032. — Derselbe und Hesse, Experimentelle und klinische Untersuchungen über die Wirkungen des ultravioletten Lichtes. D. Z. **14**, 469, 1907. — Sternberg, C., Über eine eigenartige unter dem Bilde der Pseudoleukämie verlaufende Tuberkulose. Z. f. Heilk. **19**, 21, 1898. — Sticker, A., Radium- und Mesothoriumbestrahlung. St. **3**, 1, 1913. — Derselbe und Loewenstein, Lymphosarkom und Tuberkulose. D. m. W. **1910**, 1468. — Strandberg, O., Lupus vulg. hypertroph. dissem. post morbillos. Arch. **109**, 234, 1911. — Derselbe, Pfannenstills Methode, Technik und Resultate. St. **1**, 501, 1912. — Derselbe, Lupus vulg. und Lupus erythem. Arch. **117**, 353, 1913. — Derselbe, Lupus vulg. und Elephantiasis. Arch. **117**, 353, 1913. — Derselbe, Die Behandlung tuberkulöser Leiden der Schleimhaut mit Reyns Elektrolyse. St. **4**, 649, 1914. — Strandberg, J., Einige Worte über die Pfannenstillsche Methode etc. St. **2**, 457, 1913. — Strauß, A., Meine Erfahrungen mit Jodmethylenblau und Kupferpräparaten etc. B. K. T. **23**, 223, 1912. — Derselbe, Weitere Beiträge zur Chemotherapie der Tuberkulose. M. m. W. **1912**, 2718. — Derselbe, Zur Kupferbehandlung der äußeren Tuberkulose. D. m. W. **1913**, 503. — Derselbe, Die äußere spezifische Hauttuberkulose und ihre Behandlung mit Lezithinkupfer. St. **3**, 651, 1913. — Stümpke, Die Quarzlampe in der Therapie des Lupus vulgaris. D. Z. **18**, 9, 1911. — Derselbe, Boecksches Sarkoid bei ausgedehnter, allgemeiner Tuberkulose. D. Z. **20**, 199, 1913. — Sutton, R. L., Lichen nitidus. J. c. d. **1910**, 597.

Takeya und Dold, Untersuchungen über die Durchgängigkeit der Haut und Schleimhaut für TB. Arbeiten aus dem pathologischen Institut. Tübingen **6**, 710, 1908. — v. Tappeiner, F. H., Zahnfleischtuberkulose. Deutsche Z. f. Chir. **122**, H. 3, 1913. — Terebinsky, W., Das multiple benigne Sarkoid der Haut. Russ. Z. f. Derm. 1907. — Derselbe, Über die reaktiven Prozesse in den verschiedenen Hautschichten. Arch. **95**, 251, 1909. — Derselbe, Erythema induratum und papulo-nekrotisches Tuberkulid. Arch. **108**, 283, 1911. — Thedering, Über die Lichtbehandlung tuberkulöser Hautgeschwüre. St. **1**, 306, 1912. — Derselbe, Organisation der Lupusfürsorge im Herzogtum Oldenburg. St. **2**, 59, 1913. — Thibierge, G., Le lupus érythém. à forme d'atrophodermies en plaques. Ann. **1905**, 913. — Thibierge et Bord, Notes sur deux cas de sarcoides souscutanées. Ann. **1907**, 113. — Thibierge et Gastinel, Erythème induré etc. Ann. **1909**, 310. — Thibierge et Gastinel, Intradermoréaction locale à la tuberculine etc. Ann. **1909**, 684. — Thibierge et Marcorelles, Deux cas d'Erythème induré etc. B. S. D. **24**, 241, 1913. — Thibierge et Weissenbach, Erythème induré. Bull. de la soc. des hôp. **1911**, 264. — Thibierge et Weissenbach, Ulcère tuberculeux de l'orifice narinaire. Ann. **1911**, 85. — Tièche, Planer Lichen und Akne scroful. D. D. G. 9. Kongr. Bern **1906**, 372. — Derselbe, Tuberkuloide Lepra. D. D. G. 9. Kongr. Bern **1906**, 454. — Derselbe, Demonstration eines Falles von Lupus erythem. dissem. D. D. G. 9. Kongr. Bern **1906**, 463. — Tileston, Wilder, Dissem. mil. Tuberkulose der Haut. Arch. **101**, 427, 1910. — Tixier, Über die kombinierte, heliotherapeutische und radiotherapeutische Behandlung der chronischen Tuberkulose. St. **4**, 300, 1914. — Tobler, L., Dissemin. Hauttuberkulose, nach akuten infektiösen Exanthemen. Jahrb. f. Kinderheilk. **59**, H. 3, 1904. — Török, L., Dermatitis nodularis necrotica. Mraceks Handb. I, 446, Wien 1902, Hölder. — Derselbe, Die exfoliierenden Erythrodermien. Mraceks Handb. I, 767, Wien 1902, Hölder. — Derselbe, Klinische Beobachtungen über embolische Hauttuberkulose. Festschr. Unna 1910, 643. — Derselbe, Ein Fall von Lupus erythem. tuberkul. Ursprungs. Budapest. Orvosi Uysag 1912, Nr. 1. — Tomkinson, G., Treatment of lupus vulg. by unmodified sunrays. Brit. med. J. **1908**, II, 1258. — Trimble, B. W., An unusually extensive folliculitis etc. J. c. d. **25**, No. 6, 1907. — Troje, Beitrag zur Frage der Identität der Rinder- und menschlichen Tuberkulose. D. m. W. **1913**, 190. — Truffi, Su un caso atipico di eritema indurato di Bazin. Giorn. ital. delle mal. ven. etc. **1905**, 129. — Tschlenoff, Über einen Fall eines primären tuberkulösen Hautgeschwürs am Penis. Arch. **55**, 25, 1901.

Uffelmann, J., Über eine ominöse in der Haut sich lokalisierende Erkrankung des kindlichen Alters. Deutsch. Arch. f. klin. Med. **10**, 454, 1872. — Derselbe, Über die ominöse Form des Erythema nodosum. Deutsch. Arch. f. klin. Med. **18**, 313, 1878. — Ullmann, K., Über die ätiologischen Beziehungen des Lupus eryth. zur Tuberkulose. W. kl. W. 1909, Nr. 34. — Unna, P. G., Histopathologie der Hautkrankheiten. 1894. — Derselbe, Histologischer Atlas zur Pathologie der Haut. H. 8, 1904. — Unna, P., Ein typischer Fall von Boeckscher Krankheit. D. W. **55**, 1203, 1912. — Urban, G., Zur radikalen Behandlung des Lupus. Festschr. Unna II, 122, 1910. — Urban, O., Zur Kasuistik der Boeckschen Sarkoide. Arch. **101**, 175, 1910. — Derselbe, Dermatit. nodul. necrotic. tuberculosa. J. D. **5**, 209, 1910. — Derselbe, Benignes Miliarlupoid. Arch. **94**, 411, 1909. Urban, K., Über Tuberculosis verrucosa cutis. W. m. W. **1911**, Nr. 16.

Veiel, Fr., Zur Pyrogallolbehandlung des Lupus vulgaris. B. K. W. **1908**, 313. — Veiel, Th., Zur Therapie des Lupus vulgaris. B. K. W. **1893**, 944. — Derselbe, Licht- und Schattenseiten der physikalischen Behandlung der Hautkrankheiten. 16. intern. med. Kongr., Budapest **1909**, 115. — Derselbe, Lupusbehandlung. D. m. W. **1910**, 1177. — Verge, A., Tuberkulin in Salbenform zur Diagnose und Therapie des Lupus vulgaris. Brit. med. Journ. 1910, 31. Dec. — v. Verres, F., Über Lupus vulgaris postexanthematicus. M. f. p. D. **40**, 585, 1905. — Verrotti, G., Histologische Untersuchungen über die Parapsoriasis Brocq. Arch. **96**, 192, 1909. — Derselbe, Über Lupus eryth. diffus. des ganzen Kopfes und der Hände. Arch. **103**, 241, 1910. — Vignolo-Lutati, C., Über eine spezifische Melanodermie der Tuberkulösen. Arch. **92**, 343, 1908. — Vignolo-Lutati, C., A propos des tuberculides lichenoides etc. Ann. **1913**, 200. — Vörner, H., Bemerkenswerter Fall von tuberkulösem Hautexanthem. M. m. W. **1906**, 1810. — Derselbe, Primärefflorescenz des Lupus und Primäraffekt. M. m. W. **1912**, 535. — Volk, R., Das Überempfindlichkeitsproblem in der Dermatologie. Arch. **109**, 163, 1911. — Derselbe, Zur Kenntnis der subkutanen Sarkoide. W. kl. W. **1913**, Nr. 36. — Vulpius, O., Über die Behandlung der chirurgischen Tuberkulose mit natürlichem und künstlichem Licht. St. **3**, 104, 1913.

Walb, Über den Schleimhautlupus der Nase. D. m. W. **1913**, 447. — Walker, Normann, On the treatment of Lupus carcinoma. Festschr. Unna II, 403, 1910. — Walter, X., Über intraven. Infusion v. Aur.-Kal. cyanat. b. Hauttuberkulose. Arch. **117**, 385, 1913. — Wanscher, Untersuchungen über die histologischen Veränderungen nach Lichtbehandlung. Mitteil. aus Finsens med. Lichtinst. **7**, 1904. — Weber, Parkes, Case of Lichen scrof. imitating Psoriasis. B. J. D. **23**, 158, 1911. — Derelbe, Erythema nodosum associated with mammary tuberculosis. B. J. D. **24**, 233, 1912. — Derselbe, Erythema induratum with tuberculosis. B. J. D. **25**, 71, 1913. — Wechselmann, Über Erythrodermia exfoliativa. Arch. **87**, 205, 1907. — Wegerer, F., Studien über Tuberkulin-Perkutan-Reaktion. M. K. **1913**, 575. — Weinmann, N., Serologische Untersuchungen über das Verschwinden der kutanen Tuberkulin-Reaktion während der Masern. Inaug.-Diss. Heidelberg 1912. — Weljaminoff, Resultate der Lupusbehandlung nach Finsen. M. f. p. D. **53**, 103, 1911. — Werner, Zur Fulgurationsbehandlung des Lupus etc. D. D. G. 10. Kongr. Frankfurt **1908**, 199. — Werther, Über die Tuberkulide der Haut. D. D. G. 10. Kongr. Frankf. **1908**, 413. — Derselbe, Dermatit. nodularis necrotica. I. D. **5**, 213, 1910. — Whitfield, A., A further contribution to our knowledge of erythema indurat. B. J. D. **17**, 1241, 1905. — Derselbe, A case of unusual papulo-necrotic tuberculide. B. J. D. **25**, 307, 1913. — Derselbe, The vaccine treatment of skin diseases. B. J. D. **25**, 168, 1913. — Wichmann, P., Zur Radiumbehandlung des Lupus. M. f. p. D. **43**, 687, 1906. — Derselbe, Tuberculosis verrucosa cutis. D. m. W. **1907**, 661. — Derselbe, Die Behandlung des Lupus und ihre Ergebnisse. M. K. **1908**, 1069. — Derselbe, Wirkungsweise und Anwendbarkeit d. Radium. etc. D. m. W. **1909**, 499. — Derselbe, Die Behandlung des Lupus mit Radium. D. m. W. **1910**, 1167. — Derselbe, Die Behandlung des Schleimhautlupus. Lupus-Ausschuß. 3. Sitzung. Berlin 1911. — Derselbe, Biologische und therapeutische Erfahrungen mit Mesothorium. St. **1**, 483, 1912. — Derselbe, Der Lupus, seine soziale Bedeutung und die wirksame Bekämpfung unter besonderer Berücksichtigung seiner Entstehungswege. Vortr. i. Reichsversicherungsamt 1912, 17. Mai. — Derselbe, Das Friedmannsche Heilmittel zur Bekämpfung der Tuberkulose. B. K. W. **1914**, Nr. 22. — Wickham und Degrais, Radiumtherapie. (Deutsche Übersetzung v. M. Winkler.) Berlin 1910, J., Springer. — Wildbolz, Die kutane und konjunktivale Tuberkulinreaktion am Tiere. B. K. W. **1908**, Nr. 11. — Wile, U. J., Lup. eryth., papulo-necrot. Tuberculides etc. J. c. D. **29**, 286, 1911. — Williams und Bushnell, Über Opsonine etc. M. f. p. D. **46**, 113, 1908. — Wilms, Zur diagnostischen und prognostischen Bedeutung der Pirquet-Reaktion etc. D. M. W. **1911**, 1635. — Winkler, F., Die Verbindung der Röntgentherapie mit der Franklinisation in der Behandlung des Lupus vulg. M. f. p. D. **45**, 239, 1907. — Derselbe, Studien über das Eindringen des Lichtes in die Haut. M. f. p. D. **47**, 445, 1908. — Winkler, M., Beitrag zur Frage der Sarkoide. Arch. **77**, H. 1, 1905. — Wolff-Eisner, A., Über die Pirquetsche Kutanreaktion etc. Derm. Zentralbl. **1908**, Nr. 5. — Derselbe, Ergebnisse lokaler Tuberkulinreaktion zur Diagnose und Therapie des Lupus. Derm. Zentralbl. **1908**, Nr. 12. — Derselbe, Über Versuche mit verschiedenen TB.-Derivaten. B. K. W. **1908**, Nr. 30. — Derselbe, Frühdiagnose und Tuberkuloseimmunität. Würzburg 1909, Kabitzsch. — Derselbe, Lokale Tuberkulinreaktion oder subkutane Injektion für die Diagnose des Lupus. D. Z. **18**, 503, 1911. — Wolfheim, R., Granuloma multiplex benignum. I. D. **6**, 255, 1912. — Wolters, M., Über einen Fall von Lupus nodul. hämatogenen Ursprungs. Arch. **69**, 82, 1904. — Derselbe, Über Heilung eines Falles von primärer Schleimhauttuberkulose durch Jod und Hg. D. Z. **14**, H. 9, 1907. — Derselbe, Die Behandlung des Lupus. D. m. W. **1909**, 2055.

Zeisler, J., Über die Verwendung von flüssiger Kohlensäure etc. D. Z. **15**, 409, 1908. — v. Zeynek, Die wissenschaftlichen Grundlagen der Diathermie. St. **3**, 200, 1913. — Ziegler, K., Über die Hodgkinsche Krankheit. B. K. W. **1911**, 1917. — Zieler, K., Über die Wirkung des konzentrierten elektrischen Bogenlichtes auf die Haut. D. Z. **13**, 1906. — Derselbe, Experimentelle Untersuchungen über tuberkulöse Veränderungen an der Haut ohne Wirkung von TB. M. m. W. **1908**, 1685. — Derselbe, Über den sog. Lupus pernio und seine Beziehungen zur Tuberkulose. Arch. **94**, 99, 1909. — Derselbe, Experimentelle Untersuchungen zur Frage der tox. Tuberkulosen der Haut. Arch. **102**, 37, 1910. — Derselbe, Die Toxinempfindlichkeit der Haut der tuberkulös infizierten Menschen. D. m. W. **1911**, Nr. 75. — Derselbe, Neuere Methoden der Lupusbekämpfung. M. m. W. **1913**, Nr. 13. — Zinsser, Die Behandlung des Lupus nach Finsen. D. m. W. **1910**, 1164. — Zweig, L., Die Behandlung von umschriebenen Hauterkrankungen mit Kohlensäureschnee. M. m. W. **1909**, 1642.

Sachregister.